Chemie und Technologie der Kunststoffe
in Einzeldarstellungen
Herausgegeben von R. Nitsche

3

Analytische Chemie der Plaste

(Kunststoff-Analyse)

Von

Kurt Thinius
Dr. sc. nat. Dipl. Chemiker, Magdeburg

Mit 30 Abbildungen

Springer-Verlag
Berlin · Göttingen · Heidelberg
1952

ISBN-13: 978-3-540-01617-5   e-ISBN-13: 978-3-642-45820-0
DOI: 10.1007/978-3-642-45820-0

Vorwort.

Die Synthese hochpolymerer Substanzen ist entsprechend ihrer wirtschaftlichen und technischen Bedeutung in allen Ländern stark vorangetrieben. Ihr gegenüber etwas in den Hintergrund getreten oder mehr in der Abgeschlossenheit der Industrie-Laboratorien betrieben, ist die Analyse der Makromolekularen. Wenn auch heute bereits der von *Esch* noch 1938 resignierend dahin gekennzeichnete Stand der Plast-Analyse, daß ihre Ergebnisse kaum mehr als über die Zugehörigkeit zu einer bestimmten Klasse der härtbaren oder nichthärtbaren Plaste aussagen können, als überwunden gelten kann, so fehlt es doch noch an einer zusammenhängenden Betrachtung des Gesamtgebietes der Analytischen Chemie der Plaste.

Die Arbeiten auf diesem Gebiet sind für den großen Verbraucherkreis nicht nur dann von Bedeutung, wenn es sich um die Feststellung einer Qualitätsänderung des gelieferten Plast-Halbfabrikates oder der daraus hergestellten Erzeugnisse handelt, sondern auch in den Fällen der Identifizierung von Plasten bisher nicht verarbeiteter Art. Darüber hinaus erwartet man vom Plast-Analytiker meist noch, daß er an Hand physikalischer oder physikalisch-chemischer Untersuchungen ein Urteil über die Herstellungsverfahren des Plasts abgibt.

Das Aufgabengebiet der analytischen Chemie der Plaste umfaßt weiterhin auch die Untersuchung der zur Herstellung der Plast-Rohstoffe im engeren Sinne dienenden Substanzen. Soweit es sich hier um Chemikalien der chemischen Großindustrie handelt, wird man allgemein wohl mit den üblichen Methoden der analytischen Chemie auskommen. Dies gelingt jedoch nicht, wenn der Rohstoff schon selbst eine makromolekulare Substanz darstellt, wie dies beispielsweise bei der als Linters oder Zellstoff vorliegenden Cellulose oder beim Lignin der Fall ist.

Voraussetzung für die Lösung all dieser Aufgaben ist allerdings viel Erfahrung und intuitive Begabung, sowie ein umfassender Überblick über das Gesamtgebiet der praktisch einsetzbaren Rohstoffe der Plaste und ihrer Verarbeitungshilfsmittel.

Zusammen mit den oft schneller ausführbaren Verfahren der technischen Analytik und der Kolloidchemie wird die Elementar-Analyse die so gewonnenen Erkenntnisse über die Natur des Plastes resp. der Verarbeitungshilfsmittel (Weichmacher, Zusatzstoffe, Füllstoffe, Pigmente und sonstige Effektmittel) noch sichern können.

Ich habe versucht, unter diesen Gesichtspunkten die analytische Chemie der Plaste, soweit mir die Literatur und die Ergebnisse vieler eigener Arbeiten bis Ende 1950 noch oder auch schon wieder zur Verfügung waren, zusammenfassend darzustellen und übergebe nunmehr meine Niederschrift den Fachkollegen mit der Bitte um Mitarbeit zu einer gründlichen Weiterentwicklung dieses Gebietes der Technologie der Plaste aus der festen Überzeugung heraus, daß sich jeder Einsatz von Forschungsmitteln, die allerdings dem weitgespannten Rahmen der Analytischen Chemie der Plaste, wie ich sie glaube auffassen zu müssen, angepaßt sein müssen, lohnt und zur verbessernden Gestaltung der Plaste führt.

Magdeburg, im Juli 1952

Kurt Thinius

Inhaltsverzeichnis.

Inhaltsverzeichnis. VII

Analysengang.

Ist es berechtigt, die Darlegungen über das Gebiet der analytischen Chemie der Plaste mit einem „Analysengang“ zu beginnen?

Wenn das Aufgabengebiet dieses Teils der Technologie der hochmolekularen Stoffe in dem Umfang gesehen wird, wie es in unserer langjährigen Tätigkeit von uns gefordert wurde und wahrscheinlich auch weiterhin gefordert werden wird und die Veranlassung war zu dem etwas weiter gespannten Rahmen dieser Niederschrift, so erscheint es uns keine unbedingte Notwendigkeit, einen Analysengang aufzustellen. Vielmehr sind wir der Meinung, daß sich jeder an Hand des gesamten, uns im Augenblick zur Verfügung stehenden Materials selbst einen Plan machen wird, wie er die gestellte analytische Aufgabe am sichersten löst. Die hierbei einzuhaltende Methodik ist stark von den persönlichen Erfahrungen des Experimentierenden abhängig. Ein Schema kann u. E. bei dem heutigen Stand des analytisch verwertbaren Wissens über den Bau und die Reaktionsweise der hochmolekularen Stoffe leicht zu einer Fehlbeurteilung führen, statt die Aufgabe beschleunigt lösen zu helfen. Wir haben auch aus diesem Grunde der Analyse der Rohstoffe für die Plast-Herstellung resp. der Plast-Rohstoffe selbst einen breiten Raum in unserer Darstellung eingeräumt.

Wenn wir also die Meinung vertreten, die analytische Chemie der Plaste soll sich bei ihrer experimentellen Durchführung von einem starren Schema, wie wir es alle bei der qualitativen anorganischen Analyse einst erarbeitet haben, fernhalten, so besteht doch andererseits auch in diesem Spezialgebiet die Zweckmäßigkeit auf einige bestimmte Maßnahmen nicht zu verzichten und sich ihrer regelmäßig zu bedienen.

Diese sind nicht immer in ihrer Gesamtheit notwendig, da ja der zu analysierende Stoff entweder ein Ausgangsmaterial für die Plast-Rohstoff-Herstellung oder ein solcher Rohstoff selbst oder ein Halb- oder Zwischenfabrikat eines Plasts oder schließlich der Plast in seiner endgültigen, dem letzten Verbraucher in die Hand gegebenen Gestaltung ist.

Nach unseren Erfahrungen haben sich folgende analytischen Maßnahmen als zweckmäßig bewährt:

1. Prüfung auf äußere Erscheinungsform nach Aussehen, Geruch, Durchsichtigkeit, evtl. Geschmack, Lichtechtheit, Wärmebeständigkeit, Wasserfestigkeit bei verschiedenen Temperaturen, Härte, evtl. auch sonstigen mechanischen und dielektrischen Eigenschaften. Die Zuhilfenahme des Mikroskops evtl. nach Anfertigung von Dünnschnitten resp.

Dünnschliffen kann hierbei wertvolle Aufschlüsse geben; bei transparenten Gebilden oder leicht in eine solche Form zu bringenden Plast-Rohstoffen wird das Refraktometer ergänzend hinzutreten. Anwendung der Fluorescenzlampe.

2. Prüfung auf Brennbarkeit und Verhalten bei der trockenen Destillation.

3. Prüfung gegenüber Wasser, wäßrigen Säuren und Alkalien und bestimmten Salzlösungen, sowie anderen neutralen organischen Flüssigkeiten.

4. Prüfung auf das Verhalten gegenüber alkoholischem Alkali bei Raumtemperatur, bei Temperaturen bis 100° und schließlich über 100°.

5. Feststellung, ob außer Kohlenstoff noch andere Elemente wie Stickstoff, Schwefel, Chlor, Fluor, Phosphor oder Silicium vorhanden sind.

Je nach dem Ausfall dieser fünf von uns als ausreichend angesehenen „Grundreaktionen" wird der Analytiker nun selbst den weiteren Gang der Analyse bestimmen müssen.

Die analytische Chemie der Plaste erfordert, so wie wir ihren Aufgabenbereich sehen, mehr als eine bloße Zerlegung des Analysenmaterials. Sie soll auch Aufschlüsse darüber geben, in welcher Weise ein Plast-Rohstoff, ein aus ihm gefertigtes Halb- oder Fertigfabrikat gefertigt ist und welche Eigenschaftsänderungen während der Verarbeitung des Plast-Rohstoffes oder seines aus ihm hergestellten Zwischenproduktes eintreten und ob und in welchem Ausmaß der längere Zeitraum in Benutzung gewesene Plast Veränderungen an seinen Eigenschaften erfahren hat.

Um diese Aufgaben lösen zu können, braucht die analytische Chemie der Plaste nicht nur Operationen abbauenden, sondern auch aufbauenden Charakters, d. h. sie muß in der Lage sein, das von ihr sezierend gewonnene Bild auch rückwärts synthesierend wieder zu erhärten. Dies bedeutet, daß die üblichen Disziplinen der Analytik auf anorganischer und organischer Basis ergänzt werden müssen durch kolloidchemische und technologische Arbeitsmethoden.

Es ergibt sich nun eigentlich von selbst, daß die Analysenmethodik bei den Plasten sich eines starren Analysenganges nicht bedienen darf, sondern ihre Arbeitsweise dem jeweiligen Ziel elastisch anpassen soll.

Diese Auffassung von der Aufgabe der analytischen Chemie der Plaste schließt jedoch nicht aus, daß der auf dem Gebiet weniger Geübte sich auch einmal an Schema hält, so wie sie beispielsweise *Bandel*[1] oder *Epprecht*[2] oder *Saechtling*[3] gegeben haben.

---

[1] Angew. Chem. **51**, 571 (1938). — [2] *Houwink:* Elastomers and Plastomers Bd. III, (1949) S. 69. Elsevier Publishing Co New York.
[3] Kunststoffe **42** (1952) S. P 21 bis P 25.

A. Gebräuchliche Methoden zur Untersuchung der Ausgangsmaterialien und Hilfsmittel für die Herstellung der Plast-Rohstoffe.

I. Ausgangsmaterialien für die Plast-Rohstoffe auf der Grundlage der Cellulose.

1. Einleitung. Die Plaste auf der Grundlage von Cellulose erscheinen uns in der Form der

Hydratcellulose unter den Gattungs- resp. Handelsnamen Vulkanfiber, Zellglas, Cellophan.

Celluloseäther als definierte chemische Individuen z. B. Alkylcellulosen, Cellulose-oxycarbonsäuren.

Celluloseester, hergestellt unter Verwendung anorganischer (Cellulosenitrat) und organischer Säuren resp. deren Gemische (Celluloseacetat, Cellulosepropionat, gemischte Cellulosefettsäureester und Celluloseester höherer Fettsäuren. Gemischte Celluloseester organischer und anorganischer Säuren).

Über die Wege der Herstellung der technisch am meisten benutzten Produkte und die wichtigsten, meist warenzeichenrechtlichen Bezeichnungen unterrichtet das Schema (S. 5) resp. die Zusammenstellung I.

Zusammenstellung I.

Übersicht über die wichtigsten Handelsnamen der Plaste auf Cellulose-Grundlage.

Hydratcellulose.

Hergestellt mit Zinkchlorid:

Beinhorn	Dynos	Monit
Dynoid	Lederstein	Vulkanfiber

Hergestellt mit Schweflkohlenstoff:

Agfa-Pellora	Brolonkapseln	Nalo	Viscoid
Agfa-Viscose	Cellopell	Polaphan	Zellglas
Ago	Cellophan	Seidendarm	
Bicella	Fliro	Transparit	
Bika	Heliozell	Visca	

Mit Cuoxam behandelt:

Bembazell	Cuprophan

Celluloseäther.

Alkylin	AT-Cellulose	Ethofoil	Isophan
Alkylon	BZ-Cellulose	Fondin	Nixon E/C
Appretan	Cellofas	Glutofix	Trolit BC
Benzex	Celloresin	Glutolin	Tylose
Cellapret	Ethocel	Hortol	Ultraquellcellulose

Cellulosenitrat.

Agalyn	Dermaplast	Nixonoid	Trolit F
Atlastik	Dermatoid	Perloid	Viscoloid
Cellosilber	Fiberloid	Perlopal	Xylonite
Celluloid	Herculoid	Pyralin	Zylonite
Dermacell	Kodaloid	Safety-Glass	
Dermakappa	Nixon C/N	Triplex	

Cellulosetriacetat.

Cellit T	Reilit	Triagfol	Triphanfolin
Geaphan	Triafol	Trigefol	Wopelan

Celluloseacetat secundär.

Acceloid	Cellomold	Kodapak Sheet I	Polyzell
Acetex	Cellon	Lonarit	Rhodoid
Acetoid	Cellonese	Lonzatub	Rhodophane
Acetophane	Cinnamoid	Lumarith XF	Rhonarit
Amzylithe	Ekarit	Marbloid	Safety-Celluloid
Bexoid	Ekaron	Naerolaque	Securit
Bonzoid	Fibestos	Neophan	Tenite I
Celafil	Flaka-Kopsal	Neozell	Trolit B
Celastrid	Isoflex	Nixon C/A	Trolit W
Cellit L, F, M, KS	Isophan	Nixonite	Ultraphan

Cellulosetripropionat.

Cellit TP	Hercose AP

Celluloseacetobutyrat.

Cellit B	Kodapak Sheet II	Nixon C/A/B	Tenite II
Hercose C			

2. Unterscheidung zwischen Baumwolle und Zellstoff. Die Grund-Rohstoffe für die Herstellung der plastischen Massen sind die Baumwolle und der Holzzellstoff.

Die *Baumwolle*, das einzellige Samenhaar der Gattung Gossypium, weist Stapellängen von $10\cdots50$ mm auf. Die Dicke des spiralig gewundenen glatten Bandes — an dieser Form ist sie als solche und in Form ihrer unter Fasererhaltung hergestellten Derivate auch mikroskopisch leicht erkennbar — ist 0,014 bis 0,023 mm.

Die Rohbaumwolle hat etwa folgende Zusammensetzung: $83,7\%$ Cellulose, $1,5\%$ Protein, $5,8\%$ stickstofffreier Extrakt, $0,61\%$ Fett, $6,7\%$ Wasser und $1,65\%$ Asche.

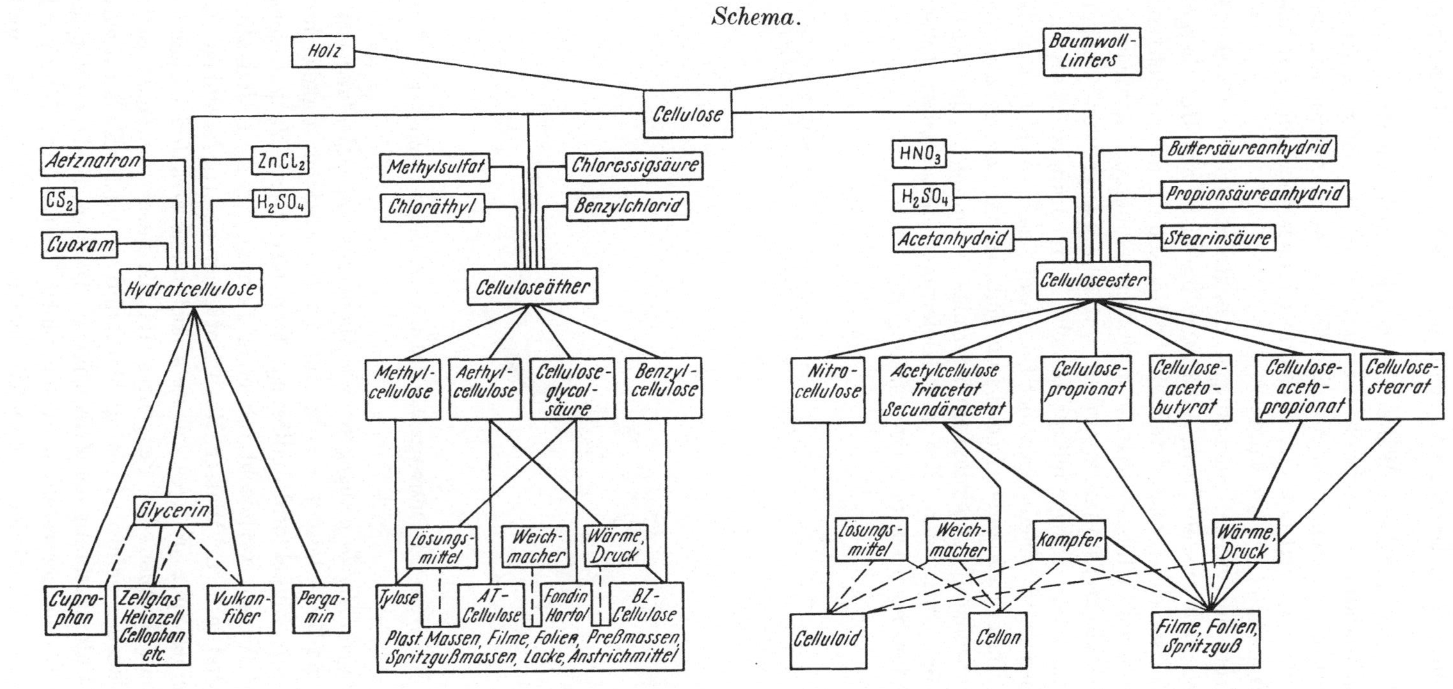

Schema.
Holz
Baumwoll-Linters
Cellulose
Aetznatron
CS₂
Cuoxam
ZnCl₂
H₂SO₄
Hydratcellulose
Glycerin
Cupro-phan
Zellglas Heliozell Cellophan etc.
Vulkan-fiber
Perga-min
Methylsulfat
Chloräthyl
Chloressigsäure
Benzylchlorid
Celluloseäther
Methyl-cellulose
Aethyl-cellulose
Cellulose-glycol-säure
Benzyl-cellulose
Lösungs-mittel
Weich-macher
Wärme, Druck
Tylose
AT-Cellulose
Fondin Hartol
BZ-Cellulose
Plast. Massen, Filme, Folien, Preßmassen, Spritzgußmassen, Lacke, Anstrichmittel
HNO₃
H₂SO₄
Acetanhydrid
Buttersäureanhydrid
Propionsäureanhydrid
Stearinsäure
Celluloseester
Nitro-cellulose
Acetylcellulose Triacetat Secundäracetat
Cellulose-propionat
Cellulose-aceto-butyrat
Cellulose-aceto-propionat
Cellulose-stearat
Lösungs-mittel
Weich-macher
Kampfer
Wärme, Druck
Celluloid
Cellon
Filme, Folien, Spritzguß

Für die chemische Weiterverarbeitung sind die langen Stapel der Baumwollfaser zu wertvoll. Hier genügt es, die beim Egrenieren der Baumwolle entstehenden Abfälle, die Linters, zu verwenden, zumal die Erfahrung gezeigt hat, daß es sich hier immer noch um recht hochmolukulare native Cellulose handelt.

Trotz der vielen Bestrebungen, das Rohstoffgebiet für den *Zellstoff* immer mehr auszudehnen, haben sich die nicht aus Holz hergestellten Zellstoffsorten als Grundstoff für die Herstellung der zu Plasten zu verarbeitenden Cellulose-Derivate noch nicht einbürgern können.

Die Holzzellstoffasern haben nur eine Länge von wenigen Millimetern. Eine flüchtige mikroskopische Betrachtung zeigt als charakteristischen Unterschied gegenüber Baumwollfasern (Abb. 1), daß die Holzzellstoffasern an beiden Enden spitz sind. In der Längsrichtung sind bei Fichtenzellstoff außerdem kreisförmige Öffnungen, die sogenannten „Tüpfel" vorhanden. Ein aus Kiefernholz hergestellter Zellstoff hat außerdem noch fensterartige Öffnungen (Abb. 1).

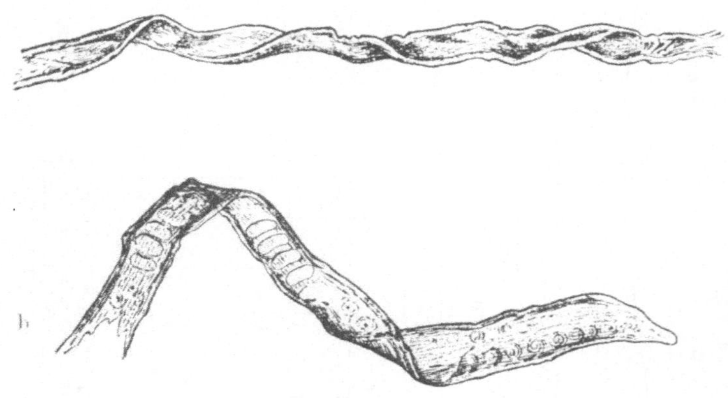

Abb. 1. Mikroskopisches Bild von a Baumwolle, b Zellstoff.

Die von *Herzberg* angegebene Methode zur *Unterscheidung von Baumwoll- und Zellstoffasern* beruht auf der Verschiedenartigkeit ihrer Färbung mit Zinkchlorid-Jodlösung, Man löst hierzu 20 g Chlorzink in 10 cm³ Wasser, vermischt mit einer Lösung von 2,1 g Jodkalium und 0,1 g Jod in 5 cm³ Wasser. Nach Entfernen des Niederschlages und Zugabe einer Spur Jod (es soll stets noch ungelöstes Jod vorhanden sein) wird ein Tropfen des Reagenzes auf die Faser gebracht: Baumwolle wird hierbei weinrot, Zellstoff blau, und verholzter Zellstoff wird gelb.

3. Unterscheidung der Zellstoffarten. Die verschiedenen von der Zellstoffindustrie hergestellten Sorten Sulfit-, Sulfat- und Natronzellstoffe mit ihren verschiedenen Abarten bezüglich der Weichheit, Festigkeit und Zähigkeit sind, soweit sie von den Plast-Rohstoffherstellern verarbeitet werden, meist das Ergebnis einer gemeinsamen jahrelangen Entwicklungsarbeit. So muß auch die von *Richard Müller*[1] vertretene und von *Stark*[2] übernommene Ansicht, daß nur Linters für die Celluloidherstellung verwendet werden sollte, durch die Entwicklung der Technik als überholt gewertet werden.

Wenn auch eine recht ansehnliche Reihe von Methoden vorgeschlagen ist, um einen als Rohstoff für Plaste dienenden Zellstoff zu charakterisieren, so darf man sich doch nicht verhehlen, daß trotzdem noch nicht die besonders für die Praxis wichtigen Eigenschaften damit eindeutig gekennzeichnet werden können. Trotz übereinstimmender Beschaffenheit auf Grund der Analysenergebnisse zeigen doch viele Zellstoffe plötzlich ein unterschiedliches Verhalten bei der Verarbeitung. Es gelingt in solchen Fällen meist nicht, die Ursache hierfür anzugeben, oder sie auf Grund des analytisch erarbeiteten Befundes zu verstehen. Hierzu bedarf es noch einer sehr intensiven Bearbeitung in der Richtung einer Verfeinerung unserer Analysen-Methoden, wozu allerdings die Möglichkeit einer ungestörten und ungehetzten Vertiefung in diese Probleme gewährleistet werden muß.

Die *Unterscheidung von Natron- und Sulfitzellstoff* erfolgt am besten mikroskopisch, evtl. mit Zuhilfenahme von Färbemethoden. Es sind hier eine ganze Menge von Farbstofflösungen und von Färbemethoden in Gebrauch[3]. Eine solche Unterscheidung wird schwierig, wenn es sich um Zellstoffe derselben Holzart, nach verschiedenen Kochverfahren hergestellt, handelt. Man soll deshalb das mikroskopisch färberische Urteil, das sich auf die Eigenschaft der verschiedenartigen Anfärbbarkeit der Harzreste mit Farbstofflösung stützt, noch durch eine Untersuchung des Harzgehaltes ergänzen. Sulfit-Zellstoffe haben stets mehr Harz als die Sulfat- oder Natronzellstoffe.

Die von *Schwalbe*[4] angegebene Methode benutzt die Cholesterin-Reaktion des Harzes. Letzteres wird durch siedende Extraktion mittels Tetrachlorkohlenstoff oder Chloroform innerhalb von 15···30 Minuten (oder auch kalt über Nacht) aus dem Zellstoff herausgeholt. Zu je 5 cm³ Lösung werden 0,5 cm³ Acetanhydrid und 6···10 Tropfen reine konzentrierte Schwefelsäure hinzugefügt. Es muß hier eine Trennung in 2 Schichten auftreten. Liegt Sulfit-Zellstoff vor, so tritt eine schwach rosarote Färbung auf, die schnell in grün übergeht, vor allem wenn man etwas mehr konzentrierte Schwefelsäure hinzugibt. Sulfat- und Natronzellstoff

---

[1] *Ullmann:* Enzyklopädie der technischen Chemie III, 306 (1932). — [2] *Stark:* Nitrocellulose 2, 57 (1931). — [3] *Sieber:* Die chemisch-technischen Untersuchungsmethoden in der Zellstoff- und Papier-Industrie, 1. Aufl., S. 307. Berlin: Springer 1943. — *Korn-Burgstaller:* Hdb. Werkstoffprüfung IV, 36—45 (1944). — [4] Wbl. f. Papierfabrikat. 36, 26, 40 (1906).

geben diese Farbreaktion nicht; es tritt höchstens ein schmutziges Gelb auf. Die Reaktion ist nicht von der Bleiche des Zellstoffes abhängig[1].

Zu diesen beiden Methoden tritt in neuerer Zeit noch häufig der Vorschlag, welche Celluloseart — Linters oder Zellstoff dieser oder jener Herstellungsart — zur Plast-Rohstoffherstellung eingesetzt wird, durch Luminescenzanalyse zu unterscheiden.

Gebeuchte oder gebleichte Linters zeigt nach unseren, auch neuerlich wieder bestätigten, Erfahrungen ziemlich unabhängig von der Durchführung des Beuch- und Bleichprozesses eine blauviolette Fluorescenzfarbe.

Gebleichte Sulfitzellstoffe aus Fichtenholz und Buchenholz im Gemisch 70:30 resp. 50:50 in Papierform, wie sie häufig als Rohstoff für Nitrocellulose für Celluloid, Kunstleder, Film und Lacke benutzt werden, fluorescieren schwach bläulich. Diese Luminescenzfarbe kann wohl als charakteristisch für diese Materialien gelten, denn auch im Jahre 1926 wird für gebleichte Sulfitzellstoffe diese Fluorescenz angegeben. Hingegen soll ungebleichter Fichten-Sulfit-Zellstoff in violetter Farbe fluorescieren[2].

Auch für Natronzellstoff wird eine schwach bläuliche Fluorescenz angegeben. *E. Hägglund* und *T. Johnson*[3] finden im Gegensatz zu anderen Autoren, daß die Sulfitzellstoffe zwei verschiedene Arten von Violettfärbung unter der Analysenlampe zeigen: eine leuchtende violette und eine nicht so leuchtende, etwas dunklere violette. Die letzte schlägt in alkalischem Medium in intensiv grüngelb fluorescierend um. Der von *Kirmreuther*[2] vertretenen Ansicht, daß aus der Stärke der Fluorescenz der Aufschlußgrad des Zellstoffes abzuleiten ist, können sich *Hägglund* und *Johnson* nicht anschließen.

Die von Papierhalbstoffen, wie sie nicht nur für Cellulosederivate, sondern auch für Vulkanfiber, Viskosefilme usw. das Ausgangsmaterial bilden, gezeigte Fluorescenz wird nach *Klein*[4] durch Licht, Wärme und Chemikalien erheblich verändert. Bei der Auswertung ist also große Vorsicht geboten, und es empfiehlt sich, die Standardmuster kühl und dunkel aufzubewahren. Im Fluorescenz-Mikroskop betrachtet, erhält man bei derartigen Fasern keine verwertbaren Resultate. Da eine blaue resp. blauviolette Farbe nicht nur bei sehr vielen Cellulosen resp. Cellulosederivaten, sondern auch bei einer sehr großen Anzahl von organischen Substanzen des verschiedensten chemischen Aufbaues auftritt, und die geringfügigen Unterschiede in den Farbnuancen es zweifelhaft erscheinen lassen, ob man die Fluorescenz zur Analyse oder auch nur zur Reinheits-

---

[1] *Berl-Lunge:* Chemisch-technische Untersuchungsmethoden 8. Aufl. **V**, 544.
[2] Angew. Chem. **39**, 1031 (1926). — Papierfabrikant **106**, 1926.
[3] Angew. Chem. **40**, 1101 (1927). — [4] Zellstoff und Papier **11**, 81 (1931).

bewertung des Plast-Rohstoffes ausnutzen kann, haben wir Anfärbungsversuche mit 10 zur Fluorescenzanalyse geeigneten Farbstoffen durchgeführt.

Auf Grund der allgemeinen färberischen Kenntnisse war zu erwarten,
daß diese Farbstoffe nicht nur verschiedenartige Fluorescenzfarben der
mit ihnen gefärbten Cellulosen resp. -derivate geben würden, sondern
daß sich bereits die Farbnuance ihrer Anfärbung bei normalem Licht
unterscheiden würde.

Dies hat sich dann auch im allgemeinen bestätigt.

Zur *Unterscheidung von Linters und Sulfit-Zellstoff* aus Fichte oder
Buche eignet sich z. B. das Brillantdianilgrün G. Die damit aus alkoholischer Lösung angefärbte Linters, die mit Alkohol bis zum farblosen
Ablaufen nachgewaschen wurde, fluoresciert schmutzig gelbgrün. Dagegen tritt bei den Zellstoffen eine leuchtend weiße, grünlichblaue Fluorescenz auf. Mit dem Euchrysin GGNX kann man bereits an der verschiedenen Eigenfarbe (Li: gelblich grünlich, Z: bräunlich) und an dem
Ausbleiben einer Fluorescenzfarbe bei Linters und der gelblich grünen
Fluorescenz des Zellstoffes diese beiden Grundstoffe so vieler Plaste
erkennen.

Weitere Ergebnisse unserer Arbeiten finden sich in Tabelle 1 zu-
sammengestellt.

Wir haben diese Farbstoffe in einer 1%igen alkoholischen Lösung verwendet, von der wir für ca. 1 g Cellulose resp. -derivat je 5 cm³ benutzten.
Nach ca. 20 minutenlangem Einwirken wurde filtriert und mit Alkohol
resp. Wasser der anhaftende, nicht aufgezogene Farbstoff ausgewaschen.
Sieber verwendet die Farbstoffe in einer Konzentration von 0,01···0,05 g/l
Wasser und bevorzugt möglichst niedrig konzentrierte Lösungen. Nach
seinen Angaben fluoresciert mit Rhodamin 6 GD extra angefärbter gebleichter Sulfitzellstoff beliebiger Herkunft leuchtend gelb, ungebleichter
zeigt eine mehr ins Orange gehende Fluorescenz. Wir fanden an einem
Zellstoffpapier aus 70% Fichte und 30% Buche mit dem gleichen Farbstoff eine leuchtend rotgelbe Fluorescenz. Alle Sulfat- oder Natronzellstoffe geben eine dumpf braunrote, vereinzelt in das Violette übergehende
Fluorescenz.

Unterscheidung im Mikroskop ist auch aufgrund morphologer Merk-
male möglich nach *Klemm*[1]. Die Markstrahlzellen enthalten bei Sulfit-
zellstoff noch Inhaltsreste, die sich mit Chlorzinkjod gelb färben. Bei
Sulfat- bzw. Natronzellstoff sind derartige Reste nicht vorhanden.
Weiter geeignete Farbstoffe sind Sudan III, Sudanschwarz B, Indophenol.
Zur *Unterscheidung hochgebleichten Sulfit- und hochgebleichten Sulfat-*

---

[1] Wbl. f. Papierfabrikat. 1917, S. 2159; *Korn-Burgstaller*, Handb. der Werkstoffprüfung **IV**, S. 41/42 (1944).

Tabelle 1.

Anfärbung von Cellulosen (Linters oder Zellstoff) mit Farbstoffen zwecks Unterscheidung bei der Fluorescenz-Analyse.

| Farbstoff | Linters | | Zellstoff | | | |
	Eigenfarbe E	Fluorescenzfarbe Fl	Fichte + Buche 70 : 30 E	Fl	Fichte + Buche 50 : 50 E	Fl
Ungefärbt	farblos	blauviolett	farblos	schwach bläulich	farblos	schwach bläulich
Auramin G.	gelb	keine Fl.	gelb	helles gelbgrün		
Brillantdianilgrün G	dunkelgrün	schmutzig gelbgrün	grün	weiß, bläulich Oberflächenflecke		
Eosin GGF	rosa	orange, mit einigen schwachen blauen Flecken	schwach rosa	gelb mit vereinzelten blauen Flecken		
Erythrosin extra gelb N	rosa	Mischung zwischen orangenen u. blauen Flecken	rosa	schwach orange		
Euchrysin GGNX	gelblich, grünlich	keine Fl.	bräunlich	gelblich grün	wie 70 : 30, nur meist etwas schwächer	Die Fl.-Farben der beiden Zellstoffsorten sind nicht sehr verschieden
Flavophosphin 4 G konz.	gelb	gelblich, grün	bräunlich gelb	grünlich gelb		
Korioflavin R	rötlich gelb	orange	bräunlich gelb	gelb mit leicht rotem Stich		
Rhodamin 6 GD extra	rosa	orange mit blauen Tupfen	kräftig bordeauxrot	leuchtend rotgelb		
Rhodulingelb 6 G	gelb	leuchtend gelbgrün	gelb	gelblich grün		
Thioflavin S	hellgelb	leuchtend grünlich gelb	grünlich gelb	leuchtend gelb		

zellstoffes verwendet *Agahd*[1] eine Mischlösung des basischen Farbstoffes Rhodamin E extra und des substantiven Brillantdianilgrün G. Es ist erforderlich, jeweils 0,05%ige Lösungen der Farbstoffe in doppelt dest. Wasser herzustellen. Der p_H-Wert der Rhodaminlösung ist 3,2 und der der Grünlösung 7,2. Die Mischlösung besteht aus 1 Vol. Rhodamin und 3 Vol. Brillantdianilgrün. Man tuscht die Lösung auf und prüft ohne jedes Nachwaschen. Gebleichter Sulfitzellstoff: kirschrosa, gebleichter Sulfat- und Natronzellstoff: blau.

Buccar gibt zur Unterscheidung der Zellstoffe folgende Fluorescenzfarben nach Anfärben mit einer Lösung von Rhodamin 6 GD 1:200 an:

ungebleichter Sulfitzellstoff	: hellviolett
gebleichter ,,	: gelblich
ungebleichter Natronzellstoff	: braun
gebleichter ,,	: rosa-orange
Sulfatzellstoff	: rotbraun

Außerdem sind geeignet: Methylenblau, Methylviolett, Flavin, Diazobrillantgelb.

4. Unterscheidung zwischen gebleichtem und ungebleichtem Zellstoff. Falls nicht schon durch den Augenschein beurteilt werden kann, ob es sich um einen gebleichten oder ungebleichten Zellstoff handelt, kann man sich der von *Singer*[2] angegebenen Methode des Anfärbens mit Malachitgrün nach *Klemm* bedienen. Man wäscht danach mit Wasser und behandelt mit Chlorzinkjodlösung. Holzschliff und ungebleichter Zellstoff werden hierbei grün gefärbt, gebleichter dagegen blau. Bei halbgebleichten Zellstoffen wird zwischen der Behandlung mit Malachitgrün und mit Chlorzinkjodlösung noch eine Färbung mit Jod-Jodkaliumlösung eingeschaltet. Gebleichter Zellstoff ist auch hier blau, ungebleichter Zellstoff und Holzschliff gelbgrün. Verwendet man nur Malachitgrün und Jod-Jodkaliumlösung allein, so werden die gebleichten Stoffe grau bis hellbraun, der ungebleichte Zellstoff und Schliff gelbgrün.

Auch für diese Feststellung eignet sich die Luminescenzlampe. *Sieber* stellt — wie wir bestätigt fanden — fest, daß nach Anfärbung mit Rhodamin 6 GD extra gebleichter Zellstoff beliebiger Herkunft stets leuchtend gelb fluoresciert. Ungebleichter Zellstoff hat „eine mehr ins Orange gehende Fluorescenz".

5. Bestimmung der Feuchtigkeit, Harze, Fette und Wachse und metallischer Verunreinigungen. Die den Cellulose-Arten und auch ihren Derivaten eigene Hygroskopizität macht für die Cellulose verarbeitende Industrie die Bestimmung der *Feuchtigkeit* erforderlich. Hierzu ist im allgemeinen die Trocknung bei 105° bis zur Gewichtskonstanz, die in 4···6 Stunden erreicht ist, ausreichend. Wenn das Er-

---

[1] *Sieber:* Die chemisch-technischen Untersuchungsmethoden in der Zellstoff- und Papier-Industrie, 1. Aufl., S. 678 (1943). — [2] Papierfabrikant, **35**, 23; — C. **1937** I 2300.

gebnis in kürzerer Zeit vorliegen muß, kann man die von russischen Forschern[1] vorgeschlagene Trocknungstemperatur von 150° anwenden, bei der man mit nur 20 Minuten Trocknungsdauer auskommen soll.

Von *Mitchell*[2] ist das *Karl-Fischer*sche Reagenz zur *Wasser*bestimmung vorgeschlagen, er wiegt hierbei so viel Fasern ein, daß 50 bis 250 mg Wasser vorhanden sind. Zum Herauslösen des Wassers wird Methanol verwendet. Da hierbei auch die Feuchtigkeit der inneren Zellwände erfaßt wird, liegen die Werte meist etwas höher als bei der Ofentrocknung. Als weiterer Vorteil kann die kurze Reaktionszeit von einer Stunde angesehen werden.

Zwecks Bestimmung der *Harze, Fette* und *Wachse* nimmt man eine Extraktion mit Äther im Soxhlet vor und trocknet den Rückstand aus dem Äther bei 100° bis zur Gewichtskonstanz. Anstelle des Äthers kann man mit gleicher Wirkungsweise das Methylenchlorid[3] bei 4···5stündiger Analysendauer benutzen. Man gibt die nach der Trocknung bei 100° erhaltenen Werte als „% Methylenchlorid-Extrakt" an. Daran schließt sich noch eine gleichlange Extraktion mit Alkohol (98%) an. Der gleicherweise getrocknete Rückstand dieses Extraktionsmittels wird als „%Alkohol-Extrakt" gewertet.

Von russischer Seite[1] ist vorgeschlagen. für die Harz- und Fettextraktion Dichloräthan in dem Apparat von *Jons* zu verwenden.

Die Auswahl der Extraktionsmittel ist an sich nicht gleichgültig, jedoch sind die prozentualen Mengen der mit den verschiedenartigen Lösungsmitteln entfernten Gesamtextrakte hinsichtlich ihres absoluten Betrages nur wenig verschieden. Für die Weiterverarbeitung der Zellstoffe auf Plast sind Streuungen zwischen 1,4% und 1,02% ohne Bedeutung.

Da sich Eisen oft auch in sehr kleinen Mengen noch nachteilig bei der chemischen Weiterverarbeitung des Zellstoffs auswirkt, ist es zweckmäßig, mit der Aschenbestimmung sogleich eine *Fe-Bestimmung* vorzunehmen, wobei bequemerweise mittels kolorimetrischer Methoden die Fe-Menge im Zellstoff ermittelt wird. Man verascht 5 g Zellstoff im Platintiegel — die schwedische Analysen-Kommission des Zentrallabors der schwedischen Zellstoffindustrie sieht eine Stunde Glühen bei 700 bis 800° vor — löst die Asche in reinster Salzsäure (20%), setzt etwas Wasserstoffperoxyd hinzu und führt eine der üblichen kolorimetrischen Eisenprüfungen durch[4]. Im gleichen Sinne wirkt Eisenmangan. Zu dessen

---

[1] Бумажная промишленность **17**, 11. — C. **1939** II 2486. — [2] Ind. Engng. Chem. analyt. Edit. **12**, 390 (1940); — Angew. Chem. **48**, 394 (1936). — [3] Nach der deutschen Einheitsmethode Merkblatt IV/5 wird mit Methylenchlorid gearbeitet.

[4] genaue Vorschriften: *Sieber:* Die chemisch-technischen Untersuchungsmethoden in der Zellstoff- und Papier-Industrie, 2. Aufl. S. 561/62, Berlin/Göttingen/Heidelberg: Springer 1951.

Bestimmung kann man die Asche in Wasser mit einigen Tropfen verdünnter Salpetersäure lösen, mit 0,5 g Kaliumpersulfat und 2 Tropfen 0,4%igem Silbernitrat oxydieren, indem man 15···20 Minuten auf dem Wasserbad bei Siedetemperatur erhitzt. Die Permanganat-Lösung wird mit Lösungen bekannten Gehaltes verglichen unter Benutzung eines *Hehnel*-zylinders. Man kann natürlich auch mit n/100 Thiosulfat-Lösung die Permanganat-Lösung titrieren.

6. Bestimmung des α-Cellulosegehalts. Da selbst in den veredelten Zellstoffen noch eine, wenn auch geringe Menge der Cellulosebegleitstoffe der Rohfaserstoffe vorhanden ist, ferner Abbauprodukte der Cellulose und Polyosen während der Bleiche und der Veredlungsverfahren neu entstehen, ist eine genaue Kenntnis des Anteils ungeschädigter Cellulose sowie der diese begleitenden Verunreinigungen in gleicher Weise für alle Verfahren der Cellulose-Verarbeitung von Bedeutung.

Zurückgehend auf einen Vorschlag von *C. F. Cross* im Jahre 1892 ist man übereingekommen, diesen Anteil ungeschädigter resistenter Cellulose als α-Cellulose zu bezeichnen und ihn so herauszuheben von den mit ihm vorkommenden resp. bei der Durchführung der Analyse wieder neu entstehenden alkalilöslichen Bestandteilen, die man als β- und γ-Cellulosen unterscheidet. Von den beiden letzteren ist die γ-Cellulose, da sie durch Säuren aus dem Alkali nicht mehr ausfällbar ist, als die am weitesten abgebaute Cellulose zu betrachten.

Obwohl es sich bei der Bestimmung der α-Cellulose streng genommen nicht um die Ermittlung eines wohldefinierten chemischen Individuums handelt, hat sich dieser Begriff doch wohl zu dem grundlegenden Bewertungsmaßstab der ganzen Cellulose verarbeitenden Industrie entwickelt. Dementsprechend ist an der Methodik der Ausführung der Bestimmung des α-Cellulosegehaltes der Baumwolle resp. der Zellstoffe viel gearbeitet worden mit dem Ergebnis, daß nunmehr in einer Reihe von Ländern Standardmethoden entwickelt sind, nach denen die Bestimmung der α-Cellulose vorgenommen werden soll. Aber auch diese vermögen auch nur dann ihren Zweck zu erfüllen, wenn sie von geübten Analytikern mit peinlicher Sorgfalt durchgeführt werden, da oft bereits sehr geringfügig erscheinende Abweichungen den an sich schon empfindlichen Vorgang der Einwirkung von Alkali auf Cellulose dahin lenken können, daß die Realität der Werte in Zweifel zu ziehen ist. Statt des ursprünglichen rein gravimetrischen Verfahrens, wie es sich noch in der Methode des amerikanischen Bureau of Standards findet, sind heute titrimetrische Arbeitsweisen in den Einheitsmethoden verschiedener Länder bevorzugt worden. Hiermit lassen sich bei schneller Durchführung der Analysen die mit dem Auswaschen des Alkali aus den resistenten Fasern verbundenen Fehler weitgehend ausschalten.

Zur Bestimmung des α-Cellulose-Gehaltes der für die Herstellung von

Nitro-Cellulose benutzten Cellulosen hat sich die nachstehende Methode vielfach bewährt. Ihr Charakteristikum liegt in der Verwendung der Mercerisierlauge bei 18° und im Verzicht auf die Wägung des resistenten Anteils der Cellulosen. Man bestimmt also titrimetrisch direkt die löslichen Cellulose-Anteile und errechnet daraus durch Differenz zu 100 die α-Cellulose.

Erforderliche Reagenzien:

17,5% (Gew.) Natronlauge genau gestellt gegen 0,2 n HCl;
n/10 Thiosulfat (24,82 g $Na_2S_2O_3 + 5H_2O$ pro Liter);
1,5 n Kaliumbichromatlösung (73,5 g $K_2Cr_2O_7$/ l);
5% ige KJ-Lösung;
1% ige Stärke-Lösung
Bichromat gegen Thiosulfat stellen.

3 g lufttrockene analytisch abgewogene Cellulose werden in einem Filter-stutzen mit 15 cm³ auf 18° genau eingestellter 17,5%iger Natronlauge mit einem Pistill innerhalb 1···2 Minuten zu gleichförmigem Brei ver-rieben. Mit einem Uhrglas verdeckt läßt man genau bei 18° 30 Minuten stehen. Danach setzt man 85 cm³ Wasser aus der Pipette zu und rührt den Zellstoffbrei intensiv 2 Minuten durch. Unter Benutzung eines zylindrischen Glastrichters mit einen Porzellansiebplättchen wird ab-filtriert, das Filtrat durch 3maliges Zurückgießen der Lösung faserfrei gesaugt. 25 cm³ Filtrat werden in einen 250 cm³ Meßkolben gegeben, aus einer Bürette werden 4···10 cm³ der obigen Bichromat-Lösung zu-gegeben, danach noch 35 cm³ konzentrierte Schwefelsäure und unter Schütteln 5 Minuten stehen gelassen. Nach Abkühlen auffüllen bis zur Marke und 50 cm³ Lösung mit Jodkalium und Thiosulfat titrieren. Zur Berechnung ist es zweckmäßig, sich eine Tabelle für die Äquivalenz Kaliumbichromat zu Thiosulfat anzulegen. Bei der lufttrockenen Ein-wage muß die Feuchtigkeit in Abzug gebracht werden.

Klauditz[1] ist der Meinung, daß bei annähernd konstantem Feuchtig-keitsgehalt des Untersuchungsraumes die Bestimmung der Feuchtigkeit des eingewogenen Zellstoffes überflüssig ist. Nach unseren Erfahrungen ist jedoch eine solche Bestimmung beim Arbeiten in den üblichen chemischen Laboratorien nicht zu umgehen.

1 cm³ n/10 Kaliumbichromat = 6,754 mg Cellulose. Die Berechnung führt direkt zur löslichen Cellulose, die α-Cellulose ist also = 100 — lös-liche Cellulose.

Dieser für den laufenden Betrieb praktischen Arbeitsweise steht die wesentlich mehr Arbeitsgänge erfordernde Einheitsmethode gegenüber. Für sie ist wesentlich, daß die Löslichkeit der Cellulose in 17,5%iger Natronlauge bei 20° vorgenommen wird, und daß nicht nur die alkali-resistenten Anteile der Cellulose durch Wägung direkt bestimmt, sondern

---

1 Angew. Chem. **51**, 928 (1938).

auch gleichzeitig die gelösten Anteile der β- und γ-Cellulose nacheinander titrimetrisch ermittelt werden. Oxydationsmittel ist auch in diesem Falle Kaliumbichromat. Die Methode ist weiterhin dadurch ausgezeichnet, daß sie gänzlich ohne Jodkalium auskommt und den Oxydationswert der Chromatlösung gegenüber Eisen-II-Sulfat einstellt, wobei Kaliumferricyanid als Indikator dient.

Die genaue Arbeitsweise nach dieser Methode ist in den käuflich erhältlichen Merkblättern der Faserstoffanalysen-Kommission des Vereins der Zellstoff- und Papier-Chemiker und -Ingenieure eingehend beschrieben.

Vieweg[1] stellt dann fest, daß beim Nachwaschen der mit 17,5%iger Natronlauge behandelten Cellulose das Gebiet der größten Löslichkeit durchlaufen wird. Sein Abänderungsvorschlag zur Einheitsmethode geht deshalb dahin, mit gesättigter Kochsalzlösung zu verdrängen und hierdurch die Cellulose zu entquellen. Die durch direkte Wägung ermittelten α-Cellulose-Werte liegen hierbei um ∼ 2% höher. Im Filtrat ist natürlich nun keine oxydimetrische Bestimmung der löslichen Anteile möglich. Da diese Methode für die Viskose-Industrie besondere Vorteile gibt, spricht sich auch *Steidte*[2] für ihre Benutzung aus.

Billing[3] schaltet seiner Bestimmung der α-Cellulose zunächst noch eine zweistündige Trocknung bei 100···105° vor und behandelt diese 3 g Cellulose dann mit 45 cm³ 17,5%iger Natronlauge bei 20°. Nach 5 Minuten Einwirkungszeit wird 10 Minuten lang der Brei durchgearbeitet unter Zugabe von je 10 cm³ Natronlauge (insgesamt 40 cm³). Nach 40 Minuten werden zu dem in einem mit Uhrglas bedeckten Becherglas befindlichen Cellulosebrei 200 cm³ Wasser von 20° gründlich hineingerührt und sofort durch einen Glasfiltertiegel 11 G II filtriert. Der Rückstand im Tiegel wird mit 750 ccm dest. Wasser von 20° gewaschen und sodann mit 40 cm³ 10%iger Essigsäure von 20° 2 Minuten lang stehen gelassen. Man saugt wieder ab, wäscht säurefrei und trocknet bei 100···105° 6 Stunden mindestens in der 1. Trockenperiode.

Hierzu sei noch auf die Ergebnisse der Arbeiten von *Bloom* u. *Reitz*[4] verwiesen, wonach bei der α-Cellulosebestimmung der Wäsche mit Essigsäure und der Methodik der Zugabe der Natronlauge wenig, der Trocknung dagegen viel Bedeutung zukommt. Auch die Art, wie die Cellulose mit der Lauge vermengt wird, ist wichtig.

Nach den Feststellungen von *Klauditz*[5] hängen die Werte der mindestens 6 Stunden Arbeitsaufwand erfordernden Einheitsmethode stark von der Wäsche ab, wobei ja das Gebiet der maximalen Löslichkeit in Natronlauge durchlaufen wird. Alkalisch aufgeschlossener Buchenzellstoff

[1] Angew. Chem. **51**, 206 (1938). — Papierfabrikant **36**, 181 (1938). — [2] Kunstseide u. Zellwolle **21**, 122. (1939). — [3] Plast. Products 9, 277 (1933). — [4] Paper Trade J. **126**, Nr. 8 TS 92 (1948). — [5] Angew. Chem. **51**, 928 (1938)

hat im Gegensatz zu den anderen Zellstoffen ein spitzes Maximum der Löslichkeit in 6%iger Natronlauge. Er geht deshalb auch auf die oxydative Bestimmung des gelösten Anteils über. Nach seinen Ergebnissen ist die Einheitsmethode auch für ungebleichte Zellstoffe nicht anwendbar, da hierbei Lignin als α-Cellulose mitbestimmt wird.

Er lehnt deshalb die α-Cellulose-Bestimmung als Kriterium für die chemische Weiterverarbeitung der Cellulose gänzlich ab.

Eine gänzliche Ausschaltung der Filtration und Wäsche strebt der Vorschlag von *Tydén*[1] an. Er benutzt für die Abtrennung der α-Cellulose von der Natronlauge die Zentrifuge im geschlossenen Rohr. 5 cm³ dieser Lauge werden dann oxydiert, so β- und γ-Cellulose bestimmt und auf α-Cellulose geschlossen. Durch Ausfällen der Lauge mit Schwefelsäure kann man die β-Cellulose gewinnen und im Filtrat mit Bichromat die γ-Cellulose bestimmen.

Von *Gontscharow* und *Burwasser*[2] wird die α-Cellulose nach einer vereinfachten Titrationsmethode bei folgender Arbeitsweise bestimmt:

0,3 g Cellulose mit 3 cm³ 17,5%iger Lauge 5 Minuten verrühren, noch mal 5 cm³ Lauge hinzugeben und den Kolben verschließen und 15 Minuten merzerisieren. Nach der Filtration mit 10 cm³ n-Schwefelsäure waschen und mit 100 cm³ Säuremischung (aus 25 g $K_2Cr_2O_7$, 500 H_2O, 500 konz. H_2SO_4/l) 20 Minuten behandeln, schnell zum Sieden erhitzen und 5 Minuten lang kochen. Nach dem Abkühlen wird auf 500 ccm aufgefüllt und 25 cm³ titriert. Es ist α-Cellulose = n/10 $K_2Cr_2O_7$-Lösung $\times$ 0,06754/g Einwaage. Im Filtrat der α-Cellulose können β- und γ-Cellulose in gleicher Weise oxydativ bestimmt werden.

Das von *Voiret*[3] ausgearbeitete neue Verfahren benutzt lediglich den alkali-löslichen Anteil der Cellulose zu ihrer Bewertung, indem es unter Benutzung nachstehender Vorschriften das Alkalilösliche fällt und wägt. 5 g Zellstoff läßt man in 100 cm³ 17,5%iger Natronlauge ¾ Stunde bei 18° stehen und filtriert sodann im Vakuum. Ein Teil des Filtrates wird mit 160 cm³ Sprit und sodann mit 1···3 cm³ Salzsäure weniger als zur Laugenneutralisation nötig ist, versetzt. Man neutralisiert gegen Phenolphthalein, macht schwach alkalisch und läßt den flockigen Niederschlag eine halbe Stunde absetzen, filtriert über Pyrexfilter, wäscht mit 95%igem Alkohol bei 60°, trocknet und wiegt. Man erhält etwa 0,2 bis 0,3% höhere Werte als bei den alten Methoden.

7. Barytresistenz der Cellulose. Um die Einwirkung der 17,5%igen Natronlauge auf Cellulose zu vermeiden, ist von *Schwalbe* und *Becker*[4] der gegen siedendes Baryt resistente Anteil der Cellulose ermittelt. Reine Cellulose wird durch kochende Lösungen von Erdalkali nicht gelöst.

[1] Svensk Papperstidn. **43**, 221 (1940) — (C. **1940 II** 2702). — [2] Бумажная промышленность 17, 27. C. **1940 I** 958. — [3] Ann. Chem. Analyt. **28**, 107 (1946). — C. **1947 I** 478 (Westausgabe). — [4] Zellstoff und Papier **1**, 100 (1921).

Wenn keine nachträgliche Reinigung der Cellulose mit Alkali vorgenommen wurde, ist die Barytresistenz kleiner. Natron- und Sulfatzellstoffe geben höhere Werte für die Barytresistenz als die durch 17,5%ige Natronlauge erhaltenen α-Cellulosewerte. Zur Durchführung werden 3 g Zellstoff mit 200 cm³ kaltgesättigter Barytlösung am Rückflußkühler eine Stunde lang gekocht. Man filtriert, wäscht mit heißem Wasser nach, danach mit kalter 1%iger Salzsäure bis Ba-frei und dann schließlich kalt neutral. Man trocknet 4 Stunden bei 100···105°. Wenn erforderlich, kann auch noch die Asche bestimmt werden.

8. Alkalilöslichkeit der Cellulose. Da angegriffene oder abgebaute Fasern in Alkali stärker löslich sind und Schäden an Fasern somit deutlicher in Erscheinung treten, wird die Bestimmung der Löslichkeit in warmer 7,14%iger Kalilauge oder 10%iger Natronlauge der Ermittlung der α-Cellulose oft vorgezogen. Die Alkali-Lösung muß sehr sorgfältig mit abgekochtem destilliertem Wasser hergestellt werden und Zeit haben, sich abzusetzen. Der Alkali-Gehalt muß genau stimmen. Zellstoff wird in Stücken von 10 mm Länge und 2 mm Breite zerteilt, bei 100° gewichtskonstant getrocknet und 2 g eingewogen. Man übergießt in einem 250 cm³ Schliffkolben mit 100 cm³ Lauge und hängt unter Rückfluß sofort in ein siedendes Wasserbad, so daß der Flüssigkeitsspiegel innen und außen gleich hoch ist. Nach 60 Minuten Kochzeit gießt man in ein Liter destilliertes Wasser und neutralisiert das Alkali mit 25 cm³ konzentrierter Essigsäure. Man filtriert durch einen Glasfiltertiegel, wäscht mit insgesamt einem Liter Wasser und trocknet den Rückstand P bei 100···105°. Der prozentuale Verlust an Alkalilauge ist dann $V = (2 - P) \cdot 50$. Die Methode gibt gut übereinstimmende Werte bei einfacher Arbeitsweise.

Wenn es sich darum handelt, bei der Bestimmung der Alkalilöslichkeit der Cellulose die gelöste Menge quantitativ zu ermitteln, so ist es vorteilhaft, sich der Bichromatoxydations-Methode von *Zimmermann*[1] in der Modifikation von *Windeck-Schulze*[2] u. *Pieper* zu bedienen.

Es ist allerdings hierbei zu beachten, daß es sich in vorliegendem Fall nicht um eine bei —5° hergestellte Lösung in einer 10% (Vol) Lauge handelt, wie bei der Bestimmung der regenerierten Cellulosefaser.

Für die Oxydationsmethode sind folgende Reagenzien erforderlich:

1. 0,5 n Kaliumbichromat-Lösung: 12,2588 g Kaliumbichromat (pro Analysi) in 500 cm³ doppelt dest. Wasser lösen.

2. 0,1 n Ferroammonsulfatlösung: 80 g Ferroammonsulfatlösung pro Analysi in 200 cm³ doppelt dest. Wasser + 20 cm³ konz. H_2SO_4 lösen. Danach auf 2000 cm³ verdünnen.

3. 0,1 g technisches Ferricyankalium (frei von Ferrocyankalium) in 100 cm³ dest. Wasser lösen.

4. 1,624 g Phenanthrolinhydrochlorid (Merk 7223) in 25 cm³ 0,1 n Ferrosulfat-Lösung (säurefrei) lösen und mit Wasser auf 100 cm³ auffüllen (Ferroin-Reagenz).

---

[1] Melliand Textilber. **23**, 73 (1942). — [2] Melliand Textilber. **29**, 20, 55 (1948).

Man mischt zur Oxydation in nachstehender Reihenfolge:

$$9{,}0 \text{ cm}^3 \text{ dest. Wasser}$$
$$60 \quad \text{cm}^3 \text{ Schwefelsäure } (96\%)$$
$$25 \quad \text{cm}^3 \text{ alkalische Celluloselösung}$$
$$6{,}0 \text{ cm}^3 \text{ 0,5 n Kaliumbichromat-Lösung.}$$

Die Hydrolyse wird in einem auf 110° erhitzten Bad während 60 Minuten vorgenommen (Uhrglas als Abschluß). Wird Ferricyankalium als Indikator verwendet, so wird mit 200 cm³ Wasser verdünnt, auf 40° abgekühlt, und mit Ferroammonsulfatlösung titriert bis grünliche Farbe auftritt. Dann wird unter Tüpfeln zu Ende titriert, also bis *Turnbulls* Blau auftritt.

Bei Benutzung von Ferroin als Indikator wird mit 500 cm³ Wasser verdünnt und bei 20° (!) mit Ferroammonsulfat bis zur grünlichen Farbe titriert. Jetzt setzt man 4 Tropfen Ferroin zu und titriert bis zur kräftigen Rotfärbung. Die Oxydation des Ferroins geht langsam vor sich, so daß also tropfenweise mit einigem Abstand das Ferroammonsulfat so lange zugesetzt wird, bis der endgültige Farbumschlag nach blaßblau (Ferriin) erreicht ist.

Blindproben ohne Alkalilösung sind sowohl „heiß" wie „kalt" zur Titerstellung des Ferroammonsulfats nötig, um die sonstigen oxydationsfähigen Verunreinigungen der Reagenzien zu erfassen.

9. Bestimmung des „Holzgummi". Für die in noch geringer konzentrierter Natronlauge löslichen Anteile der Pflanzenstoffe hatte *Thomsen*[1] den Begriff „Holzgummi" eingeführt. Diese Bezeichnung ist nun auch auf die in 2 oder 5%iger Natronlauge löslichen Anteile der Zellstoffe übertragen worden, wobei man sich selbstverständlich im klaren sein muß, daß hierunter auch keine einheitliche Substanz verstanden werden kann. Um übereinstimmende Werte zu erhalten, ist auch bei dieser konventionellen Methode die genaue Durchführung der Analyse in der festgelegten Weise notwendig.

Es sei hier noch erwähnt, daß nach *Johansson*[2] selbst der Zerkleinerungsgrad des Zellstoffes von Bedeutung für den Analysenwert ist. Nachstehende Methode hat sich bei der Beurteilung der Zellstoffe für die Nitrierung der Cellulose vielfach bewährt. Man kann bei ihr unter Benutzung der gleichen Oxydationslösungen arbeiten, wie sie zur oxydativen Bestimmung der β-Cellulose benötigt werden. Ihre Ausführung gestaltet sich demnach wie folgt:

Genau 5 g lufttrockene Cellulose werden in einer 250 cm³-Glasstopfenflasche mit 100 cm³ 5%iger Natronlauge von 18° übergossen und nach Umschütteln 2 Stunden stehengelassen. Das Filtrieren und Titrieren und die Berechnung geschieht wie unter der Arbeitsweise der α-Cellulose-

---

[1] J. prakt. Chem. **127**, 146 (1879). — [2] Svensk Papperstidn. **44**, 267 (1941).

bestimmung im Abschnitt 6. Man erhält % Holzgummigehalt. Die Deutsche Einheitsmethode ist im Merkblatt Nr. IV/9 der Faserstoff-analysenkommission veröffentlicht.

10. Ligninbestimmung in Zellstoffen. Die Durchführung der direkten Ligninbestimmung im ungebleichten oder gebleichten Zellstoff bedient sich vereinbarungsgemäß der von *A. Noll* und Mitarbeitern[1] ausge-arbeiteten Methode der Verzuckerung der Kohlenhydrate mit 78%iger Schwefelsäure. Die Hydrolyse wird durch die Vorbehandlung durch Dimethylanilin wesentlich beschleunigt. Für die Durchführung sind 2 Parallelansätze notwendig; in dem einen wird die Vollständigkeit der Verzuckerung geprüft, der andere dient zur quantitativen Lignin-bestimmung. Je 1 g getrockneter, fein zerteilter ungebleichter Zellstoff wird in einem 100 cm³ Becherglas zusammengedrückt, danach mit 5 cm³ reinem Dimethylanilin befeuchtet. Nach 3···4 Minuten wird mit 25 cm³ 78%iger Schwefelsäure übergossen. Die Celluloseverzuckerung ist in etwa 10 Minuten beendet. Man prüft die Vollständigkeit der Verzuckerung durch die Dextrinprobe. Letztere führt man wie folgt aus:

½ cm³ Lösung mit wenig Wasser verdünnen, evtl. filtrieren, etwa 20fache Menge Alkohol zugeben; eine weißliche Trübung oder helle Flocken deuten auf eine unvollständige Verzuckerung hin. Ist so kein Dextrin mehr nachweisbar, wird der Hauptansatz in ein 500 cm³ Becher-glas umgegossen. Man verdünnt mit 200 cm³ warmem Wasser, kocht 3 Minuten auf, wobei sich das Lignin in braunflockiger Form abscheidet. Nach einer Stunde Absetzen auf dem Wasserbad filtriert man durch ein vorgewogenes Filter. Es ist sehr wichtig, den Niederschlag mit warmem Wasser bis zur Säurefreiheit des Filterrandes auszuwaschen. Bei 100° wird getrocknet, man erhält danach Lignin + Asche und dann durch Veraschen % Lignin. Als Auswaschverlust werden 3 mg zur Auswaage hinzugerechnet. Bei gebleichtem Zellstoff wird mit 3 g Einwaage von 8 cm³ Dimethylanilin und 35 cm³ 78%iger Schwefelsäure gearbeitet. Nach einigen Minuten wird das Becherglas mit dem Analysenansatz noch ca. ³/₄ Std. im Wasserbad von 50° eingestellt.

In der schwedischen Zellstoffindustrie wird mit 72%iger Schwefel-säure nach *af Ekenstam* verzuckert[2].

Die Angabe dieser Methode zur Ligninbestimmung soll nicht eine ablehnende Stellungnahme zu den Untersuchungen von *Hilpert*[3], die die Existenz eines nativen Lignins zweifelhaft machen, bedeuten.

11. Bestimmung der Pentosane. Außer den Rückständen der Cellulose-begleitstoffe finden sich im Zellstoff noch die während der Aufschluß-

---

[1] Papierfabrikant **28**, 485; **29**, 485; **30**, 613; (1930—32). — Deutsche Einheits-methode Merkblatt IV/3. — [2] Papierfabrikant **40**, 73, 81 (1942). — [3] B **68**, 380 (1935) u. später.

und Veredlungsverfahren aus der Cellulose selbst und den anderen Polyosen entstandenen Verunreinigungen.

Mit Ausnahme der neuerdings von *Jayme* und *Sarten*[1] vorgeschlagenen Verwendung von Bromwasserstoffsäure halten all die vielen Verfahren zur Pentosanbestimmung in Zellstoffen daran fest, daß die Hydrolyse mit Salzsäure über die Pentose bis zum Furfurol vorgenommen wird. Letzteres kann in verschiedenster Art bestimmt werden. Neben der alten Wägungsform als Phloroglucid hat vornehmlich die Verbindung mit Barbitursäure[2] Bedeutung erlangt:

$$\begin{array}{c} CH-CH \\ \| \quad\quad \| \\ CH \quad C \end{array} -CHO + CH_2 \begin{array}{c} CO-NH \\ \\ CO-NH \end{array} CO \longrightarrow$$

$$H_2O + \begin{array}{c} CH-CH \\ \| \quad\quad \| \\ CH \quad C \end{array} -CH = C \begin{array}{c} CONH \\ \\ CONH \end{array} CO$$

Neuerdings sind Titrationsmethoden mit Bromid-Bromat in Benutzung; hierbei wird das Furfurol zu Brenzschleimsäure oxydiert.

Für die Barbitursäuremethode gilt folgende, auch bei unseren Arbeiten vielfach bewährte Vorschrift:

2 g trockene Substanz werden mit 100 cm³ 12%iger Salzsäure im Ölbad von 160···180° Badtemperatur innerhalb 10 Minuten so destilliert, daß 30 cm³ übergehen und gleichzeitig 30 cm³ Salzsäure zutropfen. Man gewinnt ein Gesamtdestillat von 210 bzw. 360 cm³. 1 g Barbitursäure werden in 50 cm³ 12%iger Salzsäure unter Erwärmen gelöst und zum Gesamtdestillat zugegeben. Nach 24 Stunden wird der Niederschlag filtriert, mit destilliertem Wasser ausgewaschen, bei 100° zur Gewichtskonstanz getrocknet, gewogen und über dem Gebläse verascht. Vom Rückstand nach der Veraschung werden bei 210 cm³ Destillat 2,6 mg, bei 360 cm³ Destillat 4,4 mg abgezogen. Als Umrechnungsfaktor von Furfurol auf Pentosan verwendet man den korrigierten Wert 0,3202.

Für 100 mg Furfurol werden, da man etwa das 6fache der theoretisch erforderlichen Menge Barbitursäure zusetzt, ca. 570 mg Barbitursäure benötigt. Für die Berechnung der Furfurolmenge bedient man sich der Gleichung:

g Furfurol = (Barbitursäurekondensat + cm³ Destillat . 0,000012) . 0,4659.

12. Cu-Zahl der Cellulosen. Im Jahre 1910 hatte *Schwalbe*[3] das Reduktionsvermögen von Cellulosefasern für Kupferlösungen erkannt und darauf die Bestimmung der Cu-Zahl der Cellulose als einen Maßstab

---

[1] Biochem. Z. **308**, 109 (1941). — [2] *Unger* u. *Jäger:* B **36**, 1222 (1903). — [3] Angew. Chem. **23**, 924 (1910).

für den Gehalt an Oxy-Cellulose oder an anderen abgebauten Cellulosen, vielleicht von der Art der Cellulose-Carbonsäuren begründet. Als Cu-Zahl wird definitionsgemäß die Menge Cu in Form von Cu_2O, die von 100 g Fasern atro abgeschieden werden, betrachtet, wobei wiederum auf genaue Einhaltung der Arbeitsvorschriften der Bestimmungsmethode gesehen werden muß. Der Wert dieser Analysenzahl ist auf Grund der neueren Erkenntnisse der Cellulose-Chemie umstritten.

Die Praxis hält aber gern noch an ihr fest und fußt hierbei auf der vielfältigen Erfahrung, daß die Cellulosen mit hoher Cu-Zahl möglichst nicht als Rohstoff für die Plast-Ausgangsstoffe benutzt werden sollen.

Von den zahlreichen Versuchen zur Kritik der Cu-Zahl und den daraus wieder resultierenden Vorschlägen zu ihrer Durchführung ist die Ausführungsform nach den Vorschriften der Deutschen Einheitsmethode — es ist dies die sogenannte *Schwalbe-Hägglund*-Methode[1] — am verbreitetsten. Die erforderlichen Reagenzien sind:

Fehlingsche Lösung I = 60 g Kupfersulfat reinst/1;
Fehlingsche Lösung II = 200 g Seignettesalz/1; + 100 g Ätznatron;
Ferrisulfat-Schwefelsäure = 50 g Ferrisulfat und 200 g = 108,7 cm³ Schwefelsäure (s = 1,84).

Die Lösung muß ferrosalzfrei sein; evtl. wird mit n/10 Permanganat oxydiert (3,1605 g Permanganat/1). Man mischt je 20 cm³ Fehlingsche Lösung I und II in einem 150 cm³-Kochbecher und erhitzt zum Sieden; in die siedende Lösung wird genau 1 g lufttrockene Cellulose eingetragen und genau 3 Minuten (Stoppuhr) bei starkem Sieden mechanisch gerührt. Den Faserbrei bringt man auf eine Porzellannutsche, wäscht heiß und dann kalt aus. Die Saugflasche wird gut ausgespült. Man läßt 25 cm³ abpipettierte Ferrisulfatlösung auf den Faserbrei auf der Nutsche einwirken, saugt ab, übergießt nochmals mit 25 cm³ Ferrisulfat und wäscht dann mit Wasser nach. Das gebildete Ferrosalz wird direkt in der Saugflasche mit n/10 $KMnO_4$ titriert.

$$\text{Cu-Zahl} = \frac{\text{cm}^3\ \text{n}/10\ KMnO_4 \cdot 0{,}6357}{\text{Einwaage atro}}$$

Von *Brissaud*[2] wird die Cu-Zahl-Bestimmungsmethode von *Braidy*[3] als am zuverlässigsten angesehen. Sie unterscheidet sich von der Einheitsmethode durch die Konzentration der Reaktionslösungen und durch die Reaktionsführung.

Brissaud[4] macht bei der Nachprüfung der Methoden folgende Faktoren für die Resultate verantwortlich:

Konzentration der Lösung, das Verhältnis Cellulose : Lösung, Zeit, Temperatur und auch die Silikatschicht des Glases. Die von ihm an-

---

[1] Cellulosechemie 11, 1 (1930). — [2] Rev. univ. Soie Text. artific. 10, 441; (1936) — C 1936 II, 1639. — [3] Rev. gén. Matière collorantes 25, 35 (1921). — [4] Mém. Poudres 25, 244 (1932/33).

gewandte, abgeänderte Methode für die Bestimmung der Cu-Zahl der Cellulosen besteht darin, daß 2,5 g Cellulose in einem *Erlenmeyer*-Kolben mit 100 cm³ *kochender* Cu-Lösung übergossen werden. Man läßt nun 3 Stunden bei 100° im Wasserbad stehen, kühlt rasch ab und bringt Faser und Flüssigkeit auf ein poröses Plattenfilter. Die Mutterlauge wird nochmals durch Papierfilter nachfiltriert. Man wäscht 4···5mal mit je 20 cm³ lauwarmem Wasser, wobei das letzte Waschwasser durch 0,2 cm³ 0,125%ige Permanganat-Lösung nach 2 Min. entfärbt sein soll. Man behandelt wie oben angegeben mit der sauren Ferrisulfatlösung und titriert mit 1,25%iger Permanganat-Lösung.

Zwecks Vermeidung der umständlichen und zeitraubenden Arbeitsweise der Verwendung zweier getrennter Lösungen für die Cu-Zahlbestimmung wurde von *A. Noll*[1] versucht, eine einzige haltbare Lösung zu schaffen. Mit ihr wurde nach der Arbeitsweise des Merkblatts 8 der Faserstoff-Analysen-Kommission gearbeitet. Die Lösung nach *Noll* enthält 30 g Kupfersulfat, 50 g Ätznatron und 150 g Triäthanolamin im Liter. Man kann sie sofort nach dem Ansetzen verwenden und zwar so, daß 40 cm³ auf 1 g Zellstoff kommen, das sind 1,2 g Kupfersulfat + 2,0 g Ätznatron + 6,9 g Triäthanolamin. An Stelle des Triäthanolamins können auch andere mehrwertige Alkohole und auch die Salze der Trilonreihe benutzt werden. Man stellt die Reagenzlösung in der Weise her, daß 30 g Kupfersulfat puriss. in einem Literkolben mit 150 g Triäthanolamin in 400 cm³ reinstem dest. Wasser gelöst werden. Parallel dazu löst man 50 g Ätznatron puriss. in etwa 200 cm³ Wasser, mischt beide Ansätze und füllt bei 20° auf 1 Liter auf. Notwendig ist unbedingt eisenfreies dest. Wasser. Die Reagenzlösung wird in dunkler Glasflasche aufbewahrt und ist mehrere Monate lang haltbar. Die Anwendung geschieht nach der Arbeitsweise des Merkblatts 8 der Faserstoff-Analysen-Kommission. An ungebleichten Zellstoffen aus Fichte, Kiefer, Buche, Aspe, an gebleichten Zellstoffen und Baumwolle ist die gute Reproduzierbarkeit der Werte und die Übereinstimmung mit der Fehlingschen Lösung nachgewiesen.

13. Weitere Kennzahlen zur Charakterisierung des Abbaus der Cellulose. Zur Messung des Abbaus der Cellulosen für die Herstellung der Nitro- und Acetylcellulosen dienen außer der Cu-Zahl noch weitere Kennzeichen: z. B. die *Ag-Zahl* nach *Goetze*. Auch sie ist nicht nur durch die ursprünglich vorhandenen reduzierenden Gruppen bedingt, sondern auch durch solche, die während des Abbaus unter den Reaktionsbedingungen entstehen. Ihre Durchführung gestaltet sich wie folgt:

2,5 g Cellulose werden mit 50 cm³ einer heißen Lösung von 10 g Silbernitrat + 7 g Natriumacetat/l übergossen, eine Stunde bei 100°

---

[1] Papier **1**, 109 (1947).

gehalten, abkühlen gelassen und abgesaugt. Das Silber wird in 40%iger Salpetersäure gelöst und mit Rhodankalium titriert.

Die *Jodzahl* nach *Bergmann-Machemer* ist trotz ihrer Beeinflussung durch Lignin und Abbauprodukte brauchbar. Zu ihrer Ausführung werden 2,7 g Substanz mit 25 cm³ n/10 Jodlösung und 75 cm³ n/10 Natronlauge eine halbe Stunde geschüttelt, danach mit 10%iger Schwefelsäure angesäuert und mit Thiosulfat zurücktitriert. Die cm³ n/10 Jod/g Cellulose ist die Jodzahl. Hierbei führt eine wiederholte Einwirkung stets zu einem beträchtlichen Hypojoditverbrauch; verlängerte einmalige Einwirkung von Hypojodit erhöht nur unwesentlich. Somit sind also mit dieser Methode entgegen der Ansichten von *Bergmann* und *Machemer* Molekulargewichte nicht bestimmbar[1].

Es sei hier noch erwähnt, daß ähnliche Beobachtungen gemacht wurden bei der Bestimmung für α-Cellulose, Kupfer-, Silberzahl, Löslichkeit von Cellulose in Alkali und von Nitro-Cellulose in Alkohol resp. Äther + Alkohol.

Die anfänglich als qualitativer Nachweis von Bleichschäden an Textilien durchgeführte Färbung der Fasern mit Methylenblau hat man ebenfalls zu einer Bewertungszahl für Zellstoffe auszubauen versucht. Die Meinungen darüber, welche „Verunreinigungen" der Cellulose für die adsorbtive Bindung des Methylenblaus verantwortlich gemacht werden müssen, gehen noch auseinander. Nach *Brissaud*[2] zeigt die *Methylenblauzahl* — das ist die Anzahl mg Methylenblau, die von 100 g Cellulose adsorbiert wird — den Gehalt an ligninähnlichen Stoffen in der Cellulose an.

Amerikanische Baumwollen haben eine Methylenblauzahl von 0,8 bis 0,9, ägyptische Baumwollen von 1,0···1,1. Die Zahl schwankt merklich mit dem p_H-Wert. Es ist also erforderlich, eine genau gepufferte Lösung zu verwenden. Für den $p_H = 7$ benutzt man eine Lösung von 6,8 g Kaliumdiphosphat + 29,6 cm³ n Lauge + 1,279 g Methylenblauhydrochlorid ($C_{16}H_{18}N_3SCl$) in 1 Liter Wasser.

Die Cellulose wird mit 0,004 n Methylenblaulösung imprägniert. Nach 24 Stunden wird die Cellulose abfiltriert durch Absaugen und das Filtrat (10 cm³) mit einer Lösung von Naphtholgelb S titriert, um den Gehalt des unverbrauchten Methylenblaus zu ermitteln.

Soll beim $p_H = 5$ resp. 2,7 gearbeitet werden, so benutzt man folgende Pufferlösungen:

10,2 g saures Kaliumphthalat + 23,8 cm³ n-Lauge + 1,279 g Methylenblauhydrochlorid/l resp.

0,2 n Essigsäure in der Lösung von 1,279 g Farbstoff/l.

---

[1] *Brissaud*: Mém. Poudres **27**, 214, 230 (1935/36). — [2] Mém. Poudres **26**, 93, 204 (1934/35).

Nachdem in letzter Zeit wiederholt ein Gehalt von Carboxylgruppen in der Cellulose erkannt war, neigt *Weber*[1] dazu, das Festhalten des basischen Methylenblaus an diesen Carboxylgruppen als die Ursache der Färbung anzusehen. Er baut darauf eine Bestimmung der Carboxylgruppen in der Cellulose auf.

Spezielle Untersuchungen über die Auswirkung eines Gehaltes an COOH-Gruppen in den Cellulosen auf die aus ihnen hergestellten Plaste liegen noch nicht vor. Sie werden sich voraussichtlich auch nur in dem gleichen Sinne äußern wie die Nachteile, die man als Wirkungen der Oxy-Cellulosen auffaßt.

14. Unterscheidung zwischen Oxy- und Hydro-Cellulose. Die als Hydrocellulosen bezeichneten Abbauprodukte der Cellulose geben im allgemeinen ähnliche Reaktionen wie die durch vorwiegend oxydativen Eingriff erhaltenen Oxycellulosen. So wird durch Kochen mit 3%iger Natronlauge die Hydro-Cellulose-Faser stark gelb gefärbt, während die Lösung selbst nur schwach gelb ist. Bei der Oxy-Cellulose ist es gerade umgekehrt. Durch Phenylhydrazin können die Keto-Gruppen und Aldehyd-Gruppen in der Oxy-Cellulose und Hydro-Cellulose nachgewiesen werden. Hierbei lassen sich durch Kuppeln mit Diazoniumverbindungen die Reaktionsmöglichkeiten noch erweitern.

Im übrigen ist es dann nötig, die Unterscheidungen zwischen diesen beiden Abbauprodukten durch Farbreaktionen vorzunehmen. Aus einer Reihe von hierfür vorgeschlagenen Methoden sei eine Auswahl der als sicher anzusehenden und erprobten gegeben. *Neßler*-Reagenz färbt Oxy-Cellulose gelbschwarz, Hydrocellulose wird orangebraun. Das auch zur Unterscheidung von verschiedenartigen Gewebefasern viel benutzte Neocarmin-W gibt auf oxydierten Stellen eine rötliche, auf normalen Stellen eines Zellstoffpapiers oder dergleichen dagegen eine blaue Farbe. *Baur*[2] ist aber der Ansicht, daß hierzu schon eine 50%ige Faserschwächung vorliegen muß. Oxy-Cellulose kann man auch gut durch Bildung des Goldpurpurs mit $SnCl_2$ und $AuCl_3$ erkennen. Diese Reaktion ist auch dann noch sicher, wenn *Neßler*s Reagenz und die *Fehling*sche Lösung versagen. Letztere kann nach *J. Willimann*[3] dadurch verbessert werden, daß man das ausgeschiedene Kupferoxydul gegen kolloidales Silber oder Gold austauscht. Hierzu ist nur ein Einlegen der Proben in verdünnte schwach essigsaure Lösung von Silbernitrat oder Goldchlorid erforderlich.

Kraitschinowitsch[4] gibt zum qualitativen Nachweis der Oxy-Cellulose eine von normaler und Hydratcellulose nicht gegebene Farbenreaktion an. Sie beruht auf der Reaktion der von ihm als charakteristisch für Oxycellulosen angesehenen COOH-Gruppe mit aromatischen Mono- und

---

[1] J. prakt. Chem. **158**, 33 (1941). — [2] Dtsch. Färber-Ztg. **68**, Nr. 35 (1932). — [3] Melliand Textilber. **27**, 93 (1946). — [4] Журнал прикладной химии **19**, 420 (1946); — C. **1947** I, 416 (Ostausgabe).

Diaminen, die beide dann zu Azo-Farbstoffen entwickelt werden. Als besonders geeignet von einer Reihe von Diaminen ist Benzidin, das mit β-Naphthol gekuppelt wird. Bei Anwesenheit von Oxy-Cellulosen erhält man einen intensiv roten Farbton mit violettem Schein:

0,5 g säure- und alkalifreie Cellulose wird in 2 cm³ einer n/10 alkoholischen Benzidin-Lösung eingelegt und nach einer Minute mit Wasser gewaschen. Anschließend behandelt man 1···3 Minuten mit 15 cm³ n/10 HCl und 5 cm³ einer 5%igen Lösung von Natriumnitrit. Danach wird gewaschen und dann mit einigen Tropfen n/10 β-Naphthol-Lösung befeuchtet.

Müller[1] baut eine Unterscheidung zwischen Oxy- und Hydro-Cellulose darauf auf, daß er einmal die Substanz eine halbe Minute und in einer anderen Probe eine Stunde in 1%iger Phenylhydrazin-p-sulfonsäure kocht und nach Spülen in schwach soda-alkalischer Lösung (1 bis 2 g /1) mit Echt-Blausalz B oder Variamin-Blausalz FG eine halbe Stunde entwickelt, spült und seift. Wird die 1. Probe braunrot, so liegt Oxy-Cellulose vor; wird die 2. Probe violettrot, handelt es sich um Hydrocellulose. Letzteres ist bei Gegenwart von ersterer bei diesem Verfahren nicht zu erkennen. Nur zum Nachweis von Oxy-Cellulose ist 1-Phenylhydrazin-2,5-dichlor-4-sulfonsäure geeignet. Hydrocellulose wird damit nicht erkannt.

Sowohl als Nachweis der Oxy-Cellulose wie zugleich auch als neue chemische Konstante dient die Carbonyl-Zahl von *Kraitschinowitsch*[2]. Sie wird nicht von Hydrocellulose gegeben. 1 g Oxy-Cellulose werden mit 20 cm³ n/10 Hydroxylaminhydrochlorid und 10 cm³ n/10 Lauge bei 20° 20 Minuten stehen gelassen und dann mit n/10 Salzsäure unter Verwendung von Methylorange titriert. Aus der Menge des nicht verbrauchten Hydroxylamins errechnet sich die Carbonylzahl.

15. Allgemeines zur Messung der Viscosität. Es sind zunächst rein praktische Gesichtspunkte gewesen, die die Messung der an Lösungen von Cellulose oder ihren Derivaten augenfälligsten Eigenschaft, nämlich ihrer Zähigkeit, veranlaßten. Erkannte man doch schon sehr bald, daß jede an der Cellulose vorgenommene Reaktion mit einer Abnahme der Viscosität ihrer Lösungen resp. der ihrer Derivate verknüpft ist. Erst neuerdings haben sehr sorgfältig geführte Untersuchungen verschiedener Autoren die Möglichkeit erkennen lassen, daß auch Reaktionen unter Viscositätserhaltung, aber niemals unter Viscositätserhöhung, durchgeführt werden können. Die Bedingungen hierfür sind jedoch meist so, daß sie in der Praxis der Cellulose-Verarbeitung nur in Ausnahmefällen eingehalten werden können.

---

[1] Melliand Textilber. **27**, 93 (1946). — [2] Журнал прикладной химии **19**, 424 (1946); — C. **1947 I 416** (Ostausgabe).

Am deutlichsten spiegelt sich wohl die Bedeutung des Viscositätsproblems für die Praxis und auch für die Forschung in der Unzahl von Arbeiten wieder, die unter den verschiedensten Gesichtspunkten durch-

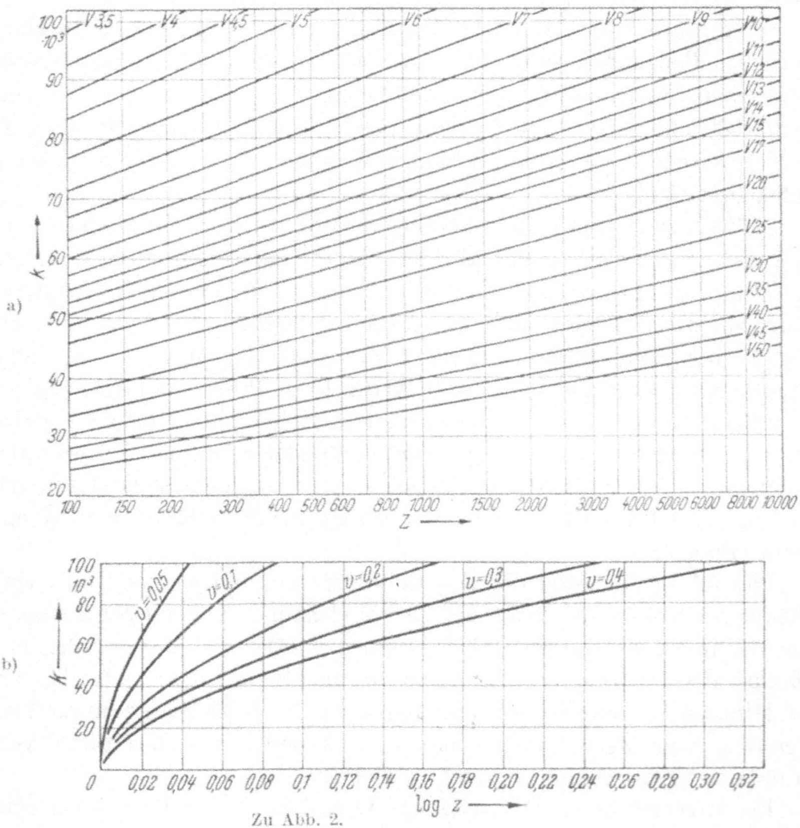

geführt wurden und noch immer bearbeitet werden müssen. Es würde den Rahmen des Kapitels erheblich überschreiten, auch nur andeutungsweise auf diese Arbeiten einzugehen.

Für den Plastanalytiker ist die Viscositätsbestimmung heute die am schnellsten mit sehr exakt arbeitenden Methoden ausführbare Messung, die einen relativ weiten Einblick in das komplizierte Wechselspiel zwischen molekularem Bau des Hochpolymeren und den physikalischen und/oder chemischen Eigenschaften des aus ihm hergestellten Plasts zu nehmen gestattet. Deshalb wird man bei keiner Plastanalyse und noch viel weniger bei einer Untersuchung eines Plast-Rohstoffes auf die exakte Viscositätsmessung verzichten können. Oft wird allein ihr Ergebnis den Ausschlag dafür geben, ob eine Cellulose noch als Ausgangsmaterial zur Darstellung der Plast-Rohstoffe verwendet werden kann oder nicht.

Die Auswertung der Viscositätsmessung wird weitgehend die Ergebnisse der ausgedehnten Forschungsarbeiten auf dem Teilgebiet der Viscositäts-Konzentrations-Funktion berücksichtigen müssen. Hier wird

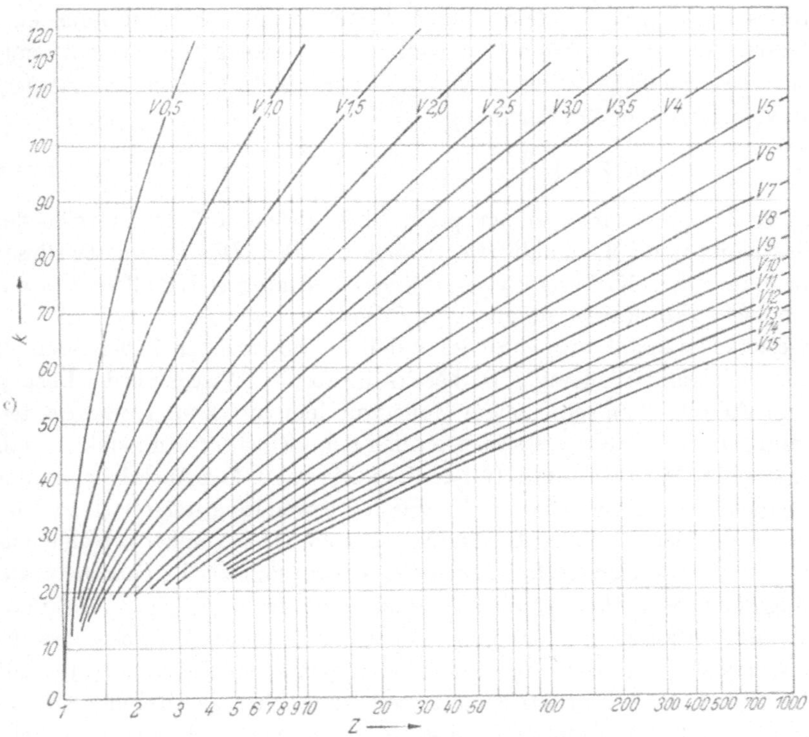

Abb. 2 a—c. Viscositätsgleichung nach *Fikentscher*.
Funktion: k von Z für die Konzentrationen V = 0,05 bis 50 g/100 cm³.

es dann oft der persönlichen Einstellung des Analytikers zu diesen Resultaten vorbehalten bleiben, welche der 15 Viscositäts-Konzentrations-Gleichungen, die im Laufe der letzten 30 Jahre zur Diskussion gestellt wurden, er anwenden will, um durch die eine oder andere Konstante einer solchen Gleichung ein mehr oder minder anschauliches Maß für die Kettenlänge des Makro-Moleküls zu erhalten.

Auch die von *Staudinger* angegebene Gleichung $\eta_{sp} = K_m \cdot M \cdot c_{gm}$, die oft etwas überschwenglich als ein Viscositätsgesetz bezeichnet wird, ist nicht frei von Ausnahmen und somit noch nicht berufen, die so sehr erwünschte breite Basis für eine möglichst einheitliche Kennzeichnung der verschiedenartigsten Hochpolymeren zu geben. Als weiterer Mangel vieler Viscositäts-Konzentrationsgleichungen muß der Umstand angesehen werden, daß die einzuhaltenden Konzentrationen so klein sind, daß man sich unwillkürlich fragen muß, ob die Kennzeichnung einer fabrikatorischen Einheit durch eine Messung an einer Probe, die oft noch nicht den 1000. Teil ausmacht, noch sinnvoll ist und Gewähr dafür bietet, daß eine wirklich zutreffende Beurteilung des betreffenden Rohstoffes erfolgen kann. Hier bieten Gleichungen, die wenigstens eine Messung in konzentrierten Lösungen vorzunehmen gestatten, ganz entschieden erhebliche Vorteile. Von ihnen hat sich die von *Fikentscher*[1] entwickelte Viscositätsgleichung

$$\log Z = \left(\frac{75\,k^2}{1 + 1,5\,k \cdot c} + k \right) \cdot c \qquad\qquad k\text{-Wert} = 10^3 \cdot k$$

worin $Z = \eta_c / \eta_0$ ist, bei der praktischen Arbeit auf dem Gebiet der Plaste und in der Lackindustrie vielfach bewährt. Der Parameter dieser Gleichung, der K-Wert, ist eine für ein bestimmtes Eukolloid charakteristische Konstante, für die von *Fikentscher* der Begriff der „Eigenviscosität" geprägt wurde. Sie ist in den weitaus meisten Fällen von der Konzentration unabhängig. Da bereits die absolute Viscosität der Lösung eines Eukolloids in sehr hohem Maße von dem zur Lösung verwendeten Lösungsmittel abhängt, ist es eigentlich eine Selbstverständlichkeit, daß auch der K-Wert lösungsmittel-bedingt sein muß. Der Ausschaltung der Viscosität des Lösungsmittels ist durch Verwendung der relativen Viscosität Z in der Gleichung Rechnung getragen. Diese von der verschiedenartigen Solvatationskraft eines jeden Lösungsmittels herrührende Abhängigkeit ist z. Zt. noch ein Nachteil, dem aber sämtliche Viscositätsgleichungen unterliegen. Er ändert aber nichts an der Tatsache, daß die K-Werte als empirisch ermittelte und hypothesenfreie Konstanten für alle bisher in der praktischen Arbeit zugänglich gewordenen Hochpolymeren zu bewerten sind. Diese relativen Werte erlauben also nicht nur einen Vergleich der Glieder einer polymerhomologen Reihe untereinander, sondern auch einen Übergang von einem Eukolloid auf das andere, wobei selbstverständlich bei dieser Art Vergleiche die unterschiedliche Solvatationswirkung der verschiedenen Lösungsmittel auf die verschiedenen Eukolloide bei der Beurteilung nicht vergessen werden darf. Ob es zweckmäßig ist, neben dieser Gleichung oder irgendeiner anderen noch den Versuch zu machen, die Viscositätsmessungen zur Berechnung von absoluten Molekulargewichten der Hochpolymeren auszuwerten, mag dahingestellt bleiben. Auch heute erscheint es uns noch nicht einwandfrei möglich, auf anderem Wege die Molekulargewichte von solchen Eukolloiden zu ermitteln, die nachher als Eichsubstanz für die Viscositätsmessung dienen können.

Zur bequemen Auswertung seiner Viscositätsgleichung hat *Fikentscher* eine Viscositätstabelle herausgegeben; ihre graphische Darstellung ist

---

[1] Cellulosechemie **13**, 57 (1932).

auf Seite 26/27 gebracht. Im einfach logarithmischen Maßstab sind hier als Ordinate die K-Werte, als Abscisse die relativen Viscositäten eingetragen. Mit ihr ist ein Konzentrationsbereich zwischen 0,05%igen bis 50%igen Lösungen auswertbar. Man bedient sich hierzu folgender Arbeitsweise:

In einem 50 oder 100 cm³-Meßkolben werden a g Eukolloide genauestens abgewogen und sodann ein Teil eines geeigneten Lösungsmittels eingefüllt und bis zur völligen Auflösung irgendwie mechanisch geschüttelt. Dann füllt man bei genau 25° bis zur Marke auf, homogenisiert die Lösung durch gutes Schütteln und bestimmt nach einer der bekannten Meßmethoden die absolute Viscosität in Poise oder in Centipoise (cP). Diese absolute Viscosität der Lösung wird durch die absolute Viscosität des Lösungsmittels geteilt und dieser so erhaltene z-Wert graphisch auf den K-Wert ausgewertet.

16. Methodisches zur Messung der K- und X-Viscosität von Cellulose. Für die Viscositätsmessung der Cellulose stehen zwei Möglichkeiten zur Verfügung. Es wird entweder die Viscosität ihrer Auflösung in Cuoxam-Lösung — K- oder Cu-Viscosität — oder die an der aus der Cellulose hergestellten Xanthogenat-Lösung (X-Viscosität) gemessen.

Für die *K-Viscosität* ist die Grundbedingung die Ausschaltung des Luftsauerstoffes. Zwangsläufig damit ist die Benutzung einer recht komplizierten Apparatur verbunden, die die notwendige Stickstoff-Atmosphäre einzustellen gestattet. In Betriebslaboratorien wird darauf oft verzichtet, zumal dann, wenn man sich mit der Angabe der Viscosität nach konventionellen Methoden begnügt, z. B. in Ostgraden und dergleichen mehr. Für exakte Messungen, die die Ermittlung der Eigenviscosität ermöglichen sollen, ist jedoch die Luftfreiheit nicht zu entbehren.

Auch die Herstellung der Cuoxam-Lösung und die Art der Auflösung der Cellulose in ihr sind für die richtige Beurteilung der Cellulose aus ihrer Viscosität von Bedeutung.

Die Deutsche Einheitsmethode ist im Merkblatt Nr. 12 der Faserstoff-Analysen-Kommission niedergelegt; sie gilt allgemein als wenig glücklich und für den täglichen Bedarf zu schwierig. Hierfür hat sich nachstehende Arbeitsweise in jahrelanger Anwendung bestens bewährt. Erforderlich ist eine Cuoxam-Lösung mit $13\cdots14$ g Cu und 200 g NH_3 im Liter, die wie folgt hergestellt wird:

In 3 l kochendem Wasser löst man 59 g $CuSO_4 + 5\ H_2O$ und gibt $30\cdots40$ cm³ 15%iges NH_3 zu, bis das basische Salz völlig gefällt ist. Nach $2\cdots3$ Stunden Stehen wird das Wasser abgesaugt und gewaschen, bis das Salz SO_4 frei ist. Den Gehalt des zur Lösung zu verwendenden NH_3 bestimmt man gesondert und verwendet so viel, daß in der Endlösung 200 g NH_3 im Liter ist, wobei der Niederschlag in den Literkolben mit NH_3 und Wasser übergespült und gelöst wird. Die beim Lösen der

Cellulose verwendeten Kupferspäne müssen elektrolytisch rein sein. Ein Kupferdraht von 5 mm Durchmesser wird in ca. 1,5 g schwere Stücke zerteilt. Nach Benutzung wird mit Wasser gewaschen, dann in HCl gelegt und sorgfältig mit Wasser und Alkohol nachgewaschen und bei 110° getrocknet und so aufbewahrt. Die Cuoxamlösung wird in einer braunen Standflasche mit einer 100-cm^3-Pipette aufbewahrt. Die Temperatur ist stets 20°. Zum Auflösen der Cellulose benutzt man eine braune Pulverflasche mit 106···110 cm^3 Inhalt. Darin bringt man eine Einwaage von 1,0000 atro Cellulose ein, gibt ca. 20 g Kupferstückchen hinzu und läßt aus der automatischen Pipette 100 cm^3 Cuoxam-Lösung einlaufen. Nach dem Auflösen wird 5 Minuten im Wasserbad bei 20 oder 25° temperiert und in das ebenso temperierte Viscosimeter eingefüllt. Man benutzt ein Ausfluß-Capillarviscosimeter, das mit Öl bekannter Viscosität geeicht wurde; der Capillarfaktor ist $f = \eta/d \cdot t$ (d = spezifisches Gewicht, t = Auslaufzeit in Sek.). Die Viscosität der Lösung ist dann $\eta = f \cdot d \cdot t$. Bei einer 1%igen Zellstofflösung ist d = 0,94.

Die von *K. Fabel*[1] ausgearbeitete Methode ermöglicht die Auflösung von Zellstoff innerhalb 15 Min., von Linters je nach Viscosität in 5 bis 10 Min. in einer Cuoxamlösung mit 12 g Cu + 200 g NH_3/l. Sie verzichtet bei der Herstellung und bei der Messung im *Ost-Ostwald*-Viscosimeter auf Luftabschluß und bringt als Korrekturglied eine Umrechnung mit 0,8 an.

Unter Ostgraden wird der Quotient aus der Auslaufzeit der Cellulose-Lösung und der Zeit für die reine Cuoxamlösung verstanden.

An Stelle des Ausfluß-Capillarviscosimeters kann man das *Holde-Ubbelohde-* oder *Höppler*-Viscosimeter, die man vorher erforderlichenfalls mit Stickstoff ausgespült hat, benutzen. Damit ist dann die Möglichkeit gegeben, die Viscosität in absolutem Maße zu bestimmen und eine der Viscositäts-Konzentrations-Gleichungen anzuwenden, z. B. die Eigenviscosität der Cellulose anzugeben.

Für diese Arbeitsweise ist auch die mit unseren Erfahrungen sich deckende Angabe von *Mease*[2] von Bedeutung, daß die Luftberührung keine meßbaren Viscositätsänderungen verursacht, wenn man die Celluloselösung in Cuoxam in braunen Mischflaschen herstellt und dann in das Viscosimeter einfüllt. Nach *Wannow*[3] sollen die Viscositätsmessungen ohne Luftabschluß immer dann richtige Werte liefern, wenn der Polymerisationsgrad kleiner als 1000 ist. Dies würde sich also meist um abgebaute Cellulose handeln, die kaum als Plast-Rohstoffe benutzt werden.

---

[1] *Berl-Lunge:* Chem. Techn. Untersuchungsmethoden 8. Aufl. Erg. Bd. III, 262. [2] J. Res. nat. Bur. Standards **27**, 551 (1941). — [3] *Jentzens:* Kunstseide und Zellwolle **24**, 144 (1942).

Weitere einfach zu handhabende Methoden haben *Doering*[1] und *J. W. Eggert*[2] vorgeschlagen.

Trotz der oben dargelegten Bedenken gegen die Auswertung der Viscositätsmessungen zur Errechnung absoluter Molekulargewichte oder des ihnen proportionalen Polymerisationsgrades sei noch darauf hingewiesen, daß ein besonderes Merkblatt der Fachgruppe Chemische Fasern herausgegeben ist, in dem die ursprüngliche *Staudinger*sche Arbeitsweise für technische Belange umgestaltet ist[3]. Den Polymerisationsgrad P errechnet man danach:

$$P = \frac{\eta_0/\eta - 1}{c \cdot 10 \cdot K_m}.$$

K_m hat für Cellulose in Cuoxamlösung den Wert $5 \cdot 10^{-4}$,

$$\text{demnach } P = \frac{200}{c} \cdot (\eta_0/\eta - 1).$$

Im Ammoniaklabor Oppau hat sich nach einer Mitteilung von *Zimmermann*[4] die nachstehende Arbeitsweise in jahrelangen Arbeiten bewährt. Die bekannte Luft- und Lichtempfindlichkeit der Cuoxamlösungen führte zur Erstellung einer besonderen Meßapparatur (Abb. 3 u. 4).

Zu einer aus 140 l Wasser und 3200 g $CuSO_4 \cdot 5 H_2O$ hergestellten Lösung werden im Laufe von 6···8 Stunden 6,5 l 5%iges Ammoniak zugeführt. Der entstehende Niederschlag wird viermal mit Wasser gewaschen, wobei je 1 Stunde gerührt wird. Der Cu-Schlamm und ca. 10 l Spülwasser werden mit 50 l 24%iges Ammoniak gelöst. Nach Absetzen werden Verunreinigungen entfernt und der Gehalt an Cu und NH_3 in der Lösung bestimmt. Es soll 1,30···1,35% Cu und 20,0···20,5% NH_3 vorliegen. Die Ammoniak-Lösung wird in der Weise bestimmt, daß in einem (100 cm³) Meßkolben 45 cm³ Schwefelsäure (5 n) ausgewogen werden; dazu läßt man dann 20 cm³ Cuoxamlösung fließen und wiegt nach dem Abkühlen den verschlossenen Kolben. Nach dem Verdünnen bis zur Marke des Meßkolbens werden 20 cm³ mit n/2 Schwefelsäure gegen Methylrot als Indikator bis zur Rotfärbung titriert und der Gehalt an NH_3 berechnet nach:

$$\% \, NH_3 = \frac{(450{,}0 + 5\,a) \cdot 0{,}8516}{g \; Einwaage} - \% \, Cu \cdot 0{,}536; \quad \text{hierin bedeutet}$$

a = cm³-Verbrauch an n/2 Schwefelsäure.

Für die Cu-Bestimmung verfährt man wie folgt:

50 cm³ Cuoxamlösung werden mit 10 cm³ 10%iger KJ-Lösung + 5 cm³ 25%iger HCl und 20 cm³ 10%iger KCNS-Lösung versetzt und mit n/10 $Na_2S_2O_3$ titriert. Es berechnet sich daraus

---

[1] Papierfabrikant **38**, 80 (1940). — [2] Zellwolle, Kunstseide und Seide **46**, 127 (1941). — [3] *Staudinger:* Papierfabrikant **38**, 285 (1940). — [4] Melliand Textilber. **23**, 73 (1942).

$$\% \ Cu = \frac{cm^3 \ n/10 \ Thiosulfat \cdot Faktor \cdot 1{,}2714}{g \ Einwaage.}$$

Die Reinigung des Bombenstickstoffs von den Spuren Sauerstoff nimmt man durch alkalische Hydrosulfitlösung vor. Hierbei wird zunächst die Lösung von 333 g Natriumhydrosulfit in 1000 cm³ Wasser

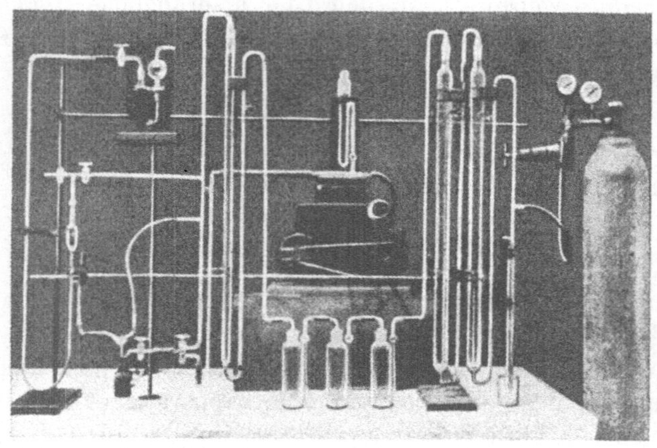

Abb. 3.

Abb. 4.
Abb. 3 u. 4. Apparatur zur Messung der Cuoxam-Viscosität nach *Zimmermann*.
Abb. 3. Herstellung,   Abb. 4. Messung der Lösungen.

hergestellt, und diese mit einer Lösung von 430 g Ätzkali in 1000 cm³ Wasser vermischt. Die Reinheitsprüfung des Bombenstickstoffs geschieht in einem Phosphorrohr, wobei zu beachten ist, daß Phosphor schon raucht, wenn mehr als 0,0001 % O_2 im Stickstoff vorhanden ist. Der Stickstoff strömt durch Cuoxam-Flasche und Chlorcalcium-Rohr.

Die Messung geschieht im Capillarviscosimeter mit 1,8 mm lichter Weite.

Die zu messende Cellulose wird gegebenenfalls mechanisch zerkleinert und nach Trocknen bei $50\cdots55°$ noch 24 Stunden bei 65% Feuchtigkeit und $20,0°$ gelagert. Es wird die 1 g Cellulose atro (absolut trocken) entsprechende Fasermenge eingewogen, wobei die Trocknung bei $105\cdots110°$ vorgenommen wird. Wenn die Messung zur Bestimmung des Durchschnitts-Polymerisationsgrades ($=$ DP) ausgenutzt werden soll, so richtet sich die Einwaage etwas nach dem geschätzten DP. Sie soll sein 30 g/DP. Die Eichung des Viscosimeters wird mit Palatinol C durchgeführt. Es ist hier $\eta = 20,4$ cP und $d = 1,049$ gesetzt.

Die Cuoxamviscosität ist dann zu errechnen nach

$$\eta = \frac{182,5 \cdot \text{Auslaufzeit Celluloselösung}}{\text{Auslaufzeit von Pal. C}} \text{ in Millipoise.}$$

Nach *Staudinger* berechnet sich daraus der DP zu

$$DP = \frac{t-t_0}{t_0} \cdot \frac{1}{c} \cdot \frac{1}{K_m} \text{ ; worin bedeutet}$$

t_0 = Auslaufzeit des Cuoxam
t = Auslaufzeit der Celluloselösung
c = g/l Cellulose
$K_m = 5 \cdot 10^{-4}$.

Wird die unkorrigierte Einwaage (also lufttrocken) vorgenommen, so ist bei nativer Cellulose mit Faktor 6% und für regenerierte Cellulose mit $12,5\%$ zu korrigieren.

Zur schnellen Methode der Viscositätsmessung ist die Cuoxammethode von *Schütz, Klauditz* und *Winterfeldt*[1] ausgebaut. Sie beansprucht eine Zeit von 30 bis 35 Min. und arbeitet ohne inertes Gas. Der Luftabschluß wird durch ein vollständiges Füllen des Lösegefäßes nach Art des Pyknometerverschlusses erreicht. Man benutzt ein *Höppler*- oder *Ost-Ostwald*-Viscosimeter. Licht muß wegen seiner photochemischen Wirkung ausgeschlossen werden, und zwar dadurch, daß man während der Messung das Thermostaten-Wasser rot färbt.

Auch für die Bestimmung der Xanthogenat-Viscosität ist eine deutsche Einheitsmethode geschaffen und im Merkblatt 11[2] niedergelegt. Man stellt sich danach aus 5 g lufttrockener Cellulose in Größe von Haferflocken und 25 cm³ $17,5\%$iger (Vol) Natronlauge bei $20°$ in einer Stunde Alkalicellulose her. Dann wird die Alkalicellulose auf einer Spezialnutsche, die auf graduiertem Saugzylinder befestigt ist, ohne Pressung gleichmäßig verteilt, die Lauge schwach abgesaugt und nochmals auf die Cellulose zurückgegeben, hierbei wird leicht angedrückt und

---

[1] Papierfabrikant **35**, 117 (1937). — [2] Papierfabrikant **34**, 57 (1936). — Angew. Chem. **49**, 312 (1936).

nun erst die Alkalicellulose kräftig innerhalb genau 10 Min. abgesaugt, Die Preßlauge wird gemessen (meist sind es 11,5···12,5 cm³), der Preßkuchen mit Nickelspatel gut zerkleinert, in eine Sulfidierflasche mit dichtem Schliff eingetragen und genau 22 Stunden bei genau 30°, dann 5 Min. bei Zimmertemperatur stehen gelassen. Jetzt gibt man 3,6 cm³ = 4,6 g CS_2 zu und sulfidiert $^3/_4$ Stunde unter öfterem Schütteln bei genau 15°. Durch Anschließen der Sulfidierflasche an die Luftpumpe wird der überschüssige Schwefelkohlenstoff entfernt. Die Masse wird nun mit 2 cm³ mehr 17,5%iger Natronlauge, als vorher abgepreßt wurde, unter Zusatz von 120 cm³ Wasser in verschlossener Flasche 2 Stunden bei 20···22° gelöst (Schüttelmaschine mit Wasserkühlung). Nach nochmaliger Temperaturmessung wird die Viscoselösung in einem 500-cm³-Meßkolben mit 15° warmem Wasser gespült und aufgefüllt. Bei der gleichen Temperatur nimmt man die Viscositätsmessung vor und erhält die X-Viscosität als Quotient der Auslaufzeit der Viscose und der des Wassers. Es wird eine 1%ige Zellstofflösung gemessen unter Benutzung eines *Ost-Ostwald*schen Viscosimeters. Das Ätznatron muß reinst und eisenfrei sein; Eisen wirkt abbauend bei der Sulfidierung. Fehlergrenze $\pm$ 3%.

Jayme und *Wellen*[1] versuchen die X-Viscosität zu einer Bestimmungsmethode des Durchschnitts-Polymerisationsgrades mit erhöhter Genauigkeit und in einfacher Ausführung auszugestalten, indem sie die Xanthogenierung der Cellulose in wässeriger alkalischer Emulsion vornehmen. Hierin ist das Xanthogenat ohne Vorreife schnell löslich. Um die störenden Einflüsse der Harze des Zellstoffes oder anderer grenzflächenaktiver Verunreinigungen auszuschalten, werden geringe Mengen Abietinsäure verwendet. Genau wie bei der Cuoxamlösung ist auch bei dieser Reaktion die Einwirkung des Luftsauerstoffes störend und führt bei längerer Xanthogenierungsdauer zum Abfall der Viscositätswerte. Dies läßt sich durch Zusatz einer kleinen Menge Glucose weitgehend ausschalten. Die gemeinsame Verwendung der Abietinsäure und der Glucose führt dann zu einer weitgehend stabilen Xanthogenatlösung, mit der sich sehr gut reproduzierbare Viscositätswerte erhalten lassen. Um von der Vorgeschichte der Cellulose unabhängig zu sein, hat es sich als zweckmäßig erwiesen, eine 15%ige Natronlauge zu verwenden. Hierbei bringt man den Zellstoff zerzupft in Wasser ein, läßt eine Stunde quellen und gibt dann entsprechend höher konzentrierte Natronlauge zu. Es wird so eine schnelle restlose Zerstörung der auch schwer zu zerteilenden Stoffe erreicht. Die Viscositätsmessungen nach einer Kugelfallmethode in bestimmten Viscosimetern zeigen dann viel geringere Streuungen als die Cuoxammethode von *Staudinger*. Für Gemische von Zellstoffen läßt sich die 8. Potenzformel von *Hess* und *Philippoff* besser

---

[1] Kolloid-Z. **107**, 163; **108**, 20.

als die übrigen Viscositätsformeln anwenden. Die *Arrhenius*sche Formel ist gänzlich unbrauchbar. Die Arbeitsweise ist auch für Cellulosen sehr hoher Lösungsviscosität und sogar auch auf ungebleichte Zellstoffe anwendbar. Der hohen Viscosität wird durch Erniedrigung der Konzentration auf 2% resp. auf 1,33% Rechnung getragen, wodurch sich für ligninfreie Cellulosen recht befriedigende Übereinstimmung mit der Cuoxammethode erzielen läßt. Infolge des Ligningehaltes lassen sich zwar aus ungebleichten Zellstoffen keine homogenen Viscoselösungen herstellen, jedoch genügen sie für praktische Bedürfnisse. Damit ist ein Fortschritt gegenüber der Cuoxamlösung erzielt, von der ungebleichte Fichtensulfitzellstoffe nur zum Teil aufgelöst werden. Diese auf den verschiedenen Sitz des Lignins in der Faserwand zurückgeführten Unterschiede zwischen Sulfit und Sulfatzellstoff verschwinden bei der Xanthogenierung.

Es ist nur bedauerlich, daß die Autoren nun wieder ein spezielles Viscosimeter verwenden. Die Methode würde noch universellere Anwendung finden können, wenn eines der üblichen Viscosimeter benutzt werden kann.

Es sei noch der Vollständigkeit halber darauf hingewiesen, daß die völlige Löslichkeit regenerierter Cellulosen in Natronlauge von *Zimmermann*[1] dazu benutzt wurde, um den Durchschnitts-Polymerisationsgrad zu bestimmen. Diese Methode hat den Vorteil, daß die einmal in Alkali gelöste Cellulose sehr unempfindlich gegen Sauerstoff ist und sogar ein längeres Durchblasen von Luft ohne Viscositätsänderung vertragen soll. Jedoch haben derartig regenerierte Cellulosen noch keine Verwendung als Plast-Rohstoff gefunden.

Dem störenden Abbau in der Cuoxamlösung begegnen *Russell* und *Woodberry*[2] durch die Benutzung des Dimethyldibenzyl-ammonchlorids (= Triton F) als Lösungsmittel für die Cellulose. Man mißt eine 0,5%ige Celluloselösung in n/100 Triton-F-Lösung, wobei diese Konzentration zugleich das Optimum der Lösefähigkeit darstellt. Die Auflösung der Cellulose darin gibt einen geringeren Abbau als beim Cuoxam.

17. Die Verwertung des Drehwertes zur Analyse der Cellulose. Die von *Kurt Hess* und Mitarbeitern[3] angegebene Möglichkeit zur Charakterisierung der Cellulosepräparate mittels der Drehwertmethode versagt nach den Erfahrungen von *Hägglund* und *Klingstedt*[4] als allgemeines Mittel zur Erkennung der Homogenität und des Reinheitsgrades eines Zellstoffes. Da die Verunreinigungen der Cellulose ihren Drehwert sowohl nach oben wie nach unten beeinflussen können, kann erst dann ein

---

[1] Melliand Textilber. **23,** 73 (1942). — [2] Ind. Engng. Chem. analyt. Edit. **12,** 151 (1940). — [3] Liebigs Ann. Chem. **444,** 287 (1925); — **466,** 1. — [4] Liebigs Ann. Chem. **459,** 26 (1928).

Präparat als völlig rein angesehen werden, wenn eine fortgesetzte Reinigung den Drehwert nicht mehr beeinflußt.

18. Das Quellvermögen der Cellulose. Vom Quellvermögen hängen die Reaktionsgeschwindigkeiten mit Alkalien und Säuren und die aufgenommene Menge der Quellmittel ab.

Zur Prüfung auf Eignung des Papiers für die Herstellung von Vulkanfiber bestimmt man das *Aufsaugvermögen* für Wasser nach der Methode der Steighöhengeschwindigkeit. Man verwendet hierzu einen 15 mm breiten Papierstreifen und ermittelt die Zeit für einen Aufstieg des Wassers bis zur Höhe von 10 mm.

Die Deutsche Einheitsmethode umfaßt mehrere Quellungskriterien, wie Saughöhe, lineare Ausdehnung, Quellmittelaufnahme und Bogendichte. Diese Kriterien sind besonders wichtig für die Weiterverarbeitung auf Viscose. Unter Benutzung einer von *Noll*[1] angegebenen Apparatur wird die *Saughöhe* für Wasser an 20 cm langen und 15 mm breiten Streifen gemessen, die 5 mm in Wasser eintauchen. Die Streifen werden dabei senkrecht an einem geeigneten Streifenträger so befestigt, daß die Streifenenden bis zur Nullmarke, die mit Bleistiftstrich aufgebracht ist, in Wasser von 20° eintauchen. Die Zeit des Eintauchens wird mit einer Stoppuhr genau festgestellt. Nach Ablauf von 10 Min. wird an jedem Streifen durch Bleistiftstrich die Stelle markiert, bis zu welcher das Wasser emporgesaugt ist. Die 2. Messung wird nach 60 Min. vorgenommen. Danach werden die Streifen abgenommen und die Entfernung der Markierungsstriche von der Nullmarke sorgfältig ausgemessen. Die aus den Meßzahlen errechneten Mittelwerte werden als Saughöhe angegeben.

Die *lineare Ausdehnung* ist die prozentuale Zunahme der Schichthöhe dicht aufeinanderliegender Zellstoffscheibchen beim Quellen in Mercerisierlauge. Gleichzeitig lassen sich so die hierdurch aufgenommenen Quellmittel feststellen.

Für die Vulkanfiberherstellung wird das Quellvermögen durch Einlegen in Chlorzinklösung der Dichte 1,9 innerhalb 20 Min. bestimmt. Die Gewichtszunahme dient als Quellungsgrad. Jedoch wird es nicht zu umgehen sein, dieses Kriterium und das des Aufsaugevermögens für Wasser noch durch eine Probeherstellung von Vulkanfiber mit Chlorzink zu ergänzen.

Unter der *Bogendichte* versteht man das m²-Gewicht in g dividiert durch die Bogendicke in mm. Es ist das Gewicht von 1000 cm³. Der 1000. Teil der Bogendichte ist das Raumgewicht des Zellstoffes. Das Faservolumen ist das von der Fasersubstanz eingenommene Volumen = 100 · Raumgewicht/spez. Gew. Das Porenvolumen ist 100—Faservolumen.

---

[1] Papierfabrikant **32,** 456 (1934).

Als spez. Gewicht der Cellulose wird 1,50 angesetzt. Von praktischer Bedeutung ist noch das Dicken-Quellvolumen, also der von 1 g Zellstoff atro (absolut trocken) bei der Quellung eingenommene Raum. Die Durchführungsvorschriften der entsprechenden Methoden finden sich im Merkblatt 10 der Faserstoff-Analysen-Kommission.

19. Der Aufschlußgrad der Cellulose. Eine Cellulose gilt dann für die Erzeugung von Viscosefolien als ungeeignet, wenn sie sich bei der Prüfung auf *Aufschlußgrad* durch Anfärben mit Malachit-Grün nicht gleichmäßig anfärbt. Man benutzt nach *Klemm* eine gesättigte, wässerige Malachitgrünlösung mit $2^0/_0$ Essigsäure. Davon werden einige cm³ zu dem Faserbrei gesetzt. Dieser wird dann abgesaugt und mit Wasser so lange gewaschen, bis er farblos ist. Das aus ihm geformte Papierblatt ist bei schlechtem Aufschlußgrad hellgrün bis dunkelgrün; ein Zellstoff mittleren Aufschlußgrades erscheint dunkelhimmelblau, und die gut gebleichten Zellstoffe färben sich nur schwach hellblau an. Diese Prüfung tritt gelegentlich an Stelle der Bestimmung der α-Cellulose.

Die von *Nippe*[1] angegebene Methode zur Bestimmung des Aufschlußgrades beruht auf der Beobachtung, daß mit der Cellulosefaser noch verbundene Ligninsulfonsäuren mit Benzidin in klaren stöchiometrischen Verhältnissen reagieren. Man wendet 10 g Zellstoff an, den man mit 100 cm³ einer Lösung von 1/20 n-Benzidin und 1/50 n Salzsäure nach Verdünnen mit Wasser auf 225 cm³ (unter Berücksichtigung der Zellstofffeuchtigkeit) ½ Stunde bei gewöhnlicher Temperatur reagieren läßt. Man preßt danach ab und bestimmt in 75 cm³ Filtrat das unverbrauchte Benzidin. Die von 10 g Zellstoff aufgenommenen cm³ n/10 Lösung sind die „Aminzahl" des Zellstoffs, die normalerweise 6,5 bis 13 beträgt.

20. Bestimmung der Mercerisierdauer. Die Prüfung der Cellulose auf Mercerisierdauer wird in der Weise durchgeführt, daß 100 g Zellstoff mit 13,00 cm³ Mercerisierlauge getränkt werden. Im Abstand von je 15 Min. werden 5 cm³ mit n/10 Salzsäure titriert. Wenn die Abnahme des NaOH-Gehaltes aufhört, ist die Mercerisierung beendet.

21. Die Bestimmung des Alkali in der Alkalicellulose. Es sind zwei Methoden zur Alkalibestimmung in Alkalicellulose eingehender bearbeitet worden.

Für die indirekte Methode nach *Vieweg*[2] haben *D'Ans* und *Jäger*[3] auf die verschiedenen Fehlergrenzen hingewiesen. Vernachlässigt wird bei dieser Methode der in Lösung gehende Faseranteil. Die Konzentration innerhalb und außerhalb der Fasern ist sicher verschieden. Die analytische Versuchsführung bedingt nach *Schwarzkopf*[4] einen relativen

---

[1] Angew. Chem. **50**, 480 (1937). — [2] B. **57**, 1920 (1924). — [3] Cellulosechemie **6**, 137 (1927). — [4] Cellulosechemie **12**, 33 (1931).

Fehler von mindestens 10%. *Vieweg* gibt folgende Gleichung für die von der Cellulose aufgenommene Menge NaOH in Gewichtsprozenten der Cellulose an

$$x = \frac{100 \cdot v \, (p_1 - p_2)}{a}$$

Hierin ist v das ursprüngliche Flottenvolumen, p_1 und p_2 die Konzentrationen der Flotte in $Gramm/cm^3$ vor und nach der Alkaliaufnahme durch die Faser und a die angewandte Cellulosemenge in g.

Nach der direkten Methode nach *Gladestone*, die besonders von *Rassow* und Mitarbeitern entwickelt wurde, preßt man die alkalisierten Fasern auf ein bestimmtes Gewicht ab und wäscht das „freie Ätznatron“ mit Äthanol bestimmter Konzentration aus. *Rassow* und *Wolff*[1] geben an, daß bei Verwendung von Alizaringelb als Indikator das Auswaschen in dem Moment unterbrochen werden muß, in dem stöchiometrische Verhältnisse vorliegen (Knickpunkt in der Kurve der Alkaliaufnahme). Der von *Schwarzkopf* eingeschlagene Weg besteht nun darin, daß man nach der Alkalieinwirkung bei beliebigem Flottenverhältnis die Flüssigkeit abgießt und nach scharfem Abpressen evtl. bis zu 500 atü Preßdruck die von der Faser aufgenommene resp. anhaftende Lauge analysiert.

Es ist dann

Preßlauge: $p_1 = \%$ NaOH, $p_2 = \%$ Na_2CO_3;
Im Preßgut: a = Gew. % Cellulose   b = Gew. % NaOH   c = Gew. % Na_2CO_3;
Wassergehalt der Lauge $= 100 - (p_1 + p_2)$;
Wassergehalt des Preßgutes $= 100 - (a + b + c)$;

Freie Natronlauge x_1 im Preßgut: $= \dfrac{100 - (p_1 + p_2)}{100 - (a + b + c)} = \dfrac{p_1}{x_1}$

Das von der Cellulose aufgenommene Alkali in Gewichtsprozenten ist

$x = \dfrac{100}{a} \cdot (b - x_1)$. Das im Preßgut von der Faser gebundene Ätznatron

der Cellulose ist $= b - x$.

Nach *Schramek*, *Schubert* und *Velten*[2] kann man mit der *Viewegschen* Methode nach Beseitigung ihrer Unzulänglichkeiten relativ gute Werte erhalten. Sie verzichten auf die Feststellung der „wahren Alkaliaufnahme“, die die Gesamtaufnahme an Alkali und Wasser als bekannt voraussetzt und begnügen sich mit der Feststellung, welche Alkalimengen die Faser umgeben resp. als Quellflüssigkeit in die Faser eingedrungen sind. Voraussetzung ist: die Menge des Lösungsmittels ist vor und nach der Reaktion dieselbe. Es ist also zu bestimmen: gelöstes Alkali als g in 1 g Lösung (γ_0) resp. nach der Reaktion (γ) Gesamtgewicht der Lösung G resp. G_1. Gesamtgewicht des gelösten Alkali $G \cdot \gamma_0$ resp. $\gamma \cdot G_1$. Daraus das Gewicht des Lösungsmittels $(G_1 - G_0) \cdot \gamma$. Die Rechenweise

[1] B. **62**, 2949 (1929). — [2] Cellulosechemie **12**, 126 (1931).

beseitigt die Fehlerquelle der volumetrischen Bestimmung der entnommenen Proben.

Als Schnellmethode eignet sich folgende Arbeitsweise:

Man wiegt 5 g Alkalicellulose ohne Luftzutritt (geschlossenes Wägeglas) ab, spült in ein Wasserglas und digeriert 15 Min. lang mit 200 cm^3 warmem Wasser. Die Flüssigkeit wird gegen Phenolphthalein und Methylorange titriert und, wie bekannt, auf NaOH und Na_2CO_3 berechnet. Die Cellulose wird über eine Glasnutsche filtriert und bei 105° getrocknet. Diese Methode hat in vielen Fällen bei uns brauchbare Werte ergeben.

22. Die Kennzahlen der Cellulosen für die Viscoseherstellung. Erfahrungsgemäß können für die Cellulose-Ausgangsstoffe zur Herstellung von Lösungen der Viscose folgende Kennzahlen als charakteristisch gelten: Feuchtigkeit 5···10%, Gehalt an α-Cellulose bei Linters 96···98%, bei Zellstoffen 86···90% — dies schließt natürlich nicht die Verwendung der Edelstoffe aus — Hemicellulosen 2···4% bei Linters, 10···14% bei Zellstoffen. Die Kupferzahl überschreitet bei Linters selten die Grenze von 0,5; bei Zellstoffen soll sie nicht über 1,5 liegen.

23. Prüfung der Hilfsmittel für die Viscoseherstellung. Der zur Xanthogenierung benutzte Schwefelkohlenstoff muß frei von Benzol und Schwefelwasserstoff sein. Die Prüfung darauf wird in allgemein bekannter Weise vorgenommen.

Bei den Untersuchungen der Fällbäder aus verdünnten Säuren mit Zusatz von Neutralsalzen aller Art bedient man sich der üblichen analytischen Verfahren der anorganischen Chemie.

Die Entschwefelung wird mit Schwefelnatrium vorgenommen, dessen Reinheit durch die übliche jodometrische Titration bestimmt wird. Auch das Entschwefelungsbad wird in gleicher Weise kontrolliert.

24. Analyse der Cuoxamlösung und der Fällbäder hierzu. Die zur Herstellung von Hydratcellulosefolien aus Cuoxamlösungen dienende *Schweitzer*sche Lösung wird zunächst gespindelt. Sodann wird durch Titration in üblicher Weise der NH_3-Gehalt bestimmt. Der Cu-Gehalt läßt sich gravimetrisch als CuO ermitteln, indem man nach dem Eindampfen mit Salpetersäure abraucht und schließlich glüht. Maßanalytisch arbeiten *Orlik* und *Tietze*[1] so, daß sie zunächst Kupfersulfat-Kristalle durch Eindampfen aus der Lösung erzeugen. Nachdem diese wieder in Wasser gelöst sind, bringt man zu dieser kalten Lösung 25 cm^3 einer Lösung aus 50 g Rhodankalium $+$ 6 g Jod auf 1 l Wasser und titriert sofort mit Thiosulfatlösung (40 g/l). Als Indikator dient Stärke. Der Umschlag wird bei „lederfarben" angenommen.

Für die Bestimmung des Ammoniak bedient sich *Zimmermann*[2]

---

[1] Chemiker-Ztg. **54**, 174 (1930). — [2] Melliand Textilber. **23**, 73 (1942).

folgender Arbeitsweise: Zunächst werden 45 cm³ (mit Bürette abmessen) 5 n-Schwefelsäure in einem Meßkolben (100 cm³) genau gewogen, wobei beim Abmessen der Säure auf ihre Zähflüssigkeit Rücksicht zu nehmen ist. Aus der nochmal kräftig durchgeschüttelten Cuoxamlösung läßt man mittels Vollpipette 20 cm³ Lösung in die Schwefelsäure einfließen. Der verschlossene Meßkolben wird nach dem Abkühlen gewogen und bis zur Marke aufgefüllt. 20 cm³ davon werden nach Verdünnen mit 10 cm³ Wasser mit n/2 Schwefelsäure mit Methylrot als Indikator bis zur kräftigen Rotfärbung titriert. Bei einem Verbrauch von a cm³ Säure errechnet sich der NH_3-Gehalt zu

$$\% \ NH_3 = \frac{(450{,}0 + 5\,a) \cdot 0{,}8516}{g \ \text{Einwaage}} - \% \ Cu \cdot 0{,}536.$$

Die verdünnte Lösung wird zugleich zur Bestimmung des Cu benutzt, indem man 50 cm³ mit 10 cm³ 10%iger Jodkalium-Lösung + 5 cm³ 25%iger Salzsäure und 20 cm³ 10%iger Rhodankalilösung versetzt und mit n/10 Thiosulfat-Lösung titriert. Stärkelösung dient, wie üblich, als Indikator. Der Gehalt der Cuoxamlösung an Cu errechnet sich nach:

$$\% \ Cu = \frac{cm^3 \ n/10 \ Na_2S_2O_3 \cdot F \cdot 1{,}2714}{g \ \text{Einwaage}} \quad (F = \text{Faktor der } Na_2S_2O_3\text{-Lösung})$$

Die für die Fällung der Cellulose-Cuoxamlösungen benötigten Fällbäder werden auf ihren Gehalt an Säure in üblicher Titration kontrolliert.

25. Untersuchungsmethode für Rohstoffe der Vulkanfiberfabrikation. Spezielle Untersuchungsmethoden der für die Vulkanfiberfabrikation benötigten Ausgangsmaterialien sind bisher nicht bekannt geworden. Die Zellstoffpappen werden nach den oben gegebenen Richtlinien untersucht. Von der Chlorzinklösung wird eine möglichst große Reinheit, insbesondere Abwesenheit von Eisen gefordert.

Die Bestimmung des p_H-*Wertes* der Chlorzinklösung wird nach der Chinhydronmethode vorgenommen. Die Verunreinigungen der Chlorzinklösung durch Cellulose werden nach Hydrolyse der Lösung mit Salzsäure durch *Fehling*sche Lösung ermittelt. Es ist in diesem Zusammenhang wichtig, daß die von *Tonajew*[1] angegebene volumetrische Methode zur Zn-Bestimmung nur richtige Werte bei reinem Chlorzink liefert.

Von den vielfältig möglichen Zusätzen an „wetterfest" machenden Substanzen, die in die Fiber eingearbeitet werden können, muß eine Neutralität gegenüber der Chlorzinklösung gefordert werden.

Für zum Oberflächenschutz verwendeten Substanzen ist neben der selbstverständlichen Eigenschaft der Wetterfestigkeit vor allem eine *Haftfestigkeit* auf der Fiber erforderlich. Man überzeugt sich am besten

---

[1] Z. analyt. Chem. **93**, 466; **95**, 56 (1933).

durch einen Versuchsanstrich von der Brauchbarkeit der entsprechenden Lacke.

Es sei hier noch darauf hingewiesen, daß ein Hemicellulosegehalt in dem Zellstoff für Papier festigkeitssteigernd wirkt. Nach Feststellungen von *Jayme, Lochmüller* und *Kerler*[1] hatte ein Zellstoff höchster Festigkeit folgende Zusammensetzung: ca. 81% α-Cellulose, 8,7% Pentosan (löslich in 17,5%iger Lauge), 9,3% Hemicellulosen (auch löslich in 17,5%iger Lauge), 1,1% Lignin, Durchschnitts-Polymerisationsgrad = 1430, gemessen in der Cuoxamlösung.

26. Prüfung der Hilfsmittel für die Herstellung der Celluloseäther. Für die Herstellung der *Celluloseäther* dient als gemeinsames Ausgangsmaterial die Alkalicellulose. Ihre Untersuchung wird unter den gleichen Gesichtspunkten vorgenommen wie die der für die Viscosefolien benötigten Alkalicellulose.

Von für die Alkylcellulosen benötigten Alkylierungsmittel Dimethylsulfat oder Benzylchlorid oder Monochloressigsäure sind besondere Güteanforderungen nicht bekannt geworden. Man wird eine möglichst 100%ige Ware einsetzen.

Das zur Äthylcellulose benutzte Äthylchlorid C_2H_5Cl muß frei von HCl sein. Die Prüfung wird durch Ausschütteln mit eiskaltem Wasser in gleichen Teilen vorgenommen. Die hierbei entstehende wäßrige Schicht kann auch zur Prüfung auf Alkohol dienen. Man kocht mit einigen Tropfen schwefelsaurer Kaliumbichromatlösung auf. Ein Geruch nach Aldehyd resp. eine Grünfärbung durch Chromisalz deutet auf eine Verunreinigung durch Alkohol hin.

27. Analyse der Nitriersäuren. Für die fabrikatorische Herstellung des wichtigsten anorganischen *Esters der Cellulose*, der Nitrocellulose, wird auch heute noch fast ausschließlich das Salpeterschwefelsäure-Gemisch als Veresterungsflüssigkeit benutzt, obwohl die Notwendigkeit der Anwendung von Schwefelsäure sich durchaus nicht aus dem Veresterungsvorgang als solchem ergibt. Es sind vielmehr Verfahren bekannt und auch in technischer Anwendung gewesen, bei denen ausschließlich konzentrierte Salpetersäure verwendet wurde. Ihre Lösewirkung ist hierbei durch Zusätze von Salzen oder inerten organischen Verdünnungsmitteln z. B. aliphatischen Chlorkohlenwasserstoffen aufgehoben.

Die Analyse der hochkonzentrierten Salpetersäure geschieht durch einfache Titration mit Alkali. Das Salpeterschwefelsäure-Gemisch wird ebenfalls in alt herkömmlicher Weise nach dem Abrauchverfahren analysiert, wobei die Gesamtsäure als Schwefelsäure berechnet wird. Umrechnungsfaktor von Schwefelsäure auf Salpetersäure ist 63/49.

$$H_2O = 100 - (H_2SO_4 + HNO_3).$$

---

[1] Holz als Roh- u. Werkstoff **5**, 377 (1942).

Bestimmung des NO_2-Gehaltes: In 70° warme $n/2$ $KMnO_4$-Lösung wird die zu untersuchende Säure bis zur Entfärbung einlaufen gelassen.

$$\text{Berechnung } NO_2 = \frac{\text{cm}^3 \text{ KMnO}_4 \cdot 100 \cdot \text{äquiv. } NO_2}{\text{cm}^3 \text{ Säure} \cdot \text{spez. Gew.}}$$

Oleumanalyse: Man analysiert die Gesamtsäure $H_2SO_4 + SO_3$ als H_2SO_4 und rechnet wie üblich auf SO_3 um[1].

Von den zur Verdünnung verwendeten aliphatischen Chlorkohlenwasserstoffen wird gefordert, daß sie frei von Alkoholen und Benzinen sind. Dies wird am besten durch die Wärmetönung bei der Vermischung bei je 50 cm³ 99%iger Salpetersäure mit Methylenchlorid oder Chloroform kontrolliert. Bei technisch reinen Chlorkohlenwasserstoffen tritt hierbei eine Abkühlung von etwa 7° ein. Durch Kontrolle des Siedepunktes und des spezifischen Gewichtes überzeugt man sich, daß CCl_4 nicht mehr als 2% vorhanden ist, da er zur Ausbildung von Mischungslücken zwischen Chlorkohlenwasserstoffen und Salpetersäure beiträgt.

Es sei noch erwähnt, daß man auch die kalorimetrische Wasserbestimmung in Gemischen von Salpeter- und Schwefelsäure als Schnellkontrolle der Abrauchanalyse anwenden kann. Hierzu sind Eichkurven erforderlich, die mit Säuregemischen aus reinen Komponenten festgelegt wurden und bei denen die im technischen Betriebe oft notwendigen Streuungen im Salpetersäuregehalt der Nitriersäuren berücksichtigt werden müssen. Hierbei ergeben sich allerdings Unterschiede bis zu 0,4%, die auf die Verunreinigung der technischen Säuren zurückgeführt werden.

28. Analyse der Veresterungsflüssigkeiten aus organischen Säuren. Die Veresterungssäure zur Darstellung der Acetylcellulose ist ein Gemisch aus Essigsäure, Essigsäureanhydrid und Katalysator. Die Essigsäure allein wird titrimetrisch bestimmt, am besten mit $n/2$-Lauge oder $n/5$-Baryt unter Verwendung von Phenolphthalein als Indikator. Falls solch eine einfache Methode nicht genügt, haben *Mugdan* und *Wimmer*[2] die Acetate durch Schmelzen mit Kupferoxyd und Ätzkali während 10···15 Min. bei 220 bis 240° im Ölbad in die Oxalate übergeführt und diese dann mit $n/10$ Permanganat in bekannter Weise titriert (1 cm³ Permanganat = 3 mg CH_3COOH).

Die Methode ist natürlich nur anwendbar, solange nicht noch Verunreinigungen in der Essigsäure sind, die auch zur Oxalsäure aufgespalten werden.

Von den vielen Möglichkeiten zur Analyse des Acetanhydrid[3] hat sich nach unseren Erfahrungen die Nitritmethode der früheren *IG-Farbenindustrie* am besten bewährt. Man arbeitet hierzu wie folgt:

---

[1] *Treadwell:* Quantitative Analyse S. 497, 10. Aufl. Verlag Franz Deutike: 1922.
[2] Angew. Chem. **46,** 117 (1933). — [3] *Berl-Lunge:* Chem. techn. Untersuchungsmethoden 8. Aufl. **III,** 777 und **V.** 753.

4 g m-Nitranilin werden mit 80 cm³ mindestens 99%igem Eisessig, der frei von schwefliger Säure und Permanganat verbrauchenden Stoffen ist, gelöst. Aus einer Wägepipette läßt man ca. 2 cm³ Anhydrid unter Schwenken der Flasche zulaufen, spült nach und verschließt sie. Man stellt das Gewicht des Anhydrids fest. Das Reaktionsgemisch bleibt eine halbe Stunde unter gelegentlichem Schütteln stehen und wird dann mit Wasser auf ¾ l verdünnt. Man kühlt mit Eis auf 10···12° ab, fügt 30 cm³ HCl hinzu und titriert das n-Nitranilin mit n/10-Nitrit zurück. Die Titerstellung wird unter den gleichen Bedingungen ohne Acetanhydrid durchgeführt.

Bei Anwendung von A Gramm Essigsäureanhydrid (= Aca), B g Nitranilin und N cm³ Nitritlösung errechnet sich der Prozentgehalt an Essigsäureanhydrid zu

$$\% \text{ Aca} = (73{,}9 \text{ B} - 1{,}02 \text{ N})/\text{A}.$$

Es ist zweckmäßig, etwa 25% des Nitranilins als Überschuß zu verwenden. Statt m-Nitranilin kann auch die p-Verbindung verwendet werden, die aber schwerer löslich in Eisessig ist. Sie liefert am Endpunkt der Titration eine fast farblose Lösung.

Den Anhydridgehalt in Acetylierungsgemischen bestimmen *Berl* und *Türk* kalorimetrisch sehr genau. Die Methode setzt eine vorherige Aufnahme einer Eichkurve voraus unter Benutzung reinsten mehrfach destillierten Anhydrids.

Die meist als Katalysator verwendete Schwefelsäure, die sich im Acetylierungsgemisch befindet, macht man durch ca. 20 Min. langes Erwärmen auf 70···80° unschädlich. Die Verdünnungswärme der so entstandenen Sulfoessigsäure kann neben der Verseifungswärme des Acetanhydrid vernachlässigt werden.

Der Katalysator wird in bekannter Weise bestimmt: Überchlorsäure, z. B. als $KClO_4$ nach mehrmaligem Abrauchen des mit Wasser verdünnten Gemisches; Chlorzink ermittelt man durch Zinkbestimmung.

Die Veresterung der Cellulose mit Buttersäure oder Propionsäure erfordert die entsprechenden Anhydride in mindestens 95%iger Reinheit. Sie sollen ohne Rücksicht flüchtig sein und frei von Schwefelsäure oder Phosphaten sowie von niederen oder höheren Homologen. Für die Bestimmung des Anhydridgehaltes wird man die gleichen Methoden wie bei der Acetanhydridbestimmung verwenden.

Die Ester der höheren Fettsäuren der Cellulosen werden meist unter Verwendung der entsprechenden Säurechloride hergestellt. Die Reinheitsprüfung der Säurechloride geschieht durch Destillation evtl. im Vakuum und durch Chlorbestimmung.

Die als Reaktionshelfer verwendeten aminischen Substanzen werden ebenfalls durch Destillation und Titration auf Reinheit geprüft.

29. Analyse der Bleichflüssigkeiten der Celluloseester. Falls eine Bleiche der Nitrocellulose oder anderer Ester erforderlich ist, wird meist Hypochlorit verwendet. Man bestimmt den Gehalt an aktivem Cl in der üblichen Weise durch Titration mit arseniger Säure oder Thiosulfat und Jodkaliumstärkepapier als Indikator.

Nach *Coch*[1] können Bleichlaugen auch mittels Brechweinstein auf ihren Gehalt an aktivem Chlor titriert werden. Allerdings ist zu berücksichtigen, daß er einen um 2% zu hohen Wirkungsgrad anzeigt. Die Methode besteht darin, daß 50 cm³ Bleichflüssigkeit mit einer Lösung von 23,1 g Brechweinstein in 1 l Wasser titriert wird. Jeder cm³ Lösung ist dann 0,1 g Cl/l.

Das als „Antichlor" verwendete Natriumbisulfit wird in bekannter Weise auf Grund seiner Hydrolyse titriert.

30. Analyse der Anfeuchtungsalkohole der Nitrocellulose. Von den zum Verdrängen der wasserfeucht anfallenden Nitrocellulose verwendeten Alkoholen erwartet man ein genügend großes Aufnahmevermögen für das Wasser. Ob man Äthylalkohol, Isopropylalkohol oder n-Butanol einsetzt, hängt von der Verwendung der Nitrocellulose und ihrem Stickstoffgehalt ab.

Beim Isopropanol oder n-Butanol begnügt man sich im allgemeinen mit der Kontrolle ihres *Wasser*gehaltes durch Bestimmung des spezifischen Gewichts und der Siedekurve. Isopropanol soll zwischen $84 \cdots 88°$ und n-Butanol über $115°$ sieden.

Beim Sprit ist auf *Aminfreiheit* zu prüfen. Ein nach Trimethylamin riechender Weingeist ist zu verwerfen.

Die Säurezahl soll nicht mehr als 24 mg CH_3COOH/l betragen. Die Titration mit n/10 Natronlauge wird nur dann an einer am Rückflußkühler 15 Min. ausgekochten Probe vorgenommen, wenn mehr als 0,4 cm³ n/10 Natronlauge pro 100 cm³ Weingeist verbraucht werden.

Die *Permanganatprüfung* (reduzierende Substanzen) wird so durchgeführt, daß auf 10 cm³ Weingeist 1 Tropfen $KMnO_4$-Lösung (1:1000) zugesetzt wird. Verfärbung soll nicht vor 10 Min. auftreten, andernfalls wird die Verfärbungszeit notiert.

Bei der *Schwefelsäureprobe* werden 5 cm³ Weingeist unter Wasserkühlung mit 5 cm³ konzentrierter Schwefelsäure gemischt. Es darf höchstens eine leichte Gelbfärbung sofort oder innerhalb 5 Min. auftreten.

Der Gehalt an *Toluol* wird durch Überdestillieren von 10 cm³ aus einer 100-cm³-Probe in 90 cm³ vorgelegte gesättigte Kochsalzlösung, die sich in einem Nitrometer befindet, und Umschütteln ermittelt. Toluol spielt nicht nur die Rolle eines Vergällungsmittels im Alkohol, sondern

---

[1] Spinner u. Weber **55,** 7 (1937).

steigert auch seine Lösefähigkeit gegenüber Kollodiumwolle. Es soll sich deshalb in den Grenzen um 2% bewegen.

Die Bestimmung des *Acetons* geschieht als Dibenzalaceton $(C_6H_5 — CH = CH — CO — CH = CH — C_6H_5)$, indem man $20\cdots100\ cm^3$ Weingeist mit 50%igem Methanol verdünnt, einige cm^3 Benzaldehyd und 5 cm^3 10%iger NaOH zugibt und auf einer Rollschüttel kondensieren läßt. Nach 2 Stunden gibt man nochmal die gleiche Menge Wasser wie 50%iges Methanol hinzu. Das in gelben Plättchen kristallisierende Dibenzalaceton wird abfiltriert und nach Trocknen bei 100° auf Aceton berechnet.

Die Prüfung auf *Kampfer* oder anderen schwer flüchtigen Verunreinigungen resp. Vergällungsmitteln wird durch vorsichtiges Verdunsten von 100 cm^3 Weingeist auf dem Wasserbad vorgenommen.

Die seltene Prüfung auf *Methanol* bedient sich der bei der Untersuchung der Lebensmittel üblichen Methoden[1].

II. Ausgangsmaterialien für Plast-Rohstoffe auf tierischer oder pflanzlicher Grundlage außer Cellulose.

1. Übersicht über die hierher gehörenden Plast-Rohstoffe. Die hier zu erwähnenden, praktisch gebrauchten Plast-Rohstoffe gehören zu den Proteinen und den Ölen. Casein, Leim, Gelatine, Keratin, Ossein begegnen uns im Endprodukt, dem eigentlichen Plast, nur in ihrer unlöslichen Form, die sie durch die der ganzen Klasse eigentümlichen Fähigkeit der Härtung durch Formaldehyd erhalten. Im gleichen Sinne wirken Gerbstoffe, Alkali, Erdalkalien und einige Metalloxyde. Auf Gelatine und Leim wirken ebenso die Chromate härtend ein.

Die auf Grundlage von Ölen hergestellten Plaste zählen als Wachstuch und Linoleum mit zu den ältesten Vertretern der Plaste überhaupt.

Über die Wege der Herstellung der technisch am meisten benutzten Produkte und über einige, meist warenzeichenrechtlich geschützte Bezeichnungen unterrichtet der nachfolgende schematische Überblick S. 46 resp. die Zusammenstellung II S. 47.

2. Untersuchungsmethoden für die Milch als Casein-Rohstoff. Das für die Kunsthornherstellung verwendete hochwertige Casein erfordert als Ausgangsstoff Magermilch. Je kürzer die Zeit zwischen dem Melken und der Caseindarstellung ist, um so wertvoller ist das Casein.

Voraussetzung für ein zu plastischen Massen bestimmtes Casein ist

---

[1] Siehe hierzu die einschlägige Literatur, z. B. *Bauer:* Die Organische Analyse 2. Aufl., Leipzig: Akademische Verlagsgesellschaft 1950.

Schema.

Milch
Labferment
Casein
Farbstoffe
Formaldehyd
Klärmittel
Kunsthorn (Galalith)
Leinsaat
Heißpressen Extraktion
Leinöl
Trockenstoffe PbO Co Mn
Leinöl-Firnis
Wachstuch-Firnis
Luft
Linoxyn
Gewebe
Farbstoffe
Füllmittel
Wachstuch
Kolophonium
Linoleumzement
Korkmehl
Farbstoffe
Füllstoffe
Linoleum-Grundmasse
Jutebahnen
Linoleum
Naturharze
Kolophonium, Kopale, Schellack
Bernstein, Accaroide
Terpentinöl Öl
Klebstoffe, Kitte
Baumwollflocken
weiches Gesteinsmehl
Russ
Schallplattenmasse

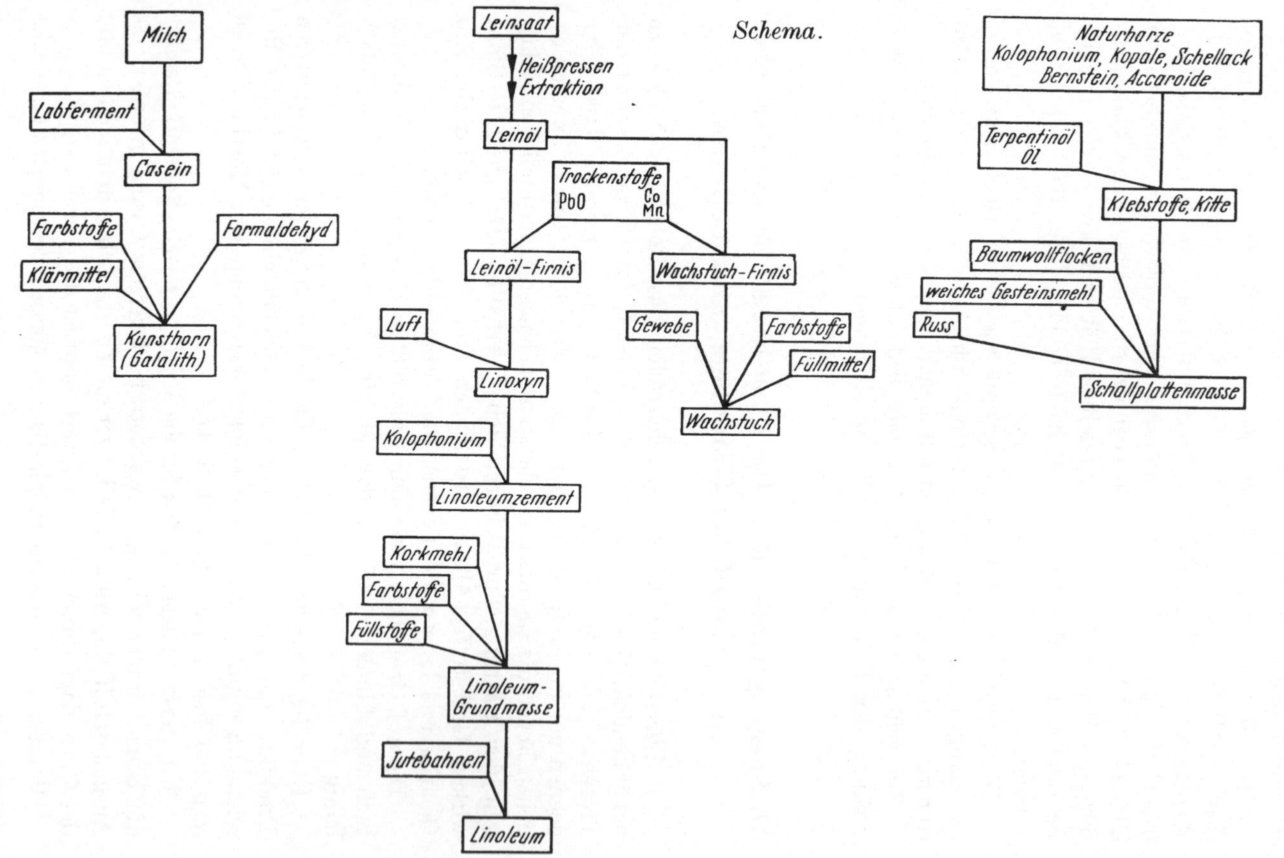

Zusammenstellung II.

Übersicht über die wichtigsten Handelsnamen der Plaste auf pflanzlicher und tierischer Grundlage außer Cellulose und Kautschuk.

Casein.

Akalit	Corlit	Galacromos	Lacrinoid	Proteolite
Alkalit	Corozite	Galalith	Lactoid	Rexalith
Ambloid	Decora	Galatix	Lactoloid	Similithe
Axolith	Eirelith	Hornit	Lactonith	Wehalit
Beroliet	Ergolith	Idealith	Lithocorn	
Casolith	Erinoid	Ivogallith	Neolith	
Clemateit	Esbrilith	Kunsthorn	Osalith	
		„Rondille"		

Naturharzmassen.

Aqualac	Composite	Lacanite	Quick-over
Balenit	Kiri		

Gelatine.

Boiscerame	Hafo	Kleko	Pliaphan
Clarophan	Heliophan	Neophan	Silvaplana
Geloid	Ivoirine	Novo-Heliophan	Transflex
Glutoid			

Oele.

Faktis	Greenolin	Lincrusta	Linoleum

die Verwendung süßer, völlig entfetteter Magermilch. Es ist notwendig, den Fettgehalt der Magermilch auf $0,02\cdots0,05\%$ herabzudrücken.

Tierische Milch ist unter der Fluorescenzlampe an ihrer kanariengelben Luminescenzfarbe zu erkennen. Eine Beziehung zwischen dem Fettgehalt und dieser Farbe ist jedoch nicht vorhanden[1].

Für die Untersuchung der Magermilch auf ihren Fettgehalt werden Präzisions-Butyrometer mit einem sehr verjüngten Skalenrohr verwendet. Zur Abscheidung des Fetts benutzt man ein Gemisch von 10 cm³ H_2SO_4 (spez. Gew. $1,81\cdots1,82$) $+ 11$ cm³ Milch und 1 cm³ Amylalkohol.

Nach der durch Schütteln bewirkten völligen Lösung der Eiweißkörper wird 5 Min. in der Zentrifuge geschleudert, sodann auf 65° angewärmt und der Fettgehalt an der Skala abgelesen.

Der Säuregehalt der Milch soll höchstens $0,18\%$ betragen. Er wird in der üblichen Weise unter Benutzung von Phenolphthalein als Indikator bestimmt. Unter Casein versteht man das mit Säuren ausfällbare bzw. durch Fermente als Phosphocaseinat koagulierbare Eiweiß der Milch, in der es als Ca-Phosphocaseinat vorkommt. Seine Eigenschaften hängen vom kolloiden Zustand ab. In dem bei der Milch-Koagulation

---

[1] C. **1928 II** 405. — *Haitinger u. Reich:* Fortschr. d. Landwirtsch. **3**, 433.

entstehenden Gel befindet sich das Casein nach neueren Forschungen[1] in einem vorgeschrittenen Stadium der Polymerisation.

Um den *Caseingehalt* der Milch zu bestimmen, kann man sich der Bestimmung der *Aldehydzahl* bedienen.

Hierzu wird die Milch zunächst genau neutralisiert; 10 cm³ davon werden mit 2 cm³ 40%igem Formalin (neutral) versetzt und mit n/10-Lauge titriert. Die Anzahl verbrauchter cm³ Lauge ist die Aldehydzahl; ihre normalen Werte liegen bei 1,5···1,84. Durch Multiplikation mit 1,75 erhält man den Caseingehalt[2].

Man kann die Caseinmenge in der Milch auch durch annähernd isoelektrische Fällung ermitteln. Der isoelektrische Punkt wird zwischen $p_H = 4{,}5 \cdots 4{,}85$ angegeben. Zur Einstellung des p_H ist eine Lösung aus 250 cm³ n/1-Essigsäure in einem 1000-cm³-Kolben, die mit 125 cm³ 1/n Natronlauge (kohlensäurefrei!) neutralisiert ist, erforderlich; man füllt mit kohlensäurefreiem Wasser bis zur Marke auf.

10 cm³ Milch werden in einem 100-cm³-Kolben mit 50 cm³ Reagenz versetzt, aufgefüllt und ¼ Stunde bei 50···60° (nicht höher) stehen lassen; nach dem Abkühlen wird filtriert. 50 cm³ Filtrat dienen zur N-Bestimmung nach *Kjeldahl* (Wert A). Man bestimmt den Gesamt-N-Gehalt in 10 cm³ Milch (Wert B). Aus $6{,}38 \cdot (B - A)$ ergibt sich die Caseinmenge in 10 cm³ Milch. Dividiert man den 10fachen Wert durch die Dichte der Milch, so erhält man den Gew.%-Gehalt an Casein[3].

Die Ausfällung des Caseins kann durch die Acetat-Pufferlösung auch in der Weise[4] durchgeführt werden, daß zu 10 cm³ Milch nacheinander 1,5 cm³ 10%ige Essigsäure, dann 4,5 cm³ 0,25 n Natriumacetatlösung (3,4 g Salz/100 cm³) gegeben werden. Eine geringe Säurung der Milch stört hierbei meist nicht.

Ein solches Casein ist identisch mit dem bei $p_H = 4{,}2$ mit Essigsäure allein gefällten, wie sich durch Hydrolyse mit Ätznatron bei 37° oder durch Oxydation durch Natriumhypobromit unter gleichen Bedingungen ergibt.

Moir[5] führt die Bestimmung in der Weise durch, daß er 10 cm³ Milch zunächst mit 50 cm³ Wasser von 40···42° verdünnt; 1,5 cm³ 10%ige Essigsäure hinzugibt und mit Glasstab 4mal umrührt. Nach 20 Min. langem Stehen kommen 4,5 cm³ 0,25 n Natriumacetat hinzu. Die Filtration wird nach einstündigem Stehen vorgenommen. An dem ausgewaschenen Produkt wird dann noch die Stickstoffbestimmung durchgeführt.

In den Filtraten der Caseinfällung kann noch eine Albuminbestim-

---

[1] Ergebn. Enzymforsch. **4**, 173 (1935). — [2] Ind. chimic 9, 301; — C. **1934 I 3674.**
[3] *Waterman:* Journ. Assoc. official agricult Chemists 10, 259 — C. **1927 II 2022.**
[4] Analyst 56, 2 (1931). — [5] Analyst **56,** 147.

mung vorgenommen werden. Seine Abscheidung geschieht entweder durch Hitzekoagulation oder durch Tanninfällung.

Die Caseinfällung wird auch gelegentlich[1] der Xanthoproteinreaktion unterworfen; nach dem Neutralisieren wird gegen $n/10$ $K_2Cr_2O_7$ + $KMnO_4$ kolorimetriert. Besser ist es jedoch, den Caseingehalt in der Milch durch Formoltitration des beim Fällen beim isoelektrischen Punkte erhaltenen Quarks zu bestimmen, wobei Phenolphthalein als Indikator dient. Der Formoltiter · 1,05 ergibt dann den Caseingehalt in g/100 g Milch[2]. Der Titer wird beeinflußt durch das Volumen der Lösung Formaldehyd-Konzentration und Temperatur. Genauigkeit ± 0,05%. Für 20 cm³ Milch ist bei Verwendung von $n/10$-Lauge der Umrechnungsfaktor 0,92. Für diese Methode ist sogar eine Spezialbürette konstruiert.

Hinsichtlich des Temperatureinflusses ist festgestellt, daß am besten eine Temperatur von 21···24° eingehalten wird. Oxalatzusatz bietet keinen Vorteil. Verdünnung der Milch senkt den Formoltiter ab. Der Titrationsendpunkt wird gegen Rosanilin bestimmt.

Das durch 10%ige Essigsäure (0,2···0,3 cm³ für 5 cm³ Milch + 50 cm³ Wasser) nach 3···5 Min. langem Stehen ausgefällte Casein wird 3 mal mit je 3···4 cm³ Wasser gewaschen. Der Rückstand auf dem Filter wird portionsweise mit insgesamt 20 cm³ 5%iger Natriumsalicylatlösung von 60···70° gelöst, sodann 5 Min. auf 75···80° im Wasserbad erwärmt und nach Abkühlen mit $n/50$-Lauge (Phenolphthalein) titriert. Man erreicht die gleiche Genauigkeit wie gewichtsanalytisch. Die Salicyllösung läßt sich durch Ansäuern mit Essigsäure leicht regenerieren[3].

3. Untersuchungsmethoden für Labferment. Das aus dem Magen junger säugender Tiere gewonnene Labferment (Chymosin, Chymase) bewirkt eine Spaltung des Milchcaseins. Es fällt das oft als Paracasein bezeichnete polymere Produkt aus. Der unbeständige Zustand des Ca-Phosphocaseins geht durch Valenzumlagerung in den beständigen über. Diese Zeit entspricht der Dauer der Labkoagulation.

Nur ein solches Labcasein ist für die Herstellung von Kunsthorn zu verwerten, aus einem Säurecasein erhält man nur spröde Produkte. Das Labferment ist löslich in Wasser, Glycerin und in NaCl-Lösung. Alkohol fällt es daraus.

Der Labwirkungstest gibt an, wieviel cm³ Milch durch 1 cm³ Lab in 40 Min. bei 35° eingedickt werden.

Hierzu werden 0,59 g Labpulver oder 5 cm³ Labextrakt in 250 cm³ Wasser gelöst. Zu 500 cm³ Milch von genau 35° setzt man 5 cm³ Lablösung und rührt ständig bei 35° bis zur völligen Gerinnung. Die hierzu nötige Zeit t wird in Sek gemessen.

---

[1] *Buruiana:* Lait **13**, 1214 (1933). — C. **1934** I 1409. — [2] Analyst **61**, 387, 824; — C. **1937** II 489; — C. **1936** I, 5004. — [3] Молочная промишленность **7**, 10.

Man berechnet den *Wirkungswert* x nach

$$x = \frac{M \cdot 2400}{1 \cdot t},$$

worin M = Milchmenge, 1 = unverdünnte Labmenge in cm³, t = Zeit in Sek. ist.

Eine andere Ausführungsform benutzt 10 cm³ Labextrakt, die mit 190 cm³ Wasser gelöst und auf 35° angewärmt werden. Auf 100 cm³ 35° warme Milch setzt man 1 cm³ Lablösung. Man stoppt wiederum die Zeit ab, bis das Thermometer das Käsigwerden der Milch anzeigt. Der Wirkungswert ergibt sich hernach aus: 4800000/Sek. Für das zur Kunsthornherstellung verwendete Casein muß die Gerinnung der Milch innerhalb 20 Min. bei 35° erfolgen.

Zur Labprüfung der Milch wird oft auch ein besonderer Apparat[1] benutzt. Er besteht aus einem Glasrohr mit Einteilungen, das unten einen Ausfluß mit einer senkrechten Capillare hat. Man füllt ihn mit Milch und 1 cm³ Lab und mißt die Zeit bis zum Aufhören des Ausflusses.

4. Untersuchungsmethoden für Proteinrohstoffe (tierische Gewebe, Blut und Knochen). Als Rohstoffe der übrigen für die Plasterzeugung eingesetzten Proteine dienen Abfälle anderer Wirtschaftszweige. Für Gelatine und Leim, die Einwirkungsprodukte heißen Wassers auf N-haltige tierische Gewebe, benutzt man seit altersher alle hautartigen Teile des tierischen Körpers (Kollagen) und die organischen Bestandteile der Knochen (Ossein).

Die Grenze zwischen Gelatine und Leim ist durchaus fließend. Die höchst- bis sehr glutinreichen ersten bis fünften Abzüge der Wasserkochungen werden meist auf „Gelatine" verarbeitet, während die nun sich anschließenden, ständig an Glutin ärmer werdenden Lösungen, als Gelatineleim und Leim bezeichnet, den dadurch schon gekennzeichneten Verwendungsgebieten zugeführt werden.

Die Rohstoffuntersuchung erfolgt hauptsächlich nach dem Augenschein sowohl bei den Hautabfällen wie auch bei den Knochen.

Unter den leimgebenden Substanzen finden sich z. B. Kalbsköpfe, Knorpel, Sehnen, Häute, Gerbereiabfälle aller Art, Fischabfälle, Hausenblasen, Knochen aus den verschiedensten Herkunftsorten, Hornschläuche, Rinderstirnknochen, Stirnzapfen.

Das im Knorpel enthaltene Chondrin ist für den Leim schädlich, so daß man die Knorpel möglichst aus den Rohstoffen ausscheidet.

Von den Lederabfällen sind die lohgaren Abfälle nicht geeignet, die chromgaren Abfälle müssen vorher entchromt werden; sie werden als „Falzspäne" aufgearbeitet.

Die Haut älterer Tiere liefert bei geringerer Ausbeute einen Leim

---

[1] *Werner:* Landwirtschaftl. Jahrbch. **46**, 593 (1932) — C. **1932 II**, 1853.

größerer Gallertfestigkeit als die jüngerer Tiere, da deren Haut noch mehr Chondrin enthält. Von Wert ist nur die Lederhaut, ohne Bedeutung ist die Ober- und Unterhaut. Grünes Leder wird auch selten auf Gelatine oder Leim verarbeitet.

Zur Ermittlung des Gebrauchswertes der Knochen kann man bestimmen den Wassergehalt, Fettgehalt, Fremdstoffe und die Leimergiebigkeit. Die Knochen werden zu Schrot zermahlen; es sollen dann durch ein „25-mm-Sieb" mindestens 50% durchgehen, das gröbere Schrot wird nochmals zerkleinert.

Die meist an einer Probe von mehreren kg vorgenommene Bestimmung des *Wassergehaltes* durch Trocknung bei 100° schließt auch gleichzeitig die Ermittlung der flüchtigen Bestandteile des Knochengutes an organischen Ammoniumverbindungen ein.

Bei der Bestimmung des *Fettgehaltes* besteht die Schwierigkeit der Entnahme einer maßgebenden Durchschnittsprobe.

Man verwendet z. B. 10···20 g Knochenschrot und entfettet mit 40 cm³ Äther oder Benzin, Benzol oder Trichloräthylen[1]. Unter Benutzung der Betriebsapparatur kann man die Probeentfettung nach *Kiessling*[2] in der Weise vornehmen, daß man eine gesondert gelagerte Probe Knochen der betrieblichen Entfettung unterwirft. In dem hierfür vorgesehenen Behälter sammelt sich das Fett; es wird von Wasser und Lösungsmittel befreit. Organische und anorganische *Fremdstoffe* werden durch Umlösen abgetrennt und als solche neben dem Fett gewogen.

Zur Bestimmung der Leimergiebigkeit benutzt man eine Knochenmenge, die in einen ca. 30-l-Autoklav geht. Man kocht mit überhitztem Wasser von 1 atü Druck und macht davon 4···5 Abzüge; ihr Gesamtgewicht wird ermittelt. An einem Teil, der durch Filtration von Fett und ungelösten Fremdstoffen befreit ist, wird der Leimgehalt nach folgendem Verfahren bestimmt. Ein Zylinder von 15···20 cm Länge und 12···15 cm Durchmesser wird zur Hälfte mit Leimlösung gefüllt und nach Verschließen gewogen (Gewicht P). Durch ein Loch des Verschlusses ist eine Drahtspirale von 8 cm Länge geführt. In ihr befindet sich ein bei 50° getrocknetes Röllchen Fließpapier (p). Der Draht wird in die Leimlösung getaucht und nach kurzer Zeit ohne Benetzung des Verschlusses herausgezogen. Das Gewicht des Probezylinders ist dann P_1. Das Papier wird getrocknet und gewogen (p_1), daraus errechnet sich der

$$\% \text{ Gehalt an Leim} = \frac{(p_1 - p) \cdot 100}{P - P_1}$$

Man kann aber auch ein nach dem Aräometerprinzip gebautes Gelatinometer für ein Temperaturintervall von 50···90° benutzen.

---

[1] *Kowenzwit*: Маслобоино-Жировое дело. **10**, 40 (1934). — C. 19**3**5 I, 330. —
[2] Leim und Gelatine 19**23**.

4*

Der Rohstoff für die meist auf Knöpfe und andere Preßartikel verarbeiteten Blutalbumine ist das in den Schlachthäusern anfallende Pferde-, Rinder- und Schweineblut, soweit es nicht zur menschlichen Ernährung dient. Aus dem durch Gerinnen erhaltenen Blutkuchen gewinnt man nach der Zerkleinerung eine abtropfende Flüssigkeit mit dem „Serumalbumin". Eine weitere Behandlung mit Wasser liefert das „Schwarzalbumin". Trotzdem diese Abfallverwendung in Zeiten normalen Viehbestandes eine ziemliche Bedeutung hatte, ist sie eine rein empirisch arbeitende Industrie geblieben. Methoden zur Bewertung der Rohstoffe sind nicht bekannt geworden. Die moderne Technologie der Plaste hat die plastischen Massen aus Blut wohl auch gänzlich verdrängt.

5. Bestimmungsmethoden für Formaldehyd. Die zur Härtung der plastischen Massen aus den Proteinen verwendete wäßrige Lösung von Formaldehyd wird hinsichtlich seines Gehaltes

a) an Formaldehyd, b) an Ameisensäure, c) an Methanol bewertet.

Für die Bestimmung des *Formaldehyds* stehen im allgemeinen die beiden titrimetrischen Methoden der Sulfitanlagerung resp. der alkalischen Oxydation mit Wasserstoffsuperoxyd zur Verfügung.

Die alte Reaktion von *Seydewitz* und *Lemme* beruht auf der Gleichung:

$$Na_2SO_3 + HCHO + H_2O \longrightarrow SO_3Na \cdot HC \begin{smallmatrix} H \\ \diagdown \\ OH \end{smallmatrix} + NaOH.$$

Die schwach alkalisch reagierende Sulfitlösung wird vor dem Versuch unter Verwendung von Rosolsäure als Indikator neutralisiert und sodann zur Reaktion mit Formaldehyd benutzt. Die Formaldehydlösung wird entweder in einem verschlossenen Wägeglas oder in einer Säurepipette abgewogen, oder es werden 50 cm³ mit der Pipette abgemessen, zunächst auf 1000 cm³ verdünnt und davon wiederum 50 cm³ zur Analyse verwendet.

Es ist hierbei zu beachten, daß im allgemeinen auch die Formaldehydlösung sauer reagiert, so daß vor Zugabe der Na_2SO_3-Lösung auch die Formaldehydlösung neutralisiert werden muß. Bei Verwendung von 2 n-Lösungen als Titriermittel ist 1 cm³ Säure = 0,060 g Formaldehyd. Es errechnet sich dann der Gehalt an % CH_2O nach:

$$\% \ CH_2O = \frac{cm^3 \ 2\,n \ \text{Schwefelsäure} \cdot 6}{\text{Einwaage}}$$

Die als Indikator benutzte Rosolsäure wird durch Auflösen von 1 g in 400 cm³ 50%igem Alkohol hergestellt. Luftausschluß ist bei dieser Methode nicht notwendig.

Wurtzschmidt[1] hat diese Arbeitsweise insoweit verbessert, als er eine Flasche mit aufgeschliffenem Tropftrichter benutzt. 120 cm³ 25%ige

---

[1] Z. analyt. Chem. **128**, 559 (1947).

Na_2SO_3-Lösung werden zunächst mit Schwefelsäure gegen Thymol-phthalein — das auch schon *Täufel* und *Wagner*[1] vorschlagen — genau neutralisiert. Die Flasche wird durch den Tropftrichter evakuiert. Durch den Tropftrichter fließt unter Aufrechterhaltung des Vakuums 0,5 n Schwefelsäure in einer Menge von 1···2 cm³ mehr als dem Vorversuch nach der üblichen Arbeitsweise von *Seydewitz* und *Lemme* entspricht, hinzu. Dann werden 50 cm³ der Formaldehydlösung eingesaugt und mit Wasser nachgespült. Man läßt 10 Min. bei 20° stehen unter gelegentlichem Schütteln. Nach Aufheben des Vakuums wird mit n/1 Natronlauge auf ursprünglichen Farbton titriert.

Bei der alkalischen Oxydation des Formaldehyds zu Ameisensäure gibt man nach unseren Erfahrungen zu 50 cm³ einer 1:20 verdünnten ursprünglichen Formalinlösung 40 cm³ n/1 Natronlauge und mittels Tropftrichter innerhalb 3 Min. 50 cm³ 3%iges Wasserstoffsuperoxyd. Nach 10 Min. Stehen wird der Überschuß an n/1 Natronlauge zurück-titriert. *Mach* und *Herrmann*[2] und auch *Bodnar* und *Gervay*[3] sind der Auffassung, daß eine quantitative Oxydation eine einstündige Ein-wirkungsdauer erfordert. 1 cm³ n/1 Natronlauge entspricht 0,03 g Formaldehyd.

Diese Methoden haben sich bei uns in zahlreichen Fällen der Fällungs-methode mit Methon (= Dimethyl-dihydro-resorcin) nach *Vorländer*[4] als schnell auszuführende Arbeitsweise ebenbürtig gezeigt.

Zu letzterer wird man nur dann greifen, wenn eine Identifizierung des Aldehyds als Formaldehyd durch gut kristallisierende Verbindungen erforderlich erscheint.

Der Gehalt der Formaldehydlösung an *Ameisensäure* wird durch einfache Titration mit n/10 oder n/100 Natronlauge unter Benutzung von Phenolphthalein als Indikator ermittelt. Nach *Fr. Müller*[5] darf nur Brom-thymolblau als Indikator benutzt und auf „blaugrün" titriert werden.

Für die Bestimmung des Anteils an *Methylalkohol* haben wir die Oxydationsmethode von *Blank* und *Finkenbeiner*[6] nach der Modifikation von *Lockemann* und *Croner*[7] angewandt. Sie beruht auf der Oxydation des Formaldehyds und des Methanols zu Kohlendioxyd und Wasser. 1 Formaldehyd verbraucht 2 Atome Sauerstoff, 1 Methanol 3 Atome.

Bei der praktischen Durchführung hat es sich als notwendig er-wiesen, den Schwefelsäuregehalt der Oxalsäure auf 125 g konz. Schwefel-säure im Liter zu erhöhen und von dieser Lösung 25 cm³ zur alka-lischen Permanganat-Lösung nach erfolgter Oxydation hinzuzusetzen.

Der so bestimmte Gehalt an Methanol betrug 4···5% CH_3OH.

---

[1] Z. analyt. Chem. **68**, 25 (1926). — [2] Z. analyt. Chem. **62**, 104 (1923).
[3] Z. analyt. Chem. **80**, 127 (1930). — [4] Z. analyt. Chem. **77**, 321 (1929).
[5] Helv. chim. Acta **33**, 796 (1950). — [6] B. **39**, 1326 (1906).
[7] *Berl-Lunge;* Chem. techn. Untersuchungsmethoden 8. Aufl. **III**, 813.

Auch die mit 2-n-Chromsäurelösung arbeitende Methode von *Blank* und *Finkenbeiner* gibt absolut sichere Werte, wenn außer Aldehyd und Methanol keine anderen oxydierbaren Substanzen vorhanden sind.

Man wiegt 1 g Formaldehydlösung ab und bringt dies in ein Gemisch aus 50 cm³ 2-n-Chromsäurelösung (66,86 g Chromsäure im Liter) $+$ 20 cm³ H_2SO_4 (98%).

Nach 12 Stunden Stehen auf 1 Liter verdünnen, davon 50 cm³ mit Jodkalium wie üblich titrieren. Der Prozentgehalt an Formaldehydlösung muß vorher bekannt sein.

Für eine Einwaage von 1 g Aldehydlösung gilt:

angewandter Sauerstoff 0,800 g.

Nach der Reaktion noch vorhanden $\qquad c = 0,016\ g \cdot cm^3\ n/10$ Thiosulfat

im ganzen verbraucht also $\qquad a = 0,800 - c.$

Zur Oxydation von Aldehyd verbraucht $b = \dfrac{32 \cdot \%\ CH_2O \cdot 1/30}{100}$

Zur Oxydation von Methanol verbraucht $a - b.$

$$\%\ CH_3OH = \frac{32\,(a - b) \cdot 100}{48}$$

6. Untersuchungsmethoden für Naturharzrohstoffe (Terpentin). Von den zahlreichen, im Handel befindlichen Naturharzen haben nur wenige in der Industrie der Plaste Verwendung gefunden. Die Naturharze sind überwiegend pflanzlichen Ursprungs, nur der Schellack wird als ein Stoffwechselprodukt tierischer Organismen angesehen. Soweit die Naturharze außereuropäischer Herkunft sind, kann es sich um rezente, aber auch um fossile Produkte handeln. Es ist daher leicht einzusehen, daß es für die Bewertung derartiger Naturharze abwegig ist, nach Untersuchungsmethoden für die Ausgangsmaterialien der Naturharze zu fragen.

Außer dem schon erwähnten Schellack, dem Rohstoff der Wiedergabeschallplatten und mancher elektrotechnischen Isoliermittel, finden Kopal und Kolophonium bei der Herstellung des Linoleums, Wachstuchs und der Ledertuche Verwendung. Kopal ist eine Sammelbezeichnung für viele verschiedene Harze. Meist wurden geographische Namen benutzt, die jedoch keineswegs verbürgen, daß das Harz auch tatsächlich aus dieser Gegend kommt.

Für das Kolophonium, ein Erzeugnis der harzverarbeitenden Industrie, ist das Terpentin der Rohstoff.

Unter Terpentin versteht man die Balsame der Abietineen (Abies, Pinus, Picea). Das gemeine Terpentin ist hellgelb bis bräunlich, dünn- oder dickflüssig, meist durch kristalline Ausscheidungen von Harzsäuren getrübt.

Die Kennzahlen der Terpentine schwanken nach den Wachstumsbedingungen und der Gattung der Abietineen, die als Lieferant in Frage kommt. In den Terpentinen beträgt der Anteil an Terpentinöl etwa $10\cdots35\%$, wobei auch die Art der Harzgewinnung von Bedeutung ist.

Die gemeinen Terpentine haben meist eine Säurezahl $SZ = 108\cdots145$ und eine Verseifungszahl $VZ = 105\cdots180$, während sich das als Balsam der Lärchen oder Weißtannen abscheidende feine Terpentin nur eine $SZ = 65...100$ und eine $VZ = 85\cdots130$ aufweist.

Die im Terpentin sich findenden Trübungen sind Abietinsäure; sie ist durch ihre mikroskopisch gut erkennbare Wetzsteinform charakteristisch für das Terpentin. Man nimmt diese qualitative Prüfung am besten nach dem Zentrifugieren vor. Eine alkoholische Terpentinlösung ist deshalb lackmussauer.

Um festzustellen, ob das Terpentin naturrein ist, wird eine Wasserdampfdestillation durchgeführt. Bei reinen Terpentinen hat das vom Wasser getrennte Öl einen Brechungsindex $n_D = 1{,}469\cdots1{,}472$.

Seine Bromzahl ist etwa $210\cdots240$. Zu ihrer Bestimmung benutzt man eine ca. $2{,}5\%$ige alkoholische Lösung des Destillats, versetzt diese mit $^1/_4$ ihrer Menge an $20\cdots25\%$iger H_2SO_4 und läßt nun so lange n/10-Bromid-Bromatlösung zufließen, bis die Lösung mindestens 1 Min. gelb bleibt. Die Bromzahl ergibt sich dann als Produkt aus den verbrauchten cm^3 Bromatlösung $\cdot$ 8.

III. Ausgangsmaterialien für die Plast-Rohstoffe auf Basis der Polymerisations- und Polykondensationsprodukte.

1. Einleitung. Die Ausgangsmaterialien für die Plastrohstoffe, die auf synthetischem Wege hergestellt werden, sind für die Gruppe der Polymerisationsplaste die Monomeren mit dem charakteristischen Merkmal einer Vinyl- oder Allylgruppe:

$$CH_2 = CH\!-\!\qquad oder\ CH_3 - CH = CH\!-\!.$$

Für die Gruppe der Polykondensationsprodukte sind es jeweils die zur Kondensation verwendeten Komponenten.

Im Falle der härtbaren Polykondensationsprodukte ist wohl in praktisch allen technisch dargestellten Erzeugnissen der Formaldehyd die eine Komponente, die in Reaktion tritt mit Phenolen, Harnstoff, Thioharnstoff, Melamin, Dicyandiamid oder Anilin.

Die Gruppe der nichthärtbaren Linear-Polykondensate baut sich auf folgenden Ausgangsmaterialien auf:

> Dicarbonsäuren, insbesondere Adipinsäure und ihre niederen und höheren Homologen, Polymethylendiamine, vornehmlich Penta- und Hexamethylendiamin, Aminocarbonsäuren, insbesondere ε-Aminocapronsäure.

Inwieweit die auf Basis Terephthalsäure und Glykolen erhältlichen Polyester als Plastrohstoff von Bedeutung werden, bleibt vorerst abzuwarten.

Die auf S. 56···58 gebrachten Zusammenstellungen III resp. IV unterrichten über die wichtigsten, meist warenzeichenrechtlich geschützten Handelsbezeichnungen der hierzu gehörenden Plastrohstoffe. Der schematische Überblick auf S. 58···60 zeigt die genetischen Zusammenhänge der Ausgangsmaterialien, der Monomeren und der Plastrohstoffe auf.

Zusammenstellung III.
Übersicht über die wichtigsten Handelsbezeichnungen der Polymerisations-Plaste.
Poly-Kohlenwasserstoffe.

Polyäthylen	*Polyisobutylen*	*Polystrol*
Alkathen	Dynagen	Cyrolharz
Lupolen	Decelith O.	Cerex
Polythen	Gatdichtung	Distrene
	Oppanol B	Lustrex
	Protodur W	Lustron
	Vispronal Nr. 6	Ronilla L
	Vistanex	Styroflex
		Trolitul
		Victron

Poly-Chlorkohlenwasserstoffe.

Polyvinylchlorid

Astralit	Igelit PC (Cl $\geqq$ 62%)	Vinidur
Decelith	Koroseal	Vinifol
Elastophan	Luvitherm	Vinnol HH
Flamenol	Marvinol	Vinylite Q
Geon	Mipolam	Vipla
Guttasyn	Protodur H	Weschulin
Igelit PCU (Cl = 57%)	Vestolit	

Polyvinylidenchlorid	*Polytetrafluoräthylen*	*Polytrifluorchloräthylen*
Diorid	Teflon	Kel — F.
Pernialon		
Saran		
Venaloy		

Poly-Vinylalkohol.

Polyviol	Reycrolon
Resistoflex	Vinarol

Poly-Vinyl-Ester.

Polyvinylacetat		*Polyvinylchloracetat*
Alvar	Resovyle	Mowilith G
Gelva	Rhodopas	
Mowilith N, H	Vinnapas	
Nixon V/L	Vinylite A	

Poly-Vinyläther.

Ivegine	Lutonale	Oppanol C	P. V. Produkte

Poly-Acrylsäureester.

Acronale	Borron	Lucrylon	Plexigum A, B, D
Acryloid	Lucite	Membranit	

Poly-Methacrylsäureester.

Crystolex	Lucitone	Plexiglas	Portex
Diakon	Palapont	Plexigum M, H	Rohagit (= Säure)
Heliodon	Perspex	Plextol	Stabol
Lucite			

Poly-Vinylacetale.

Bexone F	Formex	Gelvar	Vinylite X
Butacite	Formvar	Mowitale	Vinylite X Y S C
Butvar			

N-haltige Poly-Vinyl-Verbindungen.

Polyvinylcarbazol		*Polyvinylpyrrolidon*	
Luvican	Trolitul Lu	Igecoll	Persiston
Polectron		Kollidon	

Mischpolymerisate.   ·

Aus Vinylchlorid + Vinylacetat.

MP. D 236	Rokodenta-Kolloid	Vinnol H 40	Vinylite
Pliovic A u. AO	Ultron	Vinoflex MPCA 50	Vinylite VYHF
			(87:13 MP)

Aus Vinylchlorid + Acrylsäureestern (+ Maleinsäureestern).

Astralon	Igelit MP	Luvimal	Mipolam
Hekodent			

Aus Vinylchlorid + Vinyläther.
Vinoflex MP 400 (550 D)

Aus Styrol + Acrylonitril.
Polystyrol EN   Styronil

Aus Vinylchlorid + Vinylacetat + Acrylsäureester.
Acronal 300 D

Aus Vinyläther + Acrylsäureester + Styrol.
Acronal 400 D

Aus Vinyläther + Acrylsäureester + Acrylnitril.
Acronal 430 D

Aus Acrylnitril + Acrylsäureester.
Acronal FD

Aus Styrol + Acrylsäureester.
Acronal 10 FD

Aus Vinylverbindungen + Maleinsäureeanhydrid.
Povimale

Zusammenstellung IV.
Übersicht über die wichtigsten Handelsbezeichnungen der Polykondensations-Plaste.

Nichthärtbare Linearpolykondensate.

Polyamide		*Mischpolyamide*	
Exton	Perfol	Igamid 5 A	Igamid 85 B
Igamid A	Perluran	Igamid 6 A	Igamid 1 C
Igamid B	Perwolit	Ultramid	
Nylon	Ultramid		

Polyurethane

| Igamid U | Moltopren |
| Igamid UL | |

Polyester

| Alsynite | Terylen |
| Glastic | |

Härtbare Polykondensate.
Phenoplaste

Aerolite	Dekorit	Lignostone	Resinol
Alresen	Diphen	Luphen	Resinox
Alkyphen	Durez	Mixit	Resistan
Alberit	Durite	Neolit	Stovolite
Albert-Preßharz	Durophen	Neoresit	Tegofilm
Albertole	Eskalit	Novotext	Tenacit
Alnovol	Gerolith	Nyhalit	Trolitan
Asplit	Jaroplast	Nyhax	Trolitax
Bakelit	Kerit	Pertinax	Turbax
Berkophen	Koraton	Phenodur	Turbonit
Catalin	Laccain	Philite	
Dekalit	Lignofol	Pressgell	

Aminoplaste.
Harnstoffderivate

Aldur	Iporit	Plastamin	Uralite
Beetle	Iporka	Plastopal	Ureit
Bezelit	Kaurit	Pollopas	Urophane
Cibanoid	Locron	Resamin	Unyte
Gabrite	Plaskon	Resopal	

Melaminderivate

Maprenal	Resimene
Melopas	Ultrapas
Pressal-Leim	

Dicyandiamidderivate

Didiharz

Anilinharze

| Cibanit |
| Heptene-base |
| Iganil |

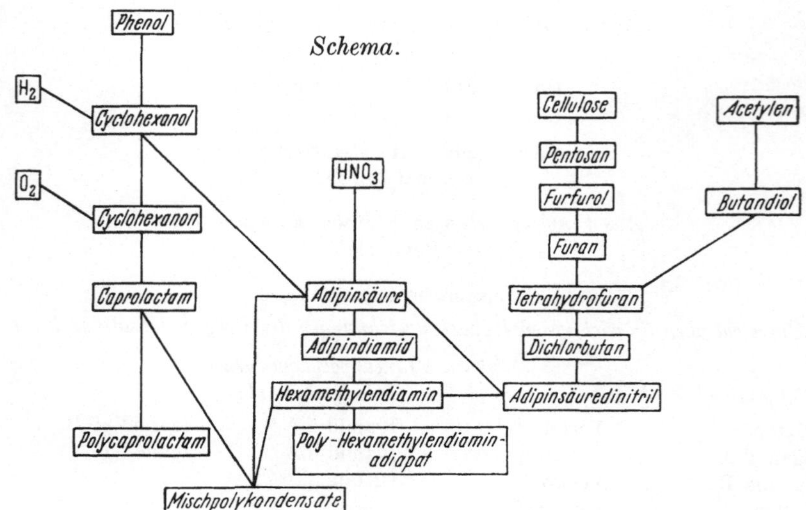

Schema.

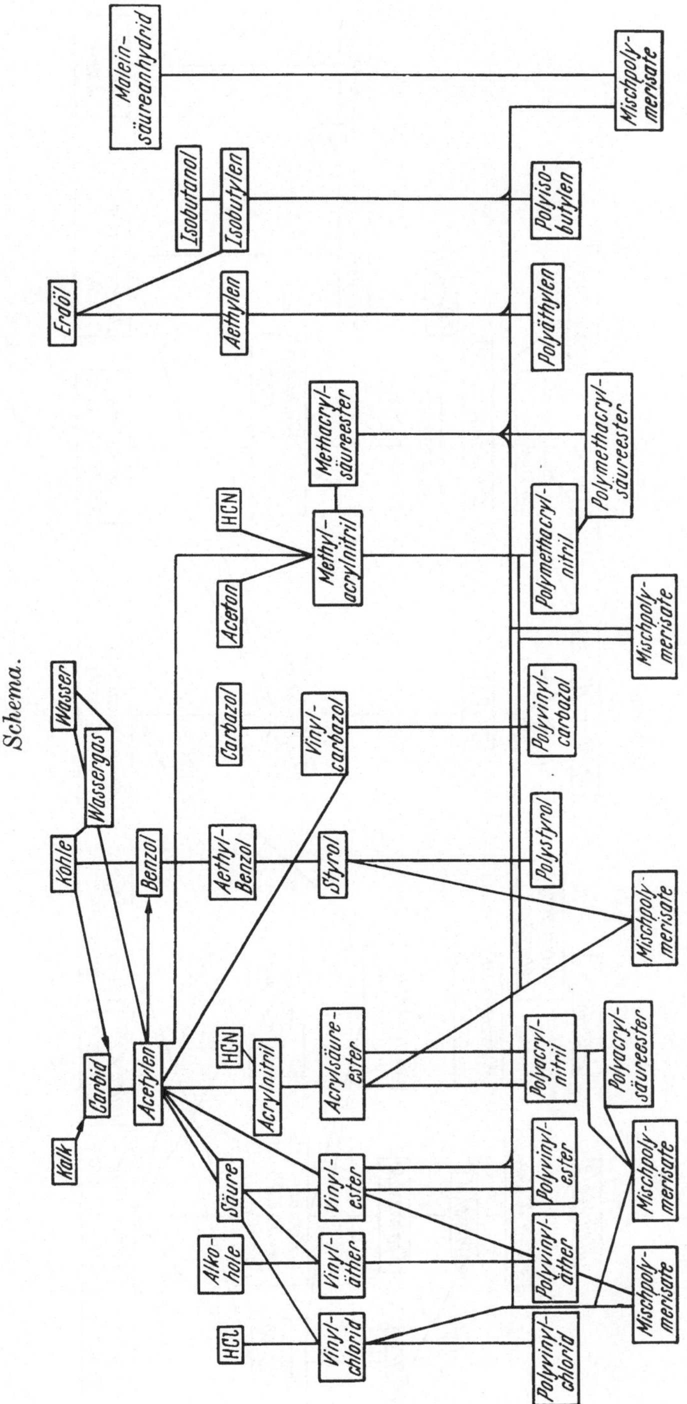

Schema.
Maleinsäureanhydrid
Mischpolymerisate
Isobutanol
Isobutylen
Polyisobutylen
Erdöl
Aethylen
Polyäthylen
Methacrylsäureester
HCN
Methylacrylnitril
Aceton
Polymethacrylsäureester
Polymethacrylnitril
Mischpolymerisate
Wasser
Wassergas
Carbazol
Vinylcarbazol
Polyvinylcarbazol
Mischpolymerisate
Köhle
Benzol
Aethylbenzol
Styrol
Polystyrol
Mischpolymerisate
Kalk
Carbid
Acetylen
HCN
Acrylnitril
Acrylsäureester
Polyacrylnitril
Polyacrylsäureester
Mischpolymerisate
Alkohole
Säure
Vinylester
Polyvinylester
Vinyläther
Polyvinyläther
Mischpolymerisate
HCl
Vinylchlorid
Polyvinylchlorid
Mischpolymerisate

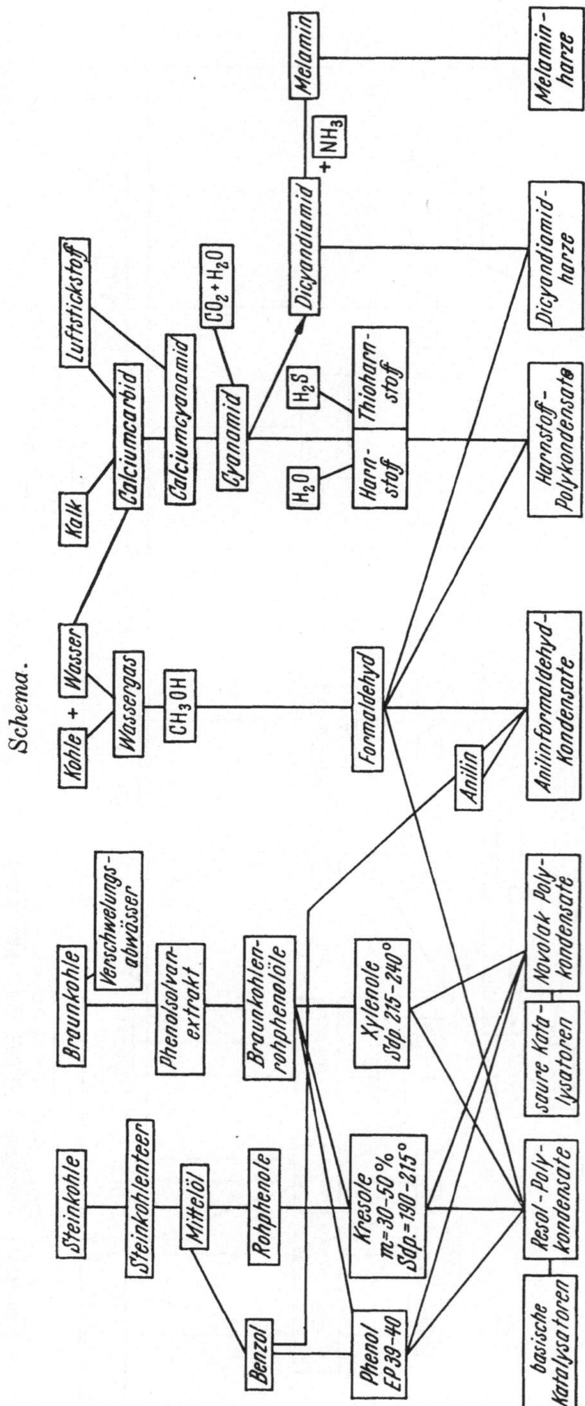
Schema.
Melamin
Melamin-harze
NH₃
Dicyandiamid
Dicyandiamid-harze
Luftstickstoff
CO₂+H₂O
Calciumcarbid
Calciumcyanamid
Cyanamid
H₂S
Thioharn-stof
Kalk
Harn-stof
H₂O
Harnstof-Polykondensate
Köhle + Wasser
Wassergas
CH₃OH
Formaldehyd
Anilin
Anilinformaldehyd-Kondensate
Braunkohle
Verschwelungs-abwässer
Phenolsolvar-extrakt
Braunkohlen-rohphenolöle
Xylenole Sdp. 215-240°
Novolak Poly-kondensate
saure Kata-lysatoren
Steinkohle
Steinkohlenteer
Mittelöl
Rohphenole
Kresole m=30-50% Sdp.=190-215°
Resol-Poly-kondensate
basische Katalysatoren
Benzol
Phenol EP 39-40

2. Untersuchungsmethoden für die Monomeren der Vinylgruppe.

Gasförmige Monomere.

a) Von den *gasförmigen Monomeren*, die eine technische Bedeutung als Ausgangsmaterial für die Plastrohstoffe erlangt haben, wird das Vinylchlorid in jedem Fall aus dem Acetylen, das Äthylen jedoch nur in besonders gelagerten Fällen daraus gewonnen. Seine Hauptquellen sind entweder das Erdgas selbst oder die Krackungsreaktion des Petroleums. Auch die Dehydratisierung von Äthylalkohol führt zu Äthylen.

Eine Dehydratisierung des Isobutanols oder ebenfalls die Krackung des Petroleums sind die Wege zur Gewinnung des Isobutylens.

Tetrafluoräthylen.

Das erst in neuer Zeit zur etwas verbreiteten Anwendung gekommene Tetrafluoräthylen ($CF_2 = CF_2$) wird durch Pyrolyse des Chlorodifluoromethan oberhalb 650° gewonnen. Das farblose und geruchlose Gas siedet bei —76°[1]. Analytische Methoden zu seiner Untersuchung hinsichtlich seiner Bewertung als Ausgangsmaterial für das Poly-tetrafluor-äthylen (= Teflon) sind noch nicht bekannt geworden. Man wird eine Prüfung auf seinen Gehalt an Salzsäure, dem Nebenprodukt seiner Hydrolyse, nach den üblichen Methoden vornehmen.

Isobutylen.

Aus der Darstellung des kautschukartigen Polyisobutylens ist bekannt, daß hierzu ein Isobutylen von analytischer Reinheit notwendig ist (Sdp.: —7°). Man gewinnt es durch Wäsche der verflüssigten Butylenfraktionen mit 65%iger Schwefelsäure. Nach Verdünnen auf 45···40% wird das Isobutylen abgetrieben, das nun nochmal in einer 100-Böden-Kolonne zu einem besonders reinen Isobutylen fraktioniert wird. Seine Reinheit wird nach den bekannten Methoden der organischen Analyse kontrolliert.

Äthylen.

Auch für die Gewinnung des Polyäthylens[2] ist es notwendig, das Äthylen besonders sorgfältig von Kohlenmonoxyd zu befreien. Methoden zum Nachweis der CO-Verunreinigung im Äthylen sind bisher nicht bekannt geworden. Das zur Polymerisation verwendete Äthylen ist 99%ig, es enthält in der Regel 1% Äthan, 0,5% Stickstoff und nur Spuren von Acetylen.

Vinylchlorid.

Das zur Polymerisation verwendete Vinylchlorid soll bei einem Siedepunkt von —12° (nach anderen Autoren[3] —14° resp. —18°) mit einer minimalen Siededifferenz übergehen. Es muß frei sein von Säuren, Aldehyd und Acetylen.

---

[1] *Houwink*: Elastomers and Plastomers II, S. 123 (1949). — [2] *Schwarz:* Kunststoffe **40**, 13 (1950). — [3] *Houwink*: Elastomers and Plastomers II, S. 123 (1949). — *Staude*: Physikalisch-chemisches Taschenbuch I, S. 402 (1945).

Zur Bestimmung des *Säuregehalts* läßt man 50 cm³ flüssiges Vinylchlorid durch neutralisiertes Wasser, das mit Methylorange als Indikator versetzt ist, vergasen. Nach erfolgtem Indikatorfarbumschlag wird die Säure mit n/100 Lauge titriert.

Um den *Aldehydgehalt* zu bestimmen, wird zunächst das Fuchsin-Schwefligsäurereagenz hergestellt, indem gleiche Raumteile einer wäßrigen Lösung von 2 g Fuchsin im Liter gemischt werden. Die völlige Entfärbung tritt nach etwa 1 Stunde ein, dann ist die Lösung als Aldehydreagenz gebrauchsfertig. Man hält zweckmäßig die einzelnen Reagenzkomponenten getrennt vorrätig. 20 cm³ dieses fertigen Reagenzes werden im *Erlenmeyer*-Kolben mit Kohlensäureschnee so weit gekühlt, daß das Reagenz gleichmäßig an der Wand des Kolbens verteilt erstarrt. Man bringt nun 50 cm³ flüssiges Vinylchlorid ein und läßt bei Zimmertemperatur in etwa ½ Stunde abdunsten. Man kolorimetriert nun das wieder flüssig gewordene Reagenz in einem Meßzylinder gegen Lösungen von 0,002 ··· 0,00a g $KMnO_4$. Ist die Analysenlösung mit einer Lösung von a g Permanganat je Liter farbgleich, so enthalten 100 cm³ Vinylchlorid a · 0,009 g Aldehyd. Die Permanganat-Lösungen werden durch Verdünnen einer Vorratslösung von 1 g Permanganat/Liter erhalten. Man bewahrt diese am besten in kleinen dunklen, fast völlig gefüllten Flaschen im Eisschrank auf.

Der Gehalt des Vinylchlorids an *Acetylen* wird durch Bildung von Cu-Acetylid bestimmt. Hierzu läßt man in einem graduierten Siedekolben mit Siedestab und Kältethermometer 100 cm³ flüssiges Vinylchlorid bei Raumtemperatur verdampfen und leitet das nun gasförmige Vinylchlorid durch 2···3 hintereinander geschaltete 10-Kugelrohre, die mit je 50 cm³ Ilosvaylösung gefüllt sind. In 1···1½ Stunde ist die Vergasung beendet. Die Ilosvaylösung wird durch Lösen von 200 g Kupfersulfat in 800 cm³ Ammoniakwasser und Verdünnen mit Wasser auf 5 l hergestellt. Außerdem werden 600 g Hydroxyl-aminhydrochlorid in 5 l Wasser gelöst. Man erhält durch Mischen der beiden Lösungen im Verhältnis 1:1 die Ilosvaylösung.

Bei Anwesenheit von Acetylen im Vinylchlorid entsteht je nach dessen Menge, im ersten Kugelrohr Kupferacetylid entweder als Rotfärbung oder als rotbrauner Niederschlag. Den Inhalt der Kugelrohre saugt man nun auf ein Glasfilter mit dünner Schicht Asbestwolle und wäscht so lange mit destilliertem Wasser nach, bis 25 cm³ Wasser 1 Tropfen Permanganat-Lösung nicht mehr entfärben. Dann unterbricht man das Absaugen und löst mit 30 cm³ Ferrisulfat das Kupferacetylid auf der Nutsche auf. Man saugt die Lösung ab, wäscht das Asbestwollefilter gut mit destilliertem Wasser nach und titriert mit n/100 Permanganat. Berechnung auf C_2H_2 erfolgt durch Multiplikation der cm³ n/100 Permanganat mit 0.00013, wodurch man den %-Gehalt des Vinylchlorids an Acetylen erhält.

Flüssige Monomere, Styrol.

b) Das Ausgangsmaterial für eines der ältesten Polymerisate, des seit 1839 bekannten Polystyrols, das monomere Styrol, wird durch Dehydrierung von Äthylbenzol gewonnen. Die hauptsächlichsten Verunreinigungen des in einer Reinheit von möglichst mehr als 95% eingesetzten Styrols sind Äthylbenzol, 4-Vinylcyclohexen und 1,3-Butadien. Zum Nachweis des *Äthylbenzols*, das durch kontinuierliche Rektifikation schwer abzutrennen ist, kann man die Fähigkeit des Äthylbenzols ausnutzen, mit einer ganzen Reihe von Flüssigkeiten Azeotrope unter einem Druck von 60 mm Hg zu bilden[1]. Am geeignetsten haben sich als Schleppmittel das Isobutanol oder das 1-Nitropropan erwiesen. Das Aceotrop mit Isobutanol siedet bei 18° und enthält 39% (Gew.) Äthylbenzol; für das Aceotrop mit 1-Nitropropan ist der Siedepunkt bei 60 mm Hg zu 56,4° bei einem Gehalt von 39% Äthylbenzol ermittelt.

Die *Reinheit* eines Styrols kann weiter durch Bestimmung der Gefrierpunktserniedrigungen des ursprünglichen Präparates und des von den flüchtigen Verunreinigungen befreiten Produkts erfolgen. Man verdampft einen Teil der Probe im Vakuum vollständig und kondensiert das Styrol und die schweren Verunreinigungen als feste Körper bei —65°. Nach *Masi* und *Cheney*[2] soll der Fehler dieser Methode $\pm$ 0,15%-Gew. Styrol bei Proben geringerer Reinheit betragen.

Die *Bestimmung des Styrols* auf gravimetrischem Wege bedient sich der leichten Bildung des Dibromids. Während diese Methode selbst zur Bestimmung von Spuren von Styrol in Wasser mit einer Genauigkeit von 0,5···5% benutzt werden kann, ist die von *C. R. Bond jr.*[3] angegebene Methode der Abscheidung des Styrols als Styrolnitrosit mit einem Fehler von ca. 17···18% behaftet.

Kolthoff und *Bovey*[4] nehmen die Bromierung des Styrols in wäßrigem Methanol bei 10° mit $KBr\text{-}KBrO_3$-Lösung vor und ermitteln den Endpunkt amperometrisch mit einer rotierenden Pt-Drahtelektrode. Es sind so noch 0,2···0,0 mg Styrol in 100 cm³ Lösungsmittel nachweisbar.

Beim Behandeln von Styrol mit wäßriger Nitritlösung und verdünnter Schwefelsäure bildet sich das grünlichgelbe Styrolnitrosit C_6H_5—CH—CH$_2$ vom Smp. 93···94°. Neben dieser kristallinen Verbindung

$$C_6H_5-\underset{\diagdown\,\text{NO}}{C}H-\underset{\diagdown\,\text{NO}_2}{C}H_2$$

bildung bilden sich jedoch noch stets erhebliche Mengen eines öligen, alkohollöslichen Styrols. Es muß also bei der Analyse eines Styrols aus dem Gewicht des mit Wasser, Petroläther und Alkohol gewaschenen kristallinen Styrolnitrosits noch als Korrekturfaktor 77,5/Vol-Probe eingesetzt werden.

---

[1] *Berg, Harrison* u. *Montgomery:* Ind. Engng. Chem. ind. Edit. **38** 1149 (1946).
[2] Analytic. Chem. **20**, 321 (1948). — [3] Analytic. Chem. **19**, 390 (1947).
[4] Analytic. Chem. **19**, 498 (1947).

Das 4-Vinyl-1-Cyclohexen und das ebenfalls als Verunreinigung gefundene Phenylacetylen reagieren nicht oder ihre Reaktionsprodukte werden ausgewaschen. Dies ist der Vorteil dieser Bestimmungsmethode gegenüber der Bromierung, die ja für jede Substanz gleicher Reaktionsgeschwindigkeit wie Styrol eingesetzt werden kann.

Da Styrol sehr häufig als Stabilisator *Hydrochinon* enthält, so sei noch die von *S. M. A. Whettem*[1] stammende Bestimmungsmethode dieses Stabilisators mitgeteilt.

Das Hydrochinon wird zunächst mit Wasser ausgezogen, mit Phosphorwolframat in sodaalkalischer Lösung versetzt und die entstandene Blaufärbung colorimetriert. Die Bestimmung soll bis auf 1 mg Hydrochinon empfindlich sein. Die Methode ist natürlich auch anwendbar für andere mit Hydrochinon stabilisierte Monomere, z. B. den Methacrylaten.

In welcher Weise die sehr geringen, noch störend wirkenden Mengen von Divinylbenzol p-C_6H_4 (CH = CH_2)$_2$ im Styrol bestimmt werden, ist leider noch nicht bekannt geworden, obwohl doch hier noch weniger als 0,1% die Eigenschaften des Polymeren sehr erheblich verändern.

Nach amerikanischen Erfahrungen[2] muß sich die Analyse des monomeren Styrols noch erstrecken auf Abwesenheit von o-Xylol, und für die Erzeugung besonders hitzebeständiger Polystyrole ist auch noch die Menge des Benzaldehyds und Formaldehyds zu erfassen.

Für die Bestimmung des Benzaldehyds sind bessere Methoden als die der Abscheidung als Phenylhydrazon[3] nicht bekannt geworden.

Vinylcarbazol.

c) Auf dem gleichen Anwendungsgebiet der Elektrotechnik und dem Spritzguß wie Polystyrol wird auch das kochfestere Polyvinylcarbazol als Rohstoff verwendet. Man gewinnt *Vinylcarbazol* durch Anlagerung von Acetylen an aus Steinkohlenteer zu gewinnendes Carbazol in Gegenwart von Ätzkali in Hexahydroxylol als Lösungsmittel. Das destillierte Vinylierungsprodukt ist nur 93%ig in bezug auf die Vinylgruppe. Es ist stets infolge Zersetzung durch saures Wasser verunreinigt mit Aldehyd, dessen Nachweis nach den bekannten Methoden[4] der analytischen Chemie erfolgt.

Als weitere Verunreinigung finden sich Pyridinbasen aus den Anthracenfraktionen des Teers bei der Carbazolgewinnung. Sie werden ebenfalls nach den allgemeinen Methoden der organischen Analysen bestimmt.

Aus Methanol in Stickstoff-Atmosphäre umkristallisiert schmilzt Vinylcarbazol bei 64°. Es ist nötig, das Vinylcarbazol stets mit einer Anfeuchtung von leicht alkalischem Wasser aufzubewahren.

---

[1] Analyst **74**, 185 (1949). — [2] Mod. Plastics **25**, 92 (Dez. 1948). — [3] *Hérissey*, Z. analyt. Chem. **51**, 392 (1912). — [4] *Bauer, K. H.*: Die organische Analyse S. 170, Leipzig Akademische Verlagsgesellschaft 1945.

Vinylalkyläther.

d) Die *Vinylalkyläther* werden in überwiegend kontinuierlicher Arbeitsweise durch Anlagerung von Acetylen an aliphatische Alkohole (Methanol bis zum Octadecylalkohol) unter Anwendung von Ätzkali als Katalysator bei $150\cdots165°$ und Drücken von $1\cdots65$ Atm je nach Alkohol dargestellt, wobei das Acetylen durch Stickstoff auf $50\cdots95\%\,C_2H_2$-Gehalt verdünnt ist.

Das Reaktionsgemisch wird durch Destillation von Alkohol, durch Erhitzen von Acetylen und Stickstoff befreit, während das entstandene Wasser sich selbst trennt.

Als Nebenprodukt entstehen Acetale, die vom *Vinylalkyläther* destillativ abgetrennt werden. Eine Wäsche mit Wasser und Trocknung mit Ätzkali beendet die Behandlung des Rohäthers vor seiner Reindestillation. Beim Vinyl-iso-butyläther dient Natriumisobutylat als Katalysator. Eine Trocknung mit Natriummetall ist hier für den gewünschten Reinheitsgrad erforderlich[1].

Als zu beachtende Verunreinigungen der Vinylalkyläther müssen gelten: Alkohole, Acetaldehyd, Acetale, Acetylen und Wasser.

Für die *Acetylen*bestimmung wird man das Verfahren, wie es oben bei der Behandlung des Vinylchlorids angegeben ist, sinngemäß anwenden.

Die Bestimmung des Gehaltes an freiem *Acetaldehyd* beginnt mit einer Extraktion mit schwefelsaurer Natriumsulfitlösung. Die überschüssige Säure wird dann nach einem verbesserten Verfahren von *C. Siggia* und *W. Maxey*[2] potentiometrisch titriert. Man bestimmt den Titrationsendpunkt aus der Kurve der Funktion p_H zu cm^3 zugefügten Alkalis. Jeder Aldehyd zeigt den Endpunkt bei einem bestimmten p_H. Eine Titration in diesem Bereich gestattet eine Genauigkeit von $\pm\,0,4\%$.

Durch saure Hydrolyse unter Verwendung von n-Schwefelsäure werden die Vinyläther zu Aldehyd hydrolysiert. Im Falle des Vinylmethyläthers entsteht Acetaldehyd:

$$CH_3-O-CH=CH_2 + H\cdot OH \longrightarrow CH_3-O-\underset{\underset{\textstyle OH}{|}}{CH}-CH_3 \longrightarrow CH_3OH + CH_3CHO$$

Da die Acetale ebenfalls zu Alkohol und Aldehyd hydrolysiert werden, so bestimmt man mit Na_2SO_3 den Gesamtaldehyd. Eine weitere Probe wird am PtO_2-Kontakt hydriert, so daß also eine anschließende Hydrolyse nur aus dem Acetal stammenden Aldehyd zur Bestimmung mit Natriumsulfit liefert.

Eine Korrektur für den Gehalt an freiem Acetaldehyd ist notwendig. Der Gehalt an *Vinylalkyläthern* kann auch direkt bestimmt werden unter Ausnutzung ihrer Reaktionsfähigkeit mit Jod.

Hierzu werden nach *Siggia* und *Edsberg*[3] $1/1000\cdots2/1000$ Mol Vinyl-

---

[1] Siehe auch *G. M. Kline* Mod. Plastics **24**, 159, 188 (Januar 1947).
[2] Analytic. Chem. **19**, 1023, 1025 (1947). — [3] Analytic. Chem. **20**, 762 (1948).

alkyläther in einer zugeschmolzenen Ampulle abgewogen und sodann in eine geräumige, mit Glasstopfen verschließbare Glasflasche eingebracht. In dieser befinden sich einige Glaskugeln, 50 cm³ 0,1 n-Jodlösung und 50 cm³ Methanol (zur Analyse). Man zertrümmert in geschlossener Flasche die Ampulle durch starkes Schütteln, das man bei der Analyse der niedrig siedenden Vinylalkyläther noch 10 Min. auf der Schüttelmaschine fortsetzt. Nach gründlichem Abspülen der inneren Flächen der Flasche wird der Jodüberschuß mit n/10 Thiosulfat zurücktitriert.

Diese Arbeitsweise ist in Gegenwart der üblichen oben genannten Verunreinigungen durchzuführen. Saure Verunreinigungen bleiben so lange unbedenklich, wie der p_H-Wert nicht unter 2 herabsinkt. Selbstverständlich stören alkalische Beimischungen.

Der den Vinylalkyläther verunreinigende Alkohol wird acetyliert, wobei die OH-Zahl-Bestimmungsmethode durchaus anwendbar ist.

Wasser wird mit dem *Karl-Fischer*-Reagenz bestimmt.

Der zur Polymerisation verwendete Octadecylvinyläther muß unbedingt so weit gereinigt sein, daß er einen Schmelzpunkt von 20···22° und einen Siedepunkt von 160···200° bei 6···8 mm Druck aufweist.

Vinylester.

e) Von der überaus großen Anzahl durch Anlagerung von Acetylen an Paraffincarbonsäure herstellbaren Vinylestern haben praktische Bedeutung nur das Vinylacetat, Vinylchloracetat und Vinylbenzoat gewonnen. Das bereits von *Klatte*[1] angegebene „flüssige" Verfahren des Einleitens von Acetylen in flüssige Essigsäure schließt die Gefahr der Bildung größerer Mengen von Nebenprodukten in sich, vor allem wenn die Temperatur unterhalb 70° absinkt. Als Nebenprodukt ist Äthylidendiacetat zu beachten.

Seine Anwesenheit wird sich leicht aus der Verseifungszahl ergeben:

$$CH_2 = CH - OCOCH_3 \qquad VZ = 651 \qquad Sdp. \ 73°$$
$$CH_2 = C = (OCOCH_3)_2 \qquad VZ = 771 \qquad Sdp. \ 168°.$$

Acrylsäureester.

f) Die den Vinylestern isomeren Acrylsäureester lassen sich nach den von *Reppe*[2] gefundenen Verfahren aus Acetylen, Kohlenoxyd und Alkohol gemäß

$$C_2H_2 + CO + ROH \longrightarrow CH_2 = CH - COOR$$

gewinnen.

Die Herstellung der Acrylsäureester geschieht jedoch wohl heute meist noch nach der Methode von *Bauer*[3] durch Umsatz von Äthylenoxyd resp. Äthylenchlorhydrin mit Blausäure; aus dem Zwischenprodukt Äthylencyanhydrin wird durch Alkoholyse in saurer Lösung dann der Acrylsäureester gewonnen.

---

[1] D.R.P.P. 281 687 u. 281 688. — [2] *Reppe*: Chemie des Acetylens und Kohlenoxyds, Kunststoffe **40**, 12 (1950). — [3] A.P. 1 829 208 (1931).

Aus dem Äthylencyanhydrin gewinnt man mittels Magnesiumcarbonat und Wasser das Acrylnitril, das nach nochmaliger Destillation unter Zusatz von Phenylendiamin und Methylenblau bei 74···75° als 99,7%iges Reinnitril übergeht. Nach einem in Leverkusen ausgearbeiteten Verfahren wird direkt aus Acetylen und flüssiger Blausäure das Acrylnitril gewonnen.

Die erste Stufe der technischen Darstellung der Methacrylsäureester ist die Anlagerung von Blausäure an Aceton. Das Acetoncyanhydrin wird dann in einem erstmalig in England angewandten Verfahren in Methacrylsäureester übergeführt. Dieses sogenannte „Schwefelsäureverfahren" hat besonders *Röhm* und *Haas* sehr elegant großtechnisch zu gestalten gewußt.

Von der Vielzahl der beschriebenen Ester- und sonstigen Derivate haben als Ausgangsmaterial für den Plast-Rohstoff bisher nur Bedeutung erlangt die Ester vom Methanol bis Butanol, das Amid, das Nitril selbst und die Säure.

Sie lassen sich durch ihren Siedepunkt, Säurezahl und Verseifungszahl erkennen:

Tabelle 2.

	Sdp.	SZ.	VZ.	Dichte
Acrylsäure	140°	788	—	
Acrylsäuremethylester .	80°	—	652	
Acrylsäureäthylester ..	99,5°	—	560	
Acrylsäurebutylester ...	145°	—	438	
Acrylsäurenitril	78°	—	—	
Methacrylsäure	160°	657	—	
Methacrylmethylester ..	100°	—	560	0,945
Methacryläthylester ...	117°	—	492	
Methacrylsäurebutylester	164°	—	395	
Methacrylnitril	91°	—	—	

Die Verseifung bietet keinerlei Schwierigkeiten und wird nach den üblichen Regeln durch 1-stündiges Kochen in alkoholischer Lauge vorgenommen.

Durch vielerlei Rückschläge bei der Fabrikation der Polymerisate hatte man erkannt, daß die Reinheit der Monomeren von ausschlaggebender Bedeutung für den Ablauf der Polymerisation ist.

Jedoch sind bisher Untersuchungsmethoden über die Art und die zulässige Höhe der Verunreinigungen nicht bekannt geworden.

Zur Identifizierung des Acrylsäuremethylesters kann außer der Verseifungszahl auch noch die Bildung eines Aceotrops mit Wasser vom Sdp. 74° resp. mit Methanol vom Sdp. 61° ausgenutzt werden.

Die Bromierung der Acrylsäureester führt zu den 2,3-Dibrompropionsäureestern: $CH_2Br — CHBr — COOR.$

Aus den Methacrylaten bilden sich die 2,3-Dibrom-iso-buttersäure-ester. Die Durchführung der Bromierung nehmen wir meist mit einem Überschuß von Brom in einer Lösung von mehrmals destilliertem Tetrachlorkohlenstoff vor. Nach Durchblasen von Luft zur Entfernung des restlichen Broms wird fraktioniert destilliert.

Wir fanden für den 2,3-Dibrompropionsäuremethylester einen Sdp. von $200\cdots203°$ und einen Brechungsindex von $\eta = 1,5130$. Vereinzelt haben wir auch die von *Kaufmann*[1] angegebene Methode der Bromierung mittels einer an Natriumbromid gesättigten Lösung des Brom in Methanol angewandt; jedoch machte der Mangel an Jodkalium eine eingehendere Beschäftigung hiermit unmöglich.

Acrylnitril reagiert schnell und quantitativ mit Piperidin oder Morpholin unter Bildung des β-Piperidinopropionitril resp. β-Morpholino-propionitril. Besonders leicht darzustellen ist das Pikrat des Piperidino-propionitrils. Man versetzt ca. $1,0$ cm³ der zu untersuchenden Probe mit etwas weniger als $1,0$ cm³ Piperidin, läßt 2 Min. stehen und gibt dann noch ca. 20 cm³ gesättigte alkoholische Pikrinsäurelösung zu. Das Piperidinopropionitril siedet bei $233°$, sein Pikrat schmilzt bei $161\cdots162°$. Für das Morpholinopropionitril gibt *Brockway*[2] den Siedepunkt bei $149°$ bei 20 Torr an; das Pikrat davon schmilzt bei $138\cdots140°$. Die Nitrile lassen sich zu Methylestern verseifen, von denen ebenfalls kristalline Pikrate zu erhalten sind.

3. Untersuchungsmethoden für die Polymerisationshilfsmittel. Die Polymerisation wird großtechnisch entweder als Block- oder als Emulsionspolymerisation, vereinzelt auch als Lösungspolymerisation durchgeführt.

Katalysatoren.

a) In den weitaus meisten Fällen dient Benzoylperoxyd als Polymerisationskatalysator. Seine Handhabung in wasserfeuchtem Zustand läßt oftmals eine genaue Trockengehaltsbestimmung unter Umgehung der Trocknung wünschenswert erscheinen. *Nozaki*[3] empfiehlt hierbei Acetanhydrid als Lösungsmittel, da es Peroxyde wie Natriumjodid gut löst und nicht mit Jod reagiert. Die Jod-Peroxydreaktionen laufen rasch ab. Nach Verdünnen mit Wasser kann in der üblichen Weise mit Stärke als Indikator titriert werden.

Das dem Monomeren, beispielsweise dem Styrol zugesetzte Benzoyl-peroxyd kann durch Reduktion mit arseniger Säure sowohl darin wie auch im Polystyrol bestimmt werden. Es läßt sich eine Genauigkeit von $0,01$ g aktiven Sauerstoff auf $\pm\ 0,5\%$ genau erreichen[4].

---

[1] *Kaufmann*: Studien auf dem Fettgebiet, Berlin 1935, S. 23. — [2] Analytic. Chem. **21**, 1207 (1949). — [3] Ind. Engng. Chem.; analyt. Edit. **18**, 583 (1946). — [4] Analytic. Chem. **19**, 872 (1947).

Für die Emulsions-Polymerisation dienen Wasserstoffsuperoxyd und/ oder Persulfat als Katalysatoren.

Die Wasserstoffsuperoxyd-Analyse geschieht nach altbekannten Regeln.

Der Persulfat-Nachweis gelang nicht immer quantitativ mit Vanadin-II-Sulfat. Ein Zusatz von 8···10 Tropfen Eisenammoniakalaun bewirkt beim Kochen quantitative Zersetzung.

Wasser.

b) Da ein gleichmäßiger Verlauf der Emulsionspolymerisationen bei vielen Monomeren durch die Anwesenheit von Schwermetallen im Wasser beeinträchtigt wird, ist die Prüfung auf die Abwesenheit von meist Eisen- und Kupfer-Ionen im enthärteten Wasser nach den üblichen analytischen Verfahren notwendig.

Die Verwendung eines enthärteten Wassers steigert die Wirksamkeit des Emulgators und verhindert die Koagulationswirkung der Anionen, insbesondere der Chlor- und Sulfationen.

Die Untersuchungsmethoden der Wasseranalyse, wie sie für Kesselspeisewasser geschaffen sind, finden hierbei Anwendung. Die Gesamthärte soll nicht 0,06° überschreiten. Der Sulfatgehalt soll höchstens 1 mg/l betragen, der Chlorgehalt unter 10 mg/l liegen.

Emulgatoren.

c) Während in der ersten Zeit der technischen Emulsionspolymerisation Na-Salze von natürlichen Fettsäuren die Emulgatoren bildeten, ist man späterhin mehr und mehr auf synthetische Sulfonate von Paraffinfettsäuren aus der *Fischer-Tropsch*-Synthese übergegangen.

Da diese Produkte häufig durch Sulfochlorierung gewonnen sind, interessiert ihre thermische Stabilität. Zur Charakterisierung ihrer Tendenz zur Salzsäureabspaltung bedient man sich der Stabilitätsmethode nach *Meixner*[1]. 5 g Emulgator (in trockener Form) werden in einem 100-cm³-Kölbchen in einem auf 170° erhitzten Thermostaten so lange erwärmt, bis ein durch diesen Kolben streichender Luftstrom in einer außerhalb des Thermostaten befindlichen Vorlage mit 5 cm³ n/10 Silbernitrat eine Abspaltung von Salzsäure anzeigt. Der Luftstrom ist vor seinem Eintritt durch 40%ige Kalilauge gereinigt. Die Salzsäureabspaltung darf frühestens nach 30 Min. auftreten, wobei man die Zeit von dem Einbringen in den Thermostaten an rechnet.

Die Emulgatoren auf Sulfonatbasis enthalten als Verunreinigungen die nach der Xylolmethode zu bestimmende Feuchtigkeit, um gegebenen-

---

[1] Kunststoffe **30,** 36 (1949).

falls Zersetzungen durch eine Trocknung bei 100° zu vermeiden. Daneben muß mit Kochsalz resp. Natriumsulfat als Verunreinigung gerechnet werden. Beide Salze können die Stabilität der herzustellenden Emulsionen der Polymerisate ungünstig beeinflussen.

Während sich das Kochsalz leicht nach *Mohr* oder *Volhard* titrieren läßt, erfordert die Bestimmung des Natriumsulfats wegen der Bildung schwerlöslicher Bariumsalze der Sulfonate eine indirekte Analysenmethode. Man bestimmt den Gesamtschwefel elementaranalytisch und zieht davon den Schwefel der hydrolytisch abspaltbaren Schwefelsäure ab. Die Differenz wird auf Na_2SO_4 umgerechnet.

Die Hydrolyse wird, wie auch *Hintermaier*[1] bestätigt, mit kochender Schwefelsäure durchgeführt. Die abgespaltene Schwefelsäure wird aus der Zunahme der Acidität bei der Hydrolyse erkannt. Den äquivalenten Anteil Fettalkohol gewinnt man teils durch mechanisches Abtrennen der sich abscheidenden Schicht, teils durch Ausäthern der wäßrigen Phase. *Hintermaier* empfiehlt die abgespaltene Schwefelsäure sogleich als $NaSO_3H$ auszurechnen, um durch Addition von Gesamtalkohol und $NaSO_3H$ den Gehalt an Alkylsulfat, dem wirksamen Bestandteil des Emulgators zu erhalten. Von geringerer Bedeutung für die Beurteilung des Emulgators ist der Gehalt an Unsulfiertem.

Für den qualitativen Nachweis der Sulfonsäuren benutzen *Feigl* und *Anger*[2] die Umkehrung des Aldehyd-Nachweises nach *Rimini*. Die Probe wird mit Thionylchlorid abgeraucht, evtl. nachdem sie vorher als Salz mit Chlorwasserstoff behandelt wurde. Danach versetzt man mit 2 Tropfen gesättigter alkoholischer Hydroxylamin-Hydrochlorid-Lösung und 1 Tropfen Formaldehyd, macht eine Lösung mit 5%iger Soda-Lösung alkalisch, säuert schnell mit alkoholischer Salzsäure an und gibt 1 Tropfen verdünnter wäßriger Eisen III-chlorid-Lösung hinzu. Es entsteht eine braune bis violette Färbung.

4. Untersuchungsmethoden für die Ausgangsmaterialien der Phenoplaste und Aminoplaste. a) *Formaldehyd.* Hinsichtlich der Prüfung der einen allen Phenoplasten und Aminoplasten gemeinsamen Komponente, des Formaldehyds, kann auf S. 52 verwiesen werden.

Einen Nachweis des Hexamethylentetramins kann man nach *Oohara*[3] auf der Tatsache gründen, daß trockenes Chlorwasserstoffgas aus einer benzolischen Lösung von Hexamethylentetramin eine Mono- resp. Diadditionsverbindung mit Salzsäure kristallin abscheidet.

Leitet man den trockenen Chlorwasserstoff bis zur Rotfärbung gegen Methylrot, so bildet sich $C_6H_{12}N_4 \cdot HCl$; beim Sättigen mit Clorwasserstoff dagegen fällt das Dihydrochlorid $C_6H_{12}N_4 \cdot 2\,HCl$ aus. Es geht bei 100° in das Monochlorid über. Hexamethylentetramin wird im Gemisch

---

[1] Angew. Chem. **60**, 158 (1948). — [2] Mikrochem. **15**, 23 (1934). — [3] C. **1937 II**, 1240.

aus Toluol + Propanol 100:1 gelöst, man filtriert und gibt nach dem Erkalten 2 Tropfen einer 2%igen Lösung von Methylrot in Toluol hinzu. Bis zur Rotfärbung wird Salzsäuregas eingeleitet, darauf 3 Stunden gekocht. Der Niederschlag wird filtriert, mit Toluol gewaschen und nach 3stündigem Trocknen bei $95\cdots100°$ gewogen. Hierbei ist auf die starke Hygroscopizität des Salzes Rücksicht zu nehmen. Die Raumfeuchtigkeit wird auf geringer als 75% eingestellt.

Die Reinheit des Hexamethylentetramins in $\%$ errechnet sich nach

$$\frac{\text{Gew. Niederschlag}}{\text{Gew. Probe} \cdot 1{,}2603} \cdot 100.$$

Man kann auch nach *Gros*[1] eine Bestimmungsmethode des Hexamethylentetramins auf seiner sauren Hydrolyse aufbauen. Hierzu wird seine 0,2%ige Lösung mit der doppelten Menge n-Schwefelsäure, die mit 10 cm³ Wasser verdünnt ist, bei 80° unter einem Druck von $15\cdots18$ mm hydrolysiert in 6 Formaldehyd und 4 Ammoniak, die dann einzeln bestimmt werden. Die Hydrolyse wird nach *Base*[2] unter Eindampfen bis zur Trockene, Lösen des Rückstandes in Wasser und Titration gegen Methylorange durchgeführt.

Phenol.

b) Das als „Rohphenol A" bezeichnete Rohphenol stellt eine gelblichbraune, klare, brenzlig riechende Flüssigkeit dar, die frei von teerigen Bestandteilen ist. Das Rohphenol A darf höchstens 1% Wasser enthalten; es ist schwerer als Wasser. In Wasser ist dieses Gemisch aus Phenol, Kresolen, Xylenolen und Destillationsrückstand nicht völlig, in Weingeist und Äther dagegen leicht löslich. Es muß sich in 10%iger Natronlauge klar lösen.

Im Rohphenol B, einer braunen bis schwarzen brenzlig riechenden Flüssigkeit, sind teerige Bestandteile enthalten. Der Wassergehalt ist auch hier höchstens 1%, dagegen enthält Rohphenol B neben den wechselnden Mengen von ein- und mehrwertigen Phenolen und Destillationsrückstand einen Neutralölgehalt von 5%.

Zur Siedeanalyse werden $300\cdots500$ g Rohphenol aus einer Kupferblase mit aufgesetzter *Raschig*kolonne fraktioniert destilliert, wobei 1 Tropfen in 2 Sek. übergehen soll. Die aus Jenaer Glas hergestellte Fraktionierkolonne ist 70 cm hoch und hat einen Durchmesser von 2 cm. Sie ist von unten nach oben jeweils 12,5 cm hoch mit *Raschig*-Ringen von 8 mm, 5 mm, 3 mm und 2 mm Durchmesser gefüllt (Gesamtfüllung also 50 cm). Auf der gut isolierten Kolonne befindet sich ein Destillations-T-Stück mit eingesetztem Thermometer. Der Luftkühler ist 80 cm lang und hat eine lichte Weite von 18 mm.

---

[1] C. **1936,** 3727. — [2] Pharmaz. Ztg. **52,** 851 (1907).

Es werden folgende Fraktionen abgenommen:

1. Vorlauf bis 180°.
2. Phenolfraktion bis 192°.
3. Kresolfraktion von 192° bis 208°.
4. Xylenolfraktion von 208° bis zum Auftreten der Zersetzungsdämpfe, höchstens jedoch bis 230°.

Man fängt den Vorlauf in einem Meßzylinder auf und rechnet ihn nach Abzug der Wassermenge dem Phenol zu. Nach sorgfältigem Entwässern wird von der 2. Fraktion der Erstarrungspunkt bestimmt. Daraus ergibt sich der Phenolgehalt. Die Differenz gegen 100 ist als Kresol zu rechnen und wird der zu wägenden 3. Kresolfraktion zugezählt.

Voraussetzung für die Bestimmung des Erstarrungspunktes ist ein völlig wasserfrei gemachtes Phenol. Man erreicht diese Wasserfreiheit, indem man 100 g des im Luftbad verflüssigten Phenols in einem Fraktionierkolben so lange erhitzt, bis das Thermometer 180° zeigt, dann wird die Flamme entfernt und nach genau 2 Min. wird nochmals bis 180° erhitzt und diese Maßnahme wird nach weiteren 2 Min. noch einmal wiederholt. Unter Verschluß mit Chlorcalcium-Röhren läßt man das wasserfreie Phenol auf eine Temperatur 3···4° oberhalb des Erstarrungspunktes abkühlen und füllt dann in den völlig trocknen *Shukoff*-Apparat um. Dieser wird mit einem durchbohrten Korken verschlossen, in dem ein von $+20°$ bis $+50°$ reichendes, in $0,1°$ geteiltes Thermometer so weit eingeführt ist, daß die Quecksilber-Kugel sich in Gefäßmitte befindet. Man rührt so lange vorsichtig mit dem Thermometer, bis das Phenol anfängt zu kristallisieren. Jetzt steigt die Temperatur an, und man rührt so lange, bis der Temperaturanstieg etwa 1 Min. lang konstant geblieben ist. Dieser Punkt ist der Erstarrungspunkt. Bei reinen Phenolen soll er zwischen 39° und 40° liegen.

Reinphenol ist durch folgende Daten gekennzeichnet:

Smp. 41°···43°, Sdp. 182°, Dichte $= 1,072$,
Brechungsindex n $= 1,5509$.

Oberhalb 65° ist Phenol mit Wasser in jedem Verhältnis mischbar. Der Prozentgehalt an Wasser läßt sich als lineare Funktion der Erniedrigung des Erstarrungspunktes darstellen. Die Genauigkeit ist nach *Pollack*[1] bis zu 2% Wasser befriedigend.

Da die Bromierung des Phenols unter gewissen Bedingungen quantitativ verläuft, läßt sich aus dem Bromverbrauch die Phenolmenge errechnen:

$$C_6H_5OH + 4\,Br_2 \longrightarrow C_6H_2Br_3OBr + 4\,HBr.$$

$$C_6H_2Br_3OBr + 2\,KJ + H_2SO_4 \longrightarrow C_6H_2Br_3OH + KHSO_4 + J_2 + KBr.$$

Wegen der Flüchtigkeit des Broms verwendet man nicht dieses als

---

[1] Analytic. Chem. **19**, 241 (1947).

solches, sondern eine Kaliumbromat-Lösung nach *Koppeschaar*[1], aus der beim Ansäuern gemäß

$$KBrO_3 + 5\,KBr + 6\,HCl \longrightarrow 6\,KCl + 3\,H_2O + 3\,Br_2$$

Brom frei wird. Für eine n/10-Bromlösung muß man $\dfrac{KBrO_3}{60} = 2{,}7837$ g

Kaliumbromat nach dem Trocknen bei 110° zusammen mit $\dfrac{5\,KBr}{60} = 9{,}92$ g

Kaliumbromid in einem Liter Wasser lösen. Die Analyse gestaltet sich wie folgt:

Man löst 1 g Phenol in 1 l Wasser, bringt davon 25 cm³ zur Bestimmung in eine Glasstöpselflasche von 250 cm³ und gibt dann 50 cm³ Kaliumbromidbromatlösung und anschließend 5 cm³ 25%ige Schwefelsäure hinzu. Nach 15 Min. langem Stehen wird die gelbe Lösung mit ca. 2 g Jodkalium versetzt und nach weiteren 5 Min. das ausgeschiedene Jod mit n/10 Thiosulfat zurücktitriert, wobei, wie üblich, gegen Ende Stärkelösung als Indikator zugesetzt wird. Da Phenol 6 Br äquivalent ist, so entspricht 1 cm³ n/10 Thiosulfat = 0,001567 g Phenol.

Diese Phenolbestimmung nach *Koppeschaar* ist bis zu 0,0005% Phenol herab brauchbar, wenn mit Blindversuch und geringem Überschuß an Jodkalium gearbeitet wird.

Zwecks Einsparung von Jodkalium ändert *R. Riemschneider*[2] dieses Verfahren dahin ab, daß er den Phenolgehalt aus der Titration der Summe der bei der Bromierung des Phenols und bei der Reduktion ungebundenen freien Broms entstandenen Bromid-Ionen nach *Volhard* bestimmt.

Er arbeitet wie folgt:

20 cm³ einer 0,1%igen Phenollösung werden mit 40 cm³ n/10 Bromid-Bromatlösung gemischt; das mit einem Tropftrichter versehene Gefäß wird evakuiert. Durch den Trichter werden unter Aufrechterhalten des Vakuums 25 cm³ 2 n-Schwefelsäure zugegeben. Nach 10 Min. wird neutralisiert mit 2 n Lauge, dann gibt man 35 cm³ Thiosulfat-Lösung — hergestellt aus 80 g Thiosulfat in 1000 cm³ n/10-Lauge — hinzu, schüttelt 10 Min. und hebt nun das Vakuum auf. Danach wird, falls erforderlich, das Tribromphenol abfiltriert, mit Salpetersäure angesäuert und nach *Volhard* titriert. Sind a cm³ n/10 Bromidbromat und b cm³ n/10 Silbernitrat verbraucht, so ist der Phenolgehalt x in Gramm:

$$x = (a - b) \cdot 0{,}001567 \cdot 2.$$

Das Verfahren ist auch anwendbar für m-Kresol. Es errechnet sich der Kresolgehalt y in Gramm:

$$y = (a - b) \cdot 0{,}0018 \cdot 2.$$

---

[1] Z. analyt. Chem. **15**, 238 (1876). — [2] Die Pharmazie **1**, 161 (1946).

Gengrinowitsch[1] gibt eine Methode zur direkten Titration von Phenolen an, indem er Jodmonochlorid bei Anwesenheit von Jodkalium und Stärke auf die Phenole einwirken läßt.

Zu 10 cm³ Phenollösung werden 50 cm³ Wasser, 3···4 Tropfen 0,2%ige Jodkalium-Lösung und 3···5 cm³ Stärkelösung zugegeben. Man titriert nun mit Jodmonochlorid-Lösung so lange, bis die verschwindende und sich wiederbildende Blaufärbung innerhalb 5 Min. nicht wieder auftritt.

Kresole.

c) Die Bewertung der technischen Kresole nimmt man nach ihrem m-Gehalt vor.

Die 3 Isomeren weisen folgende Charakteristiken auf:

	o-	m-	p-Kresol
Schmelzpunkt	31°	18°	37°
Siedepunkt	191°	201°	200°
Dichte	1,046	1,035	1,031.

Die technischen Kresole sind meist Gemische. Handelsüblich sind

Kresol DAB 4	mit 30···35% m-Kresol (phenolhaltig)
Kresol DAB 4 B 1 mit	40% m-Kresol (phenolfrei)
Kresol DAB 4 B 2 mit 40···42%	m-Kresol (phenolfrei)
Kresol DAB 6	mit 48···52% m-Kresol (frei von o-Kresol).

Am wertvollsten ist ein m- und p-Gemisch mit 53···58% m-Kresol.

An Verunreinigungen sind im Kresol noch zu beachten: Wasser, Neutralöle, Xylenole und Pyridinbasen.

Der Wassergehalt soll ½% nicht überschreiten. Neutralöl und Pyridin dürfen höchstens spurenweise vorhanden sein.

Die Klarlöslichkeit eines Kresols nach DAB 4 wird durch Auflösen von 1 Teil Kresol in 10 Teilen 10%iger Natronlauge geprüft. Es dürfen hierbei nicht über 0,25% Naphthalin als Flocken ungelöst bleiben.

Zwecks Bestimmung des *Pyridingehalts* löst man 50 g Kresol in 60 cm³ Benzin und schüttelt in einem kleinen Schütteltrichter zweimal mit je 25 cm³ 25%iger Schwefelsäure aus. Die vereinigten Säureauszüge werden nach Verdünnen mit 200 cm³ Wasser mit Natronlauge alkalisch gemacht, worauf mit Wasserdampf 200 cm³ Destillat abgetrieben werden. Durch Sublimatlösung fällt man etwa vorhandenes NH_3 als Mercuriammonchlorid aus, filtriert ab und titriert im Filtrat mit Methylorange und n/2 Schwefelsäure das Pyridin. Es entspricht 1 cm³ n/2 Schwefelsäure = 39,5 mg Pyridin. Es genügt auch, das Kresol in einer 6%igen Natronlauge zu lösen, daraus 400 cm³ Wasser überzudestillieren und das Destillat zu titrieren.

---

[1] Фармация **10**, 23 (1947).

Den *Wassergehalt* des Kresols kann man am sichersten dadurch ermitteln, daß man 100 cm³ Kresol im Abstand von je 5 Min. 3 mal auf 180° erhitzt. In dém als Vorlage verwendeten kleinen Tropftrichter bildet sich eine Wasser- und Kresolschicht aus. Der Wassermenge angepaßt wird so viel Kochsalz zugegeben, daß eine 20%ige Lösung entsteht. Die wäßrige Lösung wird in einem kleinen Meßzylinder mit 1/10 cm³-Einteilung abgezogen und so der Wassergehalt unmittelbar in Prozenten ermittelt. Er soll höchstens 0,5% sein.

Für die *Siedeanalyse* verwendet man 100 cm³ Kresol, die aus einem Siedekolben aus Kupfer so überdestilliert werden, daß in der Sek. 2 Tropfen übergehen. Bis 197° sollen höchstens 5% Vol., bis 204° mindestens 95% Vol. übergegangen sein.

Die von *Raschig*[1] im Jahre 1900 vorgeschlagene Methode zur Bestimmung des Gehaltes an m-Kresol ist auch heute noch in Anwendung, wenn auch die Ausführung ein wenig modernisiert ist.

Man wiegt 10 g des zu untersuchenden, wasserfreien Kresols auf 10 mg genau ein und gibt genau 15 cm³ konzentrierte Schwefelsäure pro analysi hinzu. Das Gemisch wird zur vollständigen Sulfonierung noch 1 Stunde lang in einem elektrischen Trockenschrank auf 90° erwärmt. Danach wird unter der Wasserleitung auf 20° abgekühlt und zur Sulfosäure in einem Guß 90 cm³ konzentrierte Salpetersäure (67%) hinzugegeben. Man muß schnell und kräftig durchmischen, ehe die heftige Reaktion unter starker Stickoxyd-Entwicklung beginnt. Nachdem der Kolben sich wieder auf Handwärme abgekühlt hat, kann man mit einer Spur Trinitro-m-Kresol impfen, bis die Trinitro-Verbindung kleinkristallin unter Rühren sich ausscheidet. Nach Zusatz von 80 cm³ destilliertem Wasser bleibt das Reaktionsgemisch mindestens 2 Stunden stehen. Man saugt durch eine tarierte Nutsche ab und spült mit insgesamt 100 cm³ destilliertem Wasser nach, wobei die Hälfte zum Ausspülen, der Rest zum Abdecken auf der Nutsche benutzt wird. Danach wird die scharf abgesaugte Masse bei höchstens 90° getrocknet. Das Trinitro-m-Kresol soll einen Smp. von 105° haben. Die gefundene Trinitro-m-Kresol-Menge wird durch 1,74 dividiert, man erhält so den m-Kresol-Gehalt in Prozenten.

Bei dieser Arbeitsweise werden o- und p-Kresol zu Oxalsäure oxydiert.

Andere Autoren bevorzugen einen langsamen Zufluß der Salpetersäure zu der auf +15° abgekühlten Sulfonsäure. Nach Abscheidung der ersten Kristalle hat man bis zu 24 Stunden unter Wasserbedeckung stehen zu lassen. Die Vortrocknung kann auch durch 2stündiges Luftdurchsaugen geschehen, ehe man die Trocknung bei 90° anschließt.

[1] Angew. Chem. **13,** 759 (1900).

Für die Berechnung des m-Kresolgehaltes kann man sich auch der Gleichung bedienen:

$$\text{m-Kresolgehalt} = \frac{\text{Trinitrogewicht} \cdot 57.5}{\text{Einwaage}} \text{ in \%}.$$

L. Schumann[1] hat die *Raschig*-Methode dahin abgeändert, daß die Trinitroverbindung nicht gewogen, sondern mit n-NaOH gegen Phenolphthalein als Indikator titriert werden kann.

Quist[2] hält es für besser, bei hohen Gehalten an m-Kresol ein Gemisch von 60% Vol. rauchender Salpetersäure (d = 1,48) und 40% Vol. konz. Salpetersäure (d = 1,38···1,40) zur Nitrierung zu benutzen.

Wada und *Kawai*[3] verbessern die Methode dahin, daß das Kresol in rauchender Schwefelsäure mit 20% Schwefeltrioxyd gelöst und die Sulfonsäure mit Salpetersäure (d = 1,40) auf dem Wasserbad erwärmt wird. Es entspricht 1 g Trinitrometakresol 0,56 g Ausgangsprodukt.

. m-Kresol kann auch nach *Koppeschaar* bestimmt werden. *Beukema* und *Goudsmit*[4] fanden bei 164 mg Kresol-Einwaage 99,7% wieder.

Die Trennung des m-Kresol ist in nicht ganz quantitativer Arbeitsweise[5] vom p-Kresol zu erreichen, indem man von der Schwerlöslichkeit der p-Kresolsulfonsäure in nur wenig Wasser enthaltender Schwefelsäure Gebrauch macht. Die p-Kresolsulfonsäure kristallisiert aus den erkaltenden schwefelsauren Reaktionsmischungen aus. Wird die Lösung der Disulfonsäure mit überhitztem Wasserdampf bei 140° behandelt, so kann man aus der Verseifungsflüssigkeit das m-Kresol mit Äther herausziehen. Behandelt man nach dem Verfahren der Rütgerswerke[6] die m- und p-Kresolgemische mit wasserfreier Oxalsäure, so geht nur das p-Kresol in den sauren Ester über, der sich kristallin beim Erkalten abscheidet.

Stevens[7] versucht die Trennung der m- und p-Kresole durch Alkylierung mit Isobutylen; fraktionierte Destillation der erhaltenen tert. Butylderivate und Entalkylierung führen dann zu den gewünschten Isomeren. Auch hier sind Erstarrungs- und Trübungspunkte zur Analyse der binären Systeme zweckmäßig. Mit diesem Verfahren konnten noch keine praktischen Erfahrungen gewonnen werden.

Die Bestimmung vom *o-Kresol*-Anteil beruht auf der Bildung von Additionsverbindungen aus molekularen Mengen von o-Kresol und Cineol. Sie erstarren bei einer für den o-Kresolgehalt charakteristischen Temperatur. Die besten Resultate erzielt man nach *Düll*[8] bei einem Gehalt an o-Kresol von ungefähr 40%.

[1] C. **1934 I** 736. — [2] Z. analyt. Chem. **625,** 89 (1924). — [3] C. **1936 I** 819. — [4] Pharmac. Weekbl. **71,** 380, (1934). — [5] *Raschig*: Jahresber. der Pharm. **35,** 271 (1900). — [6] D.R.P.P. 137 584, 131 421. — [7] Ind. Engng. Chem. ind. Edit. **35,** 655 (1945). Ind. Engng. Chem. analyt. Edit. **18,** 260 (1946). — [8] Arch. der Pharm. **274,** 283 (1936).

In einem Becherglas ist ein 19 cm langes und 26 mm weites Reagenzglas, in diesem wieder ein 15,5 cm langes und 15 mm weites Reagenzglas jeweils mit Korkstopfen eingesetzt. Die Einwaage beträgt 2,8 g Kresolgemisch und 4,0 g Cineol, entsprechend dem Molverhältnis der o-Kresolcineolverbindung. Bei einem o-Kresolgehalt unter 40% muß reines o-Kresol in gleichen Teilen zugemischt werden. Sollte die Lösung nicht kristallfrei sein, so muß sie erwärmt werden. Das Wasserbad wird bis zu 10···15° über dem Erstarrungspunkt der Mischung erwärmt. Unter häufigem Rühren bestimmt man nun den Erstarrungspunkt, wobei 3 Vorgänge zu unterscheiden sind:

1. Abfall, Haltepunkt und Abfall der Temperatur; — 2. Bestimmung des Knickpunktes; — 3. Unterkühlung und Bestimmung des Anstieges.

Nach den Arbeiten von *Potter* und *Williams*[1] soll das Cineol (1,8 Oxydo-p-menthan) zwischen 175···177° überdestillieren. Sie haben folgenden Zusammenhang zwischen o-Kresolgehalt und Erstarrungspunkt ermittelt:

% Kresol	E. P.	% Kresol	E. P.
100	57,5	63,5	42,8
95	54,2	50,0	36,3
89,8	52,5	40,0	30,3
80,0	49,2	12,5	ca. 5,0

Das mit ca. 50% m-Kresol zu liefernde Rohkresol DAB 6 ist eine klare, gelbliche bis gelblichbraune Flüssigkeit; sie soll sich in viel Wasser bis auf wenige Flocken auflösen.

Destillationsanalyse: 50 g Kresol Einwaage; es destillieren zwischen 199° und 204° mindestens 46 g.

Löslichkeit in Natronlauge: 10 cm³ Kresol und 50 cm³ 10%ige Natronlauge schütteln, nach ½ Stunde Stehen dürfen sich nur wenige Flocken Naphthalin abgeschieden haben. Säuert man nun mit 30 cm³ Salzsäure an und gibt 10 g NaCl zu, so sammelt sich das Kresol als obere Schicht von mindestens 9 cm³ an.

Die physikochemischen Analysen der Kresolgemische unter sich oder mit Phenol nutzen entweder die unterschiedliche Löslichkeit der Phenolhomologen in Wasser aus oder sie messen die UV-Absorptionsspektren der Dämpfe.

Bei dem ersten Verfahren nach *Paris* und *Vial*[2] wird die Trübungstemperatur einer wäßrigen Lösung bekannten Wassergehalts unter Benutzung von Eichkurven gemessen. Die größte Genauigkeit von 0,5% ist bei phenolreichen Phenolkresolgemischen und von 3% bei phenolarmen Mischungen erzielt worden.

Auch bei der UV-Methode nach *Robertson, Ginsburg* und *Matsen*[3]

---

[1] Z. analyt. Chem. **93**, 237 (1933). — [2] Chim. analytique **30**, 127, 157 (1948).
[3] Ind. Engng. Chem. analyt. Edit. **18**, 746 (1946).

wird mit einem Fehler von rund 2% gerechnet. Die UV-Spektrogramme liegen zwischen 2550 und 2850 Å. Phenol läßt sich in Kresolgemischen schon in Mengen von 0,3% ermitteln.

Xylenole.

d) Die technischen Xylenole enthalten meist alle 6 Isomere und außerdem noch 10···20% Kresol. Am reaktivsten ist das sym. 1,3,5-Xylenol. Smp. 63°, Sdp. 220°.

Da Xylenol bisher als Ausweichrohstoff gegolten hat, sind eingehendere Untersuchungsmethoden nicht bekannt geworden. Im allgemeinen hat man sich wohl auch mit dem Destillationsverlauf begnügt.

Harnstoff.

e) Da der zur Herstellung von Harnstoff-Formaldehyd-Kondensaten dienende *Harnstoff* meist in großem Reinheitsgrad geliefert wird, so kann man sich mit einigen wenigen Reaktionen begnügen. Der Schmelzpunkt des analysenreinen Produkts wird von *Kofler*[1] zu 135° angegeben. Die technische Qualität schmilzt meist bei 133°. Die Reinheitsprüfung erfolgt in 5%iger wäßriger Lösung auf Abwesenheit von Chlor-Ionen und Sulfat-Ionen. In einer 1%igen Lösung prüft man mit Alkali und Kupfersulfat auf Abwesenheit von Biuret; es darf keine rotviolette Färbung entstehen.

Die quantitative Bestimmung bedient sich der Bromid-Bromat-Methode. 50 cm³ einer n/10 Bromid-Bromat-Lösung (2,7837 g $KBrO_3$ + 11 g KBr in 1000 cm³ Wasser) werden mit 5 cm³ konz. Salzsäure versetzt und dann dazu 15%ige Kalilauge in solcher Weise gegeben, bis die Farbe hellstrohgelb ist, wozu man im allgemeinen 12 cm³ verbraucht. Man gibt dann die verdünnte Harnstofflösung hinzu, deren Menge so bemessen ist, daß etwa 20 mg Harnstoff zur Oxydation kommen. Tropfenweis wird mit n/1 Salzsäure neutralisiert bis hellbraun, man schüttelt 1 Min. und läßt 1 Stunde stehen. Nach Zugabe von 2 g Jodkalium und etwas Salzsäure wird mit n/10 Thiosulfat titriert. Es entspricht 1 cm³ n/10 Thiosulfat = 1,001 mg Harnstoff.

R. Fosse[2] hatte 1914 ermittelt, daß Xanthydrol in Gegenwart von Eisessig in absolut alkoholischer Lösung eine kristalline Fällung von Dixanthyl-Harnstoff gibt.

$$2\,O < (C_6H_4)_2 > CHOH + NH_2 \cdot CO \cdot NH_2 \longrightarrow$$
$$O < (C_6H_4)_2 > CH - NH \cdot CO \cdot NH - CH < (C_6H_4)_2 > O + 2\,H_2O.$$

Kiech und *Luck*[3] haben festgestellt, daß die Reaktion quantitativ ver-

---

[1] Mikro-Methoden zur Kennzeichnung organische⁻ Stoffe und Stoffgemische, Verlag Chemie 1945. — [2] C. r. Acad. Sci. Paris **158**, 1076, 1588 und **159**, 253 (1914). — [3] J. biol. Chemistry **77**, 723 (1928) und Z. analyt. Chem. **93**, 68 (1933).

läuft und sich als Bestimmungsform des Harnstoffs eignet. Da der Dixanthylharnstoff leicht oxydierbar ist, kann man ihn mit Kaliumjodat oder Bichromat in schwefelsaurer Lösung oxydieren und den Überschuß in bekannter Weise zurücktitrieren.

Der zusätzlich bei der Herstellung der Aminoplaste mit verwendete *Thioharnstoff* kommt ebenfalls in guter Reinheit in den Handel. Die Schmelzpunktbestimmung führt zu Fixpunkten von 176···180°. Bei der Veraschung hinterbleibt im allgemeinen kein Rückstand.

Das aus dem Dicyandiamid in einer noch nicht ganz aufgeklärten Reaktion sich bildende *Melamin* = 2,4,6-Triamino - 1,3,5-triazin

$$
\begin{array}{c}
\text{NH}_2 \\
|\\
\text{C} \\
\diagup\ \diagdown \\
\text{N} \qquad \text{N} \\
\parallel \qquad\quad | \\
\text{H}_2\text{N} - \text{C} \qquad \text{C} - \text{NH}_2 \\
\diagdown\ \diagup \\
\text{N}
\end{array}
$$

ist ein weißes Kristallpulver, das unter leichter Zersetzung bei 350° schmilzt.

Es ist in kaltem Wasser sehr schwer und in heißem leicht löslich. Besondere Untersuchungsmethoden zur Harzherstellung des verwendeten Produkts sind bisher nicht bekannt geworden.

Für die Bestimmung des *Dicyandiamids* in technischen Produkten eignet sich nach *Berlin* und *Sinowjewa*[1] die Methode der Umwandlung in Dicyandiamidin durch Erwärmen in 1···2 n-Schwefelsäure. Man vermischt 1,5···2 g Substanz mit 60 cm³ 2 n-Schwefelsäure, die auf 50···60° vorgewärmt ist und schüttelt bis zur vollständigen Lösung der Probe. Danach hält man noch 15 Min. auf dem siedenden Wasserbad und füllt dann auf 1 Liter auf. Man titriert dann in Gegenwart von Methylorange oder potentiometrisch.

Kondensationsmittel.

f) Die Analyse der Kondensationsmittel für die Umsetzung zwischen Phenolen resp. Harnstoffen und Formaldehyd bedient sich der üblichen Methoden der anorganischen Analyse, da es sich hier meist um die Untersuchung starker Säuren und Basen handelt.

5. Analysenmethoden für die Ausgangsmaterialien der Linearpolykondensate. a) *Dicarbonsäuren.* Soweit es sich hier um die Untersuchung der Dicarbonsäuren, insbesondere der Adipinsäure handelt, wird man durch die üblichen analytischen Methoden der Titration sich von dem Reinheitsgrad dieser Komponenten der Linearpoly-

---

[1] Заводская лаборатория **13,** 690 (1947). — C. **1948 II** 641.

kondensate überzeugen können. Eine Bestimmung des Schmelzpunktes dient zur weiteren Kontrolle:

Adipinsäure   Smp. 151°
Bernsteinsäure   „   183°
Ketopimelinsäure   „   143°.

Eine spezifische Nachweisreaktion der *Adipinsäure* und eine besondere quantitative Bestimmungsmethode ist nicht bekannt. Sie läßt sich, wie alle Dicarbonsäuren, in Form ihres in absoluten Alkoholen unlöslichen K-Salzes zur Wägung bringen.

Zur quantitativen Bestimmung der *Bernsteinsäure* kann man die Unlöslichkeit ihrer Bariumsalze in Wasser ausnutzen.

Für die *Ketopimelinsäure* wird das Zinksalz als besonders charakteristisch angesehen. Es wird aus der heißen Lösung des auch in kaltem Wasser leicht löslichen Bariumsalzes gewonnen; es kristallisiert mit 2 Molen Wasser.

Die Ketopimelinsäure (= Acetondiessigsäure) gibt selbstverständlich auch die Reaktion der Ketone. Jedoch bedarf es bei der Oximbildung ziemlich energischer Reaktionsbedingungen. Sie läßt sich nur mit einer alkoholischen Lösung von freiem Hydroxylamin erzwingen. Das Oxim der Ketopimelinsäure ist in kaltem Wasser sehr wenig löslich, leicht in heißem mit stark saurer Reaktion und schmilzt bei 129°.

Über die Eignung dieser Oximbildung zur quantitativen Bestimmung der Ketopimelinsäure sind unsere Untersuchungen noch nicht abgeschlossen.

Diamine.

b) Die Diamine werden vorteilhaft nach Überführen in ihr Hydrochlorid durch Titration der Chlor-Ionen in wäßriger Lösung bestimmt. Das Hydrochlorid des Hexamethylendiamins schmilzt bei 248°. Der Gehalt an HCl beträgt 38,3%.

Salze.

c) In einigen Herstellungsverfahren der Polyamide ist die Bildung der Diamindicarbonsäure-Salze die erste Reaktionsstufe. Das äquivalente Verhältnis dieses Zwischenprodukts kann durch Bestimmung des p_H-Wertes einer wäßrigen Salzlösung durch elektrometrische Titration ermittelt werden. Der Äquivalenzpunkt wird gewöhnlich im p_H-Bereich zwischen 6,6 und 7,8 gefunden[1].

Durch Eindampfen einer salzsauren Lösung der diamindicarbonsauren Salze gelingt ihre Aufspaltung, wobei die Dicarbonsäuren im allgemeinen kristallin ausfallen. Für den Fall des Hexamethylendiamin-

---

[1] *Houwink*: Elastomers and Plastomers **II**, S. 315 (1949).

adipats kann man den Hydrolysenansatz in der Weise aufarbeiten, daß man das zur Trockene eingedampfte Hydrolysat mit Essigester aufnimmt. Hierin ist Adipinsäure leicht löslich. Da das Hexandiaminhydrochlorid selbst bei Siedetemperatur im Essigester unlöslich ist, gelingt die Auftrennung in Adipinsäure und dem Diamin leicht. Letzteres wird mit Silbernitrat in wäßriger Lösung titriert.

Selbstverständlich kann man auch die Titration einer wäßrigen Lösung des Gemisches von Adipinsäure und Hexandiaminhydrochlorid mit Basen vornehmen, da hierbei nur die Adipinsäure erfaßt wird.

Die wäßrigen Lösungen der Salze der Diamine mit einbasischen Mineralsäuren reagieren gegen alle üblichen Indikatoren nach unseren Feststellungen neutral. In absolut-alkoholischer Lösung zeigen sie jedoch ein von dem gewählten Indikator verschieden angezeigtes Verhalten. Das Hexamethylendiaminhydrochlorid ist gegen Lackmus oder Bromthymolblau neutral, gegen Thymolphthalein dagegen zweibasisch sauer.

Aminocarbonsäuren.

d) Von den Aminocarbonsäuren hat technische Bedeutung bisher nur die ε-Aminocapronsäure $NH_2(CH_2)_5COOH$ gewonnen. Sie ist eine bei 202···203° schmelzende Substanz[1]. Das bisher nicht beschriebene Hydrochlorid der Aminocapronsäure stellten wir durch Abrauchen von 4,29 g Aminocapronsäure mit Salzsäure dar; Ausbeute 5,39 g vom Smp. 125° (theor. 5,48 g).

Die wäßrigen Lösungen der Aminocarbonsäuren reagieren infolge innerer Salzbildung neutral oder schwach sauer. Wird jedoch die Aminogruppe durch die Salzsäure gebunden, so wird die COOH-Gruppe frei und der Bestimmung zugänglich, jedoch nach unseren Feststellungen sind so nur 83% der COOH-Acidität bestimmbar.

Nach den Untersuchungen von *Willstätter* und *Waldschmidt-Leitz* an Eiweißspaltprodukten, insbesondere an den diesen zugrundeliegenden α-Aminosäuren, werden durch Alkohol die sauren Gruppen dieser Säuren stärker entwickelt, so daß sie sich mit starken Basen titrieren lassen. Zur Bestimmung des Äquivalentgewichtes der Aminosäuren verfährt man nach *Lieb*[2] so, daß man die Substanz in der unbedingt nötigen Menge Wasser (meist 1···2 cm³) löst, die neunfache Menge absoluten Alkohol zusetzt, 10 Tropfen Phenolphthalein als Indikator benutzt und nun mit alkohol. KOH auf deutliche Rotfärbung titriert.

Nach *Sörensen* gelingt die Titration der Aminogruppe auch in Gegenwart von Formaldehyd. Die an sich zu einem Gleichgewichtszustand zwischen der Aminosäure und der Methylenverbindung führenden Reaktion ist stark von der OH-Ionenkonzentration abhängig; der Opti-

---

[1] *Beilstein* 4. Aufl. **IV**, 134 (1922).
[2] *Klein*: Handbuch der Pflanzenanalyse I. Bd., S. 246.

malwert ist für $p_H = 9 \cdots 9{,}5$ ermittelt, d. h. man titriert bei Phenolphthalein bis zur starken Rotfärbung oder mit Thymolphthalein.

Wir haben die Methode nach *Willstätter-Waldschmidt-Leitz* auf das Hydrochlorid der ε-Aminocapronsäure angewandt und hierin eine zuverlässige und schnelle Bestimmungsmethode gefunden. Die freie Aminocapronsäure reagiert in alkoholischer Lösung einbasisch.

An dem bei 125° schmelzenden ε-Aminocapronsäurehydrochlorid fanden wir jedoch, daß es in alkoholischer Lösung zweibasisch reagiert. Der Verbrauch an Silbernitrat bei sofort weitergeführter Chlortitration in salpetersaurer Lösung ist stets die Hälfte des Alkaliverbrauches. Wird jedoch die Titration mit Alkali in wäßriger Lösung des Hydrochlorids des ε-Aminocapronsäurechlorids vorgenommen und sodann anschließend sofort in salpetersaurer Lösung mit Silbernitrat weitertitriert, so wird die gleiche Menge n/10 Silbernitrat wie n/10 Kalilauge verbraucht.

Absolut alkoholische Lösung:

> 252 mg ε-Aminocapronsäurehydrochlorid verbrauchen 30,0 cm³ n/10 KOH resp. bei sofortiger Weitertitration 15,0 cm³ n/10 AgNO₃, daraus berechnet sich 250,5 mg NH₂(CH₂)₅ COOH · HCl.

Wäßrige Lösung:

> 242 mg Hydrochlorid verbrauchen 14,5 cm³ n/10 KOH und bei
> sofortiger Weitertitration 14,5 cm³ n/10 AgNO₃,
> daraus ergibt sich 243,1 mg NH₂(CH₂)₅COOH · HCl
> resp. 21,85% HCl (theoretisch für das Hydrochlorid 21,73% HCl).

Diisocyanate.

e) Die zur Polyurethan- oder Polyharnstoffbildung benutzten Diisocyanate werden nach *Spiegelberger*[1] nach ihrer „*Isocyanatzahl*" gewertet. Man versteht hierunter die g NCO-Gruppen in 100 g Substanz und bestimmt sie, indem man mit einer n/1 Diisobutylamin-Lösung in Monochlorbenzol umsetzt und das überschüssige Diamin mit Salzsäure zurücktitriert. Die primäre Aminogruppe hat sich als am reaktionsfähigsten erwiesen. Nach den Leverkusener Angaben ist das Naphthylen-1,5-diisocyanat am reaktionsfähigsten, dann folgt das Chlorphenylendiisocyanat, Toluylendiisocyanat und das Hexamethylendiisocyanat. Die Isocyanatzahl dieser Diisocyanate ist in dieser Reihenfolge 40, resp. 43, resp. 48, resp. 50. Dies würde bedeuten, daß die Reaktionsfähigkeit der Isocyanatzahl umgekehrt proportional ist. Jedoch stimmt diese Regelmäßigkeit nicht für das Bisxylylmethandiisocyanat (Desmodur X), für das die Isocyanatzahl = 29 ist und für Bisthiotrimethylendiisocyanat (Desmodur S) mit der Isocyanatzahl 42.

Hierin kommen wohl die komplizierten strukturchemischen Einflüsse zum Ausdruck.

---

[1] Angew. Chem. **59,** 263 (1947).

B. Untersuchungsmethoden für die makromolekularen Rohstoffe der Plast-Herstellung.

I. Plast-Rohstoffe auf Cellulosebasis.

1. Untersuchungsmethoden für Viscose. Die Untersuchung der Viscose erstreckt sich auf die Ermittlung ihres Gehaltes an Cellulose, Gesamtalkali, Gesamtschwefel, freien Schwefelkohlenstoff und ihres Reifegrades.

a) Bei der Bestimmung des Gehaltes an *Cellulose* wird eine gewogene Menge Viscoselösung gleichmäßig auf einer Glasplatte verteilt, bei 60 bis 70° getrocknet, dann in einer Schale mit Ammonchlorid- oder Kochsalz-Lösung (konz.) behandelt, bis der entstehende Film keine roten Flecke mehr zeigt. Nach dem Abziehen von der Glasscheibe wird mit 2%iger Salzsäure weiter behandelt, mit Wasser gewaschen und bei 100° getrocknet. Der Cellulosegehalt C der Viscose ist dann

$$C = \frac{100 \cdot \text{Filmgewicht}}{\text{Viscosegewicht}} \, ^0/_0.$$

Um diese mehrstündige Trocknung zu vermeiden, oxydiert *Hawlik*[1] den gewaschenen Film, indem er zum Film 25 cm³ destilliertes Wasser, 15 cm³ Kaliumbichromat-Lösung (90 g/l) + 25 cm³ konz. Schwefelsäure zugibt und 4 Min. kocht. Nach dem Abkühlen titriert er mit *Mohr*schem Salz (159,9 g/l) zurück, 25 cm³ *Mohr*sche Salzlösung entsprechen 68,75 mg Cellulose. Als Indikator wird Ferricyankalium 1:1000 verwendet.

b) Bei der Bestimmung des *Gesamtalkali* werden 25 cm³ Viscose mit 250 cm³ Wasser verdünnt, davon wiederum 25 cm³ mit nochmals 500 cm³ Wasser verdünnt. Zu 100 cm³ verdünnter Lösung gibt man n/1 Schwefelsäure im Überschuß zu, schüttelt 10 Min. auf dem Wasserbad und titriert die nicht verbrauchte Säure zurück. Der Säureverbrauch mit 8000 multipliziert ergibt den $^0/_0$-Gehalt an NaOH in der Viscose.

c) Der *Gesamtschwefel* wird in der Weise bestimmt, daß man die gleiche Lösung mit starker Hypochloritlösung oxydiert, nach Ansäuern mit Salzsäure kocht und schließlich das Bariumsulfat fällt. Als Oxydationsmittel kann hier auch Permanganat, Wasserstoffsuperoxyd oder Brom dienen. Die Schwefelmenge, die sich im Filtrat einer mit Kochsalz koagulierten, abgewogenen Viscosemenge befindet, ist an Verunreinigungen gebunden. Ihre Differenz zum Gesamtschwefel ist im Xanthogenat-Molekül gebunden.

Den Cellulose-Xanthogenatschwefel bestimmen *D'Ans* und *Jäger* gravimetrisch, indem sie zunächst aus 2 bis 5 g Viscose, zwischen 2 Glas-

---

[1] Soc. Dyers Col. **46,** 421 (1930); Cellulosechemie **12,** 138 (1931).

6*

platten gleichmäßig verteilt, durch Auseinanderschieben 2 Filme herstellen. Man koaguliert in gesättigter, essigfreier Kochsalzlösung 15 Min. bei $12\cdots15°$, löst dann ab und wäscht $4\cdots5$mal mit reiner Kochsalzlösung; sodann wird in 20 cm^3 $10\cdots9\%$iger Natronlauge chem. rein gelöst und nach Zugabe von 40 cm^3 Hypobromit eine Stunde warm stehengelassen, wobei die gelbe Bromfarbe erhalten bleiben muß. Man verdünnt mit 250 cm^3 Wasser, säuert mit konz. Salzsäure an und fällt mit siedender Chlorbariumlösung: $\%$ Xanthogenatschwefel $=$ g BaSO$_4$ $\cdot$ 13,73/Viscoseeinwaage.

Die Hypobromitlösung wird durch Auflösen von 100 cm^3 Brom in einer kalten Natronlauge aus 500 g chem. reinem Ätznatron in 2000 cm^3 Wasser hergestellt.

d) Nach Angaben japanischer Autoren[1] wird der Gehalt an freiem *Schwefelkohlenstoff* wie folgt bestimmt: $30\cdots40$ g Viscose werden in 400 cm^3 Wasser verdünnt und 15 Min. mit 150 cm^3 Äther ausgeschüttelt. Der Äther wird filtriert, dazu werden 40 cm^3 einer Lösung aus 40 g Ätzkali in 1 l Alkohol (94%) zugegeben. Man macht mit Essigsäure schwach sauer, dann neutral gegen Kreide. Die wäßrige Schicht ohne den Äther wird mit n/10 Jod titriert. Die verbrauchten cm^3 sind gleich dem Gehalt an Schwefelkohlenstoff.

Danilow und *Risow*[2] nehmen die Bestimmung durch kontinuierliche Extraktion vor und wägen den Schwefelkohlenstoff als Xanthogenat des Äthanols. Der freie Schwefelkohlenstoff ist zu ca. $0,3\cdots0,4\%$ in normaler Viscose, das sind ca. 1,2% des Gewichts der α-Cellulose.

Da in den Viscoselösungen stets eine ganze Anzahl verschiedenster Thioverbindungen vorhanden ist, über deren Einzelnachweis die oben genannten japanischen Autoren berichtet haben, erscheint der Einwand der russischen Autoren berechtigt, daß allein der Gehalt an Sulfit schon die jodometrische Titration verbietet. *Danilow* und *Risow* verdünnen deshalb die Viscose mit Wasser und fällen mit 10%iger Cd-salzlösung. Der Niederschlag wird auf Schwefelwasserstoff analysiert. Das Filtrat davon enthält SO$_3''$, Hyposulfit und andere S-Verbindungen. Die Methode von *Fink*, *Stahn* und *Matthes*[3] ist von uns nachgearbeitet und liefert gute Resultate. Eine Abänderung in der Richtung, daß statt Diäthylamin ein Gemisch von Dipropylamin und Diäthylamin zur Anwendung kommt, ist möglich. Diese Nebenprodukte lassen sich nach *Fock*[4] durch Essigsäure zersetzen bei Gegenwart von Kreide. In der anschließenden Reaktionsstufe wird dann das Xanthogenat durch Salzsäure zersetzt. Man treibt den Schwefelwasserstoff und Schwefelkohlenstoff mittels

---

[1] J. Soc. chem. Ind. Japan **33**, 50 (1930); Kunststoffe **21**, 79 (1931). — [2] Журнал прикладной химии **10**, 1045; C **1938 I** 479. — [3] Z. analyt. Chem. **109**, 285 (1937). — [4] *Berl-Lunge*: Chemisch-technische Untersuchungsmethoden 8. Aufl. III. Ergänzungsband 273.

Stickstoff in Kadmiumacetat und alkoholische Natronlauge und titriert sie dann getrennt mit Jod.

e) Das Prinzip der Bestimmung des *Reifegrades* der Viscose beruht auf der Tatsache, daß mit steigendem Alter immer weniger Elektrolyt zur Ausfällung gebraucht wird. Durch diese Koagulationsmethoden werden auch die feineren Unterschiede im Reifungsverlauf ermittelt, auch lassen sich stabilisierende oder labilisierende Zusätze erkennen.

Die sogenannte *Hottenroth*-Methode[1] wird so durchgeführt, daß 20 g Viscose mit 30 cm³ Wasser verdünnt und mit 10%iger Ammonchlorid-Lösung bis zur Koagulation versetzt werden. *Herthe*[2] charakterisiert diesen Koagulationspunkt dadurch, daß in einer mit Glasrührer versehenen Apparatur die gelierende Viscose nicht mehr mit umläuft.

Der Eintritt der Koagulation, die an der Bildung von freiem Ammoniak zu erkennen ist, wird nach *Jentzen* durch Hochheben des Rührstabes aus der Viscoselösung festgestellt. Koagulation ist dann eingetreten, wenn innerhalb 20 Sek. kein Tropfen der Lösung mehr vom Rührstab abläuft. Die Koagulation ist stark temperaturabhängig. Es muß also bei Wiederholungen stets auf Einhaltung der Temperatur geachtet werden.

Nach den Untersuchungen von *Berl* und *Dillenius*[3] muß die Titration unter sehr raschem Rühren durchgeführt werden, wobei für gleichmäßige Vermischung des Salzzusatzes zu sorgen ist. Anfangs wird die Salzlösung in cm³ zugegeben, später tropfenweise.

Die NH_4Cl-Reifezahl läßt sich nur dann genau feststellen, wenn man gleichzeitig die Viscosität bestimmt. Die Viscositätskurve hat ein Maximum, dessen erster Teil zeitlich nicht beeinflußt ist; im zweiten Teil vom Maximumpunkt abwärts tritt innerhalb kurzer Zeit eine starke Viscositätsänderung ein[4].

Über die Durchführung der Bestimmung des Reifegrades auf rein chemischem Wege sind die Meinungen geteilt[5]. Der Xanthogenatgehalt der Viscose verringert sich infolge von Abspaltung von Alkali und Schwefel. Das Xanthogenat setzt sich mit Jod zu Dixanthat und Natriumjodid um. Hierbei ist es erforderlich, die mit Jod ebenfalls reagierenden Nebenprodukte der Viscosealterung mit verdünnter Essigsäure abzutrennen.

Die von *Eggert*[6] angegebene Methode ist von *Berl* und *Dillenius* modifiziert. Sie gibt gut reproduzierbare Werte und vermeidet die Trennung des Xanthogenats von den Nebenprodukten durch die Essig-

---

[1] Chemiker-Ztg. **49**, 119 (1925). — [2] Indian. Text. **59**, 287; — C **1943** I 2552. — [3] Cellulosechemie **13**, 1 (1932). — [4] Kolloid-Z. **43**, 349. — [5] *D'Ans* und *Jäger*: Cellulosechemie **16**, 22, 29 (1935). — [6] „Herstellung und Verarbeitung der Viscose". Knapp Verlag, S. 51 (1926).

säure. Die Konzentrationen sind so gewählt, daß keine Hydrolyse stattfindet.

Man bringt auf eine 9 cm $\times$ 12 cm große Glasplatte 1,5 g Viscose in möglichst dünner Schicht und koaguliert in einer heiß gesättigten Kochsalzlösung, bis sich der bildende Film vollständig entfärbt hat. Der koagulierte Cellulosehydratfilm wird von der Glasplatte abgetrennt, mehrmals mit Kochsalzlösung gewaschen und dann in etwa 70 cm³ 10%iger Natronlauge gelöst. Nach völligem Lösen wird mit Wasser auf 500 cm³ aufgefüllt, vorsichtig mit Essigsäure gegen Phenolphthalein als Indikator neutralisiert, wobei jeder Temperaturanstieg vermieden werden muß. Jetzt gibt man überschüssiges n/10 Jod dazu und titriert nach 30 Min. mit n/10 Thiosulfat zurück. Die Berechnung des Xanthogenat-Alkali geschieht nach

$$\% \; \text{NaOH} = \frac{0,4 \cdot \text{cm}^3 \; \text{n/10 Jod}}{\text{Viscoseeinwaage}}$$

Einen neuen Weg gehen *Fink*, *Stahn* und *Matthes*[1], indem sie die neutralisierte Viscose mit Diäthylchloracetamid in die unlösliche und unhydrolisierbare Verbindung

Cell. $0 \cdot \text{CS} \cdot \text{S} \cdot \text{CH}_2 - \text{CO} - \text{N} \, (\text{C}_2\text{H}_5)_2$ [Cell. = Cellulose-Radikal]

überführen und dann eine Stickstoffbestimmung nach *Kjeldahl* vornehmen. Hierbei ist ein N einer Cellulosedithiocarbonatgruppe äquivalent.

Wegen des Fehlens eines stöchiometrisch zusammengesetzten Cellulosexanthogenats wird der γ-Wert dazu benutzt, anzugeben, wieviel Mol Schwefelkohlenstoff an 100 Mole $\text{C}_6\text{H}_{10}\text{O}_5$ als Dithiocarbonatgruppe gebunden sind. Die Arbeitsweise ist folgende: 100 g Viscose werden auf das 3...5fache verdünnt, mit n/2 Essigsäure gegen Phenolphthalein neutralisiert. Dazu gibt man 20···25 cm³ Diaethylchloracetamid $\text{ClCH}_2\text{CON} \, (\text{C}_2\text{H}_5)_2$; der Niederschlag wird so gerührt, daß sich kein gelatinöser Klumpen bilden kann. Man filtriert ab, wäscht mit Wasser aus und nimmt die Gesamtmenge zur *Kjeldahl*-Bestimmung.

$$\gamma = \frac{16\,208 \cdot \text{cm}^3 \; \text{n/10 HCl}}{10\,000 \; \text{E} - 189,14 \; \text{cm}^3 \; \text{n/10 HCl}}$$

E = Einwaage.

f) Als *Salzpunkt*methode ist das Verfahren bezeichnet, bei dem man die Kochsalzkonzentration ermittelt, wo keine Viscose koaguliert, aber auch die Auflösung verhindert wird. Nach *Eggert*[2] liegt diese Konzentration zwischen 1 und 5%. Die verschiedenen Konzentrationsabstufungen stellt sich *Eggert* durch entsprechende Verdünnungen einer 10%igen Kochsalzlösung auf 40 cm³ her. In einer Reihe von Bechergläsern von je 100 cm³ Fassungsvermögen werden die 40 cm³ der

---

[1] s. S. 84. — [2] Filmgebilde aus Viscose, S. 254 Halle Knapp Verlag 1932.

verschieden verdünnten Kochsalzlösungen eingefüllt und auf 18° aus-temperiert. In jedes der Gläser wird mittels einer Spritze (Abb. 5) 0,5 cm³ Viscose von genau 18° hineingespritzt, wobei die Spritze etwas in die Flüssigkeit eintaucht. Sämtliche Gläser mit dem Reaktionsgemisch werden mechanisch mit Glasstäben mit etwa 25 Umdrehungen in der Minute gerührt (Abb. 6). Die Viscose bildet hierbei sofort oder nach einiger Zeit koagulierte, farblose Fäden. Als Salzpunkt gilt die Konzentration von Kochsalz, die in der Lösung vorliegt, in der diese Fäden 10···15 Min. ungelöst bleiben. Man kann eine Genauigkeit von 0,2% Kochsalz erreichen. Der %-Gehalt der Kochsalzlösungen gilt als „Reifegrad" der Viscose. Beispielsweise gelten 2 cm³ 10%ige Kochsalz-Lösung (nach Verdünnen auf 40 cm³) als Salzpunkt 0,5 —, 12 cm³ 10%ige Kochsalz-Lösung dann als Salzpunkt 3,0.

2. Analysen der Cellulose-Cuoxamlösungen. a) Die Bestimmung des Cellulosegehaltes einer Cuoxamlösung geschieht am einfachsten da-

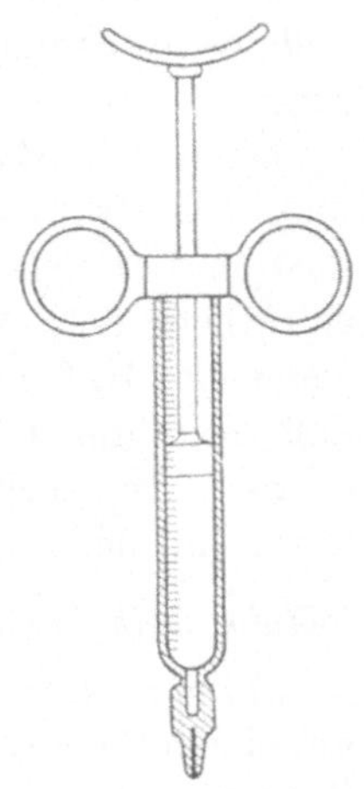

Abb. 5. Viscose-Spritze.

durch, daß man einen Film auf einer Glasplatte herstellt, wobei man 5 g Lösung mit einer anderen Glasplatte verteilt. Man läßt das Ammoniak an der Luft verdunsten und entkupfert den Film mit verdünnter Salpeter-

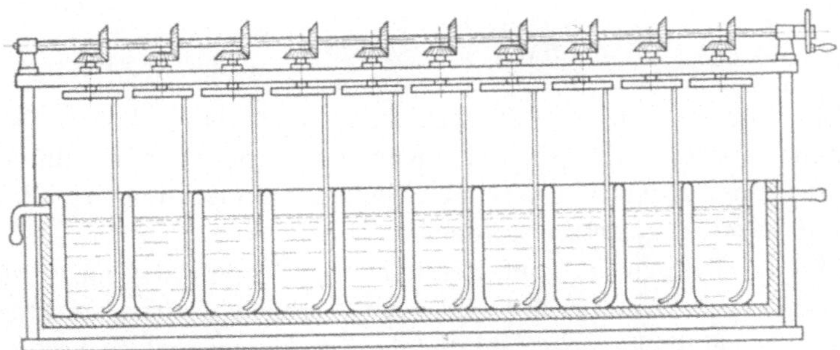

Abb. 6. Apparatur zur Bestimmung des Salzpunkts der Viscose (nach *Eggert*).

säure oder Schwefelsäure. Mit destilliertem Wasser wird säurefrei ge-waschen und der Film bei 95···100° getrocknet. Auch die oxydative Bestimmung der Cellulose mittels Chromsäure ist in Benutzung gewesen, man kann hierbei die Kohlensäure auffangen[1]. 1 cm³ CO_2 = 1,21 mg Cellulose unter Normalbedingungen.

---

[1] B. **42**, 1305 (1909).

b) Bezüglich der Bestimmung des NH_3- und Cu-Gehaltes der Lösungen sei auf die Methoden zur Untersuchung der Cuoxamlösung verwiesen (s. S. 31).

3. Untersuchungsmethoden für die wasserlöslichen Celluloseäther. Die Celluloseäther haben im Vergleich zu den Celluloseestern nur eine geringe Anwendung als Plast-Rohstoff gefunden.

Die *wasserlöslichen* Celluloseäther, Methylcellulose, Oxyäthylcellulose und Celluloseglycolsäure als Na-Salz haben zwar in sehr vielen Industrien der angewandten Kolloidchemie Anwendung gefunden, für die eigentliche Plast-Verarbeitung stellen sie jedoch nur ein, allerdings sehr wertvolles Hilfsmittel dar. Es mag hier als ein Beispiel angeführt sein, daß mit ihrer Hilfe wasserfeuchte Nitrocellulose zu einer Nitrolackemulsion verarbeitet werden kann, die ein hochwertiges Grundierungsmittel für die Kunstlederindustrie auf Nitrocellulosebasis darstellt.

Cellulosemethyläther.

a) Der im Handel befindliche *Cellulosemethyläther* ist etwa der Diäther mit einem theoretischen Methoxylgehalt von $32,6\%$ OCH_3 und $50,5\%$ C. Seine auffallendste Eigenschaft ist die Löslichkeit im kalten Wasser und die Fähigkeit dieser Lösungen, durch Erwärmen reversibel zu koagulieren.

Die verschiedenen im Handel befindlichen Cellulosemethyläthermarken lassen sich an der Höhe der Koagulationstemperatur erkennen. Die unter dem warenzeichenrechtlich geschützten Namen „Tylose" in Deutschland handelsüblichen Marken[1] S, SL und TWA weisen folgende Koagulationstemperaturen auf:

Tylose S   50°
TWA   80···85°
SL   90°.

Die Viscosität ihrer Lösungen kann nach einer konventionellen Methode (*Cochius*-Viscosimeter, Kugelfallmethode) oder unter Benutzung eines absolute Viscositäten liefernden Viscosimeters (*Höppler, Holde-Ubbelohde*) gemessen werden.

Für die Tylosen ist vom Hersteller der Viscositätsgrad durch die Viscositätswerte von Lösungen gleichen Trockengehalts charakterisiert worden, wobei die kleinste Zahl die niedrigstviscose und die größte Zahl die höchstviscose Marke charakterisiert:

Tylose S resp. SL   5 enth.   9 Teile Wasser auf 1 Teil feste Tylose
Tylose S resp. SL   25 enth. 15···19 Teile Wasser auf 1 Teil feste Tylose
Tylose S resp. SL 100 enth. 24···25 Teile Wasser auf 1 Teil feste Tylose
Tylose S resp. SL 400 enth. 24···50 Teile Wasser auf 1 Teil feste Tylose

Die Einstellung Tylose A ist weitgehend in Methylenchlorid und Alkohol löslich und wird im allgemeinen in der höchstviscosen Einstellung geliefert.

---

[1] Merkblätter von Kalle & Co., Wiesbaden, über Tylose.

Alkoxyl-Bestimmung.

b) Die für Methylcellulose wie auch Äthylcellulose in gleicher Weise durchführbare Alkoxyl-Bestimmung geht auf die von *Zeisel*[1] angegebene Abspaltung der Alkoxylgruppe durch HJ und Überführung in die Doppelverbindung Alkyl · J · $AgNO_3$ zurück; letztere wird schließlich als AgJ gravimetrisch oder titrimetrisch bestimmt. Von den vielen Verbesserungen dieser Methode ist die 1903 von *Stritar*[2] angegebene am häufigsten in Gebrauch. Er arbeitet unter Benutzung nebenstehender Apparatur wie folgt (Abb. 7):

Der Waschapparat C wird mit 0,5 g gereinigtem roten Phosphor in 10 cm³ Wasser aufgeschlämmt gefüllt. Die Vorlage D enthält 40 cm³ einer Silbernitratlösung, hergestellt durch Auflösen von 4 g Silbernitrat in 10 Teilen Wasser + 90 Teilen absolutem Alkohol.

In den Zersetzungskolben A wird die Analysensubstanz mit dem Jodwasserstoff eingeführt und nun unter ständigem Durchleiten von gereinigtem CO_2 die Mischung so stark erhitzt, daß der Siedering etwa in der Mitte des Aufsatzrohres sich befindet. Das völlig jodfrei gewaschene Alkyljodid reagiert mit dem Silbernitrat unter Bildung der obengenannten, in verdünntem Alkohol sehr schwer löslichen Doppelverbindungen. Wenn die kristalline Ausscheidung in dem Alkohol beendet ist, setzt man das Erhitzen noch etwa 5 Min. fort. Sodann spült man den Inhalt der beiden Vorlagen in ein großes Becherglas und erhitzt nach dem Ansäuern mit Salpetersäure auf dem Wasserbad, möglichst unter Vermeidung von Lichtzutritt, bis sich das Jodsilber gut abgesetzt hat. Seine Wägung geschieht in der üblichen Form. 1,0 g AgJ entsprechen 0,1302 g OCH_3 oder 0,1917 g OC_2H_5.

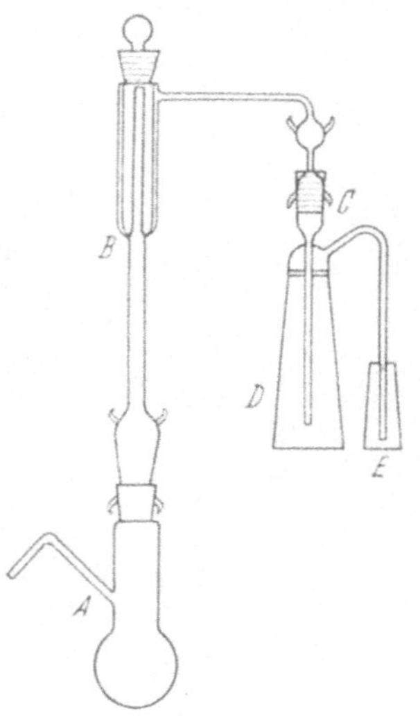

Abb. 7.
Alkoxyl-Bestimmung nach *Stritar*.

Für die maßanalytische Bestimmung verwenden *Vieböck* und *Schwappach*[3] als Absorptions-Flüssigkeit für das Alkyljodid eine Lösung von Brom in Eisessig. Diese Methode hat den Vorteil, mit relativ kleiner Einwaage (ca. 40 mg) eine recht große Genauigkeit zu erzielen. Die Autoren benutzten nachstehende Apparatur (Abb. 8, S. 90) und geben folgende Arbeitsvorschrift:

Das Siedekölbchen wird mit 5 cm³ Jodwasserstoff und 0,2 g Phosphor gefüllt, dann werden 20···50 mg Substanz eingewogen. Der Wäscher wird mit 5 cm³ eines feinen Gemisches aus rotem Phosphor und Wasser gefüllt. In das Absorptionsgefäß füllt man 10 cm³ einer Mischung von Essigsäure und Natriumacetat (30 g Natriumacetat in 200 cm³ Eisessig) und 6···7 Tropfen jodfreies Brom. Ein Drittel dieser Menge wird in das 2. Vorlagegefäß hinübergebracht. Die letzte Vor-

---

[1] Mh. Chem. **6**, 989; **7**, 406 (1885/86). — [2] Z. analyt. Chem. **42**, 579 (1903). — [3] B. **63**, 2818 (1930).

lage enthält eine Lösung von Natriumacetat in 100%iger Ameisensäure. Während des Versuches wird Stickstoff durch die Apparatur geleitet. Ein Glycerinbad von 140° dient zur Heizung. Es wird so stark gekocht, daß nach etwa 15 Min. die Waschflüssigkeit warm zu werden beginnt. Innerhalb einer Stunde ist das gebildete Alkyljodid in der Vorlage. Der Inhalt der Vorlagen wird in einen *Erlenmeyer* entleert, in dem man zuvor ca. 1½ g Natriumacetat aufgelöst hat. Man verdünnt so stark mit Wasser, daß etwa 150 cm³ Flüssigkeit vorhanden sind und gibt dann 0,5 cm³ Ameisensäure hinzu. Die Bromfarbe verschwindet nach wenigen Sekunden, evtl. ist noch etwas Natriumacetat hinzuzufügen. Man überzeugt sich nach etwa 1 Min. durch Zusatz eines Tropfens Methylrotlösung, daß alles Brom verschwunden ist. Danach wird etwas jodfreies Kaliumjodid zugegeben und mit Schwefelsäure angesäuert und mit Thiosulfat wie üblich titriert. 1 cm³ dieser Titrierflüssigkeit entspricht 0,517 mg OCH_3 resp. 0,71 mg OC_2H_5.

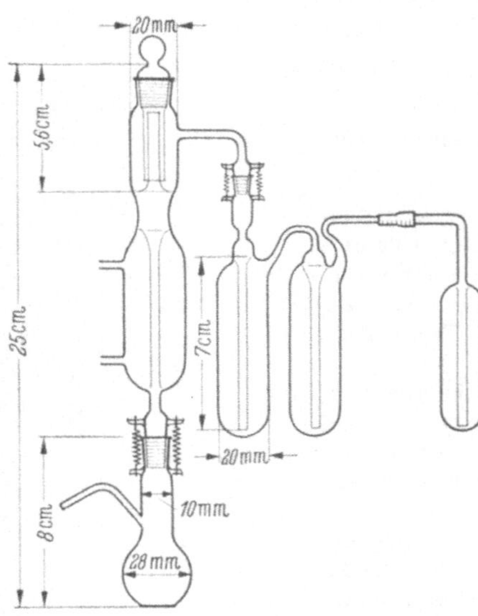

Abb. 8.
Alkoxyl-Bestimmung nach *Vieböck* und *Schwappach*.

Die von *Kirpal* und *Bähn*[1] ausgearbeitete Methode benutzt die Anlagerung des Alkyljodids an Pyridin; die in Wasser sodann ionogen aufgespaltene Anlagerungsverbindung wird in üblicher Weise titrimetrisch bestimmt.

Lieser[2] hat diese Methode zu einer Halbmikromethode gestaltet. Er benutzt folgende Apparatur (Abb. 9).

Benötigt werden 2 cm³ Jodwasserstoff und 0,05 g Substanz. Die Absorptionsgefäße sind mit reinstem Pyridin gefüllt; es nimmt das mit CO_2 übergetriebene CH_3J auf. Es erfolgt eine quantitative Abscheidung von Pyridinjodmethylat innerhalb 40 Min. Reaktionszeit. Der Inhalt der Absorptionsgefäße wird quantitativ in ein Schälchen eingebracht und das Wasser mit Pyridin verdampft. Man titriert das Pyridiniumsalz mit 1/10 n $AgNO_3$ unter Verwendung von Kaliumchromat als Indikator. Ein cm³ n/10 Ag entspricht 3,1 mg OCH_3.

Bei der Methoxylbestimmung von hochmethylierten Kohlenhydraten tritt nach *Neumann*[3] oft Verharzung durch die heiße Jodwasserstoffsäure ein, bevor die Abspaltung der Methoxylgruppe fertig ist. Da die Abspaltung bereits bei Zimmertemperatur erfolgt, so wird zunächst gewartet, bis bei 60···80° im CO_2-Strom sich die Methyl-

[1] B. **47**, 1084 (1914). — [2] Cellulosechemie **10**, 161 (1929). — [3] B. **70**, 734 (1937).

cellulose im Jodwasserstoff gelöst hat; dann wird langsam innerhalb einer weiteren halben Stunde zum Sieden erhitzt. Nach weiteren 15 Min. ist das ganze Methoxyl in der Vorlage. Die angegebenen Analysenwerte zeigen die Brauchbarkeit dieser Arbeitsweise.

Die Pyridinmethode ist für die Bestimmung der Äthoxylgruppen allerdings wegen der unvollkommenen Absorption des Äthyljodid in Pyridin nicht anwendbar.

Eine Möglichkeit zur Bestimmung der Methoxylgruppe neben der Äthoxylgruppe ist durch Umsatz mit Trimethylamin gegeben. Die beiden hierbei entstehenden Ammoniumjodide lassen sich durch ihre sehr erheblichen Löslichkeitsunterschiede in absolutem Alkohol trennen.

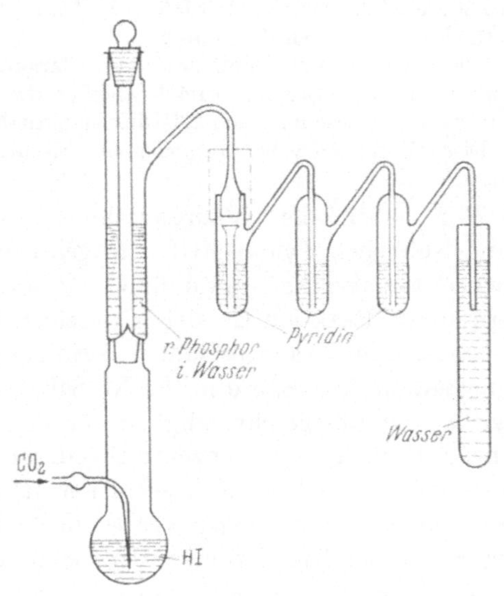

Abb. 9.
Alkoxyl-Bestimmung, Halbmikromethode nach *Lieser*

Für laufende Untersuchungen bedeutet die Verwendung des Jodwasserstoffs eine unangenehme Erschwerung und Verteuerung der Methode. Inwieweit die von *v. Fellenberg*[1] angegebene Methode der Hydrolyse mit 72%iger Schwefelsäure hier besser verwendbar ist, müßte eine eingehende Bearbeitung klären.

Celluloseglycolsäure.

c) Sofern das Natriumsalz der *Celluloseglycolsäure* (Carboxymethylcellulose) ($C_6H_7O_2'$—$(OH)_2$—OCH_2COONa) überhaupt Anwendung in der Plastindustrie findet, wird man sich im allgemeinen mit der Untersuchung seiner Löslichkeit in Wasser unter Feststellung der Viscosität dieser Lösung begnügen. Soweit aus älteren Untersuchungen bekannt, tritt die Wasserlöslichkeit der Celluloseglycolsäure in Form ihres Na-Salzes schon dann ein, wenn noch nicht eine OH-Gruppe des Cellulosegrundmoleküls substituiert ist.

Eyler und Mitarbeiter[2] bestimmen den Substitutionsgrad nach drei Methoden:

---

[1] C. **1916 I** 530 — C. **1917 II**, 1154. — [2] Analytic. Chem. **19**, 24 (1947).

Bei der Säurewaschmethode führt man das Natriumsalz durch salzsaures oder salpetersaures Methanol in die Säure über, wäscht die überschüssige Mineralsäure mit wäßrigem Methanol weg, trocknet und löst in n/2 Natronlauge und titriert die überschüssige Lauge nach einiger Zeit mit Phenolphthalein zurück. Man kann auch das Natriumsalz nach dem Auflösen in Wasser, das eine kleine Menge n/2 NaOH enthält, konduktometrisch mit 0,33 n HCl titrieren. Dies ist eine rasch ausführbare Methode bei trockenen Präparaten.

Die colorimetrische Methode beruht darauf, daß man zunächst mit 50%iger Schwefelsäure 3,5 Stunden zum Kochen erhitzt und sodann die gebildete Glycolsäure unter Verwendung von 2,7-Dioxynaphthalin colorimetriert.

Diese Methoden geben vergleichbare Resultate bei einem Substitutionsgrad von 0,2···1,3.

Wir haben die „Säurewaschmethode" unter Verwendung einer handelsüblichen Tylose MGC nachgearbeitet. Diese liegt in Faserform vor, so daß also die Umwandlung des Na-Salzes in die freie Säure eine permutoide Reaktion ist, deren Geschwindigkeit von der Diffusion der Reagenzien in das Faserlumen dominierend bestimmt wird. Bei der Umwandlung der Säure in ihr Na-Salz tritt allmählich Auflösung ein, hier ist die Lösegeschwindigkeit für den vollständigen Umsatz maßgebend. Bezüglich der Konzentration der methanolischen Salzsäure ergab sich, daß eine höhere Konzentration als 20% Vol konz. HCl + 80% Methanol nicht verwendet werden darf, da sonst eine mit einer Verfärbung verbundene Acidolyse der Cellulose einsetzt.

Aus einer Versuchsreihe über die Abhängigkeit der % Vol. konz. Salzsäure und des Methanols (3, 6, 12, 18% Vol. konz. Salzsäure) und der Reaktionszeit voneinander (2···24 Std. bei 25°) ergab sich, daß es am sichersten ist, die methanolische Salzsäure in einer Konzentration von 82% Vol. Methanol + 18% Vol. konz. Salzsäure ca. 15 Std. einwirken zu lassen. Diese relativ lange Zeit bei 25° kann nicht durch eine kurze Einwirkungsdauer bei 65° ersetzt werden.

Die Mineralsäure wird mit wäßrigem Methanol (66%) ausgewaschen, eine angeschlossene Wasserwäsche ist nicht erforderlich. Man trocknet das in seinem äußeren Aussehen unveränderte Präparat 5···6 Std. bei 50···60° und löst nun in einer gemessenen Menge n/2 Lauge auf und titriert nach mindestens 3 Std. Lösezeit, wobei durch häufiges Schütteln Klumpenbildung verhindert werden muß.

Wir bringen folgende Arbeitsvorschrift in Vorschlag:

Ca. 2···3 g bei 50···60° mindestens 2 Stunden getrocknetes celluloseglycolsaures Na werden in einem vorher hergestellten Gemisch aus 82% Vol. Methanol + 18% Vol. konz. Salzsäure bei 25° ca. 15 Std. (über Nacht) stehen gelassen und durch Filtrieren oder Zentrifugieren von der Säure abgetrennt, mit 66%igem Methanol ($CH_3OH + H_2O$ 2:1) neutral gewaschen (Lackmuspapier auf Faser drücken); bei 50···60° wird 5···6 Std. getrocknet und quantitativ im Gemisch aus 50 cm³ H_2O + 25···50 cm³ n/2 Lauge gelöst, wozu mindestens 3 Stunden erforderlich sind. Man titriert die überschüssige Lauge mit n/10 Salzsäure und Phenolphthalein als Indikator zurück. 1 cm³ n/1 OH = 75 mg OCH_2COOH.

Wir fanden mit dieser Methode für die Tylose einen Wert von rund 17,5% OCH_2COOH im Durchschnitt, was einem zwischen 0,4 und 0,5 liegenden Substitutionsgrad, also etwa 15% Verätherung entsprechen würde. Die Prozentzahlen für die verschiedenen Substitutionsgrade liegen wie folgt (Abb. 10):

Substitutions-grad	OCH_2COOH
0,2	8,64%
0,25	10,6%
0,33	13,8%
0,4	16,2%
0,5	19,6%
0,6	22,9%
1,0	34,1%
2,0	54,0%

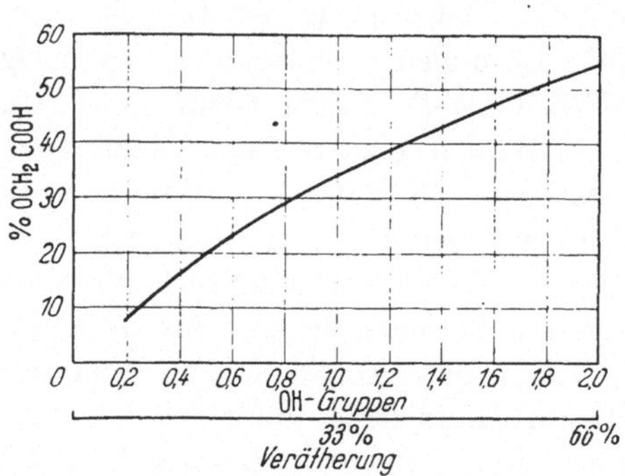

Abb. 10. Gehalt der Celluloseglycolsäure von − OCH_2 − COOH Gruppen.

Man kann weiterhin die Fällbarkeit als schwerlösliches Schwermetallsalz, insbesondere als Aluminiumsalz, zur quantitativen Bestimmung verwerten.

4. Untersuchungsmethoden für die organophilen Celluloseäther. Die *in organischen Lösungsmitteln löslichen* Celluloseäther haben außer in ihrer Anwendung als hochwertiger Lackrohstoff sich auch auf dem Gebiet der Folien und Spritzmassen vielfach bewährt.

Äthylcellulose.

a) Die verschiedenen handelsüblichen Äthylcellulosen unterscheiden sich durch ihren Äthoxylgehalt und die dadurch bedingte verschiedenartige Löslichkeit in organischen Lösungsmitteln.

Die als AT-Cellulose BS marktgängige Einstellung ist etwa eine Diäthylcellulose, während die AT-Cellulose B bis nahe dem Triäther substituiert ist.

Die unter dem Namen Ethocel in den Handel gebrachte Äthylcellulosen werden vom Hersteller (The Dow Chemical Co.) in 3 Einstellungen geliefert, die er als ,,Standard", ,,Mittel" und ,,Niedrig" unterscheidet. Diese Klassifizierung geht auf den Äthoxylgehalt zurück, der bei dem Standardtyp 48,0 bis 49,5% beträgt entsprechend einem Veresterungsgrad von 2,46···2,58; während der Mitteltyp 45,0···48% OC_2H_5 entsprechend 2,25···2,46 Veresterungsgrad aufweist. Der ,,Niedrig"-Typ hat den geringsten Gehalt von 43,5···45% OC_2H_5 und stellt also praktisch Diäthylcellulose dar. Sie ist also der deutschen AT-Cellulose BS am nächsten.

Für die Charakterisierung der Viscosität hat man in Deutschland die Eigenviscosität nach der *Fikentscher*-Gleichung benutzt, während die amerikanische Einstellung die absolute Viscosität einer 5%igen Lösung benutzt.

Die Untersuchung der Äthylcellulosen als Plast-Rohstoff kann sich auf die Überprüfung der Löslichkeitseigenschaften und der Viscosität ihrer Lösungen beschränken. Als geeignete Lösungsmittel sind für die AT-CelluloseB Toluol (Benzol) + Alkohol 9:1 oder Methylenchlorid + Alkohol 9:1 zu nennen. Letzteres eignet sich auch für die weniger verätherte Einstellung AT-CelluloseBS, die bei Verwendung von Kohlenwasserstoffen ein Gemisch mit Alkohol zu gleichen Teilen erfordert. Die Viscosität selbst kann entweder in absoluten Einheiten oder in Sekunden nach der *Cochius*-Methode ausgedrückt werden.

Nach den Angaben der Celluloseäther-Broschüre der ehemaligen IG-Farbenindustrie unterscheiden sich die einzelnen Viscositätslagen etwa durch folgende *Cochius*-Viscositäten ihrer 5%igen Lösung in Toluol und Sprit 9:1 für AT-Cellulose B resp. 1:1 für AT-Cellulose BS gemessen im 7-mm-Rohr bei 20°:

$$\text{ATB oder BS } 1000 > 30''$$
$$\text{ATB oder BS } \;\,900 \quad 16\cdots30''$$
$$\text{ATB oder BS } \;\,800 \quad 10\cdots15''$$

Die vorgesehenen Anwendungsgebiete der Äthylcellulose werden in den meisten Fällen noch einige spezielle Prüfungen des Rohstoffes verlangen.

Ihre geschätzten elektrotechnischen Eigenschaften machen eine Prüfung auf Salzfreiheit notwendig. Hierzu bedient man sich am besten der Leitfähigkeitsmessung eines wäßrigen Auszuges, der bei Siedehitze hergestellt wurde.

Das umfangreiche Gebiet der Imprägnierungen und Kunstlederherstellung erfordert eine Kenntnis der mechanischen Eigenschaften der Filme. Man wird sich zur Filmherstellung des gleichen Lösungsmittels bedienen wie nachher bei der fabrikatorischen Verwendung. Da erfahrungsgemäß die Dehnungswerte der Filme aus Cellulosederivaten stärker auf Störungen im Filmgefüge reagieren als die Reißfestigkeitswerte, ist sorgfältige Filtration der Lösungen vor dem Filmguß erforderlich.

Der Mangel an Weichmachungsmitteln mit Lösevermögen für die Celluloseäthyläther macht es außerdem wünschenswert, daß die Wirksamkeit dieser Weichmacher durch die Prüfung der Filmeigenschaften festgestellt wird. Es darf hierbei nicht übersehen werden, daß oft erst Alterungsprüfungen bei erhöhter Temperatur oder langdauernde Belichtung gegebenenfalls nach anschließender Wässerung Unregelmäßigkeiten in den Eigenschaften der Filme aufzeigen. Vor fabrikatorischer

Verarbeitung einer Lieferung Äthylcellulose sollte also genügend Zeit sein zur Auswertung derartiger Kurzprüfungen. Oft genügt bereits eine Warmlagerung von 10 Tagen bei 60···70° und eine 24stündige Wässerung evtl. bei erhöhter Temperatur vor und nach dieser Alterung. Angaben über die Methode der Messungen der mechanischen Eigenschaften der Filme dürften wohl als allgemein bekannt betrachtet werden.

Da die Verarbeitung der Äthylcellulosen in jedem Fall eine Ausnutzung des Solvatationsvermögens von Lösungsmitteln oder Weichmachern sein wird, so ist auch der Frage Beachtung zu schenken, inwieweit diese Solvatationseigenschaften durch die Verteilung der Äthoxylgruppen auf die verschiedenen primären und sekundären OH-Gruppen der Cellulose beeinflußt werden resp. bis zu welchem Ausmaße sich noch freie Hydroxylgruppen in den Celluloseäthern befinden.

Läßt man nach *Mahoney* und *Purves*[1] auf technische Äthylcellulose Tosylchlorid in Pyridin einwirken, so werden die noch vorhandenen primären OH-Gruppen besonders schnell verestert. Da sich die Tosylgruppe leicht durch Jod austauschen läßt, so ergibt die Bestimmung des Jodgehaltes sogleich den Anteil der Äthylcellulose an primärem OH.

Den Gesamtgehalt an freien OH-Gruppen bestimmen *Mahoney* und *Purves* durch Oxydation mittels Überjodsäure und Bleitetraacetat. Die Kombination beider Methoden erlaubt eine Berechnung des Gehaltes an primären und sekundären OH-Gruppen. Für eine technische Äthylcellulose ergibt sich noch ein Gehalt an 0,13 bis 0,15 freien OH-Gruppen in 2-Stellung und 0,24 bis 0,28 freien OH-Gruppen in 3-Stellung. Die Reaktionsgeschwindigkeit der in 3-Stellung befindlichen OH-Gruppen mit Tosylchlorid ist am geringsten (Konstante 0,07), die mit der primären OH-Gruppe in 6-Stellung am größten (Konstante 15).

Benzylcellulose.

b) Die *Benzylcellulose* hat bekanntlich die Fähigkeit, sich direkt ohne Plastifizierungsmittel zu plastischen Massen, Formstücken oder Folien verarbeiten zu lassen, wenn man auch zur Arbeitserleichterung meist Weichmacher mit verwendet.

Die in Deutschland als BZ-Cellulose handelsübliche Benzylcellulose ist etwa der Dibenzyläther. Das Produkt wird in 4 Viscositätsstufen geliefert, die durch die K-Werte 1000 resp. 900 resp. 700 resp. 500 voneinander unterschieden sind. Als Lösungsmittel zur Viscositätsmessung dient wiederum ein Gemisch aus Toluol + Alkohol 9:1.

Je eine 5%ige Lösung der BZ-Cellulose hat darin für die genannten Viscositätseinstellungen folgende *Cochius*-Viscositäten[2]:

---

[1] J. Amer. chem. Soc. **64**, 9 (1942).

[2] Celluloseäther-Broschüre der ehem. IG-Farbenindustrie.

$$\begin{aligned}
\text{BZ-Cellulose } 1000: &\quad > \;22'' \\
\text{BZ-Cellulose }\;\; 900: &\quad 16\cdots22'' \\
\text{BZ-Cellulose }\;\; 700: &\quad 10\cdots15'' \\
\text{BZ-Cellulose }\;\; 500: &\quad 7\cdots\;\; 9''
\end{aligned}$$

Die üblichen Löslichkeitsuntersuchungen werden noch durch Bestimmungen des *Benzylgehaltes* ergänzt. Hierzu verfährt man beispielsweise[1] so, daß man 1 g Substanz in 25 cm³ konz. Salzsäure löst, in Eis kühlt und 5 cm³ konz. Schwefelsäure hinzugibt. Man läßt 4 Tage unter Schütteln stehen. Sodann wird wieder mit Eis gekühlt und mit 100 cm³ eiskaltem Wasser versetzt. Im Schütteltrichter wird mit 60 cm³ Amylalkohol ausgeschüttelt. Die Amylalkoholschicht wird bis zur Chlorfreiheit mit Wasser gewaschen, die Waschwässer werden nochmals ausgeschüttelt. Der gesamte Amylalkohol wird mit Natriummetall am Rückflußkühler gekocht, mit Wasser ausgeschüttelt und die wäßrige Lösung mit n/10 Silbernitrat titriert. 1 cm³ Silbernitrat = 9,1 mg $C_6H_5CH_2$. *Meunier* und *Gonfard*[2] verseifen die Benzylcellulose mit Acetanhydrid und geringen Mengen Schwefelsäure und treiben mit überhitztem Wasserdampf die Essigsäure und das Benzylacetat ab. Sie neutralisieren genau und verseifen sodann das Benzylacetat mit Natronlauge. Der Überschuß des Alkali wird zurücktitriert. Der Gehalt an Benzyl-Gruppen wird berechnet nach:

$$\% \; C_6H_5O\, - \, = 9,3 \; \frac{\text{n/1 Lauge} - \text{n/1 Säure}}{\text{Einwaage}}$$

Als neue Methode bezeichnen dann die Verfasser ihre Arbeitsweise, die Benzylgruppen mit Jodwasserstoff in Benzyljodid überzuführen. Sie arbeiten wie folgt: 0,3···0,4 g Substanz werden mit Alkohol gewaschen, bei 80° bis zur Gewichtskonstanz getrocknet und danach mit 20 cm³ Jodwasserstoff ($\delta = 1{,}7$) im CO_2-Strom unter Benutzung eines wirksamen Kühlers destilliert. Das Destillat aus Benzyljodid und Jodwasserstoff wird durch mit Eisstückchen gefülltes Glasfilter nachgewaschen, so lange bis die Kristalle im Filtrat 100 cm³ ausfüllen. Man löst in 95%igem Alkohol, versetzt mit 1 g Silbernitrat und 100 cm³ Wasser, gibt 40 cm³ 10%ige Salpetersäure hinzu und kocht 2 Min. Der Niederschlag von Silberjodid wird wie üblich aufgearbeitet. Als Korrektur ist wegen der Löslichkeit des Benzyljodids in 100 cm³ Wasser 2,7 mg hinzuzuschlagen.

Russische Autoren[3] benutzen dasselbe Prinzip, indem sie die Benzylcellulose mit Jodwasserstoff im Kohlensäure-Strom bei 90···95° zersetzen. Sie ziehen dann mit Petroläther aus, füllen den Meßkolben auf 200 cm³ mit Petroläther auf, wobei sie etwas Ag zusetzen,

---

[1] *Berl-Lunge:* Chemisch-technische Untersuchungsmethoden 8. Aufl. **V.** 799.

[2] C. r. **1014**, 1839 (1932). — Rév. gén. Matières plastiques 8, 591 (1933).

[3] Пласт массы **1933**, 16.

um das Jod zu binden. 50 cm³ dieser farblosen Lösung werden mit 50···60 cm³ n/1 Silbernitrat versetzt, nach dem Entfernen des Petroläthers wird mit verdünnter Salpetersäure eine Stunde auf dem Sandbad erhitzt und nach dem Abkühlen das Silberjodid wie üblich bestimmt.

Die von *Danilow* und *Jochel*[1] bevorzugte Methode der Benzylgruppenbestimmung beruht auf der Reduktion der Benzylgruppe mit Zink oder Aluminium bei 400···450° zu Toluol. Man bringt hierzu zunächst 15 g Ätznatron in Pulverform mit 5 g Aluminium resp. 10 g Zink in Form von Spänen in einen Kupferkolben und gibt dann 5 g feingepulverte Benzylcellulose hinzu. Der gut verschlossene Kolben wird mit einem *Liebig*-Kühler verbunden und elektrisch auf 400···450° erwärmt. Die Destillationsprodukte werden in einer in cm³ eingeteilten Röhre unter Eiskühlung aufgefangen. Die Destillationsprodukte sind Wasser, Toluol und andere benzylierte Verbindungen. Das Volumen der wäßrigen Schicht wird vom Gesamtvolumen abgezogen und sodann aus dem korrigierten Volumen, das der Benetzung des Kühlers und der Verbindungsröhren Rechnung trägt, der Anteil an Toluol im wasserfreien und aschenfreien Material und damit der Gehalt an Benzyl-Gruppen im Celluloseäther berechnet.

Die Ausführungen bezüglich der Prüfung der mechanischen Eigenschaften der Folien aus Äthylcellulosen finden sinngemäße Anwendung für die Benzylcellulose.

5. Untersuchungsmethoden für die Nitrocellulose. a) Da Nitrocellulose stets im angefeuchteten Zustand auf allen ihren Anwendungsgebieten zur Verarbeitung kommt, und dieses *Anfeuchtungsmittel* während der Lagerung in den einzelnen Schichten eines Behälters nicht immer gleichmäßig verteilt ist, wird man sich häufig davon überzeugen müssen, daß die Anfeuchtung stets den Betrag erreicht oder übersteigt, bei dem die Nitrocellulose nicht mehr als Sprengstoff im Sinne der Verordnung über den Verkehr mit Sprengstoffen gilt. Aus mehreren Behältern nimmt man mit konisch zulaufendem Probestecher jeweils mehrere Proben und vermischt diese möglichst gleichmäßig. Die relativ große Flüchtigkeit des Äthyl-Alkohols erfordert eine schnelle Arbeit, damit Verdunstungsverluste vermieden werden. Man wiegt etwa 10···20 g Nitrocellulose ein und trocknet 8···10 Stunden bei 50···60° im Schrank mit Warmluft-Zirkulation. Wird butanolfeuchte Kollodiumwolle verarbeitet, so muß man das schwerflüchtige Butanol mit warmem Wasser auswaschen, ohne daß mit der Waschflüssigkeit Fasern verloren gehen. Der Gehalt an Anfeuchtungsmittel — Wasser, Sprit oder Butanol — soll mindestens 35% betragen. Der Wassergehalt der Anfeuchtigkeitsalkohole, d. h. also die

---

[1] Пласт массы **1934**, 33.

Grädigkeit des Alkohols wird nach der sogenannten Paraffinmethode bestimmt. Hierzu werden aus ca. 150 g Nitrocellulose (spritfeucht) durch Destillation im Vakuum aus einem geräumigen Rundkolben zunächst so viel wie möglich Alkohol abdestilliert, wobei man die Vorlage mit Eis kühlt. Wenn die Destillationsgeschwindigkeit nachläßt, wird durch einen Trichter ca. 80° warmes Paraffin ($\frac{1}{2}$ bis $\frac{3}{4}$ kg) so weit nachgefüllt, daß die Wolle eben bedeckt ist. Man destilliert dann weiter, solange noch Flüssigkeit übergeht. Das spezifische Gewicht des überdestillierten Alkohols dient unter Benutzung der amtlichen Alkoholtabellen zur Ermittlung der Grädigkeit.

Eine andere Methode zur *Feuchtigkeitsbestimmung* nutzt die Verschnittfähigkeit einer Nitrocellulose-Lösung in mit Wasser gesättigtem Butylacetat gegenüber Tetrachlorkohlenstoff aus.

Eine interferometrische Feuchtigkeitsbestimmung von Nitrocellulose beruht auf der Bestimmung des Brechungskoeffizienten von Salzlösungen, der sich durch das Einbringen der Nitrocellulose ändert. Man benutzt 50 cm³ 40%iger Calciumnitratlösung für 10 g Nitrocellulose. Die Methode ist sowohl für wasserfeuchte wie auch alkoholfeuchte Nitrocellulose anwendbar. Eine vorherige Eichung des Interferometers in % Feuchtigkeit ist erforderlich. Die Genauigkeit beträgt 0,4%. Im allgemeinen soll die Grädigkeit der alkoholfeuchten Nitrocellulose bei 92% und die der butanolfeuchten bei 95% liegen.

Schließlich kann man sich für die Ermittlung des Wassergehaltes auch der Methode von *Fermazin*[1] bedienen. Ihr Prinzip ist, daß durch Xylol aus der Nitrocellulose die Anfeuchtung dampfförmig abgeführt wird, durch Calciumcarbid streicht, wobei sich das Wasser zu Acetylen umsetzt, das dann mit Cuprochloridlösung absorbiert wird. Die eine besondere Apparatur erfordernde Methode ist bei ziemlicher Zeitbeanspruchung sicher sehr genau, hat aber heute für die technische Anwendung der Nitrocellulose keine Bedeutung, nachdem man gelernt hat, auch aus wasserhaltiger Nitrocellulose einwandfreie Plaste und Lackschichten zu erzielen.

Faseroberfläche.

b) Ein Teil der Nitrocellulose-Hersteller bringt seine Erzeugnisse im gemahlenen Zustand zur Verwertung als Plast- oder Lack-Rohstoff. Durch das Mahlen im Holländer werden die Fasern geschnitten, gekräuselt, in Fibrillen aufgeteilt, gequetscht oder flach gepreßt. Die spezifische Oberfläche dieser Fasern ist wichtig für die Kochung und den Vorgang der Lösung bei der Herstellung von Celluloid oder Filmen.

Die Entwicklung eines Testes zur Charakterisierung der Oberfläche· und damit zur Arbeit des Holländers nutzt die Tatsache, daß alle Farb-

---

[1] Chemiker-Ztg. **55**, 995 (1931).

stoffe in die Nitrocellulose eindringen und sowohl die inneren wie äußeren Schichten färben. *Philips*[1] färbt nun die Nitrocellulose entweder mit einem basischen oder sauren Farbstoff, wäscht und behandelt dann mit Farbstoff umgekehrten Zeichens. Dadurch wird ein bestimmter Betrag des Farbstoffes als unlöslicher Niederschlag auf der Oberfläche der gefärbten Faser niedergeschlagen. Das negativ geladene Kongorot hat eine größere Affinität für das Lumen als für die Wände der Cellulose. Die Kongorot-Teilchen im Innern verhindern das Eindringen eines entgegengesetzt geladenen Farbstoffes an den gleichen Platz. Methylenblau ist positiv geladen. Sein Ausbluten kann durch Waschen mit Pufferlösungen anstelle Wasser verhindert werden.

Die zur Durchführung der Anfärbung benötigten Reagenzien sind durch Auflösen von je 0,5 g Kongorot resp. Methylenblau in 150 cm³ Wasser, Aufkochen, Abkühlen auf ZT. und Zentrifugieren bei 1500 U/min 10 Min. lang, Dekantieren und Auffüllen auf 500 cm³ hergestellt. Das viel Unlösliches enthaltende Methylenblau liegt dann in einer Konzentration von weniger als 0,1% vor.

Zur Herstellung der Pufferlösungen werden 37,875 g $Na_2B_4O_7$ in 1 l kochendem Wasser gelöst, ebenso löst man 10,9618 g Kochsalz und 46,515 g kristallisierte Borsäure in 1 l kochendem Wasser. Ein Gemisch von je 5 cm³ der beiden Lösungen ergeben einen p_H-Wert von 7,9 (Phenolrot als Indikator). Man stellt sich am besten aus dem zur Trockne verdampften und 2 Std. bei 140° getrockneten Salzgemisch eine 3%ige Lösung her. Als Reduktionsmittel für das Methylenblau dient ein in CO_2-Atmosphäre standardisiertes $TiCl_3$, es entsprechen dann 1 cm³ $TiCl_3$ = 0,001426 g Methylenblau.

Man bedient sich zweckmäßig folgender Arbeitsweise:

3 g Nitrocellulose werden in 150 cm³ einer 3%igen Pufferlösung bis zur gleichmäßigen Aufteilung eingerührt; dazu gibt man 5 cm³ 0,1%ige Kongorotlösung und läßt unter Rühren genau 15 Min. in kochendem Wasserbad stehen, filtriert durch *Gooch*-Tiegel, decantiert 4 mal im Glas mit 40 cm³ Pufferlösung von 50···60° und wäscht auf dem *Gooch*-Tiegel nochmal mit der Pufferlösung und saugt trocken. Zu der erneuten Aufschlämmung in 150 cm³ Pufferlösung gibt man 15 cm³ 0,1%ige Methylenblaulösung zu, erhitzt wieder 15 Min. unter Rühren, filtriert, saugt trocken. Das Filtrat wird mit 10 cm³ konz. Salzsäure versetzt, mit CO_2 gesättigt und mit $TiCl_3$-Lösung titriert.

Eine Blindprobe ohne Kongorot ist nötig.

Die Berechnung des auf Kongorot absorbierten Methylenblaus geschieht nach:

---

[1] Ind. Engng. Chem. analyt. Edit. **7, 416** (1935).

7*

$0,001426 \cdot cm^3$ TiCl$_3$-Verbrauch $=$ Methylenblau in 15 cm^3 $=$ A

$\qquad$ A/15 $=$ Methylenblau in 1 cm^3 $=$ B

$\qquad$ B $\cdot$ cm^3 Methylenblau zum Unbekannten hinzugegeben $=$ Gesamt-

$\qquad\qquad$ methylenblau $=$ C

$0,001426 \cdot cm^3$ TiCl$_3$ für Überschuß Methylenblau titriert $=$ D

$$\frac{C - D}{3} = \text{Methylenblau absorbiert von 1 g Nitrocellulose.}$$

Es ist zu beachten, daß Glasfilter viel Farbstoff festhalten, so daß nach jeder Filtration mit Säure gewaschen werden muß. Je länger die Mahlzeit, also je feiner die Nitrocellulose ist, desto mehr Farbstoff wird absorbiert. Beispielsweise fand *Philips* nach

$$1 \text{ St.} \quad 7,8 \cdot 10^{-4} \text{ g}$$
$$10 \text{ St.} \quad 10,4 \cdot 10^{-4} \text{ g}$$
$$17 \text{ St.} \quad 18,3 \cdot 10^{-4} \text{ g pro 1 g Nitrocellulose.}$$

Stickstoffgehalt.

c) Die sehr schnelle Zersetzung der Nitrocellulose in der Wärme schließt dieAnwendung der Verbrennungsmethode nach *Dumas* für die N-Bestimmung naturgemäß aus und erfordert, wie eine Reihe echter Nitroverbindungen der aromatischen und auch aliphatischen Reihe, die Anwendung besonderer Methoden. Hierfür haben sich die Nitrometermethode nach *Lunge* und die von *Schulze-Tiemann* angegebene Methode der Zersetzung mit Ferrochlorid am meisten eingebürgert. Grundsätzlich ist bei der Durchführung von Analysen an der Nitrocellulose zu bedenken, daß sie bei Wägung an freier Luft ohne besondere Vorsichtsmaßnahme 0,5 bis 1% Feuchtigkeit aufnimmt.

Die Nitrometer-Methode ist wegen der großen Menge Quecksilber oft etwas beschwerlich zu handhaben. Eine ausführliche Durchführungsvorschrift der Analyse findet man im *Berl-Lunge*, Chem. techn. Untersuchungsmethoden I S. 608, 619 und II S. 555 (8. Aufl.).

Das *Lunge*-Nitrometer ist speziell zur Bestimmung des Stickstoffs in Nitrocellulose von *R. E. Summers* und *W. H. Summers*[1] abgeändert. Die *Lunge*sche Methode in der Abänderung von *Lubarsch* — Herstellen der Nitrocellulose-Lösung in dem Nitrometer — führt immer zu um $0,1 \cdots 0,2\%$ zu hohen Werten, auch wenn keine Carbonate in der Nitrocellulose sind. Die sofortige Untersuchung einer Lösung von Nitrocellulose in Schwefelsäure erscheint als selbstverständlich[2]. Die Löslichkeit von Stickoxyd in Schwefelsäure nimmt mit der Konzentration an Schwefelsäure zu. Unter den Bedingungen der normalen Arbeit ist der Zeiteinfluß auf die Abnahme des absorbierten Stickoxyds sehr groß. Die Endprodukte der Stickoxyd-Zersetzung sind NH_3, N_2 und NO. Die Nitro-

---

[1] Soc. Chem. Ind. Victoria [Proc] **36**, 1108 (1936).

[2] Schieß- u. Sprengstoffe **28**, 172 (1933).

cellulose wird am besten in gelöster Form in das Nitrometer eingebracht, wobei man zum Lösen 95%ige Schwefelsäure verwendet, die in der Bürette auf 90% durch Verdünnen mit weniger konz. Schwefelsäure herabgesetzt wird.

Für die Stickstoffbestimmung nach *Schulze-Tiemann* wird ein Eudiometer benutzt, das durch Auswägen mit Wasser geeicht wird. Für die Bestimmung braucht man an Reagenzien:

> technische Natronlauge von 32% (Gew.),
> konz. Salzsäure ($\delta = 1,19$) und
> Eisen II-chloridlösung.

Die Lauge kann zweimal benutzt werden, der Blindwert der Reagenzien ist zu ermitteln. Er liegt meist zwischen $0,8\pm0,1\,\mathrm{cm^3}$. Nach unseren Erfahrungen kann er unberücksichtigt bleiben, da die gleiche Menge Stickoxyd durch Absorption in der Lauge in der Apparatur verlorengeht. Die Lauge wird auf $26\cdots27\%$ durch den übergehenden Wasserdampf verdünnt. Es ist also diese Wasserdampftension und die Ausdehnung der Millimeterskala am Manometer bei Raumtemperatur zu berücksichtigen. Nach dem Einwiegen der Nitrocellulose wird die ganze Apparatur mit Wasser luftfrei gekocht, danach abgekühlt und die Reduktionsreagenzien durch das entstandene Vakuum eingesaugt. Sodann wird in der Siedehitze reduziert und das sich entwickelnde Stickoxyd nach den üblichen Arbeitsregeln der Gasanalyse aufgefangen. Den %-Gehalt an N berechnet man nach folgender Formel:

$$\% \, \mathrm{N} = \frac{\mathrm{v} \cdot (\mathrm{b} - \mathrm{f})}{\mathrm{e} \cdot (273 + \mathrm{t})} \cdot \frac{273 \cdot 14,008 \cdot 100}{760 - 22,23}$$

Hierin bedeutet:

> v = korr. wirkliches Gasvolumen (Eudiometervolumen u. Korrekturbetrag)
> b = Barometerstand
> f = Korrektur des Barometerstandes für Ausdehnung bei t° u. NaOH-Tension
> e = Nitrocellulose-Einwaage in g
> t = Temperatur des Gases. 14,008 = Atomgewicht N
22,23 = Molvolumen NO

Von verschiedenen Autoren durchgeführte Vergleiche der Verfahren von *Schulze-Tiemann* und *Lunge* führen zu dem Ergebnis, daß beide Methoden den gleichen Stickstoffgehalt ergeben, wenn man als Sperrflüssigkeit nicht Wasser, sondern, wie oben dargelegt, 30%ige Natronlauge verwendet. Der sonst bei der *Schulze-Tiemann*-Methode auftretende Fehler von $0,1\cdots0,2\%$ N ist damit ausgeglichen[1].

Brissaud[2] bevorzugt wegen ihrer größeren Genauigkeit die *Devarda*sche Methode. Sie ist von *D. Krüger*[3] und später von *Berl* und *Hefter*[4]

---

[1] S. u. a. auch *Lesničenko:* Chem. Obzor **10**, 140, 165, 192 (1935).
[2] Mém. Poudres **28**, 112 (1939). — [3] Angew. Chem. **41**, 407 (1928).
[4] Cellulosechemie **14**, 67 (1933).

zu einer Mikromethode umgestaltet bei einer Einwaage von 5⋯15 mg Substanz. Die Verseifung wird mit 30%iger Natronlauge unter Zusatz von einigen Tropfen Wasserstoffsuperoxyd vorgenommen. Die von *Krüger* angegebenen Werte sind 0,1% größer als die mit dem Nitrometer erhaltenen. Die Methode wird jedoch für technische Arbeiten im allgemeinen nicht in Frage kommen. Wir haben nach der *Devarda*-Methode stets ungenaue, stark streuende Werte erhalten.

Das von *Reinhold*[1] noch aufgeführte Nitronverfahren nach der Verseifung von Alkali und Wasserstoffsuperoxyd zu Nitrat und Nitrit, das schließlich noch im sauren Medium zu Nitrat übergeführt wird, hat keine praktische Bedeutung mehr.

Maßanalytisch läßt sich der Stickstoffgehalt nach *Berl* und *Weiß* bestimmen, indem man mit Überchromsäure + Schwefelsäure oxydiert, dann mit 5 g Eisen zu Ammoniak reduziert und dieses Alkali überdestilliert. Diese Methode erfordert 2 Stunden Zeit gegenüber der $^3/_4$ Std. Methode nach *Schulze-Tiemann*.

Treadwell und *Vontobel*[2] haben anläßlich ihrer Untersuchungen über die Titration von Salpetersäure und ihren Estern in konz. Schwefelsäure festgestellt, daß auch Nitrocellulose sich mit Eisen II-sulfat in 96%iger Schwefelsäure elektrometrisch titrieren läßt. In konz. Schwefelsäure gelöste Nitrocellulose zeigt eine rasche Abnahme ihres Nitrat-N-Gehaltes, während ihr Gehalt an nitrometrisch bestimmbarem Stickstoff unverändert bleibt.

Schließlich läßt sich auch calorimetrisch der N-Gehalt der Nitrocellulose bestimmen[3]. Die Ermittlung der sogenannten Explosionswärme der Nitrocellulose wird nach dem für calorimetrische Untersuchungen allgemein üblichen Verfahren durchgeführt.

Zur Anwendung gelangt eine V_2A-Stahlbombe, hergestellt aus einem Stahl von 80⋯90 kg Festigkeit, die einen Inhalt von ca. 12 cm³ besitzt. An ihrem Boden befindet sich ein Ventil. Die Zündung wird elektrisch vorgenommen. Zur Ermittlung der Explosionswärme werden ca. 1 g Nitrocellulose eingewogen, die in gleicher Weise wie die zur Stickstoffbestimmung verwendete Probe getrocknet wurde. Die Zündung erfolgt mittels eines Pulverblättchens, dessen Gewicht und Energieinhalt genau bekannt ist. Das Zündblättchen wird mit Hilfe eines 0,1 mm starken Nickeldrahtes an dem am Kopf der Bombe befindlichen Elektroden befestigt. Nachdem die Bombe gasdicht verschlossen ist, wird sie in den Topf des Calorimeters eingesetzt und austemperiertes Wasser bis zum Kopf der Bombe aufgefüllt. Das Gewicht der hierzu verwendeten Wassermenge wird genau ermittelt. Nach einem Temperaturausgleich von 15 Min. beginnt die eigentliche Untersuchung. Es wird zunächst die noch vorhandene Temperaturänderung bestimmt, indem in einem Abstand von 1 Min. die Temperatur abgelesen wird. Es erfolgt nun durch einen kurzen Stromstoß von ca. 1 Amp. die Zündung des Inhaltes. Nach einem weiteren minütlichen Ablesen der Temperatur über 10 Min. wird durch Extrapolieren die Gesamttempe-

---

[1] Nitrocellulose **2**, 149, 171, 214, 232 (1931).
[2] Helv. Chim. Acta **20**, 573 (1937). — [3] Mém. Poudres **27**, 102 (1939).

raturerhöhung vom Zeitpunkt der Zündung festgestellt, die, mit dem Wasserwert der Apparatur multipliziert, die Calorien ergibt. Nach Berücksichtigung des Energieinhaltes des Zündblättchens wird die Explosionswärme auf 1 g Einwaage umgerechnet.

Für die mit Salzsäure gekochte Nitrocellulose ist die Verbrennungswärme $q_0 = 4188 - 141{,}8\ N$ cal./g. Hierin bedeutet $N =$ Stickstoffgehalt.

Die nachstehende Tabelle gibt die Funktion $N\%$ zu Calorien wieder.

Tabelle 3.

Cal.	% N	Cal.	% N
714	10,42	940	12,36
740	10,75	960	12.50
760	10,96	980	12,64
770	11,06	1000	12,78
780	11,15	1020	12,92
800	11,32	1040	13,06
820	11,50	1060	13,20
840	11,64	1080	13,34
880	11,92	1100	13,48
900	12,08	1120	13,64
920	12,22	1160	13,92

Die technisch genutzten Collodiumwollen haben einen N-Gehalt von $10{,}8\cdots12{,}35\%$ N, wobei als Celluloid-Collodiumwolle eine Nitrocellulose mit $10{,}8\cdots11{,}1\%$ N (also praktisch Dinitrat) benutzt wird. Für Filme, Kunstleder, für Lackzwecke oder als Klebstoff-Rohstoff dienen die um 12% N nitrierten Collodiumwollen. Die letzteren werden in Frankreich als CP_2-Wollen bezeichnet. Zum Vergleich der dortigen Kennzeichen diene: $188\cdots195\ cm^3\ NO = 11{,}6\cdots12{,}04\%$ N.

Den Zusammenhang zwischen Veresterungsgrad und Grundmolgewicht der Nitrocellulose und dem N-Gehalt kann man aus folgender Aufstellung entnehmen:

	Grd.-Molg.		N	Verest.-Grad
$C_6H_7O_2(OH)_3$	162	=	0 %	0%
$C_6H_7O_2(OH)_2NO_3$	207	=	6,7 %	33%
$C_6H_7O_2(OH)(NO_3)_2$	252	=	11,11%	66%
	262	=	12,0 %	75%
$C_6H_7O_2(ONO_2)_3$	297	=	14,14%	100%

Alkohollöslichkeit.

d) In gewissem Sinne eine Kontrolle des N-Gehaltes stellt die Eigenschaft der Alkohollöslichkeit der Collodiumwolle dar. Die bis zur Dinitratstufe etwa veresterten Celluloid-Collodiumwollen sind praktisch in Sprit löslich und tragen daher oft auch die Bezeichnung A-Wollen (A 500, A 6, AS $\frac{1}{2}''$ usw.). Die Alkohollöslichkeit der E-Wollen, $N = 11{,}9$ bis $12{,}3\%$, soll nicht höher als 7 oder 8% sein. Eine höhere Löslichkeit kann nicht mehr als reine Funktion des Stickstoffgehaltes angesehen werden. Hier prägt sich vielmehr bereits der Einfluß der Molekülänge der Nitrocellulose aus. Es ist deshalb zweckmäßig, die Alkohollöslichkeit nur im Zusammenhang mit dem Ausgangsmaterial für die Nitrierung — Zellstoff oder Linters — und der Viscositätsstufe zu beurteilen. Niedrigviscose-Wollen gleichen Stickstoffgehaltes haben stets eine höhere Alkohollöslichkeit als die entsprechenden hochviscosen Einstellungen. Außerdem trägt das Vergällungsmittel zur Erhöhung dieses Charakteristikums bei; auch die Grädigkeit des Alkohols ist von merklichem Einfluß auf die Höhe der Löslichkeit. Es ist deshalb für die Ermittlung der Alkohollöslichkeit der Nitrocellulose von grundlegender Bedeutung, stets einen 94%igen Alkohol mit 2% Toluol vergällt zu verwenden. Man behandelt 5 g trockene Nitrocellulose mit 500 cm³ dieses Alkohols 5 Stunden bei 25° — die Temperatur ist ebenfalls von merklichem Einfluß — unter kräftigem Schütteln, läßt mindestens 3 Stunden absitzen und pipettiert 100 cm³ evtl. nach Filtrieren ab, verdampft und trocknet bei 90° bis 95° zur Gewichtskonstanz. Das mit 100 multiplizierte Gewicht ist die prozentuale Löslichkeit.

Die Löslichkeit von Nitrocellulose in Campher-Alkohol-Lösungen (10 oder 30%) wird nach *Remennikow*[1] in der Weise bestimmt, daß die Nitrocellulose in der 100fachen Menge der Flüssigkeit 4 Stunden digeriert wird. Nach weiteren 12 Stunden werden 50 cm³ abpipettiert und mit Glycerin bis zur Trübung titriert. Danach werden noch 10 cm³ Glycerin zugesetzt, weiterhin 2 cm³ Rhodankalium-Glycerin (1:10) zugegeben, filtriert, mit Wasser nachgewaschen und getrocknet. Aus meinen Arbeiten über die Aktivierung von Verschnittmitteln durch Weichmacher ist zu erkennen, daß eine 10- bis 30%ige alkoholische Campherlösung, dann eine völlige Auflösung der E-Wolle herbeiführt, wenn etwa 200% Campher berechnet auf Nitrocellulose kommen. Bei der obigen Vorschrift beträgt aber die auf Nitrocellulose kommende Camphermenge das 10fache. Wenn danach keine völlige Lösung vom Autor erzielt ist, so dürfte die Gleichmäßigkeit der untersuchten Nitrocellulose in Zweifel zu ziehen sein. Da eine Löslichkeit der Nitrocellulose in Campheralkohol nur für die Celluloidherstellung von Interesse ist, so sei noch bemerkt, daß die niedriger nitrierte Cellulose-Collodiumwolle leichter in Alkohol löslich ist.

Zur Beurteilung der Verarbeitbarkeit einer Celluloid-Collodiumwolle auf Celluloid hinsichtlich ihrer Farbe, Klarheit und des Fasergehaltes dient eine ziemlich hochkonzentrierte Campher-Alkohol-Lösung (2 Teile Campher + 3 Teile 84%igen Alkohol mit Toluol vergällt). 1 Teil Nitrocellulose wird mit 9 Teilen dieses Alkohols unter Schütteln bei 50···60° gelöst. Die Lösung ist in 2 Stunden beendet und kann nach dem Ab-

---

[1] Журнал прикладнои химии 1, (4) 121 (1931).

kühlen nach den obigen Kriterien beurteilt und auch zur Viscositätsmessung benutzt werden.

Stabilität.

e) Bei Ermittlung der Stabilität der Collodiumwollen nach irgendeiner der vorgeschlagenen Methoden muß man sich vor allem darüber
im klaren sein, daß die Feuchtigkeit zersetzungsbeschleunigend wirkt.
Es sei beispielsweise darauf hingewiesen, daß eine völlig trockene bei
höherer Temperatur 2 Stunden behandelte Nitrocellulose als stabil
anzusehen ist, während sie mit 10% Feuchtigkeit unter gleichen Versuchsbedingungen nach kurzer Zeit explodiert.

Die Trocknung der Nitrocellulose für die Stabilitätsproben geschieht
deshalb meistens unter Benutzung eines warmen Luftstromes von
$50\cdots60°$ oder nach Angaben russischer Autoren[1] von $70\cdots75°$. Während
sich hochnitrierte Nitrocellulosen durch 12 stündiges Erwärmen auf
$45°$ völlig trocknen lassen, ist bei Collodiumwollen bei einer Vortrocknung von $40°$ noch ein viertelstündiges Erwärmen auf $125°$ nötig[2].
Eine Nitrocellulose wird im Sinne der deutschen Vorschriften für den
Bahntransport dann als stabil angesehen, wenn 2 g Nitrocellulose nach
2 stündigem Erhitzen auf $132°$ nicht mehr als 2,5 cm³ Stickoxyd abspaltet. Dieser sogenannte *Bergmann-Junk*-Test ist nun allerdings nicht mehr
in der Lage, die wesentlich erhöhten Anforderungen der Nitro-
cellulose-Verbraucher an die Stabilität der Collodiumwollen
völlig aufzuzeigen. Eine Verfeinerung seiner Ergebnisse läßt
sich einfacherweise dadurch erreichen, daß man die Stickoxyd-Abspaltung innerhalb einer Stunde bei $130°$ vornimmt
und nun die abgespaltene Säure im Faserbrei mit Kongorot
als Indikator mit n/100 Kalilauge titriert. Sie darf hierbei
nicht mehr als 15 cm³ für 1 g Nitrocellulose betragen.
Dieser Betrag ist etwa einer Stickoxyd-Abspaltung von
$2,0\cdots2,5$ cm³ Stickoxyd äquivalent. Den *Bergmann-Junk*-
Test bei $132°$ führt man unter Innehaltung folgender Vorschriften durch:

Die $2\cdots6$ Stunden bei $50°$ vorgetrocknete Nitrocellulose
wird durch ein Sieb gerieben, bei $80°$ eine halbe Stunde nachgetrocknet und 15 Min. im Exsiccator erkalten gelassen. Man
wiegt 2,000 g ab und verwendet eine sehr gut getrocknete
Abspaltröhre nach Abb. 11. Diese kommt sofort in einen
Abspaltungsapparat, der auf $132° \pm 0,1°$ geheizt ist, und bleibt darin
2 Stunden stehen, falls nicht während dieser Zeit eine starke Stickoxyd-
abspaltung auftritt. Die Eintauchtiefe der Röhren in dem Heizbad
(Glycerin-Wasser-Gemisch) beträgt 15 cm. Am Ende des Versuches läßt

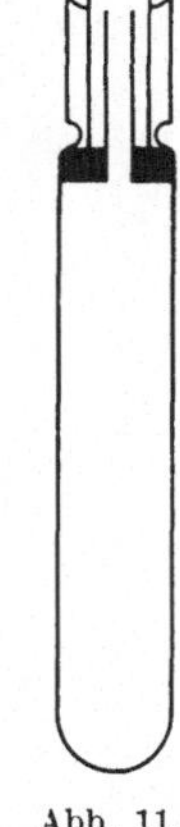

Abb. 11.
*Bergmann-
Junk*-Röhre.

---

[1] Военная химия 1934, 2. — [2] Z. ges. Schieß- und Sprengstoffe **30**, 202, 237 (1935).

man 10 Min. abkühlen, wobei Wasser aus dem Aufsatz der Abspaltungsröhre eingesaugt wird. Mit diesem Wasser schüttelt man um und füllt dann mit Wasser bis zur Marke (50 cm³) auf. 25 cm³ davon werden abpipettiert und zur Oxydation mit 1 cm³ n/2 $KMnO_4$ versetzt. Nach dem Luftleerkochen wird mit Ferrochlorid in salzsaurer Lösung reduziert. Das Gasvolumen wird nach 15 Min. Kühlen über Wasser, das sich allmählich gegen die als Sperrflüssigkeit verwendete Natronlauge austauscht, abgelesen. Man zieht den Blindwert ab und rechnet auf Normalbedingungen um. Das Ergebnis — cm³ NO/1 g Nitrocellulose — gilt als Stabilität.

Der *Bergmann-Junk*-Test gehört mit zu der Gruppe der Stabilitätsprüfungen, bei denen der Anfang oder ein Zeitpunkt der Zersetzung der Nitrocellulose bestimmt ist. Zu ihr gehören noch der *Abel*-Test und der 110°-Test nach *Vieille*.

Beim *Abel*-Test wird 1 g trockene Nitrocellulose in einem Reagensglas von 125 mm Länge und 16 mm Weite eingefüllt und aufgestoßen, damit 35 mm Schichthöhe entstehen. Das Glas wird mit einem Kork und Glasstab verschlossen. Am Glas befindet sich ein Platindraht mit 12 mm breitem und 25 mm langem Streifen von käuflichem Jodkalium-Stärkepapier, dessen unterer Rand 20 mm von der Nitrocellulose entfernt ist. Das Papier darf nicht mit der Hand berührt werden. Die untere Papierhälfte wird mit Glycerinwasser 1:10 angefeuchtet. Das Reagensglas taucht in ein Wasserbad von 80° etwa 90 mm tief ein. Man ermittelt die Zeit, wo an der Grenze trockenfeucht ein deutlicher violetter Streifen auftritt.

Gelegentlich finden noch der Methylviolett- oder Lackmus-Test Anwendung. *Lawrie*[1] erhitzt zwecks Stabilitätsprüfung die Nitrocellu

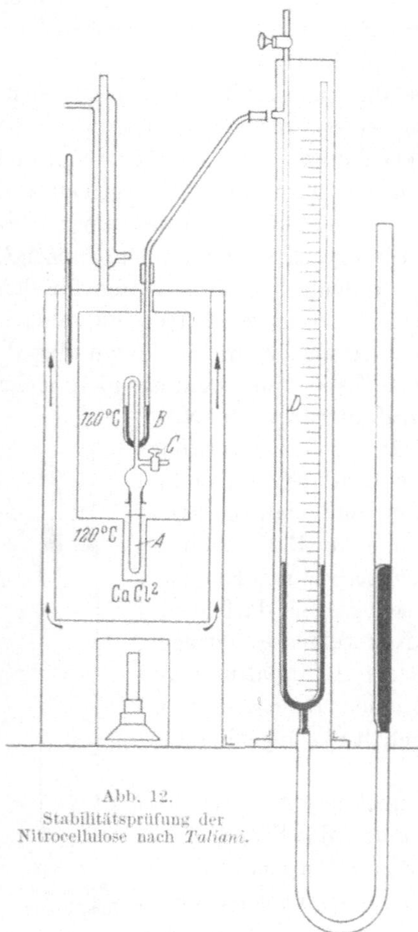

Abb. 12.
Stabilitätsprüfung der
Nitrocellulose nach *Taliani*.

____

[1] J. Soc. chem. Ind. **50**, Trans. **377**, (1931).

lose auf 135° und bestimmt die Zeiten, nach denen 1. blaues Lackmuspapier sich rötet, 2. NO_2 entweicht, 3. Explosion eintritt. Dann wird der Säuregehalt nach 72stündigem Erhitzen mit destilliertem Wasser titrimetrisch ermittelt.

Die verbesserte *Taliani*prüfung benutzt eine Temperatur von 120° bei Aufrechterhaltung eines konstanten Volumens (s. Abb. 12). Im Siphon B befindet sich Paraffin zum Zurückhalten der Zersetzungsprodukte. Nach 30 Min. wird der Hahn C geschlossen und sodann in gleichen Zeitintervallen der Druck abgelesen und graphisch dargestellt. Als Maßstab für die Stabilitätsbeurteilung dient die Zeit nach der Schließung des Hahnes, in der ein Druck von 200 mm Quecksilber erhalten wird. Die Temperatur nach *Taliani* war ursprünglich 135°. *Goujon*[1] verbessert dahin, daß er in völlig trockener Atmosphäre arbeitet und charakterisiert die Stabilität der Nitrocellulose durch die Anzahl Minuten, die bei 135° erforderlich sind, um einen Druck von 100 mm Quecksilber zu erreichen. Die Zählung wird mit Einsetzen der Proben in den Apparat begonnen; der seitliche Hahn wird nach 30 Min. geschlossen, da dann der Ausgleich mit der Atmosphäre vollständig ist. Die Nitrocellulose ist 2 Stunden bei 100° getrocknet. Als Heizflüssigkeit wird Monochlorbenzol verwendet. Kreide beeinflußt das Resultat nicht. Die Nitrocellulose zersetzt sich um so rascher, je feiner sie gemahlen ist. Die Methode erfordert nicht mehr als 2 Stunden Zeitaufwand. Da sie jedoch nicht die Beständigkeit der Nitrocellulose mit fortschreitender Reinigung zu verfolgen gestattet, soll die *Bergmann-Junk*-Methode stets zur Kontrolle dienen. Bei einem Vergleich der Stabilität von Nitrocellulose nach der *Taliani*-Methode und dem Lackmuspapier-Test ergab sich, daß der letzte nur die Nitrose erfaßt; er kann also ein anderes Ergebnis liefern als die *Taliani*-Methode. Hier ist die Vorgeschichte der Nitrocellulose-Stabilisierung in kalkhaltigem oder destilliertem Wasser stark maßgebend.

Um die vielfachen Vorteile der Halbmikroverfahren auszunutzen, haben *Berl* und *Kunze*[2] die *Will*sche Methode der Stabilitätsprüfung abgeändert. Die bei der Zersetzung bei konstanter Temperatur im elektrisch beheizten Kupferblock entstehenden Stickoxyde werden mit einer Kupferspirale reduziert als Stickstoff aufgefangen. Die Erhitzungstemperatur ist hierbei abhängig von der Verpuffungstemperatur und soll bei Nitrocellulose mit einer Verpuffungstemperatur $>$ 175° etwa 135° betragen; bei etwas weniger stabiler Nitrocellulose sind sogar schon Temperaturen von 103° an abwärts erforderlich, um Explosionen auszuschalten. Diese Rücksichtnahme ist eine gewisse Schwäche der Me-

---

[1] Z. ges. Schieß- u. Sprengstoffe **26**, 217 (1931); **30**, 202, 237 (1935). — Mém. Poudres **26**, 308 (1935). — [2] Angew. Chem. **45**, 669 (1932).

thode. Eine stabile Nitrocellulose aus Linters mit einem Verpuffungspunkt von 182° hat nach 2 Stunden 7,8 cm³ N_2 abgespalten, nach 3½ Stunden ca. 14 cm³ N_2. Wertet man die Abspaltung so aus, daß man die zeitliche Zunahme des N_2 aufträgt, so zeigen stabile Nitrate eine gleichmäßig bleibende Zunahme der Gasabspaltung. Für unstabile Nitrocellulose gibt die Maximum-Kurve sehr schön den autokatalytischen Charakter der Zersetzung wieder. Das Maximum tritt nach einer für jedes Nitrat verschiedenen Zeit auf, man erhält dann eine asymptomatisch der Abscisse sich allmählich nähernde Gerade.

Das von *Tomonari*[1] angegebene Verfahren beruht auf der Beobachtung, daß instabile Nitrocellulose ihre die Instabilität bedingenden Bestandteile an methanolhaltiges Wasser oder an Methanol viel schneller wieder abgibt als an Wasser. Die 15 Min. lange Kochung von 1 g Nitrocellulose in 50 cm³ Methanol ist natürlich nur an hochnitrierten Schießbaumwollen durchführbar, da Methanol geringer nitrierte Collodiumwolle zu stark anlöst. Man muß also ca. 60%iges Methanol verwenden. Die bei Raumtemperatur durch Titration mit n/100 NaOH mit Methylrot als Indikator ermittelte Säurezahl gilt als Stabilitätsmaß. Sie schwankt zwischen 0,1 und 15 cm³. Ob die *Bergmann-Junk*-Methode hierbei an Genauigkeit übertroffen wird, steht noch nicht fest.

Die Prüfung auf Stabilität ist schließlich auch durch Messung des p_H-Wertes möglich. Man benutzt hierzu zweckmäßig das Triodometer oder den Ultra-Jonograph. Die Nitrocellulose wird durch 6 stündiges Trocknen bei 50° und 1 stündiges Nachtrocknen bei 80° und anschließendes 24 stündiges Aufbewahren im Exsiccator über Schwefelsäure oder Kieselgel vorbereitet. Je 2½ g Nitrocellulose werden in 9 Röhren eingewogen, wobei man Glasröhren mit eingeschliffenem Stopfen und einer 50-cm³-Marke benutzt, die einen äußeren Durchmesser von 18 mm bei einer Wandstärke von 1,5 mm und einer Länge von 26 cm haben. Diese 8 Röhren setzt man in einen Warmlagerungsofen bei 110° und nimmt nach jeder Stunde eine heraus. Nachdem die Röhren eine halbe Stunde erkaltet sind, füllt man alle 9 Röhren mit auf den p_H-Wert 5,5 eingestelltem Wasser bis zur 50-cm³-Marke auf, wobei man darauf achtet, daß keine Stickoxyde entweichen, und schüttelt kräftig durch. Der p_H-Wert wird elektrometrisch bestimmt. Die p_H-Werte dürfen nach 8 Stunden nicht unter 2,5 liegen. Die Werte nach 0···7 stündigem Erhitzen dienen zur Kontrolle des Wertes nach der 8 stündigen Erhitzung und geben einen Einblick in den Verlauf der Abspaltung während der Versuchsdauer.

Wulff[2] versucht mit Indikatorfolien auszukommen. Hiergegen sind Bedenken zu erheben, da die im Innern der Faser sich befindenden unstabilen Anteile nicht erfaßt werden können.

---

[1] Angew. Chem. **47**, 47 (1934). — [2] Chem. Fabrik **6**, 441 (1933).

Messungen der Stabilität der Nitrocellulose durch Quellbarkeits-Untersuchungen, wie sie *Fermazin*[1] durchführt, sind nach eigenen Untersuchungen abwegig. Ebenso sind die Arbeiten aus dem Institut für Lackforschung zu dem gleichen Ergebnis gekommen.

Verpuffungstemperatur.

f) Die deutsche Eisenbahnverkehrsordnung sah dann noch zur Stabilitätsprüfung die Bestimmung der Verpuffungstemperatur vor. Diese Methode gibt nur einen sehr rohen Anhalt für die Stabilität und ist bei den heutigen, im Handel befindlichen Collodiumwollen, die sich durch eine ausgezeichnete Stabilität auszeichnen, überflüssig geworden. Für ihre Durchführung ist die peinliche Einhaltung der Arbeitsvorschrift erforderlich. Sie sei deshalb im Wortlaut der Anlage C Ia der Eisenbahnverkehrsordnung wiedergegeben:

„Etwa 0,1 g getrockneter Collodiumwolle wird in einem Reagensglas von 125 mm Höhe, 15 mm lichter Weite und 0,5 mm Wandstärke in ein auf 100° C erwärmtes Ölbad gebracht. Das Reagensglas muß genau 15 mm in das Öl hineintauchen und 40 mm über den Deckel des Ölbades herausragen; ferner muß sich die Mitte der Quecksilberkugel des benutzten Thermometers in gleicher Höhe mit dem Boden der Reagensgläser befinden. Durch Erhitzen wird die Temperatur des Öles in der Minute um rund 5° C gesteigert, dergestalt, daß nach 16 Min. 180° C erreicht werden. Gut stabilisierte Collodiumwolle darf sich erst oberhalb 180° C zersetzen.“

Berl und *Rueff*[2] haben die Apparatur hierzu noch etwas verbessert. Ein zylindrischer 16 mm hoher Kupferblock von einem Durchmesser von 122 mm enthält 6 Bohrungen von je 16 mm Durchmesser zur Aufnahme der Probegläser und in der Mitte eine Bohrung für das Thermometer. Der Kupferblock wird in einem, mit Schlackenwolle gefülltem Außengefäß gleichmäßig elektrisch aufgeheizt. Zwischen den Heizdrähten und den Reagensgläsern findet sich eine Kupferstärke von jeweils 15 mm. Mit Hilfe eines Widerstandes wird die Anheizgeschwindigkeit nach Anzeige eines Ampèremeters reguliert.

Die Ablesung des Thermometers wird direkt oder durch Spiegelablesung mit Hilfe eines Fernrohres vorgenommen, wobei der Beob-

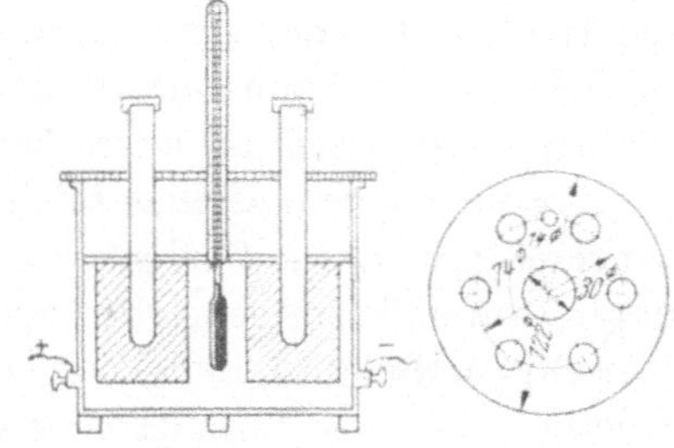

Abb. 13.
Bestimmung der Verpuffung von Nitrocellulose mit dem Kupferblock nach *Berl* und *Rueff*.

achter noch durch einen splittersicheren Schirm geschützt wird. Abb. 13 zeigt Schnitt und Aufsicht des Kupferblockes.

---

[1] Chemiker-Ztg. **55**, 729 (1931); **56**, 255 (1932). — [2] Cellulosechemie **13**, 43 (1932).

Alterung.

g) Wenn man es für erforderlich hält, sich über das Verhalten der Collodiumwolle beim Altern zu überzeugen, so kann man auch noch die sogenannte Warmlagerung bei 75° durchführen. Die gut stabilisierten Collodiumwollen des Handels zeigen hierbei frühestens nach 14 Tagen, meist noch nicht nach 30 Tagen NO_2-Abspaltung. Hier wird dann im allgemeinen die Warmlagerung abgebrochen.

Viscosität.

h) Das Sortiment aller Nitrocellulose-Hersteller wird stets eine ganze Skala von Collodiumwollen mit verschiedener Viscosität umfassen, um den so vielseitigen Anwendungsmöglichkeiten dieses Rohstoffes gerecht werden zu können. Bei der Viscositätskontrolle muß natürlich in erster Linie dem unterschiedlichen Solvatationsvermögen der bei der technischen Anwendung eingesetzten Lösungsmittel Rechnung getragen werden. Es hat sich aber trotzdem als zweckmäßig erwiesen, wenn die Verarbeiter neben den Kontrollen der Viscosität in den Lösungen in ihren im eigenen Betrieb üblichen Lösungs- und Verschnittmitteln noch eine typgerechte Lieferung der Collodiumwolle an Hand der von Nitrocellulose-Herstellern angegebenen und von ihm durchgeführten Viscositätsmessung überprüfen. Es ist bedauerlich, daß hierbei noch immer von fast allen Nitrocellulose-Herstellern an der Benutzung konventioneller Methoden zur Viscositätsmessung festgehalten wird und nicht den Bestrebungen zur Angabe der Viscosität in absoluten Einheiten wenigstens dadurch Rechnung getragen wird, daß nun beide Maßzahlen nebeneinander Platz finden. Die Vergleichmöglichkeit zwischen den Viscositäten des Collodiumwollen-Sortiments der 3 bedeutendsten Nitrocellulose-Hersteller, der ehemaligen IG., der ehemaligen Wasag und der Hercules-Powder unter Benutzung einer Leiter der Eigenviscosität nach *Fikentscher* kann nur als eine recht behelfsmäßige Art der Angabe der absoluten Viscosität angesehen werden (Tab. 4).

Für die Beurteilung einer solchen Viscositätsmessung hinsichtlich der typgerechten Beschaffenheit des Rohstoffs Collodiumwolle sei noch darauf aufmerksam gemacht, daß die Viscositätsmessung nicht nur in *einer* Nitrocellulose-Lösung vorgenommen wird, sondern daß möglichst Konzentration und Lösungsmittelzusammensetzung abgeändert werden. Wenn ein Viscositätswert als richtig erscheint, so ist es durchaus noch nicht sicher, daß nun auch alle anderen Lösungen bei gegebener Konzentration und Lösungsmittelzusammensetzung stimmen müssen.

Die Durchführung der Messung selbst geschieht mittels eines der handelsüblichen Viscosimeter, z. B. entweder nach *Holde-Ubbelohde* oder nach *Höppler*. Man kann natürlich auch Viscosimeter verwenden, die nur konventionelle, der Viscosität weitgehend proportionale Zahlen an-

Tabelle 4.

K-Wert ↓	I. G.	Wasag		Hercules Powder Co.
1500				
	— E 1440 —	— 18 —		
1400				
				250/400″
1300				
		— 17 —		
1200				
	— E 1160 —			— 125/175″ —
				60/90″
1100				
		10 a		30/40″
1000				
	— E 950 —	— 8 a —		— 20/30″ —
				— 15/20″ —
900				
		— 10 —		— 8″ —
800				
	— E 730 —	— 8 —		— 4″ —
			— A 9 —	
700				
	— E 620 —	— 7 —		
			— A 7 —	
600				
	— E 510 —			
	A 500	— 6a —	— A 5 —	— RS ¹/₂ — AS ¹/₂″ —
500				
	E 400	— 6 —	— A 3 —	RS ¹/₄
400				
	— E 330 —	— 5 —	— A 1 —	
300				

↑
K-Wert

geben, z. B. das *Cochius*-Viscosimeter oder die Fallkugelmethode usw.
Besonders geeignet hat sich das Industriemodell des *Höppler*-Viscosimeters und auch das leider jetzt kaum noch erhältliche *Lawaczeck*-
Viscosimeter erwiesen. Es hat selbstverständlich nicht an Versuchen
gefehlt, aus den Sekundenzahlen der konventionellen *Cochius*- oder Fallkugelviscositäten sofort auf absolute Viscositäten zu schließen. Hier sind
empirische Vergleichsmessungen ein und derselben Lösung in verschiedenen Viscosimetern die Grundlage.

Bezüglich des Anwendungsbereiches der konventionellen Viscosimeter gilt, daß das 7-mm-Rohr nach *Cochius* für dünnflüssige Lösungen
dient und einen Meßbereich von 16 Sek. bis 100 Sek. umfaßt. Dickere
Lösungen werden entweder im 10- oder 20-mm-Rohr oder nach der
Fallkugelmethode gemessen. Bei letzterer sind wiederum Varianten

möglich durch die Größe der Kugel. Die deutsche Fallkugelmethode (Wasag) verwendet Stahlkugeln von 2 mm Durchmesser; die Hercules-methode solche mit einem Durchmesser von 7,9 mm. Die Gewichte der Kugeln müssen in engen Grenzen übereinstimmen. Bezüglich der Grundlagen und der Anwendung des äußerst bequem zu handhabenden *Höppler*-Viscosimeters dürfte es wohl heute genügen, auf die Originalliteratur[1] zu verweisen.

Bei der Durchführung einer Viscositätsmessung muß natürlich die Anfeuchtung einer Nitrocellulose bei der Konzentrationsberechnung berücksichtigt werden, oder man setzt, sofern eine Erlaubnis zum Trocknen der Nitrocellulose besteht, die Viscositätsansätze mit trockener Nitrocellulose an. Irgendwelche Angaben über einzuhaltende Konzentrationen und das zu verwendende Lösungsmittel erscheinen mit Rücksicht auf die große Mannigfaltigkeit der Lösungsmittel-Verschnittmittel-Kombinationen als unzweckmäßig. Will man die Eigenviscosität der Nitrocellulose kontrollieren, so ist es ratsam, eine Lösung von $2 \cdots 5$ g *trockener* Nitrocellulose in 100 cm³ Aceton (Meßkolben) bei 25° mit dem *Höppler*- oder *Holde-Ubbelohde*-Viscosimeter zu messen. Für die Trocknung der Nitrocellulose gelten dieselben Vorschriften und Vorsichtsmaßnahmen wie bei der Stabilitätsbestimmung. Diese K-Werte nach *Fikentscher* erscheinen *Scheiber*[2] nicht mehr ausreichend. Er wendet deshalb das *Staudinger*sche Viscositätsgesetz an und errechnet unter der Voraussetzung, daß wirkliche Sollösungen der technischen E-Wollen vorliegen, nachstehende Molgewichte (Tab. 5). Der Prozentgehalt der Nitrocellulose schwankt zwischen 0,08 bis 1,0; für einen Stickstoffgehalt von 12,2% wird ein Grundmol von 265,5 angenommen; dies entspricht einer K_m-Konstante von $11 \cdot 10^{-4}$.

Tabelle 5.

K-Wert	% Gehalt	η_{sp}	Mol-Gew.
330	1,0		13000
400	0,684		19000
510	0,560	0,537	23300
620	0,430		30000
730	0,250		52000
950	0,180		72000
1160	0,110		118000
1440	0,080		162000

Selbstverständlich läßt sich auch hier eine der übrigen Viscositäts-Konzentrations-Gleichungen für die Charakterisierung der Collodium-

---

[1] Chemiker-Ztg. **1933**, 62; Z. techn. Physik **1933**, 165.
[2] Kolloid-Beih. **43**, 391 (1940). Farbe u. Lacke **1938**, 185.

wolle verwenden. Die Anwendung dieser Gleichungen wird mehr oder weniger von der persönlichen Einstellung des Beobachters zu dem Aussagevermögen der Gleichungen abhängen.

Die heute in der Grundlagenforschung bevorzugte Bestimmung des Molekulargewichtes der Nitrocellulose durch osmometrische Messungen oder mit Hilfe der Ultra-Zentrifuge können als Ergänzungen für die viscosimetrischen Untersuchungen dienen. Für die Ermittlung einer direkten Beziehung zu den Eigenschaften der Fertigprodukte aus dem Rohstoff Nitrocellulose haben sie jedoch nicht mehr Bedeutung als die viscosimetrisch ermittelten Maßzahlen der Kettenlängen des Makromoleküls.

α-Cellulose-Nitrat-Gehalt.

i) Um ein von der Viscosität und den mechanischen Eigenschaften der Filme analytisch unabhängiges Kriterium des Abbaugrades der Collodiumwolle zu besitzen, kann man noch zur Bestimmung des α-Cellulose-Nitrat-Gehaltes greifen. Der Wert dieser Bestimmungsmethode mag dadurch charakterisiert werden, daß bisher noch keine β-Cellulose zu filmbildenden Nitraten verarbeitet werden konnte und eine Symbasie zwischen mechanischen Eigenschaften der Filme — also der praktisch ausschließlichen Anwendungsform der Nitrocellulose — und dem α-Cellulose-Nitrat-Gehalt immer wieder gefunden werden konnte.

Man bestimmt ihn nach *Weihe* wie folgt:

In einer 1-l-Flasche werden 20 g trockene Nitrocellulose mit 600 cm³ Schwefelammon-Lösung (bei 0° mit Schwefelwasserstoff übersättigtes 5%iges Schwefelammon) 20 Stunden bei 20° geschüttelt. Man filtriert, wäscht den Faserbrei mit Wasser, dann mit 200 cm³ Methanol oder Alkohol aus, gibt ihn in die Flasche zurück und läßt zwecks Entfernung des Schwefels 3 Stunden in 200 cm³ Benzol stehen. Erforderlichenfalls kann man mit Schwefelkohlenstoff behandeln, der dann mit Äther verdrängt wird. Man trocknet 5 Stunden bei 70°. Hochviscose Collodiumwollen geben stets theoretische Ausbeute, bei niedrigviscosen gehen beträchtliche Anteile in Lösung. Die theoretische Ausbeute ist $A = 54{,}54 + \dfrac{9{,}75}{3{,}03} \cdot D$, wobei $D = 14{,}14 - N\%$ bedeutet. Zur Bestimmung der Baryt-Resistenz werden 2 g denitriertes Material mit 300 cm³ Barytlösung übergossen (6 g Bariumhydroxyd/100 g Lösung) und vom Sieden an eine Stunde gekocht. Man filtriert zweckmäßig über einen Glasfiltertiegel, spült mit Wasser, dann 2mal mit 5%iger Essigsäure, danach wieder mit Wasser, sodann mit Alkohol und Äther und trocknet bei 70°. Die Auswaage ist α-Cellulose.

Filmherstellung zur mechanischen Prüfung.

k) Für die Ermittlung der mechanischen Eigenschaften der Filme aus Nitrocellulose dient am besten eine Gießlösung unter Benutzung von

Alkohol + Benzol + Essigester 1:1:1 als Lösungsmittel, das für alle Viscositätslagen brauchbar ist. Die Konzentration der Gießlösung ändert sich jedoch mit der Eigenviscosität der Nitrocellulose, sie muß mit fallender Eigenviscosität immer größer gewählt werden, um noch die Gewähr zu bieten, daß die Gießlösung nicht beim Auftrocknen breit läuft und so die Ausbildung eines gleichmäßig dicken Films verhindert wird. Nachdem die Nitrocellulose völlig in Lösung gegangen ist, wird die Lösung zunächst durch ein Druckfilter mit Wattebausch filtriert und dann zwecks Entfernung der in ihr gelösten Luft vorsichtig zum Sieden erhitzt. Wenn die ganze Lösung mit Blasen durchsetzt ist, wird die Flasche fest verschlossen und abkühlen gelassen. Nach einigen Stunden Stehen erhält man aus einer solchen Lösung bei richtiger Arbeitsweise stets völlig blasenfreie Filme. Als Gießer benutzt man einen prismatischen Körper, der an seiner einen Längswand einen Handgriff trägt, mit dem er über die Gießunterlage gezogen wird (Abb. 14).

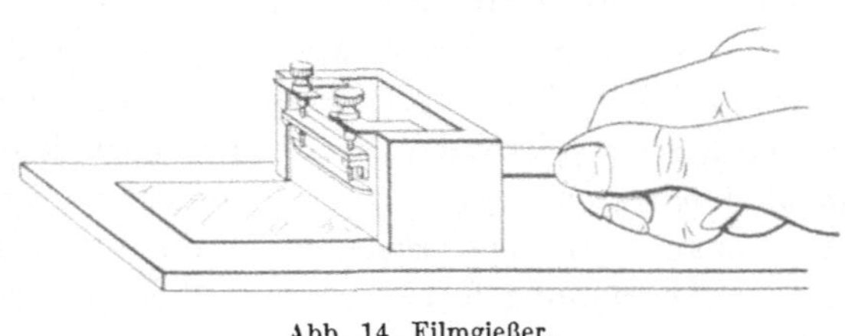

Abb. 14. Filmgießer.

Die Vorderwand dieses Gießers ist in einer Nut der beiden Seitenwände beweglich und kann mit Hilfe zweier Schrauben hoch und tief gestellt werden. Mit dieser beweglichen Vorderwand bestimmt man also die Dicke der beim Ziehen dieses Gießers über die Gießunterlage entstehenden Schicht und damit die Dicke des gegossenen Films. Die bewegliche Wand wird mit Hilfe einer Dickenschablone so eingeteilt, daß sie sich etwa 0,5 mm über der Unterlage befindet. Der Gießer wird mit der Gießlösung bis etwa zur Hälfte gefüllt, wobei man das Entstehen von Blasen vermeidet. Etwa doch entstandene Blasen werden mit einem dünnen Draht aufgestochen. Man zieht den Gießer langsam über die Gießunterlage; als solche hat sich eine Spiegelglasplatte vor allem bewährt. Man bringt dann diese Glasplatte in einen Filmtrockenschrank, der mit Luft von 50···60° beheizt ist. Nach ca. $^3/_4$ Stunde ist die Filmbildung beendet. Selbstverständlich ist dafür zu sorgen, daß der Filmtrockenschrank vollkommen waagerecht steht. Der Film wird dann von der Glasplatte abgezogen und etwa 15···20 Stunden bei 50 bis 60° nachgetrocknet. Anschließend werden die mechanischen Prüfungen daran vorgenommen.

Da die Herstellung gleichmäßiger Filme ausschließlich eine Frage der Übung und Handgeschicklichkeit ist, empfiehlt es sich, möglichst immer ein und dieselbe Person mit der Durchführung dieser Arbeit zu betrauen.

Nachstehende Tabelle mag einen ungefähren Anhaltspunkt für die zweckmäßige Nitrocellulose-Konzentration in der Gießlösung bieten:

Tabelle 6.

Collodiumwolle-Typ	% Nitro-cellulose	% Lösungsmittel
E 1440···E 1250	9	91 (Äther+Alkohol 1:1)
E 1160	12	88 (Alkohol+Benzol+Essigester 1:1:1)
E 950 (Filmwolle, F 26)	15	85 (Alkohol+Benzol+Essigester 1:1:1)
E 620	25	75 (Alkohol+Benzol+Essigester 1:1:1)
E 510···E 400	28···30	70 (Alkohol+Benzol+Essigester 1:1:1)
E 330	40	60 (Alkohol+Benzol+Essigester 1:1:1)

Untersuchung von Nitrocellulose-Abfällen.

1) Für viele Anwendungsgebiete der Nitrocellulose werden Abfälle der Rohfilmfabrikation, der Filmverwendung und Celluloid-Verarbeitung als Rohstoff eingesetzt.

Die für die Rohcelluloid-Fabrikation in vielen Fällen wieder zurückgekauften Celluloidabfälle müssen frei sein von anderen celluloidartigen Stoffen, insbesondere von als Cellon hauptsächlich bekannten Abfällen plastifizierter Acetylcellulose. Hier dient eine Brennbarkeitsprobe als schnelles sicheres Untersuchungsmerkmal; sie läßt das lebhaft brennende Celluloid leicht erkennen. Die oft benutzte Unterscheidung durch den Camphergeruch, der bei Reiben an Textilien (Rockärmel) deutlich wird, ist nicht eindeutig, zumal gelegentlich campherfreies Celluloid hergestellt wird. Eindeutig werden Abfälle plastifizierter Nitrocellulose durch ihre Löslichkeit in Äther + Alkohol 3:1 von allen anderen ähnlichen Abfällen unterschieden.

Die weitere Untersuchung der Celluloid- und Filmabfälle bedient sich der mit Rücksicht auf den Verwendungszweck in den Verarbeitungsstätten meist speziell geschaffenen oder für den Rohstoff Collodiumwolle bereits ausführlich diskutierten Methoden. Für die Durchführung der Stickstoffbestimmung nach *Schulze-Tiemann* sei hier noch angegeben, daß zweckmäßig die Filmabfälle in Aceton im Zersetzungskolben gelöst und dann daraus mit Wasser in faseriger Form ausgefällt werden. Man kocht dann die wenigen cm³ Aceton heraus, bevor man die Analyse in gewohnter Weise durchführt. Auf den geringen Weichmachergehalt der Filmabfälle kann man hierbei Rücksicht nehmen; der Fehler ist aber bei Vernachlässigung gering.

Füllstoffe in den Celluloidabfällen werden am sichersten in der Weise bestimmt, daß man eine höchstens 1%ige Lösung in Aceton herstellt und die Füllstoffe durch Zentrifugieren abtrennt, mit Aceton nachwäscht und nach Trocknen bei 100° wägt. Die Veraschung unter Zusatz von Paraffin ist ungenau, da viele Pigmente und Füllstoffe hierbei ver-

8*

ändert werden. Es sei hierbei erwähnt, daß sich unter den Celluloidabfällen auch oft Textilien enthaltende befinden.

Untersuchung plastifizierter Collodiumwollen.

m) Weniger in der Industrie der Plaste als vielmehr als Lackrohstoff finden sogenannte celluloidartige Massen, das sind mit Weichmachern und/oder Harzen plastifizierte Collodiumwollen, Verwendung. Um bei ihnen sich von der Art der verwendeten Nitrocellulose zu unterrichten, ist eine Extraktion der Weichmacher mit über Natrium getrocknetem Äther notwendig. Am Extraktionsrückstand wird sodann die N-Bestimmung in der auf S. 100 angegebenen Weise durchgeführt. Die Viscositätsermittlung bietet keine Schwierigkeiten.

6. Untersuchungsmethoden für die Ester der Cellulose mit organischen Säuren.

Celluloseformiat.

a) Die *Formylcellulose* hat wegen ihrer geringen Löslichkeit in den handelsüblichen Lösungsmitteln nur sehr geringe Bedeutung als Plast-Rohstoff gewonnen. Zu ihrer Analyse auf den Gehalt an Ameisensäure wird die Formylcellulose mit Phosphorsäure und Alkohol umgeestert. Das sich bildende Aethylformiat wird destilliert und danach dieses verseift. Für diese Methode haben *Jesrijelew* und *Stoloweitschik*[1] eine besondere Apparatur entwickelt.

Celluloseacetate.

b) Bei der Darstellung der *Essigsäureester der Cellulose* erhält man bekanntlich das Triacetat. Seine Anwendung in größerem Umfange war erst dann möglich, als die Lösungsmittelindustrie das Methylenchlorid in ausreichender Menge zur Verfügung stellen konnte.

Damit ist sogleich das Merkmal des Cellulosetriacetat gegeben: seine Unlöslichkeit in den meisten gebräuchlichen organischen Lösungsmitteln.

Das Cellulosetriacetat ist handelsüblich in 2 Formen, dem sogenannten „Faseracetat" und ausgefällt aus seiner Acetylierungslösung in Form von weißen Filmstückchen beliebiger Fällungsform.

Die Hygroskopizität des Cellulosetriacetats ist im Vergleich zu der der Cellulosenitrate und Sekundäracetate gering. Man bestimmt die Feuchtigkeit durch ca. 2stündiges Trocknen von ca. 5 g Material, das in dünner Schicht ausgebreitet ist, bei $100 \cdots 110°$. Sie liegt meist um $4 \cdots 5\%$. Etwas wasserempfindlicher ist das durch Hydrolyse erhaltene Sekundäracetat, dessen Feuchtigkeit, in gleicher Weise bestimmt, bis zu 7 oder 8% ansteigen kann. Soweit für die Herstellung der Cellulose-

---

[1] Пласт массы **5**, 27 (1934).

acetate Methylenchlorid als Veresterungsmedium verwendet wird, darf der Feuchtigkeitsgehalt der ausgefällten Triacetate nicht über 1% liegen. Bei den anderen hydrolysierten Celluloseacetaten kann man noch Produkte mit 3% Feuchtigkeit gut verarbeiten.

c) In guten technischen Acetaten sollen Katalysator-Reste, freie *Schwefelsäure* oder Überchlorsäure, nicht vorkommen. Ein hoher Schwefelsäuregehalt ist durch Anfärben mit 0,01%iger wäßriger Methylenblaulösung zu erkennen, Dunkelblau angefärbte Teilchen enthalten bis zu 7% und mehr H_2SO_4. Ein solches Produkt ist unbrauchbar.

Für die Bestimmung der durch kaltes Wasser extrahierbaren Säuremengen werden verschiedene Methoden angewendet. Z. B. läßt man 10 g Acetylcellulose mit 200 cm³ Wasser (kohlensäurefrei) 12 Stunden stehen, filtriert und wäscht. Das Filtrat wird mit n/50 Natronlauge titriert. In England begnügt man sich mit einer einstündigen Extraktionsdauer von 5 g Acetylcellulose mit 100 cm³ Wasser. Die Acidität soll nicht mehr als 0,01% CH_3COOH betragen.

Dieselbe Methode wird auch in der Siedehitze angewendet[1]. Für die Stabilität ist außer der freien Mineralsäure auch noch die als Estersäure gebundene maßgebend. Diese wird durch Kochen mit Wasser nicht vollständig abgespalten. Es ist notwendig, 2 Stunden bei 150° oder 5 Stunden bei 125° zu hydrolysieren. Man kann auch durch Kochen mit Natronlauge oder durch einen Aufschluß mit Königswasser die gebundene Schwefelsäure ermitteln.

Die gesamte Schwefelsäuremenge wird nach *Zenker* und *Weyrich* durch Verbrennen von Acetylcellulose mit konz. Salpetersäure unter Zusatz von Ammonnitrat auf dem Wasserbad bestimmt. Der Überschuß des Nitrats wird durch Abbrennen des Tiegelinhaltes mit Alkohol zerstört. An der klaren Schmelze wird die übliche Bariumsulfatfällung vorgenommen.

Man kann diese Methode auch in der Modifikation anwenden, daß man etwa 2 g Acetylcellulose mit 4 g eines Gemisches aus gleichen Teilen Pottasche + Soda (SO_4-frei) verschmilzt und die völlig farblose Schmelze mit Wasser extrahiert.

Die als Estersäure, also in organischer Bindung, vorliegende Schwefelsäure ergibt sich dann aus dem Gesamtgehalt an H_2SO_4 und dem in der Kälte durch Extraktion bestimmbaren. Statt dessen kann man auch die Schwefelsäure in der Asche der Acetylcellulose bestimmen.

d) Die Wichtigkeit der *Wärmestabilität* der Acetylcellulose hat zu einer Reihe von Untersuchungen über diese Eigenschaften Veranlassung gegeben. Oft begnügt man sich mit der Ermittlung des Zersetzungspunktes. Schmelz- und Zersetzungspunkte liegen meist zwischen 200 und 270°.

---

[1] Farbe u. Lacke **1931**, 64.

Man erwärmt in kleinen Reagensgläsern befindliche Proben mittels Heizbad oder in einem kleinen elektrisch beheizten Kupferblock so, daß die Temperatur in 3 Min. etwa um 1° ansteigt und entnimmt ab 190° nach je 5 Min. ein Proberöhrchen, um den Farbunterschied zu beobachten. Eine Gelb- bis Braunfärbung soll nicht unterhalb 200° auftreten.

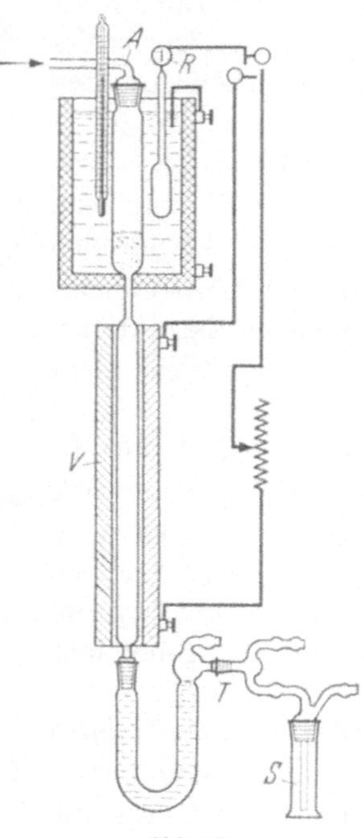

Abb. 15.
Apparatur zur Stabilitätsprüfung für Acetylcellulose
nach *Berl* und *Rueff*

Die Vorschrift der British Engineering Standards Association (B.E.S.A.) Spec. 2 D 50 bezeichnet diese Verfärbung der Acetylcellulose als „Verkohlungspunkt". Auch er soll nicht unter 200° liegen. Sie benutzt 2 Proben Acetylcellulose einmal im Originalzustand und zum anderen nach kalter Wäsche mit kohlensäurefreiem Wasser. Beide Proben werden parallel erwärmt und zwar so, daß die Temperatur des auf 180° vorgewärmten Heizbades pro Minute um 2° gesteigert wird.

Das 18 × 1,3 cm große Reagensglas soll bis zu 25 mm Höhe nach vorsichtigem Schütteln gefüllt sein.

Eine bewährte Industriemethode zur Feststellung der Stabilität besteht darin, daß man feingemahlenes Celluloseacetat auf 230° bei dem Triacetat und den nur kurz anhydrolysierten Acetat-Marken oder auf 220° bei den sogenannten 2,5-Acetaten ½ Stunde erhitzt. Hierbei darf die Acetylcellulose nicht verkohlen oder schmelzen.

Die zu Beginn der technischen Verwendung der Acetylcellulose noch für notwendig erachteten Stabilitätsprüfungen bei 100 bis 110°, bei der die Rötung eines blauen Lackmuspapierstreifens festgestellt wurde, oder die von *Barthélemy*[1] durchgeführte Bestimmung der bei 125° abgespaltenen Essigsäure sind durch die Verbesserung der Qualität der Acetylcellulose überholt worden.

An dem Prinzip der *Barthélemy*-Methode halten *Berl* und *Rueff*[2] fest, wenn sie das Acetat bei 200 bis 235° im Stickstoffstrom erhitzen. Die Autoren haben hierfür eine besondere Apparatur (Abb. 15) entwickelt. Das Zersetzungsgefäß für die Acetylcellulose befindet sich hierbei in einem elektrisch geheizten Kupferblock, dessen Temperatur durch einen Quecksilberregler konstant gehalten werden kann. An das Zersetzungsgefäß schließt sich ein mit Kupferoxyd gefülltes Verbrennungsrohr an, es wird in einem elektrisch geheizten Ofen auf helle Rotglut erhitzt. Außerhalb

---

[1] Kunststoffe **3**, 414 (1913). — [2] Cellulosechemie **13**, 44 (1933).

dieses Ofens befindet sich dann ein mit Chlorcalcium beschicktes U-Rohr zur Absorption des Wassers. Mittels eines 3-Wege-Hahnes werden 2 Natronkalkrohre angeschlossen, die zur Aufnahme des in bestimmten Zeitintervallen durch ihre Wägung zu ermittelnden Kohlendioxyds dienen. Die auf diese Weise zu erhaltenden Kurven dienen zur Beurteilung der Stabilität der Acetylcellulose und lassen erkennen, daß die Hauptabspaltung der Essigsäure innerhalb der 1. Stunde erfolgt.

Swerdlin[1] erhitzt die Acetylcellulose-Proben langsam und gleichmäßig bis 300° und beobachtet gleichzeitig die Verfärbung der Präparate. Er verwendet einen mit Asbest isolierten eisernen Kasten mit Beobachtungsfenstern, in dem sich ein elektrisch heizbares Flüssigkeitsbad mit den Proben befindet. Die Acetylcellulose wird im Mörser zerkleinert, durch ein Sieb mit Maschenweite 0,3···0,4 mm gerieben und in Gläser von 125···130 mm Höhe und 5···7 mm Durchmesser (Wanddicke 0,4···0,6 mm) unter leichtem Klopfen bis $^3/_4$ der Höhe eingefüllt. Man bringt dann die Gläser in das auf 130° angeheizte Bad und erwärmt um je 1° in einer Min.

Bei der Erwärmung von Acetylcellulose verschiedener Stabilität wurde festgestellt, daß die Abgabe von Essigsäure in Mengen, die mehr als 0,1 bis 0,2% das Gewicht der Acetylcellulose ausmachen, beginnt, wenn die untersuchte Probe dunkler wird.

Einer Vorschrift der B.E.S.A. 2 D 50 zufolge erhitzt man 2 g Acetylcellulose mit 2 cm³ Wasser 7 Stunden lang in siedendem Wasserbad. Danach wird die Probe sorgfältig mit kaltem destilliertem Wasser abgewaschen und in einem Mörser mit 40 cm³ Wasser zerrieben und in der Aufschlämmung mit n/20 Lauge titriert. Es ist hierbei natürlich erforderlich, das Glas vorher sorgfältigst mit Säure und durch Ausdämpfen zu reinigen. Durch diese Maßnahme erscheint diese Methode für die tägliche Praxis etwas zu umständlich.

e) Für die Bestimmung des *Acetylierungsgrades* der Acetylcellulosen sind die beiden Wege der sauren und der alkalischen Verseifung möglich und auch in Benutzung. Welche von den vielfachen Varianten bei diesen benutzt werden, hängt bis zu einem gewissen Grade von der persönlichen Einstellung des Experimentators ab.

f) α) Die *saure Verseifung* ist mit einer Reihe schon von *Ost* erkannten Unzulänglichkeiten behaftet. Von Wichtigkeit ist die Konzentration der Schwefelsäure. Die Verseifung mit 70%iger Schwefelsäure gab bei *Ost* zu hohe Werte, so daß er auf 50%ige Säure herabging. Die Bildung flüchtiger organischer Säuren aus der Cellulose ist nicht ausgeschlossen. *Heß* und Mitarbeiter[2] benutzen 50%ige Schwefelsäure und destillieren

---

[1] Заводская лаборатория **7**, 486 (1938). — C. **1939 I**, 1691.
[2] Liebigs Ann. Chem. **435**, 66 (1924); **443**, 110 (1925).

dann im Vakuum im Wasserstoffstrom. Die Auflösung der Acetate in der Schwefelsäure erfordert etwa 6 bis 24 Stunden Zeit bei 15···35°. Vor der Destillation wird der Zersetzungskolben mit 20 cm³ einer Phosphatlösung, bestehend aus 1170 g Dinatriumphosphat und 150 g 84%iger Phosphorsäure auf 900 cm³ Wasser aufgefüllt, beschickt. Man destilliert dreimal bis zur Trockne. Die gesamten vom Dampf durchströmten Rohre müssen völlig trocken sein, da jede feuchte Stelle Essigsäure festhält.

Parsons[1] verseift die Acetylcellulose mit 65%iger Schwefelsäure, extrahiert die abgespaltene Essigsäure mit Äther und titriert nach Zugabe mit 75%igem Alkohol mit n/100 Lauge.

Berl, Rueff und *Wahlig*[2] haben festgestellt, daß konzentrierte Phosphorsäure als Verseifungsmittel keine Nebenreaktion nach sich zieht. Sie konnten darauf eine einfache, kürzer und angeblich genauer arbeitende Methode aufbauen, bei der sie sich einer mit Glasschliffen ausgestatteten Apparatur bedienen. Die Autoren haben eine nomographische Methode zur Ermittlung des Analysenwertes ausgearbeitet. Ihre Genauigkeit ist etwas geringer als bei der logarithmischen Rechnung, aber für technische Zwecke noch vollkommen ausreichend. Nach dieser *Berl*schen Methode kann man die Analyse in etwa 1½ Stunde erledigen.

Da nach *Atsuki* und *Kagawa*[3] die saure Verseifungsmethode nicht für Sekundäracetat geeignet ist, so wird, ohne daß es notwendig ist, die Korngröße zu beachten, von ihnen wie folgt gearbeitet:

0,5···0,6 g Acetylcellulose werden in *genau* gewogener 2 cm³ Schwefelsäure (55···60%) 1···3 Tage bei 20° verseift, dann mit 30 cm³ Wasser in 50 cm³ n/1 Lauge in geschlossenes Gefäß übergespült. Man läßt 2 Stunden bei 20···30° stehen, übersäuert mit n/1 Salzsäure und titriert gegen Phenolphthalein als Indikator zurück.

Unsere Erfahrungen bei der sauren Verseifung eines handelsüblichen Fasertriacetats gehen dahin, daß mit konz. Schwefelsäure bei vollständiger Auflösung Verkohlung eintritt. 50%ige Schwefelsäure hat auch bei 70° kein Lösevermögen mehr. 60%ige Schwefelsäure löst bei 50···70° unter Braunfärbung auf. Sie ist unter den Bedingungen der Wasserdampfdestillation, wobei stets der Inhalt des Destillationskolben durch Zutropfen von Wasser gleich hoch gehalten wurde, nicht flüchtig. Bei einem Gesamtdestillat von 400 cm³ sind jedoch schon flüchtige Säuren aus dem Cellulosemolekül gebildet, da wir 65,0 bis 65,2% CH₃COOH fanden. Verwendeten wir 70%ige Phosphorsäure als Verseifungsmittel in der Kälte, so erhielten wir bei sonst gleicher Arbeits-

---

[1] J. Text. Ind. **24**, 167 (1933). — [2] Chemiker-Ztg. **55**, 861 (1931). — *Berl-Lunge*: Chemisch-technische Untersuchungsmethoden 8. Aufl. **V**. 760.
[3] J. Soc. Chem. Ind. Japan (Suppl) **36**, 340 B (1933).

weise wie oben, aus 3 Fasertriacetaten verschiedenen Ausgangsmaterials (Linters, Alphalint-Zellstoff, Gemisch Linters + Alphalint 67:33 mit 96% α-Cellulose) einen Essigsäuregehalt von 62,5···62,6% CH_3COOH für je 3 Bestimmungen.

β) Verfahren zur *alkalischen* Verseifung der Acetylcellulose sind schon im Jahre 1900 von *Vignon* und *Gerin*[1] angegeben. Sie sind dann von einer Reihe weiterer Autoren fortentwickelt, resp. ihren praktischen Bedürfnissen entsprechend umgeformt. *Ost*[2] hat anfangs alkalisch verseift, aber stets zu hohe Werte gefunden.

Hinsichtlich der Verseifung der Acetylcellulose mit Alkali ist darauf aufmerksam zu machen, daß hier zweifellos ein topochemischer Vorgang vorliegt. Korngröße der Acetylcellulose und Quellungserscheinungen beeinflussen die Diffusionsgeschwindigkeit und somit auch die Verseifungsgeschwindigkeit. Nach *D. Krüger*[3] sind die alkalischen Methoden schneller durchzuführen und eignen sich besser zur Serienbestimmung. Nach den Erfahrungen von *D. Krüger* ist die zuverlässigste alkalische Methode die von *Knövenagel* und *König*[4] verbesserte Methode von *Eberstadt*. Man quillt 1 g Acetylcellulose in 20 cm³ 75%igem Alkohol ½ Stunde bei 50···60° vor, versetzt mit 50 cm³ n/2 Lauge, erwärmt eben auf 50° und läßt 24 Stunden bei Zimmertemperatur stehen, gibt unter Benutzung von Phenolphthalein als Indikator einen kleinen Überschuß von n/2 Schwefelsäure zu, erwärmt die Cellulose bis diese nicht mehr rot ist und titriert mit n/2 Lauge zurück. Nach der gleichen Methode lassen sich übrigens auch die anderen Fettsäureester der Cellulose verseifen, wenn man die Verseifungsdauer auf 48 Stunden erhöht.

Die von *Werner* und *Engelmann*[5] angegebene Methode der Verseifung mit wäßriger n/1 Natronlauge bei 50···60° während einer Stunde, ist nur für Acetate mit weniger als 56% Essigsäuregehalt anwendbar. *Elöd, Frey* und *Emmerich*[6] zeigten, daß bei der Verseifung pulverförmiger Acetylcellulose mit wäßrigem Alkali der Einfluß der Korngröße sich dahin auswirkt, daß nur bei weitgehendster Regelmäßigkeit der letzteren reproduzierbare Ergebnisse erzielt werden können. Eine homogene Verseifung ergab Gesetzmäßigkeiten, die formal auf bimolekularen bzw. trimolekularen Verlauf schließen lassen. Als Lösungsmittel dienen Aceton, Dioxan, Pyridin, die mit dem für das Alkali nötigen Wasser versetzt waren. Die reproduzierbare Verseifung ermöglicht quantitative Acetylbestimmungen der sekundären Acetylcellulose. *D. Krüger* weist mit Recht darauf hin, daß das acetonlösliche Sekundär-Acetat meist ein Gemisch von Acetylierungsstufen ist.

---

[1] C. R. **131**, 588 (1900). — [2] Angew. Chem. **1906**, 995; **1912**, 1468.
[3] Farbe u. Lack **1930**, 584, 597, 613. — Farben-Ztg. **35**, 2032 (1930).
[4] Cellulosechemie **3**, 119 (1922). — [5] Angew. Chem. **42**, 438 (1929).
[6] Angew. Chem. **43**, 581 (1930).

Auch *Leigh* und *Barnett*[1] verwenden eine acetonische Lösung von Acetylcellulose zur Verseifung mit n/10 Natronlauge.

Hinsichtlich der Anwendbarkeit der alkalischen Verseifung auf Tri-acetylcellulose sind die Meinungen nicht einheitlich. Nach den Untersuchungen von *Murray, Staud* und *Gray*[2] soll Triacetat vorher angequollen werden. Es läßt sich ferner in Dioxan-Alkohol-Wassergemischen in Gegenwart von NH_3 verseifen. Hier liegt eine bimolekulare Reaktion vor, die mit steigender Acetylcellulose-Konzentration ein Maximum durchläuft. Die Verseifungsgeschwindigkeit steigt pro 10° Temperaturerhöhung um das Doppelte.

Die von *Atsuki* und *Kagawa* festgestellte Unbrauchbarkeit der alkalischen Verseifungsmethode für Triacetat können wir auf Grund eigener Arbeiten nicht bestätigen (siehe unten).

Nach *Eberstadt*[3] ist die Acetylabspaltung mit Alkali aus einem Sekundäracetat nach 6 Stunden bei Zimmertemperatur längst beendet. Diese große Reaktionsgeschwindigkeit haben spätere Autoren (siehe z. B. *Fermazin*[4], der 48 Stunden bei Zimmertemperatur mit alkoholischer Lauge verseift) und auch wir bei unseren Arbeiten niemals gefunden. Eine Reaktionsdauer von 24 Stunden ist hiernach bei sehr feinkörnigem Material mindestens erforderlich. Es ist allerdings zu beachten, daß *Eberstadt* eine Anquellung im warmen 75%igen Alkohol hierbei für nötig erachtet. Die Resultate der leicht in großer Anzahl anzusetzenden Versuche können dann auf $\pm$ 0,15% genau erhalten werden. Die alkalische Verseifung soll zur Vermeidung von Oxy-Cellulose-Bildung möglichst unter Luftabschluß geführt werden. Ein namhafter deutscher Cellulose-Acetat-Hersteller läßt stets 72 Stunden bei Zimmertemperatur verseifen.

Die Methode der alkalischen Verseifung hat sich nach unseren Erfahrungen in folgender Ausführungsform gut bewährt:

Zur Vorbereitung werden ca. 20 g Acetylcellulose (z. B. Cellit L) in einer *Lavib*-Sieb-Einrichtung unter Benutzung des Siebes DIN 30 ca. 20 Min. geschüttelt und die hindurchgehende Menge zur Untersuchung benutzt. Man trocknet zunächst 16···20 Stunden bei 110°. 2 g dieser Acetylcellulose läßt man mit 50 cm³ n/2 alkoholischer Lauge 72 Stunden bei Zimmertemperatur unter öfterem Schütteln stehen. Man verdünnt mit 50 cm³ kohlensäurefreiem Wasser und übersäuert mit 20 cm³ n/2 Salzsäure, erwärmt 30···60 Min. auf dem Wasserbad von 50°. Nach dem Abkühlen wird der Überschuß an Salzsäure zurücktitriert. Die zuletzt verbrauchten cm³ n/2 Lauge werden von 20,0 cm³ n/2 Salzsäure abgezogen und diese Differenz von dem Titer der 50 cm³ n/2 alkoholischer Lauge. Man erhält so die von der Acetylcellulose verbrauchten

[1] J. Soc. Chem. Ind. **40**, 8 (1921). — [2] Ind. Engng. Chem. Analyt. Edit. **3**, 269 (1931). — [3] Dissertation Heidelberg **1911**. — [4] Chemiker-Ztg. **54**, 605 (1930).

cm³ n/2 Lauge. Diese, mit 1,5 multipliziert, ergeben den Prozentgehalt CH_3COOH.

Diese Methode läßt sich in kürzerer Zeit durchführen, wenn man das Verseifungsgefäß in ein vorbereitetes siedendes Wasserbad einstellt und ca. 12 Min. kocht.

Für den Triester in Form des Fasertriacetats ergab die mit methanolischer Natronlauge bei Temperaturen zwischen $+10°$ bis $+12°$ durchgeführte Verseifung folgende Zeitabhängigkeit:

24 St.: 59,8% CH_3COOH

48 St.: 62,2% CH_3COOH

72 St.: 62,5% CH_3COOH.

Wird die Verseifung in der Wärme durchgeführt, so ergibt sich diese Reaktionsgeschwindigkeit:

15 Min.: 50,4%   50,5% CH_3COOH

30 Min.: 60,9%   61,0% CH_3COOH

60 Min.: 62,5/62,4/62,5% CH_3COOH

75 Min.: 62,5/62,5/62,5% CH_3COOH.

Es kamen jeweils 1,000 g atro (absolut trockene) Acetylcellulose und 50 cm³ n/2 Lauge zur Anwendung, die unter gelegentlichem Umschütteln stehen bleiben. Nach der vorgesehenen Verseifungszeit wurde n/2 Säure im Überschuß zugesetzt, und falls bei Raumtemperatur verseift ist, wird bis 50° erwärmt und nun mit n/10 Lauge auf schwache Rosafärbung des Phenolphthaleins zurücktitriert

Bei der Analyse der als Cellit L handelsüblichen Acetylcellulose fanden wir bei kalter Verseifung nach 72 Stunden 54,7% CH_3COOH und nach 10 Min. resp. 12 Min. warmer Verseifung 54,2% resp. 54,4% CH_3COOH. Der bei der alkalischen Verseifung auftretende Alkaliverlust, dessen Ursache in einer lockeren Verbindung zwischen Cellulose und Alkali oder in einem Salz aus Oxycellulose und Alkali bestehen soll, wird dadurch zum Verschwinden gebracht, daß man zunächst mit einem Säureüberschuß kurze Zeit auf dem Wasserbad erwärmt und sodann mit Alkali zurücktitriert.

Nach *Howlett* und *Martin*[1] geschieht die Bestimmung des Essigsäuregehaltes in den Acetylcellulosen bei Raumtemperatur mit normaler Lauge in mindestens 2 Stunden. Die Faserquellung bei Geweben läßt sich durch Zusatz gesättigter Kochsalzlösungen vermeiden. Um Indikatorfehler auszuschalten, wird erst ein Überschuß von n-Schwefelsäure zugesetzt und dann mit n/10 Natronlauge zurücktitriert. Indikator: Phenolphthalein; bei Rotfärbung des Verseifungssatzes Bromthymolblau als Indikator. Das schwer verseifbare Triacetat wird mit n-Lauge in wäßrig alkoholischer Lösung verseift. Die Fehlergrenze beträgt $\pm$ 0,25%.

---

[1] J. Textile Inst. 35, Nr. 1. Trans. 1—6 (1944). — C. **1944 II** 810.

Anstelle der alkoholischen Lauge als Verseifungsmittel haben wir mit dem in der Filmgießtechnik zur Oberflächenverseifung von Filmen aus Acetylcellulose viel benutzten Natriummethylat recht gute Ergebnisse erzielt. Der auf möglichst einheitliche Korngröße gemahlene und ausgesiebte Celluloseester wird über Nacht bei 50° getrocknet und davon 2,000 g abgewogen. Man kocht ihn in 50 cm³ absolutem Methanol und 20 cm³ n/10 Natriummethylat 3 Stunden unter Rückfluß. Der Verseifungsrückstand wird über einen gewogenen *Gooch*tiegel filtriert, mit Methanol, Wasser und Sprit alkalifrei gewaschen, 15 Stunden bei 90···100° getrocknet und in einem geschlossenen Wägeglas gewogen. Die Differenz zwischen Einwaage und Rückwaage wird erforderlichenfalls auf 2,00 g Einwaage umgerechnet. Aus einer graphischen Darstellung (Abb. 16) entnimmt man die % Essigsäure in der Acetylcellulose.

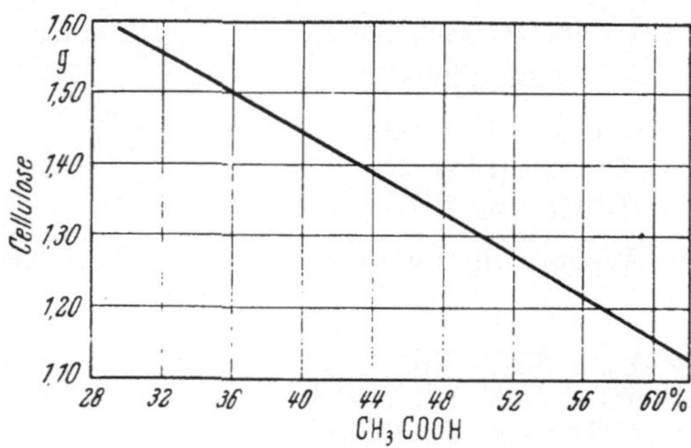

Abb. 16.
Acetylbestimmung. Funktion: % CH₃ COOH zu Cellulose.

$$\begin{aligned}
2 \text{ g Triacetat} &= 1{,}125 \text{ g Cellulose} = 62{,}5 \% \ CH_3COOH \\
2 \text{ g Diacetat} &= 1{,}317 \text{ g Cellulose} = 48{,}78\% \ CH_3COOH \\
2 \text{ g Monoacetat} &= 1{,}588 \text{ g Cellulose} = 29{,}42\% \ CH_3COOH.
\end{aligned}$$

Mit dieser Methode sind bei uns in früheren Jahren recht gute Ergebnisse erzielt worden.

Als Schnellmethode der Acetylbestimmung zur Betriebskontrolle dient eine Lösung von 0,5 g Acetylcellulose in 20 cm³ Pyridin, hergestellt bei 53°, dazu kommen 20 cm³ n/2 Lauge unter gelindem Schütteln. Man läßt eine halbe Stunde festverschlossen bei 53° stehen. Die Wände des Kolbens werden mit 25 cm³ Wasser abgespült, anschließend wird mit n/2 Säure zurücktitriert (*Murray, Staud* und *Gray*)[1].

γ) Die *Umesterung* der Acetylcellulose mit Toluolsulfonsäure benutzt *Freudenberg*[2], um aus dem gebildeten Essigester, der mit Alkali in üblicher Weise verseift wird, auf den Acetatgehalt zu schließen. Man kocht hierzu 0,2 g Substanz mit Toluolsulfonsäure und reinem Alkohol etwa 2···3 Stunden. Die Fehlergrenze soll ± 0,5% betragen.

g) Für die Kontrolle der *Viscosität* der einzelnen Cellulose-Acetat-Marken hat man zunächst darauf Rücksicht zu nehmen, daß die einzelnen

---

[1] Ind. Engng. Chem. Analyt. Edit. **3**, 269 (1931).
[2] Liebigs Ann. Chem. **433**, 230 (1923).

Veresterungsstufen, die rückwärts durch Hydrolyse aus dem Triacetat gewonnen werden, verschiedene Lösungsmittelgemische zur Auflösung erfordern.

Für das Cellulose-Triacetat-Faseracetat oder Fällungsacetat z. B. als Cellit T dient ein Gemisch aus Methylenchlorid und Methanol 9:1 evtl. unter gleichzeitiger Verwendung von Chloroform und einer geringen Menge höherer Alkohole ($C_3 \cdots C_7$) zur Auflösung. Es kann eine $10 \cdots 15\%$ige Lösung gemessen werden. Hinsichtlich der Durchführung der Viscositätsmessung kann auf S. 110 verwiesen werden.

Die Chlorkohlenwasserstoffe allein oder im Gemisch mit $C_2 \cdots C_4$ Alkoholen dienen auch zur Auflösung der etwa 58% CH_3COOH aufweisenden Einstellung der Celluloseacetate (Cellit M). Die sich nun anschließenden stark hydrolysierten Celluloseacetate mit $56 \cdots 54\%$ CH_3COOH stellen die eigentlichen Rohstoffe für die Plaste (Film resp. „Cellon") dar. Für sie ist wichtig, daß sie sich in Aceton völlig lösen, so daß also die Viscositätsmessung in einer acetonischen Lösung durchgeführt werden kann. Es sei jedoch darauf aufmerksam gemacht, daß diese Hydrolysierungsstufen sich auch noch in Chlorkohlenwasserstoff und Alkohol-Gemischen auflösen, die ebenfalls viscosimetrisch benutzt werden können. Die acetonische Lösung kann erforderlichenfalls mit Alkohol oder Toluol verschnitten werden. Für den Einsatz der Acetylcellulose mit ca. 54% CH_3COOH, d. h. etwa der handelsüblichen Stufe Cellit L als Rohstoff für Cellon ist die Löslichkeit in einem Gemisch aus Alkohol + Benzol 1:1 bei ca. $40 \cdots 60°$ von ausschlaggebender Bedeutung.

Die Cellit-L-Marke existiert in verschiedenen Viscositätseinstellungen, die durch ihren K-Wert nach *Fikentscher* charakterisiert sind: L 700, L 800, L 900, L 1000. Für die Bestimmung des K-Wertes wird man sich im allgemeinen einer Lösung bedienen, die $2 \cdots 5$ g Acetylcellulose/100 cm³ enthält. Höhere konz. Lösungen können verwertet werden; sie werden aber meist, da es sich bei diesen Viscositätseinstellungen doch immer um ziemlich hochviscose Celluloseacetate handelt, zur Messung nach der Kugelfallmethode, selbstverständlich aber auch mit dem *Höppler*-Viscosimeter benutzt werden.

Die am stärksten hydrolysierte Acetylcellulose mit einem in ziemlich weiten Grenzen schwankenden CH_3COOH-Gehalt ($44 \cdots 54\%$) erfordert zur Auflösung die Mitverwendung von Wasser. Bewährt hat sich für diese als Serikose bekannte Einstellung ein Gemisch aus $76 \cdots 60\%$ Aceton + $14 \cdots 15\%$ Propanol + $10 \cdots 25\%$ Wasser, wobei der Wassergehalt mit fallendem Acetylgehalt ansteigt.

Die Viscositätsansätze dienen zugleich dazu, um die Klarheit der Lösungen zu beurteilen. Wenn man sich nicht auf den subjektiven Befund verlassen will, kann man die Trübung mit dem *Zeiß*schen Trübungsmesser ermitteln.

h) Auch für Erzeugnisse aus Acetylcellulose sind Abfälle in Form von Filmabfällen oder „Cellonabfällen" gelegentliche Rohstoffe. Zu ihrer Untersuchung bedient man sich der gleichen Methoden wie bei den normalen Rohstoffen.

Zur Unterscheidung von Acetylcellulose-Film resp. Celluloid dient zunächst die Brennbarkeitsprobe. Ihre Unlöslichkeit in Äther + Alkohol 3:1 ist charakteristisch für Acetylcellulose, und ihre Löslichkeit in Aceton resp. Methylenchlorid + Methanol unterscheidet sie von den Abfällen aus Polyvinylchlorid. Eine trockene Destillation muß den Geruch nach Essigsäure geben. Falls hierbei Salzsäure gefunden wird, sollte die Prüfung noch einmal an einem mit Äther extrahierten Produkt wiederholt werden, um sicher zu sein, daß es sich nicht um hochchlorhaltige Vinylpolymerisate (Vinifol) handelt, da ja für Celluloseacetate auch chlorhaltige Weichmacher bekannt sind.

Cellulosetripropionat.

i) Die Verseifung des *Cellulosetripropionats* kann nach der sauren wie nach der alkalischen Methode vorgenommen werden. Benutzt man die letztere bei Zimmertemperatur, so ist eine Reaktionszeit von 72 Stunden mindestens erforderlich. In der Wärme kommt man etwa mit $30 \cdots 50$ Min. aus. Wir fanden bei letzterer an einem handelsüblichen Cellulosetripropionat (Cellit T. P.) 67% C_2H_5COOH.

Auch die anderen Untersuchungsmethoden der Acetylcellulose können für das Propionat die gleiche Anwendung finden. Für seine Viscositätsbestimmung steht eine größere Reihe von Lösungsmitteln zur Verfügung. Hier sind vor allem die Ester zu nennen.

Celluloseester höherer Fettsäuren.

k) Für die Bestimmung der Reste der *höheren Fettsäuren* in den entsprechenden *Celluloseestern* eignet sich nach *Nowakowski*[1] nur die saure Verseifung. Als Plast-Rohstoff sind derartige Ester allgemein noch nicht hervorgetreten.

Von den gemischten Cellulosefettsäureestern ist ein *Acetobutyrat* als Cellit B in Deutschland handelsüblich. Ebenso sind Acetopropionate gelegentlich auf dem Markt aufgetaucht, sie haben in Übersee größere Bedeutung erlangt.

Derartige Mischester werden nach *Eberstadt*, also alkalisch, verseift. Man bestimmt die Gesamtsäure durch Rücktitration, filtriert ab und setzt überschüssige 30%ige Weinsäure zu. Eine Wasserdampfdestillation schließt sich an. Liegt als eine Komponente Ameisensäure in den flüchtigen Säuren vor, so wird das Destillat nach der Titration alkalisch eingedampft und die Ameisensäure nach *Ost*[2] wegoxydiert. Man setzt dann

---

[1] Rocznicki Chem. **15,** 68. 234 (1936). — [2] Angew. Chem. **1906,** 955; **1912,** 1468.

nochmals überschüssige Weinsäure zu und destilliert wieder. *Murray*, *Staud* und *Gray*[1] erreichen eine Genauigkeit von 0,5%.

Eine Trennung der Essigsäure von den höheren Homologen, Propionsäure und Buttersäure scheint z. Zt. noch nicht ohne besonderen Aufwand möglich zu sein. Essigsäure geht zwar viel langsamer bei der Wasserdampfdestillation über als Buttersäure; wenn man nun bei der Destillation einer abgemessenen Menge je 10 cm³ gesondert auffängt und für sich titriert, so kann man aus diesen Titrationen auf den relativen Gehalt der Essigsäure und Buttersäure schließen. Allerdings erreicht man[2] nur eine Genauigkeit von 5···10%.

Die Kodak[3] nimmt die Analyse der gemischten Ester mit Acetyl-, Propionyl-, Butyryl-Gruppen so vor, daß nach völliger Verseifung die freien Fettsäuren abdestilliert werden, so daß die Gesamtsäuren sich im Destillat finden. Es wird nun der Verteilungskoeffizient der Säuren zwischen Wasser und niedrigem aliphatischen Ester bestimmt. Aus gesondert bestimmten Verteilungskoeffizienten der einzelnen Säuren zwischen Wasser und dem Ester werden die prozentualen Anteile der Säuren im Destillat rechnerisch bestimmt.

Fyleman[4] benutzt zum Nachweis der Essigsäure neben Buttersäure die Oxydation der letzteren mit Chromschwefelsäure bei Siedehitze. Hierbei wird Buttersäure quantitativ in Essigsäure und CO_2 gespalten. Die Chromschwefelsäure wird reduziert mit einer Wirkung, die 6 Sauerstoff-Atomen gleich ist. Propionsäure wirkt ähnlich; ihre reduzierende Kraft entspricht 3 Sauerstoff-Atomen. Man titriert das Destillat der flüchtigen Säuren mit n/4 Lauge, dampft zur Hälfte ein und verdünnt wieder so weit, daß 20 cm³ = 1 cm³ n/4 Lauge sind. Zu 20 cm³ davon gibt man 25 cm³ n/4 Kaliumbichromat + 30 cm³ konz. Schwefelsäure und kocht am Rücklaufkühler genau eine Stunde. Nach Verdünnen auf 250 cm³ wird mit Thiosulfat in der üblichen Weise titriert.

Schicktanz, *Steele* und *Blaisdell*[5] verwenden das Prinzip der Verwendung eines Hilfslösemittels (Kohlenwasserstoffe) zur Trennung zweier Stoffe, es soll mit einer Komponenten ein aceotropes Gemisch entstehen, das so eine Trennung erlaubt. In diesem Fall wird die Destillation mit trockenem Benzol und Toluol vorgenommen. Ameisensäure und Essigsäure gehen aceotrop mit Benzol mit 90 cm langer Kolonne über. Das Benzol wird ganz abdestilliert, dann setzt man die Destillation mit 200···300 cm³ trockenem Toluol fort, bis eine 10 cm³ Fraktion des Destillats weniger als $0{,}04 \cdot 10^{-3}$ Mol. Säure enthält. Die Fraktionen werden mit 20 cm³ Wasser geschüttelt und mit 0,1 n Lauge titriert.

---

[1] Ind. Engng. Chem. Analyt. Edit. **3**, 269 (1931). — [2] B. **41**, 1416 (1908).
[3] Amer. Pat. 2 069 892. — [4] J. Soc. Chem. Ind. **43**, 142 (1924).
[5] Ind. Engng. Chem. Analyt. Edit. **12**, 320 (1941).

So ist der Nachweis und die annähernde quantitative Bestimmung von Ameisensäure, Essigsäure, Propionsäure und Buttersäure möglich.

Man[1] kann die Verseifung der Cellulose-Mischester, die etwas langsamer verläuft als die der Acetate, auch in Pyridinlösung vornehmen, wobei die Zeit auf etwa 2 Stunden eingestellt wird. Das Pyridin wird im Vakuum abdestilliert und der Niederschlag mit Wasser extrahiert. Die gefällte Hydratcellulose wird abfiltriert. Das klare Filtrat wird nun mit absolutem Alkohol und etwas Schwefelsäure verestert, wobei dafür gesorgt werden muß, daß innerhalb der ersten Stunde kein Destillat übergeht. Sodann wird fraktioniert destilliert, wobei zunächst das Äthylacetat mit überschüssigem Alkohol bei 77° übergeht, während das Äthylbutyrat bei etwa 120° folgt. Die getrennt aufgefangenen Fraktionen werden mit n/1 Lauge verseift und dessen Überschuß zurücktitriert.

Aus dem ersten Destillat errechnet sich der Acetylgehalt des Mischesters zu:

$$\% \ CH_3CO = \frac{4{,}3 \cdot cm^3 \ n/1 \ Lauge}{Einwaage.}$$

Das zweite Destillat bildet die Grundlage zur Berechnung des Gehaltes an Butyryl:

$$\% \ C_3H_7CO = \frac{7{,}1 \cdot cm^3 \ n/1 \ Lauge}{Einwaage.}$$

Der Gesamtverbrauch an Alkali muß mit dem Alkaliverbrauch bei der direkten Verseifung des Celluloseacetobutyrats übereinstimmen.

Die Viscositätskontrolle des Acetobutyrats wird unter Benutzung eines Lösungsmittelgemisches aus Methylenchlorid und Chloroform 65:35 unter Zusatz von ungefähr 10% Amylalkohol (ber. auf Methylenchlorid) vorgenommen.

Für die Bestimmung der Stabilität des Acetobutyrats werden die gleichen Arbeitsweisen wie bei der Acetylcellulose angewendet.

Celluloseacetopropionat hat bisher nur zögernd als Plast-Rohstoff Verwendung gefunden. Man kann es auch sauer verseifen und die Säuren dann durch Wasserdampf abtreiben. Hierbei ist Propionsäure wegen ihrer großen Flüchtigkeit meist in den ersten Fraktionen. Man oxydiert dann die Propionsäure in der Essigsäure:

$$CH_3CH_2COOH + 3 \ O = CH_3COOH + CO_2 + H_2O$$

6 cm³ n/10 Kaliumbichromat = 1 cm³ n/10 Propionsäure = 0,00738 g Propionsäure.

Man muß genau 3 Stunden im Sieden halten. Die beigemischte Essigsäure wird in sehr geringem Umfang mit konstant bleibendem Wert oxydiert, der 0,9···1,3% Propionsäure entspricht.

---

[1] *Houwink*: Elastomers and Plastomers III S. 96 (1949).

II. Plast-Rohstoffe auf tierischer und pflanzlicher Grundlage außer Cellulose und Kautschuk.

1. Untersuchungsmethoden für Casein. a) Die Kunsthorn-Industrie verbraucht heute ausschließlich Labcasein. Fast das ganze zur Kunsthornherstellung in Deutschland oder Großbritannien verbrauchte Casein ist aus Frankreich, Holland, Dänemark, Neu-Seeland bezogen. Erst im Laufe des 2. Weltkrieges hat die argentinische Wirtschaft ihre Erzeugung an Casein vom Säure-Casein auf Lab-Casein umgestellt und gegen Ende auch brauchbare Qualitäten erreicht, die in Groß-Britannien[1] technische Verwendung fanden.

Das technische Casein ist hellgelb bis buttergelb und darf nur einen schwach milchartigen Geruch haben.

Unter dem Mikroskop zeigt sich das Magermilchcasein in Form klarer, durchsichtiger Kristalle. Das zur Kunsthornherstellung nicht geeignete Buttermilchcasein ist fetthaltiger und deshalb im mikroskopischen Bild weiß und undurchsichtig.

Das Labcasein weist etwa folgende durchschnittliche *Zusammensetzung* auf:

$$53{,}5\ \%\ \text{C}$$
$$7{,}26\%\ \text{H}$$
$$15{,}80\%\ \text{N}$$
$$0{,}71\cdots0{,}83\%\ \text{P}$$
$$0{,}72\cdots0{,}87\%\ \text{S}$$

Bei der Kunsthornherstellung bleiben die nach *Lindström-Lang* durch Behandlung mit Lösungsmitteln nachgewiesenen Molekül-Komplexe erhalten. Durch Benutzung der Ultrazentrifuge[2] ist die Molekülgröße des Caseins zu 75000 bis 375000 je nach Vorbehandlung festgestellt.

Casein ist amphoter und als Säure stärker als CO_2. Das Äquivalentgewicht ist zu $2096\cdots2166$ ermittelt. Gegen höhere Alkalikonzentration ist Casein sehr empfindlich; ein p_H-Wert von 7,5 wird noch ohne Abbau ausgehalten.

Die Viscositätserscheinungen sind von der elektrolytischen Peptisation abhängig. Das Viscositätsmaximum wird beim p_H-Wert $2{,}2\cdots2{,}6$ erreicht.

Die Säure im Casein ist durch freie COOH-Gruppen der Aminosäuren bedingt. Als solche sind hauptsächlich isoliert Glutaminsäure (21,8%), Oxyglutaminsäure (10,5%), Lysin (7,7%).

Das durch natürliche Säuerung (Milchsäure) aus der Magermilch abgeschiedene Milchsäure-Casein dient fast ausschließlich zur Casein-Leim-Herstellung. Es unterscheidet sich in seinen Eigenschaften deutlich vom Labcasein.

---

[1] *Houwink*: Elastomers and Plastomers II, 247 (1949).
[2] Z. Elektrochem. angew. physik. Chem. **41**, 509 (1935).

Als Zusammensetzung des Milchsäure-Caseins wird angegeben[1]:

81 % Eiweiß,
9,1% Wasser,
2,8% Asche,
1,7% Fett,
0,5% Lactose,
absolute Säurezahl 11,26 cm³ n/10 Lauge,
Viscosität 1,97 E°.

Hinsichtlich seiner Elementarzusammensetzung unterscheidet sich das Säurecasein durch höheren N-Gehalt.

Lab-Casein 15,7% N,
Säure-Casein 18,8% N.

Das aus Erbsmehl mit 0,2 n Natronlauge extrahierte Pflanzeneiweiß kann bis zu 50% das Casein ersetzen. Man erhält allerdings[2] damit nur braune, durchscheinende Kunsthornmassen.

In Amerika haben Sojacaseine mit 48% Protein, 45% Kohlenhydrate und 7% Mineralbestandteile (als Asche) Interesse gefunden.

b) Zur Prüfung des Caseins auf *Geruch* werden nach RAL Nr. 093 B für Milchsäure-Casein 5 g Casein mit 10 cm³ Wasser verrührt. Es darf nur ein schwacher, milchartiger Geruch wahrgenommen werden.

Gelegentlich setzt man der Aufschlämmung noch Kalkmilch (5 bis 10 cm³) zu.

Ein einfacher Test zur Feststellung von *Unreinheiten* im Casein besteht in einer 4stündigen Erhitzung auf 150°. Hier darf nur eine geringe Verfärbung eintreten.

Oder man verreibt 15 g grießförmig zerkleinertes Casein mit 5 cm³ 0,01%iger Methylenblaulösung bis zur gleichmäßigen Färbung und läßt dann im verschlossenen Reagensglas 18 Stunden bei 50° stehen. Ein fleckenloses Casein ist gut, ein mit wenigen Flecken durchsetztes noch brauchbar, hingegen ein mit vielen Flecken behaftetes für plastische Massen ungeeignet[3].

Der Wert des Rohcaseins ist weiterhin abhängig von der Trockenmasse und dem Säuregrad.

Nach einer französischen Vorschrift[3] wird der Wassergehalt durch 24 Stunden Erhitzen bei 80° im Vakuum ermittelt. Auch *Synder* und *Hansen*[4] bevorzugen diese Arbeitsweise, um bei höherer Temperatur Verkohlung zu vermeiden.

Die Vorschrift des RAL 093 B begnügt sich mit einer 6stündigen Trockenzeit bei 100···105°, wobei 3 g gut zerkleinertes oder grießförmig

[1] Dtsch. Molkerei-Ztg. **59**, 1834 (1938).
[2] Промишленность органическои химии. **6**, 177 (1940).
[3] Lait **13**, 362, 1081 (1933). — [4] Ind. Engng. Chem. analyt. Edit. **5**, 409 (1933).

gemahlenes Casein verwendet werden. Abgekühlt wird im Phosphorpentoxyd-Exsiccator.

Die englischen Vorschriften sehen eine noch engere Begrenzung der Trocknungstemperatur vor, indem hier eine 5stündige Trocknung bei 101° ± 0,5° C durchgeführt wird.

Temperatur und Zeit sind die gleichen bei einer Arbeitsweise, bei der das Casein nach gründlicher Durchmischung mit Seesand getrocknet wird. Eine Schnellbestimmungsmethode der Feuchtigkeit des Caseins bedient sich der aceotropen Destillation des Wassers mit Toluol aus einer Aufschlämmung des Caseins darin.

Anstelle des Toluols kann man[1] auch Paraffin zum Heraustreiben benutzen, indem man 5 g zerkleinertes Casein mit 15 g Paraffin oder Ceresin in einer Aluminiumschale über einer Flamme langsam erhitzt, bis das als Deckel dienende Uhrglas nicht mehr beschlägt. Das Casein wird hierbei bräunlich. Die Gewichtsdifferenz wird als Wassergehalt berechnet.

Die Paraffin-Verdampfungsmethode wird als nicht genau angesehen und dahin abgeändert, daß man $^1/_3$ der Höhe einer Schale der *Sim-Fukom*-Waage mit Sand füllt und 2 g Casein dazu gibt. Mit einer Spirituslampe, deren Flamme 3 cm hoch ist, wird genau 12 Min. unter Rühren getrocknet und gewogen. Man kann auch 5 g Casein in einer Porzellanschale mit geglühtem und gewaschenem Sand 20 Min. bei 160° erhitzen.

c) Zur Bestimmung der *anorganischen Verunreinigung* des Caseins hat sich nach den Erfahrungen von *Prager*[2] die Schlämmanalyse mit Chloroform sehr bewährt. Er gibt dafür folgende Vorschrift:

10 g der pulverförmigen Substanz werden im Meßzylinder mit 70 cm³ Chloroform gut durchgerührt. Man füllt bis zum oberen Rande auf und läßt über Nacht verschlossen stehen. Das Casein setzt sich in fest zusammengebackenem Zustand oben ab, unten sedimentieren die anorganischen Bodensätze. Das Casein wird sorgfältig abgetrocknet, auf einem Filter nochmals nachgewaschen und darauf bei 105° getrocknet. Der Bodensatz wird auf wasserlösliche, säurelösliche und säureunlösliche Anteile untersucht.

Die Prüfung des im Chloroform Gelösten ergibt sogleich die Möglichkeit der Ermittlung der Menge und eventuell auch der Art der organischen Verunreinigungen.

d) Die Bestimmung des *Säuregehalts* ist noch methodisch umstritten. Zur Orientierung über die wirksame Säure kann in Casein-Wasser-Aufschwemmungen der p_H-Wert bestimmt werden, wobei man sich der Chinhydron- oder Antimonelektrode bedient.

---

[1] Молочно-маслодельная промишленность. 5, 8, 10, 6 Nr. 7.
[2] Kunststoffe **18,** 38 (1928).

9 *

5 g Labcasein werden mit 30 cm³ Leitfähigkeitswasser 20 Min. bei Raumtemperatur stehen gelassen und danach der p_H-Wert mit Glaselektrode bestimmt.

Cooper und *Hand*[1] quellen 10 g Casein zunächst 10···30 Min. in 30 cm³ Wasser (Bürette) an, geben dann 0,5 g Chinhydron zu und messen sofort den p_H-Wert.

Selbstverständlich kann man derartige z. B. 10%ige Aufschlämmungen auch zum Feststellen des Säuregrades benutzen. Nach dem Filtrieren wird ein aliquoter Teil mit n/10 Lauge gegen Phenolphthalein als Indikator titriert. Wasserlösliche Caseine sind neutral, unlösliche Caseinsorten verbrauchen höchstens 0,5 cm³ n/10 Lauge.

Eine gute Qualität Labcasein soll durchschnittlich nicht mehr als 0,05 bis 0,3% Säure enthalten. Für Milchsäure-Caseine ist die obere Grenze 0,5%.

In den für Schiedsanalysen für verbindlich erklärten RAL-Analysen-Methoden ist die Säure-Bestimmungs-Methode des USA-Department of the Navy übernommen. Danach löst man 1 g Casein in 25 cm³ n/10 Natronlauge im verschlossenen Kolben unter Schütteln, fügt dann unter Abspülen des Stopfens 100 cm³ Wasser und 0,5 cm³ 1%iger Phenolphthaleinlösung hinzu und titriert nun rasch unter Schütteln mit n/10 Salzsäure. Ein Ausflocken des Caseins wird durch kräftiges Schütteln vermieden. Die verbrauchten cm³ n/10 Lauge heißen Acidität des Caseins oder die Neutralisationszahl. Hiernach unterscheiden sich Labcaseine durch ihre Neutralisationszahl von 1,6···2,8 cm³ von den Milchsäure-caseinen mit der Acidität 8,8 bis 13. Ein isoelektrisches Casein verbraucht 9 cm³ n/10 Natronlauge.

Bei derartigen Titrationen von alkalischen Lösungen wird nicht nur die Milchsäure, sondern auch das Eiweiß titriert. Der Eiweißgehalt im Casein ist verschieden und auch die Eiweißarten wechseln in ihren Verhältnissen zueinander.

Als Höchstgrenze für beide Caseinarten wird 1,75% ber. als Milchsäure angegeben[2].

Die Acidität für 1 g Trockenmasse wird als „absolute Säurezahl" definiert.

Die Mittitration des Eiweiß läßt sich vermeiden, indem man 20 g Casein in der 4fachen Menge destillierten Wassers unter Rühren 2 Stunden quellen läßt. In 20 cm³ Lösung wird mit n/4 Lauge gegen Phenolphthalein als Indikator titriert. 1 cm³ n/4 Lauge = 0,4% Milchsäure.

Das von *Marcusson* und *Picard*[3] stammende Äther-Extraktionsverfahren hat den Vorteil, Milchsäure und Fettsäure nebeneinander zu be-

---

[1] J. Soc. Chem. Ind. **55**, 341 T (1936). — [2] *Berl-Lunge*: Chemisch-technische Untersuchungsmethoden 8. Aufl. **V**, S. 866. Chemiker-Ztg. **52**, 517 (1928).
[3] Chemiker-Ztg. **51**, 104 (1927).

stimmen. Das mit der gleichen Menge Wasser zur Paste angequollene Casein bleibt 15 Min. stehen. Man verreibt dann mit Sand und extrahiert am Soxhlet mit Äther. Der Ätherauszug wird 3···4 mal mit Wasser ausgeschüttelt. Im wäßrigen Auszug wird Milchsäure titriert, dann wird der Ätherextrakt mit alkoholischer Lauge titriert. Der Fettsäureberechnung wird ein mittleres Molekulargewicht von 280 zugrunde gelegt.

Ulex[1] löst Casein in der 25fachen Menge n/10 Lauge, gibt dazu die siebenfache Menge 3%iger Chlorcalcium-Lösung, neutralisiert gegen Phenolphthalein, gibt die der Lauge äquivalente Menge n/10 Salzsäure zu und 8 cm³ $K_2(HgJ_4)$-Lösung. (Letztere hergestellt aus 1,35 g Quecksilberjodid + 5 g Jodkalium in 100 g Wasser.) Nach dem Auffüllen auf 250 cm³ wird in 100 cm³ der wäßrigen Lösung die Milchsäure unter Benutzung von Phenolphthalein als Indikator titriert. Labcaseine haben eine Acidität von 1,6···2,8 cm³, Säurecaseine von 9···13 cm³.

e) Die *Aschebestimmung* ermöglicht die Unterscheidung zwischen Säure- und Labcasein. Ersteres ist schwer verbrennbar und enthält wenig Asche, Labcasein verbrennt leicht mit viel Asche.

Nach den Angaben in RAL 093 B ist die Asche des Säurecaseins glasig geschmolzen, während die des Labcaseins pulverig ist. Für die Veraschung benutzt man hiernach einen Porzellantiegel, verascht vorsichtig mit dem Bunsenbrenner und glüht schließlich zur Rotglut vor dem Gebläse.

In englischen Kunsthornfabriken wird die Aschebestimmung an 1 g Casein vorgenommen, dessen anfängliche Erhitzung im Quarztiegel in der Bunsenbrennerflamme schließlich durch ein 2stündiges Glühen im Muffelofen bei 850° beendet wird. Die Asche soll rein weiß sein.

Im Gegensatz zu der RAL-Vorschrift, die ausdrücklich den Platintiegel vermeidet, steht eine Arbeitsweise[2], die unter Benutzung des Platintiegels 3···5 g Casein vorsichtig erhitzt, um zunächst alle flüchtigen Anteile herauszutreiben, und dann schließlich im elektrischen Ofen vollends verascht. Wenn hierbei Schwierigkeiten auftreten, wird die Asche mit Ammoniumnitratlösung befeuchtet und nochmals geglüht.

Abweichend von diesen einfachen Methoden sehen einige Arbeitsweisen[3] vor, das Casein vor der Veraschung zunächst mit einer Acetatlösung 20 Min. in Berührung zu lassen und dann im Muffelofen allmählich auf 650° zu erhitzen. Hierdurch soll eine völlige Verbrennung organischer Stoffe beschleunigt werden. Organisch gebundener Phosphor wird völlig festgehalten. Kuhmilchcasein enthält fast konstant 1,60% P_2O_5, dieser Betrag ist von der Asche abzuziehen. Der Aschegehalt des Standard-Säure-Caseins beträgt 0,72%, während das Labcasein etwa 10 mal soviel Asche enthält.

---

[1] Chemiker-Ztg. **54**, 421 (1930). — [2] *Berl-Lunge*: Chemisch-technische Untersuchungsmethoden 8. Aufl. **V**, S. 1545. — [3] Ind. Engng. Chem. Analyt. Edit. **5**, 409 (1933). — *Lait* **13**, 1081 (1933); **19**, 15 (1939).

f) Bereits durch einen Gehalt von 1% Fett wird Casein nicht nur für die Plast-Herstellung, sondern auch für Klebzwecke unbrauchbar.

Eine Soxhlet-Extraktion zur *Fettbestimmung* gibt, da nur das äußerlich anhaftende Fett gefunden wird, zu niedrige Werte. Deshalb sahen sowohl die *Polanske*-Methode wie auch die Arbeitsweise in RAL 093 B vor, das Casein vorher in Säuren — entweder 30%ige Schwefelsäure oder konz. Salzsäure — zu lösen, und im *Gottlieb-Röse*-Rohr auszuäthern. Das zum Lösen benutzte Becherglas wird sorgfältig mit heißem Wasser, dann mit Alkohol ausgespült, wobei für jeweils 1 g Casein immer die 10 fache Menge an Flüssigkeit verwendet wird. Es empfiehlt sich nach Zusatz des Äthers noch mit der gleichen Menge (25 cm³) Petroläther zu verdünnen. Die Durchmischung muß vorsichtig geschehen, um Emulsionsbildung zu vermeiden. Man liest das Volumen der Fettlösung ab und schließlich wird noch ein aliquoter Teil eingedampft. Daraus wird der Fettgehalt des Caseins berechnet[1]. Anstelle des Äthers ist auch Trichloräthylen zur Fettextraktion aus der Caseinlösung benutzt worden[2].

Weitere Methoden[3] bedienen sich des Butyrometers. Auch hier ist eine Caseinlösung erforderlich, die 1 Stunde bei 67° erwärmt und dann zentrifugiert wird, man erwärmt noch einmal 5 Min. bei 67° und zentrifugiert wieder. Bei 67° wird abgelesen. Es soll eine Genauigkeit von $\pm$ 0,1% erreicht werden.

Prokopjew[4] benutzt sogleich das ungetrocknete Rohcasein. In das Butyrometer kommen 10 cm³ Schwefelsäure (d = 1,82), 1 cm³ Amylalkohol, 6 g schwach abgepreßtes Rohcasein und 5 cm³ dest. Wasser bis zur Marke. Nach dem Schütteln läßt man 5 Min. bei 70° stehen, zentrifugiert 15 Min. und liest den %-Gehalt an Fett ab; es wird mit 5 multipliziert. Die Analysendauer beträgt ca. 20···30 Min. Das gleiche Prinzip findet sich später nochmal. Hier wird gesiebtes Casein mit 10 cm³ Schwefelsäure (d = 1,51) bei 97···99° gelöst, ins Butyrometer gebracht, das Reagensglas mit 9 cm³ Schwefelsäure gefüllt, nochmal so hoch angewärmt und bei dieser Temperatur 8···10 Min. lang zentrifugiert.

Um Neutralfett neben freier Fettsäure zu bestimmen, wird zunächst das Gesamtfett, wie oben beschrieben, ermittelt. Sodann werden 10 g Casein in 30 cm³ dest. Wasser $^1/_4$ Stunde lang gequollen, 0,8 g Ätznatron zugesetzt, unter Rühren völlig gelöst, nochmal mit 30 cm³ Wasser verdünnt. Ein Teil wird mit Äther ausgeschüttelt, um so das Neutralfett zu bestimmen. Die freie Fettsäure wird daraus als Differenz berechnet; sie liegt bei ca. 1,5%.

g) Isoelektrisches Casein ist in Wasser unlöslich. Die Komplexver-

---

[1] *Lait* **9**, 269 (1929); **15**, 36 (1938). — [2] Kolloid-Z. **83**, 210. — [3] *Lait* **12**, 640 (1932). — [4] Молочно-маслодельная промишленность **6**, 22 (1940).

bindungen mit Anionen sind unlöslich; dagegen die Verbindungen mit Alkalimetallen löslich.

Zur Untersuchung der *Löslichkeit* und der unlöslichen Verunreinigungen wird Casein mit der 3fachen Menge Wasser übergossen und nun entweder 10···20% konz. Ammoniak oder 15%ige Sodalösung zugegeben. Man kann nun 20 Min. bis einige Stunden kalt lösen, sodann etwa 3 Stunden bei 60° unter gelegentlichem Rühren aufbewahren. Man verdünnt sodann mit 400 cm³ siedendem dest. Wasser und rührt 5 Min. Der Rückstand wird filtriert, gewaschen und gewogen. Erwünscht sind für Casein klare zähviscose Lösungen. Zur Lösung kann 100 g säurefreies Casein 2,8 g Ätznatron binden.

Die Löslichkeit des Caseins in Alkali hängt von seiner Trocknung ab. Solange die Trocknungstemperatur 90° nicht überschreitet, gelingt es, das Casein in 20 Min. in 15%iger Boraxlösung aufzulösen. Wird die Trocknung bei 100° vorgenommen, so braucht man etwa 40 Min. zur Auflösung und erhält zähviscose Lösungen. Eine Trocknungstemperatur von 120° bewirkt die Bildung kaum noch fließender Lösungen, und bei 140···150° getrocknetes Casein quillt nur noch schwach an.

Quellungskurven und Borax-Löslichkeit sind Funktionen des Aschengehaltes. Für die Ermittlung der Löslichkeit in Borax wird wie folgt verfahren:

In 300 cm³ Wasser werden 7,5 g Borax gelöst, dazu 50 g Casein zugesetzt und bei 65° dauernd gerührt. Innerhalb 10 Min. tritt vollständige Lösung ein.

Oder man benutzt eine 1/5-n-Boraxlösung (7,632 krist. Borax in 1 l Wasser) und verwendet davon 100 cm³ für 15 g Casein. Unter anfänglichem tüchtigen Rühren erreicht man in 30 Min. eine völlige Lösung, die auch zur Viscositätsmessung dienen kann[1].

Das Lösevermögen des Borax kann durch das der Natronlauge, Ammoniak oder calcinierte Soda ersetzt werden. So werden auf 100 g technisches Casein bei einer 4fachen Menge Wasser die Salze in folgenden Gew.-% (ber. auf Casein) angewendet:

Ätznatron	4%
Borax	15%
Ammoniak	10% (25%ige Lösung)
Soda	15%

Natriumfluorid dient oft als Zusatz zum Borax. Durch Zusatz von Piperidin bleibt eine Caseinlösung kalt flüssig[2]. Die Viscositätsmessung des Caseins wird in einer Boraxlösung vorgenommen. Sie wird wie folgt nach RAL 093 B hergestellt.

---

[1] *Sutermeister-Brühl*: Das Kasein. — [2] Промишленность органической химии **4**, 275 (1938). — Amer. Pat. 2 200 353 v. 18. 3. 39/14. 5. 46. — Amer. Pat. 1 754 651.

15 g Casein werden über Nacht in 35 cm³ Wasser gequollen, auf 40° gebracht und mit auf gleicher Temperatur befindlicher Boraxlösung gemischt (3 g Borax + 18 cm³ Wasser bei 100° lösen). Temperatur auf 70° steigern. In 15 Min. ungefähr soll Lösung eintreten. Dann wird noch mit 72 cm³ Wasser von 40° vermischt. Die so erhaltene 12%ige Lösung wird nach drucklosem Filtrieren durch doppelte Lage Verbandwatte im *Vogel-Ossag-* oder *Engler-*Viscosimeter bei 40° gemessen.

Die Viscosität einer solchen Boraxlösung verändert sich je nach Boraxmenge und Aufbewahrungszeit. Die Viscosität einer Alkalilösung wird mit der Zeit größer. Ferrosulfatlösung koaguliert Boraxlösung am stärksten[1].

h) Der *Stickstoffgehalt* des Caseins als Maß für die Reinheit hängt hauptsächlich von der Anzahl und der Gründlichkeit der Waschungen ab. Ein Stickstoffgehalt unter 14% N deutet auf zweifelhafte Qualität.

Es bereitet immer wieder Schwierigkeiten, den Stickstoffgehalt des Caseins nach dem *Kjeldahl-*Verfahren sicher zu bestimmen. Die Einwaage soll höchstens 1 g betragen. Perhydrol oder Selenoxychlorid beschleunigen den *Kjeldahl-*Aufschluß, so daß man die Zeit bei Gasheizung auf 2 Stunden, bei elektrischer Heizung sogar auf 1 Stunde verkürzen kann.

Als wirksames Aufschlußmittel für Casein hat sich folgende Katalysatormischung bewährt:

1 g Kupfersulfat und 1 g Selendioxyd werden im Gemisch aus 3 Teilen Schwefelsäure und 1 Teil Phosphorsäure angesetzt. Für 0,6 g Casein verwendet man 20 cm³ dieser Mischung. Der Aufschluß dauert 11 Min. Am Ende liegt eine klare hellblaue Lösung vor[2].

Der N-Gehalt des Caseins ist für asche- und fettfreie Substanz durchschnittlich 15,6% N. Unsicher ist noch die Berechnung des Caseingehaltes auf Grund der N-Bestimmung. Als mittlerer Faktor gilt 6,4.

i) Die *Wärmebeständigkeit* des Caseins wird beurteilt durch 5stündiges Erwärmen von 15 g Labcasein auf 101°. Es wird die Veränderung des Farbtons verglichen. Hiermit parallel soll stets eine Bestimmung des Eisengehaltes des Caseins gehen. Hierzu behandelt man die Asche von 1 g Labcasein mit 20 cm³ 20%iger Schwefelsäure und 1 cm³ 10%igem Wasserstoffsuperoxyds. Die Eisenbestimmung wird darin kolorimetrisch mit Rhodanammon vorgenommen.

Die englische Kunsthorn-Industrie hat eine *Klassifizierung* des Caseins als Plast-Rohstoff nach folgenden Kriterien vorgenommen:

---

[1] Малярное дело **1932**, 13. — [2] J. biol. Chemistry **119**, 1 (1938).

Tabelle 7.

	A	B	C
Farbe	möglichst weiß	Spur gelblich	gelb
Asche (min)	7,8%	7,5%	7,5%
Eisen (max)	20 ppm	30 ppm	40 ppm
Fett (max)	0,7%	1,2%	1,5%
PH	7,1	7,0	6,8
Wärmetest	praktisch unverändert	leichte Farbänderung	mäßige Farbänderung, keine Braunfärbung

Alle Sorten müssen frei von Verunreinigungen sein und dürfen 11···13% Feuchtigkeit enthalten.

2. Untersuchungsmethoden für tierische Proteine (Gelatine, Leim, Blutalbumine).

Allgemeines.

a) Wenn auch lediglich Gelatine ein Rohstoff für plastische Massen ist und Leim vorwiegend als Klebstoff verwendet wird, so ist doch die Grenze zwischen diesen beiden Proteinen so fließend, daß es berechtigt ist, hier die analytischen Methoden für die beiden Rohstoffe zu berücksichtigen.

Die Untersuchungen der Gelatine resp. des Leimes erfolgen am besten vom Standpunkt der Verwendung des Produktes. Labormäßigen Prüfungen ist nur ein sehr bedingter Wert beizumessen.

Die diesen Proteinen besonders eigentümliche Gelbildung bei Temperaturen um 20° faßt *Derksen*[1] als ein Auskristallisieren auf, da röntgenographische Untersuchungen das Auftreten kristalliner Interferenzen zeigen.

Daneben tritt aber noch eine Verfilzung auf, vor allem beim plötzlichen Abkühlen; hierfür ist die Thixotropie ein Beweis.

Wassergehalt.

b) Die Technik der Herstellung von Gelatine- und Leimtafeln bringt es mit sich, daß ein Restgehalt von 15···18% Wasser beim Leim nicht die normalen Grenzen technischen Trocknens überschreitet.

Trocknet man eine Gelatinelösung mit Kobaltchlorid bei 15···30° ein, so tritt die rein blaue Farbe hydratisierten Kobalt-Salzes bei einem Wassergehalt von 30···34% ein. Diese Menge Wasser kann danach als von Gelatine gebunden angesehen werden[2].

Die direkte *Wasserbestimmung* durch Trocknen kann man nur bei dünnen Leimtafeln, Pulver und Flockenleim anwenden, hier sind dann 12 Stunden bei 110° ausreichend. In den weitaus meisten Fällen muß man sich der Gallert-Sol-Trocknung bedienen. *Goebel*[3] gibt hierzu folgende Vorschrift:

25···30 g grobzerkleinertes Protein werden in verschließbaren Weit-

---

[1] Collegium **1932**, 838. — [2] Trans. Faraday Soc. **32**, 787.

[3] Farben-Ztg. **35**, 47, 99 (1930); Angew. Chem. **42**, 552 (1929).

hals-Stehkolben abgewogen, mit der 2···2,5fachen Menge Wasser übergossen und nach sorgfältiger Quellung in Wasser bei 60° gelöst. Nach Verschließen wird sofort, in Eis geliert, gewogen. Von der Gallerte werden 2···3 g herausgeschnitten, in einer tarierten Aluminiumdose ($\sim$ 7 cm Durchmesser, 3,5 cm Höhe) gewogen und bei 100° eingedampft. Der Film trocknet bei 110° etwa 24 Stunden. Nach Abkühlen im Phosphorpentoxyd-Exsiccator wird gewogen. An dem gleichen Prinzip festhaltend besagt eine russische Vorschrift[1], daß man das an den Wänden haftende Wasser entfernen muß und dann 2···3 g Gel im Vakuum bis zur Gewichtskonstanz trocknet.

Selbstverständlich ist auch die Bestimmung der Feuchtigkeit durch aceotrope Entfernung des Wassers mit Xylol oder Toluol möglich und auch in Benutzung.

Der Wassergehalt der Proteine, Gelatine und Leim liegt zwischen 4···17%, letzterer Wert gilt in den Bestimmungen des RAL als obere Grenze.

Asche.

c) Die Asche in Gelatine oder Leim wird am besten in dem Film bestimmt, der bei der Ermittlung des Wassergehaltes erhalten wurde. Man erhitzt anfangs sehr langsam 5 g Film im Platintiegel, bis keine brennbaren Dämpfe mehr entweichen und glüht dann. Die Dauer einer solchen Bestimmung beträgt oft 2···3 Stunden[2]. Meist müssen noch sauerstoffübertragende Salze (Calciumplumbat) verwendet werden, da die Asche sonst nicht weiß zu bekommen ist. Man kann diese zeitraubende und stinkende Operation vermeiden, wenn man Gelatine bei 15···20° in der 30fachen Menge Wasser unter Rühren einweicht und in einem bestimmten Teil des Wassers die Asche ermittelt und dann entsprechend umrechnet[3].

Die Asche in der Gelatine beträgt 1,5···2,5%. Die Asche aus Lederleim beträgt als CaO ausgedrückt 1,1···1,3%. P_2O_5 ist nur in Spuren vorhanden. Beim Knochenleim beträgt die Asche als CaO 0,3% und enthält 0,05···0,07% P_2O_5.

Enthält die Gelatine oder der Leim mehr als 3,5% Asche, die aus Alkalien, Kalk, Phosphorsäure und Chloriden bestehen kann, so sind anorganische Verunreinigungen zu vermuten. Nach einer qualitativen Prüfung werden die üblichen anorganischen quantitativen Methoden angewandt. Werden Blei- und Zink-Verbindungen qualitativ erkannt, so ist es für ihre quantitative Ermittlung vorteilhaft, mit Salpetersäure unter Zusatz von ca. 10% ihrer Menge die Gelatine abzurauchen, wobei der Salpetersäure-Zusatz bis zur völligen Farblosigkeit des Aufschlusses zu wiederholen ist.

---

[1] Журнал прикладной химии **3**, 741 (1930). — [2] Farben-Ztg. **35**, 153 (1930). — Gelatine, Leim, Klebstoffe **8**, 75 (1940).

p_H-Wert.

d) Bereits bei der Herstellung von Gelatine und Leim ist die Einstellung des *p_H-Wertes* von großer Bedeutung. Sie wird dort mit Hilfe der Tüpfelmethode vorgenommen.

Bei dem Vergleich der colorimetrischen und elektrometrischen Methoden für die Bestimmung der p_H-Werte verschiedener Gelatinelösungen zeigten die potentiometrischen Methoden in Zeitabständen keine konstanten Werte, eine Folge der inneren Salzbildung der Gelatine[1]. Es ist in diesem Zusammenhang von Bedeutung, daß der p_H-Wert der Leime bisher korrekt nur nach der Indikatormethode gemessen werden konnte. Auch *Gerngroß*[2] vertritt die Auffassung, daß sich Haut- und Knochenleime nicht potentiometrisch messen lassen.

Am besten geeignet sind folgende Indikatorenlösungen:

Indikator	p_H	Lösung in Wasser (%)
α-Dinitrophenol	2,8⋯4,4	0,05
γ-Dinitrophenol	4,0⋯5,4	0,1
p-Nitrophenol	5,4⋯7,0	0,1
m-Nitrophenol	6,8⋯8,4	0,3

Sie sind unterhalb ihres Umschlag-Bereiches fast farblos, oberhalb stark gelb. Man benutzt 6 cm³ einer 1%igen Lösung des Proteins und gibt 1 cm³ Indikatorlösung hinzu[3].

Für die colorimetrische Bestimmung wird eine Genauigkeit von 0,1 p_H angegeben. Wird an 0,28%igen bis 1,96%igen Gelatinelösungen die p_H-Messung mittels Chinhydron oder Glaselektroden vorgenommen, so soll die Abweichung nicht mehr als ± 0,05 p_H betragen. Der p_H-Wert für Gelatine liegt im allgemeinen bei 7,0. Für Hautleime wird $p_H = 7⋯8$ und für Knochenleime $p_H = 4,8⋯6$ genannt.

Zur Bestimmung des isoelektrischen Punktes der Gelatine wird ein feiner Glasfaden mit Gelatine überzogen und die Ablenkung im elektrischen Feld einer Lösung mit verschiedenen p_H beobachtet. In der Lösung, die dem isoelektrischen Punkt entspricht, ist die Ablenkung Null.

Die Arbeitsweise von *Shukow*, *Tschukarew* und *Buschmagin*[4] ergibt nicht den isoelektrischen Punkt, sondern lediglich den p_H Wert der Ausgangsgelatine. Die Methode der minimalen Quellung ist relativ genau und schnell ausführbar. Am besten ist die Methode der maximalen Trübung durch Essigsäurezugabe und darauffolgende elektrometrische p_H-Messung. Zu beachten ist hierbei, daß die verschiedenen p_H-Werte der Ausgangsgelatine, die verschiedenen Aschenbestandteile und die wechelnde Adsorptionsfähigkeit der Gelatinen diese Methode insoweit bestimmen, als die Mengen der Essigsäurezugaben sich ändern.

[1] J. physic. Chem. **36**, 1136 (1932). — [2] Angew. Chem. **42**, 968 (1929).
[3] Farben-Ztg. **35**, 47 (1930); *Berl-Lunge*: Chemisch-Technische Untersuchungsmethoden 8. Aufl. V, 894. — [4] J. Russ. physik.-chem. Ges. **58**, 739. Журнал прикладной химии **4**, 321.

Der isoelektrische Punkt der Gelatine wird meist mit $p_H = 4{,}7$ angegeben, wenn sie mit Säuren vorbehandelt ist, liegt derselbe bei $p_H = 6 \cdots 7$.

Um die chemische Reaktion der Proteine (Leim resp. Gelatine) zu bestimmen, ist neutrales hochempfindliches Lackmuspapier nötig. Ein in heißem Wasser angewärmter Glasstab wird in die Gallerte gestochen und damit das Lackmuspapier bestrichen. Der wahre Neutralitätspunkt hat ein ziemlich breites Intervall. Für 500 cm³ 10%iger Lösung ist in dem Bereich von 1 cm³ n/1 Lauge keine Farbänderung des Lackmus zu sehen. Es ist also eine bestimmte Färbung des Papiers und neutral reagierendes Wasser als Vergleich heranzuziehen. Das Auflegen des angefeuchteten Papierstreifens auf die glatte Fläche einer Gelatine- oder Leimfolie führt also nicht immer zu einer zutreffenden Beurteilung. Bei sauer reagierender Gelatinelösung setzt man tropfenweise n/1 Alkali zu, da der Punkt, wo Papier keine Spur roter Färbung mehr ausweist, scharf ist[1].

Die Gesamtsäure wird durch freie schweflige oder Schwefelsäure bedingt. Die Bestimmung der schwefligen Säure in Gelatine wird so vorgenommen, daß die durch Phosphorsäure im Kohlensäure-Strom ausgetriebene schweflige Säure in titrierter Kaliumjodat-Lösung aufgefangen wird. Das abgeschiedene Jod wird weggedampft und das unangegriffene Kaliumjodat zurücktitriert. Es genügen im allgemeinen 3 g Gelatine. Statt mit Jod kann auch das Schwefeldioxyd mit Wasserstoffsuperoxyd in bekannter Weise volumetrisch bestimmt werden. In den Dampfgang wird hier ein *Hahn*scher Aufsatz eingeschaltet, der mit Chloroform als Fraktionierflüssigkeit beheizt wird[2].

Von einer 1%igen Leimlösung werden 100 cm³ mit Phenolphthalein als Indikator titriert.

Das bei Hautleimen als $Ca(OH)_2$ vorliegende freie Alkali wird mit n/10 Salzsäure bestimmt.

Quellfähigkeit.

e) Als *Quellfähigkeit* ist die Wasseraufnahme von 1 g Gelatine nach dem Quellen zu verstehen.

Die Quellfähigkeit von Gelatine wird in der Weise bestimmt, daß man 15 g Gelatine in 250 cm³ dest. Wasser einweicht, dann mit frischem Wasser versetzt und bei 50° so löst, daß ein Gesamtvolumen von 300 cm³ und eine 5%ige Lösung entsteht; über Nacht läßt man bei 15° stehen. Die spez. Quellfähigkeit ist $(S - 4)/B^3$; hierin ist S das zur Durchdringung der Gallerte nötige Gewicht des Wassers in g und B das Gewicht völlig trockener Gelatine[3].

---

[1] Gelatine, Leim, Klebstoffe **8**, 75 (1940). — [2] Gelatine, Leim, Klebstoffe **7**, 147 (1939); Chemiker-Ztg. **65**, 193 (1941). — [3] Farben-Chemiker **2**, 128 (1931).

Die Quellung der Proteine ist p_H-abhängig. Quellungsmaxima liegen bei $p_H = 3{,}6$ und $9{,}0$, nach anderen Autoren bei $p_H = 2{,}4$ und $11{,}6$.

Um unlösliche Fremdstoffe im Protein festzustellen, werden 10 g Leim (Gelatine) in Wasser gelöst, mit heißem Wasser auf 1 l verdünnt und nach 24 stündigem Stehen dekantiert.

Eine Verunreinigung des Leimes durch Dextrin wird durch Hydrolyse mit 5%iger Salzsäure bei 60° über mehrere Stunden erkannt. Im neutralisierten Gemisch wird Dextrose nach *Fehling* bestimmt[1].

Die Leimspindeln nach *Suhr* gestatten die direkte Ablesung des %-Gehaltes von Leimlösungen bei 75°. An ihnen befinden sich meist Korrekturfaktoren für von 75° abweichenden Temperaturen. Nach *Goebel* ist die Eichung der Spindeln nicht mit Normalleim von 15%, sondern von 20% Gehalt vorgenommen. Es dürfen also nach diesem Autor zur Herstellung der standardisierten 17,75%igen Leimlösung nach *Suhr* nur 17,0 g Leim und 83 g Wasser bei 16,5% Fremdstoffen benutzt werden. Auf einen Rechenfehler hierbei macht *Simon*[2] aufmerksam und kommt zu dem Schluß, daß die Meßgenauigkeit der Spindel gewahrt ist.

Das Eintauchrefraktometer eignet sich ebenfalls zur Konzentrationsbestimmung verdünnter Leimlösungen. Man ermittelt die spezifische Refraktion $\alpha = n - n_1/c$; wobei n der Brechungsindex der Lösung, und n_1 der des Wassers ist, c ist die Konzentration in g/l. Nach *Hart*[3] fällt α bei 20° mit sinkender Qualität des Leims.

Stadlinger[4] vertritt dagegen die Meinung, daß die spezifische Refraktion des hochpolymeren und depolymerisierten Glutins gleich ist.

Viscosität.

f) Hinsichtlich der Viscositätsbestimmungen an Proteinen sind bei der Gelatine keine Abmachungen bezüglich der einzuhaltenden Konzentration, Meßtemperatur und Apparatur getroffen. Viscositätsmessungen an 17,75%igen Leimlösungen werden im *Engler*-Viscosimeter oder *Vogel-Ossag*-Apparat bei 30° und 70° vorgenommen.

Knochenleime mit gleicher Bindekraft wie Hautleime zeigen bei der gleichen Meßtemperatur eine geringere Viscosität als die Hautleime; letztere werden bei 40°, die Knochenleime dagegen bei 30° und 40° gemessen.

Hautleime haben bei 40° eine Viscosität von 3···10 E°, Knochenleime bei 40° 1,6···2,6; bei 30° 2,1···4,9 E°. (E° = *Engler* Grad.)

Sauer und *Willach*[5] stellen fest, daß die in Deutschland bisher übliche Methode bei den Haut- und Knochenleimen ungeeignet ist, da bei diesen

---

[1] Ind. Engng. Chem. Analyt. Edit. **5**, 200 (1933). — [2] Chemiker-Ztg. **62**, 613; **63**, 13 (1938/39). — [3] Ind. Engng. Chem. **20**, 870 (1929). — [4] Kunstdünger u. Leim-Ind. **26**, 112. — [5] Kolloid-Z. **75**, 95; Kunstdünger u. Leim-Ind. **29**, 298 (1932); Kolloid-Z. **80**, 20 (1937).

Verfahren die Viscositätszunahme nicht proportional von der Leimqualität abhängt. Die amerikanische Standardmethode unter Verwendung des Viscosimeters von *Höppler* oder *Vogel-Ossag* wird so durchgeführt, daß 12,5%ige Leimlösungen bei 60° gemessen werden. Die Konzentration wird durch Abwägen des lufttrockenen Leims eingestellt.

Durch Trocknung wird bei Leimen eine Viscositätssteigerung erzielt, die bei hochwertigen größer ist, als bei geringerwertigen. Es ergeben sich Unterschiede in den Viscositätswerten je nachdem, ob man den Leim im überschüssigen Wasser quellen ließ und das Quellwasser abgießt, oder ob man nur so viel Wasser zur zerkleinerten Leimtafel zusetzt, wie zur Erreichung der richtigen Konzentration für die Viscositätsmessung notwendig ist.

Die Meßtemperatur von 40° hat den Vorteil, daß hier nicht nur eine schnelle Einstellung auf den Endwert der Viscosität erfolgt, sondern auch die Abhängigkeit von der Temperatur der Vorbehandlung gering ist. Calciumrhodanid, -nitrat und -chlorid wirken auf Gelatinegele zunächst verflüssigend; bei höherer Konzentration dann viscositätssteigernd. Das Anion bestimmt hierbei den absoluten Betrag der Viscositätsänderung in der Reihenfolge $SCN > NO_3 > Cl$.

Es sei hier noch angeführt, daß durch Viscosimetrie der Gelatinelösung bei 40° in Mineralsäuren ein Verbindungsgewicht von $\sim$ 1000 ermittelt ist[1].

Verflüssigungspunkt.

g) Der „*Schmelzpunkt*" von Gelatinen, richtiger der Verflüssigungspunkt des Gels, liegt erfahrungsgemäß bei 8···10° über dem Erstarrungspunkt des Sols. Zur Bestimmung des letzteren nimmt man eine 10%ige Lösung. 15 cm³ davon mit einer Temperatur von 40° werden in Wasser von 20···25° auf 3···4° über dem vermeintlichen Erstarrungspunkt abgekühlt. Man rührt mit einem in $\frac{1}{2}$° C geteilten Thermometer mit einem Meßbereich von 15···40° so lange, bis der Quecksilber-Faden einige Sekunden stehen bleibt oder um 0,5° ansteigt[2].

Gerngroß[3] gibt folgende Methode der Schmelzpunktbestimmung an: In ein etwa 8 cm hohes Becherglas wird genau 10 mm hoch eine 15 Min. lang auf 40° gehaltene Gelatinelösung (10···20%) gefüllt. 3 Glasröhrchen von 8 cm Länge und 4 mm Durchmesser, die oben umgebördelt sind, werden senkrecht eingesteckt. Das Becherglas wird dann 6 Stunden horizontal bei 6···7° gehalten. Dann wird der 10 mm große Gallertpfropfen im Röhrchen wieder mit diesem in ein größeres, gänzlich mit Wasser gefülltes Glas gebracht und langsam erwärmt. Man steigert die

---

[1] J. physic. Chem. **43**, 1133 (1939). — [2] Gelatine, Leim, Klebstoffe **2**, 3 (1934). [3] Angew. Chem. **42**, 968 (1929).

Temperatur um 1° in 1 Min. Beim „Schmelzen" steigt die Gallerte in die Höhe.

Zu erwähnen ist dann noch die Konstruktion von *Matthaes*[1], bei der das Einsinken eines Metallkegels in die Gallerte zur Bewertung des Schmelzpunktes der Gelatine dient. Hier wird besonderer Wert auf die Benutzung nur gut ausgealterter Lösungen gelegt, die dann allmählich in dem von 25° auf 31° innerhalb 55 Min. aufgeheizten Bad erwärmt werden. Der Schmelzpunkt wird durch ein akustisches Signal angezeigt.

Gallertfestigkeit.

h) Die für die qualitative Beurteilung einer Gelatine resp. eines Leimes bedeutsame *Gallertfestigkeit* wird nach 4 Meßprinzipien ermittelt:

a) Dynamometer-Methode,
b) Bestimmung des für den Stempeleinbruch in die Gallerte notwendigen Gewichts,
c) Bestimmung der Tiefe des Stempeleindrucks in die Gallerte durch konstante Belastung,
d) Messung des Gewichts, das einen bestimmten Stempeleindruck in der Gallerte erzeugt.

Die letztere gilt als am sichersten und leicht reproduzierbar[2]. Das den gebräuchlichsten Verfahren, für die eine Reihe von Apparaten bekannt geworden ist, zugrundeliegende Prinzip besteht darin, daß man auf die Oberfläche der Gallerte eine kleine runde, meist gewölbte Platte aufsetzt. Sie ist mittels eines Stabes in einer Führung beweglich, an dessen oberen Ende können Belastungsgewichte aufgelegt werden. Konzentration, Temperatur und Zeit sind genau einzuhalten.

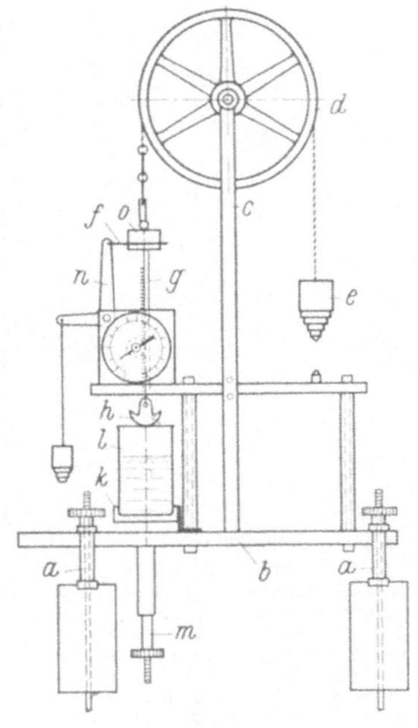

Abb. 17.
Glutinometer nach *Greiner*.

Das Glutinometer von *C. Greiner*[3] zeigt nach einigen konstruktiven Verbesserungen die Gallertfestigkeit unabhängig vom p_H-Wert an. Es beruht auf dem Prinzip der Messung der Tiefe eines Stempeleindruckes in die Gallertoberfläche bei konstanter Belastung (Abb. 17).

---

[1] Chemiker-Ztg. **53**, 910 (1929). — [2] J. Soc. Chem. Ind. Chem. et Ind. **53**, Trans. 179 (1934). — [3] Kolloid-Z. **40**, 285 (1926).

Eine Waageschale zur Aufnahme der Belastung ist mittels einer vertikal angeordneten Zahnstange, welche einen Zeiger bei der Einsinkbewegung verschiebt, mit dem Stempel verbunden. Der Zeiger läuft über eine in 200 Grade eingeteilte Kreisskala, so daß das Vorrücken des Zeigers um einen Grad einer Bewegung der Zahnstange um 1/20 mm gleichkommt. Sinkt also z. B. der Stempel um 1 mm in die Gallerte ein, so bewegt sich der Zeiger — von seiner mit der Pfeilspitze vertikal nach oben gerichteten Nullstellung — um 20° in der Richtung des Uhrzeigers, stellt sich also auf 180° ein. Die betreffende Gallerte besitzt 180 Festigkeitsgrade. Je weniger fest sie ist, um so weniger Festigkeitsgrade gibt der Zeiger an. Waagschale, Zahnstange und Stempel sind durch ein Gegengewicht vermittels eines über eine Schnurrolle führenden Fadens ausbalanciert. Ein unter dem Stempel genau zentrisch angebrachter Teller nimmt das Glas (10 cm Höhe, 6 cm lichte Weite) mit der Gallerte auf. Mittels einer Mikrometerschraube hebt man den Teller, bis die Oberfläche der Gallerte den Stempel, bei Arretierung des ganzen Systems und Einstellung des Zeigers auf Null, eben berührt. Beim Auslösen der Arretierung erfolgt das Einsinken des Stempels in die Gallerte und die geschilderte Verschiebung des Zeigers.

In den USA ist das offizielle Meßinstrument das *Bloom*sche Gelometer[1].

Eine vereinfachte und verbilligte Gestaltung dafür gibt *Sauer*[2] an. Es wird das Gewicht gemessen, das zum Eindrücken des kreisrunden, nach unten eben geformten Stempels in die Gallerte nötig ist. Stempeldurchmesser und Eindrucktiefe werden konstant gehalten. Das Gewicht des Stempeldruckes wird durch automatisch abstoppbaren Schrotzufluß so variiert, daß innerhalb von 2···5 Sekunden die eingestellte Eindrucktiefe von 4 mm erreicht ist. Der Apparat arbeitet automatisch. Er wird mit einem Thermostaten von 0,1° Genauigkeit verwendet (Abb. 18).

Es werden zur Messung 120 g einer 15%igen Leim- oder Gelatine-

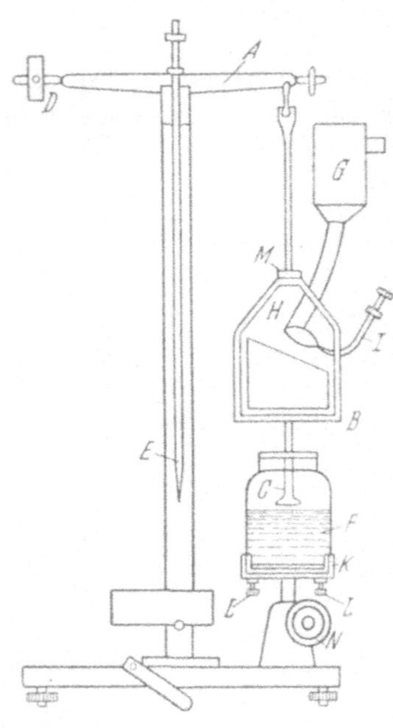

Abb. 18.
Gelometer nach *Sauer*.

A Waagebalken, B Waageschale, C Stempel, D Gegengewicht, E Zeiger, F Gallertbehälter, G Zulauftrichter mit Schrot, H Oeffnung durch den I Drahtauslöser, K Sockel, L Stellschrauben, M Platz zum Auflegen eines Übergewichtes, N Hubschraube.

---

[1] Chemiker-Ztg. **53,** 581 (1929). — [2] Chem. Fabrik **6,** 293 (1933).

lösung, die durch 16···18stündiges Stehen bei $10° \pm 0,1°$ erstarrten, benötigt. Der Schrotzulauf ist so geregelt, daß genau 200 g/5 Sek. zulaufen. Die Messungswerte stimmen mit dem *Bloom*-Gelometer überein.

Bei dem von *Goebel*[1] angegebenen Elastometer zur Bestimmung der relativen Gallertfestigkeit und des Elastizitätsmoduls E_D ist das Stempelgewicht durch das Gegengewicht kompensiert. Die Belastungsgewichte werden erschütterungsfrei aufgelegt. Der Stempeleindruck ändert sich bei flachen Stempeln innerhalb der Elastizitätsgrenze proportional der Gewichtsbelastung. Der Elastizitätsmodul nimmt mit steigender Gelatinierungs-Temperatur ab. Er ist innerhalb $p_H = 5···7,5$ vom p_H-Wert unabhängig.

Bei der Bestimmung des Elastizitätsmoduls werden meist die üblichen Methoden angewandt. Das von *Sheppard* und *Sweet* benutzte Torsionsdynamometer macht die Herstellung von Gallertzylindern in einer besonderen Form notwendig, die dann in die Meßapparatur eingespannt werden müssen. Es entstehen hierbei leicht Fehler hinsichtlich der Dimensionen und beim Einspannen in den Apparat. Deshalb entwickelten *Sauer* und *Kinkel*[2] drei neue Verfahren, von denen das eine ein neues Prinzip aufweist.

In einer Glasröhre erstarrt Gelatine; sie haftet so fest am Glas, daß sie als „eingespannt" zu betrachten ist. Man nimmt nun die Formänderung durch einen Luftdruck auf das Gelatinesol vor. Dadurch wird eine gegenseitige Verschiebung der einzelnen konzentrischen Schichten bewirkt. Bei bekanntem Druck ist also nur die Verschiebung der Mittelachse mittels Mikroskop zu messen. Bei undurchsichtigen Gelen benutzt man eine Hilfsflüssigkeit zur Messung.

Nach *Lookwood* und *Hayes*[3] erweisen sich zur Bestimmung der Gallertfestigkeit Kugelfall- und Eindringprobe und Erstarrungspunkt als ungeeignet.

Zur Messung der Höhe von Gallerten dient das Ridgelimeter. Hier wird die Höhenabnahme freistehender Gallerte in bezug auf die in einem Glase hergestellte bestimmt. Die Höhenabnahme ist ein umgekehrtes Maß für die Gallertfestigkeit. Zur Messung sind 5%ige Gelatinelösungen erforderlich.

Stickstoffgehalt.

i) Der Stickstoffgehalt der Gelatine und des Leims wird nach *Kjeldahl* bestimmt. Die Methodik ist die allgemein übliche. Die Erfahrungen des Casein-Aufschlusses können angewandt werden. Für Leim werden 18% N gefunden, es sind jedoch auch Werte von 15,5···14% N angegeben[4].

---

[1] Collegium **1932**, 830. — [2] Angew. Chem. **38**, 413 (1925).
[3] J. Soc. Chim. Ind. **50** Trans. 145 (1931). — [4] Kolloid-Z. **46**, 81 (1928).

Fettgehalt.

k) Der *Fettgehalt* im Leim wird nach *Fahrion* in der Weise bestimmt, daß man zunächst 10 g Leim mit 10···20 cm³ Wasser aufquillt, sodann im Wasserbad verflüssigt. Nach Zusatz von 50 cm³ 8%iger alkoholischer Natronlauge wird mehrere Stunden am Rücklaufkühler verseift. Nach Eindampfen wird 2 Stunden bei 110° getrocknet, in heißem Wasser gelöst, stark salzsauer gemacht und danach mehrmals mit Äther ausgeschüttelt.

Die ätherische Lösung wird mit Wasser gewaschen. Die in Äther unlöslichen festen Oxysäuren werden in warmem Alkohol gelöst und gemeinsam mit dem Ätherauszug eingedampft. Man erhält so das Gewicht des Fetts in der untersuchten Gelatine.

Enthält der Leim größere Mengen Fett, so erkennt man dies beim Auflösen an den Fettfilmen auf der Oberfläche der abgekochten neutralen Leimlösung.

Der Fettgehalt liegt bei Knochenleim zwischen 0,4···0,8%, bei Hautleim und Gelatine noch darunter.

Glutingehalt.

l) Da die Qualität der Leime und der Gelatine mit ihrem Gehalt an intaktem Protein ansteigt, wird man die Glutinsubstanz in ihnen unmittelbar bestimmen wollen. Allerdings vertritt *Gerngroß*[1] den Standpunkt, daß das Glutin sich noch nicht quantitativ mit chemischen Mitteln fassen läßt.

Mit abnehmender Qualität der Glutinpräparate nimmt die Menge der aus den Gelen in das Wasser hineindiffundierenden Stoffe, die sich durch ihren Stickstoff-Gehalt nachweisen lassen, zu. Auch die Löslichkeit in Wasser zeigt oft einen scharfen Anstieg und kann deshalb zur Qualitätsermittlung dienen.

Die ungeschädigte Gelatine zeigt zwischen 15° und 35° Mutarotation, die ihren Abbauprodukten gar nicht oder nur in geringem Maße zukommt.

Für die Glutinbestimmung durch Auswaschen der Abbauprodukte wird feinst gepulverte Gelatine (0,5 g) in einem Zentrifugenglas mit 50 cm³ Wasser von 10···12° unter Umrühren mehrere Stunden stehen gelassen, dann wird 20 Min. zentrifugiert, dekantiert und die Behandlung nochmal wiederholt. Das Wasser wird völlig abgegossen, der Bodensatz mit Wasser in ein Becherglas gefüllt und bei 40° gelöst. Im tarierten Glas wird eingedampft und bei 105° getrocknet. Die beste Gelatine enthält nach dieser Methode 74% Glutin, die schlechteste 0,8% Glutin[2].

---

[1] Angew. Chem. **42**, 968 (1929). — [2] Angew. Chem. **38**, 85 (1925); Kolloid-Z. **46**, 81 (1928).

Die *Herold*sche Glutinbestimmung beruht auf der Schmelzpunktbestimmung der Gallerte. Sie gibt nur brauchbare Werte für Blattgelatine, sonst versagt sie.

In diesem Zusammenhang ist noch die Glutinbestimmung durch die „Erstarrungszeitzahl" zu erwähnen. Es ist die Gelatiniergeschwindigkeit g der auf $p_H = 7\cdots7,5$ gebrachten Leimlösung in solcher Verdünnung, daß sie bei 15° in 20$\cdots$30 Min. erstarrt:

$$g = -\,0,55\;x + 1,8,$$

worin x = log Min. bedeutet.

Ausgehend von der Auffassung, daß ein Abbau von Gelatine zum Leim ohne Sprengung von Hauptvalenzbindungen erfolgt, hat *Stadlinger*[1] eine Methode geschaffen, die den Anteil an unabgebautem Glutin in Prozent des Gesamteiweißes bestimmt. Diesen Wert nennt er die A G S-Zahl.

Die Methode beruht darauf, daß durch Magnesiumsulfat das noch nicht abgebaute Glutin ausgefällt wird, während die schon abgebauten Moleküle in Lösung bleiben. Man bestimmt dann den Stickstoff-Gehalt in der Lösung und in der Fällung und berechnet die Verhältniszahl aus ihnen:

10 g Gelatine werden in einem 500 cm³ Meßkolben mit 100 cm³ Pufferlösung für $p_H = 4,7$ (136,1 g kristall. Natrium-Acetat $+ 1000$ cm³ Wasser $+ 1250$ cm³ n/1 Essigsäure $+ 7750$ cm³ Wasser) gut durchgequollen; dann schmilzt man bei 60$\cdots$70° ein. Lösung muß $p_H = 4,7$ haben. 25 cm³ werden nach *Kjeldahl* verbrannt; man erhält so den Gesamtstickstoff (N_1). 50 cm³ werden dann mit 60 cm³ Magnesiumsulfat-Lösung gefällt (627,0 Magnesiumsulfat · 7 Wasser $+ 1000$ cm³ Wasser $+ 6,6$ cm³ Schwefelsäure (25%). Das entstehende flockigtrübe Gemisch wird 24 Stunden sich selbst überlassen. Nach dem Filtrieren wird mit 100 cm³ Waschflüssigkeit nachgewaschen (500 cm³ Wasser $+ 600$ cm³ obige Magnesiumsulfat-Lösung). Danach wird wiederum eine *Kjeldahl*-Bestimmung (N_2) durchgeführt. Daraus errechnet sich

$$\text{AGS-Zahl} = \frac{N_2 \cdot 100}{2 \cdot N_1}\,.$$

Aus der AGS-Zahl wird dann die Glutinzahl berechnet, die aussagt, wieviel % unabgebautes Eiweiß in 100 Teilen Gelatine usw. sind. Die Multiplikatoren sind für Gelatine 0,864; bei Hautleim 0,833 und bei Knochenleim 0,82.

Als Fällungsmittel für das noch intakte Glutin hat sich weiterhin die Sulfosalicylsäure bewährt. Zu einer Lösung von 5 g Gelatine in 50 cm³

---

[1] Chemiker-Ztg. **60,** 305 (1936).

Wasser gibt man 20 cm³ 2 n-Sulfosalicylsäure und füllt dann auf 100 cm³ auf. Nach 2stündigem Stehen bei 25° wird die Fällungshöhe in cm³ abgelesen[1].

Treadwell und *Eppenberger*[2] haben bei Versuchen, eine Gelatinelösung mit Tannin titrimetrisch unter Verwendung von Berliner-Blausol als „Indikator" zu bestimmen, nur eine annähernde Proportionalität des verbrauchten Berliner Blaus und der Proteinmenge feststellen können.

Die von *Gerngroß* und *Brecht*[3] zur Bestimmung des Abbaugrades der Gelatine empfohlene Formoltitration nach *Sörensen* versagt vornehmlich bei alkalischem Abbau vollkommen. Trotzdem wird die Formaldehydzahl in folgender Ausführung zur Bewertung der Gelatine herangezogen:

Man fügt zu 100 cm³ einer 10%igen Gelatinelösung bei 50° je Minute 1 cm³ 35%igen Formaldehyd hinzu, bis die Lösung streng viscos ist, dann pro Minute 1 Tropfen. Der Beginn der Ausfällung ist daran kenntlich, daß die in der Lösung durch das Rühren entstandenen Luftblasen beim Einstellen des Rührens sich rückläufig bewegen und stehen bleiben. Je höher die Proteine in der Gelatine, desto niedriger die Formaldehydzahl. Die durch die Bindung der Amino-Gruppen freiwerdenden Karboxyl-Gruppen werden durch Lauge titrimetrisch nachgewiesen[4].

Schäumen.

m) Als Kriterium für die Reinheit des Leimes dient noch das Schäumen der Lösung. Je unreiner der Leim, desto leichter schäumt der Leim. Es sei darauf hingewiesen, daß das Schäumen durch wasserlösliche Öle (Türkischrotöl) verhindert wird. Im allgemeinen wird die Schäumungsprüfung wie folgt durchgeführt:

50 cm³ 10%ige Leimlösung kommen bei 50° in einen 100-cm³-Meßzylinder, man schüttelt 1 Min. und liest die Schaumhöhe ab, wenn die untere Begrenzungsfläche des Schaumes den Teilstrich 45 erreicht hat. Man kann auch Schaumhöhe nach 1, 3, 5 und 10 Min. ablesen[5]. Farbe, Transparenz und Trübungsgrad des Leimes sind keine Kriterien für seine Eigenschaften. Die Trübung wird durch inerte Mineralstoffe, meist Zinkweiß oder Lithopone herbeigeführt.

Wasserlöslichkeit, Klebkraft.

n) Bei *Blutalbumin* soll die *Wasserlöslichkeit* mindestens 95% betragen. Das Serumalbumin ist als „Hellalbumin" oder „Braunalbumin" Handelsware; von niederer Reinheit ist das aus dem Blutkuchen ge-

---

[1] Kolloid-Z. **43**, 345 (1927). — [2] Helv. chim. Acta **11**, 1053 (1928). [3] Collegium **1922**, 262. — [4] Soc. Ind. photogr. (2) **9**, 161 (1938). [5] Farben-Ztg. **33**, 2813 (1926).

wonnene Schwarzalbumin. Blutalbumin gerinnt bei 68···70°, es soll geruchlos sein. Es liegt in Form eines feinen Pulvers vor. Man[1] nimmt die Bestimmung der Wasserlöslichkeit nach der „Papierfilter-methode" vor:

2,5 g werden in 250 cm³ Wasser bei 20···30° gelöst; nach 15 Stunden Stehen füllt man den Meßkolben ohne Schaumbildung auf. Der unlösliche Anteil wird durch Dekantieren und Filtrieren abgetrennt, mit Wasser gewaschen und bei 95···100° getrocknet.

Durch die Kalkhydratprüfung wird die *Klebkraft* des Blutalbumins beurteilt. 10 g Blutalbumin bleiben mit 40 cm³ Wasser bei 20···30° 3 Stunden stehen. 1 g Kalkhydrat wird zunächst mit 10 cm³ Wasser verrieben, dann werden noch 40 cm³ Wasser dazugegeben. Diese Kalk-milch gibt man unter ständigem Rühren in die Albuminlösung. Inner-halb 2 Stunden wird die Konsistenz der Mischung beobachtet.

Der Wassergehalt des Blutalbumins soll bei einer 100°-Trocknung 10···13% betragen.

3. Methoden zur Analyse der als Plast-Rohstoffe verwendeten Natur-harze.

Allgemeines.

a) In der Nomenklatur der Naturharze herrscht eine ziemliche Verwirrung; es werden nicht nur die botanische Herkunft, das Aus-sehen, die stark wechselnden physikalischen und chemischen Eigen-schaften, sondern auch Bezeichnungen der Händler zur Namensgebung herangezogen. Die Harz produzierenden Länder sind Neuseeland, Neu-kaledonien, die ostindischen Inseln, West- und Ostafrika und auch Südamerika.

Die Naturharze sind als ein Gemisch verschiedener chemischer Indi-viduen aufzufassen, da in ihnen Säure und Ester, Alkohole und chemisch indifferente Stoffe vorkommen. Die möglichen Isomerien komplizieren weiterhin Prüfung und Bewertung der einzelnen Harze. Die in den Harzen anzunehmenden sekundären Bindungsmöglichkeiten sind mit eine der Ursachen dafür, daß den Harzen, selbst wenn sie zu einer mit gleichem Namen belegten Gruppe gehören, eine oft sehr schwankende Zusammen-setzung zukommt, die naturgemäß auch die Bewertung des Rohstoffes „Naturharz" stark erschwert.

Die äußere, mit unbewaffnetem Auge wahrnehmbare Beschaffenheit der Harze ist so uncharakteristisch, daß sie wenig Anhaltspunkte für die Identifizierung bietet. Es kommt hier noch hinzu, daß fast alle Harze eine verschieden starke Verwitterungsschicht aufweisen. Nimmt man das

---

[1] Farben-Chemiker **2**, 125 (1932).

Mikroskop zu Hilfe, so lassen sich Strukturfeinheiten bloßlegen, die nach den Arbeiten von *E. Stock* eine Unterscheidung der einzelnen Harze immerhin ermöglichen.

Da erfahrungsgemäß das Harz mit der größten Härte auch die härtere Schicht gibt, kann für eine orientierende Prüfung auch die Ritzhärte von Bedeutung sein. Nach den Feststellungen von *Bottler* lassen sich alle (Kopal-) Harze mit Steinsalz ritzen. Der härteste Kopal ist der Sansibarkopal, mittelhart ist Manilakopal, als weich gilt Kaurikopal. Auch die Kauprobe dient zur Einteilung in harte, halbharte und weiche Naturharze.

Der Harzzustand ist bekanntlich dadurch charakterisiert, daß ein scharfer Übergang aus dem festen Zustand in den flüssigen nicht erfolgt. Der bei den niedermolekularen Substanzen genau definierte *Schmelzpunkt* (Smp) muß bei den Harzen durch den *Erweichungspunkt* (E.P.) ergänzt werden. Es ist diejenige Temperatur, bei der ein Harz im Schmelzpunktsrohr sich zu verfärben und zusammenzusintern beginnt. Wird das Harz dann völlig durchsichtig, so ist bei dieser Temperatur der Smp. erreicht.

Der E.P., oft auch als „Sinterpunkt“ oder als „unterer Smp.“ bezeichnet, liegt meist $8\cdots12°$ niedriger als der eigentliche Smp. Wird für die Bestimmung dieses Merkmals eines Harzes die übliche Smp.-Kapillare genommen, so ist es angebracht, einem Vorschlag von *Fonrobert* und *Brückel*[1] folgend, den Smp.-Apparat durch einen Metallkasten vor Luftzug zu schützen. Es empfiehlt sich, stets beide Werte anzugeben.

Nach *Krämer-Sarnow* ist der E.P. als diejenige Temperatur definiert, bei der eine bestimmt dimensionierte Harzschicht eine Belastung von 5 g Quecksilber nicht mehr tragen kann. *Nagel*[2] benutzt hierzu Glasröhrchen von 0,5 cm Innendurchmesser, die genau 1 cm vom unteren Ende sich konisch auf 0,3 cm verjüngen. Das fein gepulverte Harz wird in das Röhrchen gefüllt und darin so fest gestampft, daß eine Schicht von 1 cm entsteht. Darauf kommen 5 g Quecksilber. Die Untersuchungsröhrchen kommen mit einem Thermometer in ein Luftbad, das sich in einem Flüssigkeitsbad befindet. Zunächst kann man es bis zu einer Temperatur von ca. 25° unterhalb des E.P. schnell erhitzen, dann so, daß man die Temperatur genau um 1° je Minute steigert. Wenn das Quecksilber durchbricht, wird die Temperatur des E.P. abgelesen.

Bei der Versuchsanordnung von *Krauz* und *Majrich*[3] schließt der durchtretende Quecksilbertropfen einen elektrischen Stromkreis und zeigt dadurch den E.P. an.

---

[1] Farben-Ztg. **43**, 497 (1938). — [2] Wiss. Veröff. Siemenswerken IV, Heft 2.
[3] Chem. Obzor **15**, 1 (1940).

Prinzipiell ähnlich ist die aus Amerika kommende *Ring- und Ball-methode*. Das Harz wird in einem Schälchen geschmolzen; nach dem Erkalten wird eine Stahlkugel aufgelegt und dann bei langsamem Erwärmen die Temperatur bestimmt, bei der die Kugel durch das Harz fällt. Statt der Stahlkugel können auch 25 g Quecksilber benutzt werden. Man liest die Temperatur ab, bei der das Harz an der Quecksilberoberfläche erscheint[1]. Die ähnlichen Zwecken dienende Methode der *Tropfpunktbestimmung* sei hier noch erwähnt.

Hier fließt das Harz unter seinem eigenen Druck beim Erweichungspunkt aus einem Kupfernippel bestimmter Abmessungen aus. *Zeidler*[2] hält es für die Charakterisierung der Harze für zweckmäßig, die Temperaturunterschiede zwischen den Verfahren mit auszuwerten.

Da Abweichungen des E.P. resp. Smp. je nach der Ausführung ihrer Bestimmung häufig sind, so soll stets bei den Zahlenwerten die Methode mit angegeben werden.

Reinheit.

b) Eine einfache Reinheitsprüfung von Harzen besteht darin, daß in einem flachen Kristallisationsschälchen die Harze zu einer 4···5 mm dicken Schicht vorsichtig verschmolzen werden. Der Schmutz setzt sich zu Boden, man photographiert bei Durchsicht und Dunkelfeldbeleuchtung, wozu eine 30fache Vergrößerung genügt[3].

Dem gleichen Zweck dient die Bestimmung der *Farbzahl* einer Harzlösung. Bei vielen Harzen basiert hierauf zugleich ihr Handelswert. Nach *Fonrobert* ist die Farbzahl durch die mg Jod in 100 cm³ wäßriger Jod-Jodkaliumlösung von gleicher Farbtiefe wie das Muster definiert. Man mißt in einer Schichthöhe von 10 mm. In dem *Hellige-Stock-Fonrobert*schen Komporator[4] werden die Farbzahlen nicht mehr durch die Lösungen, sondern durch nach diesen Lösungen geeichten Gläsern festgestellt.

Die Farbzahlen der amerikanischen Kolophoniumsorten liegen in den Grenzen zwischen 12,5 bis 800; die der französischen Harze zwischen 76 bis 1400.

Die Harzlösungen dienen ferner zur Ermittlung der *optischen Drehung*, durch die sich alle Naturharze von den bisher bekannten Kunstharzen unterscheiden. Beispielsweise drehen in einer Lösung von Dioxan oder Benzol + Butanol + Alkohol 1:1:1 die afrikanischen Kopale nach links; die von Dammara-Coniferen stammenden ostindischen und australischen Kopale drehen nach rechts[5].

---

[1] C. **1937 I,** 86. — [2] Laboratoriumsbuch für die Lack- und Farbenindustrie 1948, S. 17 Knapp-Verlag. — [3] Ind. Engng. Chem. Analyt. Edit. **2,** 331 (1930). — [4] Farben-Ztg. **37,** 1320 (1932). — [5] Chem. Umschau, Gebiete Fette, Öle, Wachse, Harze **37,** 323 (1930).

Nach *Houwink*[1] sind die Kopale im Anlieferungszustand anisotrop. Der *Brechungsindex* des festen Manila-Kopal ist $n_D = 1{,}535$, des Kolophonium $n_D = 1{,}547$, des Schellack $n_D = 1{,}524$. Durch Weiterpolymerisieren bei 110° in 100 Stunden steigen die Brechungsindices an auf $n = 1{,}547$ resp. $n = 1{,}558$ resp. $n = 1{,}535$. Der Brechungsindex wird mit dem *Abbé*-Refraktometer bestimmt[2]. Eine gleichzeitige Ermittlung des *Wassergehaltes* und der *Verunreinigungen* gelingt nach der Methode von *Tuchowitzki* und Mitarbeitern[3].

Man bringt 50···60 g Harz in eine Silber-Drahtnetzpatrone in einem Weithalskolben, in dem sich 150 cm³ Terpentinöl (Sdp. bis 170°) befinden. An dem Rückflußkühler ist mit einem Knierohr eine graduierte Vorlage angeschlossen, in der der Wassergehalt abgelesen werden kann. Die Destillation wird so geführt, daß aus dem Kühler pro Sekunde etwa 2···3 Tropfen Kondensat fallen. Die Destillation ist beendet, wenn das Wasser-Volumen nicht mehr zunimmt. Der Rückstand in der Patrone ist der Schmutz des Harzes; man wiegt nach dem Trocknen bei 105···110°.

Um einen einwandfreien Vergleich der Art und Menge der Verunreinigungen zu bestimmen, wird nach *Harrison*[4] eine vergleichende *Schmelzprüfung* durchgeführt; die überwiegend anzuwendende Schmelztemperatur ist 260°, für Manilaharz wird 250°, für Sansibarkopal 270° angewandt. Die feingepulverten Harze (10 g) kommen in 150 mm lange, 1,8 cm breite Reagenzrohre und werden lose mit Glas verschlossen. Die Rohre kommen 120 mm tief in ein auf 90° erhitztes Flüssigkeitsbad. Man heizt in 15 Min. auf 260° hoch und hält dann 3 Min. bei dieser Temperatur. Unter meist beträchtlichem Schäumen setzt sich am Boden des beim Erstarren zurückbleibenden Harzblöckchens der vegetabile Abfall und Schmutz ab. An der Oberfläche ist meist ein harter Schaum. Nach dem Zertrümmern des Röhrchens kann man nicht nur die Färbung des Harzes, sondern auch die *Härte* mittels Messingritzel und durch Aufbrechen der Harzstücke bestimmen. Der sich verflüchtigende Anteil der einzelnen Harzsorten liegt zwischen 10···15%. Er ist allerdings nicht ganz unabhängig von der Durchführung der Schmelze.

Die Harzlösung im Terpentinöl kann zur Bestimmung des *Harzgehaltes* benutzt werden.

Die Methode von *Kinney jr.*, *Turk* und *Schaefer*[5] zur Bestimmung der gesamten festen Bestandteile in Harzlösungen beruht darauf, daß man eine Harzlösung in ein hochsiedendes Lösungsmittel einbringt, im

---

[1] Physikalische Eigenschaften u. Feinbau von Natur- und Kunstharzen 1934, S. 155. — [2] Siehe auch *West*: Ind. Engng. Chem. Analyt. Edit. **10**, 627 (1938). — [3] Лесо-химическая промышленность **5**, 6. — [4] Farben-Chemiker **3**, 255 (1932). [5] Ind. Engng. Chem. Analyt. Edit. **18**, 14 (1946).

Vakuum das eigentliche Lösungsmittel des Harzes entfernt und so den Gewichtsverlust des Systems ermittelt. Wenn hierbei Phthalsäuredibutylester als Hochsieder verwendet wird, so ist bei 100° Abdampftemperatur im Vakuum doch seine Flüchtigkeit schon recht erheblich. Es erheben sich ernste Bedenken gegen die Richtigkeit der Analysenwerte.

Bei der *Aschen*bestimmung der Harze ist ein langsames und allmähliches Erhitzen erforderlich. Nach *E. Stock* haben sich Glühschälchen mit 50 und 60 mm Durchmesser bewährt. Die Bestimmung dient in erster Linie zur Feststellung, ob den Harzen mineralische Stoffe beigemischt wurden.

Löslichkeit.

c) Wesentlich wichtiger erscheint die Bestimmung der *Löslichkeit*, wobei jedoch nicht nur jeweils definierte einzelne Lösungsmittel, sondern auch Lösungsmittelgemische bei verschiedenen Temperaturen mit herangezogen werden sollten.

Bei den Harzen ist noch stärker als bei den Eukolloiden auf die Erscheinung der Peptisation eines Teils des Harzes durch die leichter löslichen Anteile des Harzes zu achten. Dann ist noch zu beachten, daß oft sehr stark angequollene Teile, die noch nicht peptisierten Anteile daran hindern, in Lösung zu gehen. Der Zerteilungszustand des Harzes und das Mengenverhältnis des Lösungsmittels ist für die Untersuchungen von Bedeutung. Einige Beispiele nachstehend:

Tabelle 8: Löslichkeit.

	Schellack	Kopale	Kolophonium
Benzin	fast unlöslich (2···6%)	teilw. lösl. 10···55%	ca. 90% löslich
Benzol	10···20% lösl.	teilw. lösl. 35···60%	löslich
Chloroform	25···40% lösl.	teilw. lösl. 30···90%	löslich
Tetrachlorkohlenstoff	5···15% lösl.	teilw. lösl. 15···40%	löslich
Methanol	völlig löslich	teilw. lösl. 20···70%	löslich
Alkohol	85···98% lösl.	teilw. lösl. 20···100%	löslich
Äther	10···25% lösl.	teilw. lösl. 10···90%	löslich
Aceton	50···80% lösl.	teilw. lösl. 25···90%	löslich
Essigester	—	teilw. löslich	löslich

Aus den Löslichkeitsuntersuchungen[1] entwickelt sich die Bestimmung des Fällungspunktes. Nach *Wolff*[2] wird die Bestimmung wie folgt ausgeführt:

---

[1] Siehe auch *Emil J. Fischer*: Anwendung organischer Lösungsmittel bei der Analyse organisch-technischer Rohstoffe u. Rohstoffgemische, Halle: Knapp.

[2] Die natürlichen Harze S. 324 (1928).

Das Harz wird in der 4fachen Menge Sprit gelöst. Nach dem Filtrieren werden 9 cm³ in mit Stopfen verschließbarem Meßzylinder gegeben, tropfenweise mit Wasser versetzt, wobei man jedesmal kräftig schüttelt. Erst wenn eine deutliche Fällung auftritt, liest man die Volumenvermehrung ab.

Es werden die 1/10 cm³ Wasser bis zum Fällungspunkt angegeben.

So wurde beispielsweise gefunden der Fällungspunkt für:

	Grenzwerte	Mittelwerte
Schellack (Orange u. Lemon)	26···30	27,5
Schellack (Rubin)	25···30	27
Kolophonium hell	15···19	17
Kolophonium dunkel	15···20	18
Weiche Manilakopale	2···4	2,5
Halbharte Manilakopale	1···3	1,5

Bei Harzgemischen hängt der Fällungspunkt von dem der Komponente ab, die den niedrigsten Fällungspunkt hat.

Die von *Gordijenko* und *Schenck*[1] entwickelte Methode der Kennzeichnung von komplizierten organischen Verbindungen durch ihre Fällbarkeit ist auch auf Naturharze angewendet worden. Man gibt zu je 0,20 cm³ 45···50%iger Harzlösung in Reagensgläschen von 7 mm Durchmesser je 1,20 cm³ Fällungsmittel, schüttelt gut durch und beurteilt nach 1 Stunde oder in anderen konstant gehaltenen Zeiträumen den Zustand der Lösung. Ein weiterer Zusatz von Fällmitteln kann vorgenommen werden. Die verschiedenen Kolophoniumsorten haben sich deutlich durch ihre Fällungsdiagramme erkennen lassen.

Die Beurteilung der Harze auf Grund der nachfolgenden „Kennzahlen" muß berücksichtigen, daß es sich bei den Harzen um ein Naturprodukt mit sehr wechselnden Eigenschaften handelt.

Säurezahl.

d) Als *Säurezahl* (SZ) der Harze wird die Anzahl mg Lauge verstanden, die bei direkter Titration einer Lösung von 1 g Harz bis zur Neutralisation gegenüber dem Indikator Phenolphthalein oder Thymolphthalein bei Raumtemperatur verbraucht wird.

Die Säurezahl ist bei den Harzen keineswegs nur von Karboxyl-Gruppen bedingt; sie wird auch häufig von phenolartigen Verbindungen verursacht.

Die alkohollöslichen Harze (ca. 1···2 g) werden hierbei in ca. 50···100 cm³ Sprit aufgelöst und dann mit n/2 Lauge titriert. Ist keine völlige Alkohollöslichkeit vorhanden, so benutzt man zum Lösen ein Gemisch von Alkohol und Toluol (Benzol) oder Toluol allein evtl. in der Wärme

---

[1] Kunststoffe **37**, 123 (1947); **39**, 29 (1949).

am Rückflußkühler. Nach evtl. Zusatz von absolutem Alkohol und ohne vom Ungelösten zu filtrieren, wird nach dem Abkühlen mit n/2 alkohol. Lauge titriert. Daß der Titer der alkohol. Lauge öfter zu kontrollieren ist, versteht sich von selbst.

Um die Dunkelfärbung der alkoholischen Lauge durch Aldehydbildung und Verharzung auszuschalten, bevorzugen viele Autoren die Benutzung von methanolischer Lauge.

Die Schwierigkeit der Bestimmung des Titrationsendpunktes bei Lösungen von dunkelgefärbten Harzen soll dadurch behoben werden, daß man als Indikator eine Lösung von 0,8 g Alkaliblau 6 B/l verwendet. Man titriert schnell mit n/2 Lauge bis zum Übergang in Violett oder Braun. Der Übergang nach Rot zeigt dann das Titrationsende an. Selbstverständlich muß man auch hier eine möglichst dünne Schicht anwenden. Die kleinere Schichtdicke wird schon in einfacher Weise dadurch erreicht, daß man einen 500···750 cm³-Kolben benutzt, an dessen Wand man die verdünnte Lösung durch Neigen dann hinauflaufen läßt.

Nach einem anderen Vorschlag[1] soll als Titrationsendpunkt das Auftreten der Phenolphthalein-Absorptionsbande benutzt werden. In 100 cm³ Alkohol mit 1 cm³ 1%iger Phenolphthaleinlösung in Alkohol gibt man so lange n/2 Lauge zu, bis die Absorptionsbande in einer 2,5 cm dicken Schicht im Handspektroskop sichtbar wird. Darin löst man dann 5 g Harz und läßt nun langsam so lange Alkali zufließen, bis man in geneigter Lage gegen eine Lichtquelle (Tageslicht) bei Beobachtung von 1,25···2,5 cm³ Lösung im Handspektroskop gerade wieder die Phenolphthalein-Absorptionsbande erkennen kann. Der Fehler soll bei der gewählten Einwaage 0,1 cm³ n/2 Lauge betragen.

Besonders vorteilhaft hat sich die Anwendung der Fluorescenzindikatoren[2] bei der Titration von dunkelgefärbten Harzlösungen bewährt. Es seien hier beispielsweise genannt α- resp. β-Naphthol. Der Umschlag bei β-Naphthol, darin eine Menge von 1 cm³ einer 1%igen alkoholischen Lösung verwendet wird, erfolgt von grün nach violett sehr scharf. Als Fluorescenz-Indikatoren eignen sich weiterhin 2-Methyl-5-carboxy-7-aminochinolin und das entsprechende Acetylderivat. Es gibt im alkalischen Medium keine Fluorescenzfarbe und im sauren Medium ist es strahlend blauviolett. Das Thioflavin S fluoresciert sauer dunkelblau, alkalisch hellblau. Weiterhin seien hier die relativ leicht zugänglichen Indikatoren o-Methoxybenzaldehyd, o- resp. p-Phenylendiamin genannt. Sie haben die Eigenschaft, im sauren, neutralen resp.

---

[1] Ind. Engng. Chem. Analyt. Edit. **6**, 122 (1934).

[2] *Murty* u. *Sen*: Analyst **63**, 181 (1938); *Kocsis* u. *alii* Z. analyt. Chem. **124**, 45, 274 (1942); *Velluz* u. *Pesez* Bull. Soc. chim. France Mem. (5) **15**, 682 (1948).

alkalischen Medium jeweils verschiedene Fluorescenzfarben zu geben. Beispielsweise ist das p-Phenylendiaminhydrochlorid

im sauren Medium lebhaftgrün,
im neutralen Medium dunkelrot,
im alkalischen Medium farblos.

Durch die elektrometrische Titration[1] der Harzlösungen erhält man genauere Resultate der Säurezahl und kann so Karboxylgruppen neben phenolischem Hydroxyl erkennen.

Mit dieser direkt bestimmten Säurezahl (SZ) muß die „indirekte" SZ nicht immer übereinstimmen. Diese erhält man dann, wenn das Harz in alkoholischer Lauge eine genau definierte Zeit stehen bleibt, ehe man zurücktitriert. Diese Methode schließt einige Bedenken in sich, da hierbei bereits Verseifungen von Estern oder Aufspaltungen von Anhydriden oder Laktonen mit erfaßt werden können.

Anormal hohe Säurezahlen brauchen nicht immer als Qualitätsminderung gewertet werden; meist haben die am wenigsten fossilierten Harze den höchsten Säurewert.

Verseifungszahl.

e) Als *Verseifungszahl* (VZ) der Harze wird die Anzahl mg Lauge definiert, die von 1 g Harz beim Kochen mit überschüssiger alkoholischer Kalilauge gebunden wird. Es empfiehlt sich hierbei die Harze vorher in Alkohol oder in einem Gemisch von Alkohol und Benzol 1:1 zu lösen und dann zu verseifen. Die Verseifungsdauer wird nicht immer gleichmäßig sein können, so daß es zweckmäßig ist, mehrere Proben mit steigenden Verseifungszeiten nebeneinander durchzuführen.

Man muß sich jedoch hierbei darüber im klaren sein, daß neben der eigentlichen Esterverseifung auch noch andere Reaktionen, die Alkali in der Wärme verbrauchen, mit zur Beurteilung herangezogen werden. So können jetzt z. B. Carboxylgruppen von Dicarbonsäuren sichtbar werden, die sich der direkten Titration zunächst entzogen haben. Es werden vielleicht auch Anhydride oder Laktone aufgespalten, schließlich können sich auch Oxydationen, die zur Bildung alkaliverbrauchender Substanzen führen, abspielen. Um hier eine gewisse Vergleichsbasis zu haben, hat man sich im allgemeinen mit einer Verseifungsdauer von $^3/_4$ Stunden begnügt. Bei manchen Harzen ist eine Verseifung in der Kälte möglich.

Hier kann man sich dann auch mit Erfolg noch der fraktionierten Verseifung bedienen; man verseift erst mit alkoholischer Lauge allein 24 Stunden bei Zimmertemperatur und dann schließt man eine 2. Verseifung mit wäßriger Lauge evtl. bei erhöhter Temperatur an. Bei sehr

---

[1] Chim. et Ind. **30,** 1290.

dunklen Harzen nutzt man nach einem Vorschlag von *Salvaterra*[1] die Eigenschaft der Bariumsalze der Harzsäuren aus, sich beim Erwärmen fest an den Kolben anzusetzen. Zu der in üblicher Weise verseiften Harzlösung gibt man ca. 35 cm³ einer 3%igen Bariumchloridlösung (für 50 cm³ Lauge) durch den Rückflußkühler und spült mit 300 cm³ ausgekochtem Wasser nach. Nach dem Durchschütteln wird noch 1 Stunde am Rückflußkühler auf dem Wasserbad erwärmt. Die ausgekühlte Lösung wird mit ausgekochtem Wasser auf 500 cm³ aufgefüllt, durch ein trockenes Faltenfilter filtriert und ein aliquoter Teil mit n/2 Salzsäure titriert. Phenolphthalein dient als Indikator. Eine Blindprobe ist selbstverständlich erforderlich.

Smith[2] hat den Einfluß des Lösungsmittels auf die Höhe der VZ am Beispiel des Kolophoniums studiert, wobei die Alkohole vom Methanol bis n-Butanol für das Harz wie auch für das Alkali als Löser dienten. Er fand in

$$
\begin{array}{lll}
\text{Methanol} & \text{VZ} = & 165\cdots173 \\
\text{Äthanol} & = & 166\cdots179 \\
\text{i-Propanol} & = & 175\cdots181 \\
\text{n-Butanol} & = & 176\cdots194
\end{array}
$$

Die VZ = 175 deutet auf mehr als 94% Abietinsäure oder Isomere hin. Eine höhere VZ als 189 bedeutet, daß auch niedere molekulare Säuren, vielleicht sogar mehrbasische Säuren vorliegen.

Als „*Unverseifbares*" wird das Gemisch von Ketonen, Laktonen, Kohlenwasserstoffen, Alkoholen usw. bezeichnet.

Die Verseifungslösung der Harze wird mit Essigsäure neutralisiert und bei 70° mit verdünnter Chlorcalciumlösung gefällt. Die in flockiger Form ausfallenden Kalkseifen schließen das Unverseifbare ein. Nach Absaugen und Auswaschen mit Wasser wird bei 90° getrocknet und nach Vermischen mit Sand 4 Stunden mit Methylenchlorid extrahiert. Der Extrakt stellt nach *Marcusson*[3] das Unverseifbare dar, das bei ca. 70° getrocknet wird. Aus der Differenz zwischen der VZ und der SZ ergibt sich rechnerisch die *Esterzahl*, von *Wolff* als *Differenzzahl* bezeichnet.

Jodzahl, Rhodanzahl.

f) Von geringerer diagnostischer Bedeutung sind Jodzahl, Rhodanzahl, Acetylzahl, Carbonylzahl und Methoxylzahl.

Jodzahl und Rhodanzahl dienen zur Bestimmung der ungesättigten Anteile in den Harzen. Sie geben an, wieviel Jod von 100 Gew.-Teilen Harzen aufgenommen werden.

---

[1] *Bauer*: Die organische Analyse 1. Aufl. S. 386 (1945) Akad. Verlagsgesellsch.
[2] Ind. Engng. Chem. Analyt. Edit. 9, 469 (1937).
[3] Die Untersuchung der Öle u. Fette 3. Aufl. 1927.

Die *Jodzahl* (JZ) (Jodzahl = Teile Jod, die von 100 Teilen einer ungesättigten Verbindung aufgenommen werden) wird nach den Erfahrungen von *Wolff* am besten nach der Methode von *Wijs* durchgeführt. Es werden 0,250 g fein gepulvertes Harz in einem Gemisch aus Tetrachlorkohlenstoff und Eisessig 1:1 in einer gut verschließbaren Flasche mittels warmen Wassers gelöst. Zur wieder abgekühlten Lösung gibt man — ohne Rücksicht auf eventuelle Ausscheidungen — 25 cm³ *Wijs*sche Jodlösung hinzu. Man löst hierzu entweder 16 g Jodmonochlorid in 1 l Eisessig oder leitet in eine Lösung von 12 g Jod in 1 l Eisessig so lange Chlor ein, bis der Liter sich verdoppelt hat (Farbumschlag!), schüttelt gut durch und verdünnt mit so viel Tetrachlorkohlenstoff, daß eine eben getrübte Lösung entsteht. Dann läßt man 2 Stunden bei 18···20° im Dunkeln stehen. Man titriert nach Zusatz von Jodkalium mit n/10 Thiosulfatlösung. Blindprobe mit gleichen Lösungsmittelmengen ist erforderlich. Es ist

$$JZ = \frac{1{,}268 \cdot (\text{Verbrauch}) \text{ cm}^3 \text{ Thiosulfatlösung}}{\text{g Einwaage}}$$

Auf den Einfluß geringer Wassermengen im Eisessig bei dieser Bestimmung weist *R. W. Aldis*[1] hin.

Die *Rhodanzahl* von Harzen wird in der Weise bestimmt, daß 0,2 g feingepulvertes Harz in 20 cm³ getrocknetem Eisessig und 10% Acetanhydrid bei 70° im *Ölbad* gelöst werden. Abgekühlt wird mit 10 cm³ trockenem Tetrachlorkohlenstoff oder Chloroform versetzt und die Mischung 30 Min. auf 22° gehalten, dann läßt man 48 Stunden mit 25 cm³ Rhodanlösung stehen, versetzt mit 20 cm³ 10%iger Jodkaliumlösung und titriert mit n/10 Thiosulfat zurück. Rhodan wird zum Vergleich mit der Jodzahl nach *Wijs* in Jod umgerechnet. Die Rhodanzahl[2] des Schellacks z. B. liegt zwischen 9···20.

Die Rhodanzahl kann insofern von Bedeutung sein, als nach den Feststellungen von *Kaufmann* bei Verbindungen mit mehreren Doppelverbindungen nicht immer so viel Rhodan aufgenommen wird, als der Anzahl der Doppelbindungen entspricht.

Die Rhodanlösung wird aus Bleirhodanid und Brom hergestellt, als Lösungsmittel dient absoluter Eisessig[3].

Acetylverseifungszahl, Carbonylzahl.

g) Ferner ist noch vorgeschlagen, das Harz mit Acetanhydrid und wasserfreiem Na-acetat bis zur völligen Lösung oder bis zur nicht mehr weiter fortschreitenden Lösung zu kochen, dann in Wasser zu gießen. Das Acetylierungsprodukt wird mit Wasser ausgekocht, bis es neutral reagiert.

---

[1] Analyst **62**, 792 (1937). — [2] Ind. Engng. Chem. analyt. Edit. **6**, 259 (1934).
[3] *Bauer*: Die organische Analyse 1. Aufl. S. 386 (1945) Akad. Verlagsgesellsch.

Die getrockneten Acetate werden zur Bestimmung der *Acetylsäure-zahl* benutzt, indem man 1 g in kaltem Alkohol löst und mit n/2 Lauge titriert.

Die Verseifung wird wie üblich in der Siedehitze innerhalb ½ Stunde durchgeführt. Man erhält die *Acetylverseifungszahl* und kann durch Vergleich mit der Verseifungszahl am nicht acetylierten Harz ungefähr auf die Menge an OH-Gruppen schließen.

Die *Carbonylzahl* nach *Kitt*[1] charakterisiert den Gehalt an CO- und CHO-Gruppen. Das Harz wird mit Natriumacetat und einer genau gemessenen Menge Phenylhydrazin in verdünnter alkoholischer Lösung erwärmt. Der Überschuß des Phenylhydrazins wird mit Fehlingscher Lösung wegoxydiert und der Stickstoff aufgefangen. Die Carbonylzahl ist gleich dem Carbonylsauerstoff der angewandten Substanz aus der Gleichung

$$\% \; O = V - V_0 \, \frac{0{,}07173}{S}.$$

Hierin bedeutet $V - V_0$ die Differenz der abgelesenen und reduzierten Volumen Stickstoff; $S = $ Substanz in Gramm.

Die *Methoxylzahl* ist aus der *Zeisel*-Methode für die Methoxylgruppen-bestimmung errechenbar. Die Arbeitsweise ist die gleiche wie bei den Analysen der Celluloseäther.

Schellack.

h) Beim *Schellack* dienen Form und Farbe des Harzes, sowie die Firmenmarken zur Kennzeichnung. Man unterscheidet z. B. den Körner-lack, Granat- oder Knopflack, Orangelack.

Als Standard ist die Sorte TN-Schellack anzusehen, wobei die Bedeutung der beiden Buchstaben nicht klar ist. Die Standard-I-Marke soll frei von Kolophonium sein. Als Lemonschellack werden die hellsten Sorten bezeichnet; manche Sorten tragen die Bezeichnung HG = high grade of orange, MG = medium grade of orange. Knopflack bildet rundliche Stücke, die übrigen Sorten dünne Blättchen. Reiner Lemonschellack ist klar hellgelb durchscheinend; reiner Orangeschellack ist hellorange durchscheinend. Standard TN dunkelorange, und die Knopflacke rot oder gelbbraun. Nur im schwarzen Knopflack und Standard T ist Kolophonium zulässig (max. 3%).

Da die Aufbereitung des Stocklacks, des Ausgangsmaterials für den Schellack, die Entfernung des wasserlöslichen roten Farbstoffes als wesentliches Ziel umfaßt, wird zunächst eine Prüfung der Handelsmarken, bestehend aus dem eigentlichen Harz, Wachs und gelbem Farbstoff (Erythrolaccin), auf *Wasserlöslichkeit* vorgenommen werden

---

[1] *Dieterich* u. *Stock*: Analyse der Harze, Balsame und Gummiharze Berlin, 2. Aufl. 1930.

müssen. Hierzu verrührt man nach den Qualitätsvorschriften des amerikanischen Bureau of Standard[1] 10···25 g Schellack in 100 cm³ Wasser und läßt bei Zimmertemperatur unter gelegentlichem Schütteln im geschlossenen Gefäß 4 Stunden stehen. Man dekantiert, filtriert, wäscht mit mindestens 50 cm³ Wasser und verdampft das Wasser. Der Rückstand wird bei 105···110° gewichtskonstant getrocknet, meist sind nur 0,5% wasserlösliche Bestandteile vorhanden.

Die Veraschung des Harzes wird im Porzellan- oder Platintiegel bei möglichst niedriger Temperatur vorgenommen. Ein Maximalwert von 2% *Asche* wurde gefunden.

Der *Schmelzpunkt* des Harzes liegt bei ca. 115°.

Für alle Schellacksorten geeignet ist die Extraktionsmethode zur Bestimmung des in heißem Alkohol unlöslichen Anteils. 5 g Schellack werden in 75 cm³ siedendem Sprit (Becherglas in Wasserbad stellen) gelöst, bis Schellack samt Wachs in Lösung gegangen ist. Die Lösung bringt man in eine gewogene, mit Alkohol befeuchtete Extraktionshülse, die sich in einer Warmfiltriervorrichtung befindet, wobei man das Filtrat in einem Becherglas auffängt. Der im Lösegefäß befindliche Rückstand wird in die Extraktionshülse gebracht und nun genau 1 Stunde mit lebhaft siedendem Alkohol extrahiert. Sodann wird in üblicher Weise der Rückstand in der Extraktionshülse aufgearbeitet.

O. M. Olsen[2] stellt unter 2stündigem Rühren in der Siedehitze eine 5%ige Lösung des Schellacks in 95%igem Alkohol her, kühlt in Eiswasser ab, filtriert durch eine Extraktionshülse aus keramischem Material und wäscht mit 100 cm³ kaltem Alkohol. Die Lösung enthält reinen Schellack. Die Extraktionshülse wird im Soxhlet mit Chloroform 1 Stunde behandelt, um so den Wachsgehalt zu bestimmen. Trocknung dieses Extraktes bei 105°. Statt Alkohol sind auch n-Butanol oder Glycolmonoalkyläther als Lösungsmittel benutzt. Verkürzung der Untersuchungsdauer und Anwendung nicht entflammbarer Lösungsmittel sind neben der Benutzung eines Syphon-Rohrs mit Filterschicht aus Baumwolle und Asbest die Vorteile der Arbeitsweise von *Stillwell*[3].

Will man die Extraktionsmethode umgehen und sich nur auf die Filtrationsmethode beschränken, so muß ebenfalls dafür gesorgt werden, daß die *Gooch*-Tiegel warm sind, da im kalten Tiegel die im Schellack enthaltenen Wachse erstarren.

Der Anteil an Alkoholunlöslichem beträgt selten mehr als 3%

Hinsichtlich der *Löslichkeit* des Schellacks in anderen organischen Lösungsmitteln ist zu beachten, daß er in Äther nur zu 15···20% löslich ist. Gute Löser sind noch Methanol und Amylacetat. In Aceton sind

[1] *Gardner-Scheifele*: Untersuchungsmethoden der Lack- u. Farben-Industrie.
[2] Ind. Engng. Chem. Analyt. Edit. **4**, 47 (1932).
[3] Ind. Engng. Chem. Analyt. Edit. **2**, 387, 420 (1930).

etwa 55···80% löslich, in Kohlenwasserstoffen bis höchstens 10%. Das im Schellack in einer Menge von 6···7% vorhandene Wachs ist meist in den eigentlichen Harzlösern nicht löslich und umgekehrt. Für Schellack ist die Löslichkeit in 4%iger Boraxlösung und anderen Alkalien charakteristisch.

Die Helligkeit einer Schellacklösung wird außer nach der bekannten Jod-Farbzahl-Methode auch[1] dadurch bestimmt, daß eine 10%ige wäßrige Aufschlämmung von gefällter Kreide mit konz. Karamellösung auf gleichen Farbton gebracht wird.

Die *Säurezahl* des Schellacks ist bedingt durch die Anwesenheit von im wesentlichen 2 aliphatischen Säuren, der Aleuritinsäure und der Schellolsäure. Die erstere ist eine 9-, 10-, 16-Trioxypalmitinsäure.

Für die Schellolsäure nehmen *Nagel* und *Mertens*[2] die Struktur einer oxydierten tricyclischen Sesquiterpendicarbonsäure an. Sie wird bei Durchführung der Bestimmung in der üblichen Weise in der Größenordnung von SZ = 40···70 gefunden. Die potentiometrische Titration einer Lösung in Sprit ergab, daß der Säurecharakter vergleichbar ist mit dem schwacher organischer Säuren.

Zur Bestimmung der Verseifungszahl soll man nach *Whitmore*[3] wenigstens 2 Stunden mit n/2 Lauge kochen; man titriert mit wäßriger Salzsäure zurück, wobei Thymolblau als Indikator dient. Die Verseifung verläuft in 3 Stufen, so daß also im Schellack 3 Estertypen vorhanden sind. Potentiometrische Kurven zeigen, daß die gesamten gebundenen Hydroxylsäuren in Alkohol schwach ionisiert sind. Gleichartige Esterzahlen errechnen sich auf Basis des wahren Harzgehaltes. Die Verseifungszahlen liegen in der Größenordnung von VZ = 185···215. Die nur für Schellack charakteristische niedrige Jodzahl von 10···18 erlaubt leicht Verfälschungen im Harz zu erkennen.

Die Jodzahlen nach *Wijs* schwanken je nach Dauer der Einwirkung und Reagensmenge, so daß genaue Festlegung nicht möglich ist. Fehlerquellen sind Substitution und Oxydation des Harzes. Tolyljodochlorid wirkt als chlorierendes und additives Reagens. Also erhält man eine höhere Jodzahl (10% mehr), wenn man gemäß *Wijs*scher Methode 1 Stunde Einwirkungsdauer wählt und katalytisch durch 10% Jodlösung in Essigsäure zur Jodochloridlösung[4] beschleunigt. Die Bestimmung ist dann in 10···20 Min. beendet.

Die Ungesättigtheit des Schellacks, durch die Wasserstoffadsorption gemessen, beträgt bei Gegenwart eines Platinkatalysators 24%. Wenn man ein Molgewicht von 1000 und eine Doppelbindung annimmt, sind 25,4% theoretisch zu erwarten.

Durch die Bleiche des Schellacks in sodaalkalischer Lösung oder in

---

[1] Drugs, Oils, Paints **49**, 99. — [2] B. **70**, 2173 (1937). — [3] Ind. Engng. Chem. Analyt. Edit. **4**, 47 (1932). — [4] Farbe u. Lack **1940**, 348.

fast neutralem Medium mit Hypochlorit wird der Wassergehalt des Harzes erhöht und seine Alkohollöslichkeit im Laufe der Zeit herabgesetzt. Bei der Bestimmung der Feuchtigkeit des Schellacks wird die Trocknung bei 40° begonnen und die Temperatur nur langsam gesteigert, so daß das Harz nicht schmilzt, zuletzt kann man bis höchstens zum beginnenden Schmelzen erhitzen. Anwendbar ist natürlich auch die Xylolmethode oder die Umlösung aus Alkohol zur indirekten Feuchtigkeitsermittlung durch eine Konzentrationsmethode.

Da der gebleichte Schellack aus der Bleichlösung durch Mineralsäuren ausgefällt wird, ist der Gehalt an *freier Säure* von Wichtigkeit. Hierzu werden 1···2 g Schellack in 30···50 cm³ neutralem Alkohol gelöst, vorsichtig 300···400 cm³ dest. Wasser zugegeben, nach 24 stündigem Stehen setzt man Amidoazobenzol zu und titriert mit n/10 Lauge von deutlich Rot bis Weingelb. Dann gibt man Phenolphthalein hinzu und titriert bis Rot.

Die Titration gegen den ersten Indikator ist das Maß für den Gehalt an freier Mineralsäure ber. als H_2SO_4; die Phenolphthalein-Acidität ist die SZ des Schellacks. Letztere beträgt bei guten gebleichten Schellacken $\frac{1}{2}···\frac{1}{3}$ der eigentlichen SZ des Schellacks.

Die Ursachen des Unlöslichwerdens des gebleichten Schellacks in Alkohol sind noch nicht klar erkennbar.

Im gebleichten Schellack sind häufig noch 0,8···2,4% Cl.

Für die Bestimmung des *Wachsgehaltes* im Schellack werden 5 g Schellack in 150 cm³ Wasser und 3 g Soda unter Kochen gelöst; nach Abkühlen auf +15° wird mit einem Soxhletsyphon filtriert. Man wäscht mit Wasser, trocknet dann mit 50···70 cm³ Alkohol und extrahiert mit Tetrachlorkohlenstoff am Rückflußkühler. Nach Abdestillieren des Lösungsmittels wird das Wachs gewogen.

Das Schellackwachs ist im wesentlichen ein Gemisch von Ceryl- und Myricylalkohol zusammen mit Estern der Palmitin-, Öl-, Ceretin- und Melissylsäure. Sein Schmelzpunkt liegt bei 75°, SZ ca. 25, VZ ca. 75···85.

Schellack wird durch Extraktion mit Alkali zu einem Hartharz umgewandelt, das wasserbeständiger ist.

Die Bestimmung der Wasserdampfdurchlässigkeit der Schellackfilme gibt ein gutes Kriterium für unverändertes und nachbehandeltes Harz. Die außerordentlich geringe Wasserdampfdurchlässigkeit beruht auf dem Wachsgehalt des Harzes. Das Reinharz ist deshalb viel schlechter und wird erst durch eine Veresterung mit Diazomethan besser[1].

Für die Bewertung des Schellacks wichtig ist die Prüfung auf *Verfälschungen*. Da bei Naturprodukten stets starke Schwankungen vorkommen, ist damit zu rechnen, daß die eine oder andere Kennzahl auch

---

[1] Wiss. Veröff. Siemenswerke 16, 120.

einmal außerhalb der Normen liegt. Es ist damit noch nicht immer ein Grund zur Beanstandung gegeben.

Man prüft zunächst die *Löslichkeit* in Alkalien und Borax, indem man 3 mal je 3 g Schellack in 10 cm³ Alkohol löst, je eine Lösung gießt man ein in 25 cm³ 5%ige Boraxlösung (40°) resp. in 25 cm³ 5%ige Natronlauge resp. 50 cm³ 5%iges Ammoniak. Es darf sich nur Wachs ausscheiden; beim Borax darf keine Gelatinierung nach Erkalten eintreten.

Die sehr empfindliche *Storch-Morawski*sche Reaktion wird in der von *Langmuir* verbesserten Form durchgeführt, indem man die Harzlösung im Acetanhydrid zuerst filtriert. Geringer Kolophoniumgehalt von max. 3% gilt als handelsüblich, negativer Ausfall zeigt Abwesenheit von Kolophonium an. Man ergänzt diese Prüfung noch durch die *Parey-Wolff*sche Reaktion: Schellack wird in Alkohol gelöst, mit gleicher Menge Benzin geschüttelt und dann mit Wasser verdünnt; Benzinschicht muß sich hierbei oben gut absetzen; sie wird abgegossen und mit einigen Tropfen 3%iger Kupferacetatlösung geschüttelt. Benzinlösung wird durch Bildung von benzinlöslichem Kupferresinat schön smaragdgrün. Dies ist Beweis für Kolophonium.

Die auf Löslichkeitsuntersuchungen beruhende quantitative Bestimmung des *Kolophoniums* ist nicht genau, da hier keine additive Eigenschaften der Harze vorliegen. Etwas zuverlässiger ist die auf Löslichkeitsunterschieden beruhende Methode. Sie hat jedoch genau so ihre Fehler wie die in USA übliche Methode der Jodzahlbestimmung. Bei letzterer bringt man ca. 0,2 g Schellack in 20 cm³ Eisessig unter Vermeidung des Zutritts von Feuchtigkeit und der Wärme in Lösung (Wachs löst sich nicht!), kühlt auf 21···22° ab und gibt 10 cm³ Chloroform und 20 cm³ *Wijs*scher Jodlösung hinzu. Nach genau einstündigem Stehen wird 10%ige Jodkaliumlösung (10 cm³) zugesetzt und mit n/10 Thiosulfat in bekannter Weise zurücktitriert.

Eine gleichartig durchgeführte Blindprüfung ist erforderlich. Unter Berücksichtigung der maximalen Jodzahl des Schellacks (JZ = 18) wird aus der gefundenen Jodzahl (JZ) der Kolophoniumgehalt wie folgt errechnet:

$$\% \text{ Kolophonium} = (JZ - 18) \cdot 2{,}1$$

Als eine direkte Methode zur Bestimmung des Kolophoniums in Schellack bezeichnet *Gardner*[1] die Arbeitsweise, daß aus einer Eisessigschellacklösung mit Petroläther bei 20° der Schellack ausgefällt wird. Ein Teil der Petrolätherschicht wird zur Trockne verdampft. Aus dem Produkt — 150 · Rückstandsgewicht — erhält man durch Bezug auf die Einwaage den Prozentgehalt an petrolätherlöslichen Bestandteilen. Von diesem Rückstand bestimmt man noch die Säurezahl, wobei Alkohol + Benzol 1:1 als Lösungsmittel dienen.

---

[1] *Gardner-Scheifele:* s. S. 160.

Auf Grund ausgedehnter Untersuchungen kann man bei mehr als 8% petrolätherlöslicher Bestandteile und qualitativ positivem Ausfall der Prüfung auf Kolophonium eine Säurezahl des Petroläther-Rückstandes von mehr als 90 als sichere Verfälschung mit Kolophonium ansehen.

Die Analyse des Schellacks wird durch *Auripigment* (As_2S_3) störend beeinflußt durch Erhöhung der Jodzahl. Es werden also größere Verschnittmittelmengen vorgetäuscht. Mit zunehmender Menge Auripigment fällt die Jodzahl ab, sowohl bei der Methode nach *Hübl*, wie auch nach *Wijs*, wobei die Werte der letzten durchweg höher liegen. Ausgeschiedener Schwefel stört die Umsetzung des Auripigments mit Jod, so daß ein Weglösen des Schwefels durch Schwefelkohlenstoff zur Vermeidung der Reaktionsstörung nötig ist.

Aus einer Lösung des Schellacks in Alkohol setzt sich das Auripigment ab, man filtriert ihn ab und löst im Gemisch aus warmem Ammoniak und Wasserstoffsuperoxyd. Das Arsen wird schließlich als NH_4MgAsO_4 gefällt.

Kopal.

i) *Kopal* ist eine Sammelbezeichnung für viele verschiedene Harze; sie werden meist mit geographischen Namen belegt. Jedoch ist damit keineswegs die Gewähr gegeben, daß das Harz auch tatsächlich aus dieser Gegend stammt. Die Namensgebung wird häufig von europäischen Händlern, die die Kopale nach Härte und Aussehen sortieren, auf Grund irgendeiner äußerlichen Übereinstimmung vorgenommen. Andere seltener angewandte Einteilungsprinzipien verwenden die Härte oder die botanische Herkunft. Durch die Arbeiten von *Tschirch* und *Stock* ist auch etwas über die chemische Zusammensetzung bekannt. Als Hauptbestandteile enthalten die Kopale bisweilen bis zu 90% Harzsäuren, ein- und zweibasische Säuren der aromatischen Reihe. Je niedriger molekular eine Kopalsäure ist, desto leichter ist auch ihr Alkalisalz in Kalilauge löslich[1].

Das spez. Gewicht der Kopale schwankt zwischen 1,0···1,1. Ihre Schmelzpunkte liegen meist um 100···160°, nur beim Sansibar- oder Lindikopal hat man Schmelzpunkte von 340···360° gefunden.

Der in üblicher Weise bestimmte Aschengehalt soll möglichst niedrig sein. Gefunden sind Werte zwischen 2···5%, auf Gesamtharz berechnet. Unterscheidungsreaktionen für die einzelnen Kopalsorten gibt es noch nicht[2]. Härte, Geruch, äußeres Aussehen evtl. der frischen Bruchfläche, Geschmack, Farbe und Reinheit müssen zur Beurteilung genügen. Vom Sansibarkopal sind beispielsweise die Verwitterungskrusten durch schwache Sodalösung entfernbar; man erhält dann den „geschälten" Kopal.

---

[1] Wiss. Veröff. Siemenswerke 13, 42; *Houwink*: Elastomers and Plastomers 1949, II S. 365 Elsevier Publishing Co. New York. — [2] Farbe u. Lack **1929**, 548.

Die Löslichkeit der Kopale ist nicht eine Wesenseigenschaft, sondern eine Zustandseigenschaft. Die Gegenwart anderer Stoffe kann hier, wie bei allen Harzen überhaupt, die kolloiden Löslichkeiten einiger Harzbestandteile stark beeinflussen.

Die Löslichkeitseigenschaften sind also nicht geeignet, um hierauf eine sichere Identifizierung zu gründen.

Es gibt „Manilakopale", die als „harte" Kopale nur teilweise in Alkohol löslich sind, während die „weichen" Sorten sich darin völlig lösen. Die *Spritlöslichkeit* der Kopale wird in der Weise bestimmt, daß 10 g Harz mit 50 cm³ Alkohol 24 Stunden bei Zimmertemperatur geschüttelt werden. Man füllt auf 100 cm³ auf, filtriert über einen Wattebausch und dampft 20 cm³ ein. Der Rückstand wird im Trockenschrank bei 105° bis zur Konstanz getrocknet, wobei man die Wägung im Abstand von je 15 Min. vornehmen soll. Will man „Verunreinigungen" in den Kopalen feststellen, so eignet sich hierzu gut eine Mischung von Amylalkohol + Benzol oder Amylalkohol + Chloroform oder Aceton, jeweils 1:1. Um die optische Aktivität der Kopale zu messen, bedient man sich einer Mischung aus 1 Butanol + 1 Benzol, der 2 Teile Äthanol zugesetzt sind. Der Brechungsindex dieses Lösungsmittelgemisches ist $n_D = 1,400$. Der für die Linoleumindustrie viel verwendete Kaurikopal ist fast völlig löslich in Amylalkohol oder Amylacetat. In Äthanol ist er meistens zu 50···70% löslich; in gleicher Größenordnung liegt die Löslichkeit in Äther, Aceton, Phenol. Tetrachlorkohlenstoff und Terpentinöl lösen je zu 25···40%. Benzin und Benzol lösen nur teilweise.

Säurezahlen, Verseifungszahlen und Jodzahlen der Kopale schwanken stark. Es sind folgende Grenzwerte gefunden: SZ 50···115; meist 65···75; VZ = 75···120; mit dem Schwerpunkt um 80.

Bei der Bestimmung der *Säurezahl* wird gelegentlich[1] in der Weise gearbeitet, daß 1 g Kopalpulver in 20 g Terpineol gekocht wird; zur warmen Lösung gibt man 20 cm³ Methanol und titriert nach Erkalten mit n/10 Lauge. Man kann auch so verfahren, daß die heiße Lösung in Terpineol mit 20 cm³ Alkohol + 20 cm³ n/2 Kalilauge versetzt 15 Min. erhitzt und mit Alkohol im Meßkolben auf 200 cm³ verdünnt und schließlich mit n/2 Säure zurücktitriert wird.

Die Jodzahl der Kopale liegt zwischen 65 und 140.

Für die Kopal-Bewertung als Rohstoff zur Verarbeitung mit trocknenden Ölen im Linoleum, Wachstuch usw. ist eine Probeschmelze notwendig. Man kann sie in der Weise durchführen, daß man 50 g Harz in einem 300 cm³ fassenden Destillierkolben, der direkt auf einem dreizackigen Ring eines kleinen Ringbrenners steht, schmilzt. Der Hals wird leicht festgehalten, so daß der Kolben im Augenblick entfernbar ist.

---

[1] *Leppert*: Przemysl Chemiczny **15**, 1 (1931).

Nachdem das Harz an den Rändern zu schmelzen beginnt, wird innerhalb 8···10 Min. auf direkter Flamme zu einer halbflüssigen Masse zusammengeschmolzen und schließlich völlig durchgeschmolzen, wobei eine Schmelztemperatur von 305···315° herrscht.

Nach *Zeidler*[1] handelt es sich bei dem Schmelzprozeß um eine Decarboxylierung, da die Säurezahl sinkt.

Zwecks Bestimmung des Aufnahmevermögens des Harzes erhitzt man nun die Schmelze auf 350···375° so lange, bis der Gewichtsverlust 15···30% beträgt. Man prüft sodann die Verträglichkeit mit Leinöl, indem man allmählich ein auf 250° erhitztes Leinöl zufügt. Es wird ein klares Erstarren auf der Glasplatte und eine klare Lösung in Testbenzin angestrebt.

Kopal-Verfälschungen mit anderen Naturharzen sind selten.

Dagegen sind geschmolzene und veresterte Kopale oft mit Kolophonium verfälscht. Die qualitative Prüfung darauf wird wie bei Schellack geführt. Eine quantitative Bestimmung ist nur annähernd möglich. Hierzu quillt man das Harz zunächst mit Petroläther auf, verreibt mit Seesand bis fast zur trockenen Masse und extrahiert dann im Soxhlet mit Petroläther weiter. Am Extrakt und Rückstand werden Säure- und Verseifungszahl bestimmt. Stimmen beide beim Extrakt überein, so wird noch eine qualitative Prüfung auf Kolophonium durch Jodzahl und Farbenreaktion am Extrakt vorgenommen. Meist ist jedoch die Verseifungszahl größer als die Säurezahl, dann wird der Petrolätherextrakt mit alkoholischer Lauge verseift und mit Wasser verdünnt. Mit einem Gemisch aus Äther + Benzol wird das Unverseifbare ausgewaschen. Die wäßrige Seifenlösung wird angesäuert und die Säure mit Petroläther ausgezogen und gewogen. Die Harzsäure stammt aus dem Kolophonium.

Kolophonium.

k) Vom *Kolophonium*, einem Erzeugnis der harzverarbeitenden Industrie, das zu etwa 3% in der Linoleumindustrie verwendet wird, sind eine ganze Reihe von Sorten im Handel. Sie werden nach Herkunft und Farbe schlechtweg als „amerikanisches, französisches, spanisches und portugiesisches Harz" unterschieden. Trotz des relativ hohen Alters der deutschen Harzgewinnung hat das deutsche Harz wohl nur im Inland eine bescheidene Rolle gespielt. Die Farbe des Kolophoniums wird durch Buchstaben bezeichnet. Eine Einheitlichkeit bezüglich der Bedeutung der Buchstaben als Farbcharakteristikum ist in den einzelnen Ländern nicht vorhanden. Die alphabetisch folgenden Buchstaben können sowohl hellere als auch dunklere Sorten bezeichnen. Die im *Fonrobert-Stock*schen Komparator gemessenen Farbzahlen pendeln zwischen 7,5 und 4000, d. h.

---

[1] Laboratoriumsbuch für die Lack- und Farbenindustrie 1948 S. 17 (Knapp-Verlag).

es existieren fast farblose Harze bis dunkelrotbraune Arten. Die amerikanischen Bezeichnungen des „Harzes" sind gesetzlich festgelegt, wobei auch noch eine Zusatzbezeichnung für den Gehalt an Kristallen der Abietinsäure eingeführt wurde („Cr").

Untersuchungen des Kolophoniums durch eine nähere chemische Analyse sind im allgemeinen nicht erforderlich, zumal sich gezeigt hat, daß die Kennzahlen des Kolophoniums keine Abhängigkeit von der Marke zeigen. Es ist meist ein Gemisch verschiedener Harzsäuren, die als solche — Abietinsäure oder Pimarsäure — oder als Lakton oder Anhydrid vorliegen. Es sind 3 isomere Abietinsäuren gefunden, die sich durch Löslichkeit in Petroläther und durch die verschiedene Löslichkeit ihrer Pb-Salze in Alkohol unterscheiden sollen.

In dunkleren Harzen sind bereits erhebliche Mengen Oxysäuren vorhanden, die leichter lösliche und schwer aussalzbare Salze ergeben.

Aus der optischen Drehung des Säuregemisches vor und nach der Isomerisierung mit ätherischer Salzsäure oder Eisessig kann man den Gehalt an Lävo- und Dextropimarsäure bei Abwesenheit von Abietinsäure errechnen. Durch Dien-Titration kann der Gehalt an Lävopimarsäure bei 80° und der an Pyroabietinsäure im Kolophonium bei 160° bestimmt werden. Durch Kombination beider Methoden sind Gesamtanalysen möglich, auch wenn schon Abietinsäure neben den beiden Pimarsäuren vorhanden ist[1].

Der Säuregehalt des Kolophoniums verteilt sich nach *Houwink*[2] etwa auf folgende wichtigsten Komponenten:

Abietinsäure und abietinsäureähnliche Säuren	50%
Dehydroabietinsäure	4%
Dihydroabietinsäure	15···16%
Tetrahydroabietinsäure	16···17%
Dextroprimärsäure	16%

Der Schmelzpunkt liegt zwischen 65···75°, wodurch die hohe Klebrigkeit mancher Erzeugnisse mit Kolophonium erklärt wird.

Das spez. Gewicht wird nach der Schwebemethode in Kochsalzlösung bestimmt; die Grenzen waren d = 1,045···1,095.

Die Asche soll nicht über 0,25% liegen. Bei Hartharzen, das heißt den sauren Kalksalzen des Kolophoniums, darf die Asche nicht die angewandte Kalkmenge übersteigen.

Die Löslichkeitsangaben des DAB VI stimmen mit den praktischen Erfahrungen wenig überein. Es besteht Löslichkeit in Benzin, Benzol, Chlorkohlenwasserstoffen, Methanol, Alkohol, Amylalkohol, Estern, Schwefelkohlenstoff, Terpentinöl, Alkali. Mit Soda tritt CO_2-Entwicklung ein, hierbei bilden sich echte Salze.

---

[1] Seifensieder-Ztg. **64**, 402 (1937). — [2] Elastomers and Plastomers Bd. II S. 377 (1949) Elsevier Publishing Co. New York.

Die Harzlösungen drehen meist nach rechts. Die Säuren im Harz lassen sich aber mit Mineralsäuren invertieren.

Durch die Prüfung auf *Löslichkeit* in Petroläther kann man auf das Alter des Kolophoniums schließen; ein hoher Gehalt an Unlöslichen deutet auf oxydiertes Kolophonium hin. Bei zwei deutschen Rohharzen betrug der unlösliche Rückstand $9\cdots23\%$; hierbei ist zunächst mit Äther, dann mit Alkohol behandelt worden.

Es sei hier darauf hingewiesen[1], daß Kolophoniumpulver an der Luft Sauerstoff aufnimmt, in 2 Monaten etwa 4%[2]. Für die Bestimmung des *Unverseifbaren* verwendet *Knapp* 1 g Kolophonium und 100 cm³ Petroläther (Sdp. $30\cdots75°$) und läßt 24 Stunden bei $25°$ stehen. Das Unverseifbare beträgt bei frischem Harz $4\cdots10\%$. Um es frei von Harzsäuren zu bekommen, wird wie folgt verfahren:

30 g Kolophonium werden in 200 cm³ wasserfreiem Alkohol $+$ 6 cm³ 50%ige Natronlauge 1,5 Stunden am Rückflußkühler gekocht. Nach Zusatz von 150 cm³ Wasser werden 210 cm³ Destillat abdestilliert. Der Rückstand — die Harzseifen — wird auf 250 cm³ aufgefüllt und davon werden 50 cm³ 6 Stunden kontinuierlich mit Äther extrahiert. Der Ätherauszug wird im Scheidetrichter mit 50 cm³ 1%iger Natronlauge gewaschen, letztere mit 30 cm³ Äther gewaschen. Der Gesamtäther wird nun mit $3 \cdot 50$ cm³ Wasser gewaschen. Das Ätherlösliche wird 30 Min. bei $70°$ im Vakuum getrocknet. Der ausgewaschene Extrakt wird in 40 cm³ neutralem Alkohol gelöst und mit alkohol. Kalilauge titriert; man erhält

$$\% \text{ Abietinsäure} = \frac{\text{n/10 Lauge} \cdot 30{,}2}{\text{Einwaage}}.$$

Das Unverseifbare ist dann Extrakt — $\%$ Abietinsäure. Es beträgt bei frischen Harzen $7\cdots8\%$.

Die Säurezahl des Kolophoniums liegt zwischen 140 und 185, auch die Bestimmung der Verseifungszahl führt zu praktisch den gleichen Werten VZ $= 147\cdots190$. Das bedeutet also, daß das Kolophonium fast ausschließlich aus freier Harzsäure besteht. Von *Zeidler* wird die Jodzahl nach *Wijs* mit den Grenzwerten 178 und 235 angegeben.

Die Säure kann entweder durch Kalk abgesättigt werden, wodurch die „Hartharze" entstehen, oder man verestert meist mit Glycerin und spricht dann von „Harzestern". Letztere müssen frei von Kalk sein. Zum Teil neutralisierte, zum Teil veresterte Harze sind keine Harzester. Diese an sich schon zu den „Kunstharzen" zu zählenden Produkte werden nach den gleichen Gesichtspunkten wie das Kolophonium untersucht. Hier ist besonders die Säurezahl von Wichtigkeit; sie soll bei den Esterharzen stets unter 20 liegen. Die Harzester sind sehr schwer verseifbar. Ihre Verseifungszahl soll mindestens 150 sein.

---

[1] Angew. Chem. **1907,** 356. — [2] Ind. Engng. Chem. Analyt. Edit. **9,** 315 (1937).

Das gehärtete Harz soll sich in der gleichen Menge Harz bei 250···280° lösen; die klare Lösung darf bei Zusatz von Testbenzin sich nicht trüben.

Meist finden sich im Kolophonium geringe Mengen flüchtiger Öle, kenntlich am niedrigen Schmelzpunkt, dem stärkeren Kleben des Harzes und dem „kalten Fluß". Man bestimmt die Menge in 100···200 g Kolophonium durch Wasserdampfdestillation[1].

In Gegenwart von Fettsäuren läßt sich Kolophonium quantitativ durch Oxydation mit alkalischer Ferricyankalium-Lösung bestimmen[2].

Je nach Herkunft reduzieren 0,1 g Kolophonium 200···300 mg Ferricyankalium. Selbstverständlich stören hierbei die ebenfalls stark reduzierenden ungesättigten Fettsäuren. Die zur Oxydation verwendete Lösung enthält je 25 g Ferricyankalium und Ätzkali im Liter. Es werden 10 cm³ wäßriger Kalium-Harzseifenlösung mit 20 cm³ der Ferricyankalium-Lösung 30 Min. unter Schütteln auf dem Wasserbad erwärmt.

Nach schneller Abkühlung wird in schwefelsaurer Lösung mit Jodkalium und Zinksulfat versetzt und mit n/20 Thiosulfat sofort titriert.

Die Differenz der cm³ Thiosulfat eines Blindversuches und eines Ansatzes mit Harz multipliziert mit 16,46 ergibt mg Ferricyankalium, die vom Harz verbraucht sind.

4. Untersuchungsmethoden für die als Plast-Rohstoffe dienenden Öle.

Trocknende Öle.

a) Seit altersher hat man die Eigenschaft einiger pflanzlicher Öle, beim Stehen an der Luft einen wasserabweisenden Film zu bilden, dazu ausgenutzt, Schutzschichten auf den verschiedensten Untergründen zu erzeugen. Die ·Technik hat diese Gruppe Öle durch die Bezeichnung *„trocknende Öle"* aus der Vielzahl der pflanzlichen und tierischen Öle herausgehoben.

Im Gegensatz zu der Trocknung der Ölanstriche findet bei der Wachstuch- und Linoleumherstellung der Vorgang der Filmbildung aus den trocknenden Ölen bei mittleren Temperaturen bis zu ca. 80° statt. Diese wird noch unterstützt durch die katalytische Wirkung einer Reihe von Schwermetallsalzen der Linolsäure, Harzsäuren und Naphthensäuren, wobei die Kobaltsalze als am wirksamsten angesehen werden. Diese Katalyse kann außerdem noch durch Licht, insbesondere die UV-Strahlen unterstützt werden.

Die auf Grund jahrelanger mühsamer Arbeiten[3] mögliche Auswertung moderner Kennzahlen der Fettchemie ermöglicht den Einblick in die Zusammensetzung des für die Plast-Industrie wichtigsten Leinöls.

Dieses Triglycerid ist aus folgenden Säuren aufgebaut:

---

[1] Farben-Ztg. 39, 143 (1934). — [2] Ann. chim. applicata 31, 86 (1941).
[3] Fette u. Seifen 48, 657 (1941).

5 g Öl resp. Fettsäuren resp. Fettsäureester werden mit 25 cm³ 2 n-alkoholischer Kalilauge 30 Min. unter Rückfluß gekocht. Der Verseifungsansatz wird in einen Scheidetrichter übergeführt, dreimal mit je 25 cm³ Wasser nachgespült und sodann dreimal mit je 50 cm³ Äther je 1 Min. kräftig geschüttelt. Die vereinigten Ätherextrakte werden zunächst unter vorsichtigem Schütteln mit Wasser, hierauf einmal mit 20 cm³ n/2 wäßriger Lauge und schließlich mehrmals gründlich mit Wasser gewaschen, bis das Waschwasser nicht mehr phenolphthalein-alkalisch ist. Die gewaschene Ätherlösung wird in einem 250-cm³-Kölbchen eingedampft, 1 Stunde bei 100° in schräger Lage oder in leichtem Vakuum getrocknet und dann gewogen.

Es werden also alle bei 100° nicht flüchtigen unverseifbaren Stoffe (Mineralöle, Alkohole, Ketone usw.) erfaßt. Das Unverseifbare im Leinöl soll 1,5% nicht übersteigen; meist liegt es um 0,8%.

Es sind eine Reihe anderer Arbeitsweisen noch in Benutzung, bei denen die Verseifungsdauer mit 2 n Kalilauge auf 1 Stunde erhöht ist, die alkoholische Lauge wird mit Wasser verdünnt, dann in einer Decantierampulle mit insgesamt 50 cm³ Petroläther jeweils 1 Min. geschüttelt und nach dem Decantieren nochmals 2mal mit Petroläther behandelt. Die Petrolätherschicht wird mit je 50 cm³ 50%igem Alkohol 3mal gewaschen, dann eingedampft und nach dem Trocknen bei 100° gewogen. Diese Arbeitsweise wird auch von der Internationalen Analysen-Kommission für Fette empfohlen[1].

γ) Als Maßzahl für den Gehalt des Leinöls an ungesättigten Verbindungen gelten die Jodzahl, die Rhodanzahl und die Hexabromidzahl.

Als *Jodzahl* ist definiert die Menge Jod, die von 100 Teilen Öl (oder einer anderen ungesättigten Verbindung) unter den genau einzuhaltenden Bedingungen (Konzentration, Temperatur, Zeit) gebunden wird.

Es handelt sich also hier um eine konventionelle Methode, da nicht in jedem Fall alle in einem Molekül vorhandenen Doppelbindungen mit dem Jod reagieren.

Nachdem durch *Ephraim* erkannt war, daß der wirksame Bestandteil der *v. Hübl*schen Lösung aus Jod und Quecksilberchlorid in Alkohol das Jodmonochlorid ist, hat *Wijs*[2] die Verwendung von Jodchlorid in Eisessig in die analytische Praxis eingeführt. Neben dieser Methode wird heute noch gern die Bromjod-Methode nach *Hanus*[3] verwendet. Trotz der Gefahr, daß bei ausschließlicher Anwendung von Brom nicht nur eine Addition, sondern auch eine Substitution in gewissen Fällen möglich ist, hat sich die *Kaufmann*sche Brommethode immer mehr eingeführt.

---

[1] Z. anal. Chem. **118**, 179 (1939/40). — [2] B. **31**, 750 (1898).
[3] Z. Unters. Lebensmittel **4**, 913 (1901).

Die ursprüngliche *Farbe* des Leinöls soll nicht dunkler als n/100 Jodlösung sein, d. h. die Jodfarbzahl darf höchstens 127 sein. Verwendet man die Farbenskala nach *Knauth-Weidinger*, so soll die Farbe nicht tiefer als Rohr 8 sein.

Der Nachweis der *Verunreinigungen* der Leinöle beruht darauf, daß die Löslichkeit der Kohlenwasserstoffe in fetten Ölen mit der Sauerstoffaufnahme der letzten abnimmt. Ein viel Mineralöl enthaltender Firnis wird bei der Oxydation trübe. Frischer Linoxynfilm zeigt beim Altern eine Tropfenbildung auf der Geloberfläche[1].

Die Prüfung des Leinöls auf Anwesenheit von Harzen beruht auf der *Storch-Morawski*schen Reaktion für Kolophonium. Sie ist also nicht universell genug. Das Harz wird mit extrahiert, da Leinöl meist im Acetanhydrid löslich ist[2].

β) Für die Bestimmung der *Säurezahl* des Leinöls gelten die allgemeinen Versuchsbedingungen, wie sie auch schon bei der Besprechung der Harze angegeben sind (S. 154). Als Lösungsmittel verwenden die „deutschen Einheitsmethoden 1930, Wizöff", ein Gemisch aus Reinbenzol und 90···94%igem Alkohol 2:1; jedoch kann man ebenso gut Äther + Alkohol 1:1 benutzen. Die Öleinwaage 2,5 ist bis 5 g. Der Wert der Säurezahl hängt von der Reinheit und dem Alter des Öls ab; er soll 3 nicht überschreiten.

Die ebenfalls nach den üblichen Methoden bestimmte *Verseifunyszahl* des Leinöls bewegt sich zwischen 185 und 195. Anstelle äthanolischer Lauge kann man auch isopropanolische verwenden. Hierbei ist zu beachten, daß in Propylalkohol oft noch schnellere Verseifung eintritt als in Alkohol. Die Verseifungsdauer ist mit 1 Stunde ausreichend.

Hezel[3] hat neuerdings vorgeschlagen, die Verseifung mit äthylglykolischer Kalilauge und damit infolge des höheren Siedepunktes energischer durchzuführen und als Indikator Thymolphthalein zu verwenden. Falls ein Einfluß von Erdalkalien auf die Verseifungszahl zu befürchten ist, kann mit zwei Indikatoren Thymolphthalein und Bromphenolblau gearbeitet werden, indem man nach dem Austreiben der Kohlensäure mit n/2 Säure gegen Bromphenolblau titriert. *Toeldte*[3] wendet sich mit Recht dagegen, die so modifizierte Bestimmungsmethode noch als Verseifungszahl zu bezeichnen.

Aus den Seifenlösungen gewinnt man durch Extraktion mit Äther das *Unverseifbare* (U.V.). Es hat sich hierzu nicht nur für die Analyse der natürlichen Öle, sondern darüber hinaus auch bei der Untersuchung synthetischer Fettsäuregemische z. B. aus der Paraffinoxydation folgende Methode bewährt.

---

[1] Журнал прикладной химии **6**, 1180. — [2] Amer. J. Pharmac. **104**, 282.
[3] Farbe u. Lack **1950**, 10, **1949**, 150.

5 g Öl resp. Fettsäuren resp. Fettsäureester werden mit 25 cm³ 2 n-alkoholischer Kalilauge 30 Min. unter Rückfluß gekocht. Der Verseifungsansatz wird in einen Scheidetrichter übergeführt, dreimal mit je 25 cm³ Wasser nachgespült und sodann dreimal mit je 50 cm³ Äther je 1 Min. kräftig geschüttelt. Die vereinigten Ätherextrakte werden zunächst unter vorsichtigem Schütteln mit Wasser, hierauf einmal mit 20 cm³ n/2 wäßriger Lauge und schließlich mehrmals gründlich mit Wasser gewaschen, bis das Waschwasser nicht mehr phenolphthalein-alkalisch ist. Die gewaschene Ätherlösung wird in einem 250-cm³-Kölbchen eingedampft, 1 Stunde bei 100° in schräger Lage oder in leichtem Vakuum getrocknet und dann gewogen.

Es werden also alle bei 100° nicht flüchtigen unverseifbaren Stoffe (Mineralöle, Alkohole, Ketone usw.) erfaßt. Das Unverseifbare im Leinöl soll 1,5% nicht übersteigen; meist liegt es um 0,8%.

Es sind eine Reihe anderer Arbeitsweisen noch in Benutzung, bei denen die Verseifungsdauer mit 2 n Kalilauge auf 1 Stunde erhöht ist, die alkoholische Lauge wird mit Wasser verdünnt, dann in einer Decantierampulle mit insgesamt 50 cm³ Petroläther jeweils 1 Min. geschüttelt und nach dem Decantieren nochmals 2 mal mit Petroläther behandelt. Die Petrolätherschicht wird mit je 50 cm³ 50%igem Alkohol 3 mal gewaschen, dann eingedampft und nach dem Trocknen bei 100° gewogen. Diese Arbeitsweise wird auch von der Internationalen Analysen-Kommission für Fette empfohlen[1].

γ) Als Maßzahl für den Gehalt des Leinöls an ungesättigten Verbindungen gelten die Jodzahl, die Rhodanzahl und die Hexabromidzahl.

Als *Jodzahl* ist definiert die Menge Jod, die von 100 Teilen Öl (oder einer anderen ungesättigten Verbindung) unter den genau einzuhaltenden Bedingungen (Konzentration, Temperatur, Zeit) gebunden wird.

Es handelt sich also hier um eine konventionelle Methode, da nicht in jedem Fall alle in einem Molekül vorhandenen Doppelbindungen mit dem Jod reagieren.

Nachdem durch *Ephraim* erkannt war, daß der wirksame Bestandteil der *v. Hübl*schen Lösung aus Jod und Quecksilberchlorid in Alkohol das Jodmonochlorid ist, hat *Wijs*[2] die Verwendung von Jodchlorid in Eisessig in die analytische Praxis eingeführt. Neben dieser Methode wird heute noch gern die Bromjod-Methode nach *Hanus*[3] verwendet. Trotz der Gefahr, daß bei ausschließlicher Anwendung von Brom nicht nur eine Addition, sondern auch eine Substitution in gewissen Fällen möglich ist, hat sich die *Kaufmann*sche Brommethode immer mehr eingeführt.

---

[1] Z. anal. Chem. **118**, 179 (1939/40). — [2] B. **31**, 750 (1898).
[3] Z. Unters. Lebensmittel **4**, 913 (1901).

Rossmann[1] hat dann die anfangs wenig beachtete, von *Becker*[2] stammende Bromdampf-Methode weiter entwickelt und festgestellt, daß die „kurze" Bromdampf-Jodzahl, die bis zu ½ Stunde Einwirkungsdauer durchgeführt wird, konjugierte und nichtkonjugierte Doppelbindungen erfaßt, während sie bei langer Einwirkungsdauer über Nacht auch noch die labilen gesättigten Kohlenstoffbindungen anzeigt.

Nach neueren Arbeiten von *v. Mikusch*[3] versagen alle diese Methoden der Jodzahlbestimmung bei den Ölen mit konjugierten Doppelbindungen. Die von ihm mit *Ch. Frazier*[4] entwickelte Methode erlaubt es, die Gesamtjodzahl konjugiert-ungesättigter Systeme ohne Spezialapparatur zu bestimmen. Sie unterscheidet sich von der alten *Hanus*-Methode durch Verwendung einer Jodbromlösung höherer Konzentration, wobei die Bedingungen (Überschuß des Reagenzes, Zeitdauer, Temperatur) so gewählt sind, daß die konjugierten Systeme vollständig abgesättigt werden (*Woburn*-Methode). Die in den „Deutschen Einheitsmethoden 1930 *Wizöff*" festgelegte Einheitsmethode von *Hanus* verfährt wie folgt:

Unter Verwendung eines Jodzahlkolbens von $200 \cdots 300$ cm³ Inhalt (*Erlenmeyer*-Schliffkolben) werden ca. 0,2 g Chlor in 10 cm³ Chloroform gelöst, mit 25 cm³ Jodmonobromid-Lösung versetzt und ½ Stunde im verschlossenen Kolben im Dunkeln stehen gelassen. Man verdünnt danach mit 15 cm³ Wasser, setzt 10 cm³ Jodkaliumlösung (15%ig) hinzu und titriert mit n/10 Thiosulfat in üblicher Weise zurück. Die Jodmonobromidlösung wird durch Auflösen von 10 g käuflichem Jodmonobromid in 500 g $96 \cdots 100\%$iger Essigsäure hergestellt. Das Jodmonobromid kann am einfachsten hergestellt werden durch Übergießen von 13 g fein zerriebenem Jod mit wenig Eisessig und Zugabe von 8 g Brom. Danach wird mit Eisessig zum Liter aufgefüllt und bis zur Lösung geschüttelt.

Selbstverständlich ist bei der Analyse eine Blindprobe erforderlich. Die Jodzahl ergibt sich aus dem Verbrauch der Thiosulfatlösung.

$$JZ = \frac{1{,}269 \cdot cm^3 \; n/10 \; Thiosulfat}{Einwaage}.$$

Um die Jodzahl nach *Wijs* anzuwenden, ist es erforderlich, 8 g Jodtrichlorid und 9 g Jod in Eisessig zu lösen und die Lösung auf 1000 cm³ mit Eisessig aufzufüllen. Ist kein Jodtrichlorid vorhanden, werden 13 g Jod in Eisessig gelöst und Chlor so lange eingeleitet, bis sich der Titer verdoppelt hat. Die sofort verwendbare Lösung ist monatelang haltbar.

Wijs verwendet als Lösungsmittel für $0,1 \cdots 0,2$ g Öl 20 cm³ Tetrachlorkohlenstoff und gibt dazu $25 \cdots 30$ cm³ n/5 Jodmonochloridlösung. Eine evtl. auftretende Trübung wird durch weitere cm³ Tetrachlor-

[1] Angew. Chem. **50**, 187 (1937). — [2] Angew. Chem. **36**, 539 (1923).
[3] Farbe u. Lack **56**, 341 (1950). — [4] Ind. Engng. Chem. Analyt. Edit. **13**, 782 (1941).

kohlenstoff wieder weggebracht. Das Reaktionsgemisch bleibt 2 Stunden bei Zimmertemperatur im Dunkeln stehen. Danach wird mit 20 cm³ Wasser verdünnt und mit Thiosulfat n/10 titriert. Es ist wichtig, daß der Blindversuch *unmittelbar* vor oder nach der Titration in genau gleicher Weise zurückzutitrieren ist. Die Titerstellung der Thiosulfatlösung erfolgt gegen n/10 Bromatlösung (2,763 g Bromat in 1000 cm³ Wasser), die mit Jodkaliumlösung und 25%iger Salzsäure versetzt ist. Indikator ist in jedem Falle Stärkelösung.

Die Berechnung der *Wijs*schen Jodzahl erfolgt nach

$$JZ\,(Wijs) = \frac{31{,}7 \cdot cm^3\ n/10\ \text{Thiosulfat} \cdot \text{Thiosulfattiter}}{g\ \text{Einwaage}}\,.$$

Meist ist die *Wijs*sche Jodzahl 4···5% höher als die von *Hanus*.

Für die Herstellung der von *Mikusch*schen „Woburn"-Lösung werden 33 g Jodmonobromid in 1000 cm³ Eisessig gelöst. Die Lösung ist dann 0,32 n. Die Titerstellung wird in üblicher Weise vorgenommen. Ist kein fertiges Jodmonobromid zur Verfügung, so werden 20,3 g Jod in ca. 800 cm³ Eisessig gelöst, wobei man auch leicht anwärmen kann. Nach dem Abkühlen gibt man das inzwischen abgewogene Brom (12,8 g) gelöst in ca. 50 cm³ Eisessig hinzu und füllt mit Eisessig bis zur Marke auf. Als Titriermittel dient 0,17 n Thiosulfat, hergestellt aus 42 g $Na_2S_2O_3 \cdot 5\ H_2O$ gelöst in 1 l frisch ausgekochtem, destilliertem Wasser.

Wesentlich ist, daß die so hergestellte 0,32 n-Jodbromlösung 1 Stunde bei 20° in einem Überschuß von mindestens 500% einwirken kann. Die Einwaage ist unter dieser Voraussetzung zu berechnen. Auch am Schluß der Analyse soll noch der unverbrauchte Teil den verbrauchten um das 5fache übertreffen. Das Öl (0,1···0,2 g) wird in 10 cm³ Chloroform gelöst. Die angewandte Menge Woburn-Lösung beträgt 25 cm³. Man läßt bei 20° ± 1° 1 Stunde im Dunkeln reagieren und gibt dann einige cm³ Jodkaliumlösung hinzu. Die Rücktitration erfolgt mit 0,17 n Thiosulfatlösung. Die Woburn-Jodzahl ist dann

$$JZ = \frac{100 \cdot cm^3\ \text{Thiosulfat} \cdot \text{Titer}}{g\ \text{Einwaage}}\,.$$

Bei der *Kaufmann*schen Bromlösung, die aus 1000 cm³ wasserfreiem, reinstem Methanol, 150 g Natriumbromid p. a. und 5,2 cm³ Brom hergestellt ist, wird 50% Brom im Überschuß verwendet. Die Reaktion wird 30 Min. im Dunkeln bei Zimmertemperatur durchgeführt. Nach Zugabe von 15 cm³ 10%iger Jodkaliumlösung und 50 cm³ Wasser wird der Bromüberschuß mit 0,1 n Thiosulfat zurücktitriert. Es werden 2 Blindproben angesetzt und die eine zu Anfang und die andere am Ende der Reaktionszeit titriert, der Mittelwert wird als Blindwert angesehen. Es ist 1 cm³ 0,1 n Thiosulfatlösung = 0,01269 g Jod; umgerechnet auf 100 Teile Substanz erhält man die Jodzahl.

Die Bromzahl von Ölen wird oft[1] auch in der Form durchgeführt, daß man zu der in Tetrachlorkohlenstoff gelösten Probe Bromkalium, einen kleinen Kristall Jodkalium und dann Bromat hinzufügt. Nach 1 Min. Schütteln wird der Bromüberschuß mit n/10 Thiosulfat zurücktitriert.

Die theoretische Jodzahl einer Verbindung erhält man, wenn man das Molgewicht des Jods mit 100 und mit der Anzahl der Doppelbindungen multipliziert und das Produkt durch das Molgewicht der Verbindung dividiert.

Beispiel für Linolsäure:

$$\text{Jodzahl} = \frac{253{,}84 \cdot 100 \cdot 2}{280} = 181.$$

Die Jodzahl des Leinöls ist von der Herkunft abhängig und schwankt zwischen 170 und 200; mit dem häufigsten Wert um 180.

Die von *Kaufmann*[2] eingeführte *Rhodanzahl* (Rh Z) ist die von 100 g ungesättigter Verbindung aufgenommene Menge Rhodan, ausgedrückt durch die äquivalente Menge Jod.

v. Mikusch[3] weist in einer Zusammenfassung über die Ergebnisse zahlreicher ausländischer Arbeiten über die Rhodanzahl darauf hin, daß die ursprünglichen, von *Kaufmann* gemachten Voraussetzungen, daß bei der Einwirkung des Rhodan nur eine der beiden Doppelbindungen der Linolsäure und nur 2 der 3 Doppelbindungen der Linolensäure reagieren, nicht zutreffen. Somit haben auch die darauf gegründeten Ableitungen zur Berechnung des Anteils der einzelnen ungesättigten Glieder der natürlichen Öle ihre Berechtigung verloren. Aus den zahlreichen Arbeiten der angelsächsischen Fachwelt ergibt sich vielmehr, daß die Rhodanzahl der Linol- und Linolensäure von den Versuchsbedingungen abhängt und somit ebenfalls nur als eine konventionell ermittelte Kennzahl zu bewerten ist. Für die Größe der Rhodanzahl der mehrfach ungesättigten Fettsäuren, wie sie in den natürlichen Ölen vorhanden sind, sind verantwortlich zu machen: Konzentration der Rhodanlösung, ihre beim Versuch angewandte Menge, die Reaktionstemperatur und die Versuchsdauer. Es ist also erforderlich, für die jeweils bei der Rhodanzahlbestimmung eingehaltenen Bedingungen empirische Gleichungen zu ermitteln, mit denen dann die Berechnung der Ölzusammensetzung nach den verschieden stark ungesättigten Fettsäuren erfolgen kann. Besonders ist hierbei zu beachten, daß auch die Gleichungen nur für die Konzentrationen an Rhodan angewandt werden, mit denen die Bestimmung durchgeführt wurde.

---

[1] Chemist-Analyst **18**, 7 (1929). — [2] Studien auf dem Fettgebiet 1935, S. 23 (Berlin). — [3] Farben, Lacke, Anstrichstoffe **3**, 182 (1949).

Als Beispiel derartiger Berechnungsmöglichkeiten für die Glyceride seien die von *Grün*[1] angegebenen erwähnt.

$$
\begin{aligned}
\text{Gesättigte Säuren} &= 100 - 1{,}158 \cdot \text{RhZ} \\
\text{Ölsäure} &= 1{,}162\,(2\,\text{RhZ} - \text{JZ}) \\
\text{Linolsäure} &= 1{,}154\,(\text{JZ} - \text{RhZ}).
\end{aligned}
$$

Ist in den Ölen noch Linolensäure vorhanden, so müssen die gesättigten Anteile präparativ bestimmt werden, und es ergibt sich dann für die Glyceride der

$$
\begin{aligned}
\text{Ölsäure} &= (100-\text{gesättigt}) - 1{,}154\,(\text{JZ} - \text{RhZ}) \\
\text{Linolsäure} &= (100-\text{gesättigt}) - 1{,}154\,(2\,\text{RhZ} - \text{JZ}) \\
\text{Linolensäure} &= -\,(100-\text{gesättigt}) + 1{,}154\,\text{RhZ}.
\end{aligned}
$$

Die Durchführung der Rhodanzahl-Bestimmung hat eine völlige Wasserfreiheit des Reaktionsmediums zur Voraussetzung; dies erfordert auch die Benutzung absolut trockener Apparaturen.

Als Lösungsmittel dient Eisessig, der entweder mit 10% frisch destilliertem Acetanhydrid versetzt ist oder nach Zusatz von 10% Phosphorpentoxyd nochmals destilliert wird (Sdp. 118···120°). Das Bleirhodanid muß bei Lichtabschluß mindestens 8 Tage im Pentoxyd-Exsiccator aufbewahrt sein.

Zu je 250 cm³ wasserfreiem Eisessig gibt man in gut schließender Schlifflasche 15 g Bleirhodanid und aus einer Bürette 1,3 cm³ Brom p. a. und vermischt dann allmählich die beiden Lösungen. Bei gutem Schütteln in geschlossener Flasche entfärbt sich die Rhodanlösung völlig:

$$
\text{Pb (CNS)}_2 + \text{Br}_2 \longrightarrow \text{PbBr}_2 + \text{(CNS)}_2.
$$

Zur Titerstellung der Rhodanlösung (20 cm³) werden 20 cm³ 10%ige Jodkaliumlösung, dann 20 cm³ Wasser zugegeben und mit n/10 Thiosulfat titriert.

Bei der Analyse verwendet man je nach der Jodzahl 0,1 bis 1,0 g Öl, wobei man die Einwaage in kleinen Wägegläschen vornimmt, die direkt in die Jodzahlkolben kommen. Die Rhodanlösung ist meist n/10, ihre Menge schwankt zwischen 20 und 40 cm³.

Man läßt 24 Stunden im Dunkeln stehen, wobei sich oft gelbe Rhodanierungsprodukte abscheiden. Die Rücktitration erfolgt unter denselben Bedingungen wie die Titerstellung.

Die Rhodanzahl wird berechnet nach:

$$
\text{RhZ} = \frac{1{,}269 \cdot \text{cm}^3 \ \text{n/10 Thiosulfat}}{\text{g Einwaage}}.
$$

Je eine Blindprobe wird zu Beginn und am Ende der Rhodanierungsreaktion durchtitriert.

Für Leinöl wird eine Rhodanzahl von 110···118,5 angegeben.

---

[1] *Berl-Lunge*: Chemisch-technisch. Untersuchungsmethoden 8. Aufl. Bd. IV, S. 452.

Durch Bromieren der Fettsäuren aus den mittels alkoholischer Kalilauge verseiften Ölen bekommt man die Hexabromstearinsäure; die aus 100 g Öl abgeschiedene Menge bezeichnet man als *Hexabromidzahl*.

Man verseift zunächst 10 g Öl entweder mit einem Mal oder in 3 gleichen Teilen mit der 12fachen Menge n/2 alkoholischer Lauge, destilliert den Alkohol ab, löst die Seife in 150 cm³ Wasser und fällt aus ihr mit 5 n-Schwefelsäure die Fettsäuren aus. Sie werden mehrmals hintereinander erschöpfend ausgeäthert, mit Natriumsulfat getrocknet; der Äther wird verdampft, zuletzt unter Vakuum, sodann wird bis zur Gewichtskonstanz getrocknet. Ca. 2···3 g Fettsäure werden in 25 cm³ Äther gelöst und auf —10° abgekühlt. Zu dieser Lösung gibt man dann aus einer Bürette tropfenweise 1 cm³ Brom, wobei man jeweils gut umschüttelt. Dauer der Bromierung mindestens 30 Min. Das Bromierungsgemisch bleibt bei —5° 2 Stunden lang stehen. Danach wird über einem bei 100···110° getrockneten Goochtiegel filtriert, mit —10° kaltem Äther nachgewaschen, ohne daß die Bromide trocken werden. Man trocknet schließlich den rein weißen Niederschlag bei 110° und wägt. Der Schmelzpunkt der weißen Hexabromstearinsäure liegt bei 176···178°; sie ist in der 50fachen Menge Benzol völlig löslich. Benzolunlöslich ist eine Verunreinigung durch Tran. Der Bromgehalt der Hexabromstearinsäure beträgt 63,3%.

$$\text{Hexabromidzahl} = \frac{100 \cdot \text{g Hexabromid}}{\text{g Einwaage}}$$

$$\% \text{ Linolensäure} = 0,367 \cdot \text{Hexabromidzahl}.$$

Das Leinöl hat eine Hexabromidzahl von 36···53.

Die von *Diels* und *Alder* aufgefundene leichte Addition von Maleinsäureanhydrid an ungesättigte Verbindungen mit konjugierten Doppelbindungen ist von *Kaufmann*[1] in die Analytik der Fette und Öle zur Bestimmung ihres Gehaltes an ungesättigten Säuren mit konjugierten Systemen eingeführt. Da durch die Addition des Maleinsäureanhydrids eine Doppelbindung verschwindet, also einer Addition von einem Mol Jod entspricht, so bezieht *Kaufmann* die „Dienzahl" auf Jod und definiert sie als die Menge Maleinsäureanhydrid, die, auf die äquivalente Menge Jod berechnet, von 100 Teilen der ungesättigten Verbindung gebunden wird. Neuere Arbeiten über die Bedingungen der Dien-Zahlbestimmung mit Maleinsäureanhydrid von *v. Mikusch*[2] führen zu der Auffassung, daß unter den bisher üblichen Bedingungen[3] das Anhydrid sich nicht vollständig mit allen in einem Öl vorhandenen konjugierten Doppelbindungen umsetzt.

δ) Im gewissen Zusammenhang mit der Jodzahl steht auch die *Viscosität* der Öle, sie nimmt mit steigendem Molgewicht zu und mit zunehmender Jodzahl ab.

---

[1] Fette u. Seifen **43**, 93 (1936). — [2] Farbe u. Lack **56**, 387 (1950).

[3] *Bauer*: Die organische Analyse 1. Aufl. S. 19 Akadem. Verlagsgesellsch. (1945).

Für die Viscositätswerte wirken sich auch die Hydroxylzahlen (OH-Zahlen), s. hierzu S. 159, und die konjugierten Systeme aus. Leinöl hat bei 20° eine Viscosität $\eta = 47$ bis 51 cp.

Die Viscositätsmessungen lassen sehr leicht und sicher auch nur kleine Vergrößerungen des Polymerisationsgrades erkennen; sie sind daher besonders zur Kontrolle des Blasens und der Standölkochung geeignet.

ε) Die Fähigkeit der Filmbildung des Leinöls, seine *Trocknung*, bestimmt man am einfachsten in der Weise, daß man 3 Tropfen Öl auf einer Glasplatte gleichmäßig verteilt und dann die Glasplatte in horizontaler Lage bei Raumtemperatur (18···23°) trocknen läßt. Im Sommer soll die Trockenzeit nicht länger als 4 Tage, im Winter nicht länger als 6 Tage betragen. Das Wetter während dieser Zeit ist für den Trocknungsvorgang von Bedeutung. In feuchtem Wetter kann sich die Trockenzeit um ca. 2 Tage verlängern.

Die Geschwindigkeit der Trocknung selbst bestimmt man am besten durch das einfache Betasten mit dem Finger. Solange der Finger noch einen fühlbaren Widerstand erfährt, befindet sich der Leinölfilm noch im Stadium des Antrocknens (Anziehens). Der nächste Zustand ist der der klebenden Trocknung, wobei also der Finger beim Gleiten über die Filmoberfläche klebt. Eine staubfreie Trocknung ist erst dann erreicht, wenn der Finger ohne Widerstand über den Film streicht. Es beginnt nun die Zeit der Durchtrocknung des Films. Das Endstadium ist erst dann erreicht, wenn der Finger mit starkem Druck ohne Widerstand über den Film fährt und kein Fingerabdruck mehr sichtbar wird.

Ein weiteres Urteil über diese wichtige Eigenschaft gewinnt man durch die Firnis-Kochprüfung. Das rohe Leinöl wird mit 0,5···1% Bleiglätte und Mennige oder mit 2···3% harzsaurem Mangan zu Firnis bei 140 bis 150° verkocht. Man bringt davon ca. 1 mg Firnis auf 1 cm² Glasplatte und bestimmt die Trockenzeit bei 18···23°. Nach 24 Stunden soll der Film völlig durchgehärtet sein. Er ist dann in Äther unlöslich.

Leinölfirnis.

b) Ein solcher *Leinölfirnis* soll keine anderen Bestandteile außer Leinöl und Trockenstoffen enthalten. Kalt bereitet sind Leinölfirnisse dann, wenn sie mit Sikkativlösungen hergestellt wurden und Lösungsmittel enthalten. Sollten in dem Leinölfirnis durch Abkühlung Trübungen entstehen, so müssen sie beim Erwärmen auf 40° wieder verschwinden. Danach soll das Öl auch bei Zimmertemperatur klar bleiben.

Im Farbton ist der Firnis im allgemeinen dunkler als das Leinöl, jedoch wird man nicht gern eine Farbtiefe stärker als n/50 Jodlösung sehen.

Die Verunreinigung des Leinölfirnis durch Mineralöl zeigt sich bereits bei der Trocknungsprüfung, indem sich auf dem Film eine fettige Schicht abscheidet. Der Film ist weich und oft auch auf der Unterlage verschiebbar. Die Verunreinigungen lassen sich auch durch die sogenannte Wasserprüfung erkennen. Hierzu verseift man ca. 1 cm³ Firnis mit 5 cm³ alkoholischer Kalilauge in der Siedehitze. Die entstandene Seife muß auf Zusatz von Wasser eine klare Lösung bilden, wenn sich keine Mineralöle oder Harzöle im Firnis befinden.

Da die Petroleum- und Paraffinprodukte in Glycolmonoacetat nur wenig löslich sind, eignet sich dieses Lösungsmittel zur Abtrennung des Paraffinöls von anderen Ölen.

Wenn der Firnisfilm stärker klebt, so kann hierfür die Ursache in einem anormal hohen Gehalt an Harz, an Ricinusöl oder an Tranen liegen. Es ist dann erforderlich, den Firnis (10 g) in 100 cm³ Petroläther zu lösen, mit verdünnter Salzsäure durch Schütteln zu zerlegen. In der wäßrigen Schicht bestimmt man die Metalle der Trockenstoffe nach den üblichen Methoden der anorganischen Analyse. Im Petroläther bleiben die geringen Mengen Oxyfettsäuren unlöslich. Nach ihrer Abtrennung wird mit n/1 Lauge neutralisiert und mit 50%igem Alkohol ausgeschüttelt. Man erreicht dadurch eine Trennung der Fett- und Harzsäuren von den Mineralölen und anderen neutralen Bestandteilen.

Die qualitative Harzprüfung wird nach *Liebermann-Storch-Morawski* durchgeführt, indem man in 1 cm³ Essigsäureanhydrid löst und mit 1 Tropfen Schwefelsäure versetzt. Es bildet sich bei positivem Harzgehalt eine intensiv rotviolette Färbung aus.

Wolff und *Scholze*[1] haben eine quantitative Bestimmungsmethode der Harzsäuren neben den Fettsäuren auf der Tatsache gegründet, daß die Harzsäuren sich nicht in ihre Methylester überführen lassen. Sie behandeln also 2···5 g Fettsäure (harzhaltig) in 10···20 cm³ Methanol mit 5···10 cm³ einer Mischung von 1 (Vol) Schwefelsäure konz. und 4 (Vol) Methanol 2 Min. bei 65° am Rückflußkühler. Das Reaktionsgemisch wird aufgearbeitet durch Zugabe von 10%iger Kochsalzlösung, danach mit Äther ausgeschüttelt, die wäßrige Schicht getrennt und nochmal 2···3 mal ausgeäthert. Der Äther wird mit Kochsalzlösung gegen Methylorange neutral gewaschen und schließlich mit n/10 Lauge (alkohol.) gegen Phenolphthalein als Indikator titriert.

Legt man eine Neutralisationszahl der Harzsäuren von 160 zugrunde, so errechnet sich unter der Annahme, daß als Korrekturfaktor für unveresterte Fettsäuren 1,5% einzusetzen ist, der Harzgehalt zu

$$\% \text{ Harz} = \frac{17{,}76 \cdot \text{cm}^3 \text{ n/10 Lauge}}{\text{g Einwaage}}.$$

Die übrigen Kennzahlen des Leinölfirnis werden auf dieselbe Art ermittelt wie beim Leinöl. Enthält der Firnis eine kolloidal disperse

---

[1] Chemiker-Ztg. **38**, 369, 383, 430 (1914).

Phase, so verwendet man als Lösungsmittel Alkohol und Benzol; man vermeidet dadurch die Absorption von Alkali durch die disperse Phase.

Die Säurezahl soll nicht über 12, die Verseifungszahl zwischen 185 und 195 liegen, so daß also niedere Verseifungszahlen ebenfalls auf Verfälschungen durch Harz oder andere Öle hinweisen. Die Jodzahlen sind ziemlich uncharakteristisch. Wir haben sehr weit auseinanderliegende Grenzwerte von 165 bis ca. 128 gefunden.

Die im Firnis vorhandenen *Trockenstoffe* bestimmt man durch Veraschen unter Benutzung der in der anorganischen Analyse üblichen Arbeitsweisen[1]. Zum schnellen Nachweis des Kobalt in Ölen kann man nach *Procipio*[2] eine Probe Öl mit der gleichen Menge Äther lösen und dann mit derselben Menge einer 25%igen Lösung von Ammonrhodanid in 50%igem Aceton schütteln. Aus der bei Anwesenheit von Kobalt sich grünlich färbenden Emulsion sich absetzenden unteren wäßrigen Schicht, die eine blaue Färbung annimmt, kann man colorimetrisch auf den Gehalt an Kobalt im Öl schließen. Die Empfindlichkeit beträgt 0,02 mg Kobalt.

Die Trocknungsprüfung der Leinölfirnisse, die wie beim Leinöl selbst durchgeführt wird, wird durch die sogenannte *Eibner*sche Prüfung ergänzt. Hierzu reibt man 75 g Bleimennige mit 25 g Firnis zur Farbe an und streicht auf einer Glasplatte auf. Nach 3 Tagen Trocknen dürfen die abgeschabten Späne nicht mehr in Äther in Lösung gehen und der Äther nur eine geringe Rotfärbung durch aufgeschwemmte Mennige zeigen.

Leinöl-Standöl.

c) Durch mehrstündiges Erhitzen des Leinöls auf 250···300°, meist auf 285···290° erhält man „Standöle", bei gleichzeitigem Luftdurchleiten „geblasene Standöle".

Sie werden nach den gleichen Methoden wie Leinöl untersucht. Die Säurezahl des Standöls soll 20 nicht überschreiten.

Eine Hexabromidzahl darf beim Standöl nicht mehr gefunden werden. Die Jodzahl fällt mit steigender Polymerisationsdauer und liegt in der normalen Handelsware um 120; bei festen Polymerisaten bei 70···80. Die Viscosität steigt mit der Dauer der Standölkochung an und kann fast den 100fachen Wert des Leinöls erreichen.

Von ähnlicher Viscosität sind die geblasenen Öle resp. das Ricinusöl. Letzteres ist in 94%igem Alkohol völlig löslich und so von den Standölen zu unterscheiden; diese lösen sich in der 20fachen Menge Alkohol nur zu 20%. Darauf kann man leicht einen Verfälschungsnachweis aufbauen.

---

[1] Siehe auch *F. Wilborn*: Die Trockenstoffe u. *Fritz Felix*: Trockende Öle u. Trockenstoffe 1949. — [2] Ann. Chim. Applicata **25,** 222 (1935).

Während Standöl in Petroläther löslich ist, wird Ricinusöl darin nicht gelöst. Seine hohe Acetylzahl unterscheidet das Ricinusöl außerdem noch vom Standöl.

Von Bedeutung für die praktische Verwertbarkeit des Standöls ist noch seine Tendenz zum Eindicken mit Zinkweiß, das 1:1 mit Leinöl-standöl angerieben wird. Die Konsistenz dieser Paste wird nach 24 Stunden Stehen an der Luft beobachtet.

Linoxyn.

d) Wenn Leinöl durch ca. 6 stündiges Erhitzen auf 180···200° mit einigen Prozenten Bleiglätte oder Mennige in Firnis umgewandelt und dieser dann durch Luftsauerstoff nach dem *Walton*- oder *Taylor*-Verfahren oxydiert wird, so bildet sich das *Linoxyn*. Es ist eine gelbrote bis rotbraune gelartige Masse vom spez. Gewicht d = 1,01···1,10.

Im Gegensatz zum Leinöl löst sich das Linoxyn nicht mehr in Äther, Chloroform und Schwefelkohlenstoff. Löser sind Eisessig in der Siedehitze, Gemische von Benzol + Aceton + Methanol, ferner ein Gemisch aus 87% Tetrachlorkohlenstoff + 13% (Vol) Alkohol bei ca. 40°.

Läßt man Petroläther oder Alkohol wochenlang auf Linoxyn einwirken, so lösen sich die nichtoxydierten, aber auch ein Teil der oxydierten Produkte und die evtl. Zumischungen von Ricinusöl oder Standöl zum Ausgangsleinöl. Diese Löslichkeiten können 15···20% oder sogar 55% je nach Löser betragen.

Eine prozentuale Ermittlung des *Oxydationsgrades* läßt sich durch eine Soxhlet-Extraktion mit Äther in üblicher Weise durchführen. Das nichtoxydierte Leinöl sowie die evtl. Verfälschungen gehen in den Äther, der oxydierte Anteil bleibt ungelöst. Beide Produkte der Extraktion werden durch Wägung bestimmt. Ein Normal-Linoxyn hat einen Oxydationsgrad von 55%.

Die in üblicher Weise ermittelte Verseifungszahl des Linoxyn liegt zwischen 270···300, also erheblich höher als die des Leinöls. Dagegen ist verständlicherweise die Jodzahl sehr stark abgesunken; meist werden Werte zwischen 50···60 gefunden.

Für die Bestimmung der oxydierten Fettsäuren bedient man sich der Ermittlung der *Hydroxylzahl* (OH-Zahl). Man versteht darunter die mg KOH, die zur Bindung der im Acetylierungsprodukt aus 1 g Öl resp. OH-haltiger Substanz abgespaltenen Essigsäure nötig sind. Die Durchführung dieser Analysenmethode ist einfacher als die Bestimmung der Acetylzahl. Die Berechnung der mg KOH auf Ausgangsprodukt ist auch praktischer als auf die acetylierte Substanz selbst.

Wir führen die OH-Zahl-Bestimmung in Anlehnung an die Vorschriften der Deutschen Gesellschaft für Fettforschung[1] in der Weise

---

[1] Fette u. Seifen **45**, 234, 315 (1938).

durch, daß man die Substanz (ca. 1···2 g) in der 5fachen Menge reinsten Pyridins löst und mit 10,00 cm³ Pyridin-Acetanhydrid-Gemisch (220 g Pyridin + 30 g Acetanhydrid) am Steigrohr 1 Stunde erhitzt. Nach dem Erkalten werden 15 cm³ Wasser (durch Steigrohr) zugegeben und 10 Min. auf dem Wasserbad unter Schütteln erhitzt. Schließlich werden 50 cm³ neutralisierter Alkohol zugefügt und nun mit n/2 alkoholischer Lauge gegen Phenolphthalein titriert.

Der Blindwert wird in genau der gleichen Weise bestimmt. Es ist dann die

$$\text{OH-Zahl} = \frac{28{,}06 \cdot \text{cm}^3 \text{ n/2 Lauge (Blindwert-Probenwert)}}{\text{g Einwaage}},$$

von ihr ist die Säurezahl der Substanz abzuziehen.

Um die *Acetylzahl*[1] der oxydierten Fettsäuren zu ermitteln, werden die Probesubstanzen mit der gleichen Menge Acetanhydrid 2 Stunden unter Rückfluß gekocht. Die Aufarbeitung des Reaktionsgemisches wird nun verschieden durchgeführt. Entweder man hydrolysiert das überschüssige Anhydrid durch Kochen mit Wasser im Kohlensäurestrom, oder man löst in benzolfreiem Benzin, wäscht mehrmals mit 50%iger Essigsäure, trennt die Essigsäure ab und verdampft schließlich die benzinische Lösung der acetylierten Substanz und wägt diese nach Trocknen bei 100···110°. Am acetylierten Produkt wird dann die Verseifungszahl unter gleichen Bedingungen ermittelt, wie am Ausgangsmaterial der Acetylierung. Es ist dann die

$$\text{Acetylzahl} = \frac{VZ_{ac} - VZ_{un\text{-}ac}}{1 - 0{,}00075 \cdot VZ_{un\text{-}ac}}.$$

Die Acetylzahl läßt sich aus der OH-Zahl berechnen nach

$$\text{Acetylzahl} = \frac{OH\,Zahl}{1 + 0{,}00075 \cdot OH\,Zahl}.$$

Die direkte *Bestimmung der oxydierten Fettsäuren* neben den anderen Fettsäuren beruht auf ihrer Unlöslichkeit in Petroläther vom Sdp. 35···50°. Es werden zunächst 5···10 g Linoxyn (oder Öl) mit der 10fachen Menge n/1 Lauge (alkohol.) verseift. Falls sich etwas Unverseifbares abscheidet, so wird dies nach dem Verdünnen mit Wasser ausgeäthert. Die Verseifungsflüssigkeit, die frei von Äther und Alkohol ist, wird dann im Schütteltrichter mit etwas mehr als dem Äquivalent an n/1 Salzsäure angesäuert und nun die 20fache Menge der Einwaage an Petroläther langsam im Strahl zugegeben. Im Petroläther lösen sich die Fettsäuren, während die Oxysäuren an den Wänden des Trichters als rotbraune Masse haften. Man wäscht noch 2mal mit Petroläther nach und löst dann die oxydierten Fettsäuren in warmem Alkohol auf, filtriert und bringt schließlich die oxydierten Fettsäuren zur Wägung.

---

[1] J. Soc. Chem. Ind. **9**, 846 (1890); **16**, 503 (1897); Ind. Engng. Chem. Analyt. Edit. **12**, 382 (1940).

Das Säurewasser wird vorsichtshalber nochmals mit Petroläther ausgeschüttelt, um die evtl. noch hier vorhandenen oxydierten Fettsäuren zu ermitteln.

In den Oxysäuren sind meist noch die Mineralsalze aus den Sikkativen vorhanden. Die durch Veraschen erhaltene Differenz ergibt die Mineralsalze resp. Fettsäuren.

Es sei daran erinnert, daß die Ricinolsäure zum Teil in Petroläther löslich ist. so daß also die Methode beim Ricinusöl versagt. Im Linoxyn finden sich durchschnittlich 33% oxydierte Fettsäuren, die nur zum geringen Teil wasserlöslich sind.

Linoleumzement.

Durch Schmelzen von Linoxyn, Weichharz (Kolophonium) und Hartharz (Kopal) im Verhältnis von etwa 8:1,5:0,5 entsteht der *Linoleumzement*[1]. Seine Untersuchung erstreckt sich auf die Ermittlung der mit Äther extrahierbaren Anteile.

Sie sollen in der Hauptsache aus den Harzen bestehen. Finden sich noch größere Mengen Öl, so war entweder die Oxydation des Linoxyns ungenügend oder aber es liegen Verfälschungen mit anderen Ölen vor. Eine quantitative Abtrennung der Harze vom Linoxyn ist bisher noch nicht gelungen.

Finden sich im Linoleumzement bereits die Füllstoffe, Kork und Farbstoffe, beigemischt, so erreichen *Ulzer* und *Baderle*[2] durch reine Druckkochung mit Benzol auf 150° eine Auflösung des Linoxyns und des Harzes. Die ungelöst gebliebenen Kork- und Farbstoffe werden nach Benzolwäschen gewogen und durch Veraschen der organischen Anteile der Füllmittel bestimmt. Im gelösten Anteil sind noch die benzollöslichen Bestandteile des Korks in einer Menge von etwa 4% des Korkgewichtes.

III. Durch Polymerisation gewonnene Plast-Rohstoffe.

1. Untersuchungsmethoden für polymere Kohlenwasserstoffe. Sie erstrecken sich nicht nur auf die Ermittlung der niedrig-molekularen Verunreinigungen, der Charakterisierung und Feststellung fremder Gruppen im Verband des Makromoleküls selbst, der Bestimmung der Molekülgröße und der Verteilung der verschieden großen Moleküle im Makromolekülverband, also der Ermittlung ihrer Polymolekularität, der Bestimmung einzelner charakteristischer Bausteine, meist bestimmter polarer Gruppen, im Makromolekül, sondern sie sollen auch über die Auswirkung der möglichen Isomeren beim Aufbau des Makromoleküls als Folge der Polymerisationsbedingungen auf die Verarbeitungsbedingungen und die Eigenschaften des Fertigproduktes Aussagen zulassen.

---

[1] *Bodenbender*: Linoleum-Handbuch (Selbstverlag). — [2] *Berl-Lunge*: Chemisch-technische Untersuchungsmethoden 8. Aufl. Bd. IV, S. 541.

Zur Lösung dieser Aufgaben stehen der analytischen Chemie der Plaste zur Zeit nur vereinzelt rationelle chemische und physikalische Methoden zur Verfügung, so daß sie sich auch für diese Gruppe der Polymeren mit einer Reihe konventioneller empirisch oder halbempirisch gefundenen Arbeitsweisen in einigen Fällen begnügen muß.

Polyäthylen.

a) Wenn wir das *Polyäthylen* gewöhnlich als eine lange Kette von Methylengruppen gemäß

$$\ldots\ldots CH_2 - CH_2 - CH_2 - (CH_2)_n - CH_2 - CH_2 - \ldots\ldots$$

formulieren, wobei $n \lessgtr 500$ ist, so tragen wir den an den technischen Polymerisaten ermittelten Eigenschaften nicht Rechnung. Diese sprechen dafür, daß im Polyäthylen Ätherbindungen, aliphatische Doppelbindungen, Methyl- und auch Carbonylgruppen, sowie OH-Gruppen vorhanden[1] sein müssen. Ebensowenig läßt diese Formulierung erkennen, daß die Endgruppen des Makromoleküls verschieden sind und von den Polymerisationsbedingungen abhängen. Werden Peroxyd-Katalysatoren benutzt, so sind wohl Bruchstücke des Katalysators als Ketten-Ende anzunehmen, wobei nicht immer die beiden Enden der Ketten gleichgebaut sein müssen. Es sind also durchaus Ketten folgenden Baus möglich:

$$C_6H_5 - COO - CH_2(CH_2)_n - CH_3 \text{ oder } C_6H_5 \cdot CO - OCH_2(CH_2)_n - CH = CH_2.$$

Bei Anwendung der Emulsionspolymerisation (Katalysator Perschwefelsäure resp. deren Salze) sind eingebaute SO_3H-Gruppen und OH-Gruppen nachweisbar. Die allgemeine Annahme, daß bei den Makromolekülen die Endgruppen oder aber auch die in der Kette als Seitenkette eingebaute Fremdgruppe eine zu vernachlässigende Rolle spielt, ist auf Grund zahlreicher Beobachtungen nicht mehr aufrecht zu erhalten. Es ergibt sich somit für den Plast-Analytiker die Aufgabe, nicht nur die Anwesenheit derartiger Fremdgruppen nachzuweisen, sondern möglichst auch ihre stereochemische Einordnung. Der Begriff der Fremdgruppen ist hierbei nicht nur auf Atomgruppen mit Heteroatomen anzuwenden, sondern wir wollen auch alle anderen Molekülgruppierungen, die von dem x-fachen des Grundmoleküls abweichen, darunter verstehen, also z. B. auch die Methylgruppen. Wenn sich diese vergrößern, so ist es wohl richtiger, von Molekülverzweigungen zu sprechen. Daraus ergibt sich dann für den Analytiker die Aufgabe, Zahl, Ort und Länge dieser Verzweigungen im Makromolekül festzulegen.

Die Bestimmung des Schmelzpunktes des Polyäthylens geschieht nach den üblichen Methoden. Die halbfesten, wachsartigen, farblosen, durchscheinenden Polyäthylen-Rohstoffe haben einen Schmelzpunkt von $110\cdots120°$. Dieser ist relativ wenig abhängig vom Molekulargewicht,

---

[1] *Schwarz*: Kunststoffe **40**, 13 (1950).

soweit es sich um Blockpolymerisate handelt. Die durch Emulsionspolymerisation gewonnenen Polyäthylene haben Schmelzpunkte zwischen 75···100°.

Die Löslichkeitseigenschaften des Polyäthylens sind zu uncharakteristisch ausgeprägt, als daß sich darauf analytische Untersuchungsmethoden aufbauen ließen. Polyäthylen ist in den üblichen Kohlenwasserstoffen, Chlorkohlenwasserstoffen, Estern, Alkoholen usw. unlöslich. In siedendem Benzol resp. in ca. 100° warmem Toluol gelingt seine Auflösung, jedoch sind die Lösungen nur in einem kleinen Temperaturbereich beständig, unterhalb dieser Grenztemperatur (ca. 65···70°) fallen die Polyäthylene wieder pulverförmig aus.

Man kann zwar in diesem Gebiet viscosimetrische Messungen durchführen und diese dann auch in der Richtung der Ermittlung der Eigenviscosität oder gar des Polymerisationsgrades auswerten. Besser ist es jedoch, nach amerikanischem Vorbild, die Viscosität der Schmelze zu bestimmen. Die hierbei anzuwendenden Methoden sind die gleichen wie bei der Viscosimetrie der Lösungen.

Dieser Paraffincharakter des Polyäthylens mit seiner besonders ausgeprägten Widerstandsfähigkeit gegenüber Lösungsmitteln erschwert auch Untersuchungen über die Polymerenverteilung nach den üblichen Methoden der fraktionierten Fällung resp. Lösung.

Charakteristisch für die Einheitlichkeit des Polyäthylens ist auch sein Verhalten bei langdauernder thermischer Beanspruchung. In Übereinstimmung mit *Seymour*[1] fanden wir bei unseren älteren Untersuchungen, daß Polyäthylen oberhalb ca. 230···235° eine geringfügige Zersetzung erleidet, wobei wir die Warmlagerung bis zu 10 Tagen ausdehnten. Flüchtige Abspaltungsprodukte wurden seinerzeit weder bei dem hochpolymeren noch bei dem niedrigpolymeren Polyäthylen beobachtet.

Führt man den niedrigen Polymerisationsgrad auf die Anwesenheit von viel verzweigten Molekülketten zurück, so bedeutet dies auch eine recht beachtliche thermische Stabilität dieser Polyäthylen-Einstellung.

Zur Feststellung der hier zum Ausdruck kommenden räumlichen Isomerie kann man sich nur in geringem Maße chemisch-analytischer Methoden bedienen. Hauptsächlich werden hier die optischen Methoden der Infrarot- und Ultraviolett-Absorption und des Raman-Spektrums herangezogen werden müssen.

Da einige anwendungstechnisch wichtige Eigenschaften des Polyäthylens von seinem inneren Aufbau, insbesondere von dem Verhältnis an kristallisierten zu amorphen Anteilen abhängen, so werden auch Untersuchungen mit Röntgenstrahlen herangezogen werden müssen, um die Brauchbarkeit der einzelnen Chargen des Plast-Rohstoffes Poly-

---

[1] Ind. Engng. Chem. **40,** 524 (1948).

äthylen für ihre Verwendbarkeit in der Fabrikation von Fertigerzeugnissen zu prüfen. Im allgemeinen enthalten die technischen Polyäthylene $25\cdots40\%$ amorphe Anteile[1]. Die Einheitszelle hat die Ausdehnung von 4 CH_2-Gruppen, die sich zu einer Molekülkette bis zu maximal 1300 Å zusammenschließen. Das bedeutet also, daß mehrere Kristallite, deren Länge meist zwischen $100\cdots300$ Å angegeben wird, sich mit amorphem Material darin vereinigt finden.

Aus der Ermittlung des verzweigten Anteils kann man auf die vorhandenen amorphen Bereiche schließen, da die verzweigte Kettenstruktur für diese amorphen Anteile verantwortlich sein soll. Auch die Länge der Seitenkette ist nur mit röntgenoptischen Methoden zu ermitteln. Es sind Grenzwerte von 15 Å und 450 Å genannt.

Hopff[2] bestätigt die auch von uns gelegentlich gemachte Beobachtung, daß bei den Emulsionspolymerisaten die Qualität der Lösungen besser wird, wenn sie mit verdünnter Salzsäure gekocht werden. Wir konnten danach stets eine klare Auflösung erzielen. Auch die Schmelzen selbst waren klar.

Polyisobutylen.

b) Das in seiner äußeren Erscheinungsform dem Rohkautschuk ähnelnde eukolloide *Polyisobutylen* ist ein polymerer gesättigter Kohlenwasserstoff. Die theoretisch zu erwartende endständige $C = C$-Bindung ist wegen der Länge des Makromoleküls nicht mehr nachweisbar. Das Fehlen der $C = C$-Bindungen in der Kette bedingt das Fehlen der Vulkanisierbarkeit.

Polyisobutylen läßt sich leicht in einer polymerhomologen Reihe gewinnen, von der einige Glieder unter der Bezeichnung Oppanol B 15, B 30, B 50, B 200 technische Verwertung finden. Die niedrigen Glieder dieser Reihe sind zähe, stark klebrige, plastische Massen; die mittleren Glieder ähneln dem plastifizierten Rohkautschuk.

Das Verhalten des Polyisobutylens gegenüber organischen Lösungsmitteln wird bei allen Gliedern der polymerhomologen Reihe durch den apolaren Charakter der Poly-Kohlenwasserstoffe bestimmt.

Die Viscosimetrie der verdünnten Lösungen ist neben einigen technologischen Prüfungen z. Zt. die einzige Untersuchung des Rohstoffes Polyisobutylen vor seiner Überführung in Folienform.

Jedoch ist das Aussagevermögen derartiger Messungen in bezug auf eine Prognose der Verarbeitbarkeit des Polyisobutylens resp. auf seine Lebensdauer als Fertigprodukt von zweifelhaftem Wert. Ebensowenig vermag man aus viscosimetrischen Messungen am Polyisobutylen Entscheidungen darüber zu fällen, ob gewundene oder verzweigte Moleküle

---

[1] *Bryant*: Polym. Sci 2, 547 (1947). — [2] Kunststoffe 37, 31 (1947).

vorliegen und in welcher Richtung sich diese auf die oft beobachtete Verschiedenartigkeit der Verarbeitbarkeit resp. der Eigenschaften auswirken.

Der Hersteller des Polyisobutylens in Deutschland bezeichnet seine Erzeugnisse durch die Anfangsziffern der ungefähren Molekulargewichte z. B. Oppanol B 15 (Molgewicht ca. 15 000) resp. Oppanol B 200 (Molgewicht ca. 200 000).

Unsere in den Jahren 1938/1939 gemeinsam mit *Hermann Kech* durchgeführten viscosimetrischen Messungen an technischen Polyisobutylen-Typen führten zu der Auffassung, daß das aus der Viscosität einer 0,1%igen Lösung in Isooktan (dimeres Isobutylen) berechenbare Molekulargewicht nicht dazu geeignet ist, die Gleichmäßigkeit einer Produktionsserie zu kontrollieren mit dem Ziel, chemisch-analytisch nicht erfaßbare Unterschiede, die verarbeitungsmäßig auftreten, etwa vorherzusagen.

Kleine, bei technischen Produkten kaum zu vermeidende Schwankungen in der Polymolekularität beeinflussen das Ergebnis sehr stark. Es kommt noch hinzu, daß auch unvermeidbare Ungleichmäßigkeiten bei der Aufbereitung des frischen Polymerisats sich auf die Viscositätswerte in unkontrollierbarer Weise auswirken können. Weiterhin erfordern alle diese Untersuchungen zwangsläufig die Einhaltung niedriger Konzentrationen der Meßlösungen.

Ein Vergleich der Resultate viscosimetrischer Molekulargewichtsbestimmungen mit der in der Technik gern zur Charakterisierung angewandten Berechnung der Eigenviscosität nach *Fikentscher* (siehe auch S. 28) führte zu folgenden Erkenntnissen:

Die Gleichung ist, wie jahrelang durchgeführte Messungen an den verschiedensten Eukolloiden in den verschiedenartigsten Lösungsmitteln immer wieder bestätigt haben, für den Bereich der sehr niedrig- bis sehr hochprozentigen Lösungen gültig. Sie erlaubt also einen direkten Vergleich der Eukolloide auf Grund ihrer Eigenviscosität

Wie die graphische Darstellung der Funktion $k = f(z)$ ergibt, verlaufen diese Kurven bei kleinen Konzentrationen und geringen relativen

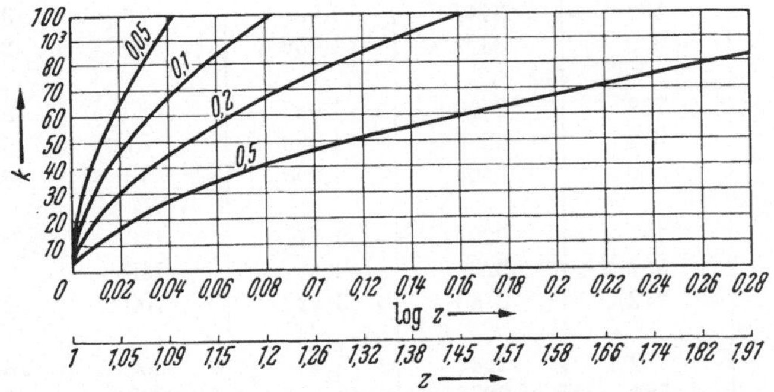

Abb. 19. Funktion des Parameter k der *Fikentscher* Gleichung und der relativen Viscosität z für Konzentrationen c = 0,05 bis 0,5 g/100 cm³ Lösung.

Viscositäten sehr viel steiler als im übrigen Gebiete. Die Zeichnung (Abb. 19) vermittelt ein Bild davon für das Konzentrationsgebiet von 0,05 bis 0,5 g/100 cm³ Lösung, wie es bei Messungen an Polyisobutylen eingehalten werden muß.

Es sind also, besonders bei den aus den Viscositäten der Anfangskonzentrationen der niedrig viscosen Typen errechneten Werten, starke Streuungen zu erwarten. Außerdem kommt noch hinzu, daß selbst bei einem relativ niedrig polymeren Glied der technisch dargestellten polymer-homologen Reihe das Polyisobutylen auch die sehr niedrig konzentrierten Lösungen Strukturviscosität aufweisen.

Da für den Viscositätseffekt als solchen nicht nur die Konzentration an Eukolloid, sondern auch die absolute Viscosität des Lösungsmittels und das Solvatationsvermögen des letzteren für das zu messende Eukolloid verantwortlich sind, so muß der K-Wert zwangsläufig mit dem Lösungsmittel veränderlich sein. Diese Veränderlichkeit besteht natürlich auch für andere „Konstanten", die aus viscosimetrischen Messungen abgeleitet sind. Vergleiche in polymerhomologen Reihen sind also stets nur unter Beachtung der beiden Gesichtspunkte: Fehlen von Strukturviscosität und gleiches Lösungsmittel vorzunehmen.

Zur Viscosimetrie der polymerhomologen Reihe Oppanol B 30, B 50, B 100 und B 200 haben wir das *Holde-Ubbelohde* Viscosimeter benutzt. Es ergibt sich, daß infolge der aus den beispielsweise wiedergegebenen Versuchsergebnissen nachfolgender Tabelle erkennbaren Strukturviscosität die relativen Viscositäten z nicht konstant sind. Damit sind selbstverständlich auch die aus ihnen rechnerisch sich ableitenden K-Werte resp. Molekulargewichte mit mehr oder minder starken Fehlern be-

Viscosimetrie an 0,05 g Oppanol/100 cm³ Lösung enthaltenden Lösungen in Isooctan.

Oppanol Type	p in mm	p · t	z	K-Wert k · 10³	Mol.-Gew. (M.G.)
B 30	618	3473	1,064	74	41 · 10³
	537	3447	1,058	72	34
	359	3392	1,039	60	25
B 50	713	3550	1,087	80	56
	612	3556	1,089	81	57
	502	3463	1,060	73	38
B 100	737	2293	1,17	130	73
	587	2237	1,14	116	72
	242	2180	1,12	100	90
B 200	722	2642	1,45	200	234
	585	2632	1,45	200	234
	477	2585	1,32	175	214

haftet. Bei den höher konzentrierten Lösungen (maximale Konzentration 0,2 g/100 cm³ Lösung) tritt die Strukturviscosität nicht ganz so schroff auf.

Weiterhin erscheint von Bedeutung, inwieweit die Forderung nach der Konstanz des K-Wertes resp. des Molgewichts bei verschiedenen Konzentrationen an Polyisobutylen erfüllt ist. Die nachfolgende Tabelle läßt erkennen, daß bei den niedrigeren Gliedern der polymerhomologen Reihe diese Konstanz weit weniger gewahrt ist, als bei dem hochmolekularen Oppanol B 200. Diese Schwankungen sind aber relativ immer noch geringer als die Abweichungen der aus den gleichen relativen Viscositäten berechneten Molekulargewichte.

Abhängigkeit der Eigenviscosität K[1] und des M.G. von der Konzentration an Polyisobutylen in Isooctan-Lösungen (c in g/l).

Marke	c =	0,5	1.00		1,5		2.0		5.0	
	K	M.G.	K	M.G.	K	M.G	K	M.G.	K	M.G.
B 30	74— 60	41— 25	67— 60	28— 31	60—48	26—18	52— 47	23— 19	55—51	25—22
B 50	80— 73	56— 38	75— 59	26— 39	65—61	30—27	62— 60	33— 35	62—59	29—28
B 100	130—100	90— 73	124—115	106— 87	115	93	—	—	—	—
B 200	200—175	234—214	175—170	224—236	—	—	172—163	300—263	—	—

Trägt man den K-Wert als Funktion des Molekulargewichts auf, wie das in Abb. 20 geschehen ist, so erhält man ein noch weniger erfreuliches Bild von der Natur der viscosimetrisch ermittelten Konstanten im Gebiet der Makromoleküle.

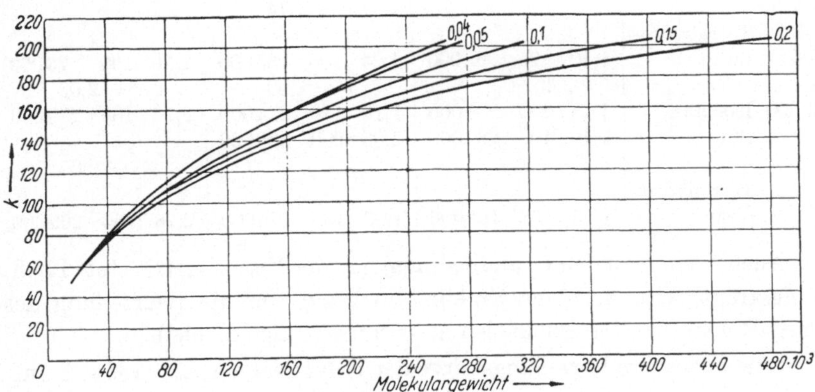

Abb. 20.　k-Wert nach *Fikentscher* als Funktion des Molekulargewichts für c = 0,04 bis 0,2 g/100 cm³ Lösung.

Nach unseren Vorstellungen sollte einer gewissen Eigenviscosität ein entsprechendes Molekulargewicht zugeordnet sein, also für alle Fälle, ganz gleich welche Konzentration vorliegt, ein und dieselbe Beziehung zwischen Molekulargewicht und K-Wert bestehen. Wenn man diese Gleichungen rechnerisch aufstellt, so ergibt sich für jede Konzentration eine

---

[1] $K = k \cdot 10^3$ (K-Wert).

eigene Kurve, d. h. es besteht zwischen Molekulargewicht und K-Wert keine eindeutige, von der Konzentration unabhängige Beziehung. Die Differenz zwischen den einem bestimmten K-Wert entsprechenden Molekulargewichten fällt allerdings erst von Eigenviscositäten über 100 ins Gewicht. So entfallen z. B. auf einen K-Wert von 150 bei verschiedenen Konzentrationen folgende Molekulargewichte:

Konz. (Vol. %)	Molekulargewicht
0,04	148 000
0,05	150 000
0,10	181 000
0,20	203 000

Um einen Begriff von der Auswirkung des Lösungsmittels auf die relative Viscosität (z) und damit auf die Eigenviscosität (k · 10^3) und das Molekulargewicht nach *Staudinger* zu geben, seien noch einige Meßergebnisse an Lösungen der beiden hochviscosen Polyisobutylen-Typen Oppanol B 100 resp. B 200, nachstehend wiedergegebenen Tabelle.

Einfluß des Lösungsmittels auf z, k und MG.

Typ	Löser	c = 0,5 g/l			c = 1,0 g/l			c = 1,5 g/l		
		z	k·10^3	MG	z	k·10^3	MG	z	k·10^3	MG
B 100	Isooctan	1,14	116	72 000	1,30	118	96 000	1,44	115	93 000
	CCl_4	1,20	135	120 000	—	—	—	1,80	146	128 000
					c = 1,14					
	Tetrahydro-furan	1,10	95	68 000	1,24	105	65 000	1,36	100	73 000
					c = 1,00			c = 2,03		
B 200	Isooctan	1,45	200	234 000	1,70	170	224 000	2,76	168	279 000
	CCl_4	1,49	193	284 000	2,05	200	330 000	—	—	—
								c = 2,00		
	Tetrahydro-furan	1,30	168	192 000	1,55	155	176 000	2,28	150	205 000

Auch wenn man den Grundbedingungen der Viscosimetrie stets Rechnung trägt, wird doch ihr Ergebnis in bezug auf die Beurteilung des Plast-Rohstoffes Polyisobutylen stets unbefriedigend bleiben.

Eine ungefähre Verteilungskurve der Polymolekularität läßt sich aufstellen, wenn man eine verdünnte Lösung des Polyisobutylens z. B. 2 g/1000 cm³ in Isooctan oder Tetrahydrofuran herstellt und diese nun mit einem Fällmittel z. B. Alkohol oder Wasser versetzt. Die hierbei auftretende Trübung ist dem zugesetzten Fällmittel proportional.

Man erhält so in wenigen Minuten einen Einblick in die Polymolekularität des Polyisobutylens[1].

---

[1] *Morey* u. *Tamblyn*: J. Applied Physic. **16**, 419 (1945); J. phys. colloid. Chem. **51**, 721 (1947).

Für die Verwalzbarkeit des Polyisobutylens ist seine Thermostabilität von Bedeutung. Wir erhitzten Roh-Polyisobutylen zwischen 100° bis 150° bis zu 72 Stunden, ohne daß merkliche Gewichtsverluste auftraten. Auch die Eigenviscosität nach *Fikentscher* hat sich innerhalb der oben eingehend discutierten Schwankungen nicht dabei geändert. Unsere Befunde werden durch neuere Untersuchungen *Seymours*[1] ergänzt, der bei einer bis zu 150 Std. ausgedehnten Erwärmung des handelsüblichen Polyisobutylens ebenfalls keine Gewichtsabnahme findet.

Die kritische Temperatur für die Depolymerisation des Polyisobutylens liegt nach unseren Beobachtungen bei ca. 235—240°, wobei wir die Erwärmung in Gegenwart von Luftsauerstoff vornahmen. Aus den Versuchen *Seymours*, der Polyisobutylen in kochendem Diphenyl (Sdp. 255°) depolymerisiert, ergibt sich eine Bestätigung dieser Beobachtungen.

Bei der Depolymerisation entstehen hauptsächlich[2] neben geringen Mengen Kohlenwasserstoffe gesättigter Natur mit einem anderen C-Gehalt als einem Vielfachen von C_4-Monomere in einer Menge von 53,6%, Dimeres 14,5%, Trimeres 18,6%, Pentameres 6,1% des Isobutylens.

Polystyrol.

c) *Polystyrol* kommt sowohl als Blockpolymerisat wie auch als Emulsionspolymerisat zur Verarbeitung. Die Blockpolymerisate sind in Deutschland als Polystyrol L, III, IV und neuerdings auch VI handelsüblich, während die Emulsionspolymerisate als Polystyrol EF bezeichnet werden.

Die Polystyrolmarken EN und EH sind Mischpolymerisate aus 70% Styrol + 30% Acrylnitril resp. aus 50% Styrol + 25% Vinylkarbazol + 25% Acrylnitril.

Die einzelnen Marken sind durch ihren Polymerisationsgrad zu unterscheiden. Er wird viscosimetrisch ermittelt und kann unter anderem auch durch die ihm symbat gehende Eigenviscosität, dem K-Wert der *Fikentscher*·schen Viscositäts-Gleichung, ausgedrückt werden. Zur Kontrolle des Plast-Rohstoffes Polystyrol wird man demnach eine Viscositätmessung einer Lösung von 1 g resp. 5 g Polystyrol in 100 cm³ Lösung bei 25° vornehmen, wobei zweckmäßig Toluol als Löser verwendet wird.

An einer Reihe von Polystyrol-Marken fanden wir unter Benutzung eines Xylol-Toluol-Gemisches als Lösungsmittel ($\eta_0 = 0{,}732$ cP bei 20°) folgende Eigenviscositäten:

Polystyrol L (bei 130···160° kontinuierlich polymerisiert ohne Vorpolymerisation)

Probe 1	c = 1	$\eta_1 = 1{,}19$ cP	z = 1,62	k = 48·10⁻³
Probe 2	c = 1	$\eta_1 = 1{,}30$ cP	z = 1,78	k = 53·10⁻³
Probe 3	c = 1	$\eta_1 = 1{,}27$ cP	z = 1,73	k = 52·10⁻³
Probe 4	c = 1	$\eta_1 = 1{,}25$ cP	z = 1,70	k = 51·10⁻³

[1] Ind. Engng. Chem. **40**, 524 (1948).
[2] *Slobodin* u. *Matusseroitsch*: Журнал общеи химии **16**, 2077.

Polystyrol III

$c = 2$ $\eta_2 = 2{,}75$ cP $z = 3{,}74$ $k = 60 \cdot 10^{-3}$
$c = 3$ $\eta_3 = 4{,}84$ cP $z = 6{,}59$ $k = 60 \cdot 10^{-3}$
$c = 5$ $\eta_5 = 12{,}49$ cP $z = 17{,}00$ $k = 60 \cdot 10^{-3}$

Polystyrol IV

Probe 1 $c = 5$ $\eta_5 = 54{,}25$ cP $z = 73{,}9$ $k = 79 \cdot 10^{-3}$
Probe 2 $c = 1$ $\eta_1 = 2{,}73$ cP $z = 3{,}7$ $k = 86 \cdot 10^{-3}$

Emulsionspolymerisat Polystyrol EF

$c = 1$ $\eta_1 = 8{,}28$ cP $z = 11{,}3$ $k = 120 \cdot 10^{-3}$
$c = 5$ $\eta_5 = 1188$ cP $z = 1622$ $k = 114 \cdot 10^{-3}$

Hild[1] kennzeichnet die einzelnen Polystyrol-Marken gemäß

Polystyrol L oder BWL	$k = 58 \cdots 60 \cdot 10^{-3}$	$MG = 50\,000$
Polystyrol III oder BW	$k = 70 \cdots 72 \cdot 10^{-3}$	$MG = 120\,000$
Polystyrol IV	$k = \sim 90 \cdots 95 \cdot 10^{-3}$	$MG = 450\,000$
Polystyrol EF	$k = 120 \cdots 130 \cdot 10^{-3}$	$MG = 600\,000 \cdots 700\,000$

Für das kochfeste Polystyrol VI der BASF gibt *Schmidt*[2] die Eigenviscosität $k = 80.10^{-3}$ entsprechend MG 190 000 an.

Beide Autoren haben auf Angabe der zur Messung benutzten Lösungsmittel verzichtet.

Für die Berechnung des Molekulargewichtes (MG) aus den Viscositätswerten dient im allgemeinen die bekannte Gleichung von *Staudinger*

$$\eta_{spec} = k_m \cdot c \cdot MG$$

worin $\eta_{spec} = \eta_{rel}{}^{-1}$ ist. Die k_m-Konstante für Polystyrol ist von *Staudinger* und seiner Schule[3] unter Benutzung von Toluol als Lösungsmittel zu

$$k_m = 0{,}4 \text{ bis } 2{,}5 \cdot 10^{-4}$$

ermittelt.

Es ist besonders darauf hinzuweisen, daß diese einfache Gleichung nur im Bereich sehr verdünnter Lösungen gilt. Und gerade beim Polystyrol zeigt die k_m-Konstante einen deutlichen Gang. Die Ursache hierfür wird ebenso wie bei den anderen synthetischen Hochpolymeren, deren Lösungen hinsichtlich ihrer Viscosität dem *Staudinger*schen Viscositäts-„Gesetz" nicht folgen, in „Kettenverzweigungen" gesehen. Wie alle auf Grund der Solvatation abgeleiteten Beziehungen der Eukolloide, so sind natürlich die k_m-Konstanten der *Staudinger*schen Gleichung vom Lösungsmittel und der Temperatur abhängig. Molekulargewichtsbestimmungen mittels der Ultrazentrifuge ergeben teilweise Werte, die etwa doppelt so hoch sind, wie die aus der Viscositätsgleichung nach *Staudinger*[4].

---

[1] Chemische Technik 1 S. 186 (1949). — [2] Kunststoffe **40**, 198 (1950).
[3] *Staudinger*: Hochpolymere organische Verbindungen, Berlin 1932.
[4] *Signer* u. *Gross*, Helv. chim. Acta **17**, 59, 726, 335 (1934).

In diesem Zusammenhang ist eine Discussionsbemerkung *Staudingers*[1] von Interesse, daß „bei einer großen Zahl linear-molekularer Stoffe" . . . „vor allem bei den synthetischen Polyvinylderivaten, Polyvinylchloriden und Polystyrolen das Viscositätsgesetz für Fadenmoleküle nicht gilt." Auch aus diesen Erfahrungen heraus bevorzugt ein großer Teil der Industrielaboratorien die Auswertung der Viscositätsmessungen nach der Gleichung von *Fikentscher* (s. S. 28).

Zur weiteren Kennzeichnung dient auch beim Polystyrol seine Polymolekularität, also die Ermittlung der in ihm vorliegenden statistischen Verteilung der Polymerisationsgrade.

Am eindeutigsten wird sich dieses Charakteristikum wohl mit der Ultrazentrifuge bestimmen lassen. Jedoch kann wohl vorerst eine solche Untersuchung in den meisten Industrielaboratorien noch nicht durchgeführt werden, so daß dieser Hinweis auf diese älteste und wirkungsvollste Methode genügen möge[2].

Die wohl am meisten durchgeführte, sowohl analytisch wie präparativ auswertbare Methode zur Bestimmung der Polymeren-Verteilung besteht darin, daß man eine 1- bis 2%ige Lösung in einem nicht allzu flüchtigen Lösungsmittel durch langsame Zugabe von Fällmitteln bei mäßigem Rühren fällt. Es läßt sich sehr leicht der Punkt ermitteln, wo ein gelatinöser oder faseriger oder auch körniger Niederschlag erscheint. Durch Abtrennen von der restlichen Lösung gewinnt man so die erste Fraktion. Werden allmählich unter Konstanthaltung der Temperatur und der Arbeitsbedingungen weitere Mengen Fällmittel zugegeben, so fallen die 2., 3. usw. Fraktion an. *Badgley* fordert von dem Fällmittel, daß es weniger flüchtig ist als der Löser für das Eukolloid, und daß man den Löser aus dem Flüssigkeits-Gemisch bei konstanter Temperatur durch einen langsamen Stickstoffstrom wegnimmt[3].

Für Polystyrol-Lösungen in Kohlenwasserstoffen resp. Chlorkohlenwasserstoffen eignen sich Alkohole, insbesondere Methanol oder Butanol als Fällmittel.

Ebenso kann man durch Auswertung der partiellen Löslichkeit des Polystyrols in Quellmitteln zu einer für die Verarbeitung des Polystyrols wertvollen Beurteilung kommen. So hat sich die Löslichkeit des Polystyrols in Äther hinsichtlich seiner Eignung als Verbesserungsmittel für die Verwalzbarkeit des Polyisobutylen als charakteristisch erwiesen. Wie für die meisten Eukolloide, so ist auch beim Polystyrol diese Löslichkeit in Quellmitteln von der Konzentration des Eukolloids im Quell-

---

[1] Z. Elektrochem. u. angew. physik. Chem. 50, 122 (1944) und *Thinius*: Wissenschaftlich-technische Fortschrittsberichte auf dem Gebiet der nichthärtbaren Kunststoffe 1942—1945. Berlin 1950. S.38, 40, 166, 169 u. a.

[2] *Svedberg* and *Pedersen*: The Ultracentrifuge, Oxford 1937.

[3] *Mark*: Analyt. Chemistry **20**, 104 (1948).

mittel abhängig. Diese Löslichkeitszahlen werden selbstverständlich von der Temperatur abhängen, aber auch die Dauer der Einwirkung, sowie die wiederholte Erneuerung des Quellmittels beeinflussen die Höhe des im Quellmittel löslichen Anteils. Es empfiehlt sich daher, 2 verschiedene Konzentrationen an Eukolloid in demselben Quellmittel unter sonst gleichen Bedingungen zu vergleichen. Wir verwendeten stets 1 g resp. 10 g Polystyrol in 100 cm³ Äther und ließen diese Mischungen 24 Std. bei 20···25° auf einer Rollschüttel. Nach dem Absetzen werden 25 cm³ Lösung decantiert, zur Trockne verdampft, bei 100° 12 Std. getrocknet und sodann gewogen. Die starke Tendenz aller Vinylpolymeren zur Zurückhaltung von Lösungsmittel-Resten macht es unbedingt notwendig, die Trocknungsbedingungen hinsichtlich Zeit und Wahl des Trockenschrankes immer gleich zu halten, um reproduzierbare Werte zu erhalten.

Die Ätherlöslichkeit der einzelnen Polystyroltypen ist z. B. durch folgende häufigsten Werte von Industrie-Polymerisaten gekennzeichnet:

	Einwaage 1 g/100 cm³	10 g/100 cm³	
Polystyrol III	15···7%	8···2,5%	Lösliches
Polystyrol IV	5···3%	0,6··· 3%	Lösliches

Eindeutige Beziehungen zwischen den Schwankungen der Eigenviscosität innerhalb eines Typs Polystyrol und der Ätherlöslichkeit haben sich nicht finden lassen. An Stelle des Äthers haben wir noch die partielle Löslichkeit des Polystyrols in Aceton resp. Benzin zur analytischen Kennzeichnung der einzelnen Chargen verwendet.

Wir fanden für Polystyrol III eine Löslichkeit in Aceton von 12···15% und in Benzin von 9···12%, für Polystyrol IV in Benzin von 3···5%, jeweils für 1 g/100 cm³ Lösungsmittel.

Die Bestimmung der Eigenviscosität des ätherlöslichen Anteils aus dem Polystyrol III ergab k ~ 15·10⁻³, d. h. es handelt sich um niedrigpolymere Anteile.

Nach *Mc-Govern*, *Grim* u. *Teach*[1] sind die in Methanol löslichen Anteile des Polystyrols Monomeres. Sie sind in der Weise bestimmt, daß eine toluolische Lösung des Polystyrols in Methanol gegossen wurde, wobei nur die polymeren Anteile ausgefällt werden.

Diese Fällungsmethode wird mit den Ergebnissen der UV-Spektrometrie verglichen. Der Gehalt an monomerem Styrol läßt sich durch die Auswertung von 2 ausgeprägten UV-Absorptionsmaximis bestimmen, während Polystyrol nur eine geringe allgemeine Absorption hat. Diese Methode setzt die Aufstellung einer Eichkurve voraus.

Zur Bestimmung des flüchtigen Anteils des Polystyrols kann man dieses noch möglichst in feingepulverter Form im Hochvakuum bis zu 180° erhitzen, wobei die Kondensation in einer mit Kohlensäureschnee

---

[1] Analyt. Chim. **20,** 312 (1948).

gekühlten Vorlage vorgenommen werden muß. Die so gefundenen Verunreinigungen sind außer Monostyrol, Aethylbenzol, Phenylacetaldehyd, Phenyläthylalkohol, Acetophenon, Benzaldehyd usw. Sie können bis zu 4% und mehr betragen und sind die Ursache mancher Rißbildung, Trübung und Verfärbung in den Fertigerzeugnissen aus Polystyrol. An neueren Produkten des Typs Polystyrol III fanden wir flüchtige Anteile in der Größenordnung von $0,4\cdots1\%$.

Inwieweit die Verunreinigungen durch flüchtige Anteile, Monomere oder niedrigpolymere Homologe neben oder zusammen mit der Polymeren-Verteilung oder den Zusatz vernetzender Kohlenwasserstoffe die Beständigkeit gegenüber kochendem Wasser bestimmen, müssen weitere Untersuchungen klären. Während das amerikanische „P 8" nur eine Formbeständigkeit in der Wärme von 96° aufweist, liegt die nach *Vicat* gemessene Formbeständigkeit des Polystyrol VI bei 102°. Dies bedeutet praktisch eine ca. $30\cdots60$ Minuten lange Beständigkeit in kochendem Wasser.

Die Depolymerisation des Polystyrols gelingt sowohl durch direktes Erhitzen des pulverförmigen Materials mit der Flamme wie auch durch Erhitzen in Lösungsmitteln[1] z. B. Dibutylphthalat resp. Trikresylphosphat. Die trockene Depolymerisation des Polystyrol IV begann bei 140°, wonach das Thermometer schnell auf 252° anstieg. Aus den weißen Dämpfen kondensierte sich in einer Ausbeute von 96% der Einwaage eine rotbraune Flüssigkeit, die in der Hauptsache aus Monostyrol bestand. Schon nach 24 Stunden Stehen trat beim Versuch einer nochmaligen Destillation schlagartig Polymerisation ein.

Eine Depolymerisation des Polystyrols findet auch bei seiner Verarbeitung auf der Walze im Temperaturgebiet zwischen 120° und 150° statt. Beispielsweise erfolgt durch einen sechsmaligen Durchgang eines Emulsionspolymerisats mit einer Eigenviscosität von $k = 120 \cdot 10^{-3}$ seine Depolymerisation zu einer Eigenviscosität von $k = 85 \cdot 10^{-3}$.

Polyvinylcarbazol.

d) Eine wertvolle Ergänzung zum Polystyrol stellt *Polyvinylcarbazol* dar infolge seines außergewöhnlich hohen Erweichungspunktes von 150°. Es ist in der Elektrotechnik als Austauschprodukt für Glimmer oder Asbest verwendet, wozu seine große Tendenz zur Parallelorientierung der Makromoleküle und der damit verbundenen Ausbildung einer faserigen Textur es besonders geeignet machen.

Der qualitative Nachweis des Stickstoffs im Polyvinylcarbazol und auch den anderen stickstoffhaltigen Vinylpolymeren durch die übliche Schmelze mit Natrium oder Kalium und Identifizierung als Berliner Blau bereitet keine Schwierigkeiten.

---

[1] Ind. Engng. Chem. **40,** 524 (1948).

Für die quantitative Bestimmung haben wir sowohl die Verbrennung nach *Dumas* wie auch die *Kjeldahl*-Methode herangezogen. Bei ihr verlief der Aufschluß mit konz. Schwefelsäure und Kupfersulfat als Katalysator ohne Besonderheiten.

Aus dem Grundmol [Struktur] mit dem Molgewicht M = 193

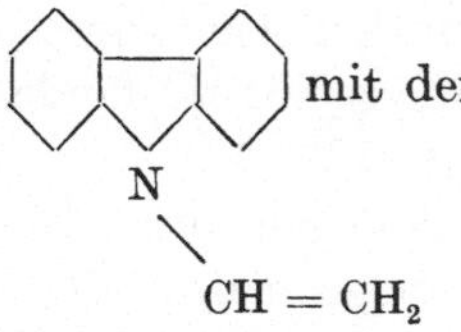

$$CH = CH_2$$

errechnet sich der Stickstoffgehalt zu N = 7,2%. Wir fanden an der technischen Polyvinylcarbazol-Marke Luvican N einen N-Gehalt von 6,8% nach der *Kjeldahl*-Methode.

Seiner hauptsächlichsten Anwendungen als Elektroisoliermittel wegen wird eine Untersuchung des Plast-Rohstoffs Polyvinylcarbazol auf Verunreinigungen durch die Katalysator-Reste der Polymerisation, Alkali und chromsaure Salze, zweckmäßig sein. Hierzu wird man das als graues Pulver vorliegende Polymerisat event. nach weiterem Mörsern mit Wasser auskochen und am wäßrigen Auszug die üblichen Prüfungen vornehmen.

Zur Bestimmung der Eigenviscosität eignen sich die Lösungen des Polyvinylcarbazols in Benzolkohlenwasserstoffen oder in aliphatischen Chlorkohlenwasserstoffen, insbesondere Methylenchlorid oder Chloroform.

Eine Ausnutzung der Trübungstitration dieser Lösung ist unter Verwendung von Alkoholen oder Benzinen als Fällmittel möglich.

Die hohe thermische Stabilität des Polyvinylcarbazols findet auch darin ihren Ausdruck, daß erst nach langem Erhitzen auf mindestens 300° eine Depolymerisation einsetzt. Jedoch ist uns eine quantitative Aufspaltung nicht gelungen.

Polyvinylpyrrolidon.

e) Einiges Interesse als wasserlösliches Vinylpolymeres hat das *Polyvinylpyrrolidon* (Igecoll) gewonnen. Das Polymerisat

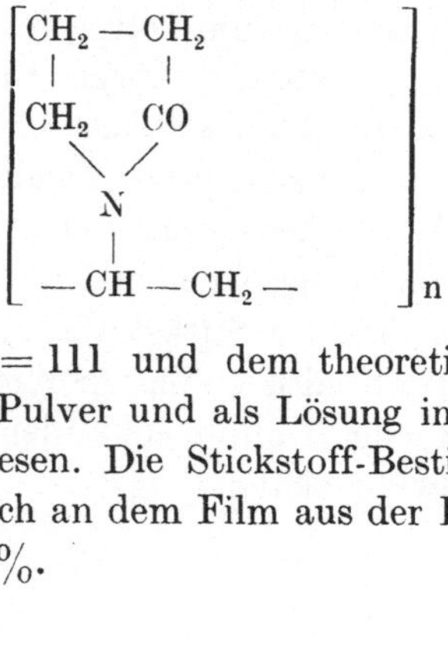

$$\begin{bmatrix} CH_2 - CH_2 \\ | \quad\quad | \\ CH_2 \quad CO \\ \diagdown \quad \diagup \\ N \\ | \\ - CH - CH_2 - \end{bmatrix}_n$$

mit dem Grundmol M = 111 und dem theoretischen Stickstoffgehalt von 12,61% N ist als Pulver und als Lösung in organischen Lösungsmitteln im Handel gewesen. Die Stickstoff-Bestimmung nach *Kjeldahl* am Festprodukt wie auch an dem Film aus der Lösung führte übereinstimmend zu N = 10,7%.

Für Polyvinylpyrrolidon ist charakteristisch, daß es sich sowohl in Wasser wie auch in einer Reihe organischer Lösungsmittel löst. Zu letzteren rechnen wir Methylenchlorid, die Chlorhydrine und die aliphatischen und aromatischen Alkohole sowie Milchsäureester.

Die Eigenviscosität wurde in der wässerigen Lösung zu $k = 30.10^{-3}$ bestimmt. Es liegt also ein relativ niedrigmolekulares Produkt vor.

2. Analysen-Methoden für polymere Chlorkohlenwasserstoffe.

Polyvinylchlorid.

a) Durch Anlagerung von Salzsäure an Acetylen wird Vinylchlorid gewonnen, das durch Emulsions- oder Suspensionspolymerisation in *Polyvinylchlorid*

$$CH_3 - CH - \left(CH_2 - CH \atop | \atop Cl \right)_n - CH = CHCl \text{ übergeführt wird.}$$

Seiner ausgedehnten technischen Anwendung entsprechend hat man sich bemüht, Analysen-Methoden zur Untersuchung des Plast-Rohstoffes zu schaffen, die nicht nur eine Kontrolle der Gleichmäßigkeit der laufenden Produktion beim Hersteller oder Abnehmer ermöglichen, sondern möglichst auch eine Prognose für die Verarbeitung resp. für das weitere Verhalten des Polyvinylchlorid-Fertigprodukts gestatten sollen. Wenn man auch das erste Ziel als weitgehend erreicht bezeichnen kann, so sind doch noch so manche Wünsche hinsichtlich der prognostischen Untersuchungsmethoden offen.

Feuchtigkeitsbestimmung.

α) Zur *Feuchtigkeitsbestimmung* des pulverförmigen Plast-Rohstoffes Polyvinylchlorid trocknet man 5···10 g Substanz bei 110° 5 Std. event. unter Benutzung eines Vakuumschrankes nach und ermittelt so den Gewichtsverlust. Die Feuchtigkeit soll 0.5% nicht überschreiten.

Schüttvolumen.

β) Um das *Schüttvolumen* des Polyvinylchlorids zu ermitteln, benutzt man einen 500 cm³-Meßzylinder, über dem sich ein Einfülltrichter befindet, dessen unteres Ende genau 30 cm vom Boden des Meßzylinders entfernt befindet. 200 g Polyvinylchlorid-Pulver werden durch den Trichter locker eingefüllt und sodann der Zylinder innerhalb 1 Minute — Messung mit Stoppuhr — bei einem Hub von 3 cm sechzigmal gestaucht. Der vom Polyvinylchlorid eingenommene Raum wird dann als Schüttvolumen in cm³/100 g angegeben.

Die verschiedenen Aufarbeitungsbedingungen der Polyvinylchlorid-Emulsionen wirken sich auf die Größe des Schüttvolumens aus. Jedoch sind auch bei ein und derselben Herstellungsmethode Streuungen des Schüttvolumens möglich und auch tatsächlich gefunden. Es empfiehlt sich deshalb zur Auswertung der Analysen nach dem Schüttvolumen statistische Methoden heranzuziehen und die gefundenen Schüttvolumina der aus den einzelnen Fabrikationsstätten stammenden Chargen hinsichtlich der Häufigkeit der einzelnen Wertgruppen zu ordnen und die so ermittelte prozentuale Häufigkeit für die Auswertung zu benutzen.

An aus 2 Fabrikationsstätten stammenden Polyvinylchlorid-Chargen ergaben sich so beispielsweise folgende Aussagen über das Schüttvolumen und damit über Form, Größe und Oberflächenbeschaffenheit der aus den Dispersionen erhältlichen Secundärteilchen, die für die Verarbeitung auf der Walze, mit oder ohne Weichmacher, gegebenenfalls über die Zwischenform der Paste mit Weichmacher Bedeutung haben.

Tabelle 12.

Wertgruppen	% Häufigkeit in den Chargen der Fabrikationsstätte	
	A	B
140···150 cm³	2	2
151···160 cm³	5	31
161···170 cm³	32	61
171···180 cm³	44	4
181···190	10	2
> 190 cm³	7	0

Daraus ist zu schließen, daß das Polyvinylchlorid der Fabrikationsstätte A in einem feineren Verteilungszustand seiner Secundärteilchen vorliegt als das der anderen Erzeugerstätte. Unter dem Mikroskop erscheinen die Polyvinylchlorid-Pulver als kugelförmige Teile verschiedener Größe, wobei die mittleren und kleinen Teilchen durchsichtig sind. Sie hellen in jeder Stellung zwischen gekreuzten Nicols das Gesichtsfeld auf. Die Unterschiede im Durchmesser der Teilchen sind groß, schätzugsweise ist das Verhältnis des kleinsten zum größten Durchmesser 1 : 15. Aus der Auszählung unter dem Mikroskop errechnet sich für eine Charge der zur Hartverarbeitung hergestellten Polyvinylchlorid-Marke ein mittlerer Durchmesser von 13···14μ. Mittels der Schwemmanalyse haben wir jedoch auch feststellen können, daß in den Polyvinylchlorid-Chargen Teilchen von 200 μ und 450 μ vorkommen.

Anorganische Bestandteile.

γ) Da die Polyvinylchlorid-Pulver entweder durch Elektrolyt-Koagulation oder durch Verdüsen der Emulsion unter Zusatz von Soda gewonnen werden, ist die Bestimmung der *anorganischen Bestandteile* erforderlich. Sie wirken nicht nur als Verunreinigung erhöhend auf das Wasseraufnahmevermögen der Folien, sondern werden oft auch, soweit sie basischer Natur sind, als Stabilisatoren angesehen.

Die Bestimmung des p_H-*Wertes* wird häufig in der Form durchgeführt, daß 5 g Polyvinylchlorid-Pulver in einem mit Leitfähigkeitswasser ausgespülten Kolben mit 50 cm³ Leitfähigkeitswasser übergossen und unter öfterem Schütteln ½ Stunde stehen gelassen werden. Danach wird unter Benutzung von jeweils vorher mit Leitfähigkeitswasser gespülten Reagensgläsern der p_H-Wert an einer Probe der wäßrigen Aufschlämmung des Pulvers ermittelt. Man benutzt zunächst den Universalindikator nach *Merck* zur ungefähren Feststellung des p_H-Wertes und ermittelt dann mittels Farbindikatoren seine genaue Lage. Es ist wichtig, daß eine Aufschlämmung des Polyvinylchlorid-Pulvers benutzt wird, da das Alkali hartnäckig vom Polymerisat zurückgehalten wird.

Je nach Ausfall des p_H-Wertes wird nun eine quantitative Bestimmung des *Alkali* oder der *Säure* vorgenommen.

Die Verwendung phosphorsaurer Salze bei der Emulsionspolymerisation macht eine Vorprobe darauf notwendig. Etwas Polyvinylchlorid wird mit Wasser ausgekocht, heiß filtriert und auf Phosphorsäure mit Ammonmolybdat geprüft. Danach schließt sich die Titration des Alkalis und/oder Dinatriumphosphats an.

5 g Polyvinylchlorid-Pulver werden in 50 cm³ dest. Wasser 10 Min. gekocht. Bei negativer Phosphatprobe wird diese wäßrige Aufschlämmung unter Benutzung von Phenolphthalein als Indikator mit n/10 Säure titriert.

Berechnung: verbrauchte cm³ n/10 Säure · 0,106 = % Na_2CO_3.

Bei positiver Phosphatprobe wird ebenfalls zunächst mit Phenolphthalein als Indikator mit n/10 Salzsäure titriert und dieser Wert notiert. Darauf wird Methylorange als Indikator benutzt und auf rot mit n/10 Säure weiter titriert.

Berechnung: mit Phenolphthalein verbrauchte cm³ n/10 Säure · 0,106 = % Na_2CO_3, mit Methylorange verbrauchte cm³ abzüglich der mit Phenolphthalein verbrauchten cm³ · 0,284 = % Na_2HPO_4.

Ergibt sich ein p_H-Wert im sauren Gebiet, so wird eine Aufschlämmung von 5 g Polyvinylchlorid in 50%igem vorher neutralisiertem Methanol ½ Std. stehen gelassen und dann mit n/10 Lauge gegen Phenolphthalein als Indikator titriert.

Der Sodagehalt der Polyvinylchlorid-Chargen ist am häufigsten zwischen 0,1···0,4 % Na_2CO_3 gefunden. Jedoch kamen auch viele Chargen mit weniger als 0,2% Na_2CO_3 und mit mehr als 0,4% Na_2CO_3 zur Untersuchung. Der Anteil am Dinatriumphosphat ist ebenfalls sehr ungleichmäßig. Die Grenzwerte sind hier 0,1%···1,4% Na_2HPO_4. Die Zuordnung des Gehalts an Phosphat zu dem Sodagehalt läßt nun keinerlei

Regelmäßigkeit erkennen. Man kann den Alkaligehalt auch in der Weise bestimmen, daß man 5 g Polyvinylchlorid in 50 cm³ dest. Wasser aufschlämmt, 20 cm³ n/10 Schwefelsäure hinzufügt und zum Sieden erhitzt. Nach dem Abkühlen wird mit n/10 Lauge die unverbrauchte Schwefelsäure zurücktitriert. Man benutzt Bromthymolblau als Indikator und gibt den Alkaligehalt in g NaOH/100 g Polyvinylchlorid an.

Die Titrationen werden ergänzt durch die Bestimmung der Asche, um auch noch den Alkalimetall-Anteil der Emulgatoren zu ermitteln. Hierzu werden 10,000···20,000 g Polyvinylchlorid in einem Fingertiegel mit einigen Tropfen konz. Schwefelsäure angefeuchtet und vorsichtig mit kleiner Flamme zersetzt und schließlich geglüht. Man bringt die Sulfat-Asche zur Wägung.

Die Verunreinigungen organischer Art (Emulgator-Reste, aber auch Stabilisatoren) werden in der Weise bestimmt, daß 20 g Polyvinylchlorid im Soxhlet mindestens 15 Std. mit Methanol extrahiert werden. Nach Abdestillieren des Methanols wird der bei 60° 5 Std. getrocknete Rückstand gewogen und mit 5 multilpiziert als %-Extrakt im Polyvinylchlorid angegeben.

Eigenviscosität.

δ) Zu diesen Untersuchungen auf die Begleitsubstanzen des Polyvinylchlorids kommen nun die am Makromolekül selbst vorgenommenen Untersuchungen. Hier interessiert in erster Linie wiederum die *Eigenviscosität* des Polyvinylchlorids. Für das schwer lösliche Polymerisat stehen nur wenig Lösungsmittel zur Verfügung. Zur Viscositätsmessung eignen sich Tetrahydrofuran oder Cyclohexanon. Es ist nicht unbedingt erforderlich das Auflösen des Polyvinylchlorids im Cyclohexanon unter Erwärmen bis 60° vorzunehmen. Man erreicht auch bei gewöhnlicher Temperatur innerhalb 12···18 Std. eine völlige Lösung. Die Solvatationskraft des Tetrahydrofurans ist überlegen, seine Lösegeschwindigkeit bei Raumtemperatur deswegen auch größer. Cyclohexanon wird meist in mindestens 95%iger Reinheit eingesetzt; die Viscosität eines solchen Produktes liegt bei $\eta = 2{,}20$ cP bei 20° Meßtemperatur.

1,000 g Polyvinylchlorid werden in einem Meßkolben von 100cm³ in Cyclohexanon bei Raumtemperatur gelöst und dann, erforderlichenfalls nach dem Filtrieren, in einem Viscosimeter, das absolute Viscositäten zu messen gestattet, bei 25° oder 20° gemessen. Aus der in cP (centipoise) ausgedrückten absoluten Viscosität errechnet man die relative Viscosität $z = \eta_c/\eta_0$ und daraus die Eigenviscosität k nach der Gleichung von *Fikentscher* resp. unter Benutzung der graphischen Darstellung Seite 26—27.

Geeignete Viscosimeter sind die nach *Holde-Ubbelohde* und nach *Höppler*.

Für die laufende Betriebsüberwachung bei der Polymerisation hat sich ferner noch die Bestimmung der sogenannten *M-Zahl* (= *Micell-zahl*) als vorteilhaft erwiesen.

Unter der M-Zahl von Polyvinylchlorid wird diejenige Gewichtsmenge eines Gemisches aus 100 Gewichtsteilen Epichlorhydrin $(CH_2 - CH - CH_2Cl$ Sdp. 115···118°, spez. Gew. d $_{20°}$ = 1.18) und $\diagdown O \diagup$

300 Teilen Monochlorbenzol (C_6H_5Cl, Sdp. 132°, spez. Gew. d $_{15°}$ = 1.10) verstanden, die in der Lage ist, 1 g Polyvinylchlorid bei einer Temperatur von 20° 3 Min. in Lösung zu halten, ohne daß in dieser Zeit eine Gelatinierung eintritt. Die Bestimmung wird wie folgt ausgeführt:

Auf einer Handwaage werden 1,00 g Polyvinylchlorid abgewogen und in ein Reagensglas (Größe: 15···20 cm lang, lichte Weite ca. 25 mm), in dem sich schon 15 cm³ des oben genannten Gemisches 1 : 3 befinden, eingetragen. Man verrührt mit einem bis 100° eingeteilten Thermometer des öfteren und läßt insgesamt 15 Minuten bei Raumtemperatur stehen. Danach bringt man die nunmehr gut durchquollene Masse in ein auf 80° ± 2° eingestelltes Wasserbad. Bei dieser Temperatur, die ständig mit dem in der Lösung befindlichen Thermometer kontrolliert wird, erfolgt unter häufigem Rühren Auflösung des Polyvinylchlorids. Nach völliger Lösung — die meist innerhalb 30 Minuten eingetreten ist — wird das Reagensglas unter fließendem Wasser auf 20° abgekühlt. Beim Erreichen dieser Temperatur setzt man eine Stoppuhr in Gang und beobachtet nun unter ständiger Kontrolle der Temperatur der Lösung, die stets 20° ± 1° sein muß, durch Rühren mit dem Thermometer, ob eine Gelierung bei Ablauf der 3. Minute eintritt. Der Beginn der Gelbildung ist an dem Nachziehen eines Fadens nach dem abfallenden Tropfen zu erkennen.

Erfolgt diese Gelierung bereits früher, so gibt man wieder 2,0 oder 1,0 oder 0,5 oder 0,3 oder 0,1 cm³ des oben genannten Lösungsmittels aus der Bürette zu; stellt das Reagensglas in das Wasserbad von 80° und erwärmt die Lösung etwa 5 Minuten auf 80°. Danach kühlt man wiederum auf 20° ab und verfährt weiter wie angegeben. Dieses wird solange wiederholt, bis die Gelierung nach 3 Minuten eintritt. Gegen Ende der Bestimmung wird der Zusatz an Lösungsmittel nur noch in Mengen von 0,1 cm³ vorgenommen. Die insgesamt verbrauchten cm³ Epichlorhydrin + Monochlorbenzol 1 : 3 multipliziert mit dem spez. Gew. ergeben die M-Zahl.

Oft wird der Eintritt der Gelierung beim vorletzten Zusatz noch früher eintreten und beim letzten Zusatz etwas später, der richtige Wert liegt dann in der Mitte.

Die Fehlergrenze beträgt ± 1 g.

Die Durchführung der M-Zahl-Bestimmung erfordert viel Übung; sie ist nicht frei von subjektiver Beurteilung, so daß es sich anfangs empfiehlt, sie stets von ein- und derselben Person durchführen zu lassen. Sie ist eine praktische Bestimmungsmethode, deren kolloidchemischer und analytischer Wert umstritten ist.

Eigenviscosität, ausgedrückt als $k \cdot 10^3$, und M-Zahl dienten mit dazu, die Polyvinylchlorid-Marken der ehemaligen IG-Farben-Industrie zu charakterisieren. Die Kennzahlen der verschiedenen Polyvinylchlorid-Marken, darunter auch Vinnol HH der Firma Wacker, waren danach folgende:

Tabelle 13.

Marke	$k \cdot 10^3$	M-Zahl
S 3	$31,5 \pm 1,5$	3 bis 3,5
F, T	62 ± 2	18···23
R	63 ± 3	18···24
K, G, P	66 ± 5	> 23 (maximal bis 40)
H, L	> 75	> 35 (maximal bis 50)
Vinnol HH	84	42

Die Grenzen der einzelnen Typen, beurteilt nach ihrer Eigenviscosität, überschneiden sich recht erheblich. Um einer Überschätzung der Leistungsfähigkeit der K-Wert-Gleichung von vornherein zu begegnen, sei bemerkt, daß 2 Polyvinylchloridtypen mit den Eigenviscositäten $k \cdot 10^3 = 63,5$ resp. 66,0 nicht als verschiedene Polymerisationsstufen angesehen werden können, sofern die Viscositätsmessung an 1%igen Polyvinylchlorid-Lösungen durchgeführt wurde. Es liegt im Wesen der *Fikentscher* Gleichung, deren Wert für technisch-wissenschaftliche Arbeiten unter den 15 im Laufe der letzten 30 Jahre aufgestellten Viscositäts-Konzentrationsfunktionen sich immer wieder gezeigt hat, daß gleichgroße prozentuale Schwankungen der relativen Viscosität um so geringere Abweichungen des K-Wertes hervorrufen, je höher die Konzentration der Lösungen ist. Man übersieht diese Verhältnisse am besten bei der auf Seite 26—27 gegebenen graphischen Darstellung der *Fikentscher*-Gleichung.

Für die Bewertung der M-Zahl als Kriterium des Polymerisationsgrades ist zu bemerken, daß die M-Zahl-Bestimmungsmethode für Eigenviscositäten über $K = 80$ nicht mehr zuverlässig ist.

Einen Einblick in die Polymolekularität des Polyvinylchlorids bekommt man durch Bestimmung der niedrig-viscosen Anteile. Hierzu kann man sich entweder der *partiellen Löslichkeit* in Xylol bei 100° oder der in Aceton bei Zimmertemperatur bedienen.

Bei Verwendung von Xylol arbeitet man[1] wie folgt:

10 g Polyvinylchlorid werden mit 200 cm³ Xylol unter Rühren zweckmäßig in einem Dreihalskolben bei $100° \pm 1°$ ½ Std. digeriert;

---

[1] Nach brieflichen Mitteilungen von *H. Fikentscher*, Ludwigshafen.

man läßt dann bei 100° ½ Std. absetzen und pipettiert 10 cm³ der Flüssigkeit ab, spült mit Aceton die Pipette nach und verdampft bei 100° das Xylol und wägt die aus dem Polyvinylchlorid herausgelösten niedrigviscosen Anteile. Sie werden in Prozent des Polyvinylchlorids angegeben.

Es ist zweckmäßig, sich hierbei eines Dreihalskolbens zu bedienen, in dessen einen Hals sich ein Thermometer, im anderen die Pipette und in der Mitte der Rührer befindet. Während des Rührens und Absetzens befindet sich die Pipettenspitze oberhalb des Flüssigkeitsspiegels.

Der Anteil an niedrigviscosen Homologen lag hierbei in der Größenordnung zwischen 10···20%.

Bei der Bestimmung der Acetonlöslichkeit bedienten wir uns anfangs auch der Extraktion im Soxhlet; jedoch macht die Aufarbeitung der stark gelatinierten Polyvinylchlorid-Masse Schwierigkeiten. Es ist besser und, wie sich später dann auch gezeigt hat, völlig ausreichend, die Löslichkeit in Aceton bei Raumtemperatur zu bestimmen. Bei einem Flottenverhältnis von 1 : 10 wurde das Polyvinylchlorid dreimal je 24 Std. mit Aceton geschüttelt. Mit wenigen Ausnahmen war der in der ersten Aceton-Menge gelöste Anteil am größten, so daß anzunehmen ist, daß die im 2. und 3. Acetonauszug noch enthaltene Menge von dem in acetonunlöslichen Anteil eingeschlossenen, löslichen Teilen herrührt. Die Aufarbeitung wird in der Weise vorgenommen, daß das angequollene, gelartige Polyvinylchlorid mit einem Gemisch Aceton + Wasser 1 : 1 durchgewaschen wird, wodurch es wieder pulverförmig anfällt. Die acetonische Lösung wird entweder durch Destillation eingeengt und dann zum Film vergossen oder anschließend in viel Methanol resp. wäßerigem Methanol ausgefällt. Eine Trocknung bei 100°···130° 5 Std. möglichst im Vakuum ist notwendig.

Unsere Vermutung, daß die Acetonlöslichkeit mit steigender Eigenviscosität des Polyvinylchlorids kleiner wird, hat sich bestätigt. Nachstehende Tabelle unterrichtet über ein Ergebnis:

Tabelle 14.

Polyvinylchlorid-Typ	Eigenviscosität $k \cdot 10^3$	Acetonlöslichkeit %
S 3	31,4	92/93
S 8	40,3	88
F Hersteller A	60···62	23,7/29···30
Hersteller B		42/46/50
F Hersteller A	62···64	19,6···23,9
Hersteller B		25,7/28/36,5/42
G Hersteller B	65···67	26/28/33/24
G	67···71	15
L	79···82	12/12
H	79	9,3/9,8

Die angegebenen Werte sind die Summe der drei Aceton-Extracte. Als Beispiel für die bei den einzelnen Extractionen entfernten Mengen acetonlöslicher Anteile seien 2 Versuchsreihen an 2 verschiedenen Chargen des gleichen Typs desselben Herstellerwerks mitgeteilt:

Tabelle 15.

Charge	Acetonlöslichkeit in % nach			
	24	weit. 24 Std.	noch weit. 24. Std.	Gesamt 72 Std.
I	21	9,2	4,3	34,5
II	17,3	15,0	5,5	37,8
	17,5	4,0	3,6	25,1

Die letzte Zeile soll zugleich darauf hinweisen, daß Untersuchungen an verschiedenen Säcken ein und derselben Charge oft recht unterschiedliche Acetonlöslichkeiten des Polyvinylchlorids erkennen lassen.

Das Acetonlösliche des niedrigstviscosen Polyvinylchlorid-Typs S 3 hat praktisch die gleiche Eigenviscosität wie das Ausgangsmaterial. Für den Typ S 8 errechnet sich nach dem Additivitäts-Prinzip der Eigenviscositäten eine Eigenviscosität des unlöslichen Anteils von $K = 64.10^{-3}$.

An Hand je einer Charge des Typs F aus 2 verschiedenen Hersteller-Werken erkennt man, daß die acetonlöslichen Polymerisationsstufen ungefähr dem Typ S 8 in der Eigenviscosität entsprechen. Auch hierbei bestätigt sich die Gültigkeit des Additivitätsprinzips der Eigenviscosität.

Tabelle 16.

Charge aus Werk				Acetonlöslichkeit in %				Viscosität des					
								Löslichen			Unlöslichen		
	η	z	K	1.	2.	3.	Se	η	z	K	η	z	K
A	4,66	2,04	60,4	23	4,7	2,6	30,3	3,1	1,46	41,7	5,2	2,4	68
B	4,47	2,06	60,6	30,5	7,5	3,9	41,9	3,3	1,53	44,6	5,5	2,6	76

Die Eigenviscosität des Ausgangsmaterials daraus berechnet ist für Charge A K = 60,4, Charge B K = 59,6.

Trotz der verschiedenen Menge des in Aceton löslichen Anteils bei den beiden Chargen ist der Polymerisationsgrad dieses Anteils bei beiden Fabrikationsstätten praktisch gleich.

Thermische Stabilität.

ε) Die bei der Verarbeitung des Polyvinylchlorids gestellten thermischen Anforderungen können erfahrungsgemäß durch den Aufbau des Makromoleküls allein nicht erfüllt werden. Die Unbeständigkeit gegen energetische Einflüsse, Wärme, aber auch gegen Licht äußert sich in einer Abspaltung von Salzsäure. Die Säure übt nicht nur eine schädigende Wirkung auf die Umgebung des Polyvinylchlorids bei seiner Ver-

und Bearbeitung aus, sondern sie trägt auch dazu bei, die Abspaltungstendenz weiterhin zu beschleunigen.

Die Abspaltung der Salzsäure kann auf mindestens zwei Wegen vor sich gehen. Entweder es tritt jeweils ein Molekül HCl aus einem Kettenmolekül Polyvinylchlorid aus unter weitgehender Bildung von Polyäthin-Molekülen, oder an dem Austritt eines Moleküls HCl sind mindestens zwei (benachbarte) Kettenmoleküle beteiligt. In letzterem Fall würde eine Vernetzung die Folge sein.

Während es zunächst noch erforderlich war, die Prüftemperatur bei der *Stabilitätsprüfung* relativ niedrig zu wählen — im Jahre 1934/35 prüften wir bei 100° —, kann jetzt das Verhalten im Temperaturgebiet zwischen 160° und 180°, dem Gebiet der Hart- und Weichverarbeitung, zur Beurteilung herangezogen werden. Aus der Frühzeit der Polyvinylchlorid-Verarbeitung stammt auch noch die Methode zur Bestimmung der chemischen Stabilität[1].

Hierbei werden 5 g Polyvinylchloridpulver mit 50 cm³ kochendem dest. Wasser in einem Kolben übergossen und zugedeckt 5 Min. lang auf dem siedenden Wasserbad erhitzt. Der nach dem Abkühlen filtrierte Extrakt wird bei 20° C auf den p_H-Wert geprüft und zur Feststellung des Chlorionengehaltes 10 cm³ des Auszuges bezüglich der Opaleszens nach Zusatz von Salpetersäure und Silbernitratlösung mit einer n/300 Salzsäure verglichen. Diese Methode kann nicht zu einer irrtumsfreien Beurteilung der Stabilität führen. Jede von uns untersuchte Polyvinylchlorid-Charge gibt an ihr Extraktionswasser Chlorionen ab. Ihre Quelle ist die zur „Stabilisierung" eingearbeitete Soda, da wohl nicht angenommen werden kann, daß bereits während der letzten Phase der Polyvinylchlorid-Herstellung der Verdüsung oder Trocknung in Luft bis zu 130° eine Abspaltung von Salzsäure eingetreten ist.

Die seit Beginn des technischen Einsatzes von Polyvinylchlorid angewandten Methoden zur Messung seiner Stabilität haben überwiegend gemeinsam, die Zeit zu bestimmen, nach der Chlorwasserstoffgas bei einer festgelegten Temperatur nachweisbar wird. Hierzu dienen Reagenspapier oder das Auftreten von Chlorsilber (Methode von *Meixner* oder von *Siemens-Schuckert*). Die Art des Nachweises der Salzsäure ist hierbei verschieden. In sehr einfacher Weise ließ sich anfangs dieses Ziel dadurch erreichen, daß man ein Lackmus- oder Kongorotpapier über den im Reagensglas befindlichen Polyvinylchlorid-Pulver anbrachte und nun die Zeit des Farbumschlages beim Erwärmen registrierte.

Wir haben früher diese Art der Prüfung in der Ausführung angewendet, daß 1 g Polyvinylchlorid in Glasröhren so eingefüllt werden,

---

[1] *Berl-Lunge*: Chemisch-technische Untersuchungsmethoden 8. Aufl. Erg.-Bd. III, S. 463.

daß ein ca. 3 cm langer Streifen blaues Lackmuspapier ca. 15 cm oberhalb der Oberfläche des PVC-Pulvers an einem das Glasrohr abschließenden Korkstopfen sich befindet. Die Proben werden auf 160° zwei Stunden resp. 170° eine Stunde resp. 180° ½ Stunde jeweils erwärmt und festgestellt, ob und wieweit (cm) eine Rötung des Lackmuspapiers bei jeder Temperatur eintritt.

Nach *Berger*[1] haftet diesen mit Reagenspapieren arbeitenden Methoden der Nachteil an, daß der Grad der Alkalisierung des Reagenspapiers mit in die Messung eingeht. Dies ist solange von Bedeutung, wie es sich allein um die Bestimmung der Zeit handelt, nach der die Rötung des Reagenspapiers eintritt. Wendet man diese Methode jedoch in der von uns bevorzugten Arbeitsweise der konstanten Zeit an, so ist dieses Bedenken weitgehend ausgeschaltet.

Die Methoden, die sich zum Nachweis der abgespaltenen Salzsäure der Silbernitratlösung bedienen, 1. die Methode von *Meixner*, 2. das Verfahren der *Siemens-Schuckert-Werke*, 3. die Arbeitsweise nach *Zöhrer*[2] schalten zwar diese Fehlerquelle aus. Jedoch ist ohne Frage die *Meixner*-Methode apparativ schon etwas kompliziert für eine laufende Untersuchung. Außerdem wird sie dadurch etwas unsicher, daß beim Einbau der Proben ihre Reproduzierbarkeit nur dann gewährleistet ist, wenn nach dem Schließen des Trockenschrankes innerhalb 3 Minuten die Prüftemperatur wieder erreicht ist. Um Stabilitätsunterschiede, die auf der Versuchsanordnung beruhen, auszuschalten, ist es außerdem erforderlich, die Prüfung ein und derselben Charge in zwei verschiedenen, voneinander unabhängigen Thermostaten durchzuführen. Für Polyvinylchlorid ist hierbei eine Prüftemperatur von 170° vorgesehen; sie liegt an der unteren Grenze der technischen Verarbeitung ohne Weichmacher.

Die apparativ wesentlich einfacher gestaltete *Siemens*-Methode wählt deshalb eine Prüftemperatur von 175° $\pm$ 5°. Als Stabilität gilt die Zeit vom Einbringen des mit 1 g Polyvinylchlorid beschickten Reagensglases in das vorgewärmte Ölbad bis zum Auftreten der ersten deutlich erkennbaren Trübung des Tropfens Silbernitratlösung. Ein Polyvinylchlorid gilt dann als stabil, wenn diese Trübung nicht vor 30 Minuten eintritt.

Zöhrer prüft die Stabilität in der Weise, daß er einen auf 170° vorgewärmten Luftstrom über die im Ölbad in horizontaler Lage sich befindenden Polyvinylchlorid-Proben streichen läßt, so daß also die Probe von außen durch die Röhre und von innen durch den Luftstrom der gleichen Temperatur geheizt wird. Der austretende Luftstrom streicht über die Oberfläche der Silbernitratlösung in der Vorlage hinweg. Die

---

[1] Kunststoffe **30**, 36 (1940). — [2] Kunststoffe **36**, 35 (1946).

von *Zöhrer* benutzte Anordnung ist so gestaltet, daß gleichzeitig 10 Proben untersucht werden können.

Bei dem Verfahren nach *Meixner* erfolgt die Prüfung der thermischen Stabilität in einem auf 170° $\pm$ 0,5° konstant eingestellten Thermostaten, meist wohl in einem Heräus-Trockenschrank. „An der Rückwand sind kleine Schlitze zum Einführen von Glasröhren angebracht. Die Luft streicht durch zwei Waschflaschen mit Glasfilter, die etwa 5 cm hoch mit 40%iger Kalilauge gefüllt sind, dann durch eine dritte Waschflasche mit 60%iger Kalilauge und eine vierte Flasche mit Watte. Die gereinigte Luft wird in den Trockenschrank geführt. Der Luftdruck ist mittels Differentialmanometers regelbar. Im Thermostaten befinden sich ein oder mehrere 100 cm³ Kölbchen mit Normalschliffen und Ableitungsröhrchen nach oben. Dort ist ein Halter für die Vorlagen angebracht. Sämtliche Verbindungen innerhalb des Thermostaten müssen durch Glasschliffe hergestellt sein. Nur die Verbindung unmittelbar an der Vorlage, die keiner erhöhten Temperatur ausgesetzt ist, wird durch kurze Gummistückchen hergestellt.

Die Vorlagen sind mit 5 cm³ n/10 Silbernitratlösung (angesäuert mit 3 Tropfen konz. Salpetersäure) gefüllt. Die Eintauchtiefe der Glasröhrchen in die Silbernitratlösung beträgt 1 cm.

Die Stabilitätszeit wird vom Schließen des Schrankes bis zum Auftreten der Trübung im Silbernitrat gerechnet. Nach dieser Methode liegen die Stabilitäten zwischen 75⋯180 Minuten mit einem Häufigkeitsmaximum um 90 Minuten.

Die Prüfung auf Stabilität nach *Siemens-Schuckert* wird in der Gestaltung der Richtlinien des ehemaligen Vereins Deutscher Chemiker[1] wie folgt durchgeführt: „In ein Reagensglas 16 DIN 12 395 wird 1 g Vinylchloridpolymerisat gegeben, das über Phosphorpentoxyd 16 Stunden getrocknet worden ist. An ein kurzes Glasröhrchen, das eine lichte Weite von etwa 5 mm, einen äußeren Durchmesser von etwa 8 mm und eine Höhe von etwa 10 mm hat, wird außen ein haarnadelförmig gebogener Glasstab von etwa 2 mm Durchmesser angeschmolzen, so daß man mit seiner Hilfe das Glasröhrchen 30 mm tief in die Mitte des Reagensglases einhängen kann. Die Achse des Glasröhrchens soll parallel zur Achse des Reagenzglases liegen. Mit einem kleinen Stückchen Knetgummi zwischen Reagensglasrand und dem Scheitel des haarnadelförmigen Glasstabes wird das Glasröhrchen zweckmäßig festgelegt. Eine n/10 Silbernitratlösung wird mit Hilfe einer Pipette in das Glasröhrchen eingefüllt, bevor man es in das Reagensglas einhängt. Das so vorbereitete Reagensglas wird 30 mm tief in ein elektrisch beheiztes Ölbad eingetaucht, das mittels Kontaktthernometer und Rührvorrichtung auf 175° $\pm$ 0,5° C bei reinem Polyvinylchlorid kon-

---

[1] Kunststoffe **33,** 298 (1943).

stant gehalten wird. Der aus dem Thermostaten herausragende Teil des Reagensglases wird zweckmäßig bis zur Unterkante des Glasröhrchens mit schwarzem Papier umwickelt, weil der Beginn der Trübung am besten bei der Durchsicht durch das Röhrchen von oben gegen einen dunklen Hintergrund zu erkennen ist. Durch eine doppelte Asbestplatte, die das Ölbad bedeckt und nur die notwendigen Öffnungen für Thermometer, Reagensglas usw. enthält, wird die Silbernitratlösung gegen die Wärme des Bades abgeschirmt." (Abb. 21.)

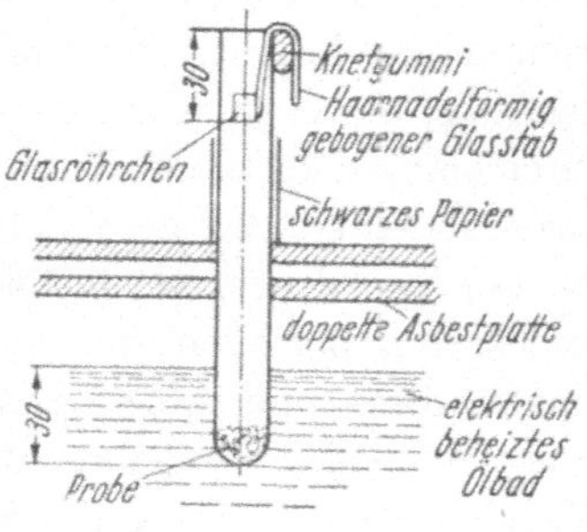

Abb. 21.
Stabilitätsprüfung an PVC nach
Siemens-Schuckert-Methode.

Die für eine laufende technische Untersuchung apparativ etwas komplizierte *Meixner*-Methode, wie auch die wesentlich einfacher gestaltete *Siemens*-Methode, begnügen sich mit einer rein qualitativen Feststellung der Tatsache der HCl-Abspaltung als solcher. Auch *Zöhrer* geht nicht von diesem Prinzip des Nachweises der abgespaltenen Salzsäure durch sich ausscheidendes AgCl ab, um zu einer Beurteilung der Stabilität des Makromoleküls Polyvinylchlorid zu kommen.

Zwar ließe sich die *Meixner*-Methode relativ leicht zu einer quantitativen Aussage erweitern, aber auch dann würde nur der Teil der Salzsäure ermittelt werden, der nach der Neutralisation des im Polyvinylchlorid vorhandenen Alkalis als Gas abgeführt wird. Außerdem ist nicht sicher, inwieweit die Abführung des Gases aus dem bei der Wärmeprüfung zusammensinternden Polyvinylchlorid gelingt. Für die Bewertung dieser Methoden kommt hinzu, daß sie keinerlei Rücksicht auf die im Polyvinylchlorid vorhandene, in ihrer Menge schwankende Alkalisierung (Na_2CO_3, Na_2HPO_4) nimmt.

Um eine den wirklichen Stabilitätsverhältnissen entsprechende Meßzahl zu bekommen, haben wir[1] unsere Untersuchungen in der Weise geführt, daß wir die bei einer konstanten Temperatur und innerhalb einer konstanten Zeit sich abspaltende Salzsäure sowohl im Pulver selbst wie auch im Gasraum über ihm bestimmen. Diese Bestimmung wird in zwei Einzelbestimmungen zerlegt: zunächst wird ermittelt, bis zu welchem Ausmaße die Neutralisierung des Alkali im Polyvinylchlorid-Pulver erfolgt ist, dann wird mit n/10 Silbernitratlösung der Gesamtgehalt an Chlorionen festgestellt.

Wir bedienten uns bei unseren Untersuchungen[1] nachstehender Methode: 1 g Polyvinylchlorid im Anlieferungszustand wird mit 15 g See-

---

[1] Kunststoffe **40,** 191 (1950).

sand pro analysi im Mörser fein zerrieben und sodann quantitativ in eine Abspaltungsröhre nach *Bergmann-Junk* eingefüllt. Der Aufsatz der Röhre wird mit 5···10 cm³ Wasser zwecks Luftabschluß gefüllt. Vorher ist je ein Ölbad auf 160° ± 1°, resp. 170° ± 1°, resp. 180° ± 1° eingestellt. Je eine mit Polyvinylchlorid-Pulver beschickte Röhre wird in einem dieser Bäder eingelagert, und zwar bei 160° 2 Stunden, bei 170° 1 Stunde, bei 180° ½ Stunde, wobei die Zeit vom Einstellen der Röhre an gerechnet wird. Nach beendeter Warmlagerung, bei der die Temperatur auf ± 1° konstant gehalten wird, füllt man den Aufsatz der Röhre mit Wasser auf, das bei weiterem Abkühlen allein in die Röhre hineinläuft. Sodann wird der gesamte Inhalt der Röhre quantitativ in ein Becherglas übergeführt, dessen Inhalt schließlich filtriert und zweimal nachgewaschen wird. Das Filtrat wird jetzt mit Methylorange als Indikator mit n/10 Lauge (Cl frei) titriert und anschließend sofort mit Kaliumchromat als Indikator mit n/10 Silbernitratlösung titriert. Der Verbrauch von cm³ n/10 Lauge und n/10 Silbernitratlösung wird angegeben und gilt als Maß für die Stabilität.

Beispiel:

Charge	2 Std. 160°		1 Std. 170°		½ Std. 180°	
	n/10 NaOH	n/10 AgNO₃	n/10 NaOH	n/10 AgNO₃	n/10 NaOH	n/10 AgNO₃
A	1,80	2,90	2,80	3,60	3,20	4,50
B	1,40	2,40	2,50	3,30	2,10	4,10
C	0,0	0,80	0,0	1,60	0,20	1,90

Vorher ist erforderlich, den Gehalt des Polyvinylchlorid-Pulvers an Cl-Ionen zu ermitteln. Hierzu wird 1···5 g Polyvinylchlorid-Pulver mit 50 cm³ dest. Wasser bis zum Kochen erhitzt, und in der Aufschlämmung nach dem Erkalten mit Kaliumchromat als Indikator mit n/10 Silbernitratlösung titriert. Der Blindwert wird von dem obigen Betrag an Silbernitratlösung abgesetzt.

Chlorbestimmung.

ξ) In seiner Übersicht über die Methoden zur Bestimmung des Chlorgehalts im Polyvinylchlorid resp. in Vinylchlorid-Mischpolymerisaten zählt *Stoeckhert*[1] 5 Verfahren auf. Hinsichtlich der beim Aufschluß verwendeten Reagenzien lassen sich diese Verfahren in die beiden Gruppen

a) des alkalischen Schmelzaufschlusses und
b) des sauren oxydativen Aufschlusses

einteilen.

Entsprechend dem Ziel seiner Arbeit, eine schnelle, im Betriebslabor sicher auszuführende Analyse zur Verfügung zu haben, gipfelt die Arbeit

---

[1] Kunststoffe **37**, 53 (1947).

Stoeckherts darin, den alkalischen Schmelzaufschluß mit einem Gemisch von Soda und Natriumperoxyd im Eisentiegel vorzunehmen. Diesem bereits bekannten Prinzip bleibt auch *B. E. Geller*[1] treu, wenn er vorschlägt, den Aufschluß von Polyvinylchlorid in einem Stahltiegel mit aufschraubbarem Deckel mittels eines Gemisches aus 3 g Ätzkali (puris), 3 g Natrium-Perborat und 0,75 g Kalisalpeter (für 0,1···0,2 g Polymerisat) vorzunehmen. Man erhitzt erst vorsichtig auf der elektrischen Platte ca. 1 Stunde lang und dann auf 400°···600° ca. 1½ Stunde (am besten im Muffelofen). Der erkaltete Tiegelinhalt wird in Wasser gelöst, filtriert und auf 250 cm³ aufgefüllt. Ein aliquoter Teil wird nach dem Neutralisieren mit verdünnter Schwefelsäure mit n/100 Silbernitratlösung titriert.

In früheren Jahren haben wir uns des Aufschlusses mit Ätzkali im Silbertiegel bedient. Das Schmelzen wird unter Benutzung eines Schutztiegels so lange fortgesetzt, bis eine von Kohlenstoffteilchen freie, farblose Schmelze entstanden war. Wenn nötig, gab man einige Kristalle Salpeter hinzu. Der Tiegel wurde in einem mit 200···300 cm³ Wasser gefüllten Becherglas abgeschreckt. Das Auflösen der Schmelze war trotz Wärmeanwendung sehr langwierig. Nach Titration des Chlorions nach *Volhard* erhielten wir 54···56% Cl. Bei der prozentualen Berechnung ist darauf Rücksicht zu nehmen, daß im technischen Polyvinylchlorid meist 3% Emulgator + Asche enthalten sind.

Die Methode der Chlorbestimmung unter Verwendung der *Burgess-Parr*[2]-Bombe unterscheidet sich von den oben beschriebenen darin, daß der Aufschluß des Polyvinylchlorids unter Druck mit Natriumperoxyd vorgenommen wird. Da die Arbeiten mit dieser Bombe nicht ganz unfallsicher sind, sollte nach unseren Erfahrungen nur im Notfalle nach dieser Methode gearbeitet werden.

Der saure oxydative Aufschluß wird entweder mit Salpetersäure und Silbernitrat im Carius-Rohr oder mit einem Gemisch aus Salpetersäure und Schwefelsäure unter Zusatz von Silbernitrat im *Kjeldahl*-Kolben vorgenommen[3].

In diesem Fall titriert man den Überschuß an Silbernitrat zurück.

Hofmeier und *Schröder*[4] schlagen vor, die Bestimmung des Chlors im Polyvinylchlorid unter Benutzung von Mischsäure vorzunehmen, wobei sie das abgespaltene Halogen mit Kohlendioxyd in Vorlagen mit Silbernitratlösung überspülen. Die hierbei erhaltenen Chlorwerte stimmen mit denen nach *Carius* überein. *Hofmeier* und *Schröder* fanden beispielsweise im Polyvinylchlorid 54,6···55,0% Cl gegenüber 54,9···55,3% Cl nach *Carius*.

---

[1] Заводская лаборатория **16**, 266 (1950). — [2] J. Am. Chem. Soc. **30**, 764 (1908).
[3] *Houwink*: Elastomers and Plastomers III, S. 99 (1950) Elsevier Publisher Co.
[4] Kunststoffe **34**, 104 (1944).

Dagegen gibt die Aufschlußmethode nach *Baubigny-Chavanne* in der verbesserten Apparatur nach *Walter*[1] (Abb. 22) nach unseren Erfahrungen nicht immer ganz glatt verlaufende Aufschlüsse.

Man nimmt hier die Oxydation mit 40 cm³ konz. Schwefelsäure und 4 g Kaliumbichromat (halogenfrei) bei Zusatz von etwas Quecksilbersulfat als Katalysator für ca. 0,5 g Polyvinylchlorid anfangs bei Zimmertemperatur unter häufigem Schütteln ca. 15···30 Minuten vor. Dann wird allmählich die Oxydationstemperatur auf 150° gesteigert und gleichzeitig Luft durch die Apparatur gesaugt, um das Chlor quantitativ in die mit 30%iger alkalischer Sulfitlösung zu drücken. Der Aufschluß soll nach 30 Minuten beendet sein. Die alkalische Sulfitlösung wird mit verdünnter Salpetersäure angesäuert, das Schwefeldioxyd ausgekocht und Chlor nach *Volhard* titriert. Wir fanden nach dieser Methode ca. 55,4% Cl.

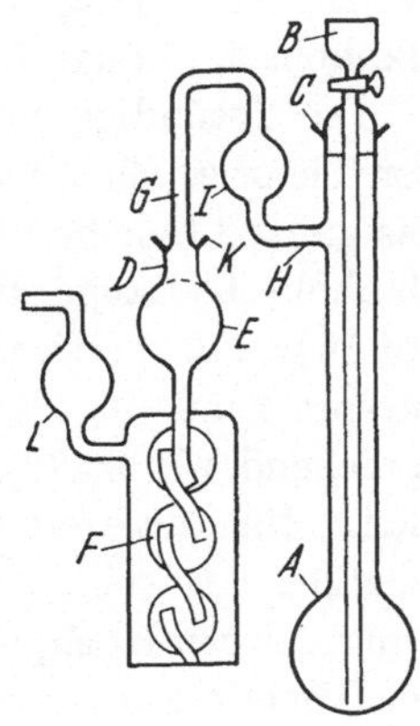

Abb. 22.
Apparatur zur Chlorbestimmung nach
Baubigny-Chavanne-Walter.

A Zersetzungskolben (150 cm³),
B Glasgefäß (20 cm³),
C Schliffhohlstopfen,
D Glasschliff für Erweiterung K der Kugel E,
EF Absorptionsgefäß,
G Glashaken,
H Seitliches Ansatzrohr mit Kegel J,
L Ansatzrohr mit Kegel.

Anläßlich anderer Untersuchungen über die Bestimmung organisch gebundenen Chlors fanden wir, daß eine Lösung von Ätzkali in Alkoholen eine ausgezeichnete Möglichkeit bietet, um in sehr einfacher Methodik den Chlorgehalt pulverförmiger Polymerisate, insbesondere des Polyvinylchlorids, zu bestimmen.

Die Arbeitsweise ist der Bestimmung der Verseifungszahl gleich. Da die alkoholischen Laugen nicht nur den Gehalt an Chlor zu bestimmen gestatten, sondern auch gleichzeitig durch ihren Verbrauch an KOH die Errechnung der Verseifungszahl ermöglichen, ist mit einer Analyse eine gegenseitige Kontrolle der zwei quantitativen Bestimmungsarten möglich. Wenn hier von einer Verseifungszahl des Polyvinylchlorids gesprochen wird, so bedeutet dies jedoch nicht, daß dieses Polymerisat als Chlorwasserstoff-Ester aufgefaßt wird, denn die definitionsgemäße Voraussetzung für einen Ester, die Spaltung in einen Alkohol, ist sicher bei dieser Reaktion nicht erfüllt. Es konnte nirgends bei all diesen „Verseifungen" der Polyvinylalkohol gefunden werden. Vielmehr treten als Reaktionsprodukt gelbbraun bis rotbraun gefärbte Poly-Methylene oder ähnliches auf.

Wird mit n/2 Kalilauge in Äthanol das Polyvinylchlorid 2 Stunden

---

[1] Chem. Fabrik **11**, 140 (1938).

verseift, so erhält man nur 20% des theoretischen Chlorgehalts resp. der theoretischen Verseifungszahl; dieser Wert wird bei doppelter Reaktionszeit auf 50···56% der Theorie erhöht.

Um eine Erhöhung der Reaktionstemperatur zu ermöglichen, wurde sodann glycolische oder benzylalkoholische Kalilauge zum Verseifen benutzt. Die anfänglich zur Verfügung stehende 0,5 resp. 0,7n benzylalkoholische Lauge hatte einen Kochpunkt von 145°···148°.

Die 2stündige Verseifung führte zu einer Cl-Abspaltung von 70% der Theorie. Eine Verlängerung auf 4 Stunden spaltet dann praktisch das ganze Chlor heraus. Es kann auch von Vorteil sein, eine n/1 benzylalkoholische Lauge zu verwenden, da hierdurch die Reaktionstemperatur auf 164···170° gestiegen ist. Wir fanden Verseifungszahlen von 883···845 entsprechend 98,4%···94% der Theorie und 55,0···56,6% Cl entsprechend 97···99,7% der Theorie. Jedoch erscheint die Temperatur allein für diese vollständige Abspaltung des Chlors nicht verantwortlich zu sein, denn eine 4stündige Verseifung mit glycolischer Lauge, deren Kochpunkt bei 185° liegt, spaltet das Chlor nur zu 62% der Theorie aus.

Das Polyvinylchlorid wird während der Verseifung zunächst schwarz, nach dem Trocknen bei 50° dagegen rotbraun bis gelbbraun.

Das Polyvinylchlorid ist hier nach der Extraktion mit Methanol eingesetzt. Bei den bisher verwendeten Alkoholen, Benzylalkohol und Aethylenglycol, spielt sich die Reaktion in heterogener Phase ab.

Nachdem festgestellt war, daß sich Polyvinylchlorid bei ca. 80° in Tetrahydrofurfuralkohol löst und dieser Alkohol auch Lösevermögen für Lauge hat, war die Verseifung der chlorhaltigen Polymeren im homogenen Medium möglich. Obgleich die Verseifung des pulverförmigen Polyvinylchlorids sofort bei Temperaturerhöhung eintritt, noch bevor es in Lösung gegangen ist, empfiehlt sich doch, vor Zugabe des Ätzkali das Polyvinylchlorid in warmem Tetrahydrofurfuralkohol (= TFAl.) in Lösung zu bringen. Das sich körnig ausscheidende dunkelbraune Reaktionsprodukt verhindert sonst die restlose Erfassung des langsam in Lösung gehenden Polyvinylchlorids. Die Verwendung des Ätzkali in TFAl. bedeutet auch bei anfänglicher heterogener Phase eine Steigerung der Verseifungsgeschwindigkeit um 20%.

Beispiel: 1,0441 g Polyvinylchlorid werden in 100 cm^3 TFAl. innerhalb 24 Stunden bei 80° gelöst, davon 10 cm^3 mit 20 cm^3 n/1 Ätzkali in TFAl. durch 2stündiges Kochen verseift. Die Reaktionslösung wird auf 250 cm^3 mit Wasser verdünnt und davon 25 cm^3 mit n/10 Silbernitratlösung titriert. Gesamtverbrauch für 10 cm^3 Polyvinylchloridlösung 16,6···16,8 cm^3 n/10 Silbernitratlösung = 56,4···57,0% Cl. Diese Methode gestattet also eine Verkürzung der Reaktionszeit um die Hälfte.

Es liegt demnach in dem in Tetrahydrofurfurylalkohol gelösten Ätzkali ein vorzüglich wirkendes Abspaltungsmittel für aliphatisch gebundenes Chlor in Polymerisaten, insbesondere Polyvinylchlorid, vor.

Hunsdieker[1] berichtet über ein einfaches Verfahren, aliphatisch gebundenes Halogen durch Umsetzen mit Pyridin quantitativ zu bestimmen. Zwar ist Pyridin ein recht gutes Lösungsmittel für Polyvinylchlorid, jedoch ist sein basischer Charakter beim Siedepunkt (117°) nicht so groß, daß eine weitgehende oder gar völlige Zersetzung des Polyvinylchlorids eintritt. Daran ändert sich auch nichts, wenn man Pyridin nur als Lösungsmittel für Polyvinylchlorid wertet und noch Ätzkali zusetzt. Verseifungsdauer jeweils 5 Stunden. Es wurde schließlich auf die aus dem Rohpyridin herausdestillierten Fraktionen vom Siedepunkt 140°···160°, die hauptsächlich Picolin und Lutidin darstellen, zurückgegriffen. Die Methylgruppen drücken das Lösevermögen für Polyvinylchlorid herab, so daß nur in der Wärme klare Lösungen entstehen, während sie bei 25° trübe sind. Eine ähnliche solvatationshemmende Wirkung der Methylgruppen wurde im Dimethyltetrahydrofuran beobachtet, das im Gegensatz zum Tetrahydrofuran das Polyvinylchlorid nicht löst.

Die Ergebnisse dieser Kochungen in den genannten Pyridin-Fraktionen sind nicht einheitlich. Die sich auch dem Wasser mitteilende rötliche Färbung machte es notwendig, daß die Titrationen potentiometrisch durchgeführt wurden.

Die gefundenen Chlorwerte schwanken bei 2- bis 6stündiger Reaktionszeit bei 160° zwischen 48···53% Cl, so daß also nach dieser Methode keine quantitative Abspaltung des Chlors zu erzielen ist.

Trotz des guten, schon bei Zimmertemperatur vorliegenden Lösevermögens des Dimethylanilins für Polyvinylchlorid wurden bei seiner Siedetemperatur (Sdp. 193°) nur 45% des theoretischen Chlorgehalts abgespalten.

Es ist zweifelhaft, ob es sich hierbei um eine Abgabe des Chlors unter dem Einfluß des Amins handelt, oder nur um eine thermische Zersetzung bei der doch immerhin merklich hohen Temperatur von 190°.

Die Versuche, das Dimethylanilin nur als Lösungsmittel auszunutzen und durch Ätzkali darin das Polyvinylchlorid zu verseifen, haben auch keinen Erfolg gebracht. Ebenso sind die Arbeiten, die Basizität des Triäthanolamins zur Chlorabspaltung aus Polyvinylchlorid auszunutzen, erfolglos geblieben.

Auch durch eine alkalische Kochung der üblicherweise benutzen Polyvinylchlorid-Lösungen in Cyclohexanon ist keine quantitative Abspaltung des Chlors zu erreichen. Wir fanden lediglich ~ 72% des theoretischen Chlorwertes.

---

[1] B. **76**, 264 (1943).

Am elegantesten für die Chlorbestimmung des Polyvinylchlorids ist wohl des Verfahren nach *Grote* und *Krekeler*[1]. Es beruht darauf, daß Cl-haltige Substanzen am Quarz-Kontakt verbrannt und die chlorwasserstoffhaltigen Gase adsorbiert werden. Die Apparatur besteht aus einem 500 mm langen Quarzrohr von 17 mm lichter Weite. In diesem Rohr befinden sich eingeschmolzen 3 Einsätze, eine durchlöcherte Klarquarz-

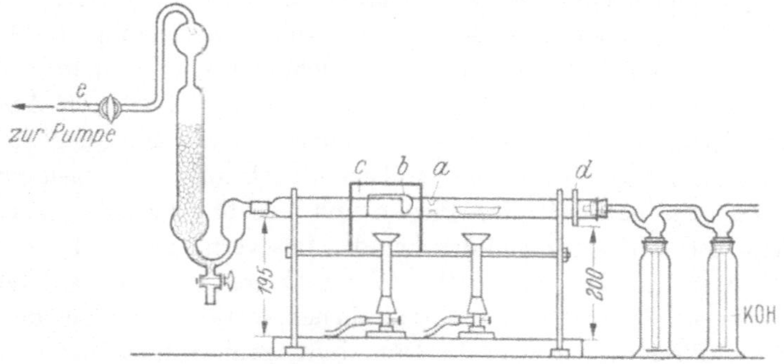

Abb. 23. Chlorbestimmung nach *Grote* und *Krekeler*.

platte und 2 Quarzfilterplatten (Abb. 23). Das Quarzrohr ist an der einen Seite mit der Adsorptionsvorlage durch einen Schliff verbunden, auf der anderen Seite befinden sich 2 Waschflaschen zur Reinigung von Luft oder Sauerstoff.

Die Adsorptionsvorlage steht mit einer Wasserstrahlpumpe in Verbindung. In der Adsorptionsvorlage befinden sich eine Glasfritte und unterhalb dieser Fritte eine Anzahl von Glasperlen. Die Adsorptionsvorlage wird mit einer Lösung von 8% Natriumsulfit (kristallisiert) in n/10 Natronlauge gefüllt und zwar jeweils die Hälfte oberhalb und unterhalb der Glasfritte. Die Substanz wird in einem Schiffchen eingewogen und in das Quarzrohr zwischen Klarquarzplatte und Lufteintrittsöffnung geschoben. Man erhitzt das Quarzrohr zunächst zwischen den Quarzfilterplatten rotglühend, öffnet dann die Wasserstrahlpumpe langsam, so daß ca. 3 Luftblasen pro Minute durchperlen. Das Schiffchen wird dann von der Plattenseite her erhitzt und hierbei der Luftstrom so eingestellt, daß ein völlig rußfreies Verbrennen stattfindet. Am Ende der Verbrennung wird der Inhalt der Adsorptionsvorlage quantitativ in ein Becherglas übergespült mit verdünnter Schwefelsäure etwas angesäuert und das Schwefeldioxyd restlos verkocht. Man gibt noch in der Wärme 6 cm³ konz. Salpetersäure hinzu und bestimmt in dieser Lösung das Chlorid nach *Volhard*. Es wird oft empfohlen, vor der Titration den Chlorsilberniederschlag abzufiltrieren.

---

[1] Angew. Chem. 46, 106 (1933); 50, 334, 337 (1927).

Wir fanden nach dieser Analysenmethode 55,5···56,5 g Cl. *Tribot* und *Simon*[1] erhitzen Polyvinylchlorid vorsichtig bis zur dunkelen Rotglut und fangen den abgespaltenen Chlorwasserstoff im Wasser auf und titrieren mit Soda und Methylorange als Indikator. Die Übereinstimmung mit der Theorie wird als gut angegeben.

Philipps[2] verbrennt im Sauerstoffstrom am Platin-Kontakt und hat seine Methode als Halbmikromethode ausgebildet. Er erreicht 55,6···55,9% Cl in Übereinstimmung mit den Werten nach *Carius*.

Nachchloriertes Polyvinylchlorid.

b) Durch Chlorieren erhält man aus dem Polyvinylchlorid das sogenannte *nachchlorierte Polyvinylchlorid* (Vinoflex PC). Es hat als Plast-Rohstoff eine etwas geringere Bedeutung erlangt als das Polyvinylchlorid selbst; seine wichtigsten Einsatzgebiete sind das Anstrichgebiet und der Textilsektor.

Seine gegenüber dem Polyvinylchlorid besonders hervorstechende Eigenschaft ist die verbreiterte Löslichkeit in den üblichen organischen Lösungsmitteln.

Die analytische Prüfung des Plast-Rohstoffes bedient sich der gleichen Methoden wie bei der Untersuchung des Polyvinylchlorids.

Zur Bestimmung der *Eigenviscosität* dient eine 5 g/100 cm³ enthaltende Lösung des nachchlorierten Polyvinylchlorids in Toluol oder Butylacetat oder in einem Gemisch aus beiden im Verhältnis 1 : 1. Für bestimmte Anwendungsgebiete kann natürlich auch ein anderes Lösungsmittel resp. -gemisch bessere Einblicke in das durch die Viscosimetrie oder Osmometrie zugängliche Gebiet der Solvatation geben.

Für die *Stabilitäts*bestimmung des nachchlorierten Polyvinylchlorids muß die Prüftemperatur auf 120°···150° erniedrigt werden. Das Vinoflex PC war mit einem organischen Stabilisator stabilisiert (Phenoxypropenoxyd). Durch Methanol-Extraktion kann man den Stabilisatorgehalt neben dem Anteil an Emulgatoren-Resten bestimmen.

Die Bestimmungsmethoden für Chlor im Polyvinylchlorid sind auch für das nachchlorierte Polyvinylchlorid anwendbar. Hier interessierte die Anwendbarkeit der Verseifungsmethode.

Führt man die *Verseifung* mit n/2 Ätzkalilösung in Benzylalkohol bei 2- resp. 4- resp. 6-stündiger Verkochungszeit durch, so findet man maximal 50% Cl. Die hierin zum Ausdruck kommende schwerere Verseifbarkeit des Vinoflex PC gegenüber dem Polyvinylchlorid gab Veranlassung auch auf Tetrahydrofurfuralkohol als Lösungsmittel für das nachchlorierte Polyvinylchlorid überzugehen. Hierin löst es sich schnell bei 50···60° auf. Setzt man nun zu dieser Lösung alkoholische Kalilauge, so setzt

---

[1] Chim. analytique **32**, 31 (1950). — [2] Plastics **12**, 587 (1948).

die Verseifung unter Ausbildung einer faserigen Fällung schon bei Zimmertemperatur ein. Bei Siedehitze (ca. 80°) ist die Verseifung noch nicht zu beenden. Es sind nur 53,4% Cl gefunden worden. Beim Zusatz von n/2 benzylalkoholischer Kalilauge zur Lösung des nachchlorierten Polyvinylchlorids tritt unter exothermer Reaktion sehr schnell Rotfärbung und Abscheidung eines körnigen Reaktionsproduktes ein. Wird jedoch die Lösung des nachchlorierten Polyvinylchlorids zunächst mit der doppelten Menge Tetrahydrofurfuralkohol verdünnt, auf 70° erwärmt und dann benzylalkoholische Kalilauge zugegeben, erreicht man in 2- bis 4-stündiger Reaktionsdauer bei Siedetemperatur eine in homogener Phase ablaufende Verseifung, die zu 62,5···63,8% Cl führt.

Eine Verwendung von aethylenglycolischer Kalilauge an Stelle benzylalkoholischer hat den Nachteil, daß das nachchlorierte Polyvinylchlorid sofort ausfällt. Hierdurch tritt eine ganz erhebliche Verlangsamung der Verseifungsreaktion ein, so daß in 4 Stunden Verseifungsdauer nur 55,8% Cl gefunden wurden.

Der maximal nach dieser Verseifungsmethode gefundene Chlorgehalt von 63,5···63,8% Cl würde einem Grundmol von $C_{12}H_{16}Cl_8$ entsprechen. Dieses Grundmol hat in bezug auf Vinylchlorid den Polymerisationsgrad 6; es sind also nur 2 Chloratome eingetreten.

Polyvinylidenchlorid.

c) Aus Chlor und Aethylen und anschließender Abspaltung von Chlorwasserstoff entsteht as-Dichloräthylen, Vinylidenchlorid $CH_2 = CCl_2$, das leicht zum *Polyvinylidenchlorid*, bekannt als Saran, polymerisiert.

Die analytischen Untersuchungen am Plast-Rohstoff Polyvinylidenchlorid beschränken sich meist auf die Bestimmung der Eigenviscosität und des Chlorgehaltes.

Für die *viscosimetrischen* Untersuchungen ist von Bedeutung, daß das Polyvinylidenchlorid bei Raumtemperatur in allen üblichen organischen Lösungsmitteln unlöslich ist. In der Wärme werden Cyclohexanon, Dioxan, Tetrahydrofurfurylalkohol, o-Dichlorbenzol Löser. Da die Lösungen beim Abkühlen nur wenig stabil sind, erfordern auch die viscosimetrischen Arbeiten erhöhte Temperaturen, die je nach dem verwendeten Lösungsmittel bis zu 120° betragen können.

Zur *Chlorbestimmung* dienen die gleichen Methoden wie beim Polyvinylchlorid. Das uns zur Verfügung gestandene Polyvinylidenchlorid löste sich nur sehr langsam in Tetrahydrofurfurylalkohol (TFAl.) bei 118°···120° auf. Es wird nach Zugabe von n/2 Ätzkali in TFAl. 2 resp. 4 Stunden bei Siedehitze verseift. Für eine Einwaage von 2,042 g resp. 1,035 g pro 100 cm³ TFAl. fanden wir einen Verbrauch von 21,5 resp. 21,8 cm³ n/10 Silbernitratlösung entsprechend 73,0 resp. 73,3% Cl. Der theoretische Chlorgehalt für das Grundmol $CH_2 = CCl_2$ beträgt 73,1% Cl.

Es überrascht nicht, daß die *thermische Stabilität* des Polyvinyliden-chlorids geringer ist als die des Polyvinylchlorids. Bereits bei Temperaturen um 100° wird Saran bei einigen Stunden Beanspruchung unter Salzsäure-Abspaltung zersetzt.

Es ist also auch bei Anwendung reiner Ausgangsmaterialien eine Stabilisierung notwendig. Jedoch hat sich Alkali als Stabilisator nicht bewährt. Die Methoden zur Ermittlung der Stabilisator-Mengen können solange nicht diskutiert werden, ehe nicht das Problem der Stabilisierung des Polyvinylidenchlorids selbst soweit gelöst ist, daß bei der Verarbeitung nicht doch bestimmte Metalle ausgeschaltet werden müssen.

3. Methoden zur Untersuchung der Polymerisationsprodukte mit Estergruppen, insbesondere Polyvinylester, Polyacrylsäureester und Homologe.

Die *Polyvinylester* sind farblose und geruchlose Massen mit vom Polymerisationsgrad abhängigen Eigenschaften eines Harzes bis zu einer kautschukähnlichen Substanz. Bei gleichem Polymerisationsgrad beeinflußt auch das Säure-Radikal die Eigenschaften. So ist z. B. Polyvinylformiat ein hartes Produkt, das Butyrat dagegen weich und plastisch und das Acetat liegt dazwischen. Mit zunehmender Kettenlänge der Säure sinken die Erweichungspunkte.

Polyvinylacetat.

a) Nicht ganz unabhängig vom Polymerisationsgrad sind die Löslichkeitseigenschaften des Polyvinylacetats; hochpolymere Produkte sind nicht mehr völlig löslich, sondern lediglich begrenzt quellbar in Benzol und Chloroform.

Auf diese Eigenschaften muß man bei der Bestimmung der Eigenviscosität der Polyvinylacetate unter Benutzung der *Fikentscher*-Gleichung Rücksicht nehmen. Die einzuhaltenden Konzentrationen bei der Viscositätsmessung der verschiedenen Viscositätseinstellung des Polyvinylacetats liegen zwischen $10 \cdots 40\%$, wobei entweder Toluol oder Essigester als Lösungsmittel dienen.

Nach unseren Messungen bewegt sich die *Eigenviscosität* des Polyvinylacetats in den Grenzen zwischen $k = 30 \cdots 100 \cdot 10^{-3}$. Die mittlere Viscosität $k = 50 \cdot 10^{-3}$ entspricht etwa einem Polymerisationsgrad von 800 resp. einem Molgewicht von ca. 70 000.

Für den Fall, daß die Viscositätsmessungen nach anderen Viscositäts-Konzentrations-Gleichungen ausgewertet werden sollen, sei darauf hingewiesen, daß die Polymerisation des Vinylacetats bei höheren Temperaturen gegen ihr Ende zu verzweigte Makromoleküle bildet. Da der lineare Bau also nicht immer erfüllt ist, kann es nicht überraschen, wenn die nach der *Staudinger*schen Gleichung errechneten K_m-Werte einen deutlichen Gang zeigen.

Zur Charakterisierung der technischen Polyvinylacetate (Mowilith-Marken[1]) hinsichtlich des von ihnen abgedeckten Gebiets der Eigenviscosität dienen die nach folgenden Konzentrationsangaben äquiviscoser Lösungen für eine Viscosität $\eta = 1000$ cP bei Essigester als Löser:

Mowilith 90	$c = 10\%$
Mowilith 70	$c = 15\%$
Mowilith 50	$c = 23\%$
Mowilith 30	$c = 43\%$
Mowilith 20	$c = 57\%$

Der Anteil an niederpolymeren Bestandteilen im Polyvinylacetat ergibt sich aus der Bestimmung der Löslichkeit in Propanol oder Butanol oder Äther.

Eine thermische Depolymerisation des Polyvinylacetats bei 230···250° ist ohne Zersetzung nicht möglich. Das Destillat des Monomeren ist stark sauer und enthält neben Essigsäure noch Acetaldehyd.

Die hervorstechendste und zur quantitativen Analyse durchaus geeignete Eigenschaft der Polyvinylester ist ihre *Verseifbarkeit*, wobei sowohl alkoholische Säuren wie auch Laugen als Verseifungsmittel dienen. In beiden Fällen wie auch bei der Verwendung von Natriummethylat ist das Reaktionsprodukt der wasserlösliche Polyvinylalkohol.

Die Verseifung des technisch bisher nicht zur Anwendung gekommenen Polyvinylformiats (Grundmol 72) ist mit n/1 wäßriger Lauge innerhalb 1 Stunde bis zu 83% möglich, wobei allerdings Voraussetzung die Schaffung einer möglichst großen Oberfläche ist. Die Verwendung quellfähiger alkoholischer Lauge (Konzentration n/2 und n/1) oder die erhöhung der Verseifungstemperatur durch Benutzung glycolischer Kalilauge ändert an dem Ergebnis nichts.

Für ein in Perlform vorliegendes Polyvinylacetat ist eine Verseifung mit wässerigem Alkali nicht quantitativ. Je nachdem, in welcher Form das Polyvinylacetat vorliegt, kann man es entweder sogleich in der alkoholischen Kalilauge lösen oder es vorziehen, vorher eine alkoholische Lösung herzustellen und zu dieser dann die n/2 alkoholische Lauge geben. Während man im letzteren Falle stets mit einer einstündigen Verseifungsdauer auskommt, um eine vollständige Abspaltung der Essigsäure zu erhalten, erfordert die erste Arbeitsweise vor allem bei sehr kompakten und harten Typen des Mowiliths eine mindestens 2stündige Verseifung. In jedem Fall scheidet sich alkoholunlöslicher Polyvinylalkohol als Reaktionsprodukt ab. Die von uns gefundenen Verseifungszahlen schwanken zwischen 640···657 (theor. 652).

Nach Arbeiten japanischer Autoren verläuft die Verseifung des Polyvinylacetats durch methylalkoholische Lauge in 2stufiger

---

[1] Mowilith-Broschüre der ehem. IG Farben-Industrie resp. Farbwerke Höchst.

Reaktion, wobei die erste Stufe eine Umesterung, die zweite eine Verseifung darstellt[1].

Durch die Bestimmung der Verseifungszahl haben wir also stets die eindeutige Möglichkeit, eine genaue Charakterisierung des Polyvinylacetats vorzunehmen. Sie kann ergänzt werden durch die Acetylzahl[2].

Für eine Reihe von Anwendungsgebieten z. B. zur Herstellung von Bestrichmassen für die Kunstleder- oder Belagstoff-Fabrikation werden *Dispersionen von Polyvinylacetat* eingesetzt.

Ihre Untersuchung auf den Gehalt an *Festkörper* wird in der üblichen Weise durch Eindampfen einer bestimmten Probemenge durchgeführt. Daran schließt sich die Ermittlung des Weichmachers in dem zurückgebliebenen Film durch Extraktion mit Äther an. In einigen Fällen hat sich auch die Dispersion direkt mit Äther zur Bestimmung des Weichmachers ausschütteln lassen.

Die *Kältefestigkeit* der Dispersionen wird durch Gefrierenlassen und Wiederauftauen ermittelt. Die Bestimmung der *Säurezahl* erfolgt durch Titrieren mit wäßriger Lauge (n/10); sie soll nicht höher als 25 sein.

Die *Verträglichkeit* der Dispersionen mit Pigmenten wird einmal an den Dispersionen mit vorliegendem p_H-Wert, der meist im sauren Gebiet liegt, und nach Zusatz von Ammoniak an alkalischen Dispersionen ermittelt. Man verreibt hierzu ca. 5 g Pigment mit der doppelten Menge Wasser und gibt diese Mischung in 10 g Dispersion. Nicht alle Pigmente sind mit den Polyvinylacetat-Dispersionen verträglich.

Da der aus den Dispersionen entstehende Film stets wasserempfindlich ist, kann die Mitverarbeitung von mittelhochsiedenden Lösungsmitteln Vorteile bringen. Es ist deshalb von Bedeutung, die Aufnahmefähigkeit der Dispersionen an Lösungsmitteln durch Titration einer bestimmten Menge Dispersion und lebhaftes Schütteln zu ermitteln. Eine Temperaturkonstanz ist hierbei zu gewährleisten.

Die *Viscosität* der Polyvinylacetat-Dispersionen kann nach einer der üblichen Methoden ohne Schwierigkeiten gemessen werden. Die Viscosität einiger handelsüblicher Mowilith-Dispersionen[3] schwankt zwischen 30···500 poise, je nach Konzentration und Weichmacher-Gehalt und -Art.

Polyvinylchloracetat.

b) Neben dem Polyvinylacetat haben noch für einige Spezialzwecke das *Polyvinylchloracetat*, das *Benzoat* und *Maleat* Verwendung gefunden. Ihre Untersuchung bedient sich der gleichen Methoden wie beim Polyvinylacetat.

---

[1] *Thinius*: Wissenschaftlich-technische Fortschrittsberichte auf dem Gebiet der nichthärtbaren Kunststoffe 1942—1945 S. 161 (Berlin 1950) Akademie-Verlag.

[2] *Gate, Mayne* u. *Warson*: Paint Technol. **15**, 9 (1950).

[3] Mowilith-Broschüre der ehem. IG Farben-Industrie resp. Farbwerke Höchst.

Besonderes Interesse bietet die Verseifung beim Polyvinylchloracetat wegen des reaktiven Chloratoms. Aus dem Grundmol für Vinylchloracetat $M = 120$ errechnet sich ein Gehalt an $Cl = 29,5\%$ und eine Verseifungszahl von $VZ = 467$ bei reiner Esterspaltung, unter Beteiligung des Chlors dagegen von $VZ = 933$.

Bei der Verseifung mit alkoholischer Kalilauge (n/2) laufen beide Reaktionen, die Aufspaltung der Esterbindung und die Chlorabspaltung zugleich nebeneinander, so daß schon nach 10 Minuten Verseifungsdauer eine $VZ \sim 450$ errechenbar ist.

Als Verseifungsmittel sind außerdem noch zu verwenden wäßrige Lauge oder Kaliumalkoholate. In beiden ist das Polyvinylchloracetat nicht löslich. Nach zweistündigem Kochen ermittelten wir eine Verseifungszahl von $940 \cdots 945$ und einen Chlorgehalt von $29,6 \cdots 30,2\%$ Cl.

Wenn man die Verseifung in homogenem Medium durchführen will, empfiehlt sich die Verwendung von Tetrahydrofuran oder Dioxan als Löser für das Polyvinylchloracetat. Mit Rücksicht auf die Nebenreaktionen der Lösungsmittel mit der n/2 alkoholischen Kalilauge, ist es ratsam, lediglich den Verseifungsansatz mit n/10 Silbernitratlösung zu titrieren. Wir fanden einen Chlorgehalt von $29,2\% \cdots 29,8\%$ Cl bei folgender Arbeitsweise: $1 \cdots 1,5$ g Polyvinylchloracetat werden in 100 cm³ Tetrahydrofuran resp. Dioxan gelöst, davon je 10 cm³ mit 20 cm³ n/2 Lauge versetzt und 2 Stunden in der Siedehitze verseift. Die Berechnung der Verseifungszahl aus dem Alkaliverbrauch führt dagegen auch bei Durchführung einer Blindbestimmung stets zu zu hohen Werten.

Polyacrylate und -methacrylate.

c) Durch Polymerisation der Acrylsäureester bzw. der Methacrylsäureester entstehen Polymerisationsprodukte mit einer ganzen Skala von Eigenschaften. Es finden sich unter ihnen harte, zähe Polymerisate neben weichen, gummiartigen Massen. Die Härte und der Erweichungspunkt der Polymerisate fällt mit der zunehmenden Länge der Kette der Alkohol-Radikale in den polymeren Estern. Im allgemeinen sind die Polymethacrylate beträchtlich härter als die entsprechenden Polyacrylate, wie sich u. a. auch an der Gegenüberstellung der Erweichungspunkte[1] (EP) erkennen läßt.

Tabelle 17.

	Polyacrylsäure	Polymethacrylsäure
Methylester	EP $+ 3°$	$+ 125°$
Äthylester	$- 25°$	$+ 65°$
Butylester	$- 45°$	$+ 33°$

[1] *Houwink:* Elastomers and Plastomers II S. 157 (1949) Elsevier Publishing Co.

Weiter werden in üblicher Weise Viscositätsmessungen der Lösungen der polymeren Acrylsäure- resp. Methacrylsäure-Ester in Essigester oder anderen Lösern (Ketonen, Aromaten) zur Bestimmung der *Eigenviscosität* durchgeführt.

Nach unseren Erfahrungen stellen die handelsüblichen Polyacrylsäureester mittelviscose Einstellungen mit einer Eigenviscosität $K = 50 \cdots 70 \cdot 10^{-3}$ dar. Bei dem Polymethacrylsäuremethylester handelt es sich dagegen um ein sehr hochviscoses Polymerisat, dessen 1%ige und 2%ige Lösungen in Aceton starke Strukturviscosität bei ihrer Messung im Kapillarviscosimeter erkennen lassen. Die Eigenviscosität liegt bei $K = 125 \cdot 10^{-3}$.

Der Anteil an niedrig-polymeren Bestandteilen der Polyacrylate resp. -methacrylate wird durch Extraktion mit entsprechend ausgewählten Quellmitteln resp. Nichtlösern z. B. Äthanol, Aethylglycol oder auch Toluol ermittelt.

Bauer[1] prüft die Vollständigkeit der Polymerisation von Methacryl-Verbindungen, die oft in Durchführung einer Blockpolymerisation zum Fertiggegenstand geformt werden, nach einer Schnellmethode, indem er den Prüfling in ein Glycerinbad von $170° \cdots 175°$ ca. 30 Sekunden lang eintaucht. Handelt es sich um ein unvollständig polymerisiertes Produkt, so tritt nach schon $10 \cdots 15$ Sekunden Tauchzeit die Bildung einer großen Zahl von Blasen auf. Völlig durchpolymerisiertes Material ergibt auch bei auf Stunden ausgedehnter Prüfung keine Blasen.

Da ein Teil der Polymerisate dieser beiden Säuren in Emulsion hergestellt wird, aus denen sie durch Elektrolytwirkung ausgeflockt werden, so ist es zweckmäßig, die Rohstoffe durch Auskochen mit Wasser und Bestimmen der Leitfähigkeit dieser wässerigen Lösung resp. durch Ermittelung der Menge der gelösten anorganischen Bestandteile nach den üblichen Analysen-Methoden auf ihre Reinheit hin zu überprüfen.

Die Untersuchungsmethoden der Polyvinylacetat-Dispersionen finden sinngemäß Anwendung bei den Dispersionen der Polyacrylsäure- resp. Polymethacrylsäureester.

Die Kältefestigkeit der Polyacrylsäuremethylester-Dispersion liegt unabhängig von ihrem Festgehalt bei $+10°$ bis $+12°$, die der Polyacrylsäureäthylester-Dispersion bei $-13°$ bis $-15°$, und der Butylester bildet eine Dispersion mit einer Kältefestigkeit von $-30°$.

Charakteristisch für die Polyacrylsäureester-Dispersionen ist noch ihre Verdickbarkeit durch Zusatz von Ammoniak. Analytisch interessiert hier die Viscositätssteigerung als Funktion der zugesetzten Ammoniakmenge.

---

[1] Kunststoffe **40**, 94 (1950).

Sowohl *Bandel*[1] wie auch *Esch*[2] machen auf das unterschiedliche Verhalten der Polyacrylsäureester und der Polymethacrylsäureester gegenüber Alkalien aufmerksam. Während man die ersteren durch alkoholische Lauge und auch durch starke wäßrige Lauge verseifen kann, sind die Polymethacrylate damit nicht verseifbar. Dieser Unterschied soll sogar zur Trennung dieser beiden Substanzen ausgenutzt werden.

Für die entsprechenden polymeren Ester der Acrylsäure resp. Methacrylsäure errechnen sich folgende theoretischen *Verseifungs*zahlen:

Tabelle 18.

	Polyacrylsäure		Polymethacrylsäure	
	Grundmol	VZ	Grundmol	VZ
Methylester	86	652	100	560
Äthylester	100	560	114	492
Butylester	128	438	142	395

Es hat sich nicht als vorteilhaft herausgestellt, die festen Polyacrylsäureester direkt der Verseifungslauge (n/2 alkoholischer Kalilauge) auszusetzen, sondern es empfiehlt sich, sie vorher in Alkohol oder besser in einem Gemisch aus Alkohol + Benzol (Toluol) 1:5 zu lösen und dann zu verseifen. Es genügt dann meist eine halbstündige Kochung im Wasserbad unter Rückfluß, um eine vollständige Verseifung der Polyacrylsäuremethyl- resp. äthylester zu erreichen.

Als Beleg hierfür einige Beispiele:

Tabelle 19.

Einwaage mg	Methylester				Einwaage mg	Äthylester			
		Dauer	VZ	Fehler			Dauer	VZ	Fehler
483,0	fest	1 Std.	360	— 44 %	491,8	fest	1 Std.	477	— 24%
428,8			660	+ 1,3%	443,9			575	
441,2	gelöst	½ Std.	668	+ 2,8%	458,1	gelöst	½ Std.	576	+ 2%
490,3			654	0	494,8			573	
478,6			652	0	485,2		1 Std.	564	+ 0,7%

Benutzt man den aus der Lösung des Polyacrylsäurebutylesters in Ligroin hergestellten Film nach 72 Stunden Trocknung im Vakuum, so erhält man in 2stündiger Verseifung mit n/2 alkoholischer Kalilauge eine Verseifungszahl = 438···440.

Die Verseifung der uns zur Verfügung stehenden Polymethacrylsäureester mit n/2 oder konz. alkoholischer Kalilauge führte auch bei mehrstündiger Kochung der festen oder vorher gelösten Produkte nicht zum Ziel.

---

[1] Angew. Chem. **51**, 572 (1938).
[2] *Berl-Lunge*: Chem. techn. Untersuchungsmethoden 8. Aufl. E III, S. 459.

Man erhält nur einen geringfügigen Angriff des Alkali, entsprechend einer Verseifungszahl von 25···57.

Von der Überlegung ausgehend, daß diese Eigenschaft eine Folge des makromolekularen Aufbaues dieser Plast-Rohstoffe, deren Eigenviscosität gar nicht mal so groß ist, sein muß, denn die monomeren Ester sind spielend zu verseifen, konnte erwartet werden, daß durch Temperaturerhöhung des verseifenden Mediums eine Verseifung doch noch erzielt werden könnte.

Eine n/2 butanolische Lauge steigert bei einstündiger Verseifungsdauer die Verseifungszahl der Polymethacrylsäuremethylester auf 219.

Durch Verwendung von n/2 Ätzkali in Amylalkohol erreicht man eine weitere Steigerung der Verseifbarkeit. Es sind bei ein- und zweistündiger Verseifungsdauer VZ von 430···470 erzielt worden; dies bedeutet bereits eine 76···74%ige Verseifung.

In etwa der gleichen Größenordnung liegen die Zahlen bei einer ein- und zweistündigen Verseifung mit n/2 glycolischer Lauge. Durch Erhöhung der Verseifungszeit auf 3 Stunden gelang beim Polymethacrylat eine praktisch vollständige Verseifung. Wir fanden Verseifungszahlen:

$$VZ = 546 \text{ bis } 550 \text{ (theor. 560).}$$

Daß es sich hierbei um eine spezifische Wirkung der glycolischen Lauge handelt, geht daraus hervor, daß eine Kochung mit Glycol und eine daran anschließende Kochung mit alkoholischer Lauge keine Verseifung herbeiführt.

Wir glauben auch nicht, daß es sich bei diesen erhöhten Verseifungszahlen etwa um Auswirkungen von Weichmachern oder Monomeren handelt, denn löst man das Polymethacrylat vorher in Alkohol/Toluol 1:5 auf, verseift sodann mit n/2 glycolischer Lauge, so erzielt man als Folge des wesentlich niedrigeren Siedepunktes auch wiederum nur eine geringe Verseifung (VZ = 148). Sie liegt zwar höher als bei einer Verseifung des ungelösten Produktes, aber erreicht doch bei weitem nicht die eines Polymethacrylates.

Ebenso hat es sich nicht bewährt, das Polymethacrylat vorher in Alkohol-Toluol zu lösen, dann glycolische Lauge zuzugeben und das Alkohol-Toluol-Gemisch abzudestillieren und dann zu verseifen. Offenbar wird dieses nicht restlos entfernt und ist so die Temperatur bei der Verseifung nicht genügend hoch. Man erreicht nur eine etwa 75%ige Verseifung.

Danach ist also die bisher in der Literatur vertretene Auffassung, daß Polymethacrylat nur nach erfolgter Depolymerisation verseifbar ist, dahin abzuändern, daß eine Verseifung mit glycolischer Kalilauge (n/2) in der Siedehitze quantitativ bei 3stündiger Dauer gelingt.

Polyacrylnitril.

d) Die Nitrile der Polyacrylsäure resp. Polymethacrylsäure haben als Plast-Rohstoffe bisher nur geringe Bedeutung. Das Polyacrylnitril ist bis 350° nicht thermoplastisch; dann tritt Zersetzung ein. Da es durch verdünnte Säuren und Laugen leicht verseifbar ist, hat es in Form dieser Reaktionslösungen als Verarbeitungshilfsmittel für die Plaste Verwendung gefunden. Bei der *Verseifung* des Polyacrylnitrils in 40%iger Natronlauge erhält man nur 94···95% der Theorie an NH_3. Im Gegensatz zu dem in den üblichen Lösungsmitteln unlöslichen Polyacrylnitril (Löser sind Dimethylformamid und Substanzen mit besonders hohem Dipolmoment, wie Adipodinitril, Dialkylcyanamide) ist das Polymethacrylnitril in Ketonen und Chlorkohlenwasserstoffen löslich.

Die Bestimmung des *Stickstoffgehaltes* in Polyacrylnitril gelingt nach den Feststellungen von *Hermann Kech*[1] sehr glatt durch Zersetzung mit konz. Schwefelsäure mit Kupfersulfat als Katalysator. Für 0,2···0,4 g Polymerisat benötigt man ungefähr 15 cm³ konz. Schwefelsäure und ca. 1 g Kupfersulfat. Nachdem das anfänglich starke Schäumen beendet ist, wird die Erhitzung so lange fortgeführt, bis die zunächst tiefschwarze Flüssigkeit eine reine, hellgrüne Farbe angenommen hat, wozu meistens 2···3 Stunden erforderlich sind. Man arbeitet nach den Regeln der *Kjedahl*-Bestimmung den Analysenansatz auf, wobei zweckmäßig etwas Zink oder Devarda-Legierung hinzuzugeben ist. 1 cm³ verbrauchte n/10 Säure entspricht 5,3 mg Acrylsäurenitril. Nach dieser Methode fanden wir in späteren Jahren ca. 24,0% N.

Die Stickstoff-Bestimmung nach *Dumas* ergab nur ~ 23% N. Aus dem Grundmol ($CH_2 = CH — CN$) Mol. Gew. 53, errechnet sich N = 26,4%. Dem Polymethacrylnitril $CH_2 = C — CN$ Mol. Gew. 67, kommt ein Stick-

$$\underset{\underset{CH_3}{|}}{}$$

stoffgehalt von N = 20,9% zu.

4. Untersuchungsmethoden für Polyvinylalkohol. Das Polyvinylacetat bildet das Ausgangsmaterial zur Herstellung des Polyvinylalkohols, der als einziges Vinylpolymerisat nicht durch direkte Polymerisation eines Monomeren gewonnen werden kann.

Die Verseifung des Polyvinylacetats kann entweder durch saure Hydrolyse seiner methanolischen Lösung oder nach dem von *Herrmann, Haehnel* und *Berg*[2] erarbeiteten Verfahren der Umesterung einer Lösung von Polyvinylacetat in wasserfreien Alkoholen geschehen.

Der Name „*Polyvinylalkohol*" wird nur für solche Substanzen angewendet, die so viel freie OH-Gruppen enthalten, daß sie in heißem oder kaltem Wasser löslich sind, da beide Hydrolysen-Methoden je nach Wunsch bei unvollständiger Hydrolyse abgebrochen werden können.

---

[1] ca. 1937. — [2] DRP. 642 531 (1937).

Um festzustellen, nach welcher Methode der Polyvinylalkohol gewonnen wurde, sei daran erinnert, daß nur der durch Alkoholyse in wasserfreiem Medium erhaltene Polyvinylalkohol sich glatt reacetylieren läßt, während das im sauren, alkoholischen Medium erhaltene Produkt nicht vollständig wieder reacetyliert werden kann.

Nach *Staudinger*[1] führt man die Reaktion mit Acetanhydrid und Pyridin bei Raumtemperatur in allerdings sehr langer Reaktionszeit (bis zu 20 Tagen) durch. Zweckmäßig ist die Reacetylierung des Polyvinylalkohols mit der 10fachen Menge Acetanhydrid und der gleichen Menge wasserfreiem Natrium-Acetat — jeweils bezogen auf Polyvinylalkohol — durch 6stündiges Kochen unter Rückfluß. Man gießt in Wasser ein und kocht das Reaktionsprodukt bis zur neutralen Reaktion mehrmals mit Wasser aus. Es ist dann in jeder Hinsicht mit dem polymerisierten Vinylacetat identisch, in Methanol oder Sprit wieder löslich.

Die Verschiedenheit der Herstellungsbedingungen drückt sich auch in dem Anteil der Verunreinigungen aus.

Der aus alkalischer Verseifung erhaltene Polyvinylalkohol ist stark aschehaltig. Zur Veraschung bedient man sich bei ca. $3 \cdots 5$ g Einwaage zweckmäßig eines Fingertiegels.

Daneben gibt die Bestimmung des p_H-Wertes der wäßrigen Lösung des Polyvinylalkohols Aufschluß über den Herstellungsweg. Der durch saure Verseifung gewonnene hält stets geringe Säuremengen zurück. Sie können durch Titration mit $n/100$ Alkali bei Phenolphthalein als Indikator festgestellt werden.

Da die Eigenschaften des Polyvinylalkohols nicht nur von der Herstellungsart, sondern auch vom Molekulargewicht des eingesetzten Polyvinylacetats abhängen, werden zweckmäßig auch Viscositätsmessungen der wäßrigen Lösung durchgeführt, die nach der *Fikentscher*-Gleichung auf die Eigenviscosität hin ausgewertet werden. Die Lösegeschwindigkeit der höher polymeren Polyvinylalkohole ist geringer als die der nieder polymeren; besonders hochmolekulare Produkte erfordern ein Anwärmen. Es ist hierbei nicht ausgeschlossen, daß noch ein geringer Acetylgehalt diese Schwerlöslichkeit in Wasser bedingt. Sind mehr als 5% Acetat noch im Polyvinylalkohol vorhanden, so löst er sich nicht mehr in kaltem Wasser, sondern erfordert Lösetemperaturen von $65 \cdots 70°$. Ein Gehalt von 20% Acetat verursacht nur noch eine Löslichkeit bei $35 \cdots 40°$; eine solche Lösung ist in der Kälte beständig. Beim Gehalt von 40% Acetat ist die Löslichkeit in kaltem Wasser vorhanden; die Lösungen koagulieren jedoch bei $30 \cdots 35°$. Gemische von Alkohol und Wasser sind zur Lösung erforderlich, wenn mehr als 50% Acetat vorhanden

---

[1] J. prakt. Chem. **155**, 261 (1940).

sind[1]. Es ist von *Murray* und *Kenyon*[2] versucht worden, aus der Wasser-löslichkeit bei verschiedenen Temperaturen auf die Anwesenheit von OH-Gruppen, Acetylgruppen und Acetalgruppen durch Anwendung mathematischer Gleichungen zu schließen.

Die Bestimmung der Verseifungszahl des Polyvinylalkohols wird unter den gleichen Bedingungen durchgeführt wie beim Polyvinylacetat.

Für die OH-Zahl-Bestimmung des Polyvinylalkohols bedient man sich unter der Voraussetzung des oben Gesagten über die Reacetylier-barkeit der üblichen Methode mit Essigsäureanhydrid und Pyridin.

Die sich gelegentlich[3] findende Angabe, daß hochpolymere Vinyl-alkohole beim Erwärmen ihrer wäßrigen Lösungen aus dieser ausflocken, konnten wir bisher nicht beobachten.

Dagegen haben *Murray* und *Kenyon* festgestellt, daß wäßrige Lösungen von Polyvinylalkoholen mit gleichzeitigem Gehalt von Acetat und Acetalgruppen im Gebiet zwischen 55° und 10° gelieren können, wobei die Gelierungstemperatur um so niedriger ist, je höher die Acetal-gruppengehalte. Acetalfreie Polyvinylalkohole mit noch merklichem Ge-halt an Acetat gelieren dagegen bis zu 100° nicht.

Alkohole oder Aceton resp. gesättigte konzentrierte Lösungen von Chloriden, Sulfaten oder Nitraten der Alkalien resp. Erdalakalien fällen die Polyvinylalkohole aus ihren Lösungen.

Diese Methoden eignen sich zur Schnellbestimmung der Konzen-tration von Polyvinylalkohol-Lösungen. Es ist notwendig, nur die völlig wasserlöslichen Lösungsmittel, insbesondere Methanol bis Propanol, Aceton, Dioxan, Glycolformal, Tetrahydrofuran und Milchsäureäthyl-ester zu verwenden.

Für je 5 g einer 5%igen wässerigen Polyvinylalkohollösung wurden bei 20° folgende Mengen Fällungsmittel beobachtet:

Methanol	28 cm³	faserige	Fällung und Trübung
Alkohol absol.	13 cm³	faserige	Fällung und Trübung
Alkohol 94%	21 cm³	faserige	Fällung und Trübung
n-Propanol	7,5 cm³	gallertige	Fällung
Aceton	6,5 cm³	faserige	Fällung
Glycolformal	8,5 cm³	faserige	Fällung
Dioxan	12 cm³	faserige	Fällung
Tetrahydrofuran	11,0 cm³	gallertige	Fällung
Milchsäureäthylester	7,0 cm³	faserige	Fällung.

Es erschien zweifelhaft, ob durch Alkohol eine vollständige Aus-fällung zu erzielen ist. Deswegen wurde eine Kontrolle der bei beginnen-der Fällung und Trübung zurückbleibenden Flüssigkeit durchgeführt. 30 g einer 5%igen Lösung benötigen 110 cm³ Alkohol (94%) bis zur

---

[1] *Jones*: Brit. Plast. **15**, 380 (1943). — [2] DRP. 728 445. — *Kainer*: „Polyvinyl-alkohol", Stuttgart 1949 S. 42. — [3] *Meyer-Mark*: „Hochpolymere Chemie" II. Bd. S. 99 (1940). (Akadem. Verlagsgesellschaft).

Trübung, 120 cm³ bis zur schleimigen Fällung, bei 125 cm³ tritt faserige Fällung ein. Statt des theoretisch zu erwartenden 1,5 g Fällproduktes sind nur 675 mg erhalten. In der Flüssigkeit sind noch ca. 1140···900 mg Produkt vorhanden. Aus der klaren Flüssigkeit tritt oft noch nach Stehen über Nacht Fällung ein. Bei einer Repetition erhielten wir nach 125 cm³ Alkoholzusatz 1,035 g Fällungsprodukt. Bei allen diesen Versuchen ist selbstverständlich die Temperatur zu berücksichtigen.

Bei der Untersuchung·der mit Aceton gefällten Vinarollösung ergab sich, daß das Fällungsprodukt ein Übergewicht von 12% hat, in der Flüssigkeit findet sich kein Vinarol mehr. Ein zu schnelles Titrieren mit Aceton hat sofort Fällung zur Folge, bei 1···2%igen Lösungen tritt nur Trübung auf; bei 3···5%igen Lösungen erst Fällung, dann Trübung, es ist hier bis zum Eintritt der Trübung titriert.

Der Bedarf an Fällmitteln ist von der Konzentration der Vinarollösung in fast linearer Funktion abhängig, so daß die Bestimmung der Konzentration dadurch möglich ist. Es ist selbstverständlich, daß bei jedem Salz die Temperatur der Vinarollösung und der Salzlösung übereinstimmt und konstant gehalten wird. Unter diesen Voraussetzungen ist die Reproduzierbarkeit der Titrationsergebnisse bis zum Eintritt des Trübungspunktes gut.

Überraschend ist der Einfluß der Temperatur auf die Verschnittfähigkeit der Vinarollösungen. Im Gebiet zwischen 10···20° fällt mit steigender Temperatur die Verschnittfähigkeit.

Am geeignetsten erscheint eine molare Ammoniumsulfatlösung zur Konzentrationsbestimmung von Vinarollösungen. Man verfährt hierzu wie folgt: 20 g der Vinarollösung werden bei einer Temperatur von 20° mit einer gleichtemperierten molaren Lösung von Ammonsulfat aus einer Bürette langsam so weit titriert, bis eine deutliche Trübung der vorgelegten Vinarollösung eintritt. Aus einer Eichkurve entnimmt man dann den Prozentgehalt der Lösung an Vinarol. Welchen Einfluß die Eigenviscosität des Polyvinylalkohols auf die Ergebnisse hat, konnte nicht ermittelt werden, da nur eine Viscositätsstufe von Polyvinylalkohol (Vinarol) zur Verfügung stand. Da Vinarol durch saure Verseifung aus Mowilith mit Schwefelsäure hergestellt wird, muß damit gerechnet werden, daß sich im Makromolekül geringe Mengen Schwefelsäure gebunden befinden, deren Betrag wechseln und die Titrationsergebnisse beeinflussen kann.

Aus diesen Gründen wird eine vorherige Aufstellung einer empirischen Eichkurve für jede Polyvinylalkohol-Type, die betrieblich verarbeitet wird, notwendig. Der Zeitaufwand für diese Konzentrationsbestimmung ist ca. 30 Min.

Die thermische Stabilität des Polyvinylalkohols wird durch Erwärmen auf 130° geprüft. Hierbei darf innerhalb 2 Stunden keine Braunfärbung oder das Auftreten von Säuredämpfen zu beobachten sein.

5. Untersuchungsmethoden für Polyvinyläther. Je nach den Polymerisationsbedingungen (Katalysator, Temperatur, Reinheit des Monomeren) entstehen aus den Vinylalkyläthern zähflüssige, balsamartige, stark klebrige oder harte, feste Massen oder hochmolekulare gummiartige Polymerisationsprodukte. Selbstverständlich ist auch die Länge des Alkylrestes für die Eigenschaften der Polymerisate verantwortlich, dementsprechend sind die Polyvinylmethyl- resp. -äthyläther harzartige viscose und klebrige Massen, während der Vinyldekalyläther zu wachsartig harten, und der Phenylvinyläther zu glasartig harten Polymerisaten umgewandelt wird.

Auch der verschiedene Durchschnittspolymerisationsgrad bringt eine Reihe von abweichenden physikalischen Eigenschaften mit sich, wie besonders am Beispiel des Polyvinylisobutyläthers deutlich wird. Der als Blockpolymerisat erhaltene Äther mit einer Eigenviscosität von $k = 20$ bis $60 \cdot 10^{-3}$ liegt als zähflüssiges bis weichharzähnliches Produkt vor. Das durch schnelle, kontinuierliche Tieftemperatur-Polymerisation erhaltene Polymerisat ist kautschukartig.

Die hervorstechendste Eigenschaft der weichen Polyvinyläther, die als Plast-Rohstoff angewendet werden, ist ihre Klebrigkeit. Sie hat nicht nur ihr Anwendungsgebiet vorgeschrieben, sondern ist wohl auch die Ursache mit dafür, daß nur sehr wenig analytische Arbeit an dieser Klasse der Polymerisationsprodukte durchgeführt wurde.

Zur Bestimmung des Polymerisationsgrades dient auch hier die Messung der Eigenviscosität nach *Fikentscher*. Für die Klebstoff-Rohstoffe: Polyvinylmethyläther resp. Polyvinyläthyläther werden Wasser resp. Essigester als Lösungsmittel verwendet. Die Untersuchung des kautschukartigen Polyvinylisobutyläthers, der äußerlich dem hochmolekularen Polyisobutylen ähnelt, lehnt sich auch völlig an der dieses Polymerisats an. Seine Eigenviscosität wird durch Messen einer $1 \cdots 2\%$-igen Lösung in Essigester oder Butylacetat ermittelt. Wir fanden meist K-Werte zwischen 100 bis 130.

Eine Extraktion des Polyisobutylvinyläthers mit siedendem Wasser gibt Auskunft darüber, inwieweit das Polymerisat noch mit Katalysatorresten verunreinigt ist.

Die Walzstabilität des Polyvinylisobutyläthers wird durch Warmlagerung bei $160 \cdots 180°$ für die Dauer von $2 \cdots \frac{1}{2}$ Stunde und anschließende Messung der Eigenviscosität nachgeprüft. Daneben wird die Verfärbungstendenz des Polymerisats ermittelt.

6. Methoden zur Analyse der Polyvinylacetale. Die Polyvinylacetale, ätherartige Verbindungen aus Aldehyden und/oder Ketonen mit Polyvinylalkohol, sind in einer großen Mannigfaltigkeit, die durch die große

Anzahl der zur Verfügung stehenden Aldehyde und Ketone, aber auch durch die Verschiedenartigkeit der polymeren Ausgangsprodukte hinsichtlich ihrer Konstitution, z. B. nach Anzahl von OH-Gruppen und Estergruppen, und auch ihrer Viscositätsstufe, ebenso auch durch die verschiedenen Herstellungsverfahren gegeben ist, bekannt geworden, haben jedoch in erheblich geringerer Auswahl technische Verwendung gefunden. Bei den meisten ihrer Herstellungsverfahren handelt es sich um Reaktionen an Polymerisationsprodukten, die nicht immer zu polymeranalogen Verbindungen führen. Verwendet man Polyvinylalkohol als Ausgangsmaterial, so hat man die Gewähr, im wesentlichen ein von Acylgruppen freies Acetal zu erhalten. Infolge ihrer größeren Wirtschaftlichkeit benutzt die Technik wohl heute überwiegend die verseifende Acetalisierung der Polyvinylester als Herstellungsverfahren.

Im wesentlichen haben nur die Acetale des Formaldehyds, Acetaldehyds und Butyraldehyds, sowie des Cyclohexanon resp. eines Gemisches von Aldehyden mit diesem Keton praktische Anwendung gefunden.

Die Untersuchung der Polyvinylacetale berücksichtigt die Prüfung des p_H-Wertes, der Acidität ihrer wäßrigen Aufschlämmung, ihre Verunreinigung durch Reste organischer Substanzen aus der Darstellung, den Gehalt an Stabilisator, ihre Eigenviscosität und die Bestimmung der Aldehyd- OH- und Estergruppen im Polymerisationsprodukt.

Für die Bestimmung der Verunreinigung durch Katalysatorreste werden ca. 10 g Polyvinylacetal in 100 cm³ Wasser bei Raumtemperatur resp. bei Temperaturen kurz unterhalb des Erweichungspunktes des Polyvinylacetals suspendiert und sodann in einem Teil der Suspension der p_H-Wert mittels Farbindikatoren bestimmt. Der Rest dient zur titrimetrischen Ermittlung der Acidität resp. Alkalität, wobei zweckmäßig Phenolphthalein als Indikator verwendet wird.

Eine Aschebestimmung in der gleichen Arbeitsweise wie sie beim Polyvinylchlorid beschrieben ist, kann sich anschließen.

Für die Durchführung der Ermittlung der organischen Verunreinigungen wird eine Vorprüfung hinsichtlich der Löslichkeitseigenschaften des Polyvinylacetals notwendig sein.

Das Polyvinylformal in seinen uns vorliegenden Viscositätsstufen ist in den aliphatischen Alkoholen auch bei Siedetemperatur unlöslich, so daß die Extraktion mit Methanol oder, falls höhere Temperaturen gewünscht werden, mit Butanol durchgeführt werden kann.

Die erheblich bessere Löslichkeitseigenschaften aufweisenden Polyvinylacetale des Acetaldehyds können nur mit den Benzinen resp. mit Tetrachlorkohlenstoff, vielleicht noch mit Äther in dieser Richtung hin untersucht werden. Für die Acetale des Butyraldehyds dienen die Benzine, in einigen Fällen auch das Methanol und Isobutyron als Extraktionsmittel.

Meist wird man bei dieser Extraktion gleichzeitig den Licht- und/oder Wärmestabilisator mit entfernen. Allgemein verwertbare Trennungsmethoden des Stabilisators vom sonstigen Gehalt an organischen Verunreinigungen lassen sich nicht geben.

Für die Bestimmung der Eigenviscosität der Polyvinylacetale des Formaldehyds, Acetaldehyds und Isobutyraldehyds, wie auch des mit Cyclohexanon überlagerten Acetal-Ketals haben wir uns des Chloroforms, Äthylenchlorids und Äthylenchlorhydrins als Lösungsmittel bedient. An den jeweils 1%igen Lösungen der verschiedenen Polyvinylacetale fanden wir folgende Eigenviscositäten k in Abhängigkeit vom Lösungsmittel:

Tabelle 20.

	Chloroform k	Äthylenchlorid k	Äthylenchlorhydrin k
Polyvinylformal niedrigviscos	$61{,}5 \cdot 10^{-3}$	$58{,}0 \cdot 10^{-3}$	$68 \cdot 10^{-3}$
hochviscos	$152{,}4 \cdot 10^{-3}$	nicht mehr völlig löslich	
Polyvinylacetacetal	$85{,}6 \cdot 10^{-3}$	$80{,}1 \cdot 10^{-3}$	$83{,}4 \cdot 10^{-3}$
Polyvinylbutyral	$51{,}6 \cdot 10^{-3}$	$51{,}3 \cdot 10^{-3}$	$51{,}0 \cdot 10^{-3}$
Polyvinylisobutyral	—	—	$70{,}7 \cdot 10^{-3}$
Polyvinylcyclohexanonketal	$91{,}0 \cdot 10^{-3}$	$74{,}6 \cdot 10^{-3}$	$89 \cdot 10^{-3}$

Die Abhängigkeit der Eigenviscosität, ausgedrückt durch den K-Wert der *Fikentscher*-Gleichung, vom Lösungsmittel ist auch bei diesen Umwandlungsprodukten von Polymerisationsprodukten deutlich zu erkennen.

Die quantitative Ermittlung der Zusammensetzung der Polyvinylacetale bereitet noch erhebliche Schwierigkeiten.

Es findet sich zwar stets die Angabe, daß man auch die Polyvinylacetale genau so wie die niedrig-molekularen Acetale durch Kochen mit verdünnter Schwefelsäure — meist 20···25%iger — in der Hitze aufspalten und so den Aldehyd nachweisen kann. Jedoch ist *H. Gibello*[1] der Meinung, daß diese Reaktion nicht quantitativ verläuft.

Nachdem wir uns nochmals aus der Vielzahl der Formaldehyd-Bestimmungsmethoden die Methode nach *Lemme* mit Natriumsulfit und die Methon-Methode[2] auswählten und ihre Zuverlässigkeit an 1%igen Formaldehydlösungen unter den Bedingungen der Abspaltung des Aldehyds aus dem Polyvinylformal feststellten, haben wir versucht, eine leicht und schnell ausführbare Methode der Aldehydabspaltung aus dem Polyvinylformal zu entwickeln. Es ist nicht gelungen, ein handelsübliches niedrigviscoses Polyvinylformal durch Kochen mit verdünnter Schwefelsäure unter Abdestillieren des Formaldehyds innerhalb 2 Stunden aufzuspalten.

---

[1] Rév. gén Caoutchouc **18**, 198, 223 (1941).
[2] *Vorländer*: Z. analyt. Chem. **77**, 321 (1929).

Eine Auflösung des Polyvinylformals in 96%iger Schwefelsäure führt zu einer dunkelbraunschwarzen gelartigen Masse, die nach 1 Stunde Stehen beim Verdünnen mit Wasser wieder eine Fällung gibt, ohne daß bei der anschließenden Wasserdampfdestillation eine Abspaltung von Formaldehyd nachzuweisen ist.

Durch einstündiges Kochen des Polyvinylformals mit $25\cdots50\%$iger Schwefelsäure am Rückflußkühler, der mit einem Verschluß nach *Bergmann-Junk* oben versehen ist, um einen Verlust an gasförmigem Formaldehyd zu vermeiden, gelingt die Abspaltung. Bei einer Schwefelsäure-Konzentration von 75% tritt bereits Verkohlung ein.

Bei der Benutzung von 50%iger Phosphorsäure als Abspaltungsmittel schwimmt das Formal als Gel oben. Die Aldehyd-Abspaltung wird durch die gleichzeitige Verwendung eines Benetzungsmittels resp. Lösungsmittels für den Aldehyd nur unwesentlich beschleunigt. Eine Abspaltung des Aldehyds gelingt nicht, wenn eine Polyvinylformallösung in Chloroform oder in Benzylalkohol mit verdünnter (25%iger) Schwefelsäure im heterogenen System gekocht wird. Durch Zusatz von Alkohol homogenisiert, führt die einstündige Kochung zu keiner stärkeren Abspaltung, als wenn man das pulverige Polyvinylformal mit der wäßrigen Säure kocht. Völlig unbrauchbar ist Tetrachloräthan als Lösungsmittel, wenn Schwefelsäure zur Abspaltung benutzt wird. Hier führt 75%ige Phosphorsäure evtl. nach Zusatz von Alkohol besser zum Ziel. Die abgespaltene Formaldehydmenge ist durch eine Wasserdampfdestillation in Natriumsulfitlösung oder in einer Methonlösung aufgefangen. Wir fanden im Mittel 10,5% CH_2O, dessen Identifizierung als Bismethylenmethon-Verbindung (Smp. $187\cdots188°$) gelang.

Als Polyvinylformale haben wir die Handelsprodukte Mowital N, NF, HH, HXF über ihre Bismethylenmethon-Verbindung identifiziert.

Unter der Bezeichnung Mowital NA ist ein Acetaldehydacetal handelsüblich gewesen. Wir fanden über die Bisäthylidenmethon-Verbindung (Smp. $137°$) $13\cdots16\%$ CH_3 — CHO im Mowital, wobei die Abspaltung unter Zusatz von Alkohol als Benetzungsmittel vorgenommen wurde.

Wir haben allerdings Bedenken, ob die Aldehyd-Abspaltung quantitativ erfolgt ist.

Nach den Arbeiten von *Ssoloweitschik* und *Balandina*[1] verhindert die mit der Schwefelsäure einsetzende Verharzung des Butyrals genaue Resultate bei der Bestimmung der Butyralgruppe mit Hydroxylaminchlorid und Natronlauge. Es wurden die besten Ergebnisse erzielt beim Lösen des Polyvinylbutyrals in verdünntem Alkohol und Titration mit Natronlauge.

Es ist mehr als unwahrscheinlich, daß bei der Darstellung der Polyvinylacetale aus Polyvinylacetat in dem Reaktionsprodukt sich

---

[1] Заводская лаборатория **13**, 1051 (1947).

keine Acetylgruppen mehr finden sollten. Die quantitative Bestimmung der Acetatgruppen wird nach *Gibello*[1] nach 2 Verfahren ausgeführt. Nach dem sogenannten kanadischen Verfahren wird 1 g Polyvinylacetal in 50 cm³ Alkohol am Rückflußkühler zwecks Lösung erwärmt und nach dem Erkalten mit n/10 Lauge neutralisiert, sodann mit n/2 alkoholischer Lauge 1 Stunde verseift. Der Gehalt an Acetylgruppen wird aus dem Verbrauch im Vergleich zu einem Blindversuch errechnet.

Das französische Verfahren unterscheidet sich darin, daß eine benzylalkoholische Lösung von 1 g Polyvinylacetal (40 cm³ Benzylalkohol) mit 25 cm³ n/2 alkoholische Kalilauge durch 2 stündiges Erwärmen auf dem Wasserbad verseift wird. Die Rücktitration wird nach Zugabe von 10 cm³ Alkohol, 75 cm³ Wasser und 25 cm³ gesättigter Kochsalzlösung vorgenommen. Das Wasser wird langsam unter Schütteln zugegeben. Man titriert in der wäßrigen Schicht gegen Phenolphthalein als Indikator bis farblos und dann mit n/2 Lauge zurück. Der Verbrauch an n/2 Lauge mal 4,3 ist gleich dem Gehalt an freiem Vinylacetat.

An Polyvinylformalen haben wir mit n/2 äthanolischer Kalilauge resp. Kalialkoholat bei 2- und 4 stündiger Verseifungsdauer, ohne daß eine Lösung des Formals eintrat, nur eine minimale Verseifung erreicht, die einer VZ von 40···65 entsprach. Bei Benutzung von glycolischer Kalilauge erreicht man, ebenfalls im heterogenen Medium, ungefähr eine Verdoppelung der VZ, und geht man auf benzylalkoholische Kalilauge (n/1!) über, so erzielt man eine sehr weitgehende Verseifung. Jedoch ist die Feststellung des Titrationsendpunktes infolge völliger Dunkelfärbung der Polyvinylformallösung sehr schwer zu erkennen. Wahrscheinlich hatte das untersuchte Mowital NF ca. 30···33% CH₃CO-Gruppen.

Ein Polyvinylacetoacetal hat sich in alkoholischer Lösung mit n/2 Lauge bei Wasserbadtemperatur überhaupt nicht verseifen lassen.

Es ergab sich dann die Frage, inwieweit nach der alkalischen Verseifung der Acetylgruppen noch eine saure Abspaltung der Aldehydgruppen möglich ist. Sie gelingt nach der oben angegebenen Methode der Kochung mit 25%iger Schwefelsäure und anschließender Wasserdampfdestillation, wobei wiederum in Übereinstimmung mit der direkten Aldehyd-Bestimmung ca. 10% CH₂O gefunden wurden. Theoretisch sollte der in der Reaktionsflüssigkeit vorhandene Rückstand Polyvinylalkohol sein. Jedoch erhielten wir nur einen gummiartigen Rückstand, der in Wasser und Sprit noch unlöslich ist. Es muß also angenommen werden, daß trotz der beiden Verseifungsarten noch Acetat- und Aldehyd-Gruppen im Polyvinylacetal-Rückstand vorhanden sind.

Zu beachten ist, daß nach vorhergegangener Verseifung mit benzylalkoholischer Lauge keine saure Verseifung unter Bildung von Aldehyd mehr zu beobachten ist. Damit wird die obige Bestimmung der Acetyl-

---

[1] s. S. 230.

gruppen wieder zweifelhaft hinsichtlich der Höhe der wirklich vorhandenen CH_3CO-Gruppen.

Nach *Gibello* benutzen das kanadische und französische Verfahren zur Bestimmung der freien OH-Gruppen die Acetylierung mit Acetanhydrid und Pyridin. Die Acetylierungsflüssigkeit besteht aus einer Lösung von 85 cm³ 95%igem Acetanhydrid in 1 l Pyridin, wobei 25 cm³ = 80···90 cm³ n/2 Lauge äquivalent sind.

1 g Polyvinylacetal wird in genau 25 cm³ der Acetylierungsflüssigkeit 3 Stunden bei 80° behandelt; danach wird mit 25 cm³ Äthylendichlorid + 100 cm³ Wasser kräftig geschüttelt und nach ½ stündigem Stehen nochmals Wasser hinzugefügt und mit n/2 Lauge titriert.

Man kann auch nach der erschöpfenden Acetylierung und nach dem Neutralwaschen alkalisch verseifen. Ist dann b = %-Gehalt an Gesamtacetat und a = % ursprüngliches Acetat, so ist

$$\text{freies OH} = (b - a) \cdot \frac{22}{43}.$$

Das amerikanische Verfahren benutzt Acetanhydrid und Überchlorsäure als Katalysator zur Acetylierung. Man stellt sich zunächst eine n/10 Überchlorsäure in Eisessig her, wobei Acetanhydrid zur Kompensation des Wassers hinzugefügt wird. Titerstellung erfolgt gegen Sodalösung in Eisessig. Hierbei ist eine 1%ige Kristallviolettlösung in Eisessig Indikator, wobei die Überchlorsäure zuläuft (Lösung A). Daneben werden 10 cm³ Anilin in 1000 cm³ Eisessig gelöst und diese Lösung (10 cm³) gegen Überchlorsäure eingestellt (Lösung B). Zur Acetylierung verwendet man 25···35 cm³ Acetanhydrid + 100 cm³ Lösung A und füllt mit Eisessig auf 1000 cm³ bei 20° auf (Lösung C).

Die Analyse wird in der Weise durchgeführt, daß 1 g Polyvinylacetal in Toluol oder Monochlorbenzol gelöst wird, dazu gibt man 25 cm³ Lösung C; nach 1 Stunde Stehen fügt man schnell 70 cm³ Lösung B hinzu. Nach 30 Min. wird der Überschuß an Anilin mit Lösung A titriert. Die verbrauchten cm³ sind gleich der noch vorhandenen Anhydridmenge. Im alkalischen Gebiet ist Kristallviolett purpurviolett, es schlägt nach blau bis blaugrün und schließlich nach gelb in saurem Gebiet um. Der Titrationsendpunkt ist beim Übergang von blau nach blaugrün.

Bei Anwendung dieses Verfahrens auch auf ein handelsübliches Polyvinylacetacetal fällt aus der toluolischen Lösung nach Zusatz des Acetyliergemisches gemäß Lösung C nach 20 Min. ein schwarzbraunes Gel aus. Nach 1 stündigem Stehen bei 20° ist mit 50%igem Alkohol gefällt und mit Alkohol + Wasser neutral gewaschen. Die Ausbeute an acetyliertem Produkt betrug 116%. Die Verseifung mit alkoholischer KOH verläuft im heterogenen Medium, es hinterbleibt wiederum kein Polyvinylalkohol. Eine saure Verseifung kann daran anschließend noch vorgenommen werden und führt noch zu einer Abspaltung von Formaldehyd, der wiederum als Bismethylenmethon abgefangen ist. Jedoch steht die hierbei gefundene Menge in keinerlei Verhältnis zu einer direkten Formaldehyd-Bestimmung am Acetylierungsprodukt.

Eine weitere Möglichkeit zur Bestimmung der OH-Gruppen im Polyvinylacetal liegt in der Durchführung einer Nitrierungsreaktion. Hierbei ist es zweckmäßig, eine hochkonzentrierte Salpetersäure in Verdünnung mit solchen organischen Flüssigkeiten zu verwenden, die in der Lage sind, das in der Salpetersäure vorhandene Gleichgewicht nach der Aciform zu verschieben. Dies bedeutet die Verwendung von aliphatischen Chlorkohlenwasserstoffen, insbesondere Methylenchlorid oder Chloroform, ferner der N-Nitrodialkylamide. Man arbeitet etwa wie folgt: 1 Teil handelsübliches Polyvinylformal wird innerhalb 2···5 Min. in 20···40 Teile, je nach Viscosität des Formals, eines auf —15° abgekühlten Gemisches aus 35% wasserfreier Salpetersäure mit ca. 0,5% NO_2 und 65% Methylenchlorid unter Rühren eingetragen. Während der 30 Min. Gesamtreaktionszeit soll die Temperatur nicht über —10° steigen. Danach wird die Reaktionsflüssigkeit oder nur ihre untere Schicht in Form eines Films oder Fadens in Eiswasser eingebracht, wobei die Verdünnungswärme schnell abgeführt werden muß, um Nebenreaktionen zu vermeiden. Aus dem Stickstoffgehalt des säurefrei gewaschenen Nitratformals, der nach *Schulze-Tiemann* bestimmt wird, kann man rückwärts auf die Menge der vorhandenen OH-Gruppen schließen. An einem Formal fanden wir 8% N und damit ca. auch 8% OH-Gruppen. Die Möglichkeit einer Umesterung von Acetylresten im Polyvinylacetal soll nicht außer acht gelassen werden.

Es bleibt also noch immer das Problem der Bestimmung des wahren Acetalgehaltes zu lösen. In Mischacetalen ist das Verhältnis der Aldehyde zurzeit ebenfalls noch nicht quantitativ bestimmbar.

7. Analysenmethoden für technisch genutzte Mischpolymerisate (MP). An einem Gemisch zweier Vinylester entdeckte *Klatte*[1] 1914 die Möglichkeit der Polymerisation zweier Monomerer, die Mischpolymerisation, wobei bei Anwendung zweier an sich bereits polymerisierbarer Monomerer von einer Homeo-Mischpolymerisation gesprochen wird im Gegensatz zu der Heteropolymerisation eines Gemisches mit mindestens einer Komponente, die allein nicht polymerisiert[2].

Als Grenzfall ist möglich, daß jedes Monomere nebeneinander mit sich selbst polymerisiert, also eine „Polymerenmischung" sich gebildet hat. Ein regelmäßiges „Mischpolymerisat" entsteht durch abwechselndes Aneinanderlagern der beiden Monomeren, wobei ein stöchiometrischer Überschuß einer Komponente mit sich selbst polymerisiert. Wenn sich zunächst Ketten aus jeweils einem Monomeren bilden, an die sich dann

---

[1] Oe. P. 70348. — [2] *Wagner-Jauregg*: Ber. dtsch. chem. Ges. **63,** 3213 (1930).

wieder das eine oder andere Monomere anlagert, so haben das Gemisch der Monomeren und alle sich bildenden Ketten die gleiche Zusammensetzung wie die ursprüngliche Mischung. Hier ist natürlich die Kettenbildung etwas vom Zufall abhängig, da ja die Polymerisationsgeschwindigkeiten der einzelnen Monomeren verschieden sein werden. Bei Mischpolymerisation aus zwei Monomeren werden stets vier verschiedene Wachstumsreaktionen vorhanden sein.

Für die analytische Arbeit ist zu beachten, daß keinesfalls alle Monomeren zur Bildung „regelmäßiger Mischpolymerisate" fähig sind. Beispielsweise kommt es für ein Gemisch aus Styrol und Vinylacetat nur zu einer „Polymeren-Mischung".

Das nicht allein polymerisierende Maleinsäureanhydrid gibt mit dem Styrol ein Mischpolymerisat[1] (Heteropolymerisation).

Die Anwendung des klassischen Konstitutionsbegriffes auf die Mischpolymerisate bringt naturgemäß noch erhebliche Schwierigkeiten.

Von den in einer überaus reichen Mannigfaltigkeit herstellbaren Mischpolymerisaten aus 2 oder gar mehreren miteinander polymerisierbaren Monomeren haben nur einige wenige bisher eine Verwendung auf dem Plastgebiet gefunden. Unter Berücksichtigung der deutschen Verhältnisse sind hier von besonderer Bedeutung die Mischpolymerisate mit Vinylchlorid als einer Komponente, wobei der andere Partner des zu polymerisierenden Gemisches entweder ein Ester der Acrylsäure für sich oder zusammen mit einem Ester der für sich nicht allein polymerisierbaren Maleinsäure (Fumarsäure) ist.

Daneben haben als Komponenten für technisch genutzte Mischpolymerisate Bedeutung erlangt das Vinylacetat und Vinylbenzoat und vor allem auch der Vinylisobutyläther.

In den Plastdispersionen, die für die Herstellung von Streichstoffen resp. Lederaustauschprodukten ihre hauptsächlichste Anwendung gefunden haben, sind die Acrylsäurederivate die bestimmende Komponente der Mischpolymerisate.

Vinylchlorid — Acrylat — Mischpolymerisate.

a) Unter den Mischpolymerisaten des Vinylchlorids mit den Estern der Äthylencarbonsäuren — der Mono- resp. Dicarbonsäuren — haben unter der allgemeinen Bezeichnung *Igelit MP* eine Reihe von Mischpolymerisaten, zumindest zeitweise, Bedeutung erlangt. Es sind dies in erster Linie die Mischpolymerisate des Vinylchlorids mit dem Acrylsäuremethylester, an dessen Stelle für die Herstellung besonders dünner Folien auch der Acrylsäurebutylester einpolymerisiert wurde. Zusammen mit dem Acrylsäuremethylester hat der Maleinsäurediäthylester ebenfalls für die Herstellung derartiger Mischpolymerisate Verwendung gefunden.

---

[1] *Hopff*: Angew. Chem. **51**, 432 (1938).

α) Die analytische Untersuchung des Vinylchlorid-Acrylsäureester-Mischpolymerisats — des Igelit MP also — erfolgt nach den Gesichtspunkten und unter Benutzung der gleichen Arbeitsvorschriften wie die des Polyvinylchlorids.

Die besseren Löslichkeitseigenschaften des Igelit MP ermöglichen den Verzicht auf die Bestimmung der „M-Zahl" (s. S. 201).

Da durch den Einbau des Acrylsäuremethylesters eine innere Weichmachung des Makromoleküls erreicht wurde, ist eine niedere Verarbeitungstemperatur des Mischpolymerisats möglich, demzufolge wird die Prüfung der thermischen Stabilität des Igelit MP im Temperaturgebiet zwischen 140···160° durchgeführt.

Wird die Chlorbestimmung vorgenommen, so empfiehlt es sich, auf % Vinylchlorid zu berechnen. Bei Anwendung der Verseifungsmethode mit einer Lösung von Alkali in Tetrahydrofurfurylalkohol fanden wir an einem technischen „Igelit MP" 87,5% Vinylchlorid resp. 49,6% Cl.

β) Von besonderer Bedeutung für die Analyse der Mischpolymerisate ist die Beobachtung *Jenkels*[1], daß es nicht gelang, ein Styrol-Ester-Mischpolymerisat quantitativ zu verseifen. Wir haben deshalb der Untersuchung der *Verseifbarkeit* der Mischpolymerisate aus Vinylchlorid und Acrylsäureestern besondere Aufmerksamkeit geschenkt, um die Frage zu klären, wie sich ein Mischpolymerisat aus 2 Monomeren mit 2 verschiedenen elektronegativen Gliedern bei einer Verseifung verhalten würde.

Unter Berücksichtigung des oben kurz Dargelegten über den inneren Aufbau der Mischpolymerisate sind für die theoretische Berechnung der zu erwartenden analytischen Kennzahlen vereinfachende Annahmen notwendig. Wir haben die Berechnung auf Grund einer gewichtsprozentigen Mischung der Monomeren vorgenommen.

Es ergeben sich dann folgende theoretische Werte:

Tabelle 21.

Misch-polymerisat	% Vinyl-chlorid	% Acryl-säure-methyl-ester	% Acryl-säure-butyl-ester	% Malein-säure-diäthyl-ester	% Malein-säuredi-methyl-ester	% Malein-säure-diisobu-tylester	% Cl	VZ	Grund-mol
Igelit MP	80	20	—	—	—	—	45,4	130	67,2
Igelit	82	18	—	—	—	—	46,5	117	66,7
Igelit	80	—	20	—	—	—	45,4	87	75,6
Luvimal	80	—	—	20	—	—	45,4	130	84,4
Igelit AM 610	84	6	—	10	—	—	47,5	82,9	75
Igelit AM 66	88	6	—	6	—	—	49,9	78	70,4
Igelit MP Typ AK	80	10	—	—	—	10	45	89	81
Igelit MP Typ K	84	16	—	—	—	—	47,5	104	65
Igelit MP Typ A	80	—	—	10	10	—	45,4	72	81

[1] Z. physik. Chem. (A) **190**, 24 (1941).

Unter Benutzung eines zur Astralon-Herstellung üblicherweise verwendeten Vinylchlorid-Mischpolymerisats wurde die Verseifung mit n/2 alkoholischer Kalilauge sowohl am festen pulverförmigen Produkt, wie auch in seiner Lösung in Chlorbenzol durchgeführt. Der Beginn und das Fortschreiten der Reaktion des MP mit dem Alkali ist durch eine anfängliche braungelbe, dann allmählich stärker werdende rötliche Verfärbung des Pulvers sowohl wie auch der alkoholischen Lauge kenntlich.

Bereits bei der niedrigen Verseifungstemperatur von $45\cdots50°$ und der kurzen Zeit von nur 40 Min. beginnt die Reaktion mit einer Abspaltung von Chlor und einer Aufspaltung der Estergruppe. Und zwar sind $6,4\%$ Cl (des MP), das sind ca. 15% des theoretischen Chlorgehaltes, abgespalten worden, während die Verseifungszahl $10\cdots20\%$ der auf Grund der obigen Tabelle errechneten theoretischen Werte beträgt.

Erhöht man die Verseifungstemperatur auf $65°$ unter gleichzeitiger Verkürzung der Reaktionszeit auf nur 25 Min., so wird die Aufspaltung der Estergruppe doch erheblich mehr beschleunigt, als die Abspaltung des Cl-Substituenten.

Einer VZ von 97 steht jetzt ein Cl-Gehalt von 16% des MP gegenüber, das sind noch immer höchstens 30% des zu erwartenden Cl-Gehaltes. Das Mischpolymerisat ist durch diese noch immer ziemlich milde Behandlung bereits so weit verändert, daß es in den Lösern für Igelit MP schon völlig unlöslich geworden ist.

Bei ein- bis dreistündiger Verseifung mit siedender alkoholischer Lauge (n/2), wobei etwa die 20fache Menge Lauge (in cm³) angewandt wurde, wird bereits eine so hohe Verseifungszahl erreicht, daß eine vollständige Aufspaltung der Estergruppen angenommen werden kann. Die anschließend an die Alkalititration in gleichem Verseifungsansatz sofort durchgeführte $AgNO_3$-Titration zeigt jedoch, daß erst ca. 70% des zu erwartenden Chlors abgespalten wurden.

Eine völlige Aufspaltung der Estergruppen und nunmehr auch eine fast quantitative Abspaltung des Chlors erreicht man durch Anwendung der $40\cdots100$fachen Menge Lauge auf das Mischpolymerisat bei 3stündiger Reaktionszeit. Wir fanden so Verseifungszahlen von 112 bis 127 und Chlorgehalte von ca. 43% des Mischpolymerisats; dies bedeutet einen Gehalt an Vinylchlorid von ca. 77%.

Eine Verdünnung der Lauge mit der gleichen Menge Alkohol führt zu dem überraschenden Ergebnis, daß nunmehr das Alkali zunächst zur Abspaltung des Chlors aufgebraucht wird, so daß für die Aufspaltung der Estergruppen kaum noch Alkali zur Verfügung steht. Wir erreichten hierbei ca. 80% der theoretisch möglichen Cl-Menge.

Die Verseifung des Mischpolymerisats in seiner Lösung in Chlorbenzol führten wir unter Benutzung der gleichen Menge Lauge aus, wie die Lösung beträgt. In diesem Fall verläuft die Reaktion wenigstens zu

Beginn in homogener Phase und erst mit dem Fortschritt der Reaktion tritt die Ausfällung des nunmehr unlöslich werdenden Reaktionsproduktes auf.

Aus einer 2%igen Vorratslösung des Igelit MP in Monochlorbenzol sind jeweils 10 cm³ mit 25 cm³ n/2 alkoholischer Kalilauge 3 Stunden verseift worden. Die Titration ergab einen Verbrauch von

24,4 ··· 24,6 cm³ n/10 Lauge und 20,0 ··· 20,4 cm³ n/10 Silbernitratlösung.

Also sind für die Aufspaltung der Estergruppe 4,0···4,4 cm³ n/10 Lauge verbraucht, woraus sich eine maximale Verseifungszahl von VZ = 123 errechnet.

Anstelle der Verseifung kann die Estergruppe in derartigen Mischpolymerisaten auch durch eine Zeisel-Bestimmung der Alkoxygruppe ermittelt werden.

Demnach ist als Ergebnis dieser Untersuchungen festzustellen, daß ein Vinylchlorid-Äthylencarbonsäureester-Mischpolymerisat sowohl in heterogener, wie auch in homogener Phase mit kochender n/2 alkoholischer Lauge zu verseifen ist. Hierbei erfährt die Estergruppe praktisch eine vollständige Aufspaltung, und der Chlorsubstituent aus diesem Vinylchlorid wird je nach den Bedingungen zu 75···90% des theoretischen Wertes abgespalten.

Vinylchlorid-Vinylacetat-Mischpolymerisate.

b) Die *Mischpolymerisate aus Vinylchlorid und Vinylacetat* mit mindestens 80% Vinylchloridgehalt haben vornehmlich in Übersee Bedeutung erlangt (Vinylite). Polymerisationsgrad und prozentuale Zusammensetzung sind bestimmend für Eigenschaften und Anwendungsmöglichkeiten.

α) Die Untersuchungen dieser pulverförmigen Mischpolymerisate werden unter den gleichen Gesichtspunkten durchgeführt wie die der Mischpolymerisate aus Vinylchlorid + Äthylendicarbonsäureestern.

β) Besonderes Interesse verdient die Frage der *Verseifbarkeit* der Vinylchlorid-Vinylacetat-Mischpolymerisate. Insbesondere ist zu klären, ob sich die an den Mischpolymerisaten vom Typ des Igelit MP festgestellte wesentlich leichtere Reaktionsfähigkeit des Chloratoms als im Polyvinylchlorid selbst auch bei ihnen wiederfindet.

Nach *Epprecht*[1] wird die Verseifung mit alkoholischer Kalilauge zunächst in bekannter Weise durchgeführt und dann die Rücktitration des Alkaliüberschusses mit Säure unter Benutzung von Phenolphthalein als Indikator vorgenommen. Darauf fügt man Thymolblau hinzu und setzt nun die Titration mit Mineralsäuren so weit fort, daß die Essigsäure aus dem durch Verseifung entstandenen Na-Acetat freigesetzt wird und die

---

[1] *Houwink*: Elastomers and Plastomers Bd. III S. 100 (1949) Elsevier Publishers.

Indikatorfarbe umschlägt. Die Differenz zwischen den Phenolphthalein-
und Thymolblau-Titern stimmt mit dem Gehalt an aus dem MP ab-
gespaltener Essigsäure überein. *Epprecht* verwendet zur Auswertung der
acidimetrischen Titration folgende Berechnung:

$$\% \ CH_3CO - = 4.3 \ D/A$$

$$\% \ Cl \quad = 3.5 \ \frac{B - C - D}{A}$$

Hierin bedeuten:

A $=$ Einwaage in g
B $=$ cm³ n/1 K lilauge zur Verseifung
C $=$ cm³ n/1 Salzsäure zur Rücktitration mit Phenolphthalein
D $=$ cm³ n/1 Salzsäu.e zum Freimachen der Essigsäure.

Bei unseren Untersuchungen über die Verseifbarkeit haben wir ein
Mischpolymerisat mit erheblich höherem Gehalt an Vinylacetat benutzt.
Eine ein- oder zweistündige Verseifung mit alkoholischer n/2 Lauge gibt
unter Braunrotfärbung der Lösung und des Produktes einen Verbrauch
von Alkali und Silbernitrat, wobei der Verbrauch an Alkali in jedem Fall
höher ist als der äquivalente Silbernitrat-Verbrauch. Dies bedeutet also,
daß unter den relativ milden Bedingungen eine Abspaltung des Chlor
und des Acetatrestes eingetreten ist.

Beispielsweise verbrauchen 288 mg Mischpolymerisat bei 2 stündiger
Verseifung 8,1 cm³ n/2 Lauge und 26,5 cm³ n/10 Silbernitratlösung.
Dies bedeutet einmal einen Chlorgehalt von 32,6% Cl entsprechend
57,5% Vinylchlorid; zum anderen, daß noch 14 cm³ n/10 Lauge zur
Aufspaltung der Estergruppe verbraucht sind. Daraus errechnet sich
eine Verseifungszahl VZ $=$ 279. Parallel-Versuche ergaben 32,3···32,6%
Cl und VZ $=$ 258/260/277.

Um zu prüfen, ob eine Erhöhung der Verseifungstemperatur eine
stärkere Abspaltung von Chlor zur Folge haben würde, haben wir 1,02 g
Mischpolymerisat in 100 cm³ Tetrahydrofurfurylalkohol bei Raumtemperatur gelöst, davon dann 10 cm³ nach Verdünnen mit 20 cm³ Tetrahydrofurfurylalkohol mit 20 cm³ n/2 Kalilauge in diesem Alkohol versetzt
und 2 Stunden gekocht. Die entstehende braune Lösung ohne Niederschlag wurde mit Rücksicht auf die alkaliverbrauchenden Nebenreaktionen des Tetrahydrofurfurylalkohols lediglich nach Verdünnen mit
etwas Wasser (es darf hierbei keine Eukolloidfällung eintreten) mit
n/10 Silbernitrat titriert, wobei ein Verbrauch von 9,6···10,0 cm³ auftrat, entsprechend ~ 34% Cl $=$ 60% Vinylchlorid.

Schließlich ist noch eine 1%ige Lösung des Mischpolymerisats in
Monochlorbenzol (1 g/100 cm³ Lösung) hergestellt, und davon sind jeweils
10 cm³ mit der doppelten Menge n/2 alkoholischer Lauge ein bis zwei
Stunden verseift. Auch hierbei findet neben der Abspaltung der Estergruppe die völlige Abtrennung des Chloratoms statt. Wir fanden bei-

spielsweise einen Verbrauch von 9,6···9,8 cm³ n/10 Silbernitrallösung neben 4,8···4,3 cm³ n/10 Lauge. Daraus errechnen sich 33,2···33,8% Cl und VZ = 230···260. Die anfangs farblose Lösung wird während der Verseifung schwarzbraun und nach dem Verdünnen mit Wasser gelb und trübe. Eine Niederschlagsbildung wird hierbei noch vermieden.

Danach hat es sich bei dem vorliegenden Mischpolymerisat um ein Produkt mit ca. 60% Vinylchlorid und 40% Vinylacetat gehandelt. Für ein derartiges MP errechnet sich unter der vereinfachenden Annahme der gewichtsprozentigen Mischung der Monomeren und der Bildung eines regelmäßigen Mischpolymerisats ein Grundmol von 72 mit einem Chlorgehalt von 34,1% und einer Acetat-Verseifungszahl von 260.

Inwieweit hat der aus den verschiedenen Verseifungssätzen zu gewinnende Verseifungsrückstand polyvinylalkoholische Eigenschaften, d. h. ist er wasserlöslich und gibt er die Jod-Reaktion? An dem Verseifungsprodukt aus der in der Monochlorbenzol-Lösung durchgeführten Verseifung fanden wir maximal 53% Wasserlöslichkeit. Die Jodreaktion auf Polyvinylalkohol fiel völlig negativ aus.

Wir betrachten dies als einen Hinweis dafür, daß es sich bei den Mischpolymerisaten des Vinylchlorids mit Vinylacetat nicht um eine Polymerenmischung handelt.

γ) Die Prüfung der primären *Mischpolymerisat-Dispersionen* erfolgt nach den gleichen Gesichtspunkten wie die der Polyvinylacetat-Dispersionen.

Für die Analytik zu beachten ist, daß Mischpolymerisate mit noch stärker erniedrigtem Gehalt an Vinylchlorid z. B. solche aus 70% Vinylacetat und 30% Vinylchlorid die Eigenschaft haben, reversible Dispersionen zu bilden, d. h. die aus derartigen primären Dispersionen durch Verstäubungstrocknung erhaltenen Pulver lassen sich mit Wasser wieder zu einer Dispersion anteigen. Die Untersuchung derartiger „fester Dispersionen" erfolgt nach den gleichen Methoden wie bei den übrigen Dispersionen. Schwierigkeit bereitet noch die Ermittlung des Gehaltes an wasserlöslichen hochmolekularen Schutzkolloiden von der Art des polyacrylsauren Natrium. Eine Abtrennung dieser Substanzen kann nur durch Ausnutzung der Eigenschaft all dieser „festen Dispersionen" erfolgen, daß die Reversibilität dann verlorengeht, wenn der plastische Zustand einmal durchlaufen ist.

δ) Eine Sonderstellung nehmen schließlich noch die *Mischpolymerisate* ein, die *aus Vinylchlorid oder Vinylacetat mit freien Olefinmono- oder -dicarbonsäuren* entstehen. Ihre auffälligste Eigenschaft ist ihre Löslichkeit in wäßrigen Alkalien und auch gleichzeitig in organischen Lösungsmitteln.

Die Bestimmung der Säurezahl eines Mischpolymerisats aus Vinylacetat und Crotonsäure erfordert, wie üblich, neutralisierten Alkohol als

Reaktionsmedium. Es genügt, dann die Probe des Mischpolymerisats 20 Min. bei Raumtemperatur darin stehen zu lassen und nun mit n/2 oder n/10 Alkali zu titrieren. Wir fanden so an einem technischen MP mit ca. 10% Crotonsäure eine Säurezahl $= 61 \cdots 74$. Bereits beim Stehen des Mischpolymerisats in alkoholischer Kalilauge setzt, auch wenn keine Lösung des MP eintritt, die Verseifung ein. Sie wird vollständig über Nacht resp. durch 1 stündiges Kochen mit n/2 alkoholischer Kalilauge. Wir fanden VZ $= 625 \cdots 645$. Unter den mehrfach gemachten vereinfachenden Annahmen des Vorliegens eines regelmäßigen Mischpolymerisates errechnet sich bei einem Grundmol von 86 eine Säurezahl $=$ 65 und eine VZ $= 650$.

Die gleiche große Alkaliempfindlichkeit haben wir bei einem ternären Mischpolymerisat aus Vinylacetat $+$ Vinylbenzoat $+$ Crotonsäure festgestellt. Die Säurezahl wird in einer Lösung eines Films aus diesem MP in neutralisiertem 94%igen Alkohol, die etwa innerhalb 2 Stunden eintritt, zu SZ $= 27$ bestimmt. Durch einstündiges Stehen in n/2 alkoholischer Kalilauge ist die Verseifung bereits so weit fortgeschritten, daß sich ungefähr der 10fache Betrag der Säurezahl ergibt. Bei Siedetemperatur wird in der gleichen Zeit die Verseifung vollständig, wir fanden SZ $+$ VZ $= 640$. Diese Werte entsprechen etwa einem Gehalt von 5% Crotonsäure und 95% Vinylester im Mischpolymerisat.

Die Steigerung der Reaktionsfähigkeit der im Mischpolymerisat-Grundmolekül eingebauten Substituenten, durch eine ebenfalls vorhandene COOH-Gruppe findet sich auch bei den Mischpolymerisaten aus Vinylchlorid $+$ Maleinsäureanhydrid. Hier ist der Austausch des Chlors gegen OH schon in kochendem Wasser möglich.

Mischpolymerisate mit Acrylsäurederivaten.

c) Die Mischpolymerisate mit *Acrylsäurederivaten* als bestimmender Komponente und *Vinylestern* resp. *Vinylchlorid* werden meist als Dispersionen für die Herstellung von Lederaustauschprodukten eingesetzt.

Auch hier dienen die gleichen Untersuchungsmethoden wie bei den Polyvinylacetat-Dispersionen zur Qualitätskennzeichnung.

Die *Verseifung* derartiger Mischpolymerisate verläuft je nach den Komponenten ganz verschieden. Während es keinerlei Schwierigkeiten bereitet, ein Mischpolymerisat aus Acrylsäurebutylester und Vinylacetat durch einstündiges Kochen mit n/2 alkoholischer Kalilauge zu verseifen, so daß beide Estergruppen abgespalten wurden (VZ $= 525 \cdots 544$), gelang dies nicht bei einem Mischpolymerisat aus Fumarsäuremethylester und Vinylacetat. Eine Bildung des in Alkohol unlöslichen Kaliumfumarats konnte nicht beobachtet werden. Der VZ von ca. 530 kann ein Mischpolymerisat aus 50% Vinylacetat und 50% Acrylsäurebutylester entsprechen.

Wenn auch das als Polystyrol B bekannte Mischpolymerisat aus *Styrol* und *Acrylsäurebutylester* kaum als Plast-Rohstoff eingesetzt wurde, so seien doch die Erfahrungen über die Untersuchungen der Verseifbarkeit dieses Mischpolymerisats dahin zusammengefaßt, daß auch bei Anwendung amylalkoholischer resp. glycolischer Kalilauge weder das ungelöste noch das in Solventnaphtha gelöste Mischpolymerisat sich hat quantitativ verseifen lassen. Damit findet die Beobachtung *Jenkels*[1] ihre Bestätigung.

Die Stickstoffbestimmung an Mischpolymerisaten aus *Acrylnitril* und *Styrol* nach der *Kjeldahl*-Methode macht keinerlei Schwierigkeiten.

IV. Durch Polykondensation gewonnene Plast-Rohstoffe.

1. Untersuchungsmethoden für nichthärtbare Linear-Polykondensate. Während bei den Polymerisationen das Auftreten radikalartiger Zwischenzustände nach der heutigen Auffassung die notwendige Voraussetzung zum Aufbau von durch Addition entstehenden Molekülketten ist, bilden bei den Vorgängen, die zur Linear-Polykondensation führen, normale chemische Reaktionen zwischen zwei meist verschieden funktionellen Gruppen in einem Molekül oder auch in 2 oder mehreren Molekülen die Grundlage. Hierbei muß die Komponenten-Auswahl immer so vorgenommen sein, daß die Mindest-Radikal-Länge der Komponenten einen Zusammenschluß zu einem intramolekularen Ring verhindert, d. h. die Gliederzahl der entstehenden Kette muß größer als 7 sein.

Da die obere Grenze des Polykondensationsgrades durch die Lage des Gleichgewichts bestimmt ist, so überrascht es auch nicht, daß die Molekulargewichte der Polykondensate bei weitem nicht so groß sein können wie die der Polymerisate.

Das verhältnismäßig einfache Prinzip der Herstellungsweisen und die bald erkannte erhebliche wirtschaftliche Bedeutung der Linear-Polykondensate gab Veranlassung, für die Herstellung derartiger Substanzen alle nur irgendwie der obigen Grundforderung entsprechenden niedrig-molekularen Produkte heranzuziehen. Trotzdem haben nur einige wenige Linear-Polykondensate als Plast-Rohstoff technische Anwendung gefunden.

Polyamide.

a) Es sind dies aus der Gruppe der *Polyamide* die Polykondensationsprodukte aus Hexamethylendiaminadipat, aus Caprolactam und die Mischpolyamide aus diesen beiden Komponenten. Produkte mit stärker ausgeprägten thermoplastischen Eigenschaften in einem größeren Temperaturgebiet sind das Mischpolyamid aus 85% Aminocapronsäure und

---

[1] s. S. 236.

15% Ketopimelinsäure-Hexandiamin (KH-Salz), das meist noch ca. 3···4% Adipinsäure als Viscositätsstabilisator enthält, ferner das Mischpolyamid aus 40% Caprolactam + 35% Hexamethylendiaminadipat + 25% KH-Salz.

Für das als Igamid 1 C bekannte glasklare Mischpolyamid wird neben den beiden bereits erwähnten Komponenten Caprolactam und Hexamethylendiaminadipat noch das sogenannte Dicykansalz = Diaminodicyklohexylmethanadipat verwendet, wobei die Komponenten in gleichen Verhältnissen einkondensiert sind.

Die handelsüblichen Polyamide[1] sind im Vergleich zu den Cellulosederivaten und den Vinylpolymerisaten, wie sie als Plast-Rohstoff Verwendung finden, relativ niedrig-molekulare Produkte mit ihrem Molgewicht von 10000 bis 20000.

α) Die technischen Polyamide liegen in einer relativ harten kompakten Form, als Bruchstücke einer erstarrten Schmelze, vor. Hierdurch und durch ihre praktische Unlöslichkeit in den üblichen organischen Lösungsmitteln wird ihre analytische Untersuchung zwecks Beurteilung als Plast-Rohstoff nicht unwesentlich erschwert. Etwas günstiger sind die Löslichkeitseigenschaften der Mischpolyamide.

Nach den Untersuchungen von *Korshak* und Mitarbeitern[2] liegen bei jeder Stufe der Polykondensation Mischungen verschieden langer Ketten vor. Es ist also die analytische Prüfung daraufhin abzustellen, inwieweit durch derartige kurze Ketten die bekannte Hydrophilie der Polyamide hervorgerufen oder gefördert wird. Hierzu wird man die Polyamide und Mischpolyamide mit dest. Wasser ca. 2 Stunden am Rückflußkühler auskochen. Beim Polycaprolactam in der Qualität des Igamid B fanden wir hierbei bis zu 5···6% wasserlösliche Anteile. Sie sind auch bei den aus ihm hergestellten Folien durch ein allmähliches Trübwerden zu erkennen.

In gleicher Größenordnung bewegen sich die monomeren und niedrigmolekularen Anteile bei den Mischpolyamiden vom Typ des Igamid 6 A.

Bei den Polyamiden gewinnt man über die Höhe dieser Verunreinigungen noch durch eine Extraktion mit Methanol oder Äthanol, gegebenenfalls zusammen mit Wasser, Auskunft.

Für die Mischpolyamide ist es notwendig, die etwas längerkettigen aliphatischen Alkohole zu verwenden und auf die Auslösung des latenten Lösevermögens der Alkohole den Mischpolyamiden gegenüber durch Zusatz von Wasser zu achten.

Als Beispiel[3] mögen einige quantitative Löslichkeitsbestimmungen am handelsüblichen Mischpolyamid aus Hexandiaminadipat + Capro-

---

[1] *Sarre*: Kunststoffe **32**, 58 (1942). — [2] Acta Physicochim. USSR. **21**, 723 (1946). [3] *Thinius*: Farbe u. Lack **54**, 227 (1948).

lactam + ketopimelinsaurem Hexandiamin + bernsteinsaurem Hexandiamin dienen, wobei 1 g Substanz/100 cm³ Lösungsmittel in 24 Stunden bei 25° angewendet wurden:

Tabelle 22.

Alkohol		Lösl.	Alkohol		Lösl.
Methanol	100%	67,7 %	n-Propanol	100%	1,4 %
Methanol	90%	100 %	n-Propanol	90%	16,7 %
Methanol	80%	100 %	n-Propanol	80%	100 %
			i-Propanol	100%	0,6 %
Alkohol	99%	3,6 %	i-Propanol	90%	12,5 %
Alkohol	94%	40,2 %	i-Propanol	80%	91 %
Alkohol	90%	100 %	i-Propanol	75%	100 %
Alkohol	80%	100 %	i-Propanol	70%	0,28 %

Die Löslichkeit des Polyamids ist demnach in den niederen Alkoholen am größten, außerdem zeigt sich deutlich der Einfluß der Verzweigung in der Kohlenstoffkette.

Viscositätsmessungen.

β) Von den zahlreichen organischen Lösungsmitteln sind für die z. Zt. handelsüblichen Polyamide nur solche überhaupt zur Herstellung von Lösungen und damit zur Durchführung viscosimetrischer oder osmometrischer Messungen mit dem Ziel der Bestimmung des Molekulargewichts geeignet, die entweder im Molekül die OH-Gruppe oder ihre Äquivalente neben dem Cl-Atom enthalten oder bei denen mindestens je eine dieser Gruppen in einer Komponente eines Gemisches vorkommt. Während die Mischpolyamide darin bei Raumtemperatur sich ziemlich schnell lösen, muß man bei den einfachen Polyamiden in der Wärme arbeiten. Die so beispielsweise in Äthylenchlorhydrin hergestellten Lösungen bleiben beim Abkühlen weitgehend stabil, so daß daran Viscositätsmessungen bei Raumtemperatur durchgeführt werden können. Anstelle des Äthylenchlorhydrin wird auch vielfach m-Kresol als Lösungsmittel für die einfachen Polyamide zwecks Durchführung von Viscositätsmessungen verwendet.

Im allgemeinen wird man die Messungen an 2%igen Lösungen der Polyamide resp. Mischpolyamide durchführen. Sie werden wie bei den Polymerisaten nach der Viscositäts-Gleichung von *Fikentscher* ausgewertet. Die Eigenviscosität der handelsüblichen Polyamide lag nach unseren Messungen in der Größenordnung zwischen k = 55···65 · 10⁻³.

Die Amerikaner[1] pflegen zur Berechnung des Molekulargewichtes der Polyamide sich der „intrinsic viscosity" zu bedienen. Diese Größe ist

---

[1] *Carothers*: A. P. 2 130 948 v. 20. 9. 38.

definiert nach

$$[\eta] = \frac{\ln \eta_r}{c}$$

worin η_r gleich der Viscosität einer 0,5%igen Lösung des Polykondensats in m-Kresol oder anderen Lösungsmitteln dividiert durch die Viscosität des reinen m-Kresols unter den gleichen Bedingungen und $c = g/100\ cm^3$ Lösung bedeutet. Im allgemeinen soll $[\eta] = 0,4\cdots1,0$ sein.

Nach den Arbeiten von *Matthes*[1] an technischem Polycaprolactam resp. Polyhexamethylendiaminadipat und an ihren Depolymerisaten über die Ausnutzung der Viscositäts-Konzentrations-Gleichungen zur Bestimmung des Molekulargewichtes kommt dem *Staudinger*schen Viscositätsgesetz nicht die Anwendbarkeit für diese Polymere zu.

Endgruppenbestimmung.

γ) *Broser*[2] hat versucht, zur Molekülgrößenbestimmung der Polyamide die titrimetrische Bestimmung der Endgruppen — Amino- und Carboxyl-Endgruppen — heranzuziehen, wobei die potentiometrische Arbeitsweise mangels Farbindikatoren herangezogen werden muß. Als obere Grenze der Anwendbarkeit dieser Methode wurde ein Polymerisationsgrad von 50 ermittelt. In dem Lösungsmittelgemisch Kresol + Eisessig 80:20 verhalten sich die Polyamid-Makromoleküle wie niedermolekulare Amine und Amide.

Schnell[3] erreicht eine titrimetrische Bestimmung der COOH-Endgruppe in Polyaminocapronsäuren unter Benutzung eines Mischindikators aus Phenolphthalein + Thymolblau 6:1 (gelb → violett), indem er n/100 Natronlauge verwendet. Für Polycaprolactam mit niederem Molekulargewicht (ca. 3000) ist das Aceotrop aus 71,7% Propanol + 28,3% Wasser vom Sdp. 88° als Löser in der Siedehitze geeignet. Die Lösung ist 10···20 Min. unterkühlbar. Die normalerweise als Plast-Rohstoffe verwendeten höhermolekularen Polycaprolactame erfordern als Lösungsmittel siedenden β-Phenyläthylalkohol (Sdp. 204°), der sich mit dem Aceotrop verdünnen läßt.

Polyamid-Hydrolyse.

δ) Zur quantitativen Analyse der Polyamide ist die Hydrolyse mit konzentrierten Säuren und die Überführung der Spaltprodukte in eine Wägeform oder ihre titrimetrische Bestimmung erforderlich.

Bei den Polyamiden der Strukturformel

$$\ldots\ldots CO - (CH_2)_n - CO\ NH - (CH_2)_m - NH - CO - (CH_2)_n - CO\ldots\ldots$$

ist das Auftreten von mindestens 2 Spaltprodukten, einer Dicarbon-

---

[1] J. prakt. Chem. (N. F.) **162**, 245. — [2] Makromolekulare Chemie **2**, 248 (1948).
[3] Makromolekulare Chemie **2**, 172 (1948).

säure und eines Diamins, zu erwarten. Verwendet man, wie wohl meist, Salzsäure zur Hydrolyse, so liegt das Diamin als Hydrochlorid vor. Bei Polyamiden aus Aminocarbonsäure gemäß

$$\ldots NH - (CH_2)_x - CO - NH - (CH_2)_x - CO \ldots$$

fällt als einziges Spaltprodukt das Hydrochlorid der Aminocarbonsäure aus.

Kappelmeier und *Goor*[1] gehen bei der Analyse von Polyamiden in der Weise vor, daß sie durch Kochen mit 20%iger Salzsäure das Polyamid unter hydrolytischer Spaltung völlig auflösen, über A-Kohle filtrieren und mit Äther perkolieren. Die ätherlösliche Adipinsäure wird nochmals aus Wasser umgelöst (Smp. 151°). Aus der zurückbleibenden Lösung des salzsauren Hexamethylendiamins wird nach nochmaligem Umkristallisieren das Dihydrochlorid vom Schmelzpunkt 248° gewonnen.

Nach unseren Erfahrungen läßt sich die Adipinsäure durch die Hydrolyse des Polyamids in der dreifachen Menge kochender 36%iger Salzsäure beim Abkühlen nicht quantitativ abscheiden. Wir fanden schließlich im Essigester ein geeignetes Lösungsmittel, um die Adipinsäure aus dem zur Trockne eingedampften Hydrolysen-Rückstand quantitativ zu entfernen, nachdem wir festgestellt hatten, daß besonders hergestelltes Hexandiaminhydrochlorid (Smp. 248°) selbst bei Siedetemperatur in Essigester unlöslich ist. Die Löslichkeit der Adipinsäure in Essigester beträgt bei 20° 1,56 g/100 cm³. In Chloroform lösen sich nur 11,2 mg/100 cm³ und in Methylenchlorid etwa 1,12 g/100 cm³. Selbst bei Benutzung eines Extraktionsapparates nach *Thiele-Pape* gelang es bei 72stündiger Extraktion nur 40% der theoretisch zu erwartenden Adipinsäure abzutrennen.

Beim in Essigester unlöslichen Anteil, dem Hexandiaminhydrochlorid, wird der Cl-Ionen-Gehalt in wäßriger Lösung titriert und daraus der Anteil an Hydrochlorid berechnet.

Wir empfehlen folgende Arbeitsweise:

5 g Polyhexamethylendiaminadipat werden mit 15 cm³ konz. Salzsäure am Rückflußkühler mit Wasserverschluß 6 Stunden gekocht. (Beim Abkühlen tritt der für die Anwesenheit von Adipinsäure charakteristische Niederschlag auf.) Nach Zusatz von 50 cm³ Wasser + Alkohol 1:1 wird im Vakuum zur Entfernung überschüssiger Salzsäure eingedampft und das völlig trockene Hydrolysenprodukt gewogen.

Man erhält 7,3368/7,4501 g = 147%/149% der Einwaage. Dieses feste Gemisch wird nun sofort dreimal mit je 250 cm³ Essigester bei 65···70° extrahiert, filtriert und der in Essigester unlösliche Anteil, das Diaminhydrochlorid, gewogen.

---

[1] Verfkroniek **17**, 36 (1944).

Wir fanden:

4,1108/4,1748 g = 82/84% der Einwaage. Demnach Adipinsäure aus Differenz 3,2260/3,2753 g = 64,5/64,6% der Einwaage; Adipinsäure aus Essigesterlösung 3,3001/3,2950 g.

Die Bestimmung des Hexamethylendiaminhydrochlorids gelingt leicht durch Titration der Chlor-Ionen in wäßriger Lösung. Aus $(CH_2)_6 (NH_2)_2$ 2 HCl (Mol. Gew. 189) ergibt sich das Äquivalentgewicht zu 94,5 und der Gehalt an HCl zu 38,3%. Das aus dem Hydrolysenansatz stammende Hydrochlorid enthält nur eine geringe Menge freie Säure: 1,39% HCl resp. 1,43% HCl.

Durch Titration mit n/10 Silbernitrat-Lösung finden wir die gesamten Chlor-Ionen:

$$0,1432 \text{ g Hydrochlorid} = 14,85/14,90 \text{ cm}^3 \text{ n/10 Ag} = 37,9/38,0\% \text{ HCl}$$
$$= 0,1408 \text{ g Hexamethylendiaminchlorid.}$$

Das aus den Hydrolysenansätzen ausgeschiedene Hexamethylendiaminhydrochlorid schmolz bei 245°.

An der aus dem Hydrolysenansatz ausgeschiedenen Adipinsäure fanden wir ein Äquivalentgewicht von 72,68 und 72,59 (theor. 73,05).

Diese Säure hatte einen Smp. von 149/150°. Der Mischschmelzpunkt mit reiner Adipinsäure zeigt keine Depression.

Geht man davon aus, daß aus 1 Mol Adipinsäure und 1 Mol Hexamethylendiamin unter Austritt von 2 Mol Wasser das Grundmolekül mit dem Molgewicht 226,3 entsteht, so errechnet sich, daß aus dem Igamid A durch Hydrolyse an

Adipinsäure	64,57%	und
Hexamethylendiaminhydrochlorid	83,56%	
	148,13%	

anfallen. Dem Hydrochlorid äquivalent sind hierbei 51,2% Diaminbase. Eine Hydrolyse mit der 2fachen oder 2,5fachen Menge Salzsäure scheidet gleichzeitig Diaminhydrochlorid aus.

Es sei noch einmal auf die Möglichkeit der Titration einer wäßrigen Lösung des Gemisches aus Adipinsäure und Hexandiaminhydrochlorid mit Basen hingewiesen, da hierbei nur die Adipinsäure bestimmt wird. In einer absolut-alkoholischen Lösung ist das Hexandiaminhydrochlorid gegen Lackmus oder Bromthymolblau neutral, gegen Thymolphthalein dagegen zweibasisch sauer (s. S. 81).

Selbstverständlich kann man das Polyhexamethylendiaminadipat auch nach einer 1 stündigen Trocknung bei 100° einer Verbrennung nach *Liebig* unterziehen. Für das Grundmol des Polykondensats berechnen sich

$$C = 63,7\%$$
$$H = 9,7\%$$
$$N = 12,4\%$$

Die Verbrennung der Adipinsäure führt zu 49,3% C und 6,9% H. und für das Hexamethylendiaminhydrochlorid $C_6H_{18}N_2Cl_2$ errechnen sich

$$C = 38,1\%$$
$$H = 9,5\%$$
$$N = 14,8\%$$
$$Cl = 37,6\%$$

Bei der Hydrolyse des Polycaprolactams (Igamid B, Perlon) fällt das Hydrochlorid der ε-Aminocapronsäure an, dessen Schmelzpunkt wir zu 125° bestimmten.

Sein Molgewicht ist 167 und der Gehalt an HCl = 21,7%. Die Hydrolyse des Polycaprolactams führt theoretisch zu 148,3% Aminocapronsäurehydrochlorid.

Nach unseren Erfahrungen ist für die quantitative Analyse des Polycaprolactams folgende Arbeitsweise möglich:

5 g Polycaprolactam (Igamid B) werden mit 15 cm³ konz. HCl 6 Stunden am Rückflußkühler gekocht. Man erhält 149,4/148,6% Aminosäurehydrochlorid.

Im Gegensatz zu dem Hydrolysenansatz des Polyhexamethylendiaminadipats kristallisiert bei der Hydrolyse des Polycaprolactams nichts aus. Vom sorgfältig getrockneten Hydrolysat wird der Schmelzpunkt bestimmt. Wir fanden meist an dem Rohprodukt Smp. 102···105°. Für die Weiterbehandlung gelten nun die gleichen Regeln wir für das reine, bei 125° schmelzende Hydrochlorid der Aminocapronsäure (s. S. 82).

Am Beispiel des Mischpolyamids aus Hexamethylendiaminadipat und Caprolactam 60:40 sei die Arbeitsweise bei derartigen binären Mischpolyamiden erläutert.

Theoretisch müssen also aus einem derartigen Mischpolyamid durch Hydrolyse mit konz. Salzsäure entstehen:

Adipinsäure	48,4%
Hexandiaminhydrochlorid	62,6%
ε-Aminocapronsäurehydrochlorid	37,0%
	148,0%

Die zur Hydrolyse benutzte Menge Salzsäure ist so zu bemessen, daß alles Diamin und die ganze Aminocapronsäure in Form ihrer Hydrochloride vorliegen. Hierzu ist es erforderlich, die Hydrolyse mit der etwa 7fachen Menge des Mischpolyamids an konz. HCl vorzunehmen. Ein zweimaliger Abrauch mit HCl ist hierbei oft notwendig. An der Nichtbeachtung dieser Notwendigkeit ist eine Reihe von Analysen gescheitert, da die Titration in wäßriger Lösung nur dann richtig ist, wenn das NH_2 der Aminosäure völlig mit Mineralsäure abgesättigt ist.

Weiterhin ist für die Analyse des Mischpolyamids von Bedeutung, daß damit zunächst gerechnet werden kann, daß das Diamin sich aus der gefundenen Menge Adipinsäure berechnen läßt, da es ja in Form des

A-H-Salzes eingesetzt wurde. Dies ermöglicht die Titration in alkoholischer Lösung.

Es wird folgende Arbeitsweise empfohlen:

5 g Mischpolyamid — z. B. Igamid 6 A — werden 6 Stunden mit 35 cm³ konz. wäßriger Salzsäure am Rückflußkühler gekocht. Nach dem Abdunsten der Säure im Vakuum wird noch einmal mit 10···15 cm³ Säure abgeraucht. Wir erhielten 7,4001/7,4502 g Hydrolysenprodukt = 148% der Einwaage.

Die Abtrennung der Adipinsäure geschieht durch Auswaschen mit 4 mal je 100 cm³ Essigester bei 60°; wir erhielten an Adipinsäure

direkt 2,3972 g = 47,9%, durch Differenzwägung 2,4201 g = 48,4%
2,3799 g = 47,6%, durch Differenzwägung 2,4010 g = 48,0%

des Igamids. Die Adipinsäure ist durch Smp. 148···151° und durch Äquivalentgewicht identifiziert:

479,1 mg Säure verbrauchen 6,55 cm³ n/1 Lauge, Äquivalentgew. 73.

Der in Essigester unlösliche Anteil ist das Gemisch der Hydrochloride von Hexandiamin und ε-Aminocapronsäure. Wir fanden

4,9800/5,0490 g = 99,6%/100,9%.

Das der gefundenen Menge Adipinsäure äquivalente Hexandiamin berechnet sich zu 3,105 g/3,132 g Hydrochlorid.

Titration des Gemisches in absolut-alkoholischer Lösung mit Thymolphthalein als Indikator ergab:

201 mg verbrauchen 22,5 cm³ n/10 Lauge und 18,4 cm³ n/10 Silbernitratlösung
235 mg verbrauchen 26,0 cm³ n/10 Lauge und 20,5 cm³ n/10 Silbernitratlösung
400 mg verbrauchen 46,1 cm³ n/10 Lauge und 36,8 cm³ n/10 Silbernitratlösung.

Für im Mittel 5,0 g Hydrochlorid-Gemisch errechnet sich daraus im Durchschnitt 563 cm³ n/10 Lauge und 451 cm³ n/10 Silbernitratlösung.

Auf Grund der Erfahrungstatsache, daß für die 1,0 g Hexandiaminhydrochlorid 108,6 cm³ n/10 Lauge verbraucht werden, sind von dem Gesamtverbrauch von 563 cm³ n/10 Lauge für 3,1 g äquivalentes Hexandiaminhydrochlorid 336 cm³ in Abzug zu bringen, um die für die gesamte Aminocarbonsäure benötigte Menge Alkali zu erhalten: 563 cm³ — 336 cm³ = 227 cm³ n/10 Lauge.

Aus dem Gesamtverbrauch an Silbernitratlösung errechnen sich die Hydrochloride, gemäß 451 cm³ — 16,76 cm³ n/10 Silbernitratlösung, als

Aminocapronsäurehydrochlorid : 7,55 g,

davon wird abgezogen das durch den korrigierten Alkaliverbrauch bestimmte reine Aminocapronsäurehydrochlorid 227 cm³ — 8,38 cm³ n/10 Lauge = 1,90 g. Dies ergibt das Hexandiaminhydrochlorid 5,65 g, zunächst ausgedrückt als Aminocapronsäurehydrochlorid; umgerechnet gemäß Umrechnungsfaktor 0,563 (log. = 7510) sind dies 3,18 g Hexandiaminhydrochlorid.

Demnach besteht das Hydrolysenprodukt des Igamid 6 A aus

2,39 g Adipinsäure $= 47{,}9\%$ des Igamid 6 A (Fehler $-\,0{,}5\%$)
1,90 g Aminocapronsäurehydrochlorid $= 38\%$ des Igamid 6 A (Fehler $+\,1\%$)
3,18 g Hexandiaminhydrochlorid $= 63{,}6\%$ des Igamid 6 A (Fehler $+\,1\%$).
____
7,47 g

Wertet man die Tatsache aus, daß in wäßriger Lösung Hexandiaminhydrochlorid neutral reagiert, so ergibt sich folgender Weg:

Von dem in Essigester unlöslichen Anteil von ca. 5,0 g Gemisch der Hydrochloride sind in Wasser gelöst:

116,7 mg; sie verbrauchen 10,9 cm³ n/10 Silbernitratlösung für 5,0 g demnach
136,5 mg; sie verbrauchen 11,7 cm³ n/10 Silbernitratlösung 445 cm³ n/10 Silbernitratlösung
120   mg verbrauchen 2,7 cm³ n/10 Lauge
137   mg verbrauchen 3,1 cm³ n/10 Lauge

Aus dem Laugenverbrauch berechnet sich durch Multiplikation mit 16,76 das reine Aminocapronsäurehydrochlorid zu $37{,}9/37{,}9\%$, also sind in 5,0 g Gemisch 1,88/1,89 g Aminocapronsäurehydrochlorid.

Diese werden von der Gesamtmenge des Gemisches in Abzug gebracht; es bleiben also 3,12 g Hexandiaminhydrochlorid.

Außer diesen beiden einfachen Wegen der Titration in absolut-alkoholischer resp. wäßriger Lösung hat sich nach Arbeiten von *Herrmann Kech*[1] im Labor des Verfassers bewährt, die Diamine aus alkalisch wäßrigem Medium mit Äther zu perkolieren und an im Lösungsmittel befindlicher Pikrinsäure zu binden und so zur Wägung zu bringen. Es können die im wäßrigen Medium verbleibenden Aminocarbonsäuren als Hydrochloride und die Diamine als Pikrat nebeneinander bestimmt werden.

Polyurethane.

b) In spontan ablaufender Reaktion entstehen aus Diisocyanaten und mehrwertigen Alkoholen durch Polyaddition die *Polyurethane* und aus Diaminen die Polyharnstoffe.

Unter der unendlich großen Mannigfaltigkeit der Kombinationsmöglichkeiten[2] hat als Plast-Rohstoff, insbesondere als Spritzguß-Rohmaterial, das aus 1,6-Hexandiisocyanat und 1,4-Butylenglycol entstehende Polyurethan:

$$OCN-(CH_2)_6-(NH-CO-O-(CH_2)_4-O-CO-NH-(CH_2)_6-NHCO-O-(CH_2)_4)_n-OH$$

als Igamid U Bedeutung erlangt.

Eine Weiterentwicklung zum Zwecke einer leichteren thermoplastischen Verarbeitung und auch Steigerung der Löslichkeitseigen-

____

[1] Unveröffentlichte, durch Kriegsereignisse verloren gegangene Arbeiten aus den Jahren 1942—1944.

[2] Siehe *Thinius*: Wissenschaftlich-technische Fortschrittsberichte 1942—1945 S. 354 (1950) u. *Bayer*: Angew. Chem. **59**, 257 (1947).

schaften stellen diejenigen Polyurethane dar, bei denen verschiedene Polyole und/oder Diisocyanate die Ausgangsmaterialien bildeten. Als Plast-Rohstoff für die Erzeugung von Lederaustauschprodukten dienten hier die Polyurethane aus 1,6-Hexandiisocyanat + 1,4-Butandiol + 1,6-Methylhexandiol (= dem Reduktionsprodukt der Methyladipinsäure, = Methyladipol) in äquivalenten Verhältnissen. Kurz vor Beendigung der Polyaddition kann man noch Weichmacher zugeben und erhält dann Produkte, die als Igamid U L W 15 resp. 25 bezeichnet bereits ihre Verwendbarkeit als Lederaustauschstoff andeuten.

Die analytische Untersuchung dieser Plast-Rohstoffe hat sich anfangs auf die Ermittlung der Eigenviscosität beschränken müssen.

Erschwerend ist hierbei die sehr große Beständigkeit der einfachen Polyurethane gegenüber den normalen Lösungsmitteln. Am besten löst noch ein 10% Wasser enthaltendes Phenol, sofern man auf Schwefelsäure und Ameisensäure verzichten will. Auch in m-Kresol haben wir Viscositätsmessungen durchgeführt und sie nach der *Fikentscher*-Gleichung ausgewertet. Das Igamid U gibt in Äthylenchlorhydrin in der Siedehitze noch eine unstabile Lösung, die sich jedoch nicht zur Viscosimetrie eignet.

Für die Misch-Polyurethane sind die Chlorhydrine, aber auch Gemische aus Chlorkohlenwasserstoffen und Methanol aktivere Lösungsmittel. Solange die Eigenviscosität nicht zu hoch ist, ist eine Unterstützung des Lösevermögens durch die Wärme nicht nötig, die Grenze liegt etwa bei der Eigenviscosität $K = 75 \cdots 80 \cdot 10^{-3}$. Wir benutzen als Lösungsmittel meist ein Gemisch aus 75% Chloroform + 25% Methanol.

An den Plast-Rohstoffen Igamid ULW 15 resp. 25 ist noch der Gehalt an Weichmachern von Interesse. Die Extraktion der in Bruchstücken von Bändern oder in Fellen vorliegenden beiden Plast-Rohstoffen kann mit Äther oder mit Methanol vorgenommen werden.

Eine Aufspaltung der einfachen Polyurethane von der Art des Igamid U durch Kochen mit konz. Salzsäure ist bisher nur zu 16% gelungen.

Umsetzungsprodukte von Diisocyanaten und Polyestern.

c) Durch Umsetzung von Diisocyanaten mit Polyestern, in denen sich noch freie OH-Gruppen befinden, erhält man Makromoleküle, deren Ketten entweder durch die Diisocyanate verlängert sind, so daß hochelastische Stoffe vom Typ des Vulkollan[1] entstehen, oder so stark vernetzt werden, daß keine Löslichkeit mehr in organischen Lösungsmitteln vorhanden sind (Reaktionsprodukte der als „Desmophen" bezeichneten OH-haltigen Polyester).

---

[1] Angew. Chem. **62,** 57 (1950).

Die analytische Untersuchung der für die Vulkollan-Herstellung benötigten Polyester erstreckt sich auf die nach den üblichen Methoden zu ermittelnde Säurezahl und Hydroxylzahl. Letztere liegt nach den Angaben von *Bayer* und Mitarbeitern bei 40···60° und die Säurezahl noch möglichst unter 1.

Weiter ist von Bedeutung, die Feuchtigkeit der Polyester zu bestimmen. Man tut dies durch aceotrope Destillation oder durch Aufschmelzen im Vakuum bei 120°.

Die Verseifung der für die Polyurethan-Bildung meist verwendeten Polyester aus entweder Adipinsäure und einem Gemisch von Polyolen oder einem Gemisch von Adipinsäure und Phthalsäure mit einem Polyol wird nach unseren Erfahrungen[1] am besten mit n/2 Kalium-Alkoholat vorgenommen. Hierdurch gelingt die quantitative Abscheidung der Kalium-Salze, wenn man bei mittlerer Einwaage von 0,5···1,0 g mindestens 4 Stunden verseift. Der Fehler betrug bei unseren Arbeiten höchstens 1%.

Die Abtrennung der Phthalsäure von der Adipinsäure sofort aus diesem Gemisch gelingt nicht. Vielmehr war zunächst die Zersetzung der Salze mit Schwefelsäure und die Isolierung der Säuren aus den wäßrigen Lösungen mittels Äther erforderlich. Diese Operation gelingt ohne weiteres quantitativ.

Die Abtrennung der Phthalsäure und Adipinsäure voneinender ist uns dann dadurch gelungen, daß man eine bei Siedetemperatur hergestellte Lösung des Gemisches beider Säuren in der vierfachen Menge Salpetersäure zunächst auf 60···65° abkühlt und 30 Min. hier hält. Nach dem Auswaschen der Salpetersäure mit Wasser wird die Phthalsäure in reiner Form gewonnen.

Die bei 0 bis +5° sich nun ausscheidende Kristallmenge ist reine Adipinsäure. Aus dem Waschwasser der 1. Kristallisation bei 60···65° C gewinnt man die Hauptmenge an reiner Adipinsäure.

Die Adipinsäure wird stets zu 100% gefunden. Bei der Phthalsäure muß noch ein Fehler von 15% in Kauf genommen werden. Die Kontrolle erfolgt durch Bestimmung des Schmelzpunktes und des Äquivalentgewichtes.

Die beiden Dicarbonsäuren können in beliebigem Verhältnis miteinander gemischt sein, wenn man 65%ige Salpetersäure zum Auftrennen verwendet. Wird die Konzentration der Salpetersäure erniedrigt oder auch die Menge der Salpetersäure in bezug auf das Bicarbonsäuregemisch verringert, so erfolgt die Abtrennung nicht sauber.

Beispielsweise ergaben sich aus 1.933 g Polyester 472 mg Adipinsäure und 447 mg Phthalsäure. Der letzte Wert wird durch den häufigsten

---

[1] *Thinius*: Farbe, Lacke, Anstrichstoffe **4**, 113 (1950).

Fehler von 15% korrigiert zu 514 mg Phthalsäure. Dies bedeutet, daß im Polyester 3,2 Mol Adipinsäure und 3,1 Mol Phthalsäure vorhanden sein müssen. Die Analyse ergibt also, daß die Säuren im gleichen Molverhältnis mit dem kleinsten Faktor 1,5 vorliegen.

Die Differenzbildung zwischen den Säuremengen ergibt die auf das Alkoholradikal entfallende Gewichtsmenge im Polyester:

$$\begin{array}{lr}\text{Einwaage} & 1.933 \text{ g} \\ -\text{R}\cdot\text{COOH} & 0.986 \text{ g} \\ \hline & 0.947 \text{ g.}\end{array}$$

Zur Molgewichtsberechnung des Alkohols sind auf Grund der gefundenen Säuremenge $6 \times \text{OH} = 102$ zuzuschlagen.

Die physikalischen Eigenschaften des Polyesters schließen ein- und zweiwertige Alkohole aus. Das kleinste mögliche Molgewicht der Alkohole ist 65. Aus den Verseifungsflüssigkeiten ist ein kristalliner Körper isoliert. Für Trimethylolpropan trifft das Zweifache des Grundmols $65 = 131$ und der kristalline Charakter zu. Aus den gefundenen Säuremengen und dem berechneten Molgewicht des Alkohols ergibt sich, daß 3,9 Mol Trimethylolpropan ($=$ Trilol) auf je 1,5 Mol Dikarbonsäure kommen.

Es handelt sich bei diesem Polyester um das als Desmophen 200 gehandelte Produkt.

Für die übrigen Desmophene gibt *Schmidt*[1] folgende Zusammensetzung an:

Tabelle 23.

	Adipinsäure	Phthalsäure	Trilol	Butylenglycol		Hexantriol
				1,3	1,4	
Desmophen						
800.	2,5	0,5	4	—	—	—
900	3	—	4	—	—	—
1100	3	—	2	3	—	—
1200	3	—	1	3	—	—
1400	6	—	—	—	6	1

Bei den 3 ersten Desmophenen der Tabelle und dem Desmophen 200 sind jeweils 6 COOH-Gruppen mit 12 OH-Gruppen kombiniert, also ein Überschuß von ca. 11% OH vorhanden. Beim Desmophen 1200 ist bei 9 OH-Gruppen auf 6 COOH-Gruppen der OH-Überschuß nur 7%, und beim Desmophen 1400 nur 4%.

2. Methoden zur Analyse der härtbaren Polykondensate auf Phenolbasis. Die Bildung der Phenol-Formaldehyd-Polykondensate ist eine durch Ionen katalysierte Reaktion. Beim Neutralpunkt tritt keine Harzbildung ein. Die im sauren Gebiet $p_H < 7$ sich bildenden Harze, die

---

[1] *Schmidt*: Farbe, Lacke, Anstrichstoffe **4**, 373 (1950).

polymerhomologen Methylenpolyphenole werden unter Hervorhebung der Eigenschaft, daß sie dauernd löslich und schmelzbar bleiben, allgemein als *Novolake* bezeichnet, ohne daß hierbei irgendwelche Rücksicht auf die besondere Art der Darstellung einzelner Typen genommen wird.

Im alkalischen Gebiet entstehen durch Wärme veränderliche, härtbare Harze. Aus den als Anfangskondensationsstufe entstehenden flüssigen, oder auch festen, auf jeden Fall aber löslichen und schmelzbaren Primärharzen, den Resolen, oder der A-Stufe, entstehen als Produkte einer partiellen Umwandlung die thermoplastisch gebliebenen, nicht mehr völlig schmelzbar und nur noch beschränkt löslich gebliebenen Resitole (B-Stufe).

Während es sich bei all diesen Produkten um Plast-Rohstoffe handelt, liegen die Resite in den Fertigprodukten in der unlöslichen und unschmelzbaren C-Stufe vor. Bei den Novolaken muß durch Zusatz von Hexamethylentetramin ihre Fähigkeit zur indirekten Härtung ausgelöst werden.

Feste Phenolharze.

a) Am besten sind für die Herstellung von Schnellpreßmassen, solche *Novolake*, die bei mittlerer Kondensationsstufe weder merkliche Mengen an freien Phenolen oder Anfangskondensationsprodukten noch an hochmolekularen Anteilen enthalten.

Äußere Beschaffenheit.

α) Um bereits eine Auswahl der in der Eigenfarbe verschieden ausfallenden Novolak-Chargen für den Verwendungszweck treffen zu können, werden die Novolak-Stücke gegen das Licht gehalten und so die Eigenfarbe und die Klarheit des Phenolkondensats geprüft.

Es ist darauf hinzuweisen, daß für dunklere Novolake mit einer größeren Lichtempfindlichkeit der aus ihnen gefertigten Endprodukte zu rechnen ist. Die Ursache der Verfärbung kann auf Verunreinigungen aus den Apparaturen zurückzuführen sein. Falls die Novolake nicht in guter Klarheit anfallen, muß auf die Anwesenheit von Gleitmitteln oder auf Wasser geprüft werden.

Bei den *Resolen*, die stets völlig klar sein sollen, deutet die Trübung daraufhin, daß entweder das Wasser während der Herstellung nicht genügend weit herausdestilliert oder das Harz bereits während der Lagerung weiter kondensiert ist, d. h. daß also Kondensationswasser sich tröpfchenförmig ausschied.

Weiter dient zur Voruntersuchung eine Geruchsprüfung des frischpulverisierten Novolaks. Ist der typische Phenolgeruch wahrnehmbar, so ist auf reichliche Menge ungebundenen Phenols zu schließen, das dann auf jeden Fall gesondert bestimmt werden muß.

Eine merkliche Menge freien Phenols läßt sich auch daran erkennen, daß beim Zusammendrücken von 2 Bruchstellen eines Harzstückes miteinander das Zusammenkleben bereits recht beachtlich ist. Je höher die ungebundene Phenol-Menge ist, um so stärker ist die Harzklebrigkeit. Dies wirkt sich nachteilig auf die Pulverisierung und Vermahlung aus.

Brechbarkeit.

β) Für die Zerkleinerungsfähigkeit der Harze, Novolake wie Resole, ist die Bestimmung ihrer *Brechbarkeit* von Bedeutung. Es ist diejenige Temperatur, bei der ein etwa 3…4 mm dickes Stück Harz gebrochen werden kann. Man legt hierzu die Probe in Wasser von beispielsweise 25° und prüft nun, nachdem das Harz die Temperatur angenommen hat, von Hand oder mit dem Pistill die Brechbarkeit. Ist dies der Fall, so wird durch Zugabe von wärmerem Wasser die Temperatur jeweils um 2° erhöht, bis die Temperatur erreicht wird, bei der das Harz nicht mehr bricht. Wird bei der zuerst gewählten Prüftemperatur das Harz nicht gebrochen, so erniedrigt man schrittweise die Temperatur, bis die Brechbarkeit erreicht ist. Die Brechbarkeit der Resole liegt bei einigen technischen Typen nicht unter 15°, bzw. 20° bzw. nicht unter 30°.

Schmelzintervall.

γ) An pulverisierbaren Harzen wird das *Schmelzintervall* oder an den zäheren Polykondensaten der Erweichungspunkt festgestellt. Für den ersteren benutzt man den Schmelzpunktsapparat nach *Thiele* und die Schmelzpunktskapillare. Die Temperatur wird in der Minute um 1…2° gesteigert. Im allgemeinen sintern die Harze zunächst zusammen und nach einem nur wenige Grade — meist 3…5° — betragenden Intervall, tritt klare Schmelze ein. An technischen Harzen werden Schmelzpunkte von 50…70° gefunden.

Aus der Kenntnis des Schmelzintervalls gewinnt man einen Anhalt dafür, bei welcher Temperatur eine gute Imprägnierung der Füllstoffe und eine einwandfreie Homogenisierung möglich ist. Der Erweichungspunkt wird nach den gleichen Methoden bestimmt wie bei den Naturharzen.

Löslichkeit.

δ) Hinsichtlich der *Löslichkeitseigenschaften* der Novolake und Resole ist zunächst festzuhalten, daß sich beide Phenol-Kondensate in wäßrigen Alkalien und in Sprit klar lösen sollen. Wird eine 50%ige Lösung — 1 g Harz in 1 g Alkohol — mit 1 g Alkohol verdünnt und hierbei festgestellt, daß keine restlose Lösung eingetreten ist, so kann man versuchen, durch vorsichtigen tropfenweisen Zusatz von Aceton das Harz in Lösung zu bringen. Gelingt dies nicht, so ist der Resolzustand merklich überschritten. Umgekehrt bestimmt man bei völlig löslichen Harzen durch allmählichen Zusatz von Spiritus zur Lösung bis zur Trübung die Verschnittfähigkeit der Resole oder Novolake. Beträgt die Zugabe an Spiritus beispielsweise 10 cm³, so ist die Verdünnbarkeit 1 : 10. Liegen wäßrige oder wäßrig-alkalische Lösungen vor, so wird unter den gleichen Bedingungen die Verschnittfähigkeit gegenüber Wasser ermittelt. Bei einigen Anfangskondensaten verschwindet diese Trübung auf Zusatz von einigen Prozenten konzentriertem Ammoniak.

Diese Bestimmung ist für die Verarbeitungsweise der Harze als Imprägniermittel von Bedeutung. Es wird hier nochmals darauf hingewiesen, daß alle derartige Verschnittfähigkeitsuntersuchungen zumindest eine annähernde Temperaturkonstanz erfordern.

Flüchtige Anteile.

ε) Die *flüchtigen Anteile* der festen oder flüssigen Resolharze setzen sich aus dem im Harz enthaltenen Wasser, dem freien Phenol und dem während der Wärmekondensation sich neu bildenden Reaktionswasser zusammen. Es ist also nötig, das mit der ca. 4fachen Menge Seesand p. a. gemischte Harz, evtl. nach dem Auflösen in Aceton zwecks gleichmäßiger Verteilung 2 Stunden bei 130···150° zu trocknen.

Wassergehalt.

ζ) Die Bestimmung des *Wassergehaltes* der ersten Kondensationsstufe der Phenolformaldehydkondensate soll unter solchen Bedingungen geführt werden, daß nur das von der Entwässerung noch zurückbleibende Wasser — wie man oft sagt, das physikalisch beigemischte Wasser — erfaßt wird und weitere Kondensationen oder Nebenreaktionen, bei denen wiederum Wasser sich bildet, nicht ablaufen können. Diese Forderungen zu erfüllen, sind nicht leicht. Es ist das Verdienst von *F. Feith*[1] einmal eine Reihe von zur Wassergehaltsbestimmung von Resolen oder Braunkohle oder anderen Substanzen vorgeschlagenen Methoden kritisch auf ihre Brauchbarkeit für die Wassergehaltsbestimmung der Resole untersucht zu haben.

Die noch heute in der Technik vielerorts verwendete Methode der Destillation des mit Sand vermischten Resols mit Xylol wird abgelehnt, da eine Übereinstimmung der Parallelproben nicht zu erzielen ist.

Trotz dieser Bedenken soll diese Xylol-Methode hier erwähnt werden: Man führt sie meist so durch, daß man in einem Glaskolben oder der Bruchgefahr wegen in einem Metallkolben 10 g Kondensationsprodukt (Resol oder Novolak) mit der 5···70fachen Menge Seesand (frisch bei 110° getrocknet) vermischt und nun mit 100 cm³ Xylol so lange am absteigenden Kühler destilliert, bis das Xylol wieder völlig klar übergeht. Das als Aceotrop mit dem Xylol übergeführte Wasser wird in einem verjüngten Meßzylinder abgelesen.

---

[1] Kunststoffe **34**, 71, 127 (1944).

Bei den Novolaken soll der Wassergehalt 1% nicht übersteigen. Resole gelten solange als gute Qualitäten, wie der Wassergehalt nicht 2% überschreitet, während bei einem Wassergehalt von 5% und mehr Prozent schlechte Qualitäten vorliegen.

Fischer[1] und auch *Metz*[2] sowie *Hultzsch*[3] sind der Auffassung, daß hierbei trotz der Ausbildung des unter 100° siedenden Aceotrops eine Weiterkondensation der Resole eintritt, somit also ein zu hoher Wassergehalt gefunden wird.

*Feith*s Arbeiten gipfeln dann in dem Vorschlag, das physikalisch gebundene Wasser aus den Resolen mittels aceotroper Destillation des Isobutylalkohols als Schleppmittel zu entfernen. Der Siedepunkt dieses Aceotrops liegt um 90°. Es wird jedoch so lange destilliert, bis der Siedepunkt des reinen i-Butanols (Sdp. 108°) erreicht ist. Der Wassergehalt wird dann aus dem spezifischen Gewicht des Destillats rechnerisch ermittelt. Den von *Hultzsch* gegen die Richtigkeit dieser Methode erhobenen Bedenken ist insofern beizustimmen, als der meist noch vorhandene freie Formaldehyd ebenfalls die Dichte des Schleppmittels erniedrigt und so mehr Wasser vortäuscht. Ob jedoch wirklich schon bei der kurzen Destillationszeit und Temperatur eine Verätherung der Methylolgruppen in den Resolen mit dem Butanol eintritt, mag vorerst dahingestellt bleiben. Die von *Hultzsch* noch aufgegriffene Methode der Wasserbestimmung mit dem *Karl-Fischer*schen Reagenz[4] ist von *Feith* bereits durchgeführt mit dem Ergebnis, daß ein zu niedriger Wasserwert gefunden wird. Die Ursache sieht *Feith* darin, daß ein Teil des Wassers zu fest gebunden ist, der erst bei dem Siedepunkt des Methanols frei wird. Ein gleiches Ergebnis finden *Bentz* und *Neville*[5], die ebenfalls nach der Methode von *K. Fischer* niedrigere Wasserwerte finden, die dem „freien“ Wasser entsprechen. Das in lockerer Form an Methylolgruppen gebundene Wasser bestimmen die Autoren auch durch azeotrope Abdestillation des Wassers mit einem Gemisch von Zimtalkohol und Toluol.

Die Xylolmethode wird wohl immer dann Anwendung finden, wenn es sich um die Wasserbestimmung in Resiten handelt.

Formaldehyd.

η) Für die Bestimmung des freien *Formaldehyds* in den ersten Kondensationsstufen wird man am sichersten die Hydroxylaminmethode benutzen und den Gehalt des Aldehyds aus der frei werdenden Salzsäure berechnen. Ebenso läßt sich ein wäßriger Auszug aus einem pulverisierten Harz nach den üblichen Methoden der Bestimmung mit

---

[1] Laboratoriumsbuch für die organ. plastischen Kunstmassen, S. 31. Halle: Knapp 1945. — [2] Kunststoffe **27**, 269 (1937). — [3] Chemie der Phenolharze, Berlin/Göttingen/Heidelberg: Springer 1950, S. 171. — [4] Angew. Chem. **48**, 394 (1935). [5] J. Polym. Sci. **4**, 673 (1949).

Methon nach *Vorländer* auf seinen Gehalt an Formaldehyd analysieren. Der Formaldehyd-Gehalt soll nicht 0,05% überschreiten.

Freies Phenol.

ϑ) Da der Gehalt an freiem *Phenol* für die Qualität des Phenolformaldehydkondensats und seiner Fertigerzeugnisse in dem Sinne bestimmend ist, daß mit steigendem ungebundenen Phenol die Eigenschaften der Fertigerzeugnisse sinken, so ist die sichere Ermittlung dieser Phenolmenge nicht nur analytisch-methodisch, sondern auch wirtschaftlich von Bedeutung.

Grundsätzlich ist zu beachten, daß eine gute Durchschnittsprobe des Harzes entnommen wird, da infolge Weiterkondensation beim Lagern an den Rändern und im Innern die Kondensationsstufe und damit der Gehalt an freiem Phenol verschieden sein kann.

Die Bestimmungsmethoden lassen zwei prinzipielle Wege erkennen:
1. Wasserdampfdestillation des mit Sand vermischten Phenolharzes.
2. Isolierung des Phenols aus den alkalischen Lösungen der Novolake oder Resole.

Für die Isolierung des Phenols durch Wasserdampfdestillation werden 1···10 g Phenolkondensationsprodukt mit der 10···15fachen Menge gesiebten, getrockneten Sandes oder Holzmehl (hier genügt meist schon die doppelte Menge) gemischt. Durch Einleiten von Wasserdampf wird das Phenol in das Destillat übergetrieben. Nach systematischen Untersuchungen von *Scheiber* und *R. Barthel*[1] hängt die Destillatmenge von der Einwaage ab. Während man bei 1 g Einwaage mindestens 1,0 Liter auffangen muß, erhöht sich die Menge bei 2 g Harz auf 2,0 Liter, ohne daß jedoch durch eine größere Einwaage die Genauigkeit der Analyse ansteigt.

In einem beliebigen Teil (50 cm³) der so erhaltenen Phenollösung werden nun 15···25 cm³ n/10 Bromid-Bromat-Lösung abpipettiert, danach 15 cm³ 50%ige Schwefelsäure oder 5 cm³ konz. Salzsäure zugegeben. Die schnell verschlossene Flasche wird kräftig geschüttelt. Innerhalb der nächsten 15···20 Minuten hat sich das Phenol völlig zu Tribromphenol und Tribromphenolbrom umgesetzt. Die Lösung hat jetzt eine schwach gelbe Farbe. Es werden nun einige cm³ wäßrige Kaliumjodidlösung zugegeben, und das ausgeschiedene Jod wird in üblicher Weise mit n/10 Thiosulfatlösung titriert. Zur Berechnung des freien Phenols dient:

$$1 \text{ cm}^3 \text{ n/10 Thiosulfatlösung} = 1{,}567 \text{ mg Phenol.}$$

Für Resole ist diese Methode nicht ohne Bedenken, da während der Wasserdampfdestillation eine Härtung des Harzes erfolgt und das Phenol

---

[1] *Scheiber:* Chemie und Technologie der künstlichen Harze, 1943, S. 485. Wissenschaftliche Verlagsgesellschaft.

zum Teil im Kondensat eingeschlossen bleibt und auch weiterkondensiert. Eine hydrolytische Spaltung des Harzes ist fernerhin beobachtet, so daß im Destillierkolben also nicht eine Phenolfreiheit erreicht wird.

Redfarn[1] entfernt deshalb das Phenol durch Digerieren mit der 15-fachen Menge Wasser bei 50° innerhalb 30 Minuten unter ständigem Rühren. Nach dem Filtrieren wird mit kleinen Portionen heißen Wassers gründlichst gewaschen.

Zum Filtrat werden 5 cm³ n-Natriumbicarbonat-Lösung und 10 cm³ 0,03 n Jodlösung zugesetzt, nach 10 Minuten 5 cm³ 20%ige Jodkalium-Lösung und nun der Jodüberschuß mit Thiosulfatlösung titriert. Zur Berechnung ist zu beachten, daß 1 Mol Phenol mit 3 Mol Jod reagieren.

Nach der von *Epprecht*[2] bevorzugten Arbeitsweise werden die Phenolformaldehyd-Kondensate unter Vermeidung der Erwärmung gepulvert und dann im Soxhlet mit kohlensäurefreiem Wasser extrahiert, wobei ein mit Ätznatron gefüllter Verschluß angewendet wird. Der auf 100 cm³ aufgefüllte Extrakt wird nun nach der Bromid-Bromat-Methode fertig titriert.

Für die Auflösung des Novolaks oder Resols in Alkalilauge kann die Konzentration des Ätznatron oder Ätzkali zwischen 1% und 10% schwanken, wobei man sowohl bei Raumtemperatur wie auch unter Eiskühlung bei 0° arbeiten kann.

Beispielsweise hat sich folgende Arbeitsweise bewährt:

5 g fein pulverisiertes Phenolformaldehydkondensat werden in 200cm³ 2%iger Natronlauge bei Raumtemperatur gelöst. Zur Lösung wird unter Umrühren 200 cm³ 4%ige Schwefelsäure gegeben, hierdurch fällt das Harz aus, das nun abfiltriert und ausgewaschen wird. Diese Operation wird mit dem Harz nochmals wiederholt.

Aus beiden Filtraten und Waschwässern zusammen, die auf $p_H = 7$ eingestellt sind, wird nun das Phenol abdestilliert und dieses, nachdem ca. 1 Liter Destillat vorliegt, nach der Bromid-Bromat-Methode titriert. In der wäßrigen Lösung des Destillatkolbens befinden sich die Anfangskondensate. Um sie zu bestimmen, wird zunächst eingeengt, mit Äther erschöpfend extrahiert, über Natriumsulfat getrocknet und vorsichtig eingedampft. Der bei 50° getrocknete Rückstand besteht aus den Anfangskondensaten und den niedrigen Polymeren (Phenolalkohole, Dioxydiphenylmethane). Einige Ergebnisse deuten jedoch darauf hin, daß diese Anfangskondensate auch etwas wasserdampfflüchtig sind.

Da 1 g Novolak etwa 0,5 g Ätzkali bei 0° zur Lösung brauchen, so nimmt man eine 1%ige Lauge in entsprechender Menge bei 0° zur Auflösung. Mit Eiswasser wird auf 350 cm³ verdünnt und in der Kälte mit 1%iger Schwefelsäure bei p_H 3 unter dauerndem Rühren gefällt.

---

[1] Brit. Plast. **13**, 139 (1941).
[2] *Houwink:* Elastomers and Plastomers **1949** III, 103.

17*

Um nun ein Reagieren des ausgeschiedenen Harzes mit dem freigesetzten Phenol zu verhindern, läßt man höchstens 2 Stunden stehen, filtriert das Harz ab, wäscht mit Eiswasser bis zum Verschwinden der SO_4-Reaktion, trocknet vorsichtig im Vakuumexsiccator über Phosphorpentoxyd bis zur Gewichtskonstanz, um Weiterkondensationen zu verhindern.

Bei den Resolen wird etwa 0,6 g Ätzkali zur Lösung benötigt. Um Erschwerungen bei der Filtration zu vermeiden, empfiehlt es sich nur auf 200 cm³ zu verdünnen.

G. Petrow und *J. Schmidt*[1] säuern die alkalische Harzlösung (wobei 10%ige Kalilauge verwendet wurde) mit 10%iger Schwefelsäure an. Die entstehende Emulsion wird benutzt, um in ihr nach dem Filtrieren oder auch nach noch anschließender Destillation das Phenol nach der Brom-Methode zu titrieren oder mit Bromwasser gravimetrisch zu bestimmen. Hierzu wird das Tribromphenol mit Wasser gewaschen, an der Luft und im Chlorcalcium-Exsiccator getrocknet, in Äther gelöst und dann der Rückstand gewogen.

Die Autoren bringen ebenfalls zum Ausdruck, daß die Anfangskondensate etwas mit Wasserdampf flüchtig sind.

Für Novolake soll der Gehalt an freiem Phenol nicht über 6···7% liegen, für Resole sind an einigen technischen Typen gelegentlich bis 18% gefunden, obwohl die Bestrebungen, nach wie vor dahingehen, daß nicht mehr als 1,5% freies Phenol in den Phenolformaldehydkondensaten vorliegen sollen.

Im Harz vorhandene Kresole, Xylenole, sowie Di- und Trioxybenzole werden als Phenol mitbestimmt.

Hydroxyl-Gruppen.

ι) *Hultzsch*[2] stellt fest, daß eine Methode zur einwandfreien Bestimmung der phenolischen Hydroxylgruppen nicht bekannt ist. Die übliche Bestimmung der OH-Gruppen mit Essigsäureanhydrid-Pyridin erfaßt natürlich die Summe der phenolischen und methylolischen Hydroxyle, wobei es infolge der leichten Verseifbarkeit der Acetoxymethylgruppen schwierig ist, einheitliche Werte zu finden[3]. Eine Korrektur durch die Anwesenheit des Formaldehyds ist vorzunehmen.

Aufbauend auf unveröffentlichten Arbeiten von *E. Theis* haben *Lilley* und *Osmond*[4] die Reaktion

$$\text{OH–C}_6\text{H}_4\text{–CH}_2\text{OH} + J_2 + H_2O \longrightarrow \text{OH–C}_6\text{H}_4 + HCOOH + 2\,HJ$$

---

[1] Промышленность органической химии 2 102, 120 (1936); 3 153 (1937).

[2] Chemie der Phenolharze, Berlin/Göttingen/Heidelberg: Springer 1950, S. 171.

[3] *Trévy, R.*: Rév. gén. Mat. Plast. **12**, 283, 307 (1936). — [4] J. Soc. Chem. Ind. **66**, 340 (1947).

so gestaltet, daß sie in alkalischer Lösung schnell und quantitativ abläuft. Sind im Phenolformaldehyd-Molekül 25···30% Methylol vorhanden, so ist die Streuung etwa 0,5%, bei nur 10% Methylol ist sie bis zu 3%.

Auch die *Zerewitinoff*-Methode ist nach *Wegler* und *Faber*[1] zur Hydroxylgruppenbestimmung in den Phenolharzen verwendet worden.

Freies Ammoniak.

κ) Um den für die Qualität des Phenolharzes wichtigen Gehalt an *freiem Ammoniak* zu bestimmen, werden ca. 20 g pulverisiertes Harz mit einem Überschuß an Natronlauge in einer Stickstoffbestimmungsapparatur in vorgelegte n/10 Säure destilliert. Der Gehalt an freiem Ammoniak soll bei gutem Harz weniger als 0,1% betragen.

Kondensationsverlust.

λ) Der *Kondensationsverlust* oder die Bestimmung des Härtungsrückstands gibt uns Aufschluß darüber, welcher Teil des ungebundenen Phenols während der thermischen Härtung noch gebunden wird und welcher sich verflüchtigt. Man kann hierzu das feingepulverte oder gekörnte Resol auf einem Eisenblech mit gut gereinigter Oberfläche in dünner Schicht (1 g/60 cm²) im Trockenschrank bei 100° so lange erwärmen, bis eine gleichmäßige Schichtdicke vorliegt, dann wird bei 130° 2 Stunden lang erhitzt. Eine Parallelprobe wird statt bei 130° auf 150° erhitzt. Bei diesen Wärmebehandlungen verdampfen die im Phenolformaldehydkondensat befindlichen Wasserreste und das ungebundene Phenol. Aus der Gewichtsdifferenz dieser beiden Temperaturprüfungen wird der Anteil an flüchtigen Bestandteilen errechnet.

Bei großem Kondensationsverlust muß damit gerechnet werden, daß in den in geschlossenen Formen hergestellten Fertigfabrikaten noch merkliche Mengen Phenol zurückbleiben, die sich an Geruch des Gegenstandes kenntlich machen.

Hultzsch wertet diese technische Methode nur als einen ganz rohen Anhaltspunkt für die Menge der härtbaren Molekülbestandteile. Der Kondensationsverlust liegt zwischen 12···20%.

Härtungsgeschwindigkeit.

μ) Um eine sichere Prognose für das Verhalten der Schnellpreßmassen aus Novolaken zu erhalten, ist es immer noch am zweckmäßigsten, eine Preßmischung herzustellen und die pulverisierte Preßmasse in einer Becherform zu verpressen unter Ermittlung der minimalsten Preßzeit. Hierbei gelten solche Novolake als hochreaktiv, die in der Form bei 160° Preßtemperatur nur 20···30 Sekunden Preßzeit für 1 mm Wanddicke benötigen.

---

[1] Chem. Ber. **82**, 327 (1949).

Die Zusammensetzung der Versuchs-Preßmasse wird man zweckmäßig der vorgesehenen Verwendung der zu prüfenden Charge anpassen oder, falls diese nicht bekannt, nach einem einheitlichen Schema-Rezept vornehmen; beispielsweise

$$44\% \text{ Novolak}$$
$$5\% \text{ Hexamethylentetramin}$$
$$49\% \text{ Holzmehl}$$
$$1\% \text{ Stearin}$$
$$1\% \text{ MgO}$$

Mischtemperatur $100 \cdots 110°$.

Um die Härtungszeit der Resole zu ermitteln, werden die feingepulverten Phenoformaldehydkondensate in einem auf $150°$ vorgewärmten Trockenschrank auf einem mit Vertiefungen versehenen Blech zunächst geschmolzen und dann in den Resitolzustand und schließlich in den Resitzustand übergeführt.

Man erkennt den Resitolzustand daran, daß ein zweckmäßig durch den Deckel eines mit einem Fenster versehenen Trockenschrankes geführter Draht aus dem Harz keine Fäden mehr zieht, sondern das Harz gummiartig elastisch abreißt.

Es wird sowohl die Zeit der völligen Schmelze, wie auch die Zeit bis zu dem letztgenannten Punkt mit der Stoppuhr gemessen. Bei $130°$ beträgt die Härtungsgeschwindigkeit $2 \cdots 13$ Minuten, bei $150°$ $70 \cdots 120$ Sekunden.

Das Verfahren läßt sich natürlich auch mit Novolaken ausführen, jedoch hierzu die ist Beimischung von $10 \cdots 15\%$ Hexamethylentetramin erforderlich.

Die Prüftemperatur kann selbstverständlich den Kondensationsbedingungen des Resols oder Novolaks angepaßt werden und auch nur $90 \cdots 100°$ betragen.

Für die Härtungsprüfung der kalt zu härtenden Harze stellt man die Zeit fest, in der 10 g des flüssigen Harzes oder der Harzlösung nach Zusatz von $0{,}5 \cdots 1{,}0$ cm³ verdünnter Salzsäure $(20 \cdots 22\%)$ fest resp. geliert sind.

Kondensationsmittel.

υ) Die als *Kondensationsmittel* verwendeten Alkalien oder Erdalkalien werden quantitativ in der Asche des Harzes bestimmt. Oxalsäure ist im wäßrigen Auszug des Harzes zu ermitteln.

Gelöste Phenolharze.

b) Mit Rücksicht auf die Verwendung der Resole zur Imprägnierung von Geweben oder Papier, also zur Schichtpreßstoffherstellung, werden aus ihnen meist 50%ige Lösungen in Sprit hergestellt.

Die *Viscositätsmessung* einer solchen Lösung erfolgt mittels *Höppler*-Viscosimeter bei 20°. Derartige Messungen dienen ebenfalls zur Kontrolle des Polykondensationsgrades.

Die Viscositätsmessung nach *Mallison* dient oft noch zur schnellen Kontrolle im Betrieb. An ihrer Stelle kann auch die *Cochius*-Methode dienen. Die Viscositäten der 50%igen Lösungen schwanken zwischen 50···300 cP, je nach dem Verwendungszweck der Harzlösungen.

Bei der Bestimmung der Konzentration der Harzlösungen ist darauf zu achten, daß nicht durch eine zu hohe Trocknungstemperatur bereits eine Härtung des Resols einsetzt. Um vergleichbare Werte zu erzielen, ist weiterhin erforderlich, die Oberfläche der Lacklösung stets gleich groß zu halten. Die Verdunstung des Lösungsmittels wird in einem Trockenschrank bei 100° innerhalb 1½···5 Stunden vorgenommen. Danach wird nach ½ stündigem Abkühlen im Exsiccator gewogen.

Flüssige Phenolharze.

c) Bei den *flüssigen Resolen* interessieren die Eigen-Farbe, die Menge des Festharzes, die Viscosität und die Härtungsgeschwindigkeit.

Farbton.

α) Zur Bestimmung des Farbtons werden 10 g Harz in ein Reagensglas von 10 mm lichter Weite mit einer Jod-Jodkaliumlösung steigender Jodmenge verglichen, wobei auf gleiche Schichtdicke zu achten ist. Die gleichzeitig durchgeführte Prüfung auf Klarheit wird so vorgenommen, daß unter Schütteln 10 Minuten lang auf 30° erwärmt wird. Eine Trübung oder gar eine Wasser-Ausscheidung darf nicht eintreten.

Festharz.

β) Wenn man 1···1,5 g flüssiges Resol in einem Wägegläschen von 5···10 cm oberen Durchmesser bis zum konstanten Gewicht 3···4 Stunden bei 100° behandelt und nach dem Abkühlen im Exsiccator wieder wiegt, so erhält man den Gehalt des Festanteils in dem flüssigen Resol. Diese Beträge liegen zwischen 42%···83%.

Viscosität.

γ) Die Viscosität der flüssigen Resole kann unmittelbar nach der Destillation gemessen werden; man kann sie aber auch nach dem Verdünnen mit Spiritus auf 50% Festgehalt bestimmen, wobei zweckmäßig wiederum bei 20° im *Höppler*-Viscosimeter gemessen wird.

Die ursprüngliche Viscosität der flüssigen Resole kann in sehr weiten Grenzen schwanken; als Grenzwerte mögen genannt sein 140 cP bis 18 000 cP.

Härtungsgeschwindigkeit.

δ) Bei der Ermittlung der Härtungsgeschwindigkeit der flüssigen Resole benutzt man ebenfalls das Auftreten des gummiartigen Zustandes als Kriterium. Man füllt hierzu 5···10 g flüssiges Resol in ein Reagensglas und hängt es so in ein kochendes Wasserbad, das der obere Rand unter dem Wasserspiegel ist. Die weiterlaufende Kondensation ist an der allmählich stärker werdenden Trübung kenntlich, bis schließlich mittels eines spitz ausgezogenen Glasstabes keine Fäden mehr gezogen werden können, und das flüssige Resol nicht mehr zähflüssig, sondern gummiartig elastisch ist. Man mißt mit der Stoppuhr den Eintritt dieses Punktes vom Einhängen in das Bad an.

Analyse der Preßmassen.

d) Die *Analyse der Preßmassen*, d. h. also der Mischungen aus den Phenoformaldehydkondensaten mit Füllstoffen muß berücksichtigen, daß heute wohl die meisten der Preßmassen als Schnellpreßmassen hergestellt sind, d. h. also das Phenolkondensat in Form des Novolaks enthalten. Dies bedeutet, daß sich die erste Untersuchung auf die Ermittlung des Härtungsbeschleunigers erstrecken muß.

Beschleuniger.

α) Nach den Arbeiten des Materialprüfungsamtes in Berlin-Dahlem[1] behandelt man hierzu die pulverförmige Preßmasse mit 50° warmem Wasser und löst so das Hexamethylentetramin heraus. Die wäßrige Lösung kann vorsichtig zur Trockne verdampft werden, oder besser nach Auffüllen auf ein bestimmtes Volumen ein aliquoter Teil zur quantitativen N-Bestimmung nach *Kjeldahl* verwendet werden.

Jesryelew und *Mogilewskaja*[2] vereinfachen die Hexamethylentetraminbestimmung in der Weise, daß sie 1···2 g Preßmasse mit 20 cm³ konz. Salzsäure und 40···50 cm³ Wasser 1 Stunde auf dem Sandbad so erhitzen, daß die Flüssigkeit dauernd kocht und evtl. verdunstendes Wasser ersetzt wird.

Im *Kjeldahl*-Kolben wird dann mit 30%iger Natronlauge gekocht und das Ammoniak wie üblich aufgefangen. Als Dauer für eine solche Bestimmung werden 3···3½ Stunden angegeben.

Optimal vor allem im Hinblick auf die von den Preßstoffen zu fordernden mechanischen Eigenschaften ist ein Gehalt von 1···14⁰/₀ je nach Kondensationsgrad der Summe beider Komponenten Novolak und Hexamethylentetramin.

Phenolharz.

β) Die vom Beschleuniger befreite Preßmasse (ca. 20 g) wird nun bei 70° getrocknet und dann im Extraktionsapparat mit Aceton etwa 8 Stunden extrahiert. Man trennt so Füllstoff und Phenolharz voneinander.

---

[1] *Esch*: Kunststoffe **28**, 226 (1938); *Berl-Lunge*: Chemisch-technische Untersuchungsmethoden 8. Aufl., E. III, S. 452. — [2] Wiss. Forsch.-Inst. plast. Stoffe in Samml.-Aufsätzen **3**, 214 (1939).

Die acetonische Lösung wird vorsichtig verdampft und bei höchstens 100° $1\frac{1}{2}\cdots2$ Stunden getrocknet. Das Harz ist durch Gleitmittel und Farbstoff verunreinigt.

Füllstoffe.

γ) Die in der Extraktionshülse verbliebenen Füllstoffe werden nochmals mit Aceton abgespült, das zur Harzlösung gegeben wird — und bei 100° getrocknet und gewogen, sowie identifiziert. Man erhält also so die Aussage darüber, ob die Preßmasse entsprechend ihrer Bezeichnung nach DIN 7708 typgerecht zusammengesetzt ist.

Feuchtigkeit.

δ) Falls eine Feuchtigkeitsbestimmung der Preßmasse nötig wird, so soll sich nach *Cornish*[1] die *Karl-Fischer*-Methode als geeignet erwiesen haben. Meßgenauigkeit ist 0,5% der Feuchtigkeit. Hoffentlich reagieren nicht auch Methylolverbindungen unter den gleichen Bedingungen.

Gleitmittel.

ε) Um das Gleitmittel in der Preßmasse zu bestimmen, werden 20 g Substanz mit 200 cm³ Benzol 5 Stunden bei Zimmertemperatur extrahiert, danach wird filtriert und ohne Wäsche der Extrakt gewogen. Zur Identifizierung benutzt man die Methoden der Fettchemie.

Ammoniakfreiheit.

ζ) Die Prüfung auf Ammoniakfreiheit in sogenannten ammoniakfreien Preßmassen nimmt das Materialprüfungsamt so vor, daß 3 g Preßmasse mit 3 g Natronkalk verrieben und dann in ein Reagensglas DIN 16 Denog 3a mit 1 cm³ Wasser eingefüllt werden. Auf das Reagensglas kommt nun ein beiderseits offenes Glasrohr (120 mm lang, 10 mm Durchmesser). Innen ist rotes Lackmuspapier zwischen 2 Wattebäuschchen. Das Reagensglas kommt 20 Minuten in ein kochendes Wasserbad, zur Hälfte eintauchend. Während dieser Erwärmungszeit darf keine Blaufärbung eintreten.

3. Analysenmethoden für aushärtende, Stickstoff enthaltende Verbindungen (Aminoplaste). Die Bedeutung der zuerst von *H. John*[2] hergestellten Kondensationsprodukte aus Harnstoff, seinen Homologen und Formaldehyd als Plast-Rohstoffe, an deren Weiterentwicklung *Pollack, Ripper, Goldschmidt, Neuß* und andere Forscher hervorragend beteiligt sind, liegt darin, daß diese Produkte wegen ihrer Geruchlosigkeit, Hellfarbigkeit und Lichtechtheit die Anwendungsgebiete der Preßharze, Gießharze und Preßmassen auf Phenoplastbasis ergänzen und abrunden. Außer Harnstoff- und Thioharnstoff-Harzen kommen hier noch das Dicyandiamid und das aus ihm gewinnbare Cyanursäuretriamid (= Melamin) neben dem Anilin als Ausgangsprodukte für die Plast-Rohstoffe in Frage.

---

[1] Plastics **10**, 99 (1946). — [2] DRP. 392 183.

Ähnlich wie die Phenol-Harze geben die reinen Harnstoff- und Melamin-Harze nur unter recht großen Schwierigkeiten fehlerfreie klare Preßerzeugnisse, so daß also ihre Verarbeitung zusammen mit Füllstoffen überwiegt.

Harnstoffharze.

a) Die technisch wertvollen *Harnstoffharze* werden in fast neutralen Lösungen, wobei man in wäßrigen Medium in der Kälte oder in der Wärme bei Temperaturen bis höchstens 100° unter besonderer Beachtung des p_H-Wertes des Reaktionsmediums arbeitet, hergestellt.

Die Zwischenprodukte mit oft eingeschränkter Löslichkeit in Wasser, also bereits beginnenden hydrophoben Eigenschaften, sind die Rohstoffe für die mit Füllstoffen verarbeiteten Aminoplaste,

Kondensationsmittel.

α) Die Untersuchung des p_H-Wertes der wäßrigen Gel-Lösungen bedient sich der üblichen Bestimmungsmethoden für diese Kennzahl. Dasselbe gilt für die Ermittlung des spezifischen Gewichtes der Lösungen und der in fester Form vorliegenden Harnstoffharze.

Die Bestimmung der Feuchtigkeit der letzteren benutzt, falls diese Analyse überhaupt erforderlich ist, die gleichen Methoden, wie sie bei den Phenoplasten üblich ist.

Sie hat im allgemeinen nur Bedeutung für die Untersuchung der Preßmassen.

Die Konzentrationsbestimmung der wäßrigen Harnstoffharzlösungen wird durch Eindampfen im Vakuum bei möglichst niedriger Temperatur vorgenommen, wobei allerdings beachtet werden muß, daß hiermit fast stets ein Weiterlaufen der Kondensation verbunden ist.

Dieser Rückstand dient zur Ermittlung des *Kondensationsmittels*. Es kann durch Auskochen des in Wasser unlöslich gewordenen Rückstandes mit Wasser gewonnen werden. Am häufigsten wird man hierbei wohl Soda oder Alkalihydroxyd finden. Der wäßrige Auszug wird nach den üblichen analytischen Methoden untersucht.

Freies Ammoniak.

β) *Gaertner*[1] hat sich der Frage der Bestimmung des *freien Ammoniaks* und des Formaldehyds in den Harnstoffkondensaten angenommen und hierbei festgestellt, daß auch Formaldehyd und Thioharnstoff, der ja meist in den Harnstoff-Formaldehyd-Kondensaten mit eingebaut ist, mit *Neßlers*-Reagens reagieren, so daß eine kolorimetrische Bestimmung nach den von *Nitsche* und *Esch*[2] bei der Untersuchung von Fertigteilen aus Aminoplasten gegebenen Richtlinien nicht möglich ist.

Die Bestimmung des NH_3 muß deshalb in der Weise vorgenommen werden, daß man durch Vakuumdestillation bei 40° Wasserbadtempe-

---

[1] Kunststoff-Techn. **11**, 272 (1941). — [2] Kunststoff-Techn. **10**, 91 (1940).

ratur das freie Ammoniak in eine vorgelegte n/10 Salzsäure überdestilliert und darin titrimetrisch ermittelt. Es muß darauf hingewiesen werden, daß bei 100° die vorhandenen Harnstoffe und Thioharnstoffe auch Ammoniak bilden. Handelt es sich um die Bestimmung des freien Ammoniak in Preßmassen, so werden 20 g mit warmem Wasser bei höchstens 50···55° extrahiert, und aus dem Filtrat nach dem Alkalischmachen in vorgelegte n/10 Salzsäure destilliert. Bereits bei einer 40° warmen Vakuumbehandlung erhält man aus Thioharnstoff eine Spur Ammoniak. Harnstoff dagegen ist stabil.

Freier Formaldehyd.

γ) Aus den primären, wässerigen Harnstoff-Harz-Lösungen wird der *freie Formaldehyd* durch vorsichtige Wasserdampfdestillation möglichst auch im Vakuum bei nicht mehr als 40° übergetrieben und in 20 cm³ einer 0,4%igen Methon-Lösung[1] aufgefangen.

Liegen die Anfangskondensate der Harnstoffharze bereits als Preßmasse vor, so werden 20 g mit 100 cm³ kochendem Wasser übergossen, und im sofort verschlossenen Gefäß 30 Minuten auf dem Wasserbad noch nachbehandelt. Im wäßrigen Auszug wird mit Methon (= Dimethyldihydroresorcin) der Formaldehyd nach *Vorländer*[2] bestimmt. Hierzu wird mit 5···10%iger Methonlösung in geringen Überschuß bei 20···25° 6 Stunden stehen gelassen oder 10 Minuten gekocht und 30 Minuten stehen gelassen. Der kristalline Niederschlag wird nach dem Filtrieren mit kaltem Wasser gewaschen und bei 110···115° getrocknet. Das Gewicht des Niederschlags mit 0,10 274 multipliziert ergibt den Gehalt an Formaldehyd. Mineralsäure muß mit Soda neutralisiert werden und ein evtl. Sodaüberschuß durch Essigsäure weggenommen werden.

Das Filtrat des Bis-Methylen-Methons wird mit 5%iger Natronlauge alkalisch gemacht und darin das Ammoniak in bekannter Weise bestimmt.

Gebundener Formaldehyd.

δ) Um den gebundenen Formaldehyd zu bestimmen, ist nach *Kittel*[1] eine Vollhydrolyse mit Salzsäure der Dichte s = 1,12···1,19 vorzunehmen, wobei es genügt, die Reaktionsmischung im verschlossenen Gefäß bei Zimmertemperatur bis zur vollständigen Auflösung stehen zu lassen. Für die Plast-Rohstoffe ist dies nach längstens 30 Minuten der Fall. Man neutralisiert nun unter Wasserkühlung vorsichtig mit n/1 Lauge ungefähr und schließlich genau mit n/10 Lauge unter Benutzung von Thymolphthalein. Für die sich nun anschließende Methodik der Formaldehyd-Bestimmung muß auf die Methon-Fällungsmethode zurückgegriffen werden. Die Löslichkeit des als Dimedon bezeichneten Dimethyl-

---

[1] *Vorländer:* Angew. Chem. **42**, 46 (1929).
[2] Farbe, Lacke, Anstrichstoffe **2**, 1 (1948).

dihydroresorcin aus der Fabrikation von *Merk* resp. *Kahlbaum* in wäßrigem Alkohol ist etwas verschieden. Die Alkoholmenge muß auf das niedrigste Maß beschränkt bleiben, da die Bis-Methylen-Methon-Verbindung leicht löslich ist. *Kittel* verwendet ein Präparat, von dem er eine Lösung von 14,00 g in 250 cm³ 96%igem Äthanol löste und mit Wasser auf 1000 cm³ auffüllte. Von dieser n/20-Lösung werden 60 cm³ Hydrolisierflüssigkeit zugefügt, nachdem vorher 8 cm³ Eisessig zugegeben sind. Nach 24stündigem Stehen bei 50···60° und weiterem 24stündigem Stehenlassen bei Zimmertemperatur wird durch einen Glasfilter abfiltriert. Wäsche mit kaltem Wasser, sodann Trocknung im Vakuumexsiccator bei Zimmertemperatur schließen sich an.

Die Genauigkeit der Formaldehyd-Bestimmung nach dieser Methode ist ca. 95%.

Die von *Levenson*[1] erprobte Arbeitsweise zur Formaldehydbestimmung ist folgende: 1,0 g Substanz wird in einen Destillierkolben mit Tropftrichter gebracht und die Vorlage mit 50 cm³ n/2 Lauge und 60 cm³ 3%igem Wasserstoffsuperoxyd gefüllt. In den Kolben fließt zunächst eine Mischung aus 25 cm³ 85%iger Phosphorsäure und 25 cm³ Wasser, womit man die Zersetzung des Harzes bei 110° vornimmt. Unter Konstanthalten des Flüssigkeitsspiegels im Kolben werden 200 cm³ Wasser überdestilliert. Der Inhalt der Vorlage wird ½ Stunde gekocht, um vor allem bei Anwesenheit von Butanol etc. sich bildende Acetale zu zersetzen und den Aldehyd zu oxydieren. Der Alkaliüberschuß wird dann mit n/2 Säure zurücktitriert, wobei Methylrot als Indikator verwendet wird. Andere Indikatoren geben infolge Kohlensäuregehalts Titrationsfehler. Eine Blindprobe ist erforderlich.

Eine alkalische Spaltung der Kondensate mit 8%iger Natronlauge und Oxydation des Aldehyds zu Ameisensäure mit 30%igem Wasserstoffsuperoxyd nimmt G. *Coppa Zuccari*[2] vor. Man läßt 1 g Harnstoff-Formaldehyd-Kondensat in 100 cm³ Wasser und 10 cm³ Natronlauge (18%) + 40 cm³ 30%iges Wasserstoffsuperoxyd 15 Minuten stehen, bringt dann 1 Stunde auf das kochende Wasserbad und zerstört langsam das überschüssige Wasserstoffsuperoxyd. Nach dem Erkalten wird mit 20%iger Schwefelsäure angesäuert und solange Wasserdampf destilliert, bis 600 cm³ Destillat anfallen. Der Verbrauch an n/2 Lauge multipliziert mit 0,015 ergibt den Formaldehydgehalt. Er schwankt bei Handelsharzen zwischen 17,5···43,5%.

Liegen ammoniakfreie Harnstoff-Formaldehyd-Harze vor, so kann man die Methylol-Gruppen des Harnstoffs nach *Bougault* und *Leboucq*[3] auch in der Weise bestimmen, daß man 1 g Substanz im Erlenmeyer mit einigen cm³ Wasser und 35 cm³ *Neßler*-Lösung — bestehend aus

---

[1] Ind. Engng. Chem. Analyt. Edit. **12**, 332 (1940).
[2] Ind. Plastiques **4**, 183 (1948). — [3] J. Pharm. et Chem. (8) **17**, 193 (1933).

13,55 g Quecksilberchlorid $+$ 36 g Jodkalium in 500 cm³ Wasser gelöst
— $+$ 20 cm³ Natronlauge auf dem siedenden Wasserbad einige Minuten
erwärmt, abkühlt, mit Salzsäure neutralisiert und mit 200 cm³ 0,1 n Jodlösung versetzt. Ihr Überschuß wird mit 0,1 n Thiosulfat zurücktitriert.

Harnstoff.

ζ) Der Harnstoffgehalt der Formaldehyd-Kondensate kann aus dem
N-Gehalt, der entweder nach *Dumas* oder schneller nach *Kjeldahl* bestimmt wird, errechnet werden. Die Zersetzung mit Schwefelsäure wird
meist durch Zugabe von Kupfersulfat und Kaliumsulfat beschleunigt.

Da sich durch konz. Salzsäure auch bei Z. T. eine völlige Hydrolyse
erreichen läßt, so kann man aus der mit Alkali übersättigten Lösung
das Ammoniak frei machen und bestimmen.

Der Stickstoffgehalt der Harnstoff- und Thioharnstoff-Harze liegt
nach *Epprecht*[1] um 30% N.

Kappelmeier[2] hat sich dann zum Ziel gesetzt, die Harnstoffkomponente durch Überführen in eine zur Wägung geeigneten Verbindung zu
bestimmen. Da die Spaltung mit kochendem Anilin, die zu sym. Di-
phenyl-Harnstoff OC $(NHC_6H_5)_2$ führt, nicht quantitativ verläuft, so
wird die Reaktion mit Benzylamin hierzu ausgenutzt. Man erhält unter
8 stündigem Rückflußkochen mit der ca. 12 fachen Menge Benzylamin
eine Aufspaltung unter Bildung von sym. Di-Benzyl-Harnstoff. Nach dem
Abkühlen wird der ausgeschiedene Dibenzylharnstoff mit n/1 Salzsäure
versetzt bis kongosauer. Man erreicht hierdurch die Entfernung unver-
änderten Benzylamins und anderer basischer Substanzen. Anschließend
wird filtriert und nach dem Waschen und Trocknen gewogen. — Diese
Methode ist auch für andere Abkömmlinge des Harnstoffes anwendbar.

Thioharnstoff.

ε) Obwohl Thioharnstoff selbst mit Anilin sich zum sym. Diphenyl-
thioharnstoff umsetzt, ist es *Kappelmeier* bisher nicht gelungen, dieses
Derivat oder das entsprechende mit Benzylamin aus den Thioharnstoff-
Harzen oder Thioharnstoff enthaltenden Harnstoff-Harzen zu isolieren.

Es bleibt also nichts anderes übrig, in den Anfangskondensaten
die Thioharnstoff-Anteile durch völlige Oxydation mit kochender Salpetersäure und Fällung des erhaltenen SO_4 Ions als $BaSO_4$ zu bestimmen.

1 g $BaSO_4$ = 0,326 Thioharnstoff.

Preßmassenuntersuchung.

η) Für die Untersuchung der Harnstoffharz-Preßmassen wird der
Füllstoff vom Harz durch Herauslösen des letzteren mit 50° warmem
Wasser abgetrennt.

Die *Kjeldahl*-Bestimmung dieses Extraktes oder der Preßmasse selbst

---

[1] *Houwink*; Elastomers and Plastomers 1949 (Elsevier Publishing Co.) III S. 106.
[2] Paint Technol. XI, No. 121 (1946); Verfkroniek v. 20. 4. 44.

ermöglicht die Berechnung des Harnstoffgehaltes, wenn kein Thioharnstoff vorliegt. Der Harnstoff-Gehalt berechnet sich aus N % $\times$ 2,146.

Eine quantitative Thioharnstoff-Bestimmung kann entweder, wie soeben geschildert, vorgenommen werden, oder man benutzt die titrimetrische Methode von *Brada*[1]. Hiernach wird der Thioharnstoff mit 0,1 mol Kupfersulfat-Lösung unter Zusatz von etwas konz. Salpetersäure (für 5 cm³-Lösung 2 cm³) und 1 cm³ 1%iger Wismutnitrat-Lösung bei 30° titriert. Der Thioharnstoff bildet mit Bi ^{III} einen gelblichen Komplex, der durch das zugesetzte Kupfersulfat zu einem farblosen Kupfer-Komplex völlig zersetzt wird. Durch die Salpetersäure wird die Bildung unlöslicher Kupfer-Komplexe, die die Titration stören könnten, verhindert.

Für den qualitativen Thioharnstoff-Nachweis geeignet ist die Methode von *Storfer*[2]; sie ist anwendbar auf einen wäßrigen Auszug oder auf einen mit starker wäßriger Alkalilauge evtl. unter Alkohol- oder Acetonzusatz vorgenommenen Auszug. Eine sorgfältige Neutralisation ist Voraussetzung. Die Thioharnstoff enthaltende Lösung wird mit Kupfer I-chlorid 2···4 Min. leicht gekocht und ein Tropfen der klaren Lösung auf ein mit kalt gesättigtem Kaliumferricyanid getränktes Tüpfelpapier gebracht. Thioharnstoff ist an dem violetten bis blauen Farbton eindeutig erkennbar.

Melamin-Harze.

b) Die meisten der für die Harnstoffharze anzuwendenden Untersuchungsmethoden sind auch für die Prüfung der Plast-Rohstoffe auf Grundlage des *Melamins* zu verwerten. Als spezifische Reaktion für die Melaminharze gilt nach *Kappelmeier* die Hydrolyse mit der ca. 10···25-fachen Menge ca. 45%iger Phosphorsäure. Hierbei tritt sofort mit der Destillation Formaldehyd auf; es empfiehlt sich während des Destillierens den Wassergehalt stets konstant zu halten. Der Formaldehyd im Destillat kann nach der üblichen Methode bestimmt werden.

Zur vollständigen Hydrolyse des Melamins bis zur Cyanursäure sind nach *Kappelmeier* mindestens 6 Stunden erforderlich. Die in Nadelform kristallisierende Cyanursäure wird auf dem Filtertiegel mit kaltem Wasser gewaschen und im Vakuumexsiccator oder bei 100° getrocknet, wobei die 2 Mol Kristallwasser verloren gehen.

Mangels Identifizierungsmöglichkeit der Cyanursäure durch Schmelzpunkt wird ihre, bei Raumtemperatur hergestellte Lösung in 2n Natronlauge aufgekocht, wobei sich das wasserunlösliche Trinatriumsalz der Cyanursäure in kurzer Zeit bildet.

Diese Analysenmethode hat *Kappelmeier* nicht nur für die noch löslichen Kondensationsstufen der Melaminharze in reiner Form, sondern auch in den Preßmassen anwenden können.

---

[1] Analyt. chim. Acta (Amsterdam) **3,** 53 (1949).
[2] Mikrochim. Acta **1,** 260 (1937).

Widmer[1] bevorzugt zur Hydrolyse der Melamin-Formaldehyd-Harze 80%ige Essigsäure bei 30 Min. Kochzeit.

Dicyandiamid-Harze.

c) Die Bestimmung des *Dicyandiamids* in seinen löslichen Formaldehyd-Kondensaten resp. in diese enthaltenden Preßmassen beruht auf seiner quantitativen Umwandlung in Dicyandiamidin (Guanylharnstoff):

$$NH = C \underset{NH \cdot CN}{\overset{NH_2}{<}} + H_2O \longrightarrow NH = C \underset{NH - CO - NH_2.}{\overset{NH_2}{<}}$$

Berlin und *Sinowjewa*[2] arbeiten hierbei wie folgt:

Ca. 2 g des Dicyandiamid-Formaldehyd-Kondensats werden mit der 30fachen Menge 2n-Schwefelsäure auf 50···60° gebracht, bis zur vollständigen Lösung geschüttelt und dann noch 15 Min. auf dem siedenden Wasserbad gehalten.

Nach Auffüllen auf 1 l kann die starke Base Dicyandiamidin mit Schwefelsäure in Gegenwart von Methylorange titriert werden.

Diese Methode ist auch für Phenol-Formaldehyd-Dicyandiamid-Harze brauchbar.

C. Charakteristische, für die Analyse der Plaste verwertbare Eigenschaften der Plast-Rohstoffe.

I. Erkennungsmerkmale für die Plast-Rohstoffe aus der Gruppe der Cellulose und ihrer Derivate.

1. Einleitung. Dem mit analytischen Aufgaben in der Chemie und Technologie der Plaste betrauten Fachgenossen verhilft im allgemeinen die Elementar-Analyse bei der großen Zahl ähnlich aufgebauter Plast-Rohstoffe nicht zu dem von ihm angestrebten Ziel der klaren Erkenntnis darüber, um welchen Plast resp. Plast-Rohstoff es sich bei der zu analysierenden Substanz handelt. Er wird sich deshalb in erster Linie solcher Untersuchungsmethoden bedienen müssen, die ohne oder mit Zerstörung oder Umwandlung der Analysen-Substanz ihm Rückschlüsse auf ihre Natur gestattet.

Die Erfahrung hat gelehrt, daß es hierbei durchaus nicht immer der Anwendung komplizierter Methoden der organischen Praxis zur Konstitutions-Ermittlung bedarf, sondern daß die meist erheblich schneller ausführbaren Verfahren der Kolloid-Chemie und der technischen Analyse in kürzerer Zeit zu dem gleichen Ziel führen. Die Elementar-Analyse

---

[1] Text. Rundsch. **4**, 279 (1949). — [2] Журнал общⅰⅰ химⅰⅰ **17**, 43 (1947).

wird die so gewonnenen Erkenntnisse über die Natur des Plasts und der mit ihm wohl stets kombinierten Verarbeitungshilfsmittel (Weichmacher, Zusatzstoffe, Füllstoffe, Pigmente und sonstige Effektmittel) noch sichern können.

Dann genügt oft schon der Augenschein, um die erste Einordnung der Analysen-Substanz vorzunehmen. Hier vermag weiterhin die mikroskopische Betrachtung, eventuell unter Zuhilfenahme des polarisierten Lichtes, das Urteil zu bekräftigen. Es sei hier beispielsweise erwähnt, daß man nach den klassischen Untersuchungen von *Ambronn*[1] den Veresterungsgrad von Ramiefasern durch Salpetersäure an der Doppelbrechung mikroskopisch verfolgen kann. Die Doppelbrechung der Cellulose ist anfangs positiv und sinkt mit steigender Nitrierung, wird beim Veresterungsgrad von etwas mehr als dem des Dinitrats ($N = 11,1\%$) negativ oder Null und bleibt stets negativ bis zum maximalen Betrag. *Möhring*[2] hat ähnliches bei der Acetylcellulose beobachtet.

Cellulose-Ester lassen sich durch ihren kleineren Brechungsindex n_D von der natürlichen Faser unterscheiden.

Zur optischen Unterscheidung der verschiedenen Cellulosearten benutzt *Frey-Wyssling*[3] das *Becke*-Verfahren, da n_D von nativer und Hydratcellulose verschieden ist. Man legt die Fasern in Anilin ($n_D = 1,587$) ein und stellt das Faserbündel parallel zur Schwingungsrichtung des Analysators. Wandert beim Heben des Mikroskop-Tubus die *Becke*sche Linse in die Faser hinein, so liegt native Cellulose vor. Umgekehrt handelt es sich um mercerisierte Fasern. In gleicher Weise lassen sich Oxy- und Hydrocellulosen wegen ihrer größeren Brechungsindices von nativer Cellulose unterscheiden.

Als ein weiteres orientierendes Hilfsmittel kann der Geruch der Substanz ausgenutzt werden, wobei selbstverständlich darauf Bedacht zu nehmen ist, ob es sich um einen unverarbeitenden Rohstoff oder um einen Plast als Halb- oder Fertigfabrikat handelt. Im letzteren Fall können sich durch den Geruch oft Verarbeitungshilfsmittel zu erkennen geben, die dann ihrerseits wieder auf Grund allgemein technischer Erfahrungen wichtige Hinweise dafür geben, daß bestimmte Plast-Rohstoffe vielleicht gar nicht vorliegen können. Es sei hierbei beispielsweise erwähnt, daß Celluloid bekanntlich sofort an seinem beim Reiben am Rockärmel besonders deutlich werdenden Kampfergeruch mit Sicherheit zu erkennen ist. Von den Rohstoffen aus der Cellulose-Derivatengruppe ist die Benzylcellulose sehr oft durch ihren leichten Benzaldehydgeruch und die Buttersäureester resp. -mischester durch den auch an den stabilsten Industrie-Erzeugnissen stets wahrnehmbaren Buttersäuregeruch erkennbar.

---

[1] Dissertation Jena 1914. — [2] Wissenschaft u. Technik **2**, 270 (1923).
[3] Mikrochemie; Festschrift *Hans Molisch* 106; C **1937 I** 4310.

2. Luminescenz-Analyse der Cellulose und ihrer Derivate. a) *Methodisches.* Nachdem *Weltzien*[1] festgestellt hatte, daß die Luminescenz-Erscheinungen unabhängig von der Lampenart auftreten, haben wir uns entweder der *Hanau*schen Analysen-Quarzlampe bedient, oder wir verwendeten für eine Quecksilber-Dampflampe im Quarzglasbrenner die von *Schott* und Gen. in den Handel gebrachten, ca. 1 mm dicken dunklen Violettgläser als Filter. Ihre Durchlässigkeitszahlen gibt *Riehl*[2] für die Gläser UG 1 resp. UG 2 resp. UG 4 an.

Wir werten die Untersuchungen in visueller Beobachtung im Dunkelraum bei auffallendem Licht, jedoch kann auch eine Reihe von Arbeiten die Anwendung durchfallenden Lichts notwendig machen. Wir sind uns hierbei bewußt, daß in manchen Fällen die visuelle Feststellung oft nur als Vorprüfung gelten kann, nachdem *Kögel*[3] festgestellt hat, daß die quantitative Erfassung der Fluorescenz nur photographisch möglich ist. Ohne photographische Hilfsmittel sieht man vielfach nur $10 \cdots 50\%$ der fluorescierenden Objekte, da die übrigen meist unter dem Schwellenwert des Auges liegen.

Dankworth[4] macht mehrfach darauf aufmerksam, daß die bei der Luminescenz-Analyse ausgewerteten Fluorescenz-Erscheinungen oft nur das Charakteristikum beigemischter Verunreinigungen in häufig nur sehr kleinen Mengen sind. — Wir haben uns dieser, den Wert der Luminescenz-Analyse zweifelsohne schmälernden Tatsache[5] stets erinnern müssen und sie auch in manchen Fällen bestätigt gefunden.

Faßt man die Luminescenzerscheinungen der Cellulose und ihrer Derivate auf Grund unserer neueren Arbeiten zusammen, so ergibt sich, daß eine bläuliche oder blauviolette Fluorescenz auf Cellulose selbst oder ihre Ester in handelsüblicher Einstellung hindeutet, während eine gelblichweiße Fluorescenz für die Celluloseäther charakteristisch ist. Diese Feststellungen sind an deutschen Erzeugnissen und an einigen älteren Mustern ausländischer Herkunft getroffen.

Unterscheidungen der Ester und Äther untereinander bedürfen der Ausnutzung der sekundären Luminescenz. Hier sind die von uns benutzten Farbstoffe dem älteren Vorschlag[6], mit Fichtenrindenextrakt die Cellulose „anzufärben", überlegen.

Watte absorbiert aus diesem Extrakt einen Stoff, der eine stark violette Fluorescenz ergibt. Dagegen können sowohl Nitrocellulose mit ca. 11% N wie auch Triacetylcellulose diesen Stoff nicht absorbieren. Er wird jedoch wieder vom hydrolisierten Celluloseacetat stark aufgenommen.

---

[1] Seide 55, 195. — [2] *Riehl*: Physik u. technische Anwendungen der Luminescenz 1941, S. 18. — [3] Handbuch der Pflanzenanalyse I. S. 401. — [4] Luminescenz-Analyse im filtrierten ultravioletten Licht. Akadem. Verlagsgesellschaft. 5. Auflage. — [5] Physik. Z. **13**, 35 (1912). — [6] Angew. Chem. **41**, 50 (1928); Papierfabrikant **25**, 49 (1927).

Celluloseäther.

b) Für die *Celluloseäther* (Alkylcellulosen) gibt *Bandel*[1] eine sehr schwach bläuliche Fluorescenz an. Wir können diesen Befund nicht bestätigen und kamen in einer Reihe von Celluloseäthern zu folgenden Fluorescenzfarben:

Methylcellulose (Tylose S)	gelblich
Celluloseglycolsaures Na (Tylose MGC)	keine Fluorescenz
Tylose AM 25	keine Fluorescenz
Aethylcellulose (AT-Cellulose B)	weißlich mit bläulichem Stich
Aethylcellulose mit 40% Aethoxyl (AT-Cellulose BS)	weiß mit leicht gelbem Stich
Benzylcellulose	gelbliches Weiß.

Hinsichtlich der Verstärkung dieser Fluorescenzfarben durch die Erzeugung sekundärer Luminescenz nach Anfärben ergeben die Untersuchungen bei einigen *wasserlöslichen Celluloseäthern,* daß bereits die unter normalem Licht auftretende Färbung charakteristisch unterschiedlich ist. Das celluloseglycolsaure Natrium hat die Eigenschaft, in vielen Fällen die Fluorescenz der Farbstoffe zu löschen. Zur Unterscheidung zwischen Tylose S 100 und AM 25 dient am besten die Färbung mit Rhodamin 6 GD extra (siehe Tabelle 25).

Die beiden handelsüblichen Celluloseäthyläther und die Benzylcellulose lassen sich durch Anfärbung mit Brillantdianilgrün G in ihren sekundären Luminescenzfarben unterscheiden. Alle drei sind beim normalen Licht grün bis schwach grünlich. Die sekundäre Luminescenz der AT-Cellulose BS ist leuchtend blau mit grünem Stich; die AT-Cellulose B fluoresciert hell weißblau und die BZ-Cellulose zeigt keine Fluorescenz.

Ebenso läßt sich das Flavophosphin 4 G konz. hierzu benutzen. AT-Cellulose B ist schwach orangefarben angefärbt und zeigt matte, grünstichig gelbe Fluorescenz; die beiden anderen Äther sind braungelb und fluorescieren schwach grünlich bis grün. Während die Fluorescenz von Eosin GGF, Erythrosin extra G, Euchrysin GGNX und erstaunlicherweise auch Rhodamin 6 GD extra auf der AT-Cellulose und der BZ-Cellulose gelöscht werden, zeigen Rhodamin-Gelb 6 G und Thioflavin S mit allen drei Äthern jeweils eine leuchtend weiße Fluorescenz. Diese Farbstoffe sind aus wäßrigen Lösungen aufgezogen. Bei einigen Farbstoffen, die aus alkoholischer Lösung auf die pulverigen Celluloseäther mit älteren Lieferungsdaten aufgebracht sind, beobachtet man einige Unterschiede im normalen und Fluorescenz-Licht. Sie können durch die verschiedene Arbeitsweise, aber auch durch den verschiedenen Reinheitsgrad der Cellulose bedingt sein.

Nitrocellulose (NC).

c) Hinsichtlich der Luminescenz der *Nitrocellulose* haben unsere älteren und neueren Feststellungen ergeben, daß der für technische

---

[1] Angew. Chem. **51,** 570 (1938).

Kollodiumwollen übliche Veresterungsgrad sich nicht auf die Farbnuance auswirkt. Die aus Zellstoff (Fichte und Buche) hergestellten Kollodiumwollen fluorescieren blau, die aus Linters hergestellten haben eine etwas mehr blauviolette Färbung. Die von *Bandel* gemachte Angabe einer gelbbraunen Fluorescenz der Kollodiumwolle ist von uns in den vielen Jahren der Beschäftigung mit der Luminescenz-Analyse niemals beobachtet worden. Als abwegig betrachten wir auch die gleichlautenden Behauptungen von *Déribéré*[1] und von *Wiesenthal*[2], daß die Kollodiumwolle keine Luminescenz zeigt. *Wolff* und *Toeldte*[3] stellen fest, daß die Kollodiumwolle schmutzig grau mit violettem Stich und ganz schwach grünlichgrau bis fast nicht fluoresciert.

Die Anfärbungen der Nitrocellulose mit den gewählten Testfarbstoffen hängen, wie bereits an der Eigenfarbe erkenntlich, von dem Veresterungsgrad ab. Bei gleichem Ausgangsmaterial, z. B. Zellstoff Fichte und Buche 50:50, färbt beispielsweise das Auramin G die E-Wolle gelb, die A-Wolle braungelb; die dazu gehörigen Fluorescenzfarben sind helles Grün resp grün. Das auf der Linters und dem Zellstoff so sehr schön fluorescierende Brilliantdianilgrün bleibt auf Nitrocellulose ohne jede Anregung durch das ultraviolette Licht. Mit Flavophosphin 4 G wird die E-Wolle braun gefärbt, die A-Wolle dunkel braungelb, die korrespondierenden Fluorescenzfarben sind grünstichig gelb resp. hellbraun.

Weitere Unterschiede durch die übrigen Farbstoffe siehe Tabelle 26. Auch hinsichtlich des Ausgangsmaterials für die Kollodiumwolle gleichen N-Gehaltes ergeben sich einige charakteristische Unterschiede zwischen Linters und Zellstoff, die also die Feststellung, welches Ausgangsmaterial für die NC-Herstellung verwendet wurde, erlauben. Damit bietet hier die Fluorescenzanalyse eine wertvolle Ergänzung zu der sonst nur auf kolloidchemischem Wege durch Verschnittfähigkeitsuntersuchungen der Lösungen möglichen Unterscheidungsmöglichkeit zwischen Kollodiumwollen aus Linters und Zellstoff.

Weitere Ester.

d) Die Luminescenz der *Celluloseester der Essigsäure* und die der *Acetobutyrate* und *Nitroacetate* zeigt ebenfalls die uncharakteristische blaue bis blauviolette Färbung. Ein wenig hebt sich die als Serikose bezeichnete sehr stark hydrolysierte Einstellung der Acetylcellulose ab; hier tritt eine weißliche Fluorescenz mit blauen Punkten auf. Auch das Cellulosetripropionat tritt in keiner Weise irgendwie durch eine andere Fluorescenzfarbe hervor. Ebenso sind keine anderen Farbnuancen an Celluloseacetaten außerdeutscher Herkunft (Dupont, Eastman-Kodak,

---

[1] Plastische Massen **1936**, 246. — [2] Kunststoffe **19**, 56 (1929).
[3] Farben-Ztg. **31**, 2452.

British Celanese) beobachtet, so daß also damit durch die Luminescenz-analyse der auch aus anderen Verarbeitungseigenschaften ableitbare Schluß der prinzipiell gleichen Herstellungsweise dieser Celluloseester bestätigt wird.

Déribéré gibt an, daß Acetylcellulose nur bei mäßiger Acetylierung stark fluoresciert. Die Angabe von *Wiesenthal*, daß acetylierte Cellulose sehr starke Fluorescenz zeigt, ist ohne Angabe der Farbe bedeutungslos.

Wolf und *Toeldte* beobachteten in Bestätigung unserer Feststellungen, eine schwache schmutzig rötlich-violette Fluorescenz.

Da die verschiedenen Acetylcellulose-Einstellungen nicht durch ihre Fluorescenz-Analysen zu unterscheiden sind, wurde versucht, ob mit Hilfe der Anfärbung eine solche Unterscheidungsmöglichkeit im normalen oder im ultravioletten Licht gegeben ist.

Die beiden Triester Cellit T und Cellit TP zeigen bereits in den Farben bei normalem Licht recht charakteristische Unterschiede. So färbt z. B. Brilliantdianilgrün G Cellit T blaustichig grün an. Cellit TP dagegen grasgrün, Erythrosin extra färbt Cellit T orange, Cellit TP rosa. Die dazu gehörenden Fluorescenzfarben sind folgende:

Cellit T mit Brilliantdianilgrün	blau, leicht grünstichig
Cellit TP mit Brilliantdianilgrün	teilweise blauweiß, teils graugrün
Cellit T mit Erythrosin	helleuchtend gelb
Cellit TP mit Erythrosin	bordorot.

An den hydrolysierten Celluloseacetaten Cellit M (58% CH_3COOH), Cellit F (57% CH_3COOH), Cellit L ($52\cdots53\%$ CH_3COOH) und Serikose ($44\cdots54\%$ CH_3COOH) sind kaum Farbtonunterschiede bei normalem Licht durch die verschiedenen Anfärbungen zu erkennen. Die meisten Farbstoffe geben auch im filtrierten ultravioletten Licht unabhängig von der Art ihres Trägers die gleiche Fluorescenzfarbe. Am besten zur Unterscheidung eignet sich noch das Rhodamin 6 GD extra; auf Cellit M und F leuchtet es gelbrot bis braun, auf Cellit L ganz intensiv gelb und auf der Serikose orange. Auf letzterer geben auch Auramin, Erythrosin und Thioflavin abweichende Fluorescenzfarben. Einzelheiten vermittelt die Tabelle 24.

Die Celluloseacetate außerdeutscher Herkunft haben sich in keiner Weise von den entsprechenden deutschen Celliten unterschieden.

Für die verschiedenen Cellit-Marken ist noch der Farbstoff Baumwollbraun RN herangezogen worden, der nur eine schwache orange Anfärbung bei normalem Licht abgibt. In den Fluorescenzfarben erhält man folgende Unterschiede:

Cellit T	rötlich grau
Cellit F	blaustichig rosa
Cellit L	dunkelrot
Cellit B	schwach rosa
Cellit TP	blau grau

Der Mischester Celluloseacetobutyrat in der Einstellung des handelsüblichen Cellit B ist eindeutig daran zu erkennen, daß seine Anfärbung mit Brilliantdianilgrün überhaupt nicht fluoresciert und mit Rhodamin 6 GD extra eine stumpf orange Fluorescenz auftritt.

Die Nitroacetylcellulose löscht ebenfalls die Fluorescenz des Brilliantdianilgrüns aus. Sie wird am besten erkannt durch die blauviolette Fluorescenz des Eosins GGF, Erythrosins extra, die bisher noch von keinem Celluloseester gegeben wurde. Diese Farbnuance ist sowohl von der der Nitrocellulose, wie auch der Acetylcellulose sehr deutlich verschieden und stellt auch keine Mischfarbe der bisher auftretenden Farbtöne dar. So vermittelt auch die Luminescenzanalyse unter Benutzung sekundärer Fluorescenzerscheinungen die Gewißheit dafür, daß es sich bei den von uns nach einem neuen Verfahren dargestellten Cellulosenitratacetaten um ein neues chemisches Individuum und nicht um ein Gemisch aus Nitrocellulose und Acetylcellulose handelt.

Färbe-Methoden.

e) Die Unterscheidung der Cellulose von ihren Derivaten ist auch mit wäßrigen Jodlösungen möglich. Man legt nach *Clément*, *Rivière* und *Beck*[1] die Substanzen 24 Stunden in n/5 wäßrige Jodlösung. Die anfänglich braune oder blaue Färbung wird aus Cellulosehydrat und Oxycellulose wieder restlos ausgewaschen. Nur das von Celluloseestern und -äthern aufgenommene Jod läßt sich nicht mehr mit Wasser auswaschen. Unter Benutzung einer n/100 Jodlösung haben wir diese Arbeitsweise gelegentlich angewandt und hierbei die Aufteilung in diese beiden Gruppen bestätigt gefunden. Von den organischen Celluloseestern hebt sich das Tripropionat dadurch ab, daß es fast farblos bleibt, während die Celluloseacetate jeder Acetylierungsstufe gelb werden, ohne daß merkliche Unterschiede zu verzeichnen sind. Cellit B ist etwas stärker gelb. Mit der Jodfärbung gelingt es aber nicht, zwischen den Äthern und Estern der Cellulose zu unterscheiden. Eine Betrachtung dieser so angefärbten Proben unter der Fluorescenzlampe zeigt keine Unterschiede gegenüber den unbehandelten, so daß also sich diese „Färbe-Methode" nicht zur Erzeugung von sekundären Fluorescenzfarben eignet.

Die Unterscheidung von Folien aus Cuoxam- und aus Viscoselösungen gelingt nach *v. Schlütter*[2] durch Anfärben mit Rhodamin B extra oder einem Gemisch von Diaminechtscharlach + Brilliantgrün. Es färben sich die Cuoxamfolien mit dem Rhodamin reinblau und mit dem Gemisch orangerot bis schmutzig grünlich, je nach der Menge Brilliantgrün. Die Viscosefolien werden entsprechend violettrosa bis blauviolett bzw. schmutzig bräunlichrot bis grünlichviolett.

---

[1] Chim. et Ind. **29**, 1283 (1933). — [2] Kunstseide **14**, 326 (1932).

Tabelle 24. *Anfärbung von Cellulosen resp. Cellulosederivaten mit Farbstoffen zwecks Unterscheidung bei der Fluorescenz-Analyse.*
Celluloseacetate.

Farbstoff	Cellulosetriacetat in Form des Cellit T		Acetylcellulose mit 58% CH_3COOH (Handelsform Cellit M)		Acetylcellulose mit 56% CH_3COOH (Handelsform Cellit F)	
	E[1]	Fl[2]	E	Fl	E	Fl
ungefärbt	farblos	dunkelblau bis blauviolett	farblos	blauviolett	farblos	blauviolett
Auramin G	gelb	keine Fl.	gelb	keine Fl.	gelb	keine Fl.
Brilliantdianil-grün G	blaustichig dunkelgrün	blau, leicht grünstig mit weiß. Flecken	bläulichgrün	leuchtend blaugrün	schmutziggrün	weiß mit grünlichem Stich
Eosin GGF	orange	gelbstichig orange	blaustichig rot	etwas braunstichig orange	helles bordo	orange, gelbmatt, ungleichmäßig
Erythrosin extra gelb N	blaustichig orange	helleuchtend gelb	blaustichig rot	dunkelrotorange	bordorot	ungleichmäßig gelbstichig matt
Euchrysin GGNX	braunstichig gelb	schmutzig-gelblich	bräunlich gelb	grünstichig gelb	braunstichig gelb	matt, gelblichgrün
Flavophosphin 4 G konz.	gelb	gelblichgrün	bräunlichgelb	grünstichig gelb	gelbbraun	grünstichig gelb
Korioflavin R	bräunlich rotgelb	gelblich	orange (braunstichig)	gelb, rötlich	rötlich, gelb	bräunlichgelb, matt
Rhodamin 6 GD extra	rotstichig gelbrot	gelblich	bordorot	gelb bis braun	bordorot bis braun	gelbrot bis braun
Rhodulingelb 6 G	gelb	leuchtend grün	hellgelb	leuchtend lindgrün	gelb	grünstichig gelb
Thioflavin S	grünstichig gelb	weißlich, schwach grünstich	grünstichig gelb	leuchtend weißgrün	gelb	leuchtend weiß mit grüngelben Punkten

[1] E = Eigenfarbe. [2] Fl = Fluorescenzfarbe.

Tabelle 25. *Anfärbung von Cellulosen resp. Cellulosederivaten mit Farbstoffen zwecks Unterscheidung bei der Fluorescenz-Analyse.*
Wasserlösliche Celluloseäther.

Farbstoff	Celluloseglycolsaures Na		Tylose AM 25		Tylose S 100	
	E[1]	Fl[2]	E	Fl	E	Fl
Auramin G	hellgelb	leicht orange	dunkel bräunlichgelb	grünlichgelb	rotgelb	etwas bräunlichgelb
Brilliantdianil-grün G	schwach grünlich	keine Fl.	dunkelgrün	leuchtend hellgrün	grün	schmutziggrün leuchtend
Eosin GGF	bordorot	keine Fl.	ziegelrot	rötlichgelb	hellrot	ziegelrot
Erythrosin extra gelb N	bordorot	keine Fl.	zinnoberrot	kräftig gelbrot	dunkelrot	zinnoberrot
Euchrysin GGNX	gelblichbraun	keine Fl.	grünstichig braun	lindgrün	gelbstichig braun	stumpf, grünstichig gelb
Flavophasphin 4 G konz.	schwach rötlichbraun	keine Fl.	bräunlich	leuchtend gelbgrün	grünlichgelb	grünlichgelb
Korioflavin R	schwach gelblich	keine Fl.	grünlich	grüngelb	braunstichig rot	gelbbraun
Rhodamin 6 GD	dunkelblaurot	fast purpurrot	ziegelrot		rötlichgelb	leuchtendgelb
Rhodulingelb 6 G	schwach gelblich	keine Fl.	grünlichgelb	leuchtend grünstichig gelb	grünlichgelb	gelbgrün
Thioflavin S	gelblich	Mischfarbe leuchtend weiß mit braun	grünlich	leuchtend gelblichgrün	leuchtend gelb	hell leuchtend gelb

[1] E = Eigenfarbe.   [2] Fl = Fluorescenzfarbe.

Tabelle 26. *Anfärbung von Cellulosen resp. Cellulosederivaten mit Farbstoffen zwecks Unterscheidung bei der Fluorescenz-Analyse.*
Nitrocellulose.

Farbstoff	E-Wolle aus Linters		E-Wolle aus Zellstoff 50 : 50		A-Wolle aus Zellstoff 50 : 50	
	E[1]	Fl[2]	E	Fl	E	Fl
ungefärbt	farblos	blauviolett	farblos	blauviolett	farblos	blauviolett
Auramin G	gelb	grünstichig gelb	gelb	helles grün	dunkel braun-stichig gelb	bläulichgrün
Brilliantdianilgrün G	schmutziggrün	keine	dunkelgrün	keine	dunkelgrün	kaum Fluorescenz
Eosin GGE	kräftig orange, bläul.-violett	schmutzigrot m. blauen Flecken	kräftig orange	rotorange bis bordo	rot	schmutziggelbrot
Erythrosin extra gelb	kräftig rosa bis bordo	schmutzig rot m. blauen Flecken	blaust. rot	blaust. bordo	dunhel rot	schmutzig rötlich
Euchrysin GGNX	gelbbraun	grünlichbraun	bräunlichgelb	gelb mit grün durchsetzt	dunkelbraun-gelb	schmutziggelbbraun
Flavophosphin 4 G konz.	braun	schmutzigbräun-lich kaum Fl.	braun	grünstichig gelb	dunkelbraun-gelb	hellbraun
Korioflavin R	bränulich-gelbrot	kaum Fl.	bräunlichgelb	schön leuchtend orange	rötlichbraun	keine Fl.
Rhodamin 6 GD extra	dunkelrot	scharlachrot	feuerrot	leuchtendorange	dunkelrot	feuerrot, echt
Rhodulingelb 6 G	gelb	grünstichig gelb	gelbgrün	leuchtend grün-stichig gelb	gelbgrün	leuchtend gelbgrün
Thioflavin S	gelblich, bräunlich	grün	gelbgrün	gelbstichig grün	bräunlichgelb	dunkelgrün

[1] E = Eigenfarbe. [2] Fl = Fluorescenzfarbe.

Es ist hierbei jedoch zu beachten, daß Viscosefolien mit Überzügen aus Nitro-Lacken oder Mischpolymerisaten überzogen sein können. Derartige wasserfest machende Schutzschichten sind dann vor diesem Färbeversuch zu entfernen.

3. Brennbarkeitsprüfungen. Die schon seit jeher übliche Brennprüfung des Plast resp. Plast-Rohstoffes hat *Nechamkin*[1] etwas weiter entwickelt in der Hoffnung, sie sogar zur Identifizierung zu benutzen.

Die Nitrat-Gruppen enthaltenden Ester resp. Äther sind die einzigen Cellulosederivate, die sich mit den Funken des Cer-Eisenfeuerzeuges zünden lassen. Trockene Nitrocellulose verbrennt hierbei mit gelber Flamme sehr schnell mit zischendem Geräusch, angefeuchtete brennt ruhig ab.

Die Nitroacetylcellulose hinterläßt beim Verbrennen mit fahler blauer, mit Funken durchsetzter Flamme einen geschmolzenen Rückstand. Bei einiger Übung kann man aus dem Verbrennungsbild die Höhe des Stickstoffgehaltes ungefähr schätzen.

Diese Prüfung mit dem Cer-Feuerzeug oder dem Streichholz wird man stets zur Unfallverhütung zuerst durchführen.

Man formt sich am besten das Analysenmaterial zu einem Streifen oder einem kleinen Stab und beobachtet nicht nur das Material selbst, sondern vor allem auch die „grüne Zone" an der Flammenbasis des brennenden Materials. Ebenso muß man die Flamme des brennenden Materials nach der Entfernung aus der Bunsenflamme prüfen; hierbei sind die Verbrennungsmerkmale in den ersten 2 Sekunden zu vernachlässigen. Für die Beurteilung des Geruches des entwickelten Dampfes wird die Flamme sofort außerhalb des Bunsenbrenners ausgeblasen. Ein Geruch nach verbranntem Papier deutet auf Cellulose.

Äthylcellulose ist daran zu erkennen, daß sich eine Flamme mit gelbgrünem Mantel bildet. Die Substanz brennt leicht weiter und gibt schwach süßlichen Geruch. Läßt man das geschmolzene brennende Material in Wasser eintropfen, so entstehen bei transparent farblosem Plast-Material flache Scheiben von leicht gelbbrauner Farbe.

Celluloseacetat brennt langsam unter Funkenbildung und Entwicklung von Essigsäuregeruch. Wenn der geschmolzene, brennende Rohstoff in Wasser tropft, so entstehen schwere, braunschwarze schaumige Körper. Auch hier hat die Flamme einen gelbgrünen Mantel. Ist die Flamme gelblich weiß und leuchtend und tritt gleichzeitig Buttersäuregeruch auf, so liegt Celluloseacetobutyrat vor.

Die Reaktionen können natürlich auch in der Form einer trockenen Destillation durchgeführt werden, mit Ausnahme der Nitratgruppen enthaltenden Substanzen.

---

[1] Chem. Trade J. chem. Engr. **112**, 369; C **1943** II 1595; Ind. Engng. Chem. Analyt. Edit. **15**, 40 (1943).

Als Ergänzung zu dieser Zerstörung in der Flamme lassen sich die verschiedenen Cellulosederivate noch ungefähr daran identifizieren, daß man ein kleines Stück in ein Reagensglas mit kalter konz. Schwefelsäure eintropfen läßt, langsam erwärmt und nun den hierbei sich entwickelnden Geruch prüft. Äthylcellulose gibt bei der Prüfung den Geruch des Äthylens[1]. Bei Celluloseacetat tritt der Geruch nach Essigsäure, beim Butyrat, aber auch bei den Acetobutyraten der Geruch nach Buttersäure auf.

4. Löslichkeitseigenschaften als Erkennungsmerkmale. Die Löslichkeit einer organischen Substanz ist bekanntlich eine Funktion ihres molekularen Aufbaus.

Im Gebiet der makromolekularen organischen Substanzen ist die Löslichkeit in den verschiedenen, der Technik zur Verfügung stehenden anorganischen und organischen Flüssigkeiten so stark von den polaren Gruppen resp. von dem Verhältnis polarer Gruppen zu dem unpolaren Rest des Grundmoleküls abhängig[2], daß eine Unterscheidung dieser makromolekularen Substanzen allein schon durch die Löslichkeitseigenschaften weitgehend möglich ist. Es ist eigentlich verwunderlich, daß man bisher so wenig von diesem so leicht und schnell auszuführenden und bei genügendem Überblick des Analytikers über die Gesamtheit der jeweils für das vorliegende Problem in Frage kommenden Plaste überwiegend auch zu eindeutigen Resultaten führenden Hilfsmittel der Analyse Gebrauch gemacht hat.

Wenn es also gelingt, an Hand der Löslichkeitseigenschaften eine Gruppierung der Polymeren vorzunehmen, so darf doch nicht übersehen werden, daß die praktischen Ziele der bequemen Verarbeitung der Plast-Rohstoffe auf Lacke oder plastische Massen doch stets zur Folge gehabt haben, daß die in einer Gruppe sich findenden Eukolloide sehr ähnliche Löslichkeitseigenschaften haben. Es ergibt sich daraus die Frage, lassen sich trotzdem noch an Hand einfacher Löslichkeits-Unterschiede sichere Aussagen über die Natur des zu untersuchenden Plasts machen, oder muß man zur Identifizierung andere physikalisch-chemische oder rein chemische oder kolloidchemische Methoden unter allen Umständen heranziehen? Daß man letzteres aus Gründen der besseren Beweiskraft meist tun wird, soll jetzt einmal außer Betracht bleiben.

Cellulose.

a) Der Grundstoff *Cellulose* selbst ist ja bekanntlich mit zu den am schwersten löslichen Plast-Rohstoffen zu rechnen. Er ist unlöslich in Wasser und in jedem bisher bekannt gewordenen organischen Lösungsmittel.

---

[1] Mod. Plastics Encyclopedia **1947**, 716.

[2] Siehe hierzu auch *Clément, Rivière, Honnelaitre* „Über die Löslichkeitsregeln von Acetyl- und Benzylcellulose"; Chimie et Ind. **32**, S. 106 (1934).

Man kann eine Lösung der Cellulose nur herstellen in den als „*Schweizers* Reagenz" bekannten Kupferoxydammoniaklösungen, konzentrierter Chlorzink- oder Calcium-Rhodanid-Lösung und in einigen Tetraalkylammoniumhydroxyden. Von diesen wird man sich in der analytischen Praxis wohl stets der Cuoxamlösung als billiges und bequem zu handhabendes Lösungsmittel bedienen. An dieser Eigenschaft ist die Cellulose (native und regenerierte, oxydativ oder hydrolytisch geschädigte) stets mit Sicherheit zu erkennen. Es muß hier noch darauf hingewiesen werden, daß einige Celluloseäther niederen Substitutionsgrades existieren, die in Cuoxam auch löslich sind; sie haben aber dann stets noch andere Löslichkeitseigenschaften, die die Cellulose nicht aufweist.

Liegt die Hydratcellulose nicht in Faserform, sondern als Film vor, so ist zu beachten, daß dessen Auflösegeschwindigkeit erheblich kleiner ist. Während der ohne Gießunterlage sich bildende Cellulosehydratfilm, das Cellophan, meist innerhalb eines Tages in Cuoxamlösung sich auflöst, erfordern die nach dem Transparit-Verfahren hergestellten Folien bis zu 4 Tagen Zeit[1].

Eine Unterscheidung zwischen nativer und in irgendeiner Form abgebauter Cellulose gelingt durch Verwendung von Natronlauge verschiedener Konzentration, meist im Gebiet zwischen 5 bis 10% als Lösungsmittel und Anwendung niedriger Temperaturen.

Je stärker der Abbaugrad, um so geringer ist die Konzentration der zur Auflösung zu verwendenden Natronlauge.

Wasserlösliche Cellulosederivate.

b) Die Löslichkeit in Wasser ist auf die Äther der Cellulose resp. auf einige Salze der Äthercarbonsäuren der Cellulose und auf die Cellulosesulfate beschränkt. Unter den bisher dargestellten Celluloseestern der organischen Säuren gibt es kein wasserlösliches Produkt.

Von den Celluloseäthern zeigen wiederum nur die Methylcellulosen einige Oxyäthylcellulosen und die Alkalisalze der Celluloseglycolsäure diese charakteristische Fähigkeit, mit Wasser meist sehr hochviscose Lösungen zu bilden. Betrachtet man den Lösungsvorgang der Alkylcellulosen unter dem Mikroskop, so erkennt man das auch bei der Auflösung der Cellulose in Cuoxam auftretende Bild der Kugelquellung.

Als Unterscheidungsmerkmal für diese technisch dargestellten wasserlöslichen Celluloseäther ist zunächst die Eigenschaft der *Dimethylcellulose* zu verwerten, daß ihre bei Zimmertemperatur oder nahe dem Gefrierpunkt hergestellten Lösungen beim Erwärmen ein reversibles Gel bilden. Ihre Lösungen sind fernerhin im Gegensatz zu denen der Alkalisalze der Celluloseglycolsäure mit Mineralsäuren nicht fällbar. Die Dimethylcellulose unterscheidet sich weiterhin von dem celluloseglycol-

---

[1] *Metz:* Kunststoffe **19**, 217, 247, 271 (1929).

sauren Alkalisalz darin, daß sie außerdem noch in Äthylenchlorhydrin oder in Trichloräthanol sehr weitgehend löslich ist. Diese Lösungen enthalten oft einige Fasern, die auf Zusatz von einigen Prozent Wasser schnell sich auflösen. Es ist jedoch nicht erforderlich, daß die als besonders lösungsaktiv anzusehende Kombination einer OH-Gruppe mit dem Cl-Atom in einem Molekül vereinigt ist, auch Gemische aus Methylenchlorid und Methanol sind für die Methylcellulose vom Typ Tylose S 400 und Tylose A Lösungsmittel. Es handelt sich um die Ausnutzung des bei den Eukolloiden weitverbreiteten Prinzips der gegenseitigen Aktivierung zweier Nichtlöser, in diesem Falle Methylenchlorid einerseits und Methanol andererseits.

Von der Dimethylcellulose verschieden in seinen Löslichkeitseigenschaften ist der als Tylose AM 25 handelsübliche Celluloseäther. Seine Lösung in kaltem Wasser geliert nicht beim Erwärmen. Eine Löslichkeit in Methylenchlorid + Methanol 9:1 oder in Äthylenchlorhydrin ist nicht vorhanden.

Ein weder in kaltem noch in warmem Wasser löslicher Celluloseäther liegt in der Tylose AL vor. Er ist in Äthylenchlorid löslich, es kann für ihn auch in großem Ausmaße die Löslichkeit in aktivierten Nichtlösern ausgelöst werden. Von den Methylcellulosen niedrigen Methylierungsgraden unterscheidet sich die Tylose AL durch ihre Unlöslichkeit in Natronlauge. Eine Methylcellulose mit beispielsweise nur 6% OCH_3 ist in Natronlauge von mindestens 2% Gehalt löslich, wobei die Qualität der Lösungen mit fallender Temperatur zunimmt.

Lyophile Cellulosederivate.

c) Die Löslichkeitseigenschaften der Celluloseäther mit sich anschließenden Alkoholradikalen höherer C-Atomzahl und noch deutlicher die der Celluloseester werden zunächst von dem Celluloserest bestimmt, später wirkt sich immer mehr der Rest des Alkohols oder der Rest der Säure aus, der schließlich im Stearat völlig dominiert. Im Capronat (C_6) liegt offenbar das Maximum der Löslichkeit vor[1].

Ebenso wie die Natur des Substituenten selbst ist natürlich auch der Substitutionsgrad von wesentlichem Einfluß auf die Löslichkeit und vor allem auf die Art des zu verwendenden Lösungsmittels.

Trotz der Vielzahl der in der Literatur beschriebenen Celluloseäther und -ester haben für die praktische Anwendung als Plast-Rohstoff nur einige Äther und Ester Bedeutung erlangt, so daß sich die Arbeit des Analytikers auf ihre Identifizierung beschränken kann.

Die Entscheidung darüber, ob es sich bei der in Frage stehenden Substanz um einen Celluloseäther oder -ester handelt, konnte bis vor kurzem noch mit ziemlicher Sicherheit durch die Löslichkeit in Benzol

---

[1] Cellulosechemie **12**, 29 (1931).

getroffen werden. Durch die nun großtechnisch möglich gewordene Darstellung von Celluloseestern mit mittlerer Kohlenstoffkette ist dieses Merkmal nicht mehr zuverlässig. Zur Zeit muß man also zugeben, daß durch Löslichkeitsuntersuchungen allein eine Eingruppierung der in organischen Lösungsmitteln löslichen Derivate der Cellulose nicht vorgenommen werden kann. Man ist also hier auf rein chemische Reaktionen angewiesen.

Innerhalb der Gruppe der Celluloseäther vermögen aber die Löslichkeitsunterschiede eine sichere Unterscheidung zwischen den handelsüblichen Marken zu geben.

Man trennt mit Hilfe der Löslichkeit in Wasser zunächst die Methyl-cellulosen, einige Oxyäthylcellulosen und das celluloseglycolsaure Natrium heraus. Wasserunlöslich sind Äthylcellulose, Propyl- resp. Butyl-resp. Benzylcellulose. Zu ihrer analytischen Auftrennung benutzt man das Aceton. Darin sind löslich: die Äthylcellulose in der Verätherungs-stufe der AT-Cellulose B, die Propylcellulose und Benzylcellulose (BZ-Cellulose). Unlöslich in Aceton ist der Celluloseäthyläther in der niederen Verätherungsstufe der AT-Cellulose BS und die Butylcellulose, die nur quillt. Die Unterscheidung zwischen den beiden acetonunlöslichen Cellulose-äthern gelingt mit dem Essigester, der nur die Butylcellulose löst.

Zur Erkennung der acetonlöslichen Celluloseäther benutzt man zunächst das n-Butanol (100%), in dem die BZ-Cellulose unlöslich bleibt. Es ist dann noch erforderlich, zwecks Unterscheidung der AT-Cellulose B und der Propylcellulose das o-Chlortoluol heranzuziehen, in dem sich AT-Cellulose B löst, Propylcellulose jedoch nicht.

Bei dem dominierenden Einfluß des Substitutionsgrades, der am Beispiel der Äthylcellulose dargelegt werden konnte, muß die einschränkende Bemerkung Platz finden, daß dieses Schema an der z. Zt. handelsüblichen Einstellung deutscher Fabrikate von uns erarbeitet ist.

Der bisher einzige bekannte, in Wasser lösliche *Celluloseester* der Schwefelsäure hat in der Technik der plastischen Massen noch keine Bedeutung erlangt. Von den übrigen Celluloseestern heben sich die *Nitro-cellulose* und die *Formylcellulose* durch ihre Unlöslichkeit in Chlorkohlen-wasserstoffen von den übrigen Celluloseestern der Fettsäuren ab.

Diese beiden Ester unterscheiden sich nun voneinander grundsätzlich darin, daß die Nitrocellulose wohl der am besten lösliche Celluloseester überhaupt ist — wenn man nicht sogar die Meinung vertreten will, daß die Schaffung der Lösungsmittel sich nach den polaren Eigenschaften der Nitrocellulose überhaupt gerichtet hat —, während die Formyl-cellulose den Gegenpol des praktisch unlöslichen Celluloseesters darstellt.

Die Nitrocellulose in der für technische Zwecke nur in Frage kommenden Nitrierstufe ist am sichersten noch immer an ihrer Löslichkeit in Äther + Alkohol 3:1 zu erkennen.

Für die Identifizierung der organischen Celluloseester wird man zunächst versuchen, eine Feststellung darüber zu treffen, ob es sich um den Ester einer niederen oder höheren Fettsäure handelt, indem man die Löslichkeit in Benzin ermittelt (Siedepunkt bis 100°). Darin sind löslich die als Cellit IH und als Cellorit handelsüblich gewesenen Fettsäureester mit mehr als C_6 im Säurerest. Alle anderen Ester sind darin unlöslich. Die Unterscheidung zwischen diesen beiden Celluloseestern der höheren Fettsäuren gelingt durch Ausnutzung der Löslichkeit in absolutem Alkohol oder Butanol (100%), die nur das Cellit IH, d. h. also das Anfangsglied der Reihe der höheren Fettsäuren lösen.

Für die Ester der niederen Fettsäure ist dann wiederum das Aceton das Lösungsmittel, das eine Unterscheidung zwischen dem darin unlöslichen Triacetat (Cellit T, Faseracetat Schering) und den übrigen Estern ermöglicht. Es sind dies das Cellulosepropionat (Cellit TP), das Acetobutyrat (Cellit B) und die verschiedenen hydrolysierten Acetate (Cellit F, K, L).

Die Auftrennung dieser letzten Gruppe muß nun mit verschiedenen Lösungsmitteln vorgenommen werden.

Für Cellulosetripropionat ist charakteristisch, daß es nur in Benzol löslich ist.

Zur Erkennung des Cellit L dient seine Löslichkeit in Methylglycol ($CH_2OHCH_2OCH_3$), und das Cellit B wird an seiner Löslichkeit in Tetrachloräthan + Alkohol 9:1 erkannt.

Weiterhin können zur Unterscheidung der einzelnen Marken des hydrolysierten Celluloseacetats die Löslichkeitsunterschiede in Methylacetat oder Methyläthylketon benutzt werden. In beiden lösen sich die Marken Cellit F und K völlig auf, während Cellit L nur teilweise, zu 48%, in Methylacetat löslich ist resp. im Methyläthylketon nur quillt.

Als Unterscheidungsmerkmale zwischen den wichtigsten organischen Celluloseestern können folgende Löslichkeitseigenschaften gewertet werden:

Tabelle 27.

Löser	Cellit T	TP	IH	B	L	Cellorit
Benzin	unlösl.	unlösl.	löslich	unlösl.	unlösl.	löslich
Benzol	unlösl.	löslich	löslich	quillt	unlösl.	löslich
Dichloräthan	unlösl.	löslich	löslich	löslich	quillt	teilweise löslich
Chlorbenzol	unlösl.	löslich	löslich	unlösl.	unlösl.	löslich
o-Chlortoluol	unlösl.	unlösl.	löslich	unlösl.	unlösl.	löslich
absol. Alkohol	unlösl.	unlösl.	löslich	unlösl.	unlösl.	unlösl.
Aceton	unlösl.	löslich	löslich	löslich	löslich	unlösl.
Äthylglycolacetat	unlösl.	löslich	löslich	löslich	löslich	unlösl.

5. Verträglichkeitsprüfungen an Cellulosederivaten miteinander oder mit anderen Polymeren als Mittel zu ihrer Erkennung. Die Verträglichkeit der Cellulosederivate miteinander oder mit anderen festen oder halbfesten natürlichen oder künstlichen Verarbeitungshilfsmitteln (Polymerisationsprodukten, Polykondensationsprodukten jeder Art, Natur- und Kunstharzen im engeren Sinne) ist ebenfalls eine Funktion von Art und Menge der Substituenten im Cellulosegrundmolekül. Die Eigenschaft der Verträglichkeit ist also durchaus geeignet, als Erkennungsmerkmal für die Cellulosederivate zu dienen. Es ist hierbei zu unterscheiden zwischen der Verträglichkeit in Lösung und der im Film, wobei die Kenntnis der letzteren zugleich einen Hinweis dafür gibt, ob in einem vorliegenden Plast ein Verarbeitungshilfsmittel überhaupt vorhanden sein kann oder nicht. Die Prüfung der Verträglichkeit setzt natürlich eine genaue Kenntnis der Löslichkeitseigenschaften der miteinander zu kombinierenden Stoffe voraus. Jedoch bietet das gemeinsame Lösungsmittel nur dann die Möglichkeit einer einwandfreien Kombination, wenn der polare Aufbau der miteinander zu mischenden Stoffe auch aufeinander abgestimmt ist.

Verträglichkeit in Lösung.

a) Die nur in Wasser löslichen Cellulosederivate sind miteinander sowohl in Lösung, wie auch als Film verträglich, dagegen geben sie natürlich mit den nur in organischen Lösungsmitteln löslichen Cellulosederivaten lediglich eine Emulsion, falls nicht die ausschließliche Verwendung von wasserlöslichen Lösungsmitteln eine gegenseitige Ausfällung der Eukolloide mit sich bringt. Die Mischfilme sind stets inhomogen.

Bilden die Celluloseäther die eine Komponente des Mischungssystems, so fällt bei der Benzylcellulose auf, daß nur trübe Mischlösungen mit den Celluloseäthern, der Kollodiumwolle und dem Cellulosetriacetat entstehen. Auch mit einer nur knapp bis zur Distufe verätherten Äthylcellulose ist die Kollodiumwolle in Lösung nicht verträglich. Dagegen lassen sich aus den verschiedenen Celluloseestern miteinander klare Mischlösungen erzielen (vgl. Tabelle 28).

Verträglichkeit im Film.

b) Viel ausgeprägter als in der Lösung ist jedoch die Unverträglichkeit der Cellulosederivate miteinander im Film, von der als selbstverständlich anzusehenden Unverträglichkeit der aus den Emulsionen der wasserlöslichen Celluloseäther mit allen anderen Cellulosederivaten entstehenden Filmen abgesehen, kann man eine Verträglichkeit eigentlich nur bei den Kombinationen der Nitrocellulose mit der hochverätherten AT-Cellulose B und den Celluosefettsäureestern feststellen. Hierdurch lassen sich also BZ-Cellulose und niedrig verätherte AT-Cellulose schnell und sicher von dieser Gruppe unterscheiden.

Von besonderem Interesse ist die Unverträglichkeit des Cellulosetriacetats mit dem Cellulosetripropionat, sowie die Unverträglichkeit des Tripropionats mit dem als Cellit B bekannten Acetobutyrat, wo hingegen das Triacetat mit diesem Mischester verträglich ist.

Weitere Einzelheiten mögen aus der Tabelle 29 entnommen werden.

Verträglichkeiten mit anderen Polymeren.

c) Zur Identifizierung des Cellulosetripropionats kann weiterhin dessen Verträglichkeit mit Chlorkautschuk oder mit chloriertem Buna (Bunalit) dienen, die sowohl in der Lösung wie auch im Film vorhanden ist[1].

Das Gebiet der Verträglichkeit der Vinylpolymerisate und Kunstharze bietet dann noch eine weitere, ausbaufähige Methode zur Identifizierung der Cellulosederivate. Hier gilt ganz besonders als leitendes Gesetz, daß eine Verträglichkeit der Komponenten nur dann gegeben ist, wenn ihr polarer Aufbau aufeinander abgestimmt ist. In vielen Fällen ergibt sich dann, daß die Lösungen aus den Gemischen dieser beiden Stoffe miteinander zwar klar aussehen, daß jedoch die Filme daraus dann die Unverträglichkeit erkennen lassen. Während z. B. nach Angaben von *Röhm* und *Haas*, Darmstadt, alle Arten der handelsüblichen Plexigummarken mit Nitrocellulose verträglich sind, besteht keine Mischbarkeit mit Acetylcellulose, Acetobutyrat und Äthylcellulose. Die Einstellungen Plexigum B und N ermöglichen auf Grund ihrer Verträglichkeit mit dem Cellulosetripropionat dessen Identifizierung und umgekehrt. Plexigum N und das Mischpolymerisat B 50 gehören mit zu den wenigen Polymerisaten, die für die Identifizierung der BZ-Cellulose herangezogen werden können, mit der sie verträglich sind. In nachfolgender Tabelle 30 sind hierfür einige weitere Beispiele dargebracht. Es sei hier besonders auf die völlige Verträglichkeit der Lösungen von Cellulosetriacetat mit den Harzlösungen hingewiesen, während im Film eine Reihe unverträglich ist und so sich leicht zur Identifizierung ausnutzen läßt.

Auf den Einfluß der Lösungsmittel für die Verträglichkeit von Harzen und Nitrocellulose auch im Film macht *H. E. Hofmann*[2] aufmerksam.

6. Nachweisreaktionen für die einzelnen Celluloseäther. a) *Unterscheidung von Celluloseestern.* Einfache qualitative Nachweise der Celluloseäther sind nicht bekannt. Für die Identifizierung ihrer hydrolytischen Spaltprodukte werden die Arbeitsmethoden der Chemie der Kohlenhydrate angewendet.

Zur Unterscheidung von den organischen Celluloseestern dient ihre Beständigkeit gegen alkalische Verseifungsmittel; selbst 25%ige Kalilauge

---

[1] DRP. 750 236/39b v. 7. 5. 39/3. 1. 45.
[2] *Hadert:* Receptbuch für die Farben- und Lack-Industrie II, 90.

Tabellen 28 u. 29. *Verträglichkeit von Cellulosederivaten in Lösung und Film miteinander.*
Tabelle 28. *Verträglichkeiten von Lösungen.*

Gemische aus	Methyl-Cell.	Cellglycol-saurem Na	Äthyl-cellulose B	Äthyl-cellulose BS	Benzyl-cellulose	Nitro-cellulose	Cellit T	Cellit TP	Cellit B	Cellit L
Cellglycol-saurem Na	verträglich	—	Emuls.	Emuls.	Emuls.	Emuls.	Emuls.	Emuls.	Emuls.	Emuls.
Äthylcellulose B	Emulsion mit Wasser nicht-mischbaren Lösungsmitteln	Emulsion mit Wasser nichtmischbaren Lösungsmitteln	—	klar	trübe	klar	klar	klar	klar	klar
Äthylcellulose BS			klar	—	trübe	trübe	klar	klar	klar	klar
Benzylcellulose			trübe	trübe	—	trübe	trübe	klar	klar	klar
Nitrocellulose			klar	trübe	trübe	—	klar	klar	leicht	trübe
Cellit T			klar	klar	—	klar	—	klar	klar	klar
Cellit TP			klar	klar	klar	klar	klar	—	klar	klar
Cellit B			klar	klar	klar	leicht trübe	klar	klar	—	leicht trübe
Cellit L			klar	klar	leicht trübe	—	klar	klar	leicht trübe	—
Methylcellulose	—	verträglich	Emuls.	Emuls.	Emuls.	Emuls.	Emuls.	Emuls.	Emuls.	Emuls.

Tabelle 29. *Verträglichkeit von Filmen.*

Gemische aus	Methyl-cellulose	Cellglycol-saurem Na	Äthyl-cellulose B	Äthyl-cellulose BS	Benzyl-cellulose	Nitro-cellulose	Cellit T	Cellit TP	Cellit B	Cellit L
Methylcellulose	—	klar	nicht homogen	nicht homogen	nicht homogen	nicht homogen	nicht homogen	nicht homogen	nicht homogen	nicht homogen
Cellglycolsaurem Na	klar	—	nicht homogen	nicht homogen	nicht homogen	nicht homogen	nicht homogen	nicht homogen	nicht homogen	nicht homogen
Äthylcellulose B	nicht homogen	nicht homogen	—	fast klar nicht homogen	trübe	klar	trübe	weiß	unvertr.	unvertr.
Äthylcellulose BS	nicht homogen	nicht homogen	fast klar nicht homogen	—	trübe	weiß	trübe	weiß	unvertr.	unvertr.
Benzylcellulose	nicht homogen	nicht homogen	trübe	trübe nicht-vertr.	—	trübe	trübe	fast klar	leicht trübe vertr.	unvertr.
Nitrocellulose	nicht homogen	nicht homogen	klar	weiß	trübe	—	klar	klar	klar	klar
Cellit T	nicht homogen	nicht homogen	trübe	trübe	trübe	klar	—	unvertr.	klar	nicht ganz homogen klar
Cellit TP	nicht homogen	nicht homogen	weiß	weiß	fast klar	klar	unvertr.	—	nicht vertr.	nicht vertr.
Cellit B	nicht homogen	nicht homogen	nicht verträglich		leicht trübe vertr.	klar	klar	unvertr.	—	klar
Cellit L	nicht homogen	nicht homogen	nicht verträglich		nicht vertr.	klar	nicht ganz homogen klar	unvertr.	klar	—

Tabelle 30. *Verträglichkeit von einigen Kunstharzen mit Cellulosederivaten.*

Harze	Cellit T		Fasertriacetat		Cellit TP		Cellit B		AT-Cellulose B		BZ-Cellulose	
	Lösg.	Filme	Lösg.	Filme	Lösg.	Filme	Lösg.	Filme	Lösg.	Filme	Lösg.	Filme
Acronal I	klar	unver-trägl.	klar	unver-trägl.	klar	trübe		klar	—	—	—	—
Acronal II	klar	unver-trägl.	klar	unver-	klar	klar		trübe	klar	etwas trübe	trübe	trübe
Mowilith	klar	trübe	klar	unver-	klar	klar		klar	—	—	—	—
Alkydal PG 15%	klar	trübe	klar	leicht trübe	klar	trübe		trübe	trübe	trübe	trübe	trübe
KM neu	klar	klar	klar	klar	klar	klar	alle Lösungen sind klar	trübe	klar	klar	fast klar	leicht trübe
Kunstharz 26 m	klar	klar	klar	klar	leicht trübe	klar		klar	klar	klar	fast klar	leicht trübe
Weichharz L 1	klar	klar	klar	klar	klar	klar		—	klar	klar	klar	klar
Kunstharz L 2	klar	klar	klar	klar	klar	klar		klar	klar	klar	fast klar	leicht trübe
AW 2 Harz	klar	klar	klar	klar	klar	trübe		trübe	klar	klar	klar	klar
Phthalopal PP	klar	klar	klar	klar	klar	trübe		trübe	klar	trübe	fast klar	leicht trübe
Phthalopal SEB	klar	klar	klar	schlierig	klar	trübe		trübe	klar	trübe	fast klar	leicht trübe
Phthalopal BU	klar	unver-trägl.	klar	klar	klar	fast klar		klar	klar	trübe	fast klar	klar
Uresin B	klar	klar	klar	klar	klar	klar		klar	klar	klar	klar	klar

verseift die Äther nicht. Benzylcellulose wird durch den beim Erhitzen auftretenden Geruch nach Benzaldehyd erkennbar. Jedoch ist der Aldehyd selbst bisher nicht durch die Malachitgrünbildung mit Dimethylanilin nachweisbar gewesen[1].

Methylcellulose.

b) Die drei Verätherungsstufen der *Methylcellulose* sind durch folgende analytische Daten charakterisiert:

$$C_6H_7O_2 - OCH_3 \,(OH)_2 \qquad \text{Grundmol } 176 \quad 17{,}6\% \text{ OCH}_3 \quad 47{,}6\% \text{ C.}$$
$$C_6H_7O_2 - OH \,(OCH_3)_2 \qquad \text{Grundmol } 190 \quad 32{,}6\% \text{ OCH}_3 \quad 50{,}5\% \text{ C.}$$
$$C_6H_7O_2 - (OCH_3)_3 \qquad \text{Grundmol } 204 \quad 45{,}6\% \text{ OCH}_3 \quad 52{,}9\% \text{ C.}$$

Bei 2,5 OCH_3-Gruppen auf C_6 errechnet sich ein Grundmol von 197, der OCH_3-Gehalt ist dann 39,3% entsprechend 51,7% C.

Eine Methylcellulose mit 17,4% OCH_3 ist zu 13,5% in Wasser und 100%ig in Cuoxam löslich. Veräthert man bis auf 26% OCH_3, so ist der Äther in organischen Lösungsmitteln und Wasser unlöslich. Es sind sogar Dimethyläther mit ca. 31,6% OCH_3 beschrieben[2], die nur zu 12% in Wasser löslich sind, aber auch nur zu 12% in der Cuoxamlösung.

Ein Trimethylat mit 44,6% OCH_3 war ebenfalls in Wasser unlöslich, soll jedoch in Chloroform, Tetrachloräthan und Eisessig löslich sein. Ein anderes als Trimethylat angesprochenes Präparat mit 43,9% OCH_3 wird als völlig unlöslich bezeichnet.

Wird von einer Hydratcellulose ausgegangen, so ist die Löslichkeit entsprechend den allgemeinen Erfahrungen in der Cellulose-Chemie im allgemeinen größer. Auf diese Eigenarten als Auswirkung des Ausgangsmaterials und der Reaktionsführung muß bei der Auswertung analytischer Untersuchungen geachtet werden[3].

Ferner haben auch die Untersuchungsergebnisse von *Vacher*[4] Bedeutung, aus denen hervorgeht, daß die Methylcellulosen stark uneinheitlich sind. Zu ihrer Auftrennung sind Gemische von Methylenchlorid und Alkohol verwendet worden. Es ist weiter darauf hinzuweisen, daß gering methylierte Celluloseäther dargestellt sind und auch zeitweise im Handel waren, die noch nicht wasserlöslich sind, wohl aber in verdünnter Natronlauge sich lösen. Hier spielt die Lösetemperatur oft eine ausschlaggebende Rolle insofern, als bei Temperaturerniedrigung die Löslichkeit in Natronlauge ansteigt. Jedoch sind diese Eigenschaften nicht spezifisch für Methylcellulosen, sondern finden sich auch bei einer Reihe anderer Celluloseäther, z. B. einer Äthylglycolcellulose[5].

Wäßrige Lösungen der Methylcellulose schäumen beim Schütteln. Hierin sind sie von anderen Cellulosederivaten gut zu unterscheiden.

---

[1] Farben-Ztg. **43**, 158 (1938). — [2] *Mienes:* Celluloseester und Celluloseäther S. 20 (1934). — [3] Cellulosechemie **10**, 41 (1929). — [4] Chim. et Ind. **43**, 347 (1940). [5] EP. 523 566.

Ferner ist die Hitzekoagulation der wäßrigen Lösungen von Methylcellulose ein ziemlich sicheres Merkmal dieses Celluloseäthers. Jedoch darf aus dem Ausbleiben der Koagulation in der Wärme umgekehrt nicht mit absoluter Sicherheit auf das Nichtvorhandensein von Methylcellulose geschlossen werden, da auch heißwasserlösliche Formen der Methylcellulose bekannt sind[1]. Es ist sicherer, sich auf die Eigenschaften der Fällbarkeit der Methylcellulose-Lösungen durch Phenol und Gerbstoffe oder andere Alkaloidfällungsmittel zu verlassen. Nach den Feststellungen von *Letzig*[2] ist Tannin am empfindlichsten; es bildet noch mit 0,1%iger Methylcellulose gut filtrierbare flockige Niederschläge. Auf indirektem Wege ist durch diese praktisch vollständig ausfallende Adsorptionsverbindung eine quantitative Bestimmung möglich, indem man mit einer genau bekannten Tanninmenge fällt und die nicht absorbierte Tanninmenge im Filtrat mit Permanganat unter Verwendung von Indigo als Indikator titriert.

Als Reagenzien sind erforderlich:
eine ca. 1%ige Tanninlösung,
eine Permanganatlösung von 1,33 g/l und eine Indigolösung (s. amtliche Methode zur Gerbstoffbestimmung in Wein).

Die zu prüfende Methylcellulose wird in 2 Teile geteilt. Der 1. Teil wird mit einer genau abgemessenen Tanninlösung gefällt, die Methylcellulose-Tanninverbindung abfiltriert, kalt gewaschen und gewichtskonstant getrocknet (= Gewicht m). Das Filtrat und die Waschwässer werden auf ein bestimmtes Volumen gebracht (Lösung A). Der andere Teil der Methylcellulose wird auf das gleiche Volumen verdünnt (Lösung B). Dann bringt man noch die Tanninlösung mit Wasser auf das gleiche Volumen (Lösung C).

In eine glasierte Porzellanschale legt man 1 Liter destilliertes Wasser und 10 cm³ konz. Schwefelsäure und 20 cm³ Indigolösung (Pipette) vor und gibt dazu jeweils 20 cm³ der Lösungen A resp. B resp. C. Dann wird aus der Bürette Permanganatlösung zugegeben, bis die Blaufärbung nach Goldgelb umschlägt. In der gleichen Weise stellt man den Eigenverbrauch der Indigolösung an Permanganat fest. Es seien verbraucht:

a cm³ Permanganatlösung für 20 cm³ Lösung A
b cm³ Permanganatlösung für 20 cm³ Lösung B
c cm³ Permanganatlösung für 20 cm³ Lösung C
d cm³ Permanganatlösung für 20 cm³ Indigolösung

10 (a — b) = cm³ Permanganatlösung für die gesamte im Filtrat verbliebene Menge Tannin von 100 cm³ Methylcelluloselösung.

10 (c — d) = cm³ Permanganat, die die gesamte zur Methylcellulosefällung aus 100 cm³ Lösung zugesetzte Tanninmenge (t) bedingt.

---

[1] Z. Unters. Lebensmittel **82**, 245 (1941).
[2] Vorratspflege und Lebensmittelforsch. **I**, 382 (1938).

Im Filtrat sind: $(a - b) \cdot t/(c - d)$ g Tannin an Methylcellulose gebunden $t - (a - b) \cdot t/(c - d)$.

In der Lösung ist also die Methylcellulose $x = m - [t - (a - b) \cdot t/(c - d)]$.

1 cm³ Permanganatlösung $= t/10 \cdot (c - d)$ g Tannin.

Da Eiweißprodukte auch stark mit Tannin reagieren, so ist leicht einzusehen, daß die Methode nur dann richtige Werte liefert, wenn eiweißfreie Produkte vorliegen.

Die Abtrennung der Gelatine erfolgt durch Zusätze von 0,5 cm³ Zinksulfat-Lösung $+$ 0,5 cm³ Ferrocyankaliumlösung zu 10 cm³ Kolloidlösung. In dem durch Zentrifugieren nunmehr erhaltenen klaren Filtrat ist ein Gehalt von 0,5% Methylcellulose durch 2 Tropfen 10%iger Tanninlösung erkennbar.

Die Tanninfällung der Methylcellulose geht durch Alkali wieder in Lösung, die der Gelatine dagegen nicht. Zur Unterscheidung von Gelatine dient auch noch ihre Fällung mit Pikrinsäure; sie wird von Methylcellulose nicht gegeben. Von den Pektinen unterscheiden sich die Methylcellulosen dadurch, daß die Pektinlösungen sofort auf Zusatz von Zucker oder Fruchtsäure gelieren, nicht jedoch die Methylcellulose.

Die Lösungen dieses Äthers sind bei Zugabe von Salzsäure oder Natronlauge viscositätskonstant, nicht jedoch die von Pektin oder Traganth.

Griebel[1] benutzt die violettbraune bis braune Färbung der Methylcellulose mit 0,1%iger Jod-Jodkalilösung zu ihrer Erkennung. In der Methylcelluloselösung verschwindet diese Färbung wieder auf Zusatz starker Natronlauge. Darin unterscheidet sich die Methylcellulose von der Gelatine, wo der farbige Niederschlag erhalten bleibt.

Zur Erkennung von Methylcellulose kann dann noch dienen, daß wasserlösliche, sowie alkalilösliche Äther substantive Farbstoffe aus verdünntesten Lösungen bei normaler Temperatur und ohne Salzzusatz in kürzester Zeit fast vollständig aufnehmen[2]. Diese Reaktion ist zum mikroskopischen Nachweis auch auf Faserstoffen (Schlichte) geeignet.

Die Methylcelluloselösungen zeigen dann auch, wie alle anderen kolloidalen Lösungen, die Erscheinung der Elektrolyt-Koagulation. Die z. B. mit Aluminiumsulfatlösung erhaltenen Niederschläge sind jedoch beim Auswaschen des Salzes allmählich wieder löslich.

1%ige wäßrige Kongorotlösung gibt mit Methylcelluloselösung kurz nach dem Zusetzen eine recht erhebliche Viscositätssteigerung; meist geht dieser eine reversible Flockung der Methylcellulose voraus.

Die Eigenschaften der aus Cellulose und Äthylenoxyd hergestellten Oxyäthylcellulosen ähneln sehr weitgehend denen der Methylcellulose.

---

[1] Z. Unters. Lebensmittel **81**, 209 (1941). — [2] Melliand Textilber, **19**, 518 (1938).

Celluloseglycolsäure.

c) Besonderes Interesse verdient die Tatsache, daß die Verätherung von Cellulose mit der Monochloressigsäure bereits dann die Wasserunlöslichkeit der Cellulose aufzuheben imstande ist, wenn erst 0,5 Mol· CH_2COOH in das Molekül eingetreten sind. Das entsprechende Natriumsalz ist wasserlöslich. Nach den theoretisch möglichen Derivaten

$C_6H_7O_2 - (OH)_2$
     $O - CH_2 - COOH$ Grundmol 220   34,0% OCH_2COOH 43,65% C
$C_6H_7O_2 - OH$
     $(OCH_2COOH)_2$ Grundmol 278   53,9% COH_2COOH 43,1 % C
$C_6H_7O_2 - (OCH_2COOH)_3$ Grundmol 336   66,97% OCH_2COOH 42,9 % C

würde also ein solches Produkt vom Grundmol 191 ca. 19,6% OCH_2COOH und ca. 43,9% C enthalten. Die dem Natriumsalz entsprechende Säure ist in Wasser unlöslich. Mit anderen Worten, die Lösungen der celluloseglycolsauren Alkalisalze sind durch ihre Fällbarkeit mit Mineralsäuren zu erkennen. Sie geben ferner unlösliche Salze mit mehrwertigen Metallen.

Es empfiehlt sich, zum Nachweis des celluloseglycolsauren Natriums, einige Tropfen 20%iger Kupfersulfat-Lösung zu benutzen, mit denen ein blauer Niederschlag entsteht. Erforderlichenfalls trennt man von Eiweisstoffen in gleicher Weise ab wie bei der Methylcellulose.

Da nach *Neu*[1] einige Celluloseglycolsäuren aus der Herstellung Kochsalz, Soda und Wasser enthalten, so fällt mit Kupfersulfat auch Kupferhydroxyd. (Beispiele in Tabelle 31).

Tabelle 31.

	Glycolat	Na_2CO_3	NaCl	H_2O
Tylose HBR	66	10,6	8,9	10,5
Relatin	38	39,4	4,4	15,8
Tylose KN 2000	84	—	2,8	12,8

Die Unterscheidung zwischen dem celluloseglycolsauren Na und der Methylcellulose ist dann besser mit dem Dimethylalkylbenzylammonchlorid vorzunehmen. Dieses quarternäre Salz (= Zephirol) gibt mit dem Natrium-Salz eine weiße flockige Fällung, jedoch nicht mit der Methylcellulose. Es ist so noch 0,001% celluloseglycolsaures Natrium zu erkennen.

Eine Fällung der wäßrigen Lösungen des celluloseglycolsauren Natrium durch Tannin erfolgt nicht. Sie koagulieren nicht in der Wärme oder beim Abkühlen.

---

[1] Fette u. Seifen **52**, 23 (1950).

Der Mischäther aus Methylsulfat und Chloressigsäure mit der Cellulose ist in Alkali bei Temperaturen unter Null Grad löslich.

Äthylcellulose.

d) Die durch Einwirkung des Äthylchlorids auf Cellulose entstehenden *Äthylcellulosen* sind nur dann wasserlöslich, wenn wenig OH veräthert ist. Auch ihre wäßrigen Lösungen koagulieren in der Wärme. Die drei möglichen Äthylierungsstufen der Cellulose sind durch folgende OC_2H_5-Gehalte gekennzeichnet:

$$C_6H_7O_2 - (OH)_2$$
$$\diagdown OC_2H_5 \qquad \text{Grundmol 190} \qquad 23{,}69\% \ OC_2H_5 \qquad 50{,}4\% \ C$$
$$C_6H_7O_2 - OH$$
$$\diagdown (OC_2H_5)_2 \qquad \text{Grundmol 218} \qquad 41{,}28\% \ OC_2H_5 \qquad 55{,}7\% \ C$$
$$C_6H_7O_2 \ (OC_2H_5)_3 \qquad \text{Grundmol 246} \qquad 54{,}83\% \ OC_2H_5 \qquad 58{,}6\% \ C$$

Auch bei diesem Äther spielt das Ausgangsmaterial bei seiner Herstellung und die Lenkung der Äthylierung eine Rolle für die Eigenschaften, insbesondere für die Abhängigkeit der Löslichkeit vom Äthylierungsgrad.

So ist eine Äthylcellulose mit 18,2% OC_2H_5 wasserlöslich, unlöslich aber in Natronlauge und organischen Lösungsmitteln. Auch noch bei einer Äthylierungsstufe entsprechend 29% OC_2H_5 — also etwas mehr als Monoäthylat — bleibt die Löslichkeit in Wasser und in Cuoxam erhalten, wenn das Produkt aus Hydratcellulose hergestellt wurde. Daneben lösen schon Eisessig, Pyridin und Ameisensäure. Die Löslichkeit in den üblichen organischen Lösungsmitteln setzt ziemlich unvermittelt ein. Während ein in Faserform vorliegendes Celluloseäthylat mit 37% OC_2H_5 noch in organischen Solventien unlöslich ist, löst sich ein solches mit 39% OC_2H_5 schon sehr weitgehend in Alkohol, Chloroform, Dichloräthan. Mit der Erreichung der Diäthylstufe wird dann auch völlige Löslichkeit in vielen organischen Flüssigkeiten erzielt[1].

So ist die etwa 40% OC_2H_5 enthaltende Äthylcellulose BS löslich in Methylenchlorid, Chloroform, Äthylenchlorid, Chlorhydrinen, Glycolformal und Tetrahydrofuran; sie ist jedoch unlöslich in Kohlenwasserstoffen, Tetrachlorkohlenstoff, Trichloräthylen, Alkoholen, Estern, Ketonen und Äthern.

Zu ihrer Erkennung kann außer diesen Löslichkeitseigenschaften noch weitgehend die Eigenschaft der Löslichkeit in aktivierten Nichtlösern dienen. So werden die für sich als Nichtlöser wirkenden Stoffpaare Alkohol + Benzol, Alkohol + Wasser 70:30, Methanol + Wasser 90:10, Butanol + Wasser 92:8, Äthylglycol + Toluol 70:30 zu guten und schnell wirkenden Lösern.

---

[1] Cellulosechemie **9**, 58 (1928).

Die sich noch mehr der Tristufe nähernde Äthylcellulose B weist eine umfassende Löslichkeit in den handelsüblichen Lösungsmitteln auf, so daß jetzt umgekehrt lediglich die Aufzählung der wenigen Nichtlöser notwendig ist. Es sind dies die Benzine, Xylol, Dekalin, Tetrachlorkohlenstoff, n-Propyläther, Tetrahydrofurfuralkohol, die Diole und Triole. Eine Aktivierung dieser Nichtlöser miteinander zu Lösern ist nicht möglich. Alle übrigen Lösungsmittel sind Löser; charakteristisch ist vor allem die Löslichkeit in Benzol, Toluol, Alkoholen, Methylenchlorid und in Estern.

Zur Unterscheidung der Äthylcellulose BS und B können also die in folgender Gegenüberstellung sich findenden Eigenschaften ausgenutzt werden.

Tabelle 32.

	Butanol (100%)	Benzol	Chlor-benzol	o-Chlor-toluol	Dimethyl-tetrahydro-furan
AT-Cellulose B	löslich	löslich	löslich	löslich	löslich
AT-Cellulose BS	unlöslich	quillt	quillt	quillt	quillt

Hierbei kommt dem Butanol insofern besondere Bedeutung zu, als es durch Zusatz von 5···10% Wasser zum Löser von AT-Cellulose BS wird. Diese unterschiedliche Lösewirkung absoluten und wasserhaltigen Butanols gegenüber den beiden Verätherungsstufen der Cellulose ist so scharf und charakteristisch, daß wir darauf sogar eine Trennungsmethode eines Gemisches aus den beiden Celluloseäthyläthern aufbauen konnten. Ein Gemisch aus je 1 g AT-Cellulose B und BS wird mit 50 cm³ Butanol (Siedepunkt 116···117°) ca. 15 Stunden stehen gelassen. Nach dem Zentrifugieren erhielten wir 1,010 g unlösliche AT-Cellulose BS und 1,0220 g Film aus gelöster AT-Cellulose B. Es ist aber besonders darauf zu achten, daß nur einwandfreies n-Butanol verwendet wird, schon ein geringer Wassergehalt bringt die AT-Cellulose BS teilweise mit in Lösung.

Weitere Alkylcellulosen.

c) *Propyl-* und *Butylcellulosen* haben bisher eine größere technische Bedeutung noch nicht erlangt. Die theoretisch zu erwartenden Gehalte ergeben sich wie folgt:

$$C_6H_7O_2(OH)_2OC_3H_7 \qquad \text{Grundmol } 204 \qquad 28{,}9\% \ OC_3H_7 \qquad 52{,}8\% \ C$$
$$C_6H_7O_2(OH)(OC_3H_7)_2 \qquad \text{Grundmol } 246 \qquad 47{,}9\% \ OC_3H_7 \qquad 58{,}6\% \ C$$
$$C_6H_7O_2(OC_3H_7)_3 \qquad \text{Grundmol } 288 \qquad 61{,}5\% \ OC_3H_7 \qquad 62{,}4\% \ C$$
$$C_6H_7O_2(OH)_2{\diagdown}OC_4H_9 \qquad \text{Grundmol } 218 \qquad 33{,}5\% \ OC_4H_9 \qquad 55{,}0\% \ C$$
$$C_6H_7O_2 - OH{\diagdown}(OC_4H_9)_2 \qquad \text{Grundmol } 274 \qquad 53{,}3\% \ OC_4H_9 \qquad 61{,}4\% \ C$$
$$C_6H_7O_2 - (OC_4H_9)_3 \qquad \text{Grundmol } 330 \qquad 66{,}4\% \ OC_4H_9 \qquad 65{,}5\% \ C$$

Hinsichtlich der Löslichkeitseigenschaften in ihrer Abhängigkeit von dem Verätherungsgrad sind Einzelheiten noch nicht bekannt. Für die Propylcellulose stellen *Uschakow* und *Kontscherenko*[1] fest, daß sich die Löslichkeit in Alkohol mit steigendem Propylgehalt vermindert, die Benzinlöslichkeit dagegen zunimmt.

An einem älteren Präparat der Propylcellulose mit etwa 2,5facher Verätherung fanden wir folgende Löslichkeitseigenschaften:

Nichtlöser sind Benzine, Methanol, Alkohol, Propanole, Äther + Alkohol 3:1,

Quellmittel sind Toluol, Xylol, Solventnaphtha, Dekalin, Tetrachlorkohlenstoff, Trichloräthylen, Tetrachloräthan, Chlorbenzol, Chlortoluol, absoluter Alkohol, Amylalkohol, Äther, n-Propyläther, Isobutyron, Polysolvan E, Amylacetat und Butylacetat 85%ig.

Löser sind Benzol, Methylenchlorid, Chloroform, Dichloräthan, Äthylenchlorhydrin, Butanole, die niederen Ester der Essigsäure, Aceton, Cyclohexanon, Methylcyclohexanon, Dioxan, Tetrahydrofuran, Glycolformale, Milchsäureester.

Zu Lösern aktiviert werden konnten die Nichtlösergemische Toluol und Sprit, Tetrachlorkohlenstoff und Methanol resp. Propanol und, wenn auch nicht mit so gutem Erfolg, Benzin und absoluter Alkohol.

Für die Butylcellulose gelten Alkohol, Essigester und die Chlorkohlenwasserstoffe als Löser. Hinsichtlich der Wirkung des Benzols ist der Verätherungsgrad zu beachten. Daraus erklären sich wohl die abweichenden Angaben, wonach das eine Präparat völlig in kaltem Benzol löslich ist, während das andere sich nur in heißem Benzol löst[2].

Cellulose-Mischäther.

f) Wird eine Dimethylcellulose mit Äthylchlorid nachäthyliert, so entsteht ein Mischäther, der etwa 1 OC_2H_5 auf 2 C_6-Gruppen enthält, entsprechend 39,7% OCH_3-Gehalt. Dadurch verschwindet die Wasserlöslichkeit, und der Äther wird völlig löslich in Eisessig, Chloroform, Dichloräthylen und Benzol[3].

In dem Mischäther Äthylbutylcellulose erfolgt die Bestimmung der OC_2H_5- und OC_4H_9-Gruppen

1. nach *Zeisel* und

2. nach der Elementaranalyse.

Aus dem Silberjodid und der C-Bestimmung wird der Gehalt an den einzelnen Äthergruppen berechnet[4].

Cellulose-Allyläther.

g) Der *Allyläther* zeichnet sich insofern vor den üblichen Celluloseäthern aus, als seine Darstellung so glatt verläuft, daß in einem Gang

---

[1] Пласт массы **1934**, 12. — [2] Cellulosechemie **12**, 33 (1931). — [3] Cellulosechemie **9**, 58 (1928). — [4] Пласт массы **1935**, 29.

der Triäther erhalten werden kann. Diese Äther sind in Alkohol, Benzol oder Tetrachlorkohlenstoff löslich[1].

Ein vollständig löslicher Allyläther ist jedoch noch nicht hergestellt worden. Bei der *Zeisel*-Bestimmung des Allyläthers ist die Verseifung mit dem gewöhnlich angewendeten Jodwasserstoff (s = 1,7) unvollständig. Es muß ein geeignetes Quellmittel und viel konz. Jodwasserstoff benutzt werden. Dieser Äther kann auch noch charakterisiert werden durch die Bestimmung der Jodzahl (JZ) nach der Methode von *Wijs*. Die theoretischen Werte dafür ergeben sich aus der nachstehenden Zusammenstellung:

$$C_6H_7O_2(O - CH_2 - CH = CH_2)\diagdown(OH)_2 \qquad \text{Grundmol 202} \quad C = 53{,}5\% \quad H = 6{,}9\%$$
$$JZ = 125 \qquad 20{,}3\% \text{ Allyl}$$

$$C_6H_7O_2(OCH_2 - CH = CH_2)_2\diagdown OH \qquad \text{Grundmol 242} \quad C = 59{,}5\% \quad H = 7{,}4\%$$
$$JZ = 210 \qquad 41{,}5\% \text{ Allyl}$$

$$C_6H_7O_2(OCH_2 - OH = CH_2)_3 \qquad \text{Grundmol 282} \quad C = 63{,}5\% \quad H = 7{,}8\%$$
$$JZ = 270 \qquad 60{,}8\% \text{ Allyl}$$

Benzylcellulose.

h) Für die *Benzylcellulose* errechnen sich aus den 3 Verätherungsstufen folgende Benzylierungsgrade:

$$C_6H_7O_2\diagup(OH)_2 \diagdown O - CH_2 - C_6H_5 \qquad \text{Grundmol 252} \quad 40{,}8\% - CH_2 - C_6H_5 = 61{,}8\% \text{ C}$$

$$C_6H_7O_2\diagup OH \diagdown(OCH_2 - C_6H_5)_2 \qquad \text{Grundmol 342} \quad 60{,}1\% - CH_2 - C_6H_5 = 70{,}5\% \text{ C}$$

$$C_6H_7O_2 - (OCH_2 - C_6H_5)_3 \qquad \text{Grundmol 432} \quad 71{,}4\% - CH_2 - C_6H_5 = 75{,}0\% \text{ C.}$$

Die Löslichkeit eines Benzyläthers mit 67,9% C, dies entspricht also noch nicht dem Diäther, in Benzol resp. in Benzol + Alkohol ist unbefriedigend. *Okada*[2] vermutet, daß Benzylcellulose mit nur knapp einem Benzylrest in Alkohol löslich ist. Ein ungefährer Dibenzyläther mit 68,5% C ist in Benzol nur quellbar; seine Löslichkeit in Benzol + Alkohol 5:1 beträgt 88%. Die Diäther der Benzylcellulose sind in den Lösungsmitteln nicht immer einheitlich löslich. Es wirken sich hier nicht nur die Verschiedenheit der Teilchengrößen aus, auch Inhomogenitäten des Benzylierungsgrades einzelner Teilchen verursachen die nicht völlige Löslichkeit. Als Lösungsmittel für BZ-Cellulose verwendet *Mienes* Benzol + Methanol 10:2 oder Benzol + Alkohol 8:2. Eine Benzylcellulose mit 65% C ist zu 23% löslich; ab 69% C beträgt die Löslichkeit 93···96%, jedoch muß festgehalten werden, daß der Benzylierungsgrad kein eindeutiges Kriterium für die Löslichkeit ist. *Nikitin* und *Awidon*[3] beschreiben eine in Alkohol + Benzol restlos lösliche Benzylcellulose mit 2,5 Benzylgruppen.

---

[1] Angew. Chem. **42**, 549 (1929). — [2] Cellulosechemie **12**, 11 (1931).
[3] Журнал прикладной химиш **6**, 710.

Für die BZ-Cellulose der ehemaligen IG-Farbenindustrie gibt *Okada*[1] einen C-Gehalt von 71,7/71,4% an. Diese in Benzol damals klar löslichen Produkte entsprechen also etwas mehr als dem Dibenzyläther. Nach den Feststellungen des Autors ist völlige Benzollöslichkeit an einem C-Gehalt von etwa 72,8% gebunden, wenn die Benzylierung im Einstufenverfahren durchgeführt wurde. Produkte mit 70···71% C erfordern einen Zusatz von etwa 6% Alkohol auf die Benzolmenge berechnet. Ein nach dem Zweistufenverfahren hergestellter Äther mit 72% C ist völlig in Benzol löslich. Es sind allerdings auch bei diesem Herstellungsverfahren Benzyläther erhalten worden, die mit geringerem Kohlenstoffgehalt schon in Benzol klar löslich waren. Hinsichtlich der Voraussetzungen, wann eine Flüssigkeit Löser für Benzylcellulose wird, haben *Sakurada* und *Kido*[2] gefunden, daß nichtpolare Flüssigkeiten nicht vollständig lösen. Benzol löst größtenteils. Löser liegen immer dann vor, wenn $\mu > 1$ und $\mu/V \geqq 12,7$ ist. Also sind Chlorkohlenwasserstoffe und negativ substituierte Benzole gute Löser. Die niederen Essigsäureester sind gute, die höheren schlechte Löser. Methyläthylketon löst Benzylcellulose vollständig; Aceton nur teilweise. Die von *Mienes* und *Hagedorn* und *Möller*[3] angegebenen Löslichkeitseigenschaften der Benzylcellulose haben wir bei unseren Untersuchungen an einer BZ-Cellulose des Handels bestätigt gefunden. Sie können also als charakteristisch gelten für den Diäther. Löser sind danach Methylenchlorid, Chloroform, Dichloräthan, Chlorhydrine, Trichloräthylen, Chlorbenzol, Tetralin, Essigsäureester bis C_5 und die niederen Alkylglycole, Aceton, Methyläthylketon, Anon, Tetrahydrofurfuralkohol, Löser T und die Glykolformale. Quellmittel sind Benzol, Toluol, Xylol, Solventnaphtha, Butylglykol. Als Nichtlöser wirken Benzine, Tetrachlorkohlenstoff, O-Chlortoluol, Methanol bis Amylalkohol, Isobutyron, Dipropylketon, Äther, n-Propyläther, Dioxan.

Durch gegenseitige Aktivierung ist es gelungen, Tetrachlorkohlenstoff + Alkohol 1:1 zu einem Löser für BZ-Cellulose zu machen.

Die Unterscheidung zwischen den beiden s. Zt. in Deutschland handelsüblichen AT-Cellulosen B und BS und der BZ-Cellulose ist auf Grund folgender Löslichkeitseigenschaften möglich:

Tabelle 33.

	Butanol	Benzol	Trichlor-äthylen	o-Chlor-toluol	Aceton
AT Cellulose B	löslich	löslich	löslich	löslich	quillt
AT Cellulose BS	unlöslich	unlöslich	quillt	quillt	unlöslich
BZ Cellulose	unlöslich	quillt	quillt	quillt	löslich oder quillt.

---

[1] Cellulosechemie **12,** 11 (1931). — [2] J. Soc. Chem. Ind. Japan (Suppl) **36,** 656 B (1933). — [3] Cellulosechemie **12,** 33 (1931).

Obwohl also die drei Celluloseäther an Hand ihrer Löslichkeitseigenschaften recht gut auseinandergehalten werden können, haben wir uns doch die Frage vorgelegt, ob die Methode der *Fällbarkeit* nach *Gordijenko-Schenk*[1] hier noch eine zusätzliche Sicherheit in der Aussage bringen kann. Zunächst seien einige grundsätzliche Bemerkungen zu dieser Arbeitsweise gestattet.

Die Fällbarkeitsmethode stellt nach unserer Auffassung einen Extremfall der Verschnittfähigkeit der Lösungen von Eukolloiden in organischen Lösungen dar, da man stets zu einer konzentrierten Lösung des Eukolloids einen großen Überschuß des Verschnittmittels, des Fällmittels, hinzusetzt und nun die sichtbar werdenden Erscheinungen auswertet.

Bei dieser Betrachtungsweise müssen aber für die Auswertung der Versuchsergebnisse, der Fällungsbilder, die Grundregeln der Verschnittfähigkeit beachtet werden. Unabhängig von der chemischen Konstitution des Eukolloids haben wir immer wieder innerhalb einer polymerhomologen Reihe bestätigt gefunden:

1. Die Verschnittfähigkeit ist abhängig von der Konzentration der Lösung und steigt mit fallender Konzentration.

2. Sie ist abhängig von der Eigenviscosität des Eukolloids bei konstant gehaltener Konzentration der Lösung und gleichem Verätherungs- oder Veresterungsgrad oder einem anderen, diesem Merkmal gleichzusetzenden Charakteristikum. Auch hier steigt die Verschnittfähigkeit mit fallender Eigenviscosität.

3. Sie ist abhängig vom Verätherungs- bzw. Veresterungsgrad, allgemein gesagt, vom Verhältnis polarer zu unpolaren Gruppen im Grundmolekül.

Es erscheint dann geradezu selbstverständlich, daß je nach dem Lösungsmittel auch die Verschnittfähigkeit mit einer Reihe von Verschnittmitteln verschieden ausfallen muß.

Unter Beachtung dieser Grundregeln erscheint es dann wenig beweiskräftig im Sinne der Verschiedenheit der verwendeten Eukolloide, wenn eine 14%ige AT-Cellulose B 800-Lösung in Methylenchlorid mit einer 17%igen BZ-Cellulose 900-Lösung in einem Gemisch aus 90 Toluol + 10 Alkohol verglichen wird. Ebensowenig können wir uns mit einem Vergleich einer 10%igen AT-Cellulose BS-Lösung in CH_2Cl_2 mit einer 8%igen bzw. 14%igen bzw. 6,2%igen AT-Cellulose B 1000- bzw. B 800- bzw. B 900-Lösung in dem gleichen Lösungsmittel befreunden. Wir glauben daher nicht, daß für die hier aufgezeigten Unterschiede „verschiedener Ausgangscellulosen verschiedene Verätherungsgrade oder verschiedene Verteilung der Äthergruppen über das Cellulosemolekül" in Frage kommen, wenn auch nicht verkannt werden soll, daß die ver-

---

[1] Kunststoffe **39**, 29 (1949); Kunststoffe **37**, 125 (1947); *Thinius:* Chem. Technik **2**, 323 (1950).

schiedene Viscositätseinstellung bei den Celluloseäthern durch Abänderung der Alkalisierungsbedingungen, also anders als bei den Celluloseestern, vorgenommen wird.

Wir haben deshalb einmal versucht festzustellen, ob die Fällbarkeitsmethode von *Gordijenko-Schenk* Unterschiede aufzeigt, wenn wir Celluloseäther gleicher Eigenviscosität in gleicher Konzentration in ein und demselben Lösungsmittel lösten. Wir wählten eine 5%ige Lösung in Chloroform + Alkohol 9:1 und als Verschnittmittel Benzin (Siedepunkt 60 bis 100°), Benzol, Äther, Chloroform, Tetrachlorkohlenstoff, Methyl-bis Butylalkohol und Aceton für AT-Cellulose B bzw. BS bzw. Propylcellulose bzw. Benzylcellulose. Wir haben die Methodik insoweit abgeändert, als wir jeweils 1 cm³ Lösung anwandten und sofort unter Rühren mit der sechsfachen Menge Fällmittel versetzten. Die Fällmittel sind nach ihrer Polarität ausgewählt: Benzin, Benzol und Tetrachlorkohlenstoff sind unpolar ($\mu = 0$), unterscheiden sich aber durch ihre Molekülgestalt. Geringe, gleiche Dipolmomente weisen Äther ($\mu = 1{,}15$ D) und Chloroform ($\mu = 1{,}10$ D) bei wiederum verschiedener Gestalt auf. Ihnen schließen sich die Alkohole mit gleichem Dipolmoment ($\mu = 1{,}6$ D) bei steigender C-Atomzahl an, und schließlich noch das Aceton mit dem hohen Moment $\mu = 2{,}8$ D.

Die erste Beurteilung wurde nach Zugabe der sechsfachen Menge Verschnittmittel vorgenommen:

AT-Cellulose B: Alle Lösungen sind klar, also noch verschneidbar.

AT-Cellulose BS: Mit Chloroform oder Methanol ist noch Verdünnung möglich. Benzin, Benzol, Tetrachlorkohlenstoff geben jeweils flockige Fällungen. Äther und Aceton faserige Fällungen, die Alkohole Trübungen.

Propylcellulose: Die dipollosen Flüssigkeiten, Benzin und Tetrachlorkohlenstoff sind zwar Nichtlöser, aber keine Fällmittel. Beim Tetrachlorkohlenstoff tritt mit dem Methanol Aktivierung zum Löser ein. Also bleiben die Lösungen klar, genau wie beim Zusatz des lösenden Benzols oder Acetons oder Butanols. Methanol gibt eine kurzfaserige Ausfällung am Boden (das „alkylierte Wasser" fällt den paraffinartigen Celluloseäther). Das Benzin hält ihn dagegen in Lösung.

BZ-Cellulose: Von den dipollosen Flüssigkeiten quillt Benzol die BZ-Cellulose; als Verschnittmittel benutzt, wirkt es nicht als Fällmittel. Die Lösung bleibt klar. Dasselbe gilt vom Nichtlöser Tetrachlorkohlenstoff. Dagegen bewirkt Benzin eine trübe, geleeartige Ausscheidung. Die nicht lösenden Alkohole fällen die BZ-Cellulose faserig, ebenso der Äther. Aceton als Löser wirkt selbstverständlich ohne jede Fällung.

Wir haben dann in jedem Fall nochmals nach der ersten Stunde die vierfache Menge Fällmittel zugesetzt und nach 1 Stunde und 16 Stunden beurteilt. Hierbei hat sich im wesentlichen das Bild nicht geändert.

Übersieht man einmal diese Erscheinungen im Zusammenhang mit den Löslichkeitsangaben, so muß man diese Ergebnisse eigentlich erwarten. Die Fällbarkeitsbilder können also unter den von uns dargelegten Voraussetzungen eine Ergänzung zu dem Befund auf Grund der Löslichkeitseigenschaften in Abhängigkeit von der Konstitution des Eukolloids darstellen.

7. Methoden zur Trennung von Gemischen aus Celluloseäthern. Es ist eine bekannte Erscheinung in der Kolloidchemie, daß sich oft Kolloide gegenseitig so beeinflussen, daß ihre Gemische untereinander in einem Lösungsmittel löslich werden, obwohl dieses Lösungsmittel für eine Komponente des Gemisches allein ein Nichtlöser ist. Daher war nicht vorauszusehen, ob es gelingen würde, Gemische von Celluloseäthern miteinander durch Ausnutzung ihrer Löslichkeitsunterschiede zu trennen.

Für diese Trennungsversuche beschränkten wir[1] uns zunächst darauf, daß die Komponenten im Verhältnis 1:1 gemischt sind. Davon wurden 1 bis 2 g mit 75 cm³ Lösungsmittel unter häufigem Schütteln 24 Stunden bei Zimmertemperatur stehen gelassen. Danach wurde der unlöslich gebliebene Anteil durch Filtrieren oder Zentrifugieren abgetrennt, und nach Nachwaschen mit insgesamt 50 cm³ des angewandten Lösungsmittels bei 100° getrocknet und gewogen. Die Lösung der löslichen Komponenten wurde eingedampft und nach Trocknen ebenfalls der Rückstand (Film) gewogen.

Die Auswahl des Lösungsmittels ist natürlich für jedes Komponentenpaar verschieden und ihren Löslichkeitseigenschaften anzupassen.

Bildet Dimethylcellulose (Tylose S 400) die eine Komponente der Gemische mit AT-Cellulose B resp. BS, so gelingt durch Wasser die Auftrennung dieser Gemische quantitativ nicht nur in Pulverform, sondern auch nach Herstellung eines Mischfilms.

Bei Anwendung der stärker hydrophilen AT-Cellulose BS als einer Komponente ist uns die Abtrennung der Methylcellulose aus dem Mischfilm nur zu 75% gelungen.

Um Gemische von AT-Cellulose B resp. BS mit BZ-Cellulose zu trennen, kann man als Trennungsmittel verschiedene Lösungsmittel benutzen. Wir haben jeweils ein Gemisch eines Alkohols mit einem aromatischen Kohlenwasserstoff in verschiedenen Verhältnissen benutzt.

Sowohl in Alkohol und Benzol 1:1 wie auch in Methanol und Benzol 7:3 sind die beiden Äthylcellulosen löslich. Jedoch üben das Sprit- und Benzolgemisch eine zu starke Quellwirkung auf die BZ-Cellulose aus, so daß sie als schmierige, schon beinahe filmartig gewordene Masse zurückbleibt. Wesentlich leichter kommt man mit einem Gemisch aus Methanol + Benzol 7:3 zum Ziel; hierin bleibt die BZ-Cellulose körnig zurück.

---

[1] *Thinius:* Farbe, Lacke, Anstrichstoffe **4**, 381 (1950).

Für die praktische Anwendung dieser Celluloseäther ist von Bedeutung, daß sie in dem gemeinsamen Lösungsmittel Chloroform + Methanol 9:1 nicht verträglich sind. Aus den trüben Lösungen entstehen völlig inhomogene Filme.

Um so überraschender ist das Ergebnis, daß es nicht gelungen ist, diesen inhomogenen Film, in dem man nach dem Augenschein annehmen sollte, daß die Bestandteile „nebeneinander" liegen, in seine Komponenten aufzuteilen.

Benutzt man Essigester als Trennmittel, so erhält man eine unvollkommene Trennung. Es wird ein Teil der an sich unlöslichen AT-Cellulose BS durch den Essigester mit gelöst, so daß nur 41% der Einwaage unlöslich bleiben und 59% in Lösung gegangen sind.

Umgekehrt werden auch durch die für die pulverförmigen Gemische der beiden Celluloseäther brauchbaren Lösungsmittel Alkohol + Benzol Anteile von BZ-Cellulose mit herausgelöst.

Die Ergebnisse sind dahin zusammenzufassen, daß ca. 10% der Benzylcellulose, wenn sie in der großen Oberfläche eines inhomogenen Mischfilms mit AT-Cellulose vorliegt, mit peptisiert werden.

8. Nachweisreaktionen für die einzelnen Celluloseester. a) *Nitrocellulose.* Die *Nitrocellulose* teilt mit den anderen Celluloseestern der organischen Säuren die Zersetzbarkeit durch Alkali. Während jedoch die letzteren auch durch stärkeres Alkali nur so weit zerstört werden, daß die abgeschiedene Cellulose evtl. zur Bestimmung des Celluloseesters verwertet werden kann, bewirkt die oxydative Verseifung der Nitrocellulose (= NC) eine völlige Zerstörung des Cellulose-Grundmoleküls. Äußerlich erkennbar wird diese Reaktion an der starken Braunfärbung der Lösungen, vor allem beim Kochen.

Die Diphenylamin-Prüfung auf NC wird zweckmäßig in einer Lösung in konz. Schwefelsäure durchgeführt, die ca. eine halbe Stunde gestanden hat oder einige Min. auf 50···60° erhitzt wurde. Es ist darauf hinzuweisen, daß diese Reaktion durch einige Harze und Weichmacher gestört wird. In den Fällen also, wo die NC nicht in Faserform, sondern als celluloidartige Masse vorliegt, wird eine vorherige Entfernung der Weichmacher resp. Harze durch Extraktion nötig[1].

Die Diphenylamin-Prüfung ist auch auf die Untersuchung von Mischfilmen angewandt, um ihren Gehalt an Nitrocellulose zu erkennen. *Robarts*[2] ist sogar der Meinung, daß man mit dieser Farbenreaktion quantitative Bestimmungen durchführen kann, wenn man Filme bekannten Nitrogehalts heranzieht und der Geschwindigkeit des Ein-

---

[1] Farben-Ztg. **43,** 158 (1938).
[2] Kunststoffe **39,** 124 (1949); Farbe, Lacke, Anstrichstoffe **3,** 122 (1949).

tretens und der Stärke der Farbentwicklung Rechnung trägt. Als allgemein brauchbares Reagens wird eine Lösung von 0,1 g Diphenylamin in 100 cm³ konz. Schwefelsäure + 30 cm³ Wasser angegeben.

Weiterhin kann die Entflammbarkeit von Filmen zur Kontrolle ihres Gehaltes an Nitrocellulose dienen. *Leroux* und *Bourdeau*[1] benutzen einen elektrischen Ofen mit beiderseits offenem glasierten Porzellanrohr von 550 mm Länge und 22 mm innerem und 26 mm äußerem Durchmesser in waagerechter Anordnung. Auf einen Nickel-Chrom Nickel-Pyrometer ist mit Platindraht aufgewickelt 0,5 g Filmband. Man bewegt es alle ½ Min. langsam hin und her und beobachtet, ob teilweise oder vollständige Zersetzung oder Entflammung erfolgt. Die Temperatur wird stufenweise erhöht bei je 25° bis zur Entflammung.

Es sind so folgende Entflammungs-Temperaturen festgestellt:

reine NC		180°
NC-Film		215°
Acetylcellulose-Filme		500°
Hydrat-Cellulose-Filme		500°
Mischfilme aus NC und Acetylcellulose		
mit	1% NC	500°
	5% NC	475°
	10% NC	450°
	15% NC	450°
	20% NC	435°
	40% NC	400°.

Brunswig stellt fest, daß aus den unter den üblichen technischen Nitrierbedingungen erhältlichen NC immer wieder Anteile verschiedener Löslichkeit in Äther und Alkohol, verschiedenen Stickstoffgehaltes und mit sonstiger wechselnder Beschaffenheit abgetrennt werden können. Zwischen Stickstoffgehalt und Löslichkeit in Äther + Alkohol 2:1 waltet jedoch eine gewisse Gesetzmößigkeit ob, die er graphisch darstellt (Abb. 24).

Die Löslichkeit einer NC nimmt mit sinkender Temperatur erheblich zu. Für NC mit 12,23% N ist die optimale Löslichkeit im Gemisch aus 2 Volumen Äther und 1 Volumen Alkohol. Der N-Gehalt des gelösten Anteils nimmt zu. Für das optimale Lösungsmittel liegt er bei +30°

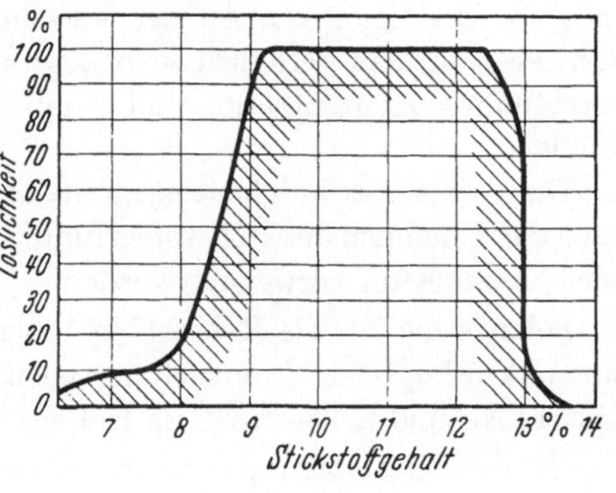

Abb. 24.

Abhängigkeit der Löslichkeit der Nitrocellulose in Äther + Alkohol von chemischem Stickstoffgehalt.

---

[1] J. Pharmac. Chim. **8**, 20, 289 (1934).

bei $N = 11,8\%$ und für $-20°$ bei $12,38\%$ N. Auch NC mit $12,69\%$ N löst sich besser mit sinkender Temperatur. Das gleiche gilt für eine NC mit $12,24\%$ N und $11,50\%$ N, wobei die erstere besser in ätherreichen Gemischen, die letztere in alkoholreichen löslich ist. Für eine NC mit $N = 10,9\%$ ist die Löslichkeit mit steigender Temperatur besser; das optimale Gemisch ist hier 1 Volumen Alkohol $+$ 1 Volumen Äther[1].

Von der Abhängigkeit der NC-Löslichkeit von ihrem Veresterungsgrad wird in der Technik in weitestem Umfange Gebrauch gemacht. NC von $60\cdots66\%$ Veresterungsgrad, entsprechend etwa $10,4\cdots11,1\%$ N, sind im Sprit handelsüblicher Konzentration, vornehmlich im Gemisch mit aromatischen Kohlenwasserstoffen völlig löslich. Kollodiumwolle von einem Veresterungsgrad von $70\cdots75\%$ ($11,5\cdots12,0\%$ N) erfordert die Verwendung absoluten Alkohols allein oder im Gemisch mit Benzol zur Auflösung. Und die höher nitrierten Cellulosen sind auch darin nicht mehr völlig löslich[2].

Im übrigen sind die Löslichkeitseigenschaften der NC so umfassend, daß es genügt, auf die wenigen Nichtlöser für sie hinzuweisen; es sind dies aliphatische und aromatische Kohlenwasserstoffe und Chlorkohlenwasserstoffe und die höheren Alkohole und einige Äther ohne zyklische Struktur. Für die NC gilt im besonderen Maße, daß viele dieser Nichtlöser sich gegenseitig zu Lösern aktivieren und daß diese Aktivierung durch eine Reihe nicht-flüchtiger Substanzen (Weichmacher und/oder Harze) in hohem Maße unterstützt resp. oft erst ausgelöst wird. Hierbei deuten sich bereits Gesetzmäßigkeiten im Bezug auf den Einfluß des Veresterungsgrades der NC an[3]. Die Löslichkeit ist weiterhin von Bedeutung für die Eigenschaften der Verschnittfähigkeit der NC-Lösungen, d. h. also, für das Verhältnis von Lösern und Nichtlösern, wobei selbstverständlich Konzentration und Temperatur konstant gehalten werden müssen.

Die Verschnittfähigkeitseigenschaften ermöglichen dann fernerhin auch das Erkennen des Rohstoffes für die NC-Herstellung, also ob Linters oder Holzzellstoff verwendet wurden.

Solange die NC als Rohstoff in Faserform vorliegt, gelingt es durch eine mikroskopische Untersuchung leicht, eine Unterscheidung zwischen Linters-NC und Zellstoff-NC zu treffen.

Um diese Feststellung auch an den nicht mehr in Faserform liegenden Erzeugnissen aus Kollodiumwollen durchzuführen, kann man sich nach unseren erstmalig vor etwa 18 Jahren durchgeführten Untersuchungen folgender kolloidchemischer Methode bedienen. Es war bereits während der Entwicklung der Kollodiumwolle aus Zellstoff erkannt worden, daß

---

[1] Cellulose Ind. **6**, 45 (1930). — [2] DRP. 624 436/22 h v. 5. 11. 33/21. 1. 36.
[3] *Thinius:* Farbe, Lacke, Anstrichstoffe **2**, 97, 117, 159 (1948).

die aus Linters oder Zellstoff hergestellten NC sich vornehmlich durch eine gleichartige Verschnittfähigkeit ihrer Lösungen auszeichnen, mit Ausnahme gegenüber Benzin als Verschnittmittel.

Der Unterschied in dem optischen Befund zweier gleichkonzentrierter Lösungen einer auf gleichen N-Gehalt nitrierten Kollodiumwolle aus Linters oder aus Zellstoff war so, daß die mit der gleichen Menge Benzin verschnittenen Zellstoff-NC-Lösungen stets erheblich trüber waren als die Linters-NC-Lösungen. Da diese unterschiedliche Trübung auch von Film und anderen Erzeugnissen aus NC nach nochmaliger Wiederauflösung gegeben wird, ist die Verschnittfähigkeit gegen Benzin ein einfaches und leicht durchzuführendes Mittel, um sicher Zellstoff-NC von Linters-NC zu unterscheiden. Von Bedeutung für die allgemeine Anwendbarkeit der Methode ist, daß sie unabhängig von der Herstellungsart und der Pflanze von jedem Zellstoff gegeben wird. Innerhalb der etwa 18 Jahre seit der erstmaligen Durchführung der Untersuchungen hat sich die Qualität des Zellstoffes in dieser Hinsicht nicht geändert.

Zur Durchführung der Untersuchung werden 7,5 g NC mit der doppelten Menge echten NC-Lösers — Butylacetat (85% oder 100%), Äthylglycol — zunächst zu einer klaren, durchsichtigen Lösung oder Paste, je nach Eigenviscosität der NC, peptisiert. Zu dieser Masse setzt man nun das Verschnittmittel Benzin in kleinen Anteilen hinzu und beurteilt jeweils den Zustand der erhaltenen Lösung. Wird die Verschnittfähigkeitsgrenze erreicht oder überschritten, so setzt man wiederum echten NC-Löser hinzu und fährt so mit abwechselnder Zugabe von Verschnittmittel und Löser fort, bis das Gesamtgewicht der Lösung von 50 g erreicht ist.

Als Beispiel diene eine Versuchsreihe mit Butylacetat (85%) als echtem NC-Löser:

Tabelle 34.

NC	Butylacetat (85%)	Benzin	Aussehen der Lösung	
g	g	g	Linters NC	Zellstoff-NC
7,5	15	+ 0	dickflüssige klare Paste	wie Linters
		+ 7	leicht trübe Lösung	trübe Lösung
		+ 5	leicht trübe Lösung	stark trübe Lösung
	+ 5		klare Lösung	trübe Lösung
		+ 5	leicht trübe Lösung	trübe, grießige Lösung
		+ 5	Synärese	Synärese
	+ 2,5		klare fließende Lösung	fließende undurchsichtige Lösung
7,5	22,5	22		

Unabhängig von der Art des echten Lösers haben wir bisher stets feststellen können, daß bei gleichem Verschnittzustand der Lösung die aus Zellstoff hergestellte NC stets eine wesentlich größere Trübung aufweist als die ebenso zusammengesetzte Linters-NC-Lösung.

Daß man sich bei diesen Untersuchungen noch im Gebiet der wahren Verschnittfähigkeit bewegt, kann man durch einen Aufguß der Lösungen schnell nachprüfen. Trotzdem die Zellstoff-NC-Lösung so stark trübe ist, trocknet sie genau wie die Linters-NC-Lösung zu einem klaren Film auf. Es ist natürlich nicht notwendig, für den analytischen Nachweis, ob Zellstoff oder Linters als Rohstoff für die NC-Herstellung verwendet wurde, die eben geschilderte Arbeitsweise des allmählichen Zusatzes von Löser bzw. Verschnittmittel zu wählen, sondern man kann sich mit der sofortigen Auflösung der NC in dem fertigen Lösungsmittelgemisch begnügen.

Die subjektiv wahrnehmbare Trübung kann man außerdem auch mit dem *Pulfrich*-Photometer ausmessen. Es zeigt sich hierbei, daß im durchfallenden Licht die Absorption der Zellstoff-NC ungefähr viermal größer ist als die der Linters-NC. Betrachtet man einmal diese Ergebnisse unter dem Gesichtspunkt der Lehren aus der Fällbarkeitsmethode von *Gordijenko-Schenk*, so müßte man den Schluß ziehen, daß es sich um zwei verschiedene Eukolloide, aber nicht um ein und dasselbe Hochpolymere aus zwei verschiedenartigen Rohstoffen handelt.

Wir haben uns die Frage vorgelegt, inwieweit diese Fällbarkeitsmethode geeignet ist, zur Unterscheidung der verschiedenen Viscositätsstufen der NC, einer polymer-homologen Reihe also, die sich ja auch in ihrem N-Gehalt entsprechend unterscheiden (N von 12,2 bis 11,8%) zu dienen, wobei jeweils Aceton als Löser verwendet wurde. Es wurden die gleichen Fällmittel wie bei den Celluloseäthern verwendet.

Die hochviscose und die niedrigviscose Lack-Kollodiumwolle E 950 bzw. E 400, aus Zellstoff gefertigt, wurden in 10%iger Lösung geprüft. Außerdem wurden Typ E 400 und die beiden mittelviscosen Typen E 510 und E 620 in 15%iger Acetonlösung untersucht, um den Einfluß der Konzentration kennen zu lernen. Bei Typ E 510 konnten wir außerdem noch Linters als Rohstoff untersuchen. Die Fällung mit Benzin ist unabhängig von der Eigenviscosität der Kollodiumwolle und von der Konzentration der Lösung bei den mittel- und niedrigviscosen Typen übereinstimmend: „trübe gelartig". Die hochviscose E 950 gibt entsprechend ihrem einige Zehntelprozent höheren N-Gehalt eine abweichende Erscheinungsform der Fällung: „klar, faserig". Dieses Bild ändert sich durch den zweiten Zusatz von Benzin nicht. Von besonderem Interesse ist, daß die bei Verschnittsfähigkeitsuntersuchungen an Kollodiumwolle aus den beiden verschiedenen Rohstoffen Linters und Zellstoff mit Benzin als Verschnitt auftretenden so charakteristischen

Unterscheidungen zwischen diesen beiden Qualitäten Kollodiumwolle hier nicht erscheinen.

Bei dem Fällmittel Benzol kommt ebenfalls die Eigenviscosität der NC und der damit etwa parallel gehende N-Gehalt zur Auswirkung. Die 10%igen NC-Lösungen werden durch die erste sechsfache Menge Benzol nicht gefällt. Bei Zusatz der zweiten vierfachen Menge Benzol bleibt die Lösung aus der Kollodiumwolle mit der niedrigsten Eigenviscosität klar, die der höchstviscosen Kollodiumwolle wird dagegen als klares Gel gefällt. Erhöht man die Konzentration der niedrigviscosen Wolle E 400, so entsteht das gleiche Fällungsbild wie bei der hochviscosen E 950 in geringerer Konzentration.

Die mittelviscosen Typen geben in der höheren Konzentration unter sich gleichartige Fällungsbilder, solange der N-Gehalt sich nur unwesentlich unterscheidet (weniger als 0,1% N).

Gegenüber dem kugeligen Tetrachlorkohlenstoff-Molekül verhalten sich alle Kollodiumwolle-Typen in jeder Konzentration gleich; sie werden in Faserform ausgefällt. Ebenso ist die Fällung mit Äther uncharakteristisch im Hinblick auf die Unterscheidungsmöglichkeit der Wolle-Typen. Durch Chloroform als Fällmittel lassen sich hochviscose Wolle-Typen von den niedrigviscosen unterscheiden, insofern als die erstgenannten infolge des etwas höheren N-Gehaltes eine klare Ausscheidung geben, während die letztgenannten nur etwas getrübt werden. Von den Alkoholen eignen sich die beiden 100%igen Substanzen Methanol und n-Propanol nicht als Fällmittel, da die Verschnittfähigkeitsgrenze noch nicht erreicht ist.

Sprit gibt infolge seines Wassergehaltes bei allen Kollodiumwolle-Typen unabhängig von Konzentration und Eigenviscosität gleichartige Ausfällungen. Dies gilt natürlich nur für die sogen. E-Wollen, während die A-Wollen infolge ihrer höheren Polarität nicht aus der Lösung gefällt werden.

Cellulosetriformiat.

b) Im Cellulosetriformiat (Grundmol 246) mit 56,1% HCOOH liegt eine in dem üblichen organischen Lösungsmitteln unlösliche Substanz vor. Irgendwelche charakteristischen, analytisch verwertbaren Merkmale sind für diesen trotz seiner Billigkeit technisch noch nicht verwertbaren Ester noch nicht anzugeben. Denn seine Löslichkeit in Ameisensäure und Pyridin kommt auch anderen Estern der Cellulose zu.

Celluloseacetate.

c) Für den Nachweis der Essigsäure in den *Celluloseacetaten* bedient man sich am besten der von *D. Krüger* und *Tschirch*[1] ausgearbeiteten

---

[1] Chemiker-Ztg. **54**, 44 (1930); Mikrochem. **7**, 318; Pharmaz. Ztg. **74**, 1096 (1929).

Methode mit Uranyl-Natriumformiat. Es ist hierzu zu sagen, daß die Propionsäure, Buttersäure und Valeriansäure zwar auch Niederschläge mit dem U-Salz geben, jedoch diese nicht mit den Tetraedern des Acetates verwechselt werden können. Zur Herstellung von Uranylformiat werden 10 g Uranylnitrat in 500 cm³ Wasser mit geringem Ammoniaküberschuß gefällt. Nach dem Filtrieren wird mit heißem Wasser kurz ausgewaschen und mit konzentrierter Ameisensäure gelöst. Durch Eindampfen entsteht ein feinkristallinisches, hellgelbes Pulver. Bringt man die auf Essigsäure zu untersuchende Substanz auf einen Objektträger und auf dessen eine Seite Natriumformiatkristalle und auf dessen andere Seite Uranylformiat, so bilden sich beim Zusammenfließen die charakteristischen tetraedrischen Kristalle. Die Autoren weisen noch darauf hin, daß Salpetersäure stark stört.

Neben substituierten Essigsäuren und Buttersäure kann die Essigsäure durch die Jod-Lanthan-Acetatreaktion erkannt werden. Sie eignet sich zum direkten Nachweis der Essigsäure neben einem großen Überschuß von Nitrat und Halogenid. Sonst gelingt es leicht, aus den zur Trockne eingedampften Natriumsalzen mit absolutem Alkohol das Natriumacetat zu entfernen und diese Lösung zu verwenden. *Krüger* und *Tschirch*[1] führen diese Reaktion wie folgt durch: 1 bis 3 cm³ neutrale Untersuchungslösung werden mit 1 cm³ 5%iger Lanthan-Nitrat-Lösung, 1 cm³ n/50 Jodlösung und einigen Tropfen n-Ammoniaklösung versetzt. Wenn kalt keine Blaufärbung durch die Absorptionverbindung eintritt, wird langsam bis zum Sieden erhitzt. SO_4 und PO_4 werden vorher mittels Barium entfernt. Empfindlichkeit dieser Reaktion 0,1 mg CH_3COOH.

Bezüglich der Abhängigkeit der Löslichkeit der Acetylcellulosen vom Essigsäuregehalt liegen die Verhältnisse nicht so eindeutig wie bei der NC. Dies wird verständlich, wenn man bedenkt, daß die NC in jeder Veresterungsstufe direkt zu erhalten ist, während eine Reihe der Acetylcellulosen durch die Verseifung des Triacetats hergestellt werden müssen. Nach *Deripasko*[2] erwiesen sich eine ganze Reihe von Acetylcellulosen nach der Verseifung sowohl in Aceton wie auch in Chloroform löslich. Dies gilt z. B. für ein Acetat mit 57% CH_3COOH. Ähnliche Angaben macht *McNally*[3]. Die Acetonlöslichkeit tritt danach schon bei 60% CH_3COOH ein und verschwindet bei 49%. Wir fanden an einem technischen Cellit T mit 60 bis 61% CH_3COOH allerdings nur 15% Löslichkeit in Aceton. Nach *Werner* und *Engelmann*[4] ist Aceton Lösungsmittel für Acetylcellulose von 59 bis 50% CH_3COOH. *Elöd* und *Schrodt*[5] fanden die nachstehend angegebene Abhängigkeit der Acetonlöslichkeit vom Essigsäuregehalt:

---

[1] Ber. **62**, 2776 (1929). — [2] Cellulosechemie **12**, 254 (1931). — [3] J. Amer. Chem. Soc. **51**, 3095 (1929). — [4] Kunststoffe **20**, 6 (1930). — [5] Angew. Chem. **44**, 933 (1931).

| CH$_3$COOH % | 60,6 | 60,1 | 59,8 | 59,4 | 58,4 | 57,0 |
| Löslichkeit % | 18,2 | 37,7 | 75,2 | 92,4 | 100 | 100 |

Ein Acetat mit 56% CH$_3$COOH ist nach *Werner* außerdem in Essigsäureester löslich. *Deripasko* findet diese Löslichkeit nur bei 57,4 bis 57,8% CH$_3$COOH. Methylacetat kann auch noch Acetate mit 52% CH$_3$COOH lösen. Ameisensäure ist ein gleichmäßig vorzügliches Lösungsmittel für Acetylcellulosen zwischen 50···62,5% Essigsäure. Unterhalb 50% Essigsäure ist außer Ameisensäure nur noch das stark polare Wasser imstande, zusammen mit Aceton die Auflösungen herbeizuführen.

Nach unseren Feststellungen eignen sich als Unterscheidungsmerkmale zwischen den einzelnen handelsüblichen Celluloseacetaten folgende Löslichkeitsunterschiede:

Tabelle 35.

	% CH$_3$COOH	Chloroform	Aceton	Methyl-Äthyl-keton	Methylacetat	Poly-solvan O
Triacetat (Cellit T)	60···62,5	löslich	unlöslich	unlöslich	unlöslich	unlöslich
Cellit F	56···56,5	quillt	schlecht löslich	löslich	löslich	quillt
Cellit K	54···55	quillt	löslich	löslich	löslich	quillt
Cellit L	52···54	quillt schwach	löslich	quillt	quillt u. teilw. löslich (ca 48%)	löslich

Aktivierungserscheinungen von Nichtlösern sind auch bei diesen Estern zu beachten resp. auszunutzen. Daß Methylenchlorid resp. Chloroform durch Zusatz von ca. 10% Methanol Löser für Cellit L usw. wird, ist allgemein bekannt und wird technisch viel verwertet. Methyläthylketon wird zu einem echten Löser für Cellit L, wenn absoluter oder wasserhaltiger Alkohol hinzutritt[1]. Wie unsere früheren Arbeiten ergeben[2] haben, wird dieses sekundäre Celluloseacetat fernerhin gelöst durch ein Gemisch der beiden Nichtlöser Methanol oder Äthanol + 2-Cyan-3-Chlortetrahydropyran.

Während Kollodiumwolle dank ihrer leichten Löslichkeit und der technischen Lieferform in einer mehrgliedrigen polymerhomologen Reihe einen bei der Fällungsmethode nach *Gordijenko-Schenk* weiten Spielraum hinsichtlich der für die Fällbarkeit zu verwendenden Konzentrationen und Lösungen gibt, ist dies bei den Celluloseacetaten nicht mehr der Fall.

---

[1] Kolloid-Z. **49**, 4 (1929).
[2] *Thinius:* Farbe, Lacke, Anstrichstoffe **2**, 97, 117, 159 (1948).

Das Cellulosetriacetat ist von allen Estern durch seine sehr geringe Löslichkeitsbreite charakterisiert. Praktisch zur Verarbeitung kommt es nur in Methylenchlorid (Chloroform) + Methanol 9:1. Die Verschneidbarkeit dieser Lösungen mit den üblichen Lösungsmitteln ist im allgemeinen schon gering, so daß es nicht überrascht, wenn durch die bereits erwähnten Lösungsmittel, unabhängig von ihrer Polarität, eine Fällung eintritt. Eine Ausnahme bildet nur das Aceton, mit dem die Lösung des Triacetats in Methylenchlorid + Methanol 9:1 sehr weitgehend verdünnbar ist. Jedoch darf die Nichtfällbarkeit einer Celluloseesterlösung in diesem Lösungsmittel durch Aceton nur dann als charakteristisch für Cellulosetriacetat angesehen werden, wenn man sich durch eine parallel laufende Löslichkeitsuntersuchung davon überzeugt hat, daß das Eukolloid in Aceton unlöslich ist. Auch die Lösungen von sekundärem Celluloseacetat resp. dem Tripropionat resp. dem Isoheptylat in dem Chlorkohlenwasserstoff-Alkohol-Gemisch zeigen diese unendliche Verdünnbarkeit mit Aceton einfach deshalb, weil sie in Aceton auch löslich sind.

Cellulosetripropionat.

d) Im *Cellulosetripropionat* vom Grundmol 330 sind 67,3% Propionsäure gebunden. Die Löslichkeitseigenschaften dieses Esters sind viel umfassender als die des Cellulosetriacetats. Zu den echten Lösern treten noch eine ganze Reihe von aktivierbaren Nichtlösern. Als charakteristisch für Cellulosetripropionat (Cellit TP) ist zunächst seine Löslichkeit in Benzol, Chlorkohlenwasserstoffen außer Tetrachlorkohlenstoff und und in Estern und Ketonen anzusehen. Toluol wird in der Wärme ebenso zum Löser wie n-Propanol und i-Butanol, aus ihnen fällt das Tripropionat entweder als flockige Abscheidung oder als Gel aus. Diese beiden Nichtlösergruppen (Alkohole und Kohlenwasserstoffe) lassen sich aber auch gegenseitig zu Lösern aktivieren.

Die Lösefähigkeit von Toluol-Methanol-Gemischen beginnt bereits bei einem verhältnismäßig geringen Zusatz an Methanol zum Toluol. Während beim Mischungsverhältnis 99% Toluol und 1% Methanol nur eine Quellung mit einer Löslichkeit von etwa 3% der Tripropionats eintritt, führt das Gemisch 95% Toluol + 5% Methanol bereits eine mit nur wenigen Fasern durchsetzte Auflösung herbei. Im Mischungsgebiet von 93···50 (Gew.) % Toluol und 7···50% Methanol ist das Tripropionat völlig einwandfrei löslich.

Auch bei den Gemischen von Toluol und Alkohol (94%) beginnt die Lösefähigkeit bereits bei geringen Zusätzen von Sprit und Toluol. Das Gemisch 94% Toluol und 6% Sprit löst das Tripropionat zu schwachfaserigen Lösungen, die nach wenigen Tagen gelatinieren. Schon die Erhöhung des Alkoholanteils auf 8% führt zu vollständigen Lösungen.

Dieses starke Solvationsvermögen hält bis zum Mischungsverhältnis 50% (Gewicht) Toluol + 50% (Gewicht) Sprit an. Eine Erhöhung des Alkoholanteils hat dann zur Folge, daß die nur noch teilweise eingetretene, stark mit Quellkörpern durchsetzte Auflösung im Gemisch 40% Toluol und 60% Alkohol nach wenigen Stunden zur Synärese führt.

Die beiden Propanole und auch n- resp. i-Butanol sind in ihrer Aktivierung für Toluol merklich abgeschwächt. Mit den Propanolen gelingt es, durch die Mischungen 92···70% Toluol und 8···30% Propanol das Tripropionat zu schlierigen, mit Quellkörpern durchsetzten Lösungen zu peptisieren.

Ähnlich sind die Ergebnisse mit Butanol. Mit steigendem Molgewicht der Alkohole wird das lösungsaktive Gebiet immer kleiner und auf Mischungen aus 90···80% Toluol und 10···20% Alkohol zusammengedrängt.

Die Quellbarkeit des Tripropionats in Methylglycol hat zur Folge, daß das Solvatationsvermögen von Gemischen aus Toluol + Methylglycol jedoch etwas mehr nach der Methylglycolseite hin verschoben ist.

Der symmetrische Bau des Tetrachlorkohlenstoff-Moleküls wirkt sich hinsichtlich seiner Fähigkeit, durch Alkohole aktiviert zu werden, im Vergleich mit dem stärker polarisierbaren, infolge der scheibenförmigen Atomanordnung eine stark bevorzugte Richtung größter Polarisierbarkeit aufweisenden Toluol dahin aus, daß diese Aktivierbarkeit doch merklich herabgesetzt ist.

Die als stark assoziierte Flüssigkeiten vorliegenden Alkohole sind den Monoalkyläthern des Äthylenglycols hinsichtlich ihrer Aktivierungswirkung für Tetrachlorkohlenstoff deutlich unterlegen. Die in diesen Äthern vorhandene Oxa-Gruppierung mit ihrer niedrigen Molkohäsion von etwa 1630 cal. dürfte einer Assoziierung der Moleküle in einer solchen Höhe, wie sie in den Alkoholen, die neben den COOH-Gruppen der organischen Säuren die höchste Molkohäsion für die OH-Gruppen von etwa 7250 cal. aufweisen, entgegenwirken. Demgemäß wird eine kleinere Assoziation in den Glycoläthern vorliegen, die durch die Tetrachlorkohlenstoff-Moleküle noch weiterhin gelockert wird, so daß genügend „freie" OH-gruppenhaltige Moleküle der Glycoläther vorhanden sind, um eine Induktionswirkung auf den Tetrachlorkohlenstoff ausüben und ihn damit zur Auflösung des Cellulosetripropionats zu befähigen.

Gemische von 90···60% Tetrachlorkohlenstoff und 10···40% Methylglycol lösen das Tripropionat klar auf. Gemische zu gleichen Teilen ergeben eine schlierige Lösung.

Die Erhöhung des Ätherradikals im Glycolmonoalkyläther um eine CH_2-Gruppe wirkt sich dahin aus, daß die gewichtsmäßig angesetzten Gemische 90 und 85% Tetrachlorkohlenstoff und 10 und 15% Äthylglycol nur teilweise resp. stark schlierige Lösungen des Cellulosetripropionats ergeben. Im Gebiet von $80\cdots60\%$ Tetrachorkohlenstoff $+20\cdots40\%$ Äthylglycol sind vollständige und einwandfreie Auflösungen zu erzielen. Auch hierin ist die Überlegenheit der Glycolmonoalkyläther gegenüber den aliphatischen Alkoholen zu erkennen[1].

Damit ist dieser Ester eindeutig vom Triacetat und den höheren Homologen unterschieden. Als weiteres Kriterium tritt noch die schon oben erwähnte Verträglichkeit des Cellulosetripropionats mit dem Chlorkautschauk resp. Bunalit, wobei man Benzol + Butylacetatgemische als gemeinsames Lösungsmittel verwendet, hinzu.

Cellulosebutyrate und Ester höherer Fettsäuren.

c) *Cellulosebuttersäureester* lassen sich auf dem für die Acetylierung üblichen Weg in hochviscos löslicher Form nicht herstellen. Es ist deshalb von *v. Frank* und *Cohn*[2] ein Mischester mit Ameisensäure als Zwischenprodukt hergestellt. Die schwach formylierte Cellulose ist dann mit Buttersäureanhydrid und Chlorzink leicht zu verestern, wobei keine Umesterung der Formylcellulose stattfindet. Der aus dem Veresterungsgemisch ausgefällte primäre Triester enthält 3% Ameisensäure und 65% Buttersäure; er ist löslich in Chloroform, Dioxan, Benzol und Aceton.

Der durch Verseifung mit 93%iger Buttersäure während $30\cdots72$ Stunden bei $95°$ erhaltene sekundäre homogene Buttersäureester hat einen Buttersäuregehalt von $65\cdots66\%$, liegt also damit etwas oberhalb des Dibutyrates, wie aus nachstehender Zusammenstellung sich ergibt:

Tributyrat	$C_6H_7O_2(OCOC_3H_7)_3$	Grundmol 372	$70,98\%$ C_3H_7COOH
Dibutyrat	$C_6H_7O_2(OCOC_3H_7)_2OH$	Grundmol 302	$58,21\%$ C_3H_7COOH
Monobutyrat	$C_6H_7O_2(OH)_2$ $\diagdown OCOC_3H_7$	Grundmol 232	$37,93\%$ C_3H_7COOH

Seine Löslichkeit ist gegenüber dem Tri-Mischester erweitert durch Aceton, Benzol + Alkohol und Butylacetat als Lösungsmittel. Die Anwesenheit des Formylrestes ergibt sich aus dem Auftreten von Kohlenoxyd bei der Behandlung mit konz. Schwefelsäure. Er liegt zwischen $3\cdots10\%$. Die Verseifung wird mit alkoholischer n/10 Lauge bei schwach erhöhter Temperatur vorgenommen.

Wesentlich wichtiger sind die Mischester aus Acetat und Butyrat. Im handelsüblichen Celluloseacetobutyrat (Cellit B) sind ca. 17% Buttersäure und 43% Essigsäure vorhanden. Ein Diaceto-Monobutyrat vom Grundmol 316 würde 38% CH_3COOH und $27,9\%$ C_3H_7COOH enthalten.

Der qualitative Nachweis der Buttersäure wird verschieden geführt. *Kline*[3] oxydiert Buttersäure mit 3% Wasserstoffsuperoxyd und Ferriammonsulfat als Katalysator in schwefelsaurer Lösung zu Gemischen

---

[1] *Thinius:* Farbe, Lacke, Anstrichstoffe **2**, 97, 117, 159 (1948).
[2] Cellulose-Chemie **12**, 68 (1931). — [3] Biochem. Z. **273**, 1 (1948).

von Aceton und Acetaldehyd. Aceton wird mit Quecksilbercyanid +
Silbernitrat-Lösung (*Scott-Wilson*-Reagens) als unlösliche Verbindung
nachgewiesen. Diese Mikromethode wird allerdings durch allerlei Verunreinigungen gestört. *Allgeier*, *Peterson* und *Fred*[1] behandeln die zu prüfende Lösung mit salzsaurem Kupferchlorid und schütteln mit Chloroform aus. Durch die auftretende Blaufärbung wird die Buttersäure erkannt. Das Reagens besteht aus 85,26 g · $CuCl_2$ · 2 H_2O in 1000 cm³
n/1 Salzsäure.

Man kann diese Reaktion quantitativ gestalten; sie gibt colorimetrisch auch mit den drei Komponenten Essigsäure bis Buttersäure
gute Resultate[2].

Die Bestimmung der Buttersäure neben der Essigsäure ist noch mit
allerlei Fehlern behaftet. Nach *Crowell*[3] werden Buttersäure und höhere
Homologe teilweise getrennt von niedrigen Gliedern durch Sättigen ihrer
niedrigen Lösungen mit Calciumchlorid. Die Buttersäure schwimmt
hierbei oben als Öl. Die Buttersäure (auch Valeriansäure) wird nun aus
der wäßrigen Lösung durch Ausschütteln mit Benzol abgetrennt; hierbei
bleiben Ameisensäure und Essigsäure zurück.

Von allen Bariumsalzen ist buttersaures Baryt am leichtesten im
absoluten Alkohol löslich und läßt sich so von Propionat und Acetat
abtrennen. Es darf jedoch nicht oberhalb 80° getrocknet werden.

Chininacetat und -butyrat unterscheiden sich durch ihre Löslichkeit
in Tetrachlorkohlenstoff. Man kocht zur Trennung 10···15 Min. damit
aus, filtriert bei 25° und wäscht den Rückstand mit Tetrachlorkohlenstoff. Man engt auf 100 cm³ ein, destilliert mit 20 cm³ Phosphorsäure
über und titriert mit n/10 Baryt. Die Buttersäure wird hier etwas zu
niedrig gefunden. Es ist deshalb besser, sie aus chlorcalciumhaltigem
Wasser mit Kerosin zu extrahieren, da dieses nur wenig Essigsäure löst.
Man benutzt eine gesättigte Chlorcalciumlösung, die außerdem noch
20 g/1 Kaliumchlorid enthält. Man titriert mit Natronlauge und dampft
die Salze im gewogenen Glas allmählich zur Trockne ein. Das Salzgewicht
wird festgestellt. Die Gesamtsäure als Natriumacetat abgezogen vom
Salzgewicht gibt das Gewicht für eine CH_2-Gruppe. Zum Destillat setzt
man 25 cm³ gesättigte Chlorcalciumlösung, schüttelt 2mal mit 25 cm³
Kerosin aus. Die Buttersäure geht ins Kerosin, das noch einmal mit 10 cm³
Chlorcalciumlösung durchgewaschen wird. Das Kerosin geschüttelt mit
150 cm³ kohlensäurefreiem Wasser wird mit Baryt titriert. Das in Kerosin
unlösliche Natriumbutyrat geht in das Wasser, man zieht das Wasser ab
und wäscht nach. Aus dem Bariumsalz wird nochmals mit Wasserdampf
die Buttersäure abdestilliert, mit Natronlauge titriert und als Natriumbutyrat gewogen.

---

[1] C. **1930** I 2703. — [2] Заводская лаборатория **6,** 312.
[3] Amer. Chem. Soc. **40,** 453 (1918).

Winogradow und *Ostroumowa*[1] lehnen die Methode von *Haberland* und *Rosenthaler* ab. Sie scheiden die Säuren als Natriumsalze aus. 6 g Natriumsalz werden mit 1 cm³ Salzsäure versetzt und mit 50 cm³ Äther durchgeschüttelt, die wäßrige Schicht wird abgegossen. Die Essigsäure wird mit Natronlauge auf schwachrosa Färbung des Phenophthalein titriert. Zur wäßrigen Lösung gibt man Ferrichloridlösung und zwar, wenn sofort ein Niederschlag entsteht, nur 5···10 Tropfen, bei Braunfärbung jedoch 30 Tropfen. Die braune Lösung wird bis zur Niederschlagsbildung erhitzt. Zur verbliebenen Lösung der Einwaage setzt man 1 cm³ Salzsäure und verfährt weiter wie oben. Die Reagensgläser mit Eisenchlorid werden reihenweise aufbewahrt. Tritt bei Eisenchloridzusatz sofort Niederschlag auf, so liegt Buttersäure vor. Eine braune Färbung ohne Trübung und nach einigen Minuten das Auftreten eines gelben Niederschlages beim Erhitzen zeigt Propionsäure an. Ein heiß ausgeschiedener Niederschlag deutet auf Essigsäure. Die Änderung der Niederschlagsfärbung ist hinreichend, um festzustellen, wo die Propionsäure aufhört und die Essigsäure anfängt überzudestillieren. Butter- und Propionsäure scheiden sich zuerst aus. Die Grenze zwischen ihnen ist schwer zu unterscheiden.

Gneist[2] destilliert die Buttersäure (B) und die Essigsäure (E) enthaltenden Flüssigkeiten 3 mal je auf die Hälfte ab, wobei der Rückstand jeweils auf 200 cm³ gebracht wird. Die Destillate werden mit 0,05 n-Lauge gegen Phenolphthalein titriert. Es ergeben sich folgende Formeln zur Berechnung, wobei alles in 0,05 n ausgedrückt ist:

$$E = 3{,}9620 \cdot (D_2 + D_3) - 1{,}3724 \cdot D_1 \text{ und } B = -1{,}9920 \cdot (D_2 + D_3) + 2{,}0641 \cdot D_1$$

Hierin bedeuten D_1, D_2 und D_3 die Säure im ersten, zweiten und dritten Destillat.

Die wasserdampfflüchtigen Fettsäuren, also bis zur Caprylsäure, lassen sich mittels gepufferter Säulen aus Silicagel trennen[3]. Optimale Bedingungen erreicht man bei 0,1 m Mol Beladung. Bei 1 m Mol wird die Trennung benachbarter Säuren unvollständig. Die Chloroform- + Butanol-Fluate werden mit n/200 Lauge titriert.

Mit Rücksicht auf die sich allmählich durchsetzende Verwendung von Acetopropionat sei noch auf einen quantitativen Nachweis von Propionsäure neben Essigsäure und Buttersäure eingegangen. Er gelingt mit Hilfe von Merkuronitrat. Diese Quecksilbersalze zeigen im Mikroskop deutlich verschiedene Kristallformen, minimal sind 0,15 mg erkennbar. Formiate müssen vorher entfernt werden[4].

Das nur 5% Cellit B lösende Tetrachloräthan wird durch Alkohol zu einem Löser aktiviert, wobei Mischungsverhältnisse von 9:1 bis 5:5 eingehalten werden müssen (Alkohol im Unterschuß).

[1] Z. analyt. Chem. **109**, 134 (1937). — [2] Biedermanns Zbl. Agrik.-Chem. ration. Landwirtschaftsbetrieb Abt. A. **1**, 68 (1929). — [3] Biochemic. **J. 42**, Proc. **XIV** 1948. [4] J. Amer. Chem. Soc. **61**, 2974 (1939).

Charakteristisch für die kurze Zeit unter den Celluloseestern des Handels auftauchenden *Ester der Isoheptylsäure* und der *Stearinsäure* (Cellit IH bzw. Cellorit) ist ihre Löslichkeit in Benzin. Der Ester mit dem langkettigen Fettsäurerest wird hinsichtlich seiner Löslichkeitseigenschaften völlig von diesem Rest beherrscht. Der paraffinartige Charakter drückt sich in der Unlöslichkeit des Esters in absolutem Äthanol, Aceton und Methylglycolacetat aus. Unter Verzicht auf eine ausführliche Wiedergabe der Löslichkeitseigenschaften dieser beiden Fettsäureester der Cellulose lassen sich die in Tabelle 36 genannten Merkmale zur Unterscheidung zwischen den wichtigsten organischen Celluloseestern ausnutzen.

Tabelle 36.

	Cellit T	Cellit TP	Cellit IH	Cellit B	Cellit L	Cellorit
Benzin	unlöslich	unlöslich	löslich	unlöslich	unlöslich	löslich
Benzol	unlöslich	löslich	löslich	quillt	unlöslich	löslich
Dichloräthan	unlöslich	löslich	löslich	löslich	quillt	quillt
abs. Alkohol	unlöslich	unlöslich	löslich	löslich	unlöslich	unlöslich
Chlorbenzol	unlöslich	löslich	löslich	unlöslich	unlöslich	löslich
o-Chlortoluol	unlöslich	unlöslich	löslich	unlöslich	unlöslich	löslich
Aceton	unlöslich	löslich	löslich	löslich	löslich	unlöslich
Äthylglycol-acetat	unlöslich	löslich	löslich	löslich	löslich	unlöslich

Cellulosemischester.

f) Immer wieder zur Bearbeitung gereizt hat der Cellulosemischester aus Salpetersäure und Essigsäure. *D. Krüger*[1] gibt als Nachweis für den Stickstoffgehalt der Nitroacetate an, daß er in der gleichen Weise wie beim reinen Nitrat geführt werden kann.

Da die qualitativen Reaktionen auf Essigsäure (Äthylacetatgeruch, Kakodylprobe) schon bei anorganischen und einfachen organischen Acetaten versagen, überrascht es nicht, daß sie bei der höheren molekularen Cellulosenitroacetaten ebenfalls nicht zum Ziel führen. Die Notwendigkeit, den Nachweis der Essigsäure hierin durch Verseifen zu führen, wird erschwert durch die gleichzeitig vorhandenen Nitratgruppen, so daß eine alkalische Verseifung nicht zum Ziel führt. Man muß deshalb nach saurer Verseifung die Essigsäure mikroskopisch als Uranyl-Natrium-Acetat nachweisen. *Krüger* und *Tschirch*[2] geben hierzu folgende Vorschrift:

Man verseift zunächst 1 g des Untersuchungsmaterials mit 25 cm³ 75%iger Schwefelsäure eine Viertelstunde bei Zimmertemperatur im

---

[1] *Krüger:* Celluloseacetate 1933, S. 329 (Springer). — [2] Kunststoffe **20,** 193 (1930).

verschlossenem Kolben, verdünnt mit 150 cm³ Wasser und destilliert so, daß 50 cm³ in einer halben Stunde übergehen. Das mit n/10 Lauge gegen Lackmus neutralisierte Destillat dampft man zur Trockne, verreibt den Rückstand mit 10 cm³ absolutem Alkohol und filtriert nach einigem Stehen. Man verdampft wieder den Alkohol und nimmt mit 0,3 cm³ Wasser auf. Ein Tropfen davon wird auf dem Objektträger verdampft. Nach Zusatz von 1 Tropfen alkoholischer Uranylformiatlösung wird unter dem Mikroskop ohne Deckglas das Natrium-Uranylacetat bei 200- und 300facher Vergrößerung an seinen sehr charakteristischen Tetraedern erkannt. Entgegen ihrer ersten Mitteilung[1] geben die Autoren an, daß ein Überschuß an Nitrat die Reaktion nicht stört.

Die quantitative Analyse der Nitroacetate gelingt nach unseren Erfahrungen am besten nach der Methode von *Hirtz*[2]. Bei der *Ost*schen Essigsäuremethode genügt nämlich ein Zusatz von Zink, um die Salpetersäure bis zum Ammoniak zu reduzieren. Das Nitroacetat wird in 96%iger Schwefelsäure aufgelöst und dann die völlig klare Lösung unter sehr vorsichtigem Abkühlen mit Wasser verdünnt, wobei keine Stickoxyde auftreten dürfen. Dann gibt man einige Gramm Zink dazu und destilliert nach ca. ½ Stunde mit Wasserdampf. *Hirtz* hat zur Auswertung der Ergebnisse folgende Formeln angegeben, in denen a = % Essigsäure und n = % Stickstoff ist:

$$\frac{90{,}0 \cdot a}{100 - (0{,}7 \cdot a + 3{,}215\,n)} = \overline{Ac}$$ Prozentsatz der durch Essigsäure veresterten Hydroxylgruppen der Cellulose.

$$\frac{3{,}857 \cdot n}{100 - (0{,}7 \cdot a + 3{,}215\,n)} = \overline{N}$$ Prozentsatz der durch Salpetersäure veresterten Hydroxylgruppen der Cellulose.

D. Krüger stellt fest, daß die quantitative Bestimmung der Salpetersäure ohne Schwierigkeiten in der gleichen Weise wie bei Nitrocellulose durchgeführt werden kann; eine Beobachtung, die wir auch auf Grund unserer sehr zahlreichen Analysen durchaus bestätigen können. Das *Ost*sche Verfahren, angewandt auf die direkte Methode der Bestimmung von Salpetersäure auf Essigsäure, erscheint allerdings auch uns etwas zweifelhaft, da durchaus nicht sicher ist, daß die Salpetersäure als solche quantitativ überdestilliert und nicht Verbindungen entstehen, die sich der alkalimetrischen Bestimmung entziehen. Auch von *Oddo*[3] wurde festgestellt, daß die Salpetersäure über der Schwefelsäure einen zu geringen Dampfdruck hat und deshalb nur unvollständig übergeht.

Eine alkalische Verseifung der Nitroacetate zur Grundlage einer quantitativen Bestimmung zu machen, ist völlig abwegig aus den gleichen Gründen wie bei der Nitrocellulose. Außerdem sind noch die

---

[1] Pharmaz. Ztg. **69**, 1096. — [2] *Berl Lunge:* Chem. Techn. Untersuchungsmethoden 8. Aufl. Bd. V S. 797. — [3] Gazz. Chim. ital. **49**, 140 (1919).

Verseifungsgeschwindigkeiten sehr verschieden. Die langsame Verseifung des Nitrats führt zu einem von Zeit und Temperatur abhängigen Stickstoffgehalt.

Billing und *Tinslay*[1] benutzen die gewöhnliche Bestimmung mit dem Nitrometer. Sie lösen 1 g Nitroacetat in 80%iger Schwefelsäure und lassen zur Beendigung der Hydrolyse mehrere Stunden stehen. Den Schwefelsäurerückstand aus dem Nitrometer stellt man durch Dinatriumphosphat auf $p_H = 3,7$ ein. In einem besonderen Kolben wird dann mit Wasserdampf destilliert, so daß innerhalb von $3\cdots3\frac{1}{2}$ Stunden etwa 1800 cm³ Wasser übergehen. Es ist zu beachten, daß auch reine Nitrocellulose nach der Nitrometer-Bestimmung beim Destillieren flüchtige Säuren bildet und so einen scheinbaren Acetylgehalt vortäuscht. Aus diesem Grunde wird auch von *D. Krüger* die von den Autoren angegebene Abweichung von $\pm 2\%$ bezweifelt.

Bei einer Kritik dieser Methoden durch *Tatu*[2] wird es als notwendig erachtet, bei der Nitrometer-Methode eine Korrektur für das aus Quecksilber und Salpetersäure entstehende Stickdioxyd anzubringen. Dann soll man eine Genauigkeit von $\pm 1\%$ erreichen.

Die von *Jesrijelew* und *Soloweitschik*[3] verwendete Methode benutzt außer dem Nitrometer die Bildung von Äthylacetat mit Alkohol in Gegenwart von Katalysatoren. Zur Acetylbestimmung wird die Einwaage in titrierte Lauge gebracht und mit Alkohol und Phosphorsäure destilliert. Hierzu ist eine besondere Apparatur notwendig.

Zur Charakterisierung der Löslichkeitseigenschaften der Nitroacetylcellulosen mögen einige Angaben dienen, die an einem in direktem Acetylier- und Nitrierverfahren (Einbad-Verfahren) hergestellten Produkt von uns gefunden sind. Es weist einen Gesamtveresterungsgrad von mindestens 85% auf; der Stickstoffgehalt liegt zwischen $5\cdots6\%$ N.

Als Nichtlöser wirken die aliphatischen und aromatischen Kohlenwasserstoffe, die Alkohole und einige der Chlorkohlenwasserstoffe (Methylenchlorid, Tetrachlorkohlenstoff), die Monoalkyläther des Glycols, Äther, Isobutyron, Dioxan und — analytisch von besonderer Bedeutung — das Methylenchlorid + Methanol 9:1-Gemisch. Lösevermögen haben die Ketone, die Acetale, Ester der Essigsäure, Propionsäure und Milchsäure.

9. Methoden zur Trennung von Gemischen aus Celluloseestern. Die Cellulosederivate zeigen untereinander eine ziemlich weitgehende Verträglichkeit, in deren Ausnutzung die Verarbeitung von Gemischen zu Lacken oder plastischen Massen vorgenommen wird, wobei oft die Nitrocellulose eine der Komponenten ist.

---

[1] Ind. Engng. Chim. Analyt. Edit. **2,** 380 (1930).
[2] Rev univ. Soies et Soies artific. **7,** 115 (1932). — [3] Пласт массы **1934,** 40.

Bei unserer analytischen Bearbeitung[1] derartiger Gemische haben wir uns bemüht, die Löslichkeitsunterschiede zu ihrer Trennung auszunutzen. Die an den Gemischen der pulverförmigen Rohstoffe gesammelten Erfahrungen dienten uns zur Analyse der Mischfilme aus zunächst zwei Celluloseestern miteinander.

Gemische mit Nitrocellulose.

a) Um ein Rohstoffgemisch aus NC mit Cellulosetriacetat 1:1 zu trennen, können wir sowohl das Lösungsmittel Äther + Alkohol 3:1, in dem Cellulosetriacetat unlöslich ist, wie auch das Gemisch Methylenchlorid + Methanol 9:1 benutzen. Hierin beträgt die Löslichkeit der NC 2,4%. Beide Lösungsmittel ermöglichen die Auftrennung des Gemisches mit einer Genauigkeit von ca. 97 bis 98%.

Wesentlich größere Schwierigkeiten macht die Analyse eines solchen Gemisches, wenn es nach besonderen Regeln zu einem klaren Mischfilm 1:1 vergossen wurde. Bei der ersten anwendungstechnischen Prüfung eines solchen Mischfilms aus NC + Cellulosetriacetat (Faseracetat oder Cellit T) mußte bereits erkannt werden, daß es sich in derartigen Mischfilmen nicht um eine bloße Mischung der Komponenten handelt, sondern daß die beim Cellulosetriacetat vorliegenden besonders starken assoziativen Bindungen zusammen mit dem hohen Inkrement der Molkohäsion der NO_2-Gruppe in der NC so stark wirken, daß eine Bindung zwischen NC-Makromolekül und Cellulosetriacetat-Makromolekül eintritt.

Wird Essigester zur Auftrennung des Mischfilms verwendet, so ergibt sich, daß trotz 72stündiger Extraktion am Soxhlet nur 13 bis 15% löslicher Anteil entfernt wird, das sind nur höchstens 30% der NC.

Es sind mit dem Lösungsmittel für Cellit T, dem Methylenchlorid + Methanol 9:1-Gemisch als Lösungsmittel, nur 5% des Cellit T aus dem Mischfilm zu entfernen.

Zur Kontrolle wurde in dem unlöslich zurückgebliebenen Film der Anteil der NC durch eine Stickstoffbestimmung ermittelt. Wir fanden N = 5,7%. Da die Ausgangs-NC (E 510) auf 11,9% N nitriert war, sind also noch 48% NC in dem unlöslich gebliebenen Rückstand vorhanden, oder m. a. W., es ist kaum Cellit T herausgelöst.

Es gelingt also nicht durch Anwendung eines Lösungsmittels, derartige Filme, in denen eine ziemlich starke Äußerung von Nebenvalenzen eine weitgehende micellare Verschachtelung der beiden Eukolloide bewirkt, in ihre Komponenten aufzuteilen.

Man ist also zu ihrer Analyse auf die Bestimmung des N-Gehaltes und der Essigsäure angewiesen. Aus der N-Bestimmung nach *Schulze-Tiemann* (5,6% N) errechnen sich 47,5% NC im Mischfilm. Die Essigsäurebestimmung nach der Methode von *Hirtz* führt zu 30 bis 32%

---

[1] *Thinius:* Farbe, Lacke, Anstrichstoffe **4,** 381 (1950).

CH_3COOH; das sind, unter Berücksichtigung von 61% CH_3COOH für die reine Komponente T, ca. 52···49% Cellit T im Mischfilm.

In einem geringeren Betrage sind die Nebenvalenzen wirksam bei den Mischfilmen aus NC und Cellit L, also dem Sekundäracetat.

Bei Verwendung von Butylacetat (85%) als Trennmittel für einen Mischfilm 1:1 gelingt die Abtrennung der NC bis zu 70···83% der Theorie.

Offenbar ist die Quellwirkung des zum Trennen eingesetzten Lösungsmittels auf das Sekundäracetat von Bedeutung für die Möglichkeit der Überwindung der nebenvalenzchemischen Verknüpfungen in dem Mischfilm.

Verwendet man nämlich Äther + Alkohol 1:1 als Trennmittel, so liegt schon rein äußerlich der Mischfilm „unverändert" darin. Aus 2,0020 g Film werden innerhalb 2 Tagen nur 109 mg NC (ca. 11% der NC) herausgelöst, unlöslich bleiben zurück 1,839 g Cellit L + NC.

Mit den Vorstellungen, daß die NO_2-Gruppen im Makromolekül der NC als Anknüpfungspunkt für die Nebenvalenzen zu betrachten sind, steht im Einklang, daß auch Mischfilme aus NC + Acetobutyrat (= Cellit B) 1:1 ihrer Auftrennung Schwierigkeiten bereiten. Verwendet man wiederum als Trennmittel Äther + Alkohol 1:1 für einen Mischfilm aus Cellit B + NC 1:1, so erhält man auch nach 2tägiger Einwirkung nur 2% der NC in der Lösung.

Wird umgekehrt ein Lösungsmittel für Cellit B ohne merkliche Quellwirkung auf NC angewandt, so ist der Erfolg genau der gleiche. Mit dem ternären Gemisch Alkohol + Benzol + Essigester 1:1:1 erreichten wir auch bei diesem Mischfilm keine völlige Abtrennung der NC.

Da schließlich auch die Filmoberfläche die Ursache für die Schwierigkeiten der Trennung der beiden Cellulosederivate sein könnte, haben wir die Filme nochmals in dem gemeinsamen Lösungsmittel Aceton aufgelöst und nun als faserige Fällung durch Eingießen in Wasser gefällt. Zur Trennung ist dann wiederum das auf Cellit B kaum quellend wirkende Gemisch von Äther + Alkohol 1:1 verwendet. In Bestätigung der Ergebnisse beim Versuch mit dem gut zerkleinerten Film wurden auch hier bei dem faserigen Produkt nur sehr geringe Mengen von NC herausgelöst.

Der unlösliche Anteil hat noch einen N-Gehalt von 5,7%, d. h. er hat sich gegenüber dem Ausgangsmaterial kaum geändert. Die anschließende Behandlung des unlöslichen Anteils mit Chloroform gab das überraschende Ergebnis, daß aus dieser faserigen Substanz ein Teil der NC mit gelöst wurde. Die koordinative Bindung der beiden Makromoleküle aneinander ist also so stark, daß eine gemeinsame Peptisation stattfindet und nicht eine Spaltung erzielt wird.

Gemische mit Celluloseacetaten.

b) Bei dem pulverförmigen Gemisch aus *Cellulosetriacetat* und *Cellulosetripropionat* haben wir die Bestimmung der Komponenten durch Ausnutzung der besseren Löslichkeit das Cellit TP in Benzol resp. Trichloräthylen resp. Methylglycolacetat resp. in Essigester vorgenommen, wobei wir jeweils 98 bis 100% des unlöslichen Cellit T wiederfanden. Während die beiden Triester in Lösung (Methylenchlorid + Methanol 9:1) einwandfrei mischbar sind, erscheint der daraus gegossene Mischfilm 1:1 unter dem Mikroskop nicht homogen. Durch Extraktion dieses inhomogenen Mischfilms mit Benzol gelingt die quantitative Abtrennung der Komponenten. Ebenso ist der inhomogene Mischfilm aus Cellulosetriacetat und Celluloseisoheptylat durch Benzol mit einem Fehler von ca. 2% in seine Komponenten aufgeteilt worden.

Als Trennmittel für Gemische aus Cellit T und Cellit L, vornehmlich in Filmform, hat sich Methylglycolacetat oder Aceton bewährt.

In den 3 genannten Systemen aus Cellulosetriacetat mit Cellulosetripropionat resp. Celluloseisoheptylat resp. Sekundäracetat sind die Mischfilme 1:1 nicht homogen.

Eine Trennung der darin vorhandenen Komponenten durch ihre Löslichkeitsunterschiede ist möglich gewesen.

Es muß angenommen werden, daß in diesen Systemen nebenvalenzchemische Bindungen zwischen den Eukolloiden nicht bestehen, sondern daß die Komponenten lediglich nebeneinander liegen.

Für den klaren Mischfilm aus *Cellit T* und dem *Acetobutyrat* (Cellit B) muß jedoch wiederum das Vorliegen von nebenvalenzchemischen Bindungen angenommen werden. Als Trennmittel ist das schwach quellende E 13 benutzt worden, das zum Herauslösen des Cellit B dienen sollte. Jedoch konnten damit nur 5 bis 8% des Cellit B entfernt werden.

Die Auftrennung eines pulverförmigen Gemisches aus Cellit T und B mit Essigester, einem Löser für Cellit B, macht gar keine Schwierigkeiten.

Das gleiche gilt für ein pulverförmiges Gemisch von Cellit L und B.

Auch bei dem letzten System fehlt die der NC eigene starke Molkohäsion, so daß die Äußerungen der Nebenvalenzen nur gering sind. Dies zeigt sich wiederum darin, daß aus dem klaren Mischfilm aus Cellit L und B das von Essigester noch immer stark angequollene Cellit L sich praktisch quantitativ abtrennen läßt. Hierbei bleibt das Cellit L als ziemlich schmierige Masse zurück, die nicht mehr die Filmstruktur erkennen läßt.

Als gesicherte Erkenntnis dieser Arbeiten kann gelten, daß sich inhomogene Mischfilme sehr leicht in die Komponenten auftrennen lassen, während bei homogenen Mischfilmen (1:1) die Auftrennbarkeit die Überwindung der zum Teil recht starken Nebenvalenzen in diesen Filmen zur Voraussetzung hat. Das große Inkrement der Molkohäsion des NO_2-Restes in der NC verursacht eine ziemlich starke intermicellare Bindung der Makromoleküle an die der Celluloseester und erfordert oft auf beide Komponenten sehr stark quellend wirkende Lösungsmittel.

II. Erkennungsmerkmale für die Plast-Rohstoffe auf tierischer und pflanzlicher Grundlage außer Cellulose.

1. Nachweisreaktionen für pflanzliche und tierische Eiweißstoffe (Casein, Gelatine, Leim). a) *Allgemeine Merkmale.* Die Proteine bieten hinsichtlich ihres Aussehens keine besonderen analytisch verwertbaren Merkmale. Das Casein stellt ein weißes bis weißgelbliches Pulver dar, dessen Korngröße stark wechselt. Gelatine bietet sich meist in Form der bekannten Tafeln dar; dasselbe gilt vom Leim; für den die Perlform oft charakteristisch ist. Für Horn sind die unter der Lupe erkennbaren Schichtungen (Ringe, Linien, Strahlen) charakteristisch. — Casein ist aus den meisten anderen als weißes Pulver vorliegenden Plast-Rohstoffen durch seinen schwach milchartigen Geruch leicht zu erkennen. Gelatine soll geruchlos sein, und Leim ist an seinem typischen Geruch kenntlich.

Bei der Brennprüfung in der Bunsenflamme geben die Proteine den wohl auch überall bekannten Geruch verbrennenden Eiweißes. Die Flamme wird dadurch gelblichweiß und leuchtend.

Bei der trocknen Destillation zersetzen sich die Eiweißstoffe unter Abgabe von alkalischen Gasen und auch etwas Formaldehyd. Selbstverständlich tritt auch hier der Geruch nach verbrennendem Horn auf.

Fluorescenz.

b) Die Fluorescenzfarbe des Caseins ist ebenfalls uncharakteristisch; es leuchtet in der so häufig auftretenden blauweißen Farbe schwach auf. Durch Anfärbung mit einigen Fluorescenzfarbstoffen läßt sich die Luminescenzfarbe verstärken. Auch bereits bei normalem Licht sind dadurch Farbtonunterschiede zu erzielen, die eine Unterscheidung zwischen dem Casein und einigen anderen Plast-Rohstoffen, die auch als weiße Pulver anfallen, ermöglichen.

Tabelle 37. Casein

Anfärbung mit	Eigenfarbe	Fluorescenz-Farbe
Auramin C	gelbbraun	hellgrün
Brilliantdianilgrün G	dunkelgrün	blaustichig grün
Eosin GGF	rot	zinnober
Erythrosin extra gelb N	zinnober	zinnober
Euchrysin GGNX	braun	braun
Flavophosphin 4 G konz.	dunkelbraun	grünstichig braun
Korioflavin	rotbraun	gelbbraun
Rhodamin 6 GD extra	dunkelrot	zinnober
Rhodulin gelb 6 G	grüngelb	leuchtend gelbgrün
Thioflavin S	gelbbraun	hellgelb.

Gelatine läßt sich schwer mit alkoholisch-wäßrigen Lösungen dieser Farbstoffe anfärben, die Fluorescenzfarben sind praktisch alle gelöscht. Die mit Rhodulingelb angefärbte Gelatine leuchtet unter der Lampe hellgelb auf; eine schwache hellblaue Luminescenzfarbe tritt beim Brilliantdianilgrün auf.

Leim erfährt auch in rein alkoholischen Lösungen eine so starke Quellung, daß eine Anfärbung ohne die Gefahr einer Fraktionierung nicht möglich ist.

Löslichkeit.

c) Die Löslichkeitseigenschaften der Proteine sind im Vergleich zu denen der Cellulosederivate für analytische Arbeiten wenig charakteristisch. Bluteiweiß, Gelatine und Leim gehören zu den hydrophilen Kolloiden. Während ersteres in kaltem Wasser leicht löslich ist, sind letztere erkennbar an ihrer Löslichkeit in warmem Wasser. Diese Lösungen gelieren beim Abkühlen.

Blutalbumin gerinnt bei 68···70° und wird unlöslich; es ist auch dann nicht mehr quellfähig.

Das *Casein* erfordert zum Auflösen die Ausnutzung seines amphoteren Charakters, man braucht also sowohl Alkalien (2%ige Kalilauge), wie auch Säuren. Außerdem lassen sich Lösungen von Casein auch in Formamid-Wasser herstellen. 5···45% Wasser enthaltendes Formamid löst bei gewöhnlicher Temperatur Labcasein auf.

Formamid eignet sich auch zur Unterscheidung zwischen Lab- und Säurecasein. Während Labcasein in Formamid löslich ist, quillt Säurecasein lediglich darin. Es sei daran erinnert, daß auch Stärke in Formamid klare hochviscose Lösungen gibt[1].

Auch die Ameisensäure selbst löst Casein. Diese Lösung ist mit Eisessig stark verschneidbar, wobei mit zunehmender Eisessigkonzentration sich steife Gallerten bilden. Dem Casein gleich verhält sich das allerdings als Plast-Rohstoff kaum verwendete Ovalbumin.

Ameisensäure löst außerdem auch *Gelatine*. Zwischen ihr und Casein kann durch Eisessig unterschieden werden, dieser löst nur Gelatine. Beide sind außerdem löslich in Milchsäure und Brenztraubensäure. Die Oxy- und Oxogruppe in dem Säuremolekül hebt den fällenden Einfluß des Alkohols oder Acetons auf.

Phenol und Anilin wirken auf Eisessig aktivierend, so daß sich dann auch Casein löst[2].

Dem Anion einer Säure kommt eine bedeutende Rolle beim Quelleffekt der Gelatine in verschieden konzentrierten Salzlösungen zu. In verschieden konzentrierten Lösungen von Natriumrhodanid, Natrium-

---

[1] Kolloid-Z. **87**, 308 (1938). — [2] Bull. Soc. chim. biol. **14**, 1088 (1931).

chlorat, Soda, Salpeter, Natriumsulfat nimmt unabhängig vom $p_H =$ 5,5···6,3 die Quellung in der Reihenfolge SCN, NO_3, ClO_3, Cl, SO_4 ab. Normallösungen oder konzentrierte Salzlösungen lösen mehr oder minder rasch die Gelatine außer Natriumsulfat, das oberhalb n/5 schrumpfend wirkt.

Von Wichtigkeit ist ferner, daß die für Gelatine charakteristische Mutarotation durch n/1 Natriumrhodanidlösung völlig zum Verschwinden gebracht wird[1].

17,5%ige Rhodankaliumlösung hat sich ebenfalls als ausgezeichnetes Lösungsmittel für Gelatine bewährt, so daß in ihm sogar Molekulargewichtsbestimmungen (Mol = 147000) vorgenommen wurden. Die Hemmung des proteolytischen Abbaues der Gelatine durch 1-n- und 2-n-Rhodanidlösung ist seit langem bekannt.

Durch Ausnutzung der Löslichkeitsunterschiede in Laugen und Salzlösungen gelingt die Unterscheidung von *Horn* und gehärteten Caseinmassen.

Läßt man 1 g fein gepulvertes Material in 10···15 cm³ 1%iger Kalilauge genau 1 Min. bei Raumtemperatur stehen, so bleibt das Horn unlöslich, und das Casein geht teilweise in Lösung. In seinem Filtrat fällt bei tropfenweisem Zusatz von 2-n-Salzsäure ein weißer voluminöser Niederschlag, der im Säureüberschuß löslich ist. Das gleiche Ergebnis erzielt man duch Verwendung von 1%iger Ammonoxalatlösung, mit der man das Analysenmaterial kurz aufkocht.

Werden 10 cm³ 5%iger Ammonchloridlösung mit 1 g Substanz 2 Min. über der Bunsenflamme gekocht, so ist Horn unlöslich und Casein teilweise löslich. Aus der durch tropfenweisen Zusatz von 2-n-Salzsäure zum Filtrat der Caseinlösung entstehenden milchigen Trübung bildet sich nach kurzer Zeit eine weißliche Fällung. Das Hornfiltrat bleibt klar[2].

d) *Chemische Nachweisreaktionen.* Die *Biuretreaktion* tritt auf bei Körpern, die eine der folgenden Atomgruppierungen enthalten: — CH_2 — NH_2 — CNOH — oder — CN_2OH — $CHNH_2$ — oder — CNH — CNOH.

Sie wird ausgeführt, indem man 9 cm³ 10%ige Lauge und 1 cm³ 1%ige Kupfersulfatlösung mischt und die auf Eiweiß zu prüfende Lösung tropfenweis (bis zu 20 Tropfen) zusetzt und die Farbe des Ringes beobachtet.

Lieben und *Jesserer*[3] führen die Biuretreaktion so durch, daß sie eine 0,5%ige Eiweißlösung verwenden und die Natronlauge 3%ig und Kupfersulfat als 20%ige Lösung einsetzen.

---

[1] Kolloidchem. Beih. **20**, 412 (1924). — [2] *Cososinschi:* Z. analyt. Chem. **117**, 103 (1939). — [3] Biochem. Z. **285**, 36.

Der Nachweis des Caseins kann mit der Reaktion von *Adamkiewicz* oder mit *Millon*schem Reagens geführt werden.

Die erste besteht darin, daß man 1 Vol. konz. Schwefelsäure und 2 Vol-Eisessig mischt und mit Casein erhitzt; wobei eine schöne rotviolette Färbung auftritt. Tierleim gibt keine solche Färbung. Bei der Reaktion mit dem *Millon*schen Reagens (20 g Quecksilber in 40 cm^3 konz. Salpetersäure lösen, mit dest. Wasser auf 100 cm^3 auffüllen) ist das im Casein zu 5% vorhandene Tyrosin der Reaktionspartner. Die evtl. mit Alkali hergestellte Caseinlösung wird genau mit Salpetersäure neutralisiert.

Beim Erhitzen tritt rote Färbung auf. Glutin enthält Tyrosin nicht, oder höchstens in Spuren[1]. Casein gibt mit Tryptophan gekocht eine rotviolette Färbung[2].

Wird eine Lösung von Casein in absoluter Ameisensäure mit HCl gekocht, so tritt eine prächtig violette Farbe auf.

Gelatine gibt bei dieser Reaktion nur eine schwach violette Färbung[3]. Sie ist weiterhin an dem weißen Niederschlag aus ihrer wäßrigen Lösung mit Ammonmolybdat zu erkennen.

Nach älteren Angaben[4] soll Glutin und Kollagen keine Ninhydrinreaktion geben, wofür eine zyklische Struktur verantwortlich gemacht wurde. Nach neueren Forschungen läßt sich das Reaktionsprodukt aus Gelatine und Ninhydrin isolieren, wenn man 12,5 cm^3 einer 7%igen Gelatinelösung gegen Phenolphthalein neutralisiert und mit 0,1 g Ninhydrin in 5 cm^3 Wasser langsam auf 100° erwärmt und hierbei wenige Minuten hält und nach Abkühlen die nicht erstarrte Mischung mit Salzsäure tropfenweis ansäuert.

Das Reaktionsprodukt hat keine freien NH_2-Gruppen mehr und reagiert nicht mit Formalin.

Die Bestimmung von labilem Schwefel in Gelatine wird so durchgeführt, daß Gelatine mit der 5fachen Menge einer 1%igen Silberchlorid-Lösung in Ammoniak gequollen und dann langsam bei 50° zersetzt wird. Aus dem so gebildeten Silbersulfid wird durch konz. Salzsäure Schwefelwasserstoff frei gemacht und colorimetrisch bestimmt[5]. Albumin ist durch Metallsalze fällbar, diese Fällung ist vom p_H-Wert der Lösung abhängig. Geeignete Fällmittel sind Titantetrachlorid und Silbernitrat. Chromisulfat gibt nicht sofort eine Fällung, sondern allmählich eine Trübung und jenseits des isoelektrischen Punktes eine gelartige Fällung. In dem Niederschlag wirkt das Protein als Anion.

---

[1] *Berl-Lunge:* Chem. technische Untersuchungsmethoden 8. Aufl. Bd. V, S. 579, 580. E III, 149, 157. — [2] Chem. Obzor **11**, 9 (1936). — [3] Bull. Soc. chim. biol. **14**, 1088 (1931). — [4] Collegium **1926**, 356; Duliere: C. R. Séances Soc. Biol. Filiales Associées **127**, 1472 (1938). — [5] Ind. Engng. Chem. Analyt. Edit. **2**, 73.

Der Nachweis von Naturhorn gründet sich auf Reaktionen des Keratins. Erhitzt man mit schwach sauer reagierender Bleinitrat-Lösung, so erhält man bei rohem Horn unter Braunfärbung Bleisulfid. Gebleichtes Horn und helles Roßhaar bleiben unverändert. Werden sie jedoch mit alkalischer Bleisalz-Lösung gekocht, so fällt die Bleisulfid-Reaktion positiv aus[1].

Zur Unterscheidung von *Naturhorn* und *Kunsthorn* (Casein) dient die Eigenschaft des Caseins, bei Erwärmung der Substanz in siedendem Wasserbad mit wenig festem Jod 1 Min. lang — Zugabe von noch warmem 50%igem Alkohol, Kochen unter Rühren — ein trübes gelbbraunes Filtrat zu geben, während Horn ein klares Filtrat hinterläßt. Man entfärbt mit wenig Kalilauge und fällt mit Salzsäure. Beim Casein tritt gelbbrauner dichter Niederschlag auf[2].

Für den Nachweis von *Casein* neben *Glutin* hat sich das Verfahren von *Schulze* und *Rieger* bewährt. Man behandelt 5 g Substanz mit ca. 40 cm³ 0,5···1%iger Essigsäure 24 Stunden bei Raumtemperatur; hierbei geht im wesentlichen nur Tierleim in Lösung. Der Auszug muß sauer reagieren. Nach dem Filtrieren und gutem Waschen behandelt man mit 1%iger Boraxlösung bei Raumtemperatur weiter, wobei das Casein in Lösung geht. Salpetersäure fällt aus der Lösung eventuell beim Aufkochen Casein aus. Casein und Glutin fallen mit einer Lösung von 5 g Ammonmolybdat in 100 cm³ Wasser + 35 cm³ Salpetersäure (d = 1,2) aus[3].

Der Unterschied zwischen *Hautleim* und *Knochenleim* ist nicht bedingt durch chemische Verschiedenheit des Glutins, sondern durch die Herstellungsverfahren.

Tabelle 38.

	Knochenleim	Hautleim
Reaktion	sauer (SO_2)	neutral, schwach alkalisch (Kalkäscherung)
PH	4,5···6,5	6,8···8,0
Geruch	sauer	schwach
Gelatinierfähigkeit	10 cm³ 10%ige Leimlösung bei 30° mit 2 cm³ 5%iger Alaunlösung versetzt: keine Änderung	sofort oder in 1···2 Minuten Gallerte
Asche	zusammengeschmolzen P_2O_5!	pulverig, grau CaO!

Ist in der Asche Cr, so liegt Lederleim vor; dieser Nachweis kann mit Diphenylcarbazid geführt werden.

---

[1] Mh. Chem. **64,** 183 (1923). — [2] *Cososinschi:* Z. analyt. Chem. **117,** 103 (1939). [3] *Berl-Lunge:* Chem. technische Untersuchungsmethoden 8. Aufl. Bd. V, S. 579, 580.

Da schlechter Hautleim und guter Knochenleim durch die Alaun-prüfung nicht unterschieden werden können, so ist es besonders wertvoll, daß in der Sulfosalicylsäureprüfung von *W. Ostwald* und *Köhler*[1] eine leicht ausführbare Methode zur Unterscheidung von Haut- und Knochenleim vorliegt.

Die Autoren empfehlen dafür folgende Ausführungsart:

Es werden 6 g der zerkleinerten Leimtafel in einem 100 cm³ fassenden Meßzylinder mit Einschliffstopfen gegeben und mit etwa 50 cm³ Wasser eingequollen. Hierauf schmilzt man im ca. 40° warmem Wasserbad zum Sol, fügt mittels Pipette 20 cm³ einer Sulfosalicylsäure-Lösung, die 436 g im Liter enthält, und füllt mit Wasser auf 100 cm³ auf. Das Gemisch wird dann durch Umschütteln innig vermengt und der Meßzylinder in ein Wasserbad von 25° eingestellt. Nach 2 stündigem Stehen bei dieser Temperatur stellt man fest: Art der Fällung, Fällungshöhe, Aussehen der überstehenden Flüssigkeit und Geruch des Gemisches. Hieraus läßt sich nach folgenden Angaben mit vollkommener Sicherheit feststellen, ob der zu untersuchende Leim ein Haut- oder Knochenleim ist.

Am besten gelingt die Unterscheidung der Fällungsart, wenn man den Meßzylinder, der die Probe enthält, vorsichtig um 90° von der Vertikalen in die Horizontale neigt und dabei die Fällung in auffallendem Lichte, bei guter Beleuchtung, also nicht in der Durchsicht beobachtet. Dabei sieht man bei Knochenleim das Wolkig-flockige, bei den Hautleimen das Flüssig-gelartige sich in charakteristischer Weise fortbewegen.

Die Fällungshöhe ist bei Knochenleimen viel größer (28···23) als bei Hautleimen (17···19).

Bei der Sulfosalicylsäureprüfung aber unterscheiden sich solche Haut- und Knochenleime, die in gleich konzentrierten Lösungen annähernd gleiche Viscositäten aufweisen, außer durch das Aussehen der Fällung sehr wesentlich durch die Fällungshöhe, was dieser Methode zur Unterscheidung von Haut- und Knochenleimen besonderen Wert verleiht.

Die über dem Hautleim stehende Flüssigkeit ist nach 2 stündigem Stehen fast völlig klar und durchsichtig, wogegen die über dem Knochenleim stehende Flüssigkeit infolge unvollständiger Ausfällung trübe durchscheinend aussieht.

Übersicht über qualitative Nachweise.

c) Eine Übersicht über die qualitativen Nachweise der verschiedenen Proteine auf Grund der Löslichkeit und charakteristischer Reaktionen gibt die nachstehende Aufstellung.

Man benutzt die ungehärteten Stoffe:

In kaltem Wasser löslich sind: Eiweiß und Bluteiweiß. Die dunklen Bluteiweiß-Massen geben hierbei das Hämoglobin zum Teil an das

---

[1] Kolloid-Z. **48,** 189 (1929).

Wasser ab. Man kann nach Ansäuern mit Salpetersäure mehrmals eindampfen, schließlich mit Salzsäure aufnehmen und das Eisen durch Ammonrhodanid nachweisen. Die Lösungen geben die Biuretreaktionen und mit Bleiacetatlösungen eine braunschwarze Fällung, aus der Schwefelwasserstoff frei zu machen ist.

Mit konz. Salzsäure wird die Lösung in der Siedehitze schnell violett.

In warmem Wasser löslich sind: Leim und Gelatine; sie gelatinieren beim Abkühlen und geben die Biuretreaktion. Die übrigen Reaktionen bleiben aus.

In 2%iger (Vol.) Kalilauge löst sich das Casein, es fällt mit Bleiacetat gelbbraun und gibt sonst die üblichen Eiweißreaktionen.

In 20%iger Kalilauge lösen sich in der Wärme leicht: Ossein, Keratin und Fibroin. Das Keratin fällt mit Kupfersulfat stark braunschwarzes Kupfersulfid. Mit konz. Salzsäure entsteht keine Violettfärbung und keine Lösung.

Von den mit Formaldehyd gehärteten Proteinen ist in 2%iger heißer Kalilauge nur Eiweiß bis auf einige Flöckchen löslich. In 20%iger Kalilauge lösen sich bei Raumtemperatur in 2···5 Stunden Leim und Gelatine auf und in der Wärme Casein. In heißer 20%iger Kalilauge lösen sich auch gehärtetes Ossein und Fibroin.

Eine quantitative Trennung der Eiweißstoffe ist bisher nicht gelungen[1].

Die Unterscheidung zwischen Lab- und Säurecasein ist möglich durch Ermittlung der Asche. Labcasein gibt 7···8% Asche, Säurecasein 0,7%. Erhitzt man Casein auf 100···150°, so ist Labcasein fast weiß, während Säurecasein schnell braun wird. In verdünnter Natronlauge bleibt Labcasein hell, Säurecasein wird noch innerhalb 24 Stunden braun.

Anstelle der Brennprüfung, die keine Unterscheidung zwischen Casein und keratinhaltigen Massen, d. h. also zwischen Kunsthorn und Naturhorn ermöglicht, ist es besser[1], die Probe mit 5 cm³ n/1 Schwefelsäure und 50 cm³ Wasser 10 Min. zu kochen. Für Casein enthaltende Massen ist ein angenehmer, säuerlicher käseähnlicher Geruch, für keratinhaltige Gegenstände dagegen ein widerlicher Horngeruch charakteristisch. Will man den Unterschied des Permanganat-Verbrauchs für die Identifizierung des Caseins resp. Horns ausnutzen, so verfährt man folgendermaßen: 0,5 g fein zerriebene Substanz werden mit 50 cm³ Wasser und 5 cm³ 2 n Schwefelsäure 1 Min. lang aufgekocht. Danach wird durch trockenes Filter filtriert, mit kaltem Wasser nachgewaschen und sofort mit 0,1 n Permanganat-Lösung bis zur dauernden Rotfärbung titriert. Für Keratin ist der Permanganat-Verbrauch < 3 cm³, für Galalith mindestens 6 cm³. Diese Probe wird milchig trüb beim Titrieren und schäumt und zeigt später koaguliertes Eiweiß.

---

[1] *Steinitzer:* Kunststoffe **5**, 73, 88 (1915).

Wenn sich Casein und Tierleim nebeneinander finden, so ist es zweckmäßig, ihre Trennung gleich beim Extrahieren vorzunehmen. Durch kalte Behandlung mit 0,5%iger oder 1%iger Essigsäure, je nach der Alkalität des zu extrahierenden Materials wird der Tierleim in Lösung gebracht. Nach dem Filtrieren und Waschen extrahiert man mit kalter 1%iger Boraxlösung das Casein. Eine qualitative Prüfung mit verdünnter Salpetersäure deutet beim Auftreten einer Fällung auf Casein hin. Gemeinsam werden beide Proteine durch eine Lösung von 5 g Ammon-Molybdat in 100 cm³ kaltem Wasser + 35 cm³ Salpetersäure (d = 1,2) gefällt[1].

Formaldehyd.

f) Die von *Highberger* und *Retzsch*[2] angegebene Methode zur Formaldehyd-Bestimmung in gegerbtem Leder ergibt beim gehärteten Casein systematisch zu niedrige Werte. Die Ursache liegt darin, daß bei einer hohen Wasserstoff-Ionenkonzentration der Formaldehyd nicht quantitativ aus dem Casein abgespalten werden kann. Während mit 2 n- oder 1 n-Salzsäure höchstens 90% des Formaldehyds zu erreichen ist, ist mit 0,1 n Salzsäure der Formaldehyd in 3 Stunden quantitativ übergetrieben. Entweder hält man hierbei durch Einblasen von Wasserdampf die Konzentration an Säure konstant, oder man beginnt mit einer n/100 Salzsäure, die in großem Überschuß angewandt wird. Oder man benutzt 0,1 m-Phosphorsäure, die sich durch die Destillation auf 1 bis 2 m erhöhen darf, wobei noch immer eine quantitative Abspaltung des Formaldehyds erreicht wird.

Nitschmann und *Hadorn* und *Lauener*[3] haben dann schließlich folgende Arbeitsweisen als zuverlässig erprobt:

„0,2 bis 0,5 Formaldehydcasein (je nach dem Formaldehydgehalt) werden im Destillierkolben mit 15 cm³ 1-m Phosphorsäure und 155 cm³ dest. Wasser (Gesamtvolumen 170 cm³) übergossen. Man destilliert im Verlaufe von ca. ³/₄ Stunden bis auf ein Volumen von ca. 25 cm³ ab, das man mit Hilfe einer außen am Kolben angebrachten Marke abschätzt. Jetzt gibt man 60 cm³ Wasser nach und destilliert weiter bis auf einen Rückstand von 10 cm³. Die Volumina sind so gewählt, daß als Vorlage ein 250 cm³ fassender Meßkolben genügt. Mit 8 cm³ vorgelegter Hydrogensulfitlösung enthält dieser nach beendeter Destillation ca. 228 cm³ Flüssigkeit; man kann also gerade noch Kühler und Vorstoß abspritzen und dann zur Marke auffüllen." Während am Ende der zweistufigen[3] Destillation diese kaltgegerbten Caseine in Lösung gegangen sind, bleiben die bei 70° gehärteten Caseine noch weitgehend ungelöst.

[1] *Schulze u. Rieger:* Papierfabrikant **32** II. 245 (1934).
[2] J. Amer. Leather Chemists Assoc. **33**, 341 (1938).
[3] Helv. chim. Acta **24**, 237; **26**, 1069 (1941/1943).

Um auch diese Produkte analysieren zu können, wird nach der zweistufigen Destillation der Rückstand mit 15 cm³ Phosphorsäure konz. und 120 cm³ Wasser versetzt und auch dieses Wasser überdestilliert. Erst gegen Ende dieser Destillation löst sich das Casein. Durch Zugabe einer Spur Stearinsäure kann man dem Schäumen des Caseins abhelfen. Die vorgelegte Bisulfitlösung wird mit Jodlösung zurücktitriert.

2. Nachweisreaktionen für Naturharze. a) *Fluorescenz*. Will man die *Luminescenzanalyse* zur Identifizierung der Naturharze mit heranziehen, so muß man sich dessen bewußt sein, daß eine große Schwierigkeit bei der Auswertung darin liegt, daß eine ganze Anzahl von Verbindungen mit qualitativ sehr ähnlichen Farbtönen leuchtet. Ferner konnten wir in unseren ausgedehnten Untersuchungsreihen, die von *Dankworth* und vielen anderen Autoren beobachtete Abhängigkeit der Luminescenz fester Stoffe von ihrem Zerteilungsgrad sehr häufig bei den konstitutionell verschiedensten Substanzen ebenfalls feststellen. Für die Naturharze haben hierauf besonders *Wolff* und *Toeldte*[1] hingewiesen. Es ist von Wichtigkeit, eine frische Bruchfläche neben den der Luft ausgesetzten Außenflächen zu beobachten.

Bei den Naturharzen treten gelbe, braune, blaue, ja sogar schwarze Fluorescenzfarben auf.

Nach den Beobachtungen von *Schmidinger*[2] leuchten die Kopale hell, an Bruchstellen mittelstark hellblau auf.

Die sehr häufig auftretende blaue bis blauviolette Fluorescenz findet sich bei einigen geschmolzenen Bernsteinen. Dammar A.C. und Dammar K, sind durch hellblaue Fluorescenz gekennzeichnet. Das Elemi-Harz ist unter der Ultraviolettlampe milchig weiß mit einem Blaustich. Das Accaroidharz leuchtet dunkelbraun bis dunkelbraunrot auf. Eine schmutzig gelbbraune Fluorescenz tritt beim raffinierten Benzoeharz auf. „Die goldbraune Fluorescenzfarbe der ungebleichten Schellacksorten ist von allen anderen untersuchten Harzen verschieden." Ebenso ist Sandarakharz an seiner grünlichgelben Fluorescenz erkennbar.

Diese Angaben werden durch Untersuchungen von *Hans Wolff* und *Toeldte* an Betrachtungen des Pulvers, der Lösungen und des Abdampfrückstandes der Harze ergänzt. Die Erscheinungen sind weit besser am gepulverten Harz zu beobachten. Wenn Lösungen untersucht werden, sind Reagensgläser mit einer etwa 2 cm hohen Schicht benutzt worden.

Die am häufigsten auftretende Fluorescenzfarbe ist blau, einmal mehr rotstichig, einmal mehr grünstichig.

Für Schellack wird eine orangerote Fluorescenz angegeben. Geschmolzener Bernstein ist hellgrün, in der Lösung hellbläulich und im Abdampfrückstand hellbläulichgrün.

---

[1] Farben-Ztg. **31**, 2503 (1926). — [2] Farben-Ztg. **2451** (1926).

Kolophonium fluoresciert als Pulver hellblau, in der Lösung grünlich, im Abdampfrückstand bläulichgrün. Die blaue Farbe des pulverigen Sandarak schlägt in der Lösung in grünlichgrau um, und beim Abdampfrückstand wird sie bläulichgrau.

Benzoeharz ist als Pulver bläulichgrau, in Lösung gelblichgrau. Die Kongokopale sind hellblau, violett und blauviolett, ihre Lösungen hellbläulich. Die Manilakopale leuchten trotz ihrer verschiedenen Härte ziemlich einheitlich grünlichgrau-graublau.

Gehärtetes Harz und Esterharz sind als Pulver sehr stark hellblau leuchtend, in der Lösung stark hellblau.

Eigene Untersuchungen an einigen Harzen zeigten folgende Luminiscenzfarben, wobei sowohl ein ganzes Stück als auch das fein gepulverte Harz beobachtet wurden.

Tabelle 39.

	Eigenfarbe		Luminescenzfarbe	
	Stück	Pulver	Stück	Pulver
Accaroid gelb	braun	hellbraun	keine	keine
Accaroid rot	dunkelocker	dunkelocker	schwarz	schwarz
Sandarak	trübe gelb	gelblich	keine	keine
Schellack	dunkelbraun		rotbraun	rotbraun
Manilakopal	gelb	hellgelb	keine	keine
Port. Kolophon.	klar gelb	hellgelb	Bruchfläche leuchtet hellgelb	weißlich
Esterharz	braun klar	gelblich	keine	leuchtend weißblau
Elemi	matt	gelb bräunlich	keine	keine

Die Luminescenz-Erscheinung der Harze unter dem Ultraviolettlicht kann danach nur als ein accessorisches Hilfsmittel bei ihrer Identifizierung gewertet werden.

Löslichkeit.

b) *Stock* hat dann versucht, das kapillaranalytische Verhalten der Harze zu ihrer Kennzeichnung zu verwenden. *Wolff* und *Toeldte*[1] haben diese Methode mit der Luminescenz-Analyse verknüpft. Aber auch diese beiden Arbeitsweisen können eine rein chemische Analyse nicht ersetzen.

Bezüglich der Ausnutzung der Löslichkeitseigenschaften zur Identifizierung der Naturharze kann zunächst einmal auf die entsprechenden Angaben über Schellack, Kopale und Kolophonium auf S. 153 verwiesen werden.

---

[1] *Wolff:* Die natürlichen Harze S. 326, 348.

Als schwer lösliches Harz ist noch das Accaroidharz anzusprechen, das weder in Kohlenwasserstoffen, Chlorkohlenwasserstoffen, noch in Äther oder Ketonen löslich ist. Lediglich mit Alkoholen lassen sich Lösungen herstellen.

Es unterscheidet sich dadurch von den leicht und umfassend löslichen Sandarak- und Elemiharzen; von denen ist Sandarak in Tetrachlorkohlenstoff unlöslich, Elemi dagegen sehr weitgehend löslich.

Als Testlösungsmittel für Accaroidharz, Manila- und Kaurikopal, Sandarak und Schellack, orange und gebleicht, eignen sich einige Chlorkohlenwasserstoffe. Diese Harze werden nicht gelöst durch Tetrachlorkohlenstoff, Äthylenchlorid (= Dichloräthan), Dichloraethylen und Trichloräthylen. Methylenchlorid hat etwas mehr differenzierende Solvatationswirkungen: Accaroid ist in ihm unlöslich. Teilweise löslich ist Schellack; völlig löslich sind die Kopale und Sandarak. Setzt man jedoch nur 5% Alkohol hinzu, so lösen sich alle Harze darin auf. Es ist dies aber nicht als Aktivierungswirkung des Alkohols auf das Methylenchlorid, sondern lediglich als eine sehr starke Verschnittfähigkeit der alkoholischen Lösungen durch den Chlorkohlenwasserstoff aufzufassen[1].

Ebenso lassen sich echte und unechte Dammarharze durch ihre Löslichkeitsunterschiede erkennen:

	echte	*unechte*
Alkohol:	nur teilweise	ganz oder sehr weitgehend
Chloroform:	sehr leicht	ein Teil löslich, Rest stark gequollen

Kaurikopal und Dammar können dadurch unterschieden werden, daß die filtrierte Harzlösung in Chloroform mit 94%igem Alkohol versetzt wird. Die Lösung mit Dammar trübt sich, die mit Kaurikopal bleibt klar. Die von *Nitsche* und *Toeldte*[2] angegebene besondere Methodik zur Löslichkeitsbestimmung und zur Identifizierung hochmolekularer Stoffe eignet sich auch für Naturharze.

Farbenreaktion.

c) Als weiteres Hilfsmittel für die Erkennung der Harze können die sehr zahlreichen Farbenreaktionen dienen. Neben der bekannten *Storch-Morawski*schen Reaktion mit Essigsäureanhydrid und H_2SO_4, die besonders für den Nachweis des Kolophoniums dient, eignen sich noch die Reaktionen nach *Halphen* (Bromierung in CCl_4) und von *Brauer-Ruthsatz*, bei der Phosphormolybdänsäure auf Harzlösung einwirkt und eventuell mit Ammoniak nachbehandelt wird. Die Färbungen sind jedoch keineswegs immer charakteristisch, wenn man die Ergebnisse an einem größeren Material zur Beurteilung heranzieht.

Von ihnen ist wohl die *Storch-Morawski*sche Reaktion am wichtigsten

---

[1] Farbe u. Lack **1940,** 147. — [2] Kunststoffe **40,** 29 (1950).

und auch in ihrer Gestaltung mehrfach von verschiedenen Autoren bearbeitet.

Als eine empfindliche Gestaltung der *Liebermann-Storch-Morawski*-schen Reaktion wird angegeben, das zu untersuchende Harz in 3 cm³ Chloroform zu lösen und dazu 5 cm³ Schwefelsäure (65···67%) zuzugeben und zu schütteln. Mehr als 3 mg Kolophonium erkennt man an der Gelbfärbung der Schwefelsäure. Nach Trennung der Schichten, wobei das Chloroform oben schwimmt, gibt man aus einer Tropfflasche Acetanhydrid zu. Die geringsten Spuren Harzsäuren oder Kolophonium werden durch eine prachtvolle violette Färbung des Chloroforms angezeigt. Durch Schütteln geht der Farbstoff in die Schwefelsäure; diese wird dadurch purpurrot bis carminrot. Es ist wichtig, den Farbstoff aus dem Chloroform stets herauszuziehen, es sind so noch Bruchteile eines mg an Kolophonium nachweisbar[1].

In der Arbeitsweise der Chemischen Versuchsanstalt der Deutschen Reichsbahn[2] wird das auf Kolophonium zu prüfende Natur- (oder Kunst-) harz ohne jede Vorbehandlung in Acetanhydrid (3 cm³) kalt gelöst, filtriert und 2 Tropfen Schwefelsäure (d = 1,5) hinzugefügt. Wenn sofort eine Violettfärbung in der Farbstärke der n/1000 Permanganat-Lösung entsteht, die rasch wieder verschwindet und schmutzig braun oder grünlich wird, ist die Reaktion als positiv anzusehen. Diese Reaktion wird als unbedingt sicherer Nachweis für die Anwesenheit von Kolophonium in anderen Harzen angesehen.

A. Kraus[3] ändert die Arbeitsweise so ab, daß er zur wieder abgekühlten Harzlösung in Acetanhydrid an der Reagensglaswandung konz. H_2SO_4 zulaufen läßt und sofort die Farbe beobachtet. Nach 20 Min. tritt meist keine weitere Veränderung ein, die Reaktion ist oft so farbintensiv, daß mit Benzol oder Benzin verdünnt werden muß, damit der Farbton gut erkennbar wird.

Oder man[4] bedient sich einer frisch bereiteten Lösung von 15 Vol. Acetanhydrid + 1 Vol. Schwefelsäure (d = 1,84) und löst darin das Harz auf, indem man die Reaktion als Tüpfelreaktion auf einer Glasplatte mit weißer Papierunterlage durchführt. Kolophonium und mit Kalk gehärtetes Kolophonium zeigt in schneller Folge folgende Farben: violett —→ blau —→ grünbraun. Kopal wird rotgelb —→ rotbraun.

Die Farbenreaktion auf Kolophonium mit Chlorsulfonsäure wird nach *Cohen*[5] so ausgeführt, daß 4 Vol. der Säure in 20 Vol. Chloroform gelöst werden. Davon gibt man 1 cm³ zu 1 cm³ 10%iger Harzlösung im gleichen Lösungsmittel. Es entsteht sofort eine durchgehende violettrote Färbung.

---

[1] Chemiker-Ztg. **54**, 182 (1930). — [2] Farbe u. Lack **1929**, 548, 526. [3] Farben-Ztg. **38**, 322 (1933). — [4] Przemysl Chemiczny **16**, 130 (1932). [5] Farben-Ztg. **36**, 121 (1930).

Die modifizierten Kolophonium-Harzester geben eine schwach rosenrote Färbung. Kopale bleiben ohne Färbung.

Bei einigen eigenen Untersuchungen haben wir stets die gepulverten Harze in Acetanhydrid erst kalt und, wenn keine völlige Lösung zu erreichen war, unter Erwärmen gelöst. Nach dem Abkühlen wurde vorsichtig mit einem Tropfen H_2SO_4 (konz.) versetzt.

Tabelle 40.

	Acetanhydrid	$+ H_2SO_4$
portugiesisches Koloph.	klar, fast farblos	blauviolett
Esterharz 1. Probe	trübe hellgelb	dunkelrot, dann braun
Esterharz 2. Probe	trübe, leicht gelblich	blauviolett
Kopal	fast unlöslich trübe	gelbbraun
Schellack	hellgelb klar	schwach braunrötlich
Accaroid gelb (rot)	rotbraun	dunkelrot ⟶ braun
Sandarak 1. Probe	farblos	rotbraun
Sandarak 2. Probe	klar gelb	orange-blutrot
Elemi	fast farblos	rot bis olivgrün

Nach neueren Arbeiten von *Sandermann*[1] ist die *Storch-Morawski*sche Reaktion keineswegs typisch für alle Harzsäuren, sondern nur für solche, die das Abietin-Gerüst und konjugierte Doppelbindungen aufweisen.

Zur Unterscheidung von Kolophoniumsorten und Destillatharzen dient der Nachweis der Dehydroabietinsäure, die sich erst oberhalb 240° bildet resp. die sich in Wurzelharzen findet. Der Nachweis wird so geführt, daß in 2 cm³ konz. Schwefelsäure (d = 1,84) ca. 0,1 g Harzpulver unter Eiskühlung gelöst wird. Nach 12 Stunden Stehen bei Zimmertemperatur fügt man vorsichtig 3 cm³ Wasser hinzu und dann langsam aus einer Pipette 50%ige wäßrige Lauge bis zur alkalischen Reaktion (sehr vorsichtig arbeiten!). Eine tagelang beständige blauviolette Farbe zeigt die Dehydroabietinsäure an.

Für Kolophonium ist die Kupfer-Acetat-Reaktion noch eine wertvolle Identifizierungsmöglichkeit. Hierzu werden 1 g Harz mit 10 cm³ Petroläther behandelt, das Filtrat wird mit wäßriger Kupfer-Acetatlösung 1:1000 behandelt. Es entsteht bei Anwesenheit von Harzsäuren aus Koniferen eine intensiv blaugrüne Färbung der Petrolätherschicht. Für die Empfindlichkeit der Reaktion möge der Hinweis genügen, daß bei umgekehrter Anwendung der Reaktion noch 6 γ Cu erfaßt werden können[2].

Die Ammoniakreaktion auf Kolophonium wird so durchgeführt, daß eine benzinische Lösung mit Ammoniak versetzt wird. Das Harz fällt in

---

[1] Farbe u. Lack **56**, 339 (1950), Anatyl. Chem. **21**, 587 (1949).
[2] Helv. Pharmac. Acta **6**, 170; Mikrochem. **21**, 215.

geringer Konzentration in Flocken aus; bei hohem Anteil tritt Gelbildung der Lösung ein.

Die *Donath*sche Reaktion besteht darin, daß man 1 g Harz mit 5 cm³ Salpetersäure (d = 1,33) 1 Min. lang kocht, nach Abkühlen mit Wasser verdünnt und mit Ammoniak stark übersättigt. Kolophonium gibt sofort Orangefärbung und läßt sich so mit Sicherheit identifizieren. In ihrem Endstadium, nach 1 Tag, ist die Reaktion nicht mehr zuverlässig genug.

Eine Reihe anderer Naturharze ist mit ihr ebenfalls gut erkennbar, wobei die Färbung entweder sofort oder nach 5 Min. oder nach längerem Stehen auftritt. So wird das Accaroidharz blutrot, das Drachenblut gelbrot.

Bei der *Halphen*schen Reaktion[1] wird ein wenig Harz in 1···2 cm³ einer Lösung von Phenol (geschmolzen) in 2 cm³ Tetrachlorkohlenstoff gelöst und diese Harzlösung in die Vertiefung einer Tüpfelplatte gebracht. In die Nachbarvertiefung bringt man 1 cm³ einer Lösung von 1 Vol. Brom in 3 Vol. Tetrachlorkohlenstoff und bläst die Bromdämpfe über die Harzlösung.

Kolophonium wird grün → blau → violett → purpur → indigoblau.

Schellack zeigt keine Färbung.

Kopal wird bräunlich grün → violett und purpur → braun.

Sandarak wird lilaviolett bis braun.

Mastix wird rötlichbraun bis fast carminrot.

Zur Identifizierung von Schellack benutzt man die *Schapringer*sche Reaktion, indem man die alkoholische Lösung mit überschüssiger wäßriger Salzsäure oder Essigsäure versetzt und die trübe Lösung bis zum Klarwerden erhitzt. Das hellrote Filtrat wird mit überschüssigem Ammoniak dann tiefviolettrot. Im wesentlichen damit übereinstimmt die *Tschirch*sche Erythrolaccin-Reaktion: Man versetzt die alkoholische Lösung nach dem Filtrat mit Äther und schüttelt die gelbe Lösung mit Soda, die sich sofort rotviolett färbt. Säuert man wieder an, so geht der Farbstoff wieder mit gelber Farbe in Äther.

Die Naturharze Bernstein, Dammar, Drachenblut, Kolophonium, Kopale, Mastix, Schellack geben mit Phosphormolybdänsäuren + Ammoniak in ätherischer Lösung oder Aufschwemmung eine schöne Blaufärbung. Durch das nachträgliche Ansäuern mit Schwefelsäure treten bei den einzelnen Harzen kleine Veränderungen ein (Manilakopal wird hellgrün, Mastix grün), die übrigen bleiben unverändert. Phenolkondensationsprodukte geben diese Reaktion auch. Es wird angenommen, daß phenolische OH-Gruppen diese Reaktion geben. Eine Lösung von 0,1 g Ammonmolybdat in 5 cm³ konz. Schwefelsäure kann als Unter-

---

[1] *Wolff:* Die natürlichen Harze S. 326, 348.

scheidungsreagens für die genannten Harze dienen. Die Färbungen sind nach 15 Min. noch unverändert. Eine nachherige sehr vorsichtige Neutralisation mit Ammoniak gab weitere interessante Merkmale. Die Reaktion mit Schwefelsäure allein ist nicht charakteristisch.

Tabelle 41.

Harz	Schwefelsäure	+ Ammon-molybdat	+ Ammoniak
Bernstein	gelbbraun ⟶ braun	hellgrün	farblos
Dammar	orange	dunkelblau	grünlichgelb
Drachenblut	rotbraun	dunkelgrün	rot
Kolophonium	dunkelbraun	blau	gallerte, gelb
Borneokopal	hellbraun	blaugrün	farblos
Manilakopal	orange	grünblau	schwach gelb
Sansibarkopal	hellbraun	grüngrau	farblos
Mastix	dunkelrotbraun	marineblau	gelb
Schellack	hellbraun	hellgrün	lila

Phosphor-Wolframsäure gibt mit Ammoniak bei Kolophonium eine schöne grüne Färbung; bei Schellack Lilafärbung[1].

Wir benutzten für die Reaktion mit Ammonmolybdat + Schwefelsäure eine ätherische Lösung des Harzes, bei schlecht löslichen Harzen wurden auch direkt einige Harzsplitterchen in der Molybdat-Schwefelsäure gelöst. Die beobachteten Farbreaktionen sind folgende:

Reaktion mit Ammonmolybdat (= Mo) + Schwefelsäure:

Ätherische Lösung des Manilakopals + H_2SO_4	Rotfärbung
+ einige Tropfen Mo + H_2SO_4	grünblaue Färbung
neutralisiert mit NH_3	gelb
Kopal-Harz in Mo + H_2SO_4	braun
Ätherische Lösung des Kopals + Mo + H_2SO_4	anfangs dunkelgrün bis schwaches blauviolett
neutralisiert mit NH_3	fast farblos
Schellack K 29, gepulvert, in Mo + H_2SO_4	keine Färbung
Ätherische Lösung + Mo + H_2SO_4	schwach grünlich später hellblau
neutralisiert mit NH_3	grün, (gelblich, enthält wahrscheinlich Kolophonium).

Schellack in Blättchen: sehr schlecht ätherlöslich

nach Zusatz von Mo + H_2SO_4	hellgrün
neutralisiert mit NH_3	gelb ⟶ rosa

Portugiesisches Kolophonium in Äther schwer löslich

+ Mo + H_2SO_4	dunkelgrün → blaustichig grün,
ohne Äther in Mo + H_2SO_4	grünlich, nach Ätherzusatz blau.

Weitere Nachweise.

d) Es wird sich empfehlen, die Anwesenheit der Harze noch durch einige einwandfreiere Methoden sicherzustellen.

---

[1] Chemiker-Ztg. **50**, 371 (1926).

Für Kolophonium eignet sich der mikroskopische Nachweis der Abietin- oder Pimarsäure. Hierzu wird das Harz in 80%igem Alkohol gelöst und auf dem Objektträger langsam verdunstet. Dabei erkennt man die charakteristischen Formen der genannten Säuren.

Aus dem Benzoeharz kann die Benzoesäure durch Sublimation entfernt werden. Im Sumatrabenzoeharz ist Zimtsäure vorhanden, die durch Oxydation mit 1%iger Permanganat-Lösung zu Benzaldehyd aufgespalten wird, der am Geruch oder als Dibenzalaceton erkennbar ist[1].

Die Isolierung der Aleuritinsäure aus dem Schellack, resp. diesen enthaltenden Gemische gelingt nicht immer leicht. Eine ca. 25%ige alkoholische Harzlösung wird mit 25 cm³ n/2 Lauge ¹/₄ Stunde gekocht, neutralisiert, mit 50 cm³ Wasser verdünnt, nach Abdampfen des Alkohols wird nach Auffüllen mit Wasser auf 100 cm³ schwach angesäuert, mit Tierkohle aufgekocht und im Heißwassertrichter filtriert. Die Aleuritinsäure kristallisiert aus. Sie hat nach Umkristallisieren aus Essigester Smp. 100···101°, SZ = 184.

Der Nachweis von Kopalen beruht auf der Veresterung ihrer Säuren mit Methanol:

Feinstgepulvertes Harz wird in 10facher Menge 1,5%iger Lauge (wäßrig) suspendiert und mehrere Stunden geschüttelt. Das ätherische Öl wird durch Wasserdampf abgeblasen. Da die Kongokopale stets etwas Unlösliches enthalten — alle anderen Kopale sind klar löslich — wird decantiert und filtriert. Das Filtrat wird mit Schwefelsäure ausgefällt, man erhält das Reinharz. Das getrocknete Produkt wird mit der 8fachen Menge Methanol verrieben, mehrere Stunden geschüttelt und abfiltriert. Im Filtrat wird 3% Salzsäure bei Zimmertemperatur eingeleitet, nach 3 Tagen wird aufgearbeitet[2].

Für die Unterscheidung echter und unechter Dammarharze kann man in Ergänzung der Löslichkeitsunterschiede noch das Verhalten gegen wäßrige 1%ige Kalilauge heranziehen. Echte Dammarharze sind darin nur sehr wenig löslich und haben SZ = 33···95. Die unechten Harze lösen sich mit gelber Farbe völlig; SZ = 133···145, VZ = 154···176.

Nach ¹/₂stündigem Stehen mit Ammoniak entsteht bei den echten Dammarharzen durch Essigsäure keine Trübung, bei den unechten dagegen ein reichlicher Niederschlag.

3. Reaktionen zur Identifizierung von Plast-Rohstoffen auf Grundlage der Öle. a) *Allgemeine Erkennungsmerkmale.* Zur Erkennung der trocknenden Öle, insbesondere des Leinöls, kann schon der Geruch dienen. Darüber hinaus bedient man sich derselben Methoden, die zur Untersuchung der trocknenden Öle vor ihrem Einsatz als Plast-Rohstoff verwendet werden. Es kann also auf die entsprechenden Vorschriften auf S. 169—181 verwiesen werden.

---

[1] Farbe u. Lack **1929**, 548, 526. — [2] Fettchem. Umschau **42**, 24 (1935).

Linoxyn.

b) Für die Untersuchung des technischen *Linoxyns*, des Hauptbestandteils des Linoleumzements, bedient man sich zunächst der Extraktion mit Äther.

Im ätherlöslichen Anteil wird die Jodzahl, die Hehnerzahl und der Glyceringehalt bestimmt.

Aus dem in Äther unlöslichen Anteil werden durch Wasserwäsche Glycerin und Fettsäure entfernt und diese einzeln bestimmt. Danach wird das Wasserunlösliche verseift und nach dem Ansäuren mit Petroläther ausgeschüttelt. Jedoch gelingt es dadurch nicht, die oxydierten und unoxydierten Säuren vollständig zu trennen. Sie werden dann wiederum nach Säurezahl, Jodzahl und Molgewicht identifiziert.

Glycerin wird im Filtrat der Verseifung bestimmt.

Das technische Linoxyn ist ein Gemisch von Di- und Triglyceriden der Leinölsäuren.

Zur ·Verseifung von 10 g Linoxyn benutzt man 10 cm³ 50%iger Kalilauge, indem man 15 Min. auf siedendem Wasserbad das Reaktionsgemisch umrührt. Nach Verdünnen mit 60 cm³ heißem destilliertem Wasser wird bis zur Lösung erhitzt und mit 20%iger Schwefelsäure angesäuert. Bis zur völligen Abscheidung der Fettsäuren wird auf dem Wasserbad belassen. Nach dem Filtrieren wird der Rückstand mit heißem Wasser gewaschen. Die wäßrige Glycerinlösung wird mit basischem Blei-Acetat behandelt bis zur Niederschlagsbildung, um so alle oxydablen Fremdsubstanzen aus dem Glycerin zu entfernen. Man filtriert durch ein Doppelfilter und wäscht nochmals mit Wasser.

Die Glycerinbestimmung erfolgt durch Oxydation mit Kaliumbichromat.

Um den Gehalt des Linoxyn im Linoleumzement zu berechnen, empfehlen *Glassmann* et alii[1] den Glyceringehalt technischen Linoxyns zu 9,4% festzusetzen.

Die Ansichten über den Glyceringehalt des Linoxyns sind geteilt. Einige Forscher behaupten, es läge überhaupt kein Glycerin vor, andere nur die Hälfte des Leinölglycerins. Der Glyceringehalt des Leinöls ist theoretisch für ein Triglycerid 10,5%.

III. Erkennungsmerkmale für die Plast-Rohstoffe aus der Gruppe der Vinylpolymerisate.

1. Nachweisreaktionen für polymere Kohlenwasserstoffe. a) *Polyäthylen.* Das *Polyäthylen* ist eine wachsartige, manchmal mikrokristalline und durchscheinende Substanz von bläulichweißer Eigenfarbe mit paraffinartigem Griff, geschmackfrei und geruchlos. Es ist der spezifisch leich-

---

[1] Z. analyt. Chem. **107,** 194; **109,** 250 (1936/1937).

teste Plast-Rohstoff (d = 0,92). Bei der Brennbarkeitsprüfung ist sein Paraffincharakter für das Verhalten bestimmend. Es verbrennt mit rußender Flamme nach vorherigem Schmelzen. Die trockene Destillation oder Depolymerisation führt zu gasförmigen Endprodukten.

Der Brechungsindex wird zu n = 1,51 bestimmt. Im Ultraviolett leuchten unbearbeitete Polyäthylen-Massen ebenso wie aus ihnen hergestellte Folien oder Spritzgußmassen weiß auf.

Es ist bereits festgehalten (S. 185), daß die Löslichkeitseigenschaften des Polyäthylens so wenig ausgeprägt sind, daß sich darauf allein keine Identifizierungen aufbauen lassen.

Eine Löslichkeit ist nur in siedenden Aromaten vorhanden. Charakteristisch für die so erhaltenen Lösungen ist ihre Instabilität bei geringerer Temperaturerniedrigung.

Irgendwelche andere charakteristische Reaktionen, die für die Identifizierung des Polyäthylens herangezogen werden können, sind bisher nicht aufgefunden worden, da selbst konz. Mineralsäuren einschließlich Fluorwasserstoff und Salpetersäure bis 60° ohne Einwirkung bleiben.

Polyisobutylen.

b) *Polyisobutylene* sind als Glieder einer polymerhomologen Reihe leicht zu gewinnen. Das niedrigste Glied dieser Reihe mit einem Durchschnitts-Molekulargewicht von 15000 ist eine sehr hochviscose Masse, die noch Flüssigkeitscharakter hat. Das nächsthöhere Glied, das technische Verwendung gefunden hat, hat ein Molekulargewicht von 50000 und ähnelt am meisten stark mastiziertem Kautschuk, auch in seiner Elastizität und Klebrigkeit. Dem Rohkautschuk ähneln die beiden höchstmolekularen Polyisobutylen-Sorten mit dem Molekulargewicht 100000 und 200000. Die Elastizität des Polyisobutylens bleibt bis —50° erhalten. Alle Polyisobutylen-Marken sind geschmack- und geruchlos und haben eine Dichte von 0,93 bis 1,00.

Hinsichtlich der Brennbarkeit ist das Polyisobutylen am besten charakterisiert durch die Bezeichnung „festes Petroleum“. Bei der trockenen Destillation tritt Depolymerisation unter Bildung einer Reihe von niederen Polymeren (Penta- bis Dimeres) ein.

An den beiden uns zur Verfügung stehenden hochpolymeren Polyisobutylen-Einstellungen der Technik haben wir keine Fluorescenz beobachtet.

Nach seinen Löslichkeitseigenschaften läßt sich Polyisobutylen erkennen durch seine Unlöslichkeit in niederen Alkoholen, Ketonen, niederen Essigsäureestern und Löslichkeit in Benzinen, Aromaten, Paraffinen und Chlorkohlenwasserstoffen, der aliphatischen wie auch aromatischen Reihe. Die aliphatischen Äther haben in ihren niederen Gliedern nur Quellvermögen, während die höheren und die cyklischen

Äther, beispielsweise des Tetrahydrofuran, ausgezeichnete Lösungsmittel darstellen.

Eine Auswirkung der Paraffinähnlichkeit des Polyisobutylens ist bei dem Verhalten gegenüber Lösungsmitteln darin zu erkennen, daß eine Löslichkeit in Estern mit einer Kettenlänge vom Butylacetat an aufwärts oder in Äthern vom Butyläther an aufwärts in den homologen Reihen vorliegt.

Der apolare Charakter des Polyisobutylens bestimmt auch seine Verträglichkeit mit anderen makromolekularen Stoffen. Unter ihnen sind Kautschuk, Guttapercha und Polystyrol, sowie Polyäthylen besonders zu erwähnen. Der Paraffincharakter des Polyisobutylens kommt auch darin zum Ausdruck, daß es mit Faktis, Linoxyn, Bitumen und Wachsen gemischt werden kann.

Charakteristische Nachweisreaktionen dieses sehr widerstandsfähigen polymeren Kohlenwasserstoffes konnten bisher, soweit bekannt, nicht aufgefunden werden.

Polystyrol.

c) Das *Polystyrol* hat ein spezifisches Gewicht von 1,07...1,05. Sein Brechungsindex ist relativ hoch: n = 1,59···1,668. Hieran und an der meist glasklaren Beschaffenheit ist Polystyrol leicht zu erkennen. Gelegentlich findet man Produkte, die einen leichten Geruch nach monomerem Styrol aufweisen.

In ihrer Fluorescenz sind die Polystyrol-Marken der Technik nicht immer gleichmäßig. Das Polystyrol L-Pulver leuchtet schwach blau, die Polystyrole III und IV fluorescieren kräftig blauviolett, die Marke EF leuchtet blau mit weißen Teilen durchsetzt. An einer anderen Probe Polystyrol L haben wir eine grünlich bis weißliche Fluorescenz beobachtet. *Bandel*[1] und *Epprecht*[2] fanden eine stark blauviolette Fluorescenz. An „geschmolzenem" Polystyrol ist von *Wagner* eine intensiv violette Fluorescenz beobachtet worden.

Die Depolymerisation des Polystyrols verläuft relativ leicht; sie beginnt nach unseren Beobachtungen bei ca. 250···260° unter Bildung weißer Dämpfe, anfänglich geht eine rotbraune Flüssigkeit über. Wir erhielten eine Depolymerisationsausbeute von 96%, oft bleibt eine zähflüssige Masse zurück. Das so gewonnene Destillat soll möglichst sofort nochmal rektifiziert werden. Man erhält dann ein reines Styrol vom Sdp 760 = 146°. Schon nach 24 Stunden Stehen tritt beim Versuch einer nochmaligen Destillation Polymerisation ein.

Die Unterscheidung des monomeren Styrols von den anderen Depolymerisationsprodukten der Vinylpolymeren gelingt durch konz.

---

[1] Angew. Chem. **51,** 571 (1938).
[2] *Houwink:* Elastomers and Plastomers III, 81. (1949). Elsevier Publisher Co.

Natronlauge, in der das Styrol unlöslich ist, während die Acrylsäureester sich leicht darin lösen.

An weiteren charakteristischen Reaktionen des durch Depolymerisation erhaltenen Styrols ist zunächst die leichte Bromaufnahme unter Bildung des bei 74° schmelzenden Dibromids zu erwähnen.

Für die Durchführung der Bromierung wurden 5 g Styrol in 5 g Tetrachlorkohlenstoff gelöst und diese Lösung, sowie die Lösung von 8 g Brom in 5 g Tetrachlorkohlenstoff auf 0° gekühlt. Das Brom wird langsam zur Styrollösung gegeben, wobei die Reaktionstemperatur nicht über 30° steigen soll. Bei beginnender Kristallabscheidung nimmt man das Reaktionsgemisch aus dem Eis heraus, setzt langsam etwas Brom hinzu, bis sich wieder alles gelöst hat und kühlt dann wieder bis zum Ende der Reaktion. Beachtet man, daß die Temperatur nicht über 30° ansteigt, so erhält man das Dibromid als gut ausgebildete farblose Kristalle in einer Ausbeute von 95···96%.

Die Bromierungsmethode versagt bei Anwendung eines durch mehrtägiges Stehen bei Raumtemperatur wieder anpolymerisierten Styrols aus einer Depolymerisation.

Nach den Feststellungen *Staudingers*[1] tritt durch Zugabe von Brom zum Polystyrol eine außerordentlich starke Viscositätsabnahme ein, wenn die Brommenge mindestens 2 Mol Brom auf 1000 Grundmol Polystyrol beträgt. Über die Isolierung von Bromiden hierbei ist nichts bekannt.

Verdünnte Salpetersäure oxydiert das Styrol zur Benzoesäure, durch deren bekannte Nachweise damit auch das Styrol identifiziert werden kann.

Eine Lösung des thermisch depolymerisierten Polystyrols in Tetrachlorkohlenstoff wird mit einer Nitriersäure aus 1 Vol Schwefelsäure + 1 Vol. Salpetersäure 10 Min. lang unter häufigem Schütteln nitriert, mit Wasser behandelt und in der wäßrigen Lösung colorimetrisch das Styrol durch sein Nitrierungsprodukt bestimmt[2].

Wenn man nach *Blyth* und *Hofmann*[3] ein Gemisch von Polystyrol mit gepulvertem Kaliumbichromat und verdünnter Schwefelsäure destilliert, so geht mit dem Wasserdampf Styrol über. Wird der Inhalt des Destillierkolbens fest, so erhält man ein Destillat, in dem sich Benzoesäure befindet. Man schüttelt mit warmer Sodalösung aus, säuert diese an und äthert die Benzoesäure aus.

Die Elementaranalyse des Polystyrols resp. des durch thermische Depolymerisation erhaltenen Styrols gibt 92,3% C und 7,7% H.

Polystyrol brennt mit weißlichgelber Flamme, wobei der bekannte charakteristische Geruch des Styrols auftritt.

Hinsichtlich der analytischen Ausnutzung der Löslichkeitseigenschaften ist für Polystyrol charakteristisch seine Löslichkeit in Benzol

---

[1] Ber. dtsch. Chem. Ges. **62**, 2914, 2932 (1929). — [2] *Crippen u. Bonilla:* Analytical Chem. **21**, 927 (1949). — [3] Liebigs Ann. Chem. **53**, 306 (1845).

und Homologen, Chlorkohlenwasserstoffen, Heteroringsystemen, wie Tetrahydrofuran, Dimethyltetrahydrofuran, Tetrahydrofurfurylalkohol, Dioxan, Glycolformal, ferner in Methyläthylketon, Dipropylketon, Isobutyron, Cyclohexanon, Essigsäureester.

Völlige Nichtlöser sind die Benzine, Alkohole, Diole, Glycoläther, Milchsäureäthylester und Äthylenchlorhydrin. Die n-Alkene besitzen nach *Powers*[1] eine größere Lösekraft als die n-Alkane.

Als Quellmittel wirken Dekalin, Trichloräthanol, Äther, Aceton, Methylglycolacetat.

Auch die Löslichkeit des Polystyrols in den Weichmachern kann zur analytischen Erkennung dieses Plast-Rohstoffes herangezogen werden. Infolge der harten Textur des Polystyrols sind nach 5 Stunden noch keine Lösungen eingetreten. Nach ca. 24 Srunden ist das Polystyrol gelöst in Tributylphosphat, Phthalsäureester des Methanols, Äthanols, Butanols, ferner in Benzylbutylphthalat, Diphenoxyäthylformal (= Desavin).

Unlöslich bleibt das Polystyrol auch nach mehreren Tagen in Trikresylphosphat, Trichloräthylphosphat, Phthalsäureester des Methylhexanols, perchloriertem Diphenyl. Von ihnen lassen sich Trikresylphosphat und der Phthalsäureester des Isobutanols durch Alkohol zu Lösern aktivieren.

Die von *Nitsche* und *Toeldte*[2] durchgeführte quantitative Kennzeichnung der Löslichkeit zur Identifizierung des Polystyrols läßt erkennen, daß die Alkohole am stärksten fällend wirken, dann folgt Eisessig, Isooctan, Aceton und Äther, wobei jeweils als Lösungsmittel für das Polystyrol (50 mg) Benzol resp. Butylacetat resp. Trichloräthylen (1 cm³) benutzt wurden.

Nach *Epprecht*[3] ist die quantitative Bestimmung des Polystyrols in plastischen Massen sehr schwierig. Als Beitrag hierzu mögen unsere Erfahrungen[4] bezüglich der Ermittlung des Polystyrol-Gehaltes in Polyisobutylen-Folien dienen.

Die Polystyrolkomponente kann in derartigen Folien, die als Dynagen, Decelith O, Protodur W bekannt sind, qualitativ daran erkannt werden, daß man von der Eigenart des Polystyrols Gebrauch macht, durch ein Gemisch aus Methylenchlorid und konzentrierter Salpetersäure (99% HNO₃) mit ca. 45% Säuregehalt rotbraun verfärbt zu werden.

Die Polystyrol enthaltenden Polyisobutylen-Folien färben sich entsprechend ihrem Polystyrol-Gehalt mit einem solchen Säuregemisch gelb bis braunrot. Eine annähernde Schätzung des Polystyrol-Gehaltes ist so möglich.

---

[1] Amer. Paint J. **32,** 70 (1948). — [2] Kunststoffe **40,** 29 (1950). — [3] *Houwink:* Elastomers and Plastomers III, 81 (1949). Elsevier Publisher Co. — [4] *Thinius:* Farbe, Lacke, Anstrichstoffe **4,** 381 (1950).

Für die quantitative Abtrennung des Polystyrols vom Polyisobutylen haben wir seine leichte Löslichkeit in Essigester, die allen bisher uns zur Verfügung stehenden Marken eigentümlich ist, ausgenutzt. Gegenüber Polyisobutylen in der Eigenviscositätsstufe des Polyisobutylens B 200 ist Essigester nur ein schwaches Quellungsmittel.

Die Extraktion der Mischfolien aus Polystyrol und Polyisobutylen mit Essigester erfordert 72 Stunden.

An mehreren handelsüblichen Folien einer Fabrikationsstätte fanden wir 85 Teile Polyisobutylen und 15 Teile Polystyrol.

Polyvinylcarbazol.

d) Das *Polyvinylcarbazol* ist ein hellgraues bis leicht-braunes hartes Pulver vom spez. Gewicht 1,2. Es läßt sich nur sehr schwer bei Temperaturen über 300° depolymerisieren. Die beiden technischen Polyvinylcarbazol-Marken Luvican N und M 150 unterscheiden sich durch ihre Fluorescenzfarbe. N leuchtet kräftig hellblau, während M 150 weißlich blau leuchtet.

Bei der Prüfung auf Sekundär-Fluorescenz durch Anfärbung mit einer Reihe von Farbstoffen ergab sich der bisher an keinem Vinylpolymerisat beobachtete Befund, daß durch Polyvinylcarbazol die Fluorescenz von sämtlichen Farbstoffen praktisch gelöscht wird.

Die Färbung der beiden Polyvinylcarbazol-Marken durch die Fluorescenzfarbstoffe ergibt bei Beobachtung in natürlichem Licht keine Unterscheidungsmöglichkeiten zwischen beiden Marken. Die Farbstoffe sind hierbei aus 1%igen Alkohollösungen aufgebracht.

Löslichkeitsuntersuchungen an Luvican N führen zu folgendem Ergebnis:

Nichtlöser sind Benzin-Kohlenwasserstoffe, Tetrachlorkohlenstoff, Chlorhydrine, Tetrachloräthylen, sämtliche Alkohole, Diole, Glycolmonoäther, Äther, Dimethyltetrahydrofuran, Acetale, aliphatische Ketone, Ester.

Löser sind Chloroform, Tetrachloräthan, Chlorbenzol, Löser T, Dioxan, Cyclohexanon, Benzylacetat.

Quellung tritt ein in Benzolkohlenwasserstoffen, Dichloräthan, Trichloräthylen, o-Chlortoluol, Hexalinacetat.

Das Luvican M 150 unterscheidet sich in den Löslichkeitseigenschaften insofern, als es gelöst wird durch Benzol, Dichloräthan, Trichloräthylen, o-Chlortoluol, hingegen in Dioxan und Cyclohexanon nur teilweise löslich ist.

Es sei noch an dieser Stelle erwähnt, daß die Luvican-Marken M 100 und M 125 Mischpolymerisate mit Styrol (35% resp. 15%) sind; ihre Formbeständigkeit nach *Martens* liegt bei 100° resp. 125°.

Spezifische Nachweisreaktionen des Polyvinylcarbazols fehlen noch.

Polyvinylpyrrolidon.

e) Wie bereits festgestellt, ist für das *Polyvinylpyrrolidon* charakteristisch, daß es außer in Wasser auch in einigen organischen Lösungsmitteln löslich ist, beispielsweise in den Alkoholen, Chlorhydrinen und Methylenchlorid, Aceton, Milchsäureester, Chloressigsäureester. Es ist dagegen unlöslich in aliphatischen und aromatischen Kohlenwasserstoffen, in Tetrachlorkohlenstoff, in Trichloräthylen, o-Chlortoluol, Äther, Propyläther, Dipropylketon, Essigsäureester, Methoxylbuttersäureester.

Als charakteristisch für Polyvinylpyrrolidon erkannten wir noch das Verhalten gegenüber der Kollodiumwolle-Type A 500. Gibt man zu einer klaren Lösung dieses Vinylpolymeren in Alkohol + Benzol + Essigester 1:1:1 butanolfeuchte A 500 im Verhältnis 1:1 (auf Polymerisat) hinzu, so entsteht eine schwach faserige Lösung. Bei umgekehrtem Arbeitsgang entsteht eine Fällung, die später zu einer trüben, faserigen Lösung übergeht. Erst bei Hinzufügen von überschüssiger A 500 wird die Lösung dann klar.

Von dem Polyvinylmethyläther unterscheidet sich das Polyvinylpyrrolidon darin, daß es in Benzol oder Tetrachlorkohlenstoff unlöslich ist.

Bei der Fluorescenz-Analyse des Polyvinylpyrrolidons sahen wir nur die uncharakteristisch bläulichweiße Luminescenzfarbe. Anfärbungsversuche sind mit Rücksicht auf die Löslichkeit des Polyvinylpyrrolidons in Wasser und in Alkoholen nicht möglich.

2. Nachweisreaktionen für Polychlorkohlenwasserstoffe. a) *Polyvinylchlorid (PCU, PVC).* Das als farbloses Pulver vorliegende *Polyvinylchlorid* ist geruchlos und geschmacklos; sein spez. Gewicht ist d = 1,3. Beim Einbringen in die Flamme des Bunsenbrenners brennt das Polyvinylchlorid mit fahler Flamme und erlischt sofort beim Herausnehmen. Hierbei, wie auch bei der trockenen Destillation des Polyvinylchlorids tritt Salzsäure auf, die in üblicher Weise nachgewiesen wird. Eine Depolymerisation des Polyvinylchlorids ist nicht möglich.

Unabhängig von der Erzeugungsstätte und dem angewandten Polymerisations- und Aufarbeitungsverfahren haben wir beim Polyvinylchlorid stetes eine blauviolette Luminescenz festgestellt. Die niedriger polymeren Glieder der polymerhomologen Reihe fluorescieren mehr weiß mit bläulichem Schein.

Da Polyvinylchlorid-Pulver sehr häufig zusammen mit Stabilisator vermischt den Verarbeitungsstätten zugeführt wird, sei daran erinnert, daß durch diese Stabilisatoren die Fluorescenzfarbe des Polyvinylchlorids verändert werden kann.

Besonders kraß ist dies bei dem mit β-Phenylindol stabilisierten Polyvinylchlorid zu erkennen, das unter dem UV-Licht leuchtend weißblau fluoresciert.

Die als Polyvinylchlorid-Pasten bezeichneten Gemische des pulverförmigen Rohstoffes mit Weichmachern verhalten sich unter der Fluorescenzlampe ganz verschiedenartig.

Zusammen mit den Phthalsäureestern, Fettsäureestern mit Triolen, Tributylphosphat, Adipinsäureester tritt keine Fluorescenz als Paste auf. Eine Paste mit Mesamoll H fluoresciert leuchtend weiß, mit Trikresylphosphat (oder Xylenylphosphat) blau, mit Plastomoll TV gelb.

Die blauviolette Fluorescenzfarbe des PCU-Pulvers ist also in allen diesen Fällen restlos verschwunden. Man erhält jedoch durch Auswaschen der Pasten mit Äther aus den Trikresylphosphat- und Mesamoll-Pasten das Igelit-PCU-Pulver mit seiner Ausgangsfluorescenz wieder zurück. Dagegen fluoresciert das Igelit-PCU-Pulver aus der Trikresylphosphat-Paste jetzt gelblich, so daß anzunehmen ist, daß im Trikresylphosphat enthaltene Verunreinigungen besonders vom PCU-Pulver festgehalten werden.

Verwendet man ein anderes Extraktionsmittel zur Abtrennung der Weichmacher von der Paste, so ergab sich z. B. bei den Phthalaten ebenfalls stets wieder die blauviolette Fluorescenzfarbe des Igelit PCU.

Für die Anwendung der Fluorescenzlampe zur Erkennung von Plasten ist Voraussetzung, daß der gleiche Stoff immer die gleiche Luminescenzfarbe zeigt. Wenn auch diese Bedingung bei einer Reihe von Plast-Rohstoffen erfüllt ist, so zeigen doch Halb- und Fertigfabrikate aus dem gleichen Rohstoff oft eine sehr erhebliche Verschiedenheit ihrer Fluorescenzfarben. Die aus einer Reihe von Igelit-PCU-Chargen, die als pulverförmiger Rohstoff stets die gleiche blauviolette Luminescenzfarbe zeigen, hergestellten harten Folien leuchten sehr verschiedenartig auf. Wir beobachteten gelbliche, grünstichige, braune und weiße Fluorescenzfarben.

Durch die im Temperaturgebiet zwischen 75···135° vorgenommenen Folienbildungen aus den Pasten ändert sich die Fluorescenzfarbe der entstehenden, qualitativ absolut unbrauchbaren, „Folien" nicht. In demselben Maße, wie sich nun die Eigenfarbe der Folien aus höherer Gelatinierungstemperatur (150° resp. 175°) bei jedem Weichmacher verschiedenartig ändert, so verändert sich auch die Fluorescenzfarbe dieser Folien in etwa gleichem Sinne. Eine höhere Temperatur oder eine längere Dauer wirken stets farbvertiefend.

Diese für Weichigelit gefundene Regel muß auch Gültigkeit haben für Hartigelit, denn nach Extraktion der Weichmacher aus diesen Folien sind die Fluorescenzfarben praktisch unverändert geblieben. Andernfalls zeigen Hartigelit-Folien bei nochmaliger Erwärmung stets wie bekannt, nicht nur eine dunkelrote Eigenfarbe, sondern auch eine dunklere Fluorescenzfarbe.

Diese Verschiedenheit mindert die *Brauchbarkeit der Fluorescenzanalyse* zur schnellen Untersuchung eines Plastes, ohne daß man diesen zu zerstören brauchte, erheblich herab. Es kommt noch hinzu, daß oft auch die weitere Behandlung eines Plast-Rohstoffes oder auch eines Halbfabrikates zwecks Erzeugung der dem Endprodukt zu erteilenden optimalen Eigenschaften sich in nicht voraussehbarer Richtung auf die Fluorescenzfarbe auswirkt. Daneben können dann durch andere Verarbeitungszusätze, z. B. durch Stabilisatoren, die Fluorescenzfarben noch gänzlich abgewandelt werden.

Es sei hier nur darauf hingewiesen, daß das als Stabilisator verwendete 2-Phenylindol in jedem Fall auch in der Folie eine sehr kräftig leuchtende blauweiße Fluorescenz hervorgerufen hat. Hiermit sind noch etwa $0,2\%$ dieses Stabilisators zu erkennen, auch dann noch, wenn farbkräftige Pigmente mitverarbeitet sind.

Diese Verhältnisse haben auch für die allgemeine Plast-Analyse noch eine besondere Bedeutung. Sie zeigen nämlich, daß man nicht in jedem Fall die Vollständigkeit einer Extraktion des Weichmachers aus einem Plast durch die Fluorescenz-Analyse kontrollieren kann. In diesem Zusammenhang ist ferner von Bedeutung, daß auch die von den Vinylpolymeren besonders hartnäckig zurückgehaltenen Lösungsmittelreste die Fluorescenz eines Extraktionsrückstandes beeinflussen können, wie wir an einer umfangreichen Versuchsreihe mit den verschiedensten Extraktionsmitteln bewiesen haben.

Wie stark die Beeinflussung der Fluorescenzfarbe des Polyvinylchlorids durch „Verunreinigungen" jeder Art ist, zeigt sich auch, wenn man Polyvinylchlorid-Lösungen mit Nichtlösern fällt. Solange noch Spuren des Lösungs- oder Fällmittels an der faserigen oder pulverigen Fällung haften, treten neben der blauvioletten Luminescenzfarbe des Polyvinylchlorids noch andere, meist gelbe Fluorescenzen auf. Am besten gelingt es noch, das kugelige Tetrachlorkohlenstoff-Molekül vom PCU zu entfernen, da mit ihm fast immer sehr schnell die bekannte PCU-Fluorescenzfarbe erreicht wird.

Die vielen Einzelbeobachtungen über das Verhalten des pulverförmigen oder verarbeiteten Polyvinylchlorids führen zu dem Urteil, daß die vollständige chemische Analyse durch die Luminescenz-Analyse nicht ersetzt werden kann. Sie kann aber bei sehr großer Vertrautheit mit ihren Bildern eine wertvolle Unterstützung des Analytikers sein.

Die polymerhomologen Glieder der Polyvinylchlorid-Reihe zeichnen sich durch eine mit steigendem Polymerisationsgrad geringer werdende *Löslichkeit* in den üblichen organischen Lösungsmitteln aus.

Während die Anfangsglieder dieser Reihe, die als Vinoflex S 3 resp. S 8 bekannt sind, sich bei gewöhnlicher Temperatur vor allem in Cyclohexanon, Methylcyclohexanon, Tetrahydrofuran, Tetrahydrofurfurylalkohol, Methylenchlorid, Butylacetat und den Essigsäureestern der Isomeren-Gemische der sogenannten Leunaalkohole, lösen, haben für die Plast-Rohstoffe im engeren Sinne, d. h. also für die Igelit-PCU-Marken F, G, K nur die beiden cyclischen Ketone resp. der Heterocyklus bei Raumtemperatur Lösevermögen.

Als Lösungsmittel, die bei höherer Temperatur wirksam sind, kommen in Frage Tetrahydrofurfurylalkohol, Pyridin, Dimethylanilin.

Die Unlöslichkeit des Polyvinylchlorids in Butylacetat oder in Toluol unterscheidet diesen Plast-Rohstoff eindeutig von dem nachchlorierten Polyvinylchlorid resp. dem Chlorkautschuk und dem chlorierten Buna.

Außer in den Essigsäureestern und dem Toluol kommen noch die Ketone und die Chlorkohlenwasserstoffe als Löser für diese hochchlorierten Plast-Rohstoffe in Frage.

Wie aus der anwendungstechnischen Äquivalenz der 3 nachchlorierten Produkte sich ergibt, sind ihre Löslichkeitseigenschaften so weitgehend übereinstimmend, daß eine analytisch ausnutzbare Unterscheidungsmöglichkeit dieser 3 Substanzen untereinander eigentlich nur im Verhalten gegenüber Tetrachlorkohlenstoff gegeben ist[1].

Die quantitative Untersuchung ergab folgende Verhältnisse:

Je 2 g Polymerisat wurden in 100 cm³ Tetrachlorkohlenstoff bei Zimmertemperatur 24 Stunden geschüttelt und sodann die gelöste Menge im Tetrachlorkohlenstoff bestimmt:

Vinoflex PC	=	0,5%, bei 40° = 25%
Bunalit	=	84 % (nach 4 Stunden 75%)
Bunalit bei 40°	=	97 %
Pergut	=	100 %.

Es konnte sodann noch gefunden werden[2], daß es gelingt, den Tetrachlorkohlenstoff durch geringe Zusätze von Weichmachern oder als Weichmacher wirkende Substanzen so weit zu aktivieren, daß sich bei Zimmertemperatur schnell einwandfreie Lösungen des nachchlorierten Polyvinylchlorids in ihm herstellen lassen.

Es genügt, beispielsweise 5···10%ige Auflösungen von Weichmachern mit einem Dipolmoment $\mu \geqq 2{,}3$ D in Tetrachlorkohlenstoff herzustellen. Diese sind dann in der Lage, auch dann noch das Vinoflex PC aufzulösen, wenn der Anteil an Weichmachern 40···100%, bez. auf Polymere, beträgt. Als besonders geeignete Weichmacher hatten sich bewährt:

Kampfer, sym. Diäthyldiphenylharnstoff (= Mollit I), Dibutylphthalat (Palatinol C), dialkylierte Cyanamide und Dialkylnitrosoamine. Das gleiche Prinzip ist auch für Bunalit anzuwenden, wobei eigentlich

---

[1] *Thinius:* Chemische Technik 2 (1950) S. 59.
[2] Pt. Anm. D 92 180 IVc/22h vom 1. 12. 1943 (Erf. *Thinius*).

erwartet wurde, daß es nur eines noch kleinen Anstoßes bedarf, um die noch fehlende Solvatations-Energie im Tetrachlorkohlenstoff zur Auslösung zu bringen.

Mit anderen Worten: es wurde erwartet, daß sehr gering konzentrierte Lösungen von Weichmachern in Tetrachorkohlenstoff genügen würden, um nun eine völlige Auflösung des Bunalites herbeizuführen. Dies hat sich auch tatsächlich gezeigt: 1%ige Lösungen von den obengenannten Weichmachern genügen schon, um das Bunalit restlos zu lösen, wobei der Anteil der Weichmacher auf Bunalit berechnet, nur 25% beträgt. Verwendet man 2,5%ige Weichmacher-Lösungen in Tetrachlorkohlenstoff, so lösen auch diese dann noch Bunalit auf, wenn nur 12,5% Weichmacher auf Bunalit kommen.

Es ist für die Theorie der Solvatation von Bedeutung, daß die Auflösung in durch Substanzen hohen Dipolmoments aktiviertem Tetrachlorkohlenstoff am schnellsten vor sich geht.

Zum analytischen Unterschied zwischen Vinoflex PC und Bunalit dient, daß diese 1%igen Lösungen der Weichmacher in Tetrachlorkohlenstoff *kein* Lösevermögen für *Vinoflex PC* haben, wenn sie so angewendet werden, daß ca. 25% Weichmacher auf Polymerisat kommen, jedoch Bunalit sofort schnell auflösen.

Die Anwendung der *Fällbarkeitsmethode* von *Gordijenko* und *Schenck* auf die 3 obengenannten chlorhaltigen Polymeren (Vinoflex PC, Pergut, Bunalit) führt zu folgendem Resultat.

Vinoflex PC und Bunalit lösen sich einwandfrei zu 25%igen Lösungen in Aceton, dagegen gibt Pergut darin nur eine schlierige Lösung, die erst durch Zusatz von 6,5% Chloroform (ber. auf Lösung) klar wird. Versetzt man nun 3 gleichkonzentrierte Lösungen dieser Polymeren, die unter Berücksichtigung dieser Eigenschaften hergestellt waren, also alle 3 etwas Chloroform enthielten, nach der Vorschrift von *Gordijenko* und *Schenck* mit Petroläther, Äther, Benzol, Chloroform, Tetrachlorkohlenstoff, Methanol, Alkohol, Propanol, Butanol, so zeigt sich, daß die Fällbarkeitsbilder dieser 3 anwendungstechnisch so ähnlichen Eukolloide völlig übereinstimmen. Mit Benzol, Chloroform, Tetrachorkohlenstoff sind die genannten Lösungen noch im Verhältnis 1:10 verdünnbar; mit Petroläther und Alkoholen entsteht schon bei 1:6 eine feste Ausfällung und mit Äther eine schlierige Ausfällung. Es ist deshalb sodann versucht worden, die 3 Hochpolymeren durch ihre Verschnittfähigkeit gegen Methanol zu unterscheiden. Hierzu dienten jeweils 50 g einer Lösung aus 25% Eukolloid + 70% Aceton + 5% Chloroform, zu denen allmählich steigende Mengen Methanol zutitriert wurden.

Vinoflex PC	mit $5 + 1 + 1$ cm³ Methanol:	Synärese
Bunalit	mit $1 + 1 + 1 + 1$ cm³ Methanol:	Synärese
Pergut	mit $1 + 1$ cm³ Methanol:	beginnende Synärese

Die Synärese bleibt beim Erwärmen auf 54° bestehen. Erstaunlicherweise hat sich gezeigt, daß in den 40° warmen Lösungen die Verschnittfähigkeit nicht besser wird.

Nach diesen Ergebnissen nimmt das Solvatationsvermögen des oben angewandten Gemisches in nachstehender Reihenfolge zu: Pergut, Bunalit, Vinoflex PC. Diese Titrationsmethode der Verschnittfähigkeit ist also durchaus geeignet, um zu unterscheiden, welches der 3 Hochpolymeren vorliegt[1].

Inwieweit können die *Löslichkeitseigenschaften* des Polyvinylchlorids und der 3 nachchlorierten Produkte *in Weichmachern* noch zur Identifizierung der Plast-Rohstoffe mit herangezogen werden?

Das Polyvinylchlorid (Igelit PCU) ist bei Raumtemperatur in allen Weichmachern praktisch unlöslich. Durch Temperaturerhöhung gelingt es dann, das Polyvinylchlorid in den Weichmachern in Lösung zu bringen.

Auf Grund der allgemeinen Kenntnisse über die Solvatation von Eukolloiden durch organische Flüssigkeiten ist zu erwarten, daß für jeden Weichmacher eine bestimmte Temperatur existiert, wo er lösungsaktiv für Polyvinylchlorid wird. Die bisher lösungsaktivsten Weichmacher sind Tripropyl- und Tributylphosphat; bei ihnen liegt die kritische Lösetemperatur bei 40···60°. Die meisten Weichmacher werden zu Lösern für Polyvinylchlorid im Temperaturgebiet zwischen 100···130°.

In dieser Hinsicht unterscheidet sich also Polyvinylchlorid ebenfalls wieder charakteristisch von dem nachchlorierten Polyvinylchlorid resp. dem Chlorkautschuk oder dem chlorierten Buna. Das nachchlorierte Polyvinylchlorid löst sich sehr leicht bei Raumtemperatur in Tributylphosphat und dem Diäthylbutylglycolphosphat. Erst auf Zusatz von Alkohol werden zum Löser für Vinoflex PC aktiviert die Phthalsäureester der $C_4···C_9$-Alkohole, sowie die Vorlauffettsäureester des Hexantriol. Das nachchlorierte Polyvinylchlorid bleibt unlöslich in Trikresylphosphat, Trichloräthylphosphat, Diphenoxyäthylformal und in anderen.

Der nachchlorierte Kautschuk ist in einer größeren Anzahl Weichmacher bei Raumtemperatur löslich: Tributylphosphat, Diäthylbutylglycolphosphat, Phthalsäureester des Äthanols, Butanols und des Gemisches Benzylalkohol + Butanol, ferner noch mit geringerer Lösegeschwindigkeit in Trikresylphosphat, Phthalsäureester der $C_4—C_9$-Alkohole, Hexantriolfettsäureester, Leunacarbonsäureester des Trimethyloläthans.

Polyvinylchlorid ist mit anderen Filmbildnern nur in einem sehr beschränkten Ausmaße verträglich, so daß eine gemeinsame Verarbeitung von Polyvinylchlorid mit anderen Plast-Rohstoffen nur in besonders gelagerten Fällen vorgenommen wird.

---

[1] Ähnlich arbeiten *Nitsche u. Toeldte:* Kunststoffe **40**, 29 (1950).

Über die zu seiner Identifizierung durchzuführenden Methoden der Chlorbestimmung s. S. 209.

Polyvinylidenchlorid.

b) Spezifische Nachweisreaktionen für das *Polyvinylidenchlorid* sind außer den bereits besprochenen allgemeinen Untersuchungsmethoden dieses Plast-Rohstoffes nicht bekannt geworden.

3. Methoden zur Trennung von Gemischen aus Polychlorkohlenwasserstoffen. Gemische von *Pergut* und *Bunalit* lassen sich *nicht* trennen, da die Löslichkeitseigenschaften gleich sind. Gemische von *Pergut* und *Vinoflex PC* in beliebigem Verhältnis ergeben aus ihren klaren Lösungen in Essigester + Toluol 2:1 klare Filme. Als Trennmittel für diese Mischfilme wurde Tetrachlorkohlenstoff verwendet, in dem Pergut leicht völlig löslich ist. Wenn hierbei Vinoflex gleich oder größer ist als der Pergut-Anteil, so liegt eine so starke nebenvalenzartige Verknüpfung der beiden Eukolloide vor, daß eine Auftrennung des Mischfilms durch Tetrachlorkohlenstoff nicht quantitativ gelingt. Aus einem Pergut + Vinoflex PC 1:1-Mischfilm werden nur 84% des Perguts, aus dem 2:3-Mischfilm nur 88% des Perguts herausgelöst. Liegt Vinoflex PC in geringen Mengen vor, so gelingt die quantitative Abtrennung aus dem Film.

Wegen der nicht vollständigen Trennung wird der Mischfilm 1:1 und 2:3 nochmal in Essigester und Toluol aufgelöst und die Lösung dann in 94%igem Alkohol ausgefällt. Die hierbei entstehende langfaserige Fällung wird nach dem Trocknen mit 50 cm³ Tetrachlorkohlenstoff 24 Stunden bei 25° behandelt. Wir erhielten hierbei aus dem lockeren Faserverband, der durchaus ein einheitliches Aussehen unter dem Mikroskop zeigt, eine quantitative Abtrennung des Perguts.

Eine Auftrennung eines als Mischfilm vorliegenden Gemisches aus *Vinoflex PC* und *Bunalit* 1:1 ist auch nach nochmaligem Umfällen einer Lösung aus Alkohol nicht möglich. Die Ursache kann in den noch vorhandenen Restvalenzen des Butadien-Bausteins begründet sein.

Nach den Angaben des DRP. 750236/39b vom 7. 5. 39/3. 1. 45 (IG. Leverkusen) sind Pergut oder Bunalit mit dem Cellulosetripropionat verträglich in Lösung und auch im Film. Auch diese Eigenschaft kann zur analytischen Erkennung verwertet werden, da Vinoflex PC mit Cellit TP (Cellulosetripropionat) nicht verträglich ist.

Aus den beiden letzteren entstehen inhomogene Mischfilme, da jedoch Tetrachlorkohlenstoff allein weder für Vinoflex PC noch für Cellit TP ein Löser ist, kann man eine Auftrennung derartiger Gemische nicht damit vornehmen.

Unsere früheren Arbeiten hatten ergeben, daß Gemische von Tetrachlorkohlenstoff mit Methylglycol zu Lösern für Cellit TP aktiviert werden können. Später konnten wir dann finden, daß auch Vinoflex PC von derartigen Gemischen gelöst wird. Es ist also nicht möglich, mit dem z. Zt. bekannten Lösungsmitteln ein Gemisch von Vinoflex PC und Cellit TP zu trennen. Das gilt auch für die homogenen Mischfilme aus Pergut (Bunalit) und Cellit TP 1:1. Sie sind dann nochmals aus ihrer Gießlösung in Benzol + Toluol + Butanol + Butylacetat (33 : 17 : 7,5 : 42,5) mit 94%igem Alkohol umgefällt. Die faserige Fällung wurde mit Tetrachlorkohlenstoff 24 Stunden bei Zimmertemperatur behandelt. Beim Pergut + TP-Gemisch erhielten wir nur 60% des Perguts als löslichen Anteil, und beim Bunalit + TP-Gemisch waren es, auch bei Berücksichtigung der geringeren Löslichkeit des Bunalit, nur 20% des Bunalit.

4. Nachweisreaktionen für Estergruppen enthaltende Polymerisationsprodukte. a) *Polyvinylformiat.* Von den Polyvinylestern wird das *Polyvinylformiat* nur vereinzelt einmal nachzuweisen sein, da es seiner Instabilität und geringen Löslichkeit wegen kaum technische Anwendung gefunden hat.

Das gelbliche, in Form von harten Koagulaten vorliegende Polyvinylformiat verrät sich meist schon durch seinen stechenden, sauren Geruch. Es ist unlöslich in den Kohlenwasserstoffen, Chlorkohlenwasserstoffen, Alkoholen und Diolen, den Glycoläthern und Glycolätherestern, Äther, Ketonen, Estern, dem Acetonitril, Dialkylcyanamiden, Dialkylnitrosoamiden. Eine Quellung tritt ein in Dichloräthan, Trichloräthanol, Tetrahydrofuran und Tetrahydrofurfurylalkohol, Aceton und Pyridin. Es ist löslich in Ameisensäure und in siedendem Trichloräthanol.

Über seine Verseifung siehe S. 218. Eine Abspaltung von Polyvinylalkohol haben wir hierbei nicht nachweisen können.

Polyvinylacetate.

Das zur thermoplastischen Verarbeitung auf Formkörper wenig geeignete *Polyvinylacetat* liegt als mehr oder weniger weicher, glasklarer, geruch- und geschmackloser Plast-Rohstoff vor. Seine Dichte ist d = 1,15 bis 1,19, der Brechungsindex ist relativ niedrig, n = 1,450 bis 1,473.

Die Fluorescenzfarben des Polyvinylacetats (Mowilith) waren nicht bei allen uns vorliegenden Präparaten einheitlich. Wenn überhaupt eine Fluorescenz auftrat, so war es in Übereinstimmung mit *Bandel*[1] ein weißliches Blau bei den niedrigviscosen Marken, dagegen trat bei dem hochviscosen Polyvinylacetat eine stumpf dunkelblaue Luminescenz auf.

Das Verhalten in der Flamme bei der Brennprüfung ist nicht sehr charakteristisch, das Polyvinylacetat wird weich und brennt wenig. Bei der trockenen Destillation tritt Zersetzung ein unter Bildung von gelben, zum Schluß rotbraunen Dämpfen, die nach Essigsäure riechen. Das anfangs als rotbraune Flüssigkeit übergehende Depolymerisationsprodukt siedet bei nochmaliger Destillation zwischen 95° und 121° und ist stark sauer.

---

[1] Angew. Chem. **51,** 570 (1938).

Die Polyvinylacetate haben eine ziemlich umfassende Löslichkeit in den gebräuchlichen Lösungsmitteln.

Als Nichtlöser haben sich nach unseren Untersuchungen[1] erwiesen: die Benzine, Dekalin, alkohol- und wasserfreier Äther, wasserfreie Propanole und Butanole, die höheren Alkohole, z. B. Amylalkohol, Intrasolvan E, HS, Cyclohexanol, Methylcyclohexanol. Zu den Quellmitteln rechnen wir Xylol, Solventnaphtha, Tetrachlorkohlenstoff und absoluten Alkohol.

Löslich sind die Polyvinylacetat-Marken alle in Benzol, Toluol, Chlorkohlenwasserstoffen, Methanol, Sprit, Diisopropylcarbinol, Benzylalkohol, Glycoläther, Glycolätherester, Tetrahydrofuran, Dimethyltetrahydrofuran, Tetrahydrofurfurylalkohol, Dioxan, Acetale, Ketone und Ester. Die wasserfreien Propanole und Butanole lassen sich durch Wasser zu Lösern aktivieren. Hierbei ist der Eintritt der Löslichkeit in diesen wasserhaltigen Alkoholen von der Eigenviscosität des Polyvinylacetats insofern abhängig, als die niedrigviscosen Marken schon bei Zusatz weniger Prozente Wasser in Lösung gehen. So löst sich ein Polyvinylacetat mit der Eigenviscosität $K = 50 \cdot 10^{-3}$ bereits in 97,5%igem Butanol, während ein hochviscoses Polyvinylacetat $K = 90 \cdot 10^{-3}$ in 95%igem Butanol nur stark quillt und erst in 92%igem Butanol in Lösung geht. Auch im Gemisch aus Butanol und Xylol liegt ein gegenseitig sich aktivierendes Lösungsmittel für Polyvinylacetat vor.

Auch die Löslichkeit in den Weichmachern kann als analytisches Kriterium ausgenutzt werden, sofern man auf die Beschaffenheit des Polyvinylacetats Rücksicht nimmt. Wir haben deshalb die Beurteilung, ob eine Löslichkeit eingetreten ist, nach 3 Stunden, 24 Stunden und nach 8 Tage Stehen vorgenommen.

Die als harte Brocken vorliegenden mittelviscosen Polyvinylacetat-Marken und das in Perlform und noch nachträglich fein gemörserte hochviscose Polyvinylacetat lösen sich innerhalb 3 Stunden in Trichloräthylphosphat, den Phthalsäureestern des Methanols und Äthanols, ferner im Weichharz aus Butylurethan und Formaldehyd. Nach 24 Stunden sind die Polyvinylacetate auch gelöst in Trikresylphosphat, Phthalsäurebutylester, Benzolsulfonmethylamid, Oxalsäurecyclohexylester. Auch nach Verlauf von 8 Tagen ist keine Lösung eingetreten in Tributylphosphat, den Phthalsäureestern höherer Alkohole ($C \geqq 5$), dem Mesamoll (Paraffinsulfonsäurephenylester), den Chlordiphenylen und Toluolsulfonamiden. Durch 100%iges Butanol lassen sich zu Lösern für Polyvinylacetat aktivieren die Phthalsäureester des Amylalkohols und der Mischester aus Butanol-Benzylalkohol sowie das Toluolsulfonamid.

---

[1] Siehe hierzu auch: Mowilith-Broschüre der Farbwerke Höchst März 1949, und *Nitsche u. Toeldte:* Kunststoffe **40,** 29 (1950).

Die Polyvinylacetate sind mit Phenolformaldehydharzen, Chlorkautschuk, Kollodiumwolle und Benzylcellulose verträglich.

Der Nachweis des Polyvinylacetats kann außer durch die Verseifungszahl auch noch durch eine Farbreaktion unter Benutzung der *Storch-Morawski*-Reaktion vorgenommen werden. Hierzu werden einige Splitter Polyvinylacetat in ca. 3 cm³ Essigsäureanhydrid gelöst, danach wird konzentrierte Schwefelsäure *unter Kühlen* zugegeben. Die Lösungen bleiben farblos. Wird die Kühlung unterlassen, so entstehen Blaufärbungen. Das Ausbleiben der Färbung bei der Kühlung unterscheidet die Polyvinylacetate von den Polyvinyläthern, wo die Blaufärbung auch bei Kühlung erscheint.

Über den Nachweis des bei der Verseifung entstehenden Polyvinylalkohols siehe S. 224.

Das *Polyvinylchloracetat* unterscheidet sich vom Polyvinylacetat leicht durch seine Chlorreaktion und die Bildung von Kaliumchlorid bei der Verseifung mit alkoholischer Kalilauge.

Auf Grund der Löslichkeitseigenschaften kann man eine Unterscheidung dieser beiden Polymerisationsprodukte folgendermaßen treffen:

Tabelle 42.

	Polyvinylacetat	Polyvinylchloracetat
Benzol	löslich	unlöslich
Methanol	löslich	unlöslich
Methylglycol	löslich	quillt
Aceton	löslich	quillt

Die Unterscheidung zwischen dem Polyvinylchloracetat und dem Polyvinylchlorid gelingt am besten mittels der Verseifung durch alkoholische Kalilauge (s. S. 220).

Polyacrylate.

b) Die Polyacrylsäureester des Methanols, Äthanols und Butanols zeigen eine mit zunehmender Radikal-Länge des Alkoholrestes ansteigende Weichheit:

Polyacrylsäuremethylester: bei Raumtemperatur ziemlich weich. Einfriertemperatur liegt bei $+ 8°$ bis $+ 5°$.

Polyacrylsäureäthylester: bei Raumtemperatur kautschukartig klebrig. Einfriertemperatur unter $- 20°$.

Polyacrylsäurebutylester: bei Raumtemperatur sehr weich. Einfriertemperatur unterhalb $- 40°$.

Das spezifische Gewicht liegt bei $d = 1{,}18$.

An den uns zur Verfügung stehenden Produkten des Polyacrylsäuremethylesters haben wir keine Fluorescenz gesehen, *Bandel*[1] gibt eine stumpf weißblaue Fluorescenzfarbe an. Am Äthylester haben wir eine grüne Fluorescenz gesehen.

In der Flamme des Bunsenbrenners brennen die Polyacrylate mit gelblicher Flamme; sie brennen auch außerhalb der Flamme weiter, wobei ein stark süßlicher Geruch auftritt. Bei der thermischen Depolymerisation schmelzen die Polyacrylsäureester schwer zusammen, es bilden sich weiße Nebel, und der Geruch nach Acrolein oder nach Estern tritt auf. Der Äthylester zersetzt sich etwas leichter als der Methylester.

Die Destillate sind zunächst braun gefärbte Flüssigkeiten mit saurer Reaktion, sie müssen noch einmal sorgfältig destilliert werden, ehe sie zur Identifizierung herangezogen werden. Die monomeren Acrylsäureester haben bei 760 Torr folgende Siedepunkte:

Acrylsäuremethylester	Sdp. 80°	$n_D = 1{,}411 / 1{,}398$
Acrylsäureäthylester	Sdp. 99,5°	$n_D = 1{,}4072$ (18°)
Acrylsäurebutylester	Sdp. 140°	
Acrylsäure	Sdp. 140°	Smp. 7···8°.

Es empfiehlt sich auf jeden Fall, das Vorliegen der Acrylate noch durch Überführen in Derivate der Propionsäure, oder durch Bromieren zu den 2,3-Dibrompropionsäureester nachzuweisen. Die Anlagerung des Brom wird in Tetrachlorkohlenstoff-Lösung im Tageslicht leicht durchgeführt. Der Dibrompropionsäuremethylester siedet bei 204···206°, das spez. Gewicht ist d = 1,977. Der Brechungsindex ist besonders charakteristisch: $n_D = 1{,}514$.

Der Dibrompropionsäureäthylester siedet bei 211···214°, sein spez. Gewicht ist d = 1,77, der Brechungsindex ist $n_D = 1{,}5015$.

Die Alkohol-Radikale der Polyacrylsäureester bestimmen das Verhalten gegenüber Lösungsmittel[2]:

Der am umfassendsten lösliche Ester ist der Butylester. Gemeinsame Lösungsmittel für die 3 genannten Ester sind: Benzol, Toluol, die meisten Chlorkohlenwasserstoffe, Ester, Ketone, Glycolätherester, Tetrahydrofuran, Dimethyltetrahydrofuran. Charakteristisch für die einzelnen Ester sind folgende Löslichkeitseigenschaften:

Polyacrylsäuremethylester: unlöslich in Äther oder Alkoholen, Aethylen-glycolmono-alkyläthern oder Tetrachlorkohlenstoff, oder in Benzinen, oder hydrierten Naphthalinen. (Löslichkeit in Äther 1,48%/1,74%).

Polyacrylsäureäthylester: unlöslich in Benzinen, hydrierten Naphthalinen, aliphatischen Alkoholen $C \geqq 5$, Cyclohexanol und Methylierungsprodukten, Tetrahydrofurfurylalkohol. Löslich in aliphatischen Alkoholen $C_1 \cdots C_4$, Glycoläthern, Äther.

Polyacrylsäurebutylester: unlöslich in Methanol, Äthanol, Cyclohexylacetat, Milchsäureathylester. Löslich in Benzin und Terpentinöl, Butanol.

---

[1] Angew. Chem. **51**, 570 (1938). — [2] Siehe auch: Plexigum-Broschüren der Röhm & Haas A. G. Darmstadt, sowie *Berl-Lunge* 8. Aufl. E III, 459.

So ergibt sich die Möglichkeit des Nachweises der Polyacrylsäureester durch folgende Löslichkeitsunterschiede:

Tabelle 43.

	Methylester	Aethylester	Butylester
Benzin	unlöslich	unlöslich	löslich
Alkohole	unlöslich	$C_1\cdots C_4$ löslich $C \geqq 5$ unlöslich	$C_1\cdots C_2$ unlöslich $C \geqq 5$ löslich
Glycolmonoäther	unlöslich	löslich	löslich
Äther	unlöslich	löslich	löslich

Zur analytischen Unterscheidung kann man auch von der Verträglichkeit der Polyacrylsäureester mit Weichmachern und Kunstharzen Gebrauch machen.

Nicht verträglich in einem Film aus Polyacrylsäuremethylester ist Weichmacher REA und T-Öl. Aus dem Polyacrylsäureäthylesterfilm schwitzen aus Butylstearat, Mollit BR extra, Ricinusöl, Weichmacher REA und Albanol. Letzteres ist auch im Polyacrylsäurebutylesterfilm unverträglich.

Die 3 Polyacrylsäureester sind mit Kollodiumwolle gut verarbeitbar. Mit dem Cellulosetriacetat, der Äthylcellulose in der Verätherungsstufe der AT-Cellulose B und der Benzylcellulose bestehen keine Verträglichkeiten der 3 Polyacrylsäureester. Polyacrylsäuremethylester und -äthylester können an Hand ihrer Verträglichkeit mit Cellulosederivaten in folgender Weise unterschieden werden:

Zu der Lösung von ·Cellulosetripropionat in Butylacetat + Butanol + Essigester + Toluol 2:3:2:3 gibt man 25% Polyacrylsäureester (ber. auf Cellulosetripropionat). Aus den klaren Lösungen entsteht nur mit dem Polyacrylsäureäthylester ein klarer Film, der Film mit dem Methylester ist trübe. Bei der gemeinsamen Verarbeitung mit dem Celluloseacetobutyrat ist es gerade umgekehrt. Als Lösungsmittel verwendet man hier Essigester + Alkohol + Toluol + Cyclohexanon 5:2:2:1. In beiden Fällen wird erst das Acrylat gelöst und dann der Celluloseester zugegeben.

Die Verträglichkeit der Polyacrylsäureester mit Kunstharzen ist analytisch wenig wertvoll, da die meisten Kunstharze nicht mit den niederen Estern sich verarbeiten lassen. Besonders charakteristische Nachweisreaktionen für die Acrylsäuregruppe sind bisher nicht bekannt geworden.

Polymethacrylate.

c) Von den Polymethacrylsäureestern ist der Methylester als glasklare, geruch- und geschmacklose Substanz oft bereits an seinem Aussehen zu erkennen.

Das spez. Gewicht des *Polymethylmethacrylats* liegt bei d = 1,19, der Brechungsindex ist zu n = 1,49 gemessen.

Als Fluorescenzfarbe wird für die Methacrylate ein leuchtendes Blau angegeben[1].

Polymethacrylsäureester brennen nach dem Herausnehmen aus der Bunsenflamme weiter. Die Flamme ist vorherrschend blau mit kleiner weißer Spitze, es tritt ein stark süßlicher fruchtartiger Geruch auf.

Die Polymethacrylate lassen sich leicht thermisch depolymerisieren. Die monomeren Ester der Methacrylsäure sind an ihren Siedepunkten zu erkennen:

Methacrylsäuremethylester	Sdp. 100°
Methacrylsäureaethylester	Sdp. 117°
Methacrylsäurebutylester	Sdp. 163°
Methacrylsäure	Sdp. 160° Smp. 46°.

Nach unseren Erfahrungen wird die thermische Depolymerisation am besten mit freier Flamme vorgenommen, Sandbad hat sich nicht bewährt. Die Depolymerisationsausbeute ist beim Methylester meist 97%, das erste braungefärbte Destillat geht zwischen 83$\cdots$210° über. Der Hauptlauf der nochmaligen Destillation siedet dann bei 98$\cdots$100°; sein Brechungsindex ist $n_D = 1{,}4156$. Durch Reduktion in verdünnter Säurelösung mit Zinkstaub erhält man die Isobuttersäureester, die an ihrem charakteristischen Geruch erkennbar sind. Die Bromierung in Tageslicht in einer Lösung in Tetrachlorkohlenstoff führt zu dem 2,3-Dibromisobuttersäuremethylester. Wir fanden für diesen Ester einen Sdp. von 200$\cdots$205° (Sdp. $_{13} = 90\cdots93°$ nach C. 1932 II 1627), $n_D = 1{,}5080$, VZ $= 204$, Br $= 61{,}2\%$ (theoretisch VZ $= 216$, Br $= 61{,}6\%$).

Von den Löslichkeitseigenschaften der Polymethacrylate ist für die Analytik herauszugreifen, daß die handelsüblichen Ester löslich sind in Benzol und Homologen, Chlorkohlenwasserstoffen, Glycolmonoalkyläthern, Estern, Ketonen, Dioxan.

Charakteristisch für die einzelnen Polymethacrylate sind folgende Eigenschaften:

Polymethacrylsäuremethylester ist
unlöslich in Benzin, hydrierten Naphthalinen, aliphatischen Alkoholen, Butylglycol, Äther;
schwer löslich in Methyl- resp. Aethylglycol;

Polymethacrylsäureäthylester ist
unlöslich in Benzin, Dekalin, Mineralölen;
löslich in Tetralin oder Äther;
teilweise löslich in Aethanol.
Die übrigen niederen alipathischen Alkohole quellen nur.

Der Butylester ist am umfassendsten löslich. Er ist zu erkennen an seiner Löslichkeit in Benzinen oder Butanol und Unlöslichkeit in Methanol.

---

[1] *Epprecht* in *Houwink:* Elastomers and Plastomers III. Bd. S. 81 (1949). Elsevier Publisher Co.

Zur Unterscheidung zwischen den Polyacrylsäureestern und Polymethacrylsäureestern mit gleichem Alkoholradikal können die folgenden Löslichkeitseigenschaften genutzt werden:

Tabelle 44.

	Polyacrylsäure-			Polymethacrylsäure-		
	CH_3	C_2H_5	C_4H_9	CH_3	C_2H_5	C_4H_9
Benzin	unlöslich	unlöslich	löslich	unlöslich	unlöslich	löslich
Alkohole	unlöslich	$C_{1\ldots4}$ löslich $C \geqq 5$ unlöslich	$C_{1\ldots4}$ unlöslich $C \geqq 5$ löslich	unlöslich	quillt	$C_{1\ldots3}$ unlöslich $C \geqq 4$ löslich
Glycolmono-äther	unlöslich	löslich	löslich	schwer löslich b. löslich	schwer löslich	löslich
Äther	unlöslich	löslich	löslich	unlöslich	löslich	löslich
Tetrachlor-kohlenstoff	unlöslich	löslich	schwer löslich	löslich	löslich	löslich
Milchsäure-aethylester	löslich	schwer löslich	unlöslich	schwer löslich	schwer löslich	löslich

Zur Unterscheidung dient dann weiter die völlige Unverseifbarkeit der Polymethacrylate mit wäßriger Kalilauge oder mit alkoholischer Kalilauge bei Siedehitze.

Auch hinsichtlich der Verträglichkeit der Polymethacrylate mit anderen Filmbildnern wirken sich die Methylgruppen im Säureradikal nicht aus, so daß hier die gleichen Ergebnisse wie bei den Acrylaten vorliegen.

Polyacrylnitril.

d) Da das *Polyacrylnitril* die sehr häufige uncharakteristische blauviolette Fluorescenzfarbe zeigt, sind von uns Untersuchungen bezüglich der Sekundär-Fluorescenz durch Anfärbungen mit Farbstoffen durchgeführt worden. Hierbei wurden folgende Eigenfarben und Fluorescenzfarben beobachtet:

Tabelle 45.

	Eigenfarbe	Fluorescenz
Euchrysin	gelb	braun
Brilliantdianilgrün	blaustichig grün	dunkelgrünblau
Erythrosin	rosa	blaustichig bordeaux
Corioflavin	bräunlich gelb	hellbraun
Rhodamin	rosa	bordeaux

Polyacrylnitril $(CH_2-CHCN)_x$ erfordert einen theoretischen N-Gehalt von 26,4%.

Die N-Bestimmung nach *Kjeldahl* ergab $23{,}93\cdots24{,}15\%$ N; nach *Dumas* fanden wir N $= 22{,}8/23{,}3\%$.

Das Produkt ist in allen z. Zt. handelsüblichen Lösungsmitteln unlöslich.

Aus einer Reihe amerikanischer Patentschriften[1] sind neuerdings Lösungsmittel für Polyacrylnitril und Mischpolymerisate daraus mit wenigstens 75% Acrylnitril bekannt geworden, z. B. Dimethylcarbonyl-verbindungen, Verbindungen mit wenigstens 2 Cyanmethylengruppen, Kombinationen aus diesen beiden Elementen, dann Substanzen mit Sulfoxymethylen, mit Thiocyanmethylengruppen. Weiterhin gehören dazu heterocyklische Systeme, z. B. N-Formylpyrrolidon, Tetramethylen-sulfoxyd, m-Nitrophenol, Nitrile usw.

5. Nachweisreaktionen für Polyvinylalkohol. *Polyvinylalkohol* ist ein farbloses, geruchloses und geschmackloses Pulver vom spez. Gewicht $d = 1{,}26$. Sein Brechungsindex ist n $= 1{,}51$. Die nach *Bandel*[2] weiße Fluorescenzfarbe des Polyvinylalkohols haben wir an einigen Handels-produkten niemals beobachtet, sondern nur stets ein stumpfes Violett.

Bei der thermischen Depolymerisation des Polyvinylalkohols tritt Zersetzung ein.

Polyvinylalkohol gehört mit zu den wenigen wasserlöslichen Eukol-loiden. Er ist außerdem noch in Formamid löslich. Durch dieses Verhalten kann er von den wasserlöslichen Celluloseäthern unterschieden werden.

Charakteristisch für Methylcellulose wie auch für Polyvinylalkohol ist die Viscositätssteigerung ihrer wäßrigen Lösungen durch Kongorot.

Während diese Erscheinung bei der Methylcellulose schon in ver-hältnismäßig niedrig konzentrierten Lösungen eintritt, ist beim Poly-vinylalkohol etwa eine zehnprozentige Lösung erforderlich, um durch das Kongorot nach etwa zwei Tagen eine Koagulation zu bewirken. Die im DRP. 686123/39b angegebene, sehr schnell verlaufende Koagulation bei hochviscosem Polyvinylalkohol ist anscheinend ebenfalls an eine höhere Polyvinylalkohol-Konzentration gebunden. Wir haben bei der Nach-prüfung mit einer einprozentigen Vinarolsupra-Lösung auch nach acht Tagen noch keine Koagulation, sondern nur eine immerhin schon mit bloßem Auge erkennbare Viscositätserhöhung erhalten. Auch Polyvinyl-alkohole mit restlichen Acetatgruppen geben diese Koagulations-erscheinung mit Kongorot. Durch Borax-Zusatz erhält man nach *Bandel*[3] ebenfalls eine Viscositätserhöhung der Vinarol-Lösungen.

Das Auftreten der Färbungen von Polyvinylalkohol mit Jod ist offenbar an hohe Konzentrationen gebunden. Jedoch ist es auch ge-lungen, an niedrigkonzentrierten wäßrigen Alkohollösungen die Reak-tionen auszulösen, wenn man die Beobachtung über längere Zeit aus-

---

[1] AP. 2404714 bis 723, 2404725 bis 727.
[2] Angew. Chem. **51,** 570 (1938). — [3] Angew. Chem. **51,** 570 (1938).

dehnen kann. Beispielsweise[1] kann man eine 0,25%ige wäßrige Polyvinylalkohol-Lösung mit einigen Tropfen n/10 Jodjodkalium-Lösung versetzen, wobei anfangs eine bräunliche Lösung entsteht, die etwa innerhalb eines Tages in Grün übergeht. Auch Jod allein ist in der Lage, gefärbte Adsorptionsverbindungen mit Polyvinylalkohol zu bilden. Man kann hierbei Jod in Form einer mit Wasser verdünnten alkoholischen Lösung auf eine wäßrige Polyvinylalkohol-Lösung einwirken lassen. Eine 0,08%ige Jodlösung bringt in einer 5%igen Polyvinylalkohol-Lösung zunächst eine Braunfärbung, sodann Grünfärbung hervor, die schließlich in Tiefdunkelblau übergeht. Man kann auch Jod in statu nascendi aus Jodkalium + Kaliumjodat in schwach salzsaurer Lösung auf die Polyvinylalkohol-Lösung (4%) einwirken lassen. Hier ist die zuerst auftretende Färbung dunkelgrün, sie wird in kurzer Zeit tiefdunkelblau.

Nach *W. Gallay*[2] hat der Polymerisationsgrad des Polyvinylalkohols auf die Sorption von Jod aus wäßrigen Lösungen keinen nennenswerten Einfluß. Die Verteilung des Jod zwischen Lösung und Polyvinylalkohol folgt dem einfachen *Henry*schen Verteilungsgesetz, wenn man Methyl- oder Äthylalkohol als Fällungsmittel verwendet. Die Natur des blauen Polyvinylalkohol-Jod-Komplexes läßt sich nicht angeben.

Staudinger, Frey und *Starck*[3] geben an, daß konz. Lösungen von Polyvinylalkohol durch Jodkalium-Lösungen eine blauviolette Färbung ergeben, die beim Erwärmen verschwindet und beim Abkühlen erneut auftritt.

Durch Oxydation mit Permanganat kann Polyvinylalkohol in Oxalsäure übergeführt werden. Bei Einwirken konz. Salpetersäure sind neben Oxalsäure Spuren Bernsteinsäure gefunden. Später wurde von *Staudinger*[4] das Auftreten von Bernsteinsäure verneint.

Zum Nachweis des Polyvinylalkohols kann weiterhin die Nitrierung mit konz. Salpetersäure in Gegenwart von Methylenchlorid dienen. Wir[5] bedienten uns hierbei folgender Arbeitsweise:

0,5 g Polyvinylalkohol werden in ca. 2 g Methylenchlorid aufgeschlämmt und auf —20° abgekühlt. Diese Mischung gibt man in 10 g einer ebenfalls auf —20° abgekühlten Veresterungsflüssigkeit aus 73% Salpetersäure (100%) und 27% Methylenchlorid innerhalb 2 Min. ein. Man läßt nun unter gelegentlichem Schütteln oder Rühren zwischen —20° bis —15° 20 Min. stehen. Die so erhaltene schwach gelbe viscose Lösung wird auf eine Glasplatte gegossen und diese sofort in viel Wasser von etwa +10° Temperatur eingeführt. Man erhält so in einigen Minuten das Polyvinylnitrat als harten, farblosen Film. Er wird nach dem Zerkleinern mit *kaltem* Wasser neutral gewaschen. Der N-Gehalt liegt meist um 14%.

---

[1] DRP. 731 091/39b v. 23. 6. 39/1. 2. 43. DRP. 736 296/39b v. 4. 3. 41/11. 6. 43.

[2] Canad. J. Res. **14**, Sect-B **105** (1936). — [3] Ber. dtsch. chem. Ges. **60**, 1791 (1927). — [4] J. prakt. Chem. (NF) **155**, 261 (1940).

[5] Pt. Anm.: D 94 034 IVc/39c v. 5. 10. 44 (Erf. *Thinius*).

Er ist in Estern, Ketonen, Tetrahydrofuran und Glycolätherestern löslich, jedoch zum Unterschied von technischer Kollodiumwolle (N $\geq$ 12,6%) nicht in Äther + Alkohol 3:1.

6. Methoden zum Nachweis wasserlöslicher Eukolloide nebeneinander.

Auf Grund der Löslichkeiten der wasserlöslichen Eukolloide *Gelatine, Stärke, Cellulosemethyläther, Celluloseglycolsaures Natrium, Polyvinylalkohol, Polyvinylmethyläther* und *Polyvinylpyrrolidon* ergibt sich etwa folgendes Unterscheidungsschema dieser Substanzen.

In Wasser löslich, in neutralen organischen Lösungsmitteln unlöslich:
Gelatine, Stärke, celluloseglycolsaures Natrium.
In Wasser löslich, nur in Formamid löslich:
Polyvinylalkohol.
In Wasser löslich, nur in Äthylenchlorhydrin löslich:
Methylcellulose (Tylose S).
In Wasser löslich, in Benzol oder Tetrachlorkohlenstoff löslich:
Polyvinylmethyläther.
In Wasser löslich, in Benzol oder Tetrachlorkohlenstoff unlöslich:
Polyvinylpyrrolidon.

Gelatine ist eindeutig durch ihre bekannte Eigenschaft, erst in Wasser oberhalb 60° sich zu einem Sol zu lösen, das bei Raumtemperatur ein Gel bildet, charakterisiert.

Die *Stärke* ist, je nach ihrer chemischen Vorbehandlung, entweder schon in kaltem Wasser weitgehend oder nur teilweise löslich, oder sie erfordert die Anwendung von mindestens 60° warmem Wasser. Zum Unterschied von der Gelatine erstarrt ihre warm hergestellte Lösung nicht beim Abkühlen. Das hat die Stärke gemeinsam mit dem celluloseglycolsauren Natrium.

Den Nachweis von Stärke neben *Polyvinylalkohol* gründeten wir bei unseren Arbeiten im Jahre 1936 (zusammen mit *Kech*) darauf, daß Jod und Stärke schon in sehr großer Verdünnung miteinander reagieren, während für den Polyvinylalkohol entweder ziemlich hohe Jodkonzentrationen erforderlich sind, oder erst eine Ausflockung des Polyvinylalkohols durch Elektrolyt-Zusatz erfolgen muß.

Man versetzt also die Stärke und Polyvinylalkohol enthaltende Lösung mit einigen Tropfen Jodwasser. Da Polyvinylalkohol mit derartig schwachen Jodlösungen nicht reagiert, so zeigt die auftretende Blaufärbung eindeutig Stärke an. Durch Kochen mit konz. Salzsäure wird sodann die Stärke hydrolysiert und danach durch einen Überschuß von festem Natriumbicarbonat neutralisiert. Fügt man jetzt einen Tropfen n/10 Jodlösung hinzu, so tritt am ausgeschiedenen Polyvinylalkohol eine intensive Blaufärbung auf.

Das Vorliegen von Polyvinylalkohol allein erkennt man an dem Ausbleiben der Reaktion mit Jodwasser. Setzt man n/10 Jodlösung dann hinzu, so tritt eine schwache gelbgrüne Färbung auf, die beim Erwärmen intensiver wird. Durch festes Natriumbicarbonat wird der Polyvinyl-alkohol ausgeflockt und dann blau gefärbt.

Die beiden anderen wasserlöslichen Polyvinylverbindungen reagieren mit Jodwasser ebenfalls nicht. Eine n/10 Jodlösung gibt in einer *Poly-vinylpyrrolidonlösung* anfangs eine rötliche Fällung, die mit gelber Farbe in Lösung geht. Mit Bicarbonat entsteht eine dunklere rotgelbe Färbung, Äther wird später schwach rosa gefärbt.

In derselben Weise wie Polyvinylnitrat hergestellt wird, läßt sich auch Stärkenitrat gewinnen. Jedoch weisen ihre Ester stets einen niedrigen N-Gehalt (unterhalb 13,4%) auf und zeigen eine große Löslichkeit in Alkoholen. Außerdem liegt ihr Erweichungspunkt erheblich höher als der des Polyvinylnitrats, das schon bei ca. 40° in eine weiche plastische Masse übergeht. Eine Unterscheidung von Polyvinylnitrat und Stärke-nitrat ist also sehr leicht möglich, und damit sind auch die zugrunde-liegenden Alkohole sicher nebeneinander nachzuweisen.

Als Erkennungsreaktion für den *Polyvinylmethyläther* ist von *Bandel* die Reaktion mit Essigsäureanhydrid und Schwefelsäure angegeben worden. Wie meist bei derartigen Farbreaktionen ist auch hier diese nicht spezifisch für den Polyvinylmethyläther, sondern sie tritt auch bei einigen anderen der Polyvinylverbindungen auf. Jedoch erlaubt die Wasserlöslichkeit des Polyvinylmethyläther zusammen mit der Farb-reaktion eine sichere Charakterisierung.

Beim Unterschichten der farblosen Lösung des Polyvinylmethyl-äthers in Essigsäureanhydrid mit konz. Schwefelsäure tritt sofort eine Blaufärbung auf, die später über grün in braun übergeht. Das Polyvinyl-pyrrolidon löst sich ebenfalls in Acetanhydrid farblos auf; mit konz. Schwefelsäure tritt *keine* Färbung ein. Stärke und Polyvinylalkohol lösen sich nicht in Essigsäureanhydrid auf; beim Unterschichten mit konz. Schwefelsäure tritt an der Berührungsstelle ein bräunlicher resp. oliv-farbener Ring auf. Methylcellulose wird durch Acetanhydrid nicht gelöst, durch Zusatz von konz. Schwefelsäure tritt offenbar Zersetzung unter Braunfärbung, die sich dem Acetanhydrid mitteilt, ein.

7. Nachweisreaktionen für Polyvinyläther. Wenn auch von der Gruppe der Polyvinyläther nur der *Polyvinylisobutyläther* als eigentlicher Plast-Rohstoff angesehen werden kann, so rechtfertigen doch die vielseitigen Verwendungen der übrigen Polyvinyläther die Beschreibung ihres analy-tischen Verhaltens.

Die Polyvinyläther sind alkalifest.

Unter der Fluorescenzlampe leuchtet der Methyläther grünlich gelb, das Igevin AZ (AD 28) ist stumpf gelblich-grün; Igevin DJ leuchtet gelb und beim JG-Wachs Z sehen wir eine schön blauweiße Fluorescenz. Ohne Luminescenz-Erscheinung waren unsere Präparate Igevin A 100 und J 20 und das den Dekalyläther enthaltende Densodrin W. Sie lassen sich auf Grund ihrer Löslichkeit in Lösungsmitteln resp. Weichmachern recht gut auseinanderhalten[1].

Der *Polyvinylmethyläther* ist als einziges Produkt dieser Körperklasse löslich in Wasser und unlöslich in Benzin. Seine wäßrige Lösung wird bei 40° gallertig. Die übrigen organischen Lösungsmittel lösen schnell.

Der *Polyvinyläthyläther* ist praktisch in allen organischen Lösungsmitteln, aliphatischen und aromatischen Kohlenwasserstoffen, Chlorkohlenwasserstoffen, Alkoholen, Estern, Ketonen löslich.

Die *Polyvinylsobutyläther* lösen sich nicht in Methanol oder Äthanol und unterscheiden sich so von dem Methyl- und Äthyläther. Die höheren Glieder der polymerhomologen Reihe lösen sich außerdem nicht in Aceton und in dem Mischlösungsmittel E 33.

Unlöslichkeit in Aceton und in Äthylacetat, sowie in den Mischlösungsmitteln E 13, E 14, E 33 ist das Charakteristikum für die *Igevine* D und DJ. Die Unterscheidung zwischen diesen beiden Marken gelingt durch die Ausnutzung der Unlöslichkeit des DJ in Palatinol K, Desavin und Ricinusöl.

Auch die Verträglichkeit mit Filmbildnern kann zur analytischen Erkennung der Polyvinyläther mit herangezogen werden.

Mit Kollodiumwolle sind nur die Methyläther und der Äthyläther verträglich, wobei für letzteren die Lösungsmittel besonders angepaßt werden müssen. Mit Polystyrol vertragen sich die beiden Polyvinyläther, wobei der Äthyläther nur in der niedrigpolymeren Einstellung benutzt wird. Für diese Marke ist auch die Verträglichkeit mit Polyacrylsäureestern charakteristisch. Das Polyisobutylen kann mit dieser Marke und auch dem Igevin DJ und D kombiniert werden. Wesentlich besser ist die Verträglichkeit mit dem Polyvinylisobutyläther, dem Oppanol C; hier ist nur der Methylester und höherpolymere Äthylester unverträglich.

Kolophonium, KM-Harz, Kunstharz AW 2 und Styresin sind mit allen Igevinen verträglich.

Die *Storch-Morawski*-Reaktion[2] wird von den Polyvinyläthern auch gegeben. Die Färbung durch den Schwefelsäurezusatz zur Lösung in Acetanhydrid tritt auch bei Kühlung auf. Der Methyläther färbt sich blau → blaugrün → schwarzgrün. Beim hochpolymeren Äthyläther ist die Färbung blau → blaugrün, beim niedrigpolymeren bleibt die Blaufärbung bestehen. Der Isobutyläther wird moosgrün.

8. Nachweisreaktionen für Polyvinylacetale. Die Polyvinylacetale sind unabhängig von den zu ihrer Herstellung verwendeten Aldehyden weiße, körnige Pulver vom spez. Gewicht d = 1,1···1,23. Die Polyvinylacetale brennen beim Herausnehmen aus der Flamme des Bunsenbrenners weiter, wobei meist eine blaue Flamme mit evtl. kleiner weißer

---

[1] *Thinius:* Wiss.-techn. Fortschrittsber. 1950, S. 181. (Akademie Verlag).
[2] Farben-Ztg. **48**, 37 (1943).

Spitze auftritt. Hierbei ist ein schwacher, leicht süßlicher Geruch wahrzunehmen, wenn es sich um Polyvinylformal handelt. Man wird auf Polyvinylbutyral schließen, wenn ein Geruch nach ranziger Butter oder Käse auftritt und die Probe ohne Funken ruhig und stetig verbrennt.

Bei der trockenen Destillation im Reagensglas sind dieselben Zersetzungsprodukte an ihren Gerüchen erkennbar. Die Butyrale schmelzen zusammen, die Zersetzungsgase brennen mit rötlicher Flamme. Es tritt Geruch nach Butyraldehyd auf.

Kocht man eine Probe mit verdünnter Schwefelsäure, so ist der Aldehyd an der Färbung eines Streifens Fuchsin-Schwefligsäure-Papiers zu erkennen. Besser ist es natürlich, auch den qualitativen Nachweis der Aldehyde durch die Bis-Dimedon-Verbindung zu führen (s. S. 53).

Die Polyvinylacetale (Mowitale) zeigen auch bei dem gleichen Aldehyd durchaus nicht einheitliche Fluorescenzfarben. So sahen wir beim Mowital NF bläulich-weiße, beim HF und F 30 gelbliche Fluorescenz mit blauen Punkten, bei HXF dunkelblauviolette Fluorescenz.

Gelblich ist die Fluorescenzfarbe auch bei den Acetaldehydverbindungen. Dagegen weisen die Butyrale wieder die blauviolette Fluorescenz auf, ebenso die Ketale mit Cyclohexanon. Inwieweit hier die sehr verschiedenartigen Herstellungsmöglichkeiten sich auswirken, muß einer späteren Untersuchung vorbehalten bleiben.

Wir haben dann auch für die Polyvinylacetale die Methode der sekundären Fluorescenz angewandt, indem wir die pulverförmigen Plast-Rohstoffe mit 1%igen alkoholischen oder, falls die Löslichkeitseigenschaften dies erfordern, wäßrigen Lösungen einiger Fluorescenzfarbstoffe angefärbt haben.

Die Polyvinylformal-Marken des Handels (Mowital N resp. H, resp. NF resp. HXF, resp. HH) zeigen die aus Tab. 48 ersichtlichen sekundären Fluorescenzfarben.

Besonders unterscheidungsfähig erscheinen uns die Anfärbungen mit Brilliantdianilgrün G, Eosin GGF, Rhodamin 6 GD extra, Thioflavin S. Daneben kann man selbstverständlich noch die übrigen Farbstoffe aus der Tabelle zur Identifizierung mit heranziehen oder auch noch auf die für diese Polyvinylformale weniger geeigneten Fluorescenzfarbstoffe Euchrysin GGNX, Flavophosphin 4 G konz., Korioflavin R, Rhodulingelb 6 G zurückgreifen. — Es sei jedoch auch an dieser Stelle nochmals daran erinnert, daß die Fluorescenzfarben stark von „Verunreinigungen" jeder Art beeinflußt werden.

An einigen Polyvinylacetacetalen beobachteten wir die aus Tab. 49 zu entnehmenden Fluorescenzfarben.

Als „Differentialfarbstoffe" waren geeignet Euchrysin GGNX und Korioflavin R.

Die mit Butyralaldehyden hergestellten Butyrale lassen sich durch die in Tab. 47 zusammengestellten Fluorescenzfarbstoffe erkennen.

Tabelle 46. *Löslichkeitsunterschiede der Polyvinylacetale.*

Lösungsmittel	Formale			Acetacetale		Butyral	Iso-butyral	Anonketal	
	niedrig-	hoch-viscos	höchst-	niedrig-	hoch-viscos			mittel-	hoch-viscos
Benzol	unlöslich	löslich	quillt	löslich	löslich	löslich	quillt	löslich	quillt
Tetrachlorkohlenstoff	quillt	löslich	unlöslich	quillt	löslich	löslich	quillt	quillt	quillt
Methanol	unlöslich	quillt	unlöslich	löslich	quillt	quillt	unlöslich	löslich	löslich
Sprit	unlöslich	quillt	unlöslich	löslich	löslich	quillt	unlöslich	löslich	löslich
Butanol	unlöslich	löslich	unlöslich	löslich	löslich	quillt	löslich	löslich	löslich
Aethylglycol	unlöslich	quillt	unlöslich	löslich	löslich	quillt	unlöslich	löslich	löslich
Aether	unlöslich	quillt	unlöslich	quillt	quillt	löslich	quillt	quillt	quillt
Tetrahydrofuran	löslich	löslich	quillt	löslich	löslich	löslich	löslich	löslich	löslich
Aceton	unlöslich	löslich	unlöslich	löslich	löslich	löslich	unlöslich	löslich	quillt
Cyclohexanon	quillt	löslich	unlöslich	löslich	löslich	löslich	löslich	löslich	löslich
Essigester	unlöslich	löslich	unlöslich	löslich	löslich	löslich	quillt	löslich	quillt
Milchsäureäthylester	teilweise löslich	löslich	quillt	löslich	löslich	löslich	quillt	löslich	löslich
Benzylacetat	löslich	löslich	quillt	löslich	löslich	quillt	quillt	löslich	löslich
Alkohol + Äther 1:1	unlöslich	löslich	unlöslich	löslich	löslich	löslich	löslich	löslich	löslich
Chloroform + Methanol 9:1	löslich	löslich	quillt	löslich	löslich	löslich	löslich	löslich	löslich
Alkohol + Benzol 1:1	löslich	löslich	quillt	löslich	löslich	löslich	löslich	löslich	löslich

Tabelle 47. *Secundär-Fluorescenz einiger Polyvinylacetale*

Farbstoff	Mowital NB		Mowital IB 90		Mowital 070	
	E[1]	Fl[2]	E	Fl	E	Fl
ohne	farblos	blauviolett	farblos	blauviolett	farblos	blauviolett
Auramin G	gelb	grünstichig gelb	gelb	leuchtend grün-stichig gelb	grüngelb	grüngelb
Brilliantdianil-grün G	hellgrün	schmutziggrün	blaustichig grün	stumpf hellblau	grün	bläulich weiß
Eosin GGF	hellgelb	leuchtend hell blauweiß	grünstichig gelb	leuchtend hellgelb	orange	bräunlich orange
Erythrosin extra gelb N	rosa	blauviolett	rosa	violett	hellrosa	leuchtend orange
Rhodulingelb 6 G	rosa	rötlich violett	schwach rosa	blaustichig violett	grünlichgelb	schwach grün-stichig weiß-gelb
Thioflavin S	hellgelb	leuchtend grünweiß	gelb	weiß bis hellgelb	gelb	bräunlich gelb

[1] E = Eigenfarbe.   [2] Fl = Fluorescenzfarbe.

Tabelle 48. *Secundäre Fluorescenzfarben einiger Polyvinylformale.*

Farbstoff	Mowital N		Mowital H		Mowital NF		Mowital HXF		Mowital HH	
	E[1]	Fl[2]	E	Fl	E	Fl	E	Fl	E	Fl
ohne	farblos	blau-violett	farblos	blau-violett	farblos	blau-violett	farblos	blau-violett	farblos	blau-violett
Auramin G	gelbgrün	helles gelbst. grün	gelbgrün	gelb	gelb	hellgrün	grünst. gelb	hellgelb-grün	grüngelb	grün
Brilliantdianil-grün G	blaugrün	leuchtend hellblau	schmutzig grün	stumpf-grün	grün	blau	hellgrün	grünst. blau	grün	hellgelb-grün
Eosin GGF	gelbst. grün	hellgrün	hellgelb	leuchtend hellblau weiße Punkte	grünst. gelb	leuchtend hellgrün	grünlich-gelb	leuchtend hellgrün	rosa	orange bis rötlich-braun
Erythrosin extra gelb N	gelbst. rosa	kräftig orange	rosa	blau-violett	rosa	zinnober	rosa	zinnober	rosa	schmutz. bordo
Rhodamin 6 GD extra	orange	leuchtend orange	dunkel-bordo	kräftig rotviolett	orange	leuchtend orange	orange	leuchtend orange	orange	leuchtend orange
Thioflavin S	grünst. gelb	schmutz. grün	grünst. gelb	blaust. gelb	gelb	leuchtend weißgelb	gelb	leuchtend hellgelb	gelbst. grün	leuchtend grüngelb

[1] E = Eigenfarbe.   [1] Fl = Fluorescenzfarbe.

Tabelle 49. *Sekundäre Fluorescenzfarben einiger Polyvinylacetacetale.*

Farbstoff	Mowital NA		Mowital HA	
	E[1]	Fl[2]	E	Fl
ohne	farblos	blauviolett	farblos	bläulich weiß
Brilliantdianilgrün G	blaustichig grün	blau	schwachgrün	hellblau
Eosin GGF	hellrosa	bordo	schwach rosa	blaustichig purpur
Euchrysin GGNX	braungelb	braungelb	gelb	stumpf grün
Korioflavin R	leicht braunstichig gelb	grün gelbstichig	bräunlichgelb	schmutzig bräunlich-gelb
Rhodamin 6 GD extra	bordo	dunkelbordo	zart orange	leuchtend orange
Rhodulingelb 6 G	grünstichig gelb	leuchtend grünstichig gelb	grüngelb	gelblich

[1] E — Eigenfarbe.　　[2] Fl = Fluorescenzfarbe.

Die Auswertung von Löslichkeitsuntersuchungen an den verschiedenen Handelsprodukten der Polyvinylacetale führten zu folgenden charakteristischen Merkmalen:

Die Polyvinylformale (Mowital N, resp. H, resp. HH, resp. NF, resp. HXF) sind *unlöslich* in Benzinkohlenwasserstoffen, in den Benzolkohlenwasserstoffen mit Ausnahme des Mowital H, in aliphatischen Alkoholen, wiederum mit Ausnahme des Mowital H, das nur in Methanol und 94%igem Sprit unlöslich, in allen anderen Alkoholen dagegen leicht trübe löslich ist, in Diolen, in Glycolmonoalkyläther, wobei wiederum das Mowital H in Propyl- resp. Butylglycol und den entsprechenden Acetaten löslich ist, in Äther, in den Ketonen und in den Estern mit Ausnahme des in ihnen löslichen Mowital H. Die Polyvinylformale sind *löslich* in Chloroform, Dichloräthan, Äthylenchlorhydrin, Trichloräthanol, Benzylalkohol, Methylcyclohexanol (bei 100°), Tetrahydrofuran, Tetrahydrofurfuralkohol, Dioxan, Acetalen, Benzylacetat.

Die Polyvinylacetacetale zeichnen sich durch gesteigerte Löslichkeit aus; sie sind nur noch unlöslich in Benzinen und Diolen, lösen sich jedoch in den Chlorkohlenwasserstoffen der aliphatischen und aromatischen Reihe, den Alkoholen und Glycolmonoalkyläthern (Mowital HA quillt in Methanol nur), Tetrahydrofuran, Tetrahydrofurfurylalkohol, Dioxan, Acetalen, Ketonen, Estern.

Die Butyrale sind sowohl mit den normalen, wie auch mit den Isobutyraldehyden hergestellt.

Die beiden Mowitale NB resp. HB sind nach unseren Feststellungen unlöslich in den Benzinkohlenwasserstoffen, in den Polyolen. In den übrigen handelsüblichen Lösungsmitteln ist das Mowital löslich; eine Quellung und nur teilweise Löslichkeit tritt ein in Äther und Propyläther, in Methanol und Sprit und im Äthylglycol. Für die heutige Einstellung Mowital B 30 werden vom Hersteller[1] folgende Löslichkeitseigenschaften angegeben:

> *unlöslich* in Benzin, Petroleum und Mineralölen;
>
> *quellbar* in Benzol und Homologen und in Estern;
>
> *löslich*   in Alkoholen, Glycolmonoalkyläthern, Methylacetat, in einigen Ketonen und in einigen Chlorkohlenwasserstoffen.

Die Mowital IB-Marken mit den Eigenviscositäten $k = 10$ resp. 70 resp. $90 \cdot 10^{-3}$ waren nach unseren Feststellungen unlöslich in:

Benzinen, Methanol, zum Teil auch in Sprit (Einfluß von k) in den Polyolen, Aceton. Quellung trat ein in Tetrachlorkohlenstoff, Tetrachloräthan, in den aliphatischen Alkoholen (in Wärme tritt Lösung ein), Isobutyron, Methyläthylketon, den Estern. Auch hier tritt in der Wärme Lösung ein, jedoch ist diese Lösung beim Abkühlen nicht stabil.

---

[1] Merkblatt über Mowital B 30 der Höchster Farbwerke.

Schnelle, einwandfreie Löslichkeit haben wir nur beobachtet bei der niedrigviscosen Stufe in absolutem Alkohol, in Methylcyclohexanol, in Äthylglycol und Propylglycol, in Tetrahydrofuran, Cyclohexanon und in Gemischen aus zwei Nichtlösern, z. B.: Äther + Alkohol 1:1, Chloroform + Methanol, Alkohol + Benzol. Mit Ausnahme der Lösungen in Tetrahydrofuran zeigen die Lösungen in den anderen Lösungsmitteln hinsichtlich ihrer Qualität und Stabilität eine Abhängigkeit von der Eigenviscosität des Mowitals. Das JB 70 stellte das Optimum der Löslichkeitseigenschaften dar. Hierbei wird vorausgesetzt, daß der Acetalisierungsgrad, die Anzahl der OH-Gruppen und der Acetatgruppen in den untersuchten Typen einigermaßen gleichmäßig ist.

An den als Mowital-O-Marken bezeichneten Polyvinylacetalen mit Cyclohexanon und Acetaldehyd haben wir wesentlich bessere Löslichkeitseigenschaften beobachtet.

Auch diese Mowital-Typen sind unlöslich in Benzinen und Polyolen. Sie quellen in Benzol und Homologen (Benzol löste Mowital OH), in Tetrachlorkohlenstoff, Tetrachloräthylen und Äthylenchlorhydrin. Die Marke Mowital O 70 quillt außerdem auch nur noch in den aromatischen Chlorkohlenwasserstoffen und in einigen verzweigten aliphatischen Alkoholen. Beide Typen quellen in Äther, Propyläther, Dipropylketon. Das Mowital O 70 zeigt weiterhin nur eine starke Quellung in einer Reihe von Estern.

Löslichkeit trat bei den beiden uns vorliegenden Marken ein in Chloroform, Dichloräthan, Chlorbenzol, Chlortoluol, Chlorhydrinen, aliphatischen und hydroaromatischen, aromatischen Alkoholen. Äthylglycol und Homologen, ihren Estern, cyklischen Äthern, Ketonen, Estern. Fast in jedem Fall ist die Löslichkeit der Marke Mowital O 70 schlechter.

Trotz der Bedenken, die sich aus der großen Variationsbreite der Polyvinylacetale ergeben, haben wir versucht, an Hand der Löslichkeitseigenschaften eine Unterscheidung der Polyvinylformale, -acetacetale und -butyrale resp. Cyclohexanonketale voneinander durchzuführen (Tab. 46). Es ist bei der Benutzung dieser Tabelle zu beachten, daß sie an einigen deutschen Erzeugnissen der Jahre 1938···1945 erarbeitet ist. Abweichungen von der heutigen Einstellung und ausländischen Marken sind durchaus möglich.

Qualitative Identifizierungsreaktionen an den Polyvinylacetalen sind bisher nicht gefunden. Mit konz. Schwefelsäure färben sich alle untersuchten Polyvinylacetale in wenigen Minuten schwarz-braun. Bei der Auflösung von Polyvinylformalen in Acetanhydrid entstehen klare Lösungen, die durch Schwefelsäure-Zusatz keine Veränderungen erfahren. Die Polyvinylacetacetale werden bei den hochviscosen Marken nur schwierig gelöst, konz. Schwefelsäure gibt dunkelbraune Fällung. Die Butyrale sind in Acetanhydrid nicht völlig gelöst. Bei Schwefelsäure-

Zusatz wird die Lösung gelbbraun. Das Ungelöste ist rotbraun. Die Isobutyrale und Cyclohexanon-Ketale sind nur wenig oder gar nicht löslich.

In den Chloroform-Lösungen der Polyvinylacetale bilden sich auf Zusatz von Chlorsulfonsäure schwarze schmierige Fällungen.

9. Nachweisreaktionen für einige Mischpolymerisate. a) *Vinylchlorid-Mischpolymerisate.* Die Mischpolymerisate des *Vinylchlorids* mit *Acrylsäureestern* resp. mit *Vinylacetat* sind farblose Pulver, deren spezifisches Gewicht etwa bei $d = 1{,}3\cdots1{,}6$ liegt. Sie verbrennen mit fahler Flamme. Die trockene Destillation führt zur Abspaltung von Salzsäure, deren Geruch den der Acrylsäureester resp. der Essigsäure überdeckt.

Bei der Fluorescenz-Analyse sieht man bei diesen Produkten nur die uncharakteristische blauviolette Färbung.

Die Löslichkeitseigenschaften und die Verträglichkeit der Vinylchlorid-Mischpolymerisate hängen sehr stark von dem Anteil der Vinylchlorid-Komponente ab. Im Vergleich zum Polyvinylchlorid sind diese beiden Eigenschaften verbessert. So sind beispielsweise die Mischpolymerisate aus Vinylchlorid mit Acrylsäureestern $(80\cdots85\% + 20\cdots15\%)$ löslich in Chlorkohlenwasserstoffen, Estern und höheren Ketonen, z. B. dem Isobutyron, ferner in den sogenannten Ketolen.

Für ein Vinylchlorid-Vinylacetat-Mischpolymerisat mit ca. 33% Cl haben wir als Nichtlöser die Benzine, Alkohole, Äthylglycol und Äther, als Quellmittel Solventnaphtha, Tetrachlorkohlenstoff und Dioxan festgestellt, während alle anderen üblichen Lösungsmittel echte Löser sind.

Die Mischpolymerisation mit Estergruppen enthaltenden Komponenten führt auch zu einer erheblich verbesserten Löslichkeit in Weichmachern.

Eine Verträglichkeit[1] mit Kollodiumwolle ist für Vinylchlorid-Mischpolymerisate erst dann gegeben, wenn die Komponente mit Ester- oder Äthergruppe mindestens 40% der Mischpolymerisate ausmacht; nur dann entstehen klare Filme. Besondere charakteristische Reaktionen sind für diese Mischpolymerisate noch nicht aufgefunden. Hinsichtlich des Verhaltens beim Verseifen sei auf Seite 236 bis 240 verwiesen.

Acrylat-Methacrylat-Mischpolymerisate.

b) Bei den Mischpolymerisaten aus *Methacrylsäuremethylestern* und *Acrylsäuremethyl-* oder *-äthylestern* empfiehlt sich eine Depolymerisation und sofort vorgenommene nochmalige Fraktionierung des Monomerengemisches.

Den Acrylsäuremethylester findet man in der zwischen Siedebeginn (meist 73°) und 90° übergehenden Fraktion, die einen Brechungsindex $n_D = 1{,}412$ aufweist. Für den Methylester wird $n_D = 1{,}411$ und ein Siedepunkt von 80° in der Literatur angegeben. Diese Fraktion wird dann

---

[1] *Thinius:* Kunststoffe **37,** 36 (1947).

durch Bromieren in einer Tetrachlorkohlenstoff-Lösung in den Dibrompropionsäuremethylester vom Siedepunkt 204···206° und dem charakteristischen Brechungsindex $n_D = 1{,}515$ übergeführt.

Der Bromgehalt eines von uns so erhaltenen Produktes wurde zu 65,2%/63,6% Br gefunden bei einer Verseifungszahl VZ = 226/203.

Eine quantitative Bestimmung des Anteils von Acrylsäureäthylester im Gemisch mit Methacrylsäuremethylester ist uns bisher nicht gelungen.

IV. Erkennungsmerkmale für durch Polykondensation gewonnene Plast-Rohstoffe.

1. Nachweisreaktionen für nichthärtbare Linear-Polykondensate. Die als Bruchstücke einer erstarrten Schmelze vorliegenden Polyamid-Marken des Handels, die sogenannten Igamide (oder jetzt Ultramide) weisen ein spez. Gewicht von $d = 1{,}05$ bis $1{,}18$ auf; ihr Brechungsindex ist $n = 1{,}53$.

Die bis 1947 handelsüblichen Einstellungen der Polyamide unterscheiden sich in ihren Luminescenzfarben nicht gut voneinander[1]. An mehreren Produkten gleichen Typs in der Zustandsform des Rohstoffs (Körner, Bandabschnitte, Pulver) wurden in zeitlich auseinanderliegenden Untersuchungen übereinstimmend folgende Fluorescenzfarben beobachtet:

Igamid A	= leuchtend bläulich weiß
Igamid B	= leuchtend bläulich weiß
Igamid 6 A	= leuchtend weiß
Igamid 50	= schwach blau, trübe
Igamid 85 B	= trübe, gelblich weiß
Igamid 1 C	= kaum Fluorescenzfarbe
Igamid U	= stark blau bis blauviolett
Igamid ULW 25	= leuchtend weiß (weichmacherhaltig).

Durch die Fluorescenzfarben gelingt die Unterscheidung zwischen den Polyurethanen (Igamid U) und den eigentlichen Polyamiden bereits ganz eindeutig und schnell. Ebenso gelingt es mit der Luminescenzanalyse, die Igamide A und B einerseits und 6 A gut zu unterscheiden.

Bei der Brennprüfung in der Flamme des Bunsenbrenners brennen alle Polyamide mit leuchtender Flamme, wobei die Polyamide geschmolzen nach unten tropfen. Es tritt der typische Geruch nach verbranntem Horn resp. Haar auf. Eine Depolymerisation durch trockene Destillation mit dem Ziel der Wiedergewinnung der Monomeren ist nicht möglich.

Eine Unterscheidung der handelsüblichen Igamid-Sorten auf Grund von Löslichkeitsunterschieden führt sehr schnell zu einer Entscheidung

---

[1] *Thinius:* Farbe und Lack **56**, 3 (1950).

darüber, ob das in Frage stehende Produkt zu den Polyamiden oder den Polyurethanen gehört. Während alle Polyamide von konz. Salzsäure mit von der Zustandsform abhängender Geschwindigkeit völlig aufgelöst werden, bleiben die Polyurethane darin unlöslich.

Die Polyurethane sind ferner in allen für Polyamide in Frage kommenden Lösungsmitteln bei *Raumtemperatur* unlöslich. Von den zahlreichen organischen Lösungsmitteln sind für die z. Zt. handelsüblichen Polyamide nur solche überhaupt zur Solvatation prädestiniert, die entweder im Molekül die OH-Gruppe neben dem Cl-Atom enthalten oder bei denen mindestens je eine dieser Gruppe in einer Komponente eines Gemisches vorkommt. Somit genügt es, wenn die Löslichkeit in Äthylenchlorhydrin (CH_2Cl—CH_2OH), Trichloräthanol, Methylenchlorid + Methanol (80%) 7:3 ermittelt wird. In diesen Lösungsmitteln sind die einfachen Polyamide, Typ Igamid A oder B unlöslich, die binären Mischpolyamide, Typ Igamid 6 A oder 5 A, dagegen bei Raumtemperatur löslich. Die einfachen Polyamide lassen sich in der Wärme in Äthylenchlorhydrin auflösen, ihre Lösungen sind beim Abkühlen weitgehend stabil. Als besonders lösungsaktives Lösungsmittelgemisch hat sich zur Unterscheidung zwischen einfachen Polyamiden und binären Mischpolyamiden folgende Mischung bewährt:

Methylenchlorid	70 G.-Teile
Methanol (80%)	30 G.-Teile
n-Propanol (80%)	5 G.-Teile
Aethylenchlorhydrin	20 G.-Teile

Hierin lösen sich alle Mischpolyamide bei Raumtemperatur schnell auf, während die einfachen Polyamide, Typ Igamid A resp. B darin unlöslich bleiben.

Letzteres ist nach *Matthes*[1] außerdem sehr gut löslich in 70%iger wäßriger Chloralhydratlösung. Als spezifisch kann man diese Löslichkeit jedoch wohl nicht ansehen, da auch die übrigen leichter löslichen Polyamide entsprechend dem eingangs Gesagten über das Solvatationsvermögen der Kombination von OH-Gruppen und Cl-Atomen darin löslich sind. Dasselbe gilt auch für das Lösevermögen der Auflösungen von Chlorcalcium in Methanol[2].

Die Verwendung wäßriger Alkohole in der Wärme führt außerdem auch für die an und für sich leichter löslichen Mischpolyamide noch zu einer schnellen Unterscheidungsmöglichkeit zwischen den Polyamiden und den Mischpolyamiden. Letztere sind in der Wärme z. B. in 60 bis 80%igem Alkohol löslich, die Beständigkeit dieser Lösungen kann in manchen Fällen dadurch erheblich verbessert werden, daß man die Alkohole mit Benzol zusammen verwendet. Diese Verbesserung wirkt

---

[1] J. prakt. Chem. (NF) **162,** 249 (1943). — [2] Dän. P. 60 362 v. 8. 11. 40 23. 11. 42.

sich besonders dann aus, wenn man ein mehrfaches Mischpolyamid mit mindestens 3 zur Polyamidbildung befähigten Komponenten verwendet (Igamid 85 B resp. 1 C).

Für die Analyse unbekannter Polyamide bedeutet dies, daß bei einem Inlösunggehen in z. B. Methanol + Benzol 7:3 mit einem 3fachen Mischpolyamid gerechnet werden muß. Durch eine Löslichkeit in Alkoholen, z. B. in Butanol sind außerdem solche Polyamide gekennzeichnet, bei denen eine ihrer Komponenten eine Seitenkette aufweist. Derartige z. Zt. noch nicht handelsübliche Einstellungen zeichnen sich auch oft durch eine Löslichkeit in Chloroform aus.

Die für Linearpolykondensationsprodukte besonders charakteristische starke Steigerung der Löslichkeit durch Temperaturerhöhung hat zur Folge, daß die *Polyurethane* in Aethylenchlorhydrin bei Siedetemperatur löslich werden. Derartige Lösungen sind jedoch unstabil und fallen beim Abkühlen wieder aus. Es ergibt sich somit auf Grunde der Löslichkeitsunterschiede folgendes Unterscheidungsschema der Linearpolykondensate in z. Zt. handelsüblicher Einstellung:

Tabelle 50.

Lösungsmittel	Temp.	gelöst werden:	ungelöst bleiben:
konz. Salzsäure	20···25°	alle Polyamide (Igamid A, B, 6 A, 1 C, 85 B, 50, 40 B)	Polyurethane (Igamid U)
Aethylenchlorhydrin	20···25°	Mischpolyamide (Igamid 6 A, 1 C, 85 B, 50, 40 B)	Polyamide (Igamid A, B) Polyurethane (Igamid U)
	Sdp.	Polyamide (Igamid A, B) Polyurethane (Igamid U gibt unstabile Lösung)	
Sprit, wäßrig	20···25°	Igamid 50	Igamid 6 A, 1 C, 85 B, A, B, U
Methanol + Benzol 7 : 3	20···25°	Igamid 50, 1 C	Igamid 6 A, 85 B, A, B, U

Auch die Normalität der Salzsäure kann einen wertvollen Anhaltspunkt für die Art des vorliegenden Polyamids geben, da von der Normalität sehr scharf das Lösevermögen der Säure für die Polyamide abhängt.

An einer Probe Igamid 6 A ist beispielsweise folgende Abhängigkeit seiner Löslichkeit von der Salzsäure-Konzentration gefunden worden:

$$
\begin{array}{llll}
\text{n HCl} = & 3,6\% \text{ Vol. : löst} & 5,6\% & \text{Igamid 6 A} \\
2 \text{ n HCl} = & 7,2\% \text{ Vol. : löst} & 6,6\% & \text{Igamid 6 A} \\
3 \text{ n HCl} = & 10,8\% \text{ Vol. : löst} & 10,5\% & \text{Igamid 6 A} \\
3,4 \text{ n HCl} = & 12,3\% \text{ Vol. : löst} & 21,8\% & \text{Igamid 6 A} \\
3,6 \text{ n HCl} = & 13,2\% \text{ Vol. : löst} & 45,5\% & \text{Igamid 6 A} \\
4 \text{ n HCl} = & 14,4\% \text{ Vol. : löst } & 100/99,7\% & \text{Igamid 6 A}
\end{array}
$$

Die sehr scharf bei 4 n HCl einsetzende völlige Löslichkeit des Igamid 6 A ist von der Konzentration der Säure abhängig. Durch geringen Zusatz von Wasser trübt sich die klare Igamidlösung; diese Trübung läßt sich durch Hinzutitrieren von konz. Salzsäure wieder sehr exakt beseitigen.

Es war also zu prüfen, ob sich dieses von der Konzentration an HCl in der wäßrigen Salzsäure sehr exakt abhängende Lösevermögen gegenüber einem Igamid nun auch bei anderen Igamiden wiederfindet. Bejahendenfalls gestattet diese Eigenschaft dann eine analytische Ausnutzung, wenn die kritische Salzsäure-Konzentration bei den einzelnen Polyamiden verschieden ist.

Während also das Igamid 6 A in 4 n-Salzsäure völlig löslich ist, zeigt ein Vorversuch mit Igamid A, daß es in dieser Säure noch gänzlich unlöslich ist, aber in der 5 n-Salzsäure sehr schnell in Lösung geht. Die beiden Igamide 1 C und 50 benötigen dagegen eine 6fache Normalität an Salzsäure, um wenigstens eine trübe Lösung zu geben.

Unter Benutzung folgender Arbeitsweise lassen sich die Igamide durch die zu ihrer Auflösung erforderlichen Salzsäure-Konzentrationen charakterisieren.

0,5 g Igamid werden in 25 cm^3 einer 10%igen oder auch 14%igen Salzsäure eingetragen. Je nach der Art des Igamids erhält man nach einer bestimmten einzuhaltenden Zeit (es sind einmal 30 Min., das andere Mal 24 Stunden bei Zimmertemperatur gewählt) eine Anquellung oder eine sehr weitgehende Lösung. Aus einer Bürette läßt man sodann konz. Salzsäure allmählich zulaufen und ermittelt die Menge, die zur Herstellung einer völlig klaren Lösung erforderlich sind. Durch Rechnung findet man sodann die Konzentration an HCl in der lösenden Säure.

Beispiel:

	Ausgangssäure		Endsäure		
	I) 14% HCl	II) 10% HCl	I)	II)	
Igamid A	Anquellung	unlöslich	16,7%	17,0%	klar löslich
Igamid 6 A	trübe Lösung	angequollen, klebrig	15,9%	15,7%	klar löslich
Igamid 1 C	trübe Lösung	unlöslich	—	27,8%	klar löslich
Igamid 50		unlöslich	—	24,2%	klar löslich

Bei Igamid 85 B erzielt man in einer 14%igen Salzsäure eine klare Lösung; es war hier also der umgekehrte Weg einzuschlagen, um durch

Wasserzusatz eine Trübung der Polyamidlösung herbeizuführen. Die kritische Lösungskonzentration an HCl liegt bei diesem Igamid bei 13,1%. Meist wird man ja diese Methode der Salzsäure-Titration nur als eine zusätzliche Kontrolle für die Löslichkeitsbefunde in organischen Lösungsmitteln heranziehen.

In einer 73%igen Schwefelsäure lassen sich außer den Polyamiden auch die z. Zt. handelsüblichen Polyurethane auflösen. Die Erwartung, daß durch Zusatz von Wasser die kritische untere Konzentration an Schwefelsäure ermittelt werden kann, in der die Linearpolykondensate noch klare Lösungen ergeben, hat sich bestätigt. Löst man bei 25° 0,5 g Linearpolykondensat in 25 cm³ 73%iger Schwefelsäure auf, so erhält man durch allmählichen Zusatz von Wasser schließlich ganz scharf den Eintritt der Trübung. Durch Rechnung ergibt sich dann die Konzentration an H_2SO_4 in dieser noch eben zur Lösung des Polykondensates ausreichenden Säure:

Igamid 85 B	=	21 %	H_2SO_4
Igamid 6 A	=	23,9%	H_2SO_4
Igamid A	=	25,5/25,2%	H_2SO_4
Igamid 50	=	31,5%	H_2SO_4
Igamid 1 C	=	45,6%	H_2SO_4
Igamid U	=	52,6%	H_2SO_4
Igamid UL 15	=	57,5/56,6%	H_2SO_4

Hieraus erkennt man wiederum die geringe Lösungstendenz der Polyurethane in Säuren. Auffallend ist, daß das ternäre Mischpolyamid 85 B so relativ leicht löslich in Schwefelsäure ist, während es doch in Salzsäure ziemlich schwer in Lösung geht. Die Lösegeschwindigkeit der Linearpolykondensate in 73% Schwefelsäure ist erheblich kleiner als in Salzsäure, erst nach 48 Stunden liegen bei Zimmertemperatur klare Lösungen vor.

Zusammenfassend ist also zu sagen, daß auch die als praktisch unlöslich angesehenen Linearpolykondensate doch in einer ausreichenden Reihe von anorganischen und organischen Lösungsmitteln so gut und so unterschiedlich gelöst werden, daß sie analytisch gut zu unterscheiden sind.

Zur Identifizierung der einzelnen Polyamide können nach *Aelion* und *Lenormant*[1] die Infrarotadsorptionsspektren dienen. Gemeinsam ist ihnen im Gebiet zwischen 5 und 8 μ eine Reihe stufenweis ansteigender Absorptionsbanden, die auf Methyl- oder Methylengruppen zurückzuführen sind. N-substituierte Polyamide, z. B. N-Methylpolyundecanamid, Polypiperazinsebacinamid resp. -adipinamid, sind durch ein einzelnes breites Band zwischen 6,00 und 6,05 μ charakterisiert. Für Igamid A, B und Polyundecanamid sind 2 Banden eine bei 6,00, eine andere bei 6,40 μ

---

[1] C. R. hebd. Séances Acad. Sci. **224**, 904 (1947).

charakteristisch. Dies ändert sich auch nicht, wenn an Stickstoff gebundene C-Ketten vorhanden sind.

Noch nicht geklärt sind die jenseits von 7,25 μ bei allen Polyamiden auftretenden Banden.

Besonders charakteristische Reaktionen außer der auf S. 245 beschriebenen Hydrolyse sind für die Polyamide bisher nicht bekannt geworden.

In diesem Zusammenhang sei noch erwähnt, daß aus Polyestern die Terephthalsäure durch Hydrolyse mittels starker Mineralsäure und anschließendem Ausziehen mit kochendem Wasser über ihr Alkalisalz wiedergewonnen werden kann[1].

Der Nachweis einzelner Diisocyanate gelingt, wie *Bank*[2] mitteilt, durch eine Farbenreaktion mittels Natriumnitrit.

2. Nachweisreaktionen für härtbare Polykondensate. Bringt man Pheno- oder Aminoplaste in die Flamme des Bunsenbrenners, so behalten sie weitgehend ihre Form, und brennen nur schwer. In jedem Fall ist der Geruch nach Formaldehyd wahrzunehmen. Wird ein starker aminischer Geruch wahrgenommen, so kann es sich um Aminoplaste (z.B. Harnstoff-, Dicyandiamid- oder Melaminharze) handeln, und Phenolgeruch deutet auf Phenoplaste hin.

Führt man die trockene Erwärmung der Plast-Rohstoffe im Reagensglas durch, so werden sie zunächst weich und plastisch, härten dann aber aus und bleiben bis zur Zersetzung hart. Sie haben dann ihre Löslichkeit in den üblichen Lösungsmitteln restlos verloren.

Phenoplaste.

a) Die weitergeführte Erhitzung führt dann bis zur Zersetzung, wobei man am typischen Geruch die *Phenoplaste* von den Harnstoffharzen unterscheiden kann[3]. Wenn man die trockene Destillation im Stickstoffstrom durchführt, so kann im Destillat der Nachweis des Phenols bzw. des Kresols in bekannter Weise geführt werden. Bei der trockenen Destillation ist der Zusatz von Natronkalk oft vorteilhaft. Die thermische Zersetzung ist keine quantitativ verlaufende Reaktion.

Nur wenn durch eine Wassserdampfdestillation und/oder Vakuumdestillation bis 200° die Phenole gewonnen werden, dann kann man einen annähernden Rückschluß auf die Ansatzverhältnisse vornehmen. Das hierbei etwa nachgewiesene Kresol beweist noch nicht, daß auch solches tatsächlich verwendet ist. *Scheiber*[4] ist der Auffassung, daß es noch als unmöglich angesehen werden muß, den Phenolanteil oder die Aldehydkomponente quantitativ zu erfassen.

---

[1] Schwed. P. 124 351 v. 28. 3. 47/22. 3. 49. — [2] Kunststoffe **37**, 102 (1947).

[3] Ähnlich auch *Esch u. Nitsche:* Wiss. Abh. dtsch. Mat.-Prüf.-Anst. 1941, S. 22.

[4] *Scheiber:* Chemie und Technologie der künstlichen Harze. 1943 S. 576. Wissenschaftl. Verlagsgesellschaft.

In bezug auf die härtbaren Phenoplaste stellte schon *Karsten*[1] ihr hohes Absorptionsvermögen für die die Fluorescenz anregenden Strahlen fest. Wir haben an einer Reihe von Phenoplasten (Edelkunstharzen, Gießharzen) die von ihm gemachte Beobachtung, daß die Fluorescenz des Bernsteins und anderer Objekte (auch die sekundäre Fluorescenz angefärbter Plast-Rohstoffe) durch ein in den Strahlengang gebrachtes Stück Resit zum Verschwinden gebracht wird, bestätigt.

Demgegenüber beobachtet *Bandel*[2] bei den Novolaken, Resolen und Resiten eine intensiv bläulichviolette Fluorescenz, ähnlich, aber stärker als beim Kolophonium.

Novolake und *Resole* lösen sich in wäßrigen Alkalien und Alkohol klar auf.

Liegen pulverförmige Phenolharze vor, so zeigen sie beim Stehen den üblichen Aldehyd-Nachweis mit *Schiff*schem Reagens. Eine Destillation mit verdünnter Schwefelsäure ergibt nach *Bohanes*[3] Formaldehyd und Phenol.

Unterscheidungsmöglichkeit saurer bzw. basisch kondensierter Phenoplaste beruht nach *Scheiber* und *Seebach*[4] auf dem Vorhandensein von nichtharzartigen Vorstufen. Als solche kommen die Isomeren des Dioxydiphenylmethans in Frage. Das Auftreten der p,-p -Verbindung zeigt immer saure Kondensation an, bei alleinigem Auftreten der o,p-Verbindung ist alkalisch kondensiert. Während ein mit Phenolüberschuß kondensiertes Harz (Salzsäure konz. als Kontaktmittel) nach dem Destillieren im Vakuum bei 230···250° (20···25 mm) eine Fraktion von einem Gemisch aus o,p- und p,p-Dioxydiphenylmethan ergab, fehlte in einem technischen Phenolformaldehydharz saurer Kondensation die o,p-Verbindung. Die Trennung dieser beiden Isomeren gelingt mit heißem Wasser, zuerst scheidet sich die bei 160° schmelzende p,p-Verbindung aus; dann kommen die Nadeln des o,p-Isomeren, Smp. 115/116°.

Das letztere findet sich stets in einem alkalisch kondensierten (MgO) Phenolharz; der kristallin erstarrende Anteil destilliert bei 20 mm bei 270···290° über (umkr. aus Benzol, Smp. 110°). Bei diesen Destillationsversuchen sind stets 2 Mol Phenol und 1 Mol Formalin kondensiert. Wenn man in üblicher Weise 1 Mol + 1 Mol kondensiert, löst man in Lauge, fällt Harz aus und prüft den klaren Auszug, den man auf verschiedene Art herstellen kann. Immer findet sich nur o,p-Dioxydiphenylmethan.

Ein sauer kondensiertes Harz gibt nach dem Verschmelzen mit Hexamethylentetramin sowohl bei Vakuumdestillation wie bei Extraktion mit Lauge oder MgO nur p, p-Dioxydiphenylmethan

$$\mathrm{OH} - \langle\!\bigcirc\!\rangle - \mathrm{CH_2} - \langle\!\bigcirc\!\rangle\, \mathrm{OH}.$$

---

[1] Kunststoffe **20**, 83 (1930). — [2] Angew. Chem. **51**, 570 (1938).
[3] Kunststoffe **26**, 190 (1936). — [4] Angew. Chem. **50**, 278 (1937).

Vakuumdestillation ist nur anwendbar, wenn Harz entweder ein typisches Novolak ist oder sich nur langsam in der Hitze umwandelt. Typische Resole sind nicht destillierbar, sondern nur mit Laugen zu extrahieren.

Der Vollständigkeit halber soll nun anschließend noch einiges über die Möglichkeit einer Analyse der *gehärteten Phenolharze* resp. Preßstoffe mitgeteilt werden.

Der *Aushärtungsgrad* von gehärteten Preßstoffen läßt sich aus dem Aceton-Extrakt sicher beurteilen, wenn die zugehörige Preßmasse zur Verfügung steht und aus ihr Probekörper unter definierten Preßbedingungen zum Vergleich hergestellt werden. Je niedriger das noch in Aceton Lösliche ist, um so weiter ist die Resitbildung geschritten. Bei guter Durchhärtung soll der Acetonextrakt weniger als 2% sein, nach den britischen Normen BS 771 werden mindestens 6% noch als zulässig betrachtet. An einer frischen Bruchfläche ist die mangelnde Aushärtung des Kernes eines Preßstoffes an der abweichenden Farbtönung von der äußeren Zone zu erkennen. Auch die 30 Min. lange Kochung in Wasser kann als Kriterium für die Aushärtung dienen. Auf die physikalische Messung des Aushärtungszustandes durch die vorübergehende Schrumpfung nach dem Vorschlag von *K. H. Hauck*[1] sei hingewiesen. Der wirkliche Gehalt an Phenolformaldehyd-Harz läßt sich nach den Arbeiten von *Esch* und *Nitsche*[2] durch Aufschluß des Preßstoffes mit α- oder β-Naphthol in einigen Fällen ermitteln.

Die möglichst weit zerkleinerte Probe wird hierzu in einer Hülse in einem Autoklav 8···24 Stunden bei 160···180° im geschmolzenen Naphthol

Abb. 25. Wirkung der Behandlung von Phenoplasten (Typ 74) mit β-Naphthol.

[1] Kunststoffe **38**, 99 (1948). — [2] Kunstharze andere plast. Mass. Wiss. Techn. **8**, 249 (1938). Wiss. Abh. dtsch. Mat. Prüf. Anst. **1941**, 22. Kunststoffe **28**, 272 (1938).

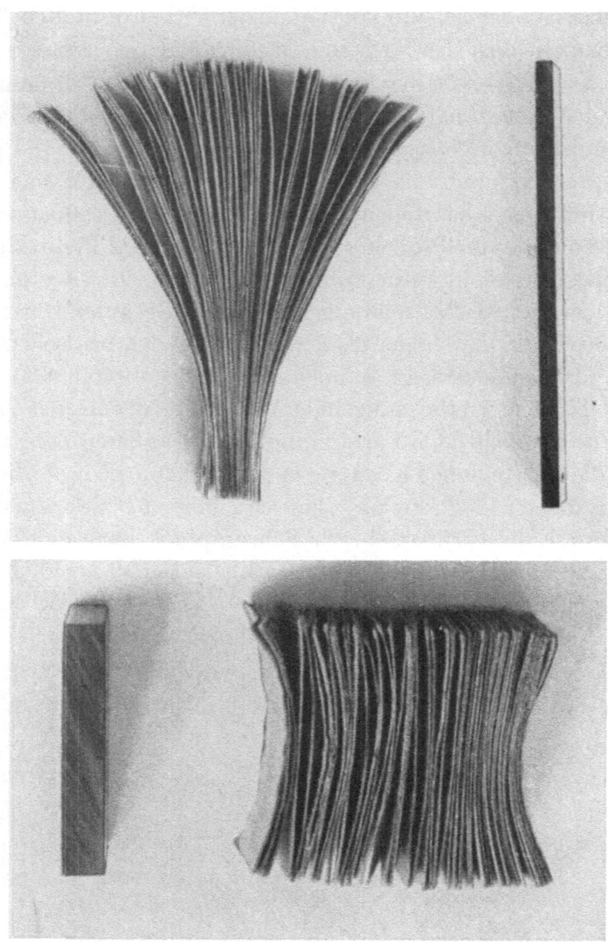

Abb. 26. Wirkung der Behandlung von Phenoplasten (Hartpapier) mit Naphthol.

erwärmt, danach wird die Hülse in einem siedenden Gemisch aus Alkohol + Benzol 1:3 vom überschüssigem Naphthol befreit. Die Schmelze wird mit Aceton warm gelöst und der Autoklav mit Aceton ausgewaschen. Aus der Acetonlösung wird die gelöste Harzmenge gewonnen. Man extrahiert schließlich noch den Füllstoff-Gehalt mit Äther und trocknet. Die Gewichtsdifferenz ist der Harzgehalt. Da durch diese Behandlung kaum Zerstörung der Füllstoffe eintritt, kann auch die Art des Füllstoffes ermittelt werden. Es lassen sich so auch die Anzahl der Lagen der Hartpapiere und Hartgewebe und weitere analytische Kennzeichen dieser Füllstoffe gewinnen. Abb. 25 und 26.

Eine weitere Untersuchung der so gewonnenen Harze ist bisher noch nicht durchführbar, vor allem nicht in quantitativer Hinsicht.

Zur nachträglichen Ermittlung der Lagenzahl von Hartpapieren benutzt *Paul*[1] eine Mischung aus 1 Teil Salpetersäure (d = 1,48) und 5 Teilen Aceton in lebhaftem Sieden. Es muß Säureüberschuß sicher vermieden werden. Die einzelnen Schichten lösen sich nach und nach aus dem Verbund heraus. Papier wird kaum angegriffen. Man wäscht mit Aceton nach. Auch evtl. mit eingearbeitete Gewebelagen lassen sich so erkennen. Die Fasern aus derartigen isolierten Papierbahnen sind unversehrt, so daß eine mikroskopische Betrachtung und übliche analytische Untersuchung, z. B. Anfärbung, die Fasern gut erkennen lassen. Durch die Aceton-Salpetersäure-Abtrennung verschwinden verständlicherweise die Reaktionen auf die Lignin-Bestandteile des Papiers.

Aminoplaste.

Die als Pollopas bekannten *Harnstoff-Formaldehyd*-Harze leuchten nach *Bandel* bläulich-weiß. Wir fanden die so oft zu beobachtenden, von uns als uncharakteristisch angesehene, bläuliche Fluorescenz auch bei den schaumförmigen Harnstoff-Formaldehyd-Kondensaten, wie sie als Iporka handelsüblich waren.

b) Bei alkalischer Spaltung der *Aminoplaste* entstehen als sicher nachweisbare Spaltprodukte nur Ammoniak und Methylamin. Man kocht hierzu 5 g Harz mit 20 cm³ konz. Natronlauge; aus der gelben bis braunen Lösung destilliert man die Amine in vorgelegte Säure über. Formaldehyd ist so nicht nachweisbar. Hierzu ist Kochen mit 25%iger Schwefelsäure nötig. Der Aldehyd-Nachweis gelingt dann in üblicher Weise mit Fuchsinschwefliger Säure. Die Harnstoffkomponente liegt als Ammonsalz vor. Nach *Girsewald* und *Siegens*[2] sollen sich Harnstoff-Formaldehyd-Kondensate in Gemischen aus Salpetersäure und Wasserstoffsuperoxyd sehr leicht lösen.

Zum qualitativen Nachweis des Harnstoffes dient die Reaktion mit dem Oxydationsprodukt des Natriumnitroprussiats. Man gibt zur wäßrigen Harnstofflösung 2···3 Tropfen 2%iger Kaliumpersulfatlösung, erwärmt kurz und gibt dann 2···3 Tropfen *frisch* bereiteter Natrium-Prussiatlösung und etwas Alkali hinzu. Eine rubinrote Färbung zeigt noch 0,2% Harnstoff an. Nach *Fearon*[3] stören Ammonsalze.

Widmer[4] hydrolysiert 10···400 mg Harnstoffharz mit 25 cm³ 10%iger Essigsäure 30 Min. am Rückfluß. Die helle Lösung wird filtriert und 10 cm³ davon werden mit 0,25···1,0 cm³ 8%iger methanolischer Xanthydrollösung zur Trockene auf siedendem Wasserbad verdampft. Der Rückstand wird in ¹/₄ cm³ Pyridin unter Erwärmen gelöst und langsam

---

[1] Kunststoffe **29**, 278 (1939). — [2] „Berichte" **1914**, 2465. — [3] Analyst **62**, 586 (1937). — [4] Text.-Rundschau **1949** Nr. 8.

abgekühlt. Harnstoff ist an dem weißen kristallinen Niederschlag von Dixanthylharnstoff kenntlich:

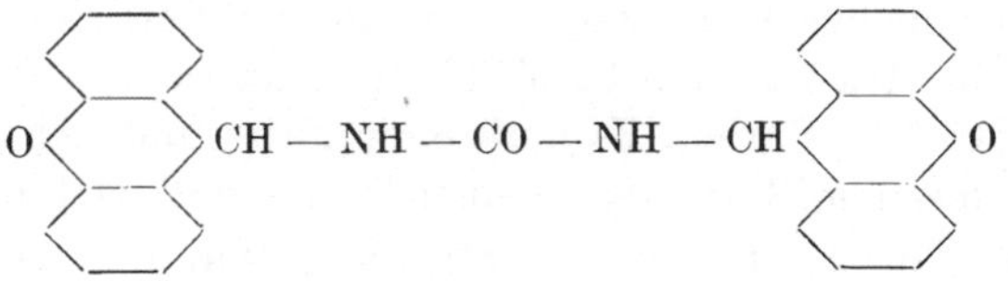

$$O\!\!\left\langle\!\!\!\!\begin{array}{c}\end{array}\!\!\!\!\right\rangle CH - NH - CO - NH - CH \left\langle\!\!\!\!\begin{array}{c}\end{array}\!\!\!\!\right\rangle O$$

Um Melamin in seinen Formaldehyd-Kondensaten nachzuweisen, wird nach *Candlin*[1] die saure Hydrolyse des Harzes und dann die Oxydation des Formaldehyds durchgeführt und sodann das gelbe Pikrat des Melamins vom Smp. 312···315° gefällt.

Auch *Widmer*[3] benutzt das Pikrat zum Nachweis von Melamin in Handels-Preßmassen in ungehärtetem Zustand oder in fertigen Preßstoffen. Die Substanz (20···500 mg) wird mit 25 cm³ 80%iger Essigsäure 30 Min. am Rückfluß gekocht und das Filtrat eingedampft. Der oft nur sehr geringe Rückstand wird mit 250 mg Al-Grieß im Wasserstrahlvakuum vorsichtig auf 300° erhitzt. Es bildet sich bei Anwesenheit von Melamin ein weißer Sublimatring. Man löst ihn in Wasser und verdunstet etwas davon auf Uhrglas oder Objektträger. Unter dem Mikroskop sind die derben spießigen oder rautenförmigen Melaminkristalle zu erkennen. Oder man setzt einige Tropfen 1%iger Pikrinlösung und 2 n-Essigsäure zu, kocht kurz auf und kühlt sehr langsam ab. Gelbe, haarförmige nadelige Kristalle von Melaminpikrat scheiden sich aus. Alkylierte Melamine resp. Melaminharzester erfordern eine Kochung mit etwas alkoholischer Natronlauge, Abtrennung der Salze und Begleitstoffe nach dem Ansäuern mit Salzsäure durch Filtration, nochmalige kurze Kochung zur Verseifung der Melaminharze und Weiterbehandlung wie oben.

Anilin-Harze sind geruch- und geschmackfrei; sie werden bis 120° nicht zersetzt, bei 200° tritt plastische Verformung ein; später auch Zersetzung bei Temperaturerhöhung.

Ausgehärtete Aminoplaste werden ähnlich wie die Phenoplaste untersucht.

Ein Urteil über die Aushärtung gewinnt man durch die Kochprüfung. Bei der 30 Min. langen Kochung in destilliertem Wasser darf sich der Preßstoff nicht verändern.

Zur Untersuchung geschichteter Hartpapiere auf *Harnstoff*-Kondensatbasis kann man diese in 30%ige Wasserstoffsuperoxyd-Lösung legen. In von der Dicke des Hartpapiers abhängiger Zeit wird die Entharzung vor sich gehen. *Paul*[2] benötigt für 0,5 mm starke Platten ½···1 Stunde; für 10 mm- Platten ca. 12···14 Stunden, um die sich ablösenden, unversehrten Papierlagen herausnehmen zu können. Um nicht eine zu große

---

[1] J. Soc. Dyers Colourists **63**, 144 (1947). — [2] Kunststoffe **29**, 278 (1939).

Lagenzahl bei Verwendung gegautschter Papiere (d. h. zwei oder mehr Papierschichten sind naß aufeinandergewalzt) vorzutäuschen, wird man die Auszählung erst nach der Trocknung durchführen.

Da die *Phenol*formaldehydharze *nicht* mit Wasserstoffsuperoxyd sich aufschließen lassen, kann man schon darin eine Unterscheidung zwischen diesen Gruppen erreichen.

Die Untersuchung der erhaltenen Harnstofflösung in Wasserstoffsuperoxyd auf den Charakter des Harnstoffharzes ist wohl bisher noch nicht in der Weise durchgeführt, daß sichere Rückschlüsse auf die Herstellung möglich sind.

D. Analysenmethoden für die Verarbeitungshilfsmittel für die Plaste.

I. Analysenmethoden für Weichmachungsmittel.

Da die Verarbeitung der Cellulosederivate zu plastischen Massen ohne Lösungsmittel und/oder Weichmachungsmittel nicht denkbar ist, und auch bei den Thermoplasten auf der Grundlage der Polymerisationsprodukte ein erheblicher Anteil ihrer Verarbeitung die Benutzung der Weichmacher als Verarbeitungshilfsmittel nicht entbehren kann, so erwächst für den analytisch tätigen Plast-Chemiker die Aufgabe, auch für diese, fast immer qualitätsbestimmenden Verarbeitungshilfsmittel Untersuchungsmethoden und auch Verfahren zu ihrer Isolierung aus dem Plast, wie auch Identifizierungsreaktionen zu schaffen oder zumindest anzuwenden. Die Eigenschaften der Plaste sind nicht allein ein Charakteristikum für das Kolloid, sondern kennzeichnen auch in gleicher Weise die zu ihrer Herstellung eingesetzten Verarbeitungshilfsmittel, in Sonderheit die in ihnen verbliebenen Weichmachungsmittel.

Es ist wohl nicht übertrieben, wenn wir heute die Anzahl der Substanzen der organischen Chemie, die als Weichmacher in der Plastindustrie ihre Verwendung finden sollen, auf ca. 20000 schätzen. Die analytische Arbeit ist nun dadurch etwas erleichtert, daß nur eine relativ kleine, in ihrem chemischen Aufbau überdies noch sehr ähnliche Anzahl von organischen Substanzen als Weichmacher praktische Anwendung findet. Bei weitem die größte Anzahl der Weichmacher sind Ester von Dicarbonsäuren, Monocarbonsäuren, der Phosphorsäure oder der Sulfonsäuren. Daneben haben Ketone, Sulfonamide und auch einige chlorhaltige Substanzen Bedeutung erlangt, wenig sind dagegen die Alkohole und Kohlenwasserstoffe anzutreffen. Es ist nicht beabsichtigt, all die Körperklassen aufzuzählen, aus denen bereits Vertreter als Weichmachungsmittel vorgeschlagen sind. Für viele Substanzen oder Gruppen von Substanzen sind analytische Methoden vorhanden; für mindestens ebensoviel fehlen aber noch die Untersuchungsmethoden, die für das Erzeugnis der Technik seine Einsatzfähigkeit erkennen lassen sollen, und viel häufiger die Erkennungsmethoden. Gerade auf diesem Gebiete ist noch viel Gemeinschaftsarbeit zu leisten (vgl. Übersicht auf S. 433—436).

1. Allgemein anwendbare Untersuchungsmethoden für Weichmacher. Die hier zu behandelnden Analysenmethoden sind zum großen Teil das Arbeitsgebiet des Arbeitsausschusses 13 „Weichmacher" im Fachnormenausschuß „Kunststoffe" des Deutschen Normenausschusses. Bis Ende Februar 1951 haben jedoch die Arbeiten noch nicht zu einer Verabschiedung eines Normblatt-Entwurfes geführt[1].

Farbtiefe.

a) Der Wert der Prüfung eines Weichmachers auf seine „Farbtiefe" ist nicht nur psychologisch begründet, sondern liegt auch darin, daß für hellfarbige oder transparente Erzeugnisse natürlich nur möglichst farblose Weichmacher verwendet werden können. Im Hinblick hierauf wird aber die Bestimmung der Farbtiefe des Weichmachers im frischen Zustande nicht genügen. Es wird sich deshalb empfehlen, den Weichmacher auch nach einer Wärme- resp. Lichtbehandlung auf seine Farbtiefe zu untersuchen.

Auf Grund der bisherigen Erfahrungen hinsichtlich der Verwertbarkeit wäßriger Lösungen anorganischer oder organischer Substanzen für die Bestimmung der „Farbzahl" wurde trotz der Gefahr, daß die Jodlösungen allmählich reduziert werden, eine Jodlösung als Vergleichssubstanz benutzt. Die Jodfarbzahl (FZ_J) gibt also die mg Jod/100 cm³ Lösung gleicher Farbtiefe wie der zu untersuchende Weichmacher an.

Die Skala der Vergleichslösungen umfaßt 1···1100 mg Jod in 100 cm³ Jodkalium-Lösungen; sie befinden sich in Glasröhren von 10 mm lichter Weite.

Dichte, Brechungsindex, Flamm- und Stockpunkt, Viscosität.

b) Die Bestimmung der *Dichte* und des *Brechungsindexes* erfolgt nach den bekannten physikalischen Methoden.

Während der Brechungsindex nur bei 20° bestimmt wird, ist es wünschenswert, die Dichte unter sinngemäßer Anwendung des Normblattes Din 53653 auch bei 60° und 80° zu bestimmen, da die Viscositätsmessungen bei diesen Temperaturen die Dichten zum Teil zur Voraussetzung haben.

Für die Bestimmungsmethoden des *Flammpunktes* und *Stockpunktes* können ebenfalls die Vorschriften der Normblätter 53661 und 53662 entsprechend angewendet werden.

---

[1] Inzwischen erschienen DIN Blatt 53400 bis 53403.

Auch die *Viscositätsbestimmung* der Weichmacher wird nach den üblichen physikalischen Regeln vorgenommen, wobei Meßtemperaturen von 20° resp. 60° resp. 80° (jeweils $\pm$ 0,2°) eingehalten werden.

Siedeverlauf.

c) Zur Prüfung der Weichmacher auf Einheitlichkeit soll auch der *Siedeverlauf* der Weichmacher mit herangezogen werden. Nach unserer Auffassung ist der Siedeverlauf für die Anwendung des Weichmachers ohne Bedeutung, und es sollte deshalb genügen, zu ermitteln, welcher Anteil an Substanz innerhalb der ersten 5 Min. bei einer Badtemperatur von 220° im Vakuum bei 20 Torr, oder falls hier Zersetzung erfolgt, bei 5 Torr übergeht.

Die von uns verwendete Apparatur bestand aus einem 500 cm³-Kolben mit Claisenaufsatz, Kühlerrohr von 124 cm Länge; der Vorstoß war auf einem *Witt*schen Absaugtopf aufgesetzt, in dem sich der Meßzylinder befindet. Es wurden jeweils 100 cm³ Weichmacher destilliert.

Die Ergebnisse lassen sich am besten in graphischer Darstellung wiedergeben.

Flüchtigkeit.

d) Der *Flüchtigkeit* des Weichmachers wird oft eine besonders große Bedeutung beigemessen. Sie kann als ein wertvolles Charakteristikum angesehen werden, solange es sich darum handelt, zu erfahren, wie hoch der Verdampfungsverlust des Weichmachers bei seiner Verarbeitung zu Folien oder Anstrichschichten ist. Soll aber daraus das Verhalten während des Gebrauches der Folien oder Anstrichschichten hergeleitet werden, so gibt die Flüchtigkeit des Weichmachers allein keine verbindliche Aussage. Von wenigen speziellen Anwendungen abgesehen, werden im übrigen die weichmacherhaltigen Gebilde überwiegend bei Zimmertemperatur, vereinzelt bis zu Temperaturen von 50···60° angewendet. Berücksichtigt man ferner, daß schließlich jeder Körper bei irgendeiner Temperatur einmal anfängt, eine merkliche Flüchtigkeit aufzuweisen, so erscheint es abwegig, einen Weichmacher deshalb z. B. abzulehnen, weil er bei 90° innerhalb 4 Tagen eine Verdunstung von 5···10% aufweist, wenn er bei z. B. 180° in der zur Folienherstellung nötigen Zeit nur 1···2% Verlust aufweist.

Es ist demgemäß sinnvoller, eine kurzzeitige Erwärmung bei solchen Temperaturen vorzunehmen, die die maximale Beanspruchung des Weichmachers während seiner Wirksamkeit als Verarbeitungshilfsmittel darstellen und hier eine etwas über der maximalen Zeitbeanspruchung liegende vorzusehen. Um eine evtl. langfristige Dauerbeanspruchung eines Plastgebildes bei höheren Temperaturen in ihrer Auswirkung auf den Weichmacher zu erfassen, ist es jedoch zweckmäßig, dieses Gebilde einer solchen Prüfung zu unterwerfen.

Außerdem sollte in allen diesen Fällen niemals nur eine einzige Zahl zur Charakterisierung herangezogen werden, sondern es sollte stets aus einer graphischen Darstellung über einen längeren Zeitraum die Beurteilung abgeleitet werden.

Dieser Auffassung entsprechend haben wir seit ca. 1937 besonderen Wert auf die Flüchtigkeit des Weichmachers bei $160\cdots180°$ während $2\cdots2^1/_2$ Stunden gelegt, da z. Zt. diese Temperaturen die maximale Wärmebeanspruchung während der Polyvinylchlorid-Folien-Herstellung darstellen. Zu einer ähnlichen Auffassung ist offenbar auch *Hammes*[1] gekommen.

Es unterliegt keinem Zweifel, daß für die Reproduzierbarkeit der Ergebnisse der Flüchtigkeitsprüfung die verwendete Apparatur von Bedeutung ist. Es ist uns gelungen, unter Benutzung eines runden Trockenschrankes (Bauart *Heräus*) wie auch von rechteckigen Schränken (Bauart *Geyer*) eine gleichmäßige Flüchtigkeit der Weichmacher in die Warmlufträume zu erzielen. Dies bedeutet nicht, daß noch bessere Apparaturen, etwa nach dem Prinzip des verbesserten *Brabender*-Schnellwasserbestimmers, nicht ebenfalls angewendet werden sollten und möglicherweise noch besser übereinstimmende Resultate bringen. Eine Notwendigkeit, einen Weichmacher jeweils als Vergleichssubstanz zu wählen, scheint nach den bisherigen Erfahrungen nicht gegeben zu sein.

Die Bestimmung der Flüchtigkeit bei $90°$ oder $100°$ über Zeiträume bis zu mehreren Tagen halten wir für unzweckmäßig. Es wird hierbei nicht mehr der Anteil leichter flüchtiger Substanzen im Weichmacher bestimmt, sondern die Verdampfbarkeit des Weichmachers selbst.

Jedoch erscheint es uns[2] von nicht zu übersehender Bedeutung, zu ermitteln, in welchem Ausmaße sich die Säurezahl durch die Warmlagerung resp. Verdunstungsprüfung ändert. Bei unseren Versuchen ergab sich, daß fast alle Weichmacher, insbesondere aber die Phthalate durch diese doch relativ kurzfristige Wärmebeanspruchung in ihrer Säurezahl ansteigen.

Säurezahl.

e) Aus unseren Untersuchungen hinsichtlich der Bestimmung der *Säurezahl* ergab sich folgende Methode als brauchbar:

10 g Weichmacher werden in 50 cm³ neutralisiertem Alkohol + Benzol 1:1 gelöst und mit äthanolischer n/10 KOH mit Phenolphthalein als Indikator titriert. Bei dunklen Weichmachern ist Alkaliblau 6 B besser geeignet.

---

[1] Kunststoffe **39**. 213; 40, 351 (1949/50).
[2] Nach brieflicher Anregung von *G. Hofmann*, Dresden.

Verseifungszahl (VZ).

f) Bezüglich der Bestimmung der *Verseifungszahl (= VZ)* halten wir eine Dauer von $^1/_2$ Stunde bei Siedetemperatur nicht für ausreichend; wir hielten zunächst an einer Dauer von 1 Stunde fest.

Bei der Durchführung der Verseifung ist zu beachten, daß alle Dicarbonsäure-Ester und auch einige Sulfonsäuren, sowie Ester mit aliphatisch gebundenem Chlor Salzniederschläge bilden. Handelt es sich lediglich um die Auswertung der Verseifungsreaktion nach der VZ, so wird in Gegenwart des Niederschlages oder nach seinem Auflösen in Wasser titriert. Die Einwaage soll 1 g Weichmacher nicht überschreiten, zweckmäßig soll sie zwischen 0,5 und 0,8 g sich bewegen. Die angewendete Menge Lauge betrug 25 cm³ und 50 cm³. Infolge der Salzabscheidung tritt bei den Verseifungen mit nur 25 cm³ Lauge ein starkes Stoßen ein, so daß Teile des Salzes in den Kühler gelangen. Ein sorgfältiges Herunterspülen ist dann notwendig. Am Beispiel der Phthalate ist ermittelt worden, daß ohne weiteres 25 cm³ n/2 alkoholische Kalilauge angewendet werden können. Es ist ohne Einfluß auf die Höhe der Verseifungszahl und auf die Verseifungsgeschwindigkeit, ob äthanolische oder propanolische Kalilauge verwendet wird. Die Frage nach der Notwendigkeit der Benutzung von höher siedenden Alkoholen als Verseifungsflüssigkeit ist dahin zu beantworten, daß alle Weichmacher, mit Ausnahme der Phosphate, bei Verseifungstemperaturen bis 100° verseift werden können. Nur für diese wenigen Substanzen ist eine höhere Temperatur zur völligen Verseifung erforderlich. Berücksichtigt man den erheblichen Arbeitsaufwand zur Herstellung eines farblos bleibenden Glycols, so lohnt es sich nicht, vom Äthanol oder Propanol im allgemeinen abzugehen. Es wird nur für die Phosphate genügen, die ohnedies an ihrem hohen Brechungsindex zu erkennen sind, in glycolischer Kalilauge zu verseifen.

Eine Schnell-Verseifung der Ester gelingt nach *Redemann* und *Lucas*[1] durch eine Lösung von Ätzkali in Diglycol (Sdp. 245°). Man gewinnt die Alkohol-Komponente der Ester schnell durch Destillation der Verseifungsflüssigkeit. Für die qualitative Arbeitsweise löst man in einem 25-cm³-Kolben in 3 cm³ Diglycol 0,5 g Ätzkali in Tabletten und 10 cm³ Wasser unter Erwärmen bis höchstens 130°, danach wird 1 g Ester eingewogen und über kleiner Flamme (Thermometer und Rückflußkühler) unter gelegentlichem Schütteln erhitzt. Die Verseifung ist beendet, wenn der Kolbeninhalt homogen ist. Nach Abdestillieren des Esteralkohols wird mit 10 cm³ Wasser und 10 cm³ Äthanol verdünnt und mit 6 n-Schwefelsäure gegen Phenolphthalein tropfenweis titriert. Nach Abfiltrieren des Sulfats wird das Filtrat zur Identifizierung der Säuren benutzt. Die Verseifungszeit beträgt höchstens 5 Min.

---

[1] Ind. Engng. Chem. analyt. Edit. **9**, 521 (1937).

25*

Bei der quantitativen Verseifung reagieren niedrig siedende Ester bei 100° innerhalb 2···3 Min., bei 120···130° sind in dieser Zeit die Phthalate verseift.

Für schwer verseifbare Ester benutzen *Shaeffer* und *Piccard*[1] Natrium gelöst in tert. Butanol oder Cyclohexanol zur Verseifung. Da das Cyclohexanolat nicht im Cyclohexanol löslich ist, muß Methanol zugesetzt werden. Wasserspuren beschleunigen die Zersetzung. Es empfiehlt sich, Stickstoff durch Wasser zu leiten. Die Methode ist nicht bei Glycerin- und Glycolderivaten anwendbar.

2. Untersuchungs- und Nachweismethoden für Kampfer. Wenn wir die analytische Chemie der Verarbeitungshilfsmittel für Plaste mit dem Kampfer beginnen, so aus dem Grunde, daß dieses nun schon über 80 Jahre alte Weichmachungsmittel für die Celluloid-Kollodiumwolle bisher noch durch kein anderes Weichmachungsmittel für die Celluloidherstellung hat ersetzt werden können. Es beeinflußt seine mechanischen, thermischen und verarbeitungstechnischen Eigenschaften in ihrer Gesamtheit in einer besonders günstigen Weise.

Eigenschaften.

a) Kampfer kann nur dann für die Celluloid-Fabrikation verwendet werden, wenn er als völlig farbloses, kristallines Pulver vorliegt. Er darf beim Lösen in 94%igem Alkohol oder in Alkohol + Äther 1:1 höchstens 0,1% unlöslichen Rückstand hinterlassen.

Bei der Schmelzpunktsbestimmung im Röhrchen soll der Kampfer nicht unter 176° schmelzen. Besser als diese Schmelzpunktsbestimmung ist die Ermittlung des *Erstarrungspunktes.* Hierzu werden ca. 5 g Kampfer im Ölbad unter Rühren mit dem Thermometer zum Schmelzen gebracht. Man läßt das Bad nun langsam abkühlen, ohne daß man die Unterkühlung der Kampferschmelze durch Rühren aufhebt. Als Erstarrungspunkt gilt die Temperatur der beginnenden Kristallisation. Wir fanden meist den Erstarrungspunkt zwischen 155···160°.

Weiterhin wird von dem für die Celluloid- oder Rohfilm-Fabrikation verwendeten Kampfer verlangt, daß er frei ist von Verunreinigungen wie Wasser, Borneol und Chlorverbindungen. Mit Rücksicht auf die Flüchtigkeit des Kampfers bei Anwendung aceotroper Entwässerungsmethoden, hat sich die *Feuchtigkeits*bestimmung nach *Bonwitt* eingebürgert, indem man 100 g Kampfer mit genau eingestellter Natronlauge übergießt, nach ca. 10 Min. die gelegentlich geschüttelte Mischung filtriert und 50 cm³ Filtrat mit Schwefelsäure, die genau auf die benutzte Lauge eingestellt war, titriert. Diese Prüfung ist nur dann nötig, wenn eine Kampferlösung in Petroläther oder Benzol getrübt ist.

Fällt die *Beilstein*-Prüfung auf *Chlor* positiv aus, so ist eine quantitative Chlorbestimmung nach *Carius* notwendig. Der Chlorgehalt soll

---

[1] Ind. Engng. Chem. analyt. Edit. **10,** 515 (1938).

keineswegs über 0,1% Cl liegen. Wir haben in fast 15 Jahren jedoch an dem synthetischen Kampfer niemals eine solche quantitative Untersuchung durchführen müssen.

Um den Gehalt des Kampfers an oxydablen Verunreinigungen, insbesondere auch an *Borneol* zu ermitteln, werden 2 g Kampfer in einem weiten Reagensglas 5 Stunden auf 120° ± 1° erhitzt. Es darf hierbei keine ölige Abscheidung und keine oder höchstens eine geringe Vergilbung eintreten (*Dupont*-Prüfung).

Tritt doch einmal beim synthetischen Kampfer eine Abscheidung von Borneol auf, so kann seine quantitative Bestimmung durch Erhitzen des Kampfers mit Phthalsäureanhydrid vorgenommen werden. Aus der alkalischen Lösung des sauren Bornylphthalats kann der unveränderte Kampfer mit Äther ausgezogen werden. Man kann natürlich auch eine Bestimmung der OH-Zahl vornehmen.

Liegt der Verdacht auf Naturkampfer vor, so überzeugt man sich durch die Bestimmung des spezifischen *Drehvermögens*. Wir fanden vor ca. 21 Jahren an der letzten Probe untersuchten Naturkampfers in Benzol $[\alpha]_D = +49°$.

Für Kampfer wird als *Flammpunkt* 70°[1] angegeben.

Nachweis.

b) Zur Erkennung des Kampfers genügt im allgemeinen wohl schon sein charakteristischer Geruch, wenn auch nicht verkannt werden soll, daß viele „kampferähnlich" riechende Substanzen beschrieben sind. Sie haben aber als Weichmacher wohl kaum Eingang gefunden. Eine Luminescenz-Erscheinung haben wir an den Kampferproben nicht beobachtet.

Nach *Castiglioni*[2] gibt Kampfer mit Furfurol in Anwesenheit von Schwefelsäure eine bläulich-violette Farbenreaktion, die sich colorimetrisch auswerten läßt. 3 cm³ Alkohol + 2 Tropfen einer 1%igen alkoholischen Furfurollösung werden zu 1 cm³ kampferhaltiger Lösung zugesetzt, dann werden 2 cm³ starke Schwefelsäure unter Rühren zugegeben, 5 Min. wird im Wasserbad aufgekocht und wieder durch 5 cm³ Alkohol gekühlt.

Das Oxim des Kampfers ermöglicht die Bestimmung des Kampfers auch in Gegenwart von fetten Ölen und Estern. Für ca. 1 g Kampfer werden 25 cm³ salzsaure Hydroxylamin-Lösung, hergestellt aus 6 g $NH_2OH \cdot HCl$ in 10 cm³ Wasser + 90 cm³ Alkohol, und 1···2 Tropfen 1%iger Lösung von Bromphenolblau hinzugefügt und bei 70···75° innerhalb 2,5···3 Stunden oximiert. An der Farbänderung des Indikators ist der Fortgang der Oximierung zu beobachten. Man titriert mit 0,5 n Lauge die Menge der freigewordenen Salzsäure. Durch Multiplikation mit 7,6 und Division durch die Einwaage erhält man % Kampfer.

---

[1] *Berl-Lunge:* Chem.-techn. Untersuchungsmethoden 8. Aufl. III. S. 915. (Springer Verlag). — [2] Kunststoffe **28**, 245 (1938).

Treibs und *Röhnert*[1] machen neuerdings wieder auf eine ältere Arbeit von *Frankforter* und *Glasoe*[2] aufmerksam, die das Kampferoxim in die sauren Ester der Phthalsäure resp. Bernsteinsäure überführen.

Wenn man noch eine weitere Identifizierung des Kampfers durchführen will, kann man auch von der Tatsache Gebrauch machen, daß seine Lösungen in Alkoholen oder anderen flüchtigen Lösungsmitteln ein hohes Solvatationsvermögen für verschiedene Eukolloide haben, wobei die Lösungsmittel selbst jeweils Nichtlöser sind. Beispielsweise wird Kampfer in seiner 20%igen toluolischen Lösung ein aktiver Löser für Kollodiumwolle, wenn er in einer Menge von mindestens 200% auf Nitrocellulose vorhanden ist. Ebenso wird eine 10%ige Kampferlösung in Tetrachlorkohlenstoff ein echter Löser für nachchloriertes Polyvinylchlorid (Vinoflex PC)[3].

3. Analysenmethoden für die Phosphorsäureester. a) *Eigenschaften.* Unter den zahlreichen, als Weichmacher vorgeschlagenen Estern der Phosphorsäure haben für die technische Verarbeitung zu Plasten nur einige wenige praktische Bedeutung erlangt.

Es sind dies das Tri-n- und i-Butylphosphat, das Hexyl- und Octylphosphat, ferner der unter dem Namen Cetamoll Qu handelsübliche Ester des β-Chloräthanols. Aus der aromatischen Reihe sind Triphenylphosphat, Trikresylphosphat und Trixylenylphosphat in umfangreicher Verwendung.

Die *Luminescenzanalyse* ermöglicht immer eine schnelle Entscheidung darüber, ob aliphatische oder aromatische Ester vorliegen oder die letzteren wenigstens in einem Gemisch vorhanden sind. Tripropylphosphat, Tributylphosphat, Cetamoll Qu und Octylphosphat zeigen keine Fluorescenzen. Die beim Hexylphosphat beobachtete grünstichig gelbe Fluorescenz kann möglicherweise eine Folge einer Verunreinigung sein. Trikresylphosphat, Trixylenylphosphat ebenso wie das kristalline Triphenylphosphat leuchten kräftig blau; hierbei stört die zur Zeit aus gewerbepolizeilichen Gründen vorgeschriebene Blaufärbung des Trikresylphosphates nicht.

Den Phosphorsäureestern ist ein ziemlich hohes *Lichtbrechungsvermögen* eigen, an denen sie eindeutig von den anderen Weichmachern zu erkennen sind. Wir fanden an zahlreichen Untersuchungen als Durchschnittswerte:

	$n_D\ 20°$
Trikresylphosphat	= 1,5558
Trixylenylphosphat	= 1,5519
Trichloraethylphosphat	= 1,4677
Tributylphosphat	= 1,4268
Trihexylphosphat	= 1,4346
Trioctylphosphat	= 1,4415.

---

[1] Chem. Ber. **83**, 186 (1950). — [2] Amer. chem. J. **21**, 473 (1899).
[3] *Thinius:* Farben, Lacke, Anstrichstoffe **2**, 117, (1948).

Das Trichloräthylphosphat ist außerdem durch sein sehr hohes spez. Gewicht $d_4^{20} = 1{,}426$ schnell von den anderen Phosphaten zu unterscheiden.

An relativ kleinen Mengen ist die Messung der *Oberflächenspannung* durchzuführen. Sie führt bei dem Trichloräthylphosphat zu dem auffallend hohen Wert von $\gamma = 47$ Dyn/cm.

Weiterhin kann zur Erkennung der einzelnen Phosphorsäureester ihre *Viscosität* herangezogen werden. Wir fanden an einigen technischen Produkten folgende Werte; sie sind als größenordnungsmäßige Anhaltspunkte zu werten, da erfahrungsgemäß die Streuungen recht erheblich sein können:

	$\eta\ 20°$
Tributylphosphat	$=$ 4,5 cP.
Trihexylphosphat	$=$ 12,6 cP.
Trioctylphosphat	$=$ 12,8 cP.
Trichloraethylphosphat	$=$ 38,8 cP.
Trikresylphosphat	$=$ 100 cP.
Trixylenylphosphat	$=$ 90 cP.

Hinsichtlich der *Löslichkeit* in Lösungsmitteln heben sich von den Phosphorsäureestern nur das Trichloräthylphosphat und das Triphenylphosphat durch ihre Unlöslichkeit in Benzin von den anderen ab. Von ihnen ist das Triphenylphosphat kristallin, also leicht vom Trichloräthylphosphat zu trennen.

Das Lösevermögen der Phosphorsäureester gegenüber Eukolloiden eignet sich wenig zu ihrer analytischen Unterscheidung.

Qualitative Analyse.

b) Während es sich sonst bei der qualitativen Prüfung von Weichmachern in Plasten stets empfiehlt, diese durch Äther oder anderen indifferenten Lösungsmitteln aus dem Plast zu extrahieren und am Extrakt die analytische Vorprobe und Bestimmung durchzuführen, läßt sich der Phosphorsäureester sofort in dem Plast als solcher erkennen.

Man bedient sich hierzu zweckmäßig der Schmelze mit Alkalimetall, die bis zur Rotglut getrieben werden muß. Handelt es sich um einen Plast auf Nitrocellulose-Basis, so ist diese Schmelze zu ersetzen durch eine Zersetzung mittels wäßrigen Alkalis, das nach völligem Eindunsten sodann noch bis zur Rotglut verschmolzen wird.

Selbstverständlich kann man auch den Phosphorsäureester mit Soda und Salpeter vermischt bei Rotglut verschmelzen, wobei es sich empfiehlt, die Mischung in eine Salpeterschmelze einzutragen. Man löst die erkaltete Schmelze in Wasser, meist ein sehr langwieriger Vorgang, und prüft in üblicher Weise auf Phosphor.

Da für die Weichmacher-Bestimmung einer Plast-Analyse oft nur wenig Substanz zur Verfügung steht, ist es wertvoll, daß *Högl*[1] für den qualitativen Nachweis des P eine mikrochemische Arbeitsweise angibt. Er benutzt zum Aufschluß Natriumsuperoxyd, das er in einen Nickel-Löffel füllt, und bringt in die Vertiefung 5$\cdots$10 mg Untersuchungsmaterial. Inzwischen hat man einen Nickel-Tiegel zur Rotglut erhitzt. Über diesem kehrt man den Nickel-Löffel um, so daß die Substanz unter das Natriumsuperoxyd zu liegen kommt. Es erfolgt eine momentane Verbrennung, man erhitzt noch kurze Zeit auf helle Rotglut und löst sodann die Schmelze auf. Am alkalischen Aufschlußverfahren halten auch *Jacobson* und *Hall*[2] fest bei ihren Arbeiten zur Bestimmung des Phosphors in Hexaäthyltetraphosphat oder Tetraäthylpyrophosphat. Der bei diesem Verfahren zwangsläufig zu verwendende Alkaliüberschuß und vor allem auch die sehr zeitraubende Auflösung der Schmelze in Wasser hat uns vor einigen Jahren dazu geführt, die Oxydation der Phosphorsäureester auf saurem Wege vorzunehmen. Hierzu wird der Ester oder der Plast mit konz. Schwefelsäure unter Zusatz von 10$\cdots$100% Salpetersäure (ber. auf Schwefelsäure) im *Kjeldahl*-Kolben langsam mit kleiner Flamme verbrannt, bis die Flüssigkeit wieder beim Erkalten völlig klar bleibt. *Messinger*[3] nimmt den Aufschluß mit Chromsäure vor, und *Marie*[4] bevorzugt die Oxydation phosphorhaltiger Substanzen mit Kaliumpermanganat in Salpetersäure. Dem Schwefelsäure-Aufschluß sehr verwandt ist die Arbeitsweise von *Di Capua*[5]. Hiernach wird zunächst in konz. Schwefelsäure gelöst, oft sogar darin gekocht, sodann auf 70% verdünnt und dann darin elektrolytisch oxydiert.

Quantitative Bestimmung.

c) Wir haben dann den sauren Aufschluß nach der *Kjeldahl*-Methode zur Grundlage auch der quantitativen Bestimmung der Phosphorsäureester benutzt.

0,2$\cdots$0,4 g Ester, oder bei phosphorhaltigen Plasten entsprechend mehr, werden im *Kjeldahl*-Kolben mit 10 cm³ konz. Schwefelsäure versetzt, sehr vorsichtig werden 1$\cdots$10 cm³ konz. Salpetersäure ($\geq$ 95%) zugegeben und über kleiner Flamme langsam bis zum Reaktionseintritt erhitzt. Die Aufarbeitung der so erhaltenen Phosphorsäure-Lösung haben wir eine Zeitlang nach der von *Woy*[6] gegebenen Vorschrift durchgeführt. Da jedoch auch diese Methode trotz der zweimaligen Fällung des Ammonphosphormolybdats nicht in jedem Fall befriedigende Werte ergab, sind

---

[1] Mitt. Lebensmittel Unters. Hyg. **24**, 164 (1933). — [2] Analyt. Chem. **20**, 736 (1948). — [3] Ber. **21**, 2916 (1888). — [4] C. R. hebd. Séance **129**, 766 (1899). — [5] Atti X Congr. int. Chim, Roma 3, 401 (1940).
[6] *Treadwell:* Analytische Chemie II, 372. 10. Aufl. Wien: Deuticke.

wir dazu übergegangen, den Niederschlag in Phosphorsäuremolybdän-
säureanhydrid überzuführen und zu wägen. Bei dieser Arbeitsweise[1] entsprechen 1 g Phosphatniederschlag 0,205 g Trikresylphosphat. Da
jedoch diese Methode beim Trikresylphosphat uns meist einen Fehler
von ca. $\pm$ 4% gab, haben wir weitere Ausarbeitungen mit anderen
Estern nicht mehr vorgenommen. Wir sind vielmehr dazu übergegangen,
eine titrimetrische Methode zur Phosphatbestimmung anzuwenden, die
wir nach dem sauren Aufschluß wie folgt ausführen: Man verdünnt die
Aufschlußflüssigkeit auf 250 cm³, wobei außer dem Wasser so viel Ammoniumnitratlösung zuzugeben ist, daß in dem Viertelliter 15% davon
vorhanden sind. Man erhitzt auf 60···70° und setzt einen nicht gar zu
großen Überschuß Molybdatlösung zu (40 cm³ genügen auf 60 mg
Phosphorsäureanhydrid). Man schüttelt den Niederschlag von phosphor-
molybdänsaurem Ammonium etwa $^1/_2$ Min. gründlich durch und läßt
15 Min. stehen. Dann filtriert man und wäscht durch Dekantation. Vorher wird das Filter mit 15% Ammoniumnitrat befeuchtet, um die Poren
zu verengen.

Zu dem im Kolben zurückgebliebenen Niederschlag fügt man
150 cm³ eiskaltes Wasser, schüttelt kräftig und läßt absitzen. Während-
dessen wird auch das Filter 1···2mal mit eiskaltem Wasser gefüllt. Man
dekantiert und wäscht noch 3···4mal in gleicher Weise, bis das Waschwasser gerade nicht mehr gegen Lackmuspapier sauer reagiert.

Nunmehr gibt man das Filter in den Kolben zurück, zerteilt es durch
heftiges Schütteln in der ganzen Flüssigkeit und löst den gelben Niederschlag, indem man gemessene Mengen Natronlauge (n/2) hinzufügt, unter
beständigem Schütteln und ohne Erwärmen gerade zu einer farblosen
Flüssigkeit auf. Sodann werden noch 4 cm³ Lauge zugesetzt und gekocht (ca. $^1/_4$ Stunde), bis in den Wasserdämpfen durch Lackmuspapier
kein Ammoniak mehr nachweisbar ist. Nach völligem Abkühlen unter
der Wasserleitung und Ergänzung der Flüssigkeitsmenge auf ca. 150 cm³
muß durch Hinzufügen von 6···8 Tropfen Phenolphthaleinlösung starke
Rotfärbung eintreten, widrigenfalls nochmals nach Zusatz einiger Kubik-
centimeter Lauge gekocht werden muß. Dann übersättigt man mit
$^1/_2$···1 cm³ Schwefelsäure, vertreibt durch Kochen die Kohlensäure und
titriert zurück.

Zur Berechnung dient:

$$1 \text{ cm}^3 \text{ n/2 Lauge} = 1{,}268 \text{ mg P}_2\text{O}_5 = 0{,}554 \text{ mg P}$$
$$1 \text{ cm}^3 \text{ n/10 Lauge} = 0{,}2536 \text{ mg P}_2\text{O}_5 = 0{,}1107 \text{ mg P.}$$

Die Umrechnungsfaktoren von mg P auf Phosphorsäureester sind
folgende:

---

[1] Sachbearbeiter *Kech;* siehe auch *Sarudi:* Z. analyt. Chem. **129,** 100 (1949).

$$
\begin{array}{lrll}
\text{Tributylphosphat} & f = & 8{,}570 & \% \; P = 11{,}67 \\
\text{Hexylphosphat} & = & 11{,}30 & = 8{,}86 \\
\text{Octylphosphat} & = & 13{,}98 & = 7{,}15 \\
\text{Trichloraethylphosphat} & = & 9{,}20 & = 10{,}86 \\
\text{Trikresylphosphat} & = & 11{,}15 & = 8{,}42 \\
\text{Triphenylphosphat} & = & 10{,}5 & = 9{,}53.
\end{array}
$$

Zum Beweis der Brauchbarkeit dieser Arbeitsweise diene die nachstehende Zusammenfassung einiger Beispiele:

Tabelle 51.

Ester	Einwaage mg	cm³ n/2 Lauge	% P	gefundene Estermenge	Fehler %
Triphenylphosphat	246,8	41,5	9,31	241,4	— 2,2
Trikresylphosphat	408,2	62,2	8,44	407,9	0
Cetamoll Qu	708	13,9	10,91	711	+ 0,4
Hexylphosphat	277	44,7	8,89	278,5	+ 0,5

Verseifungszahl.

d) Von allen gebräuchlichen Weichmachern mit Esterstruktur zeigen die Phosphate bei der alkalischen Verseifung die Besonderheit, daß nur ein Teil der Esterbindungen aufgespalten wird. Die theoretische *Verseifungszahl* läßt sich entsprechend dem 3 basischen Charakter der Säure in 3 Stufen berechnen. Jedoch ist hierbei zu beachten, daß bei der praktischen Bestimmung aus der Tatsache heraus, daß bei einer vollständigen Aufspaltung des Phosphorsäureester-Moleküls sich K_3PO_4 als Reaktionsprodukt bilden muß, infolge dessen Hydrolyse niemals die der Tri-Stufe entsprechende Menge Alkali bei den üblichen Titrationsindikatoren verbraucht werden kann. Erfahrungsgemäß wird bei der Verseifung mit alkoholischer Kalilauge stets nur eine Verseifungszahl gefunden, die der theoretischen Abspaltung *eines* Alkoholradikals entspricht. Auch bei Verseifung der aromatischen Phosphate mit äthylglycolischer Kalilauge, wodurch die Reaktionstemperatur auf 130° und gleichzeitig die Reaktionsdauer auf 3 Stunden erhöht wurde, gelingt keine völlige Abspaltung der Phenole. Mit glycolischer Kalilauge (Reaktionstemperatur 190°) läßt sich Triphenylphosphat innerhalb 1 bis 3 Stunden so weit verseifen, daß eine Verseifungszahl VZ = 336···364 (15 Einzelversuche) berechenbar ist; bei Trikresylphosphat ist VZ = 287···297 gefunden worden.

Die theoretisch errechenbaren Verseifungszahlen sind:

Tabelle 52.

	$^1/_3$	$^2/_3$	$^3/_3$
Triphenylphosphat	172	344	516
Trikresylphosphat	152	304	456

Daraus ergibt sich also, daß die titrimetrisch ermittelte Verseifungszahl bei Anwendung glycolischer Kalilauge nur $^2/_3$ des theoretischen Wertes für eine Gesamtverseifung ist, als Folge der Bildung von K_3PO_4.

Die Tatsache, daß bei der Verseifung der Triarylphosphate mit äthylglycolischer Kalilauge Verseifungszahlen errechnet werden, die keinen stöchiometrischen Verhältnissen entsprechen, ließ Zweifel über den Ablauf des Reaktionsmechanismus entstehen. Wir[1] versuchten deswegen in der Reaktionsflüssigkeit die Diphenyl- resp. Monophenylphosphorsäure resp. das abgespaltene Phenol zu bestimmen.

In den Verseifungsansätzen des Triphenylphosphats mit glycolischer Kalilauge fanden wir 83,8 bis 86,2% Phenol. Für die Abspaltung von 2 Phenolresten aus dem Triphenylphosphat entsprechend der titrimetrisch ermittelten Verseifungszahl würde sich ein Phenolgehalt von 57,7% errechnen, bei vollständiger Verseifung errechnet sich dagegen 86,5% Phenol. Es ist also eine vollständige Aufspaltung des Triphenylphosphates eingetreten. Zur Kontrolle der Arbeitsweise haben wir noch die Diphenylphosphorsäure $((C_6H_5O)_2=P(O)-OH \cdot 2 H_2O)$ unter den gleichen Bedingungen verseift mit dem Ergebnis, daß auch hier nur bei Anwendung glycolischer Kalilauge eine völlige Abspaltung der Phenolreste eintritt.

In den Verseifungsansätzen des Triphenylphosphates mit alkoholischer Kalilauge führte die in gleicher Weise durchgeführte Bestimmung des Phenols zu Werten zwischen 56···59% Phenol. Die Abspaltung von 2 Phenolresten erfordert 57,7% Phenol, während beim Freiwerden nur eines Phenols entsprechend der Verseifungszahl von 168···180 nur 28,8% Phenol auftreten können. Es kann hier der Schluß gezogen werden, daß bei alkoholischer Verseifung der Phosphate nur ein Teil der Moleküle in Reaktion tritt, so daß also alle Verseifungszahlen mehr oder minder Zufallsergebnisse sind.

Cetamoll Qu.

e) Das Cetamoll Qu *(Trichloräthylphosphat)* zeigt bei der Einwirkung von n/2 alkoholischer Lauge außerdem noch die sehr charakteristische Eigenschaft, daß es sehr leicht Kaliumchlorid abspaltet. Schon nach einstündiger Verseifung bei 25° ist ein Niederschlag von Kaliumchlorid entstanden. An dieser Eigenschaft ist Cetamoll Qu eindeutig zu erkennen.

Wenn *Merz*[2] von dem besonders festgebundenen Cl im Cetamoll Qu spricht, so bedarf diese Angabe der Korrektur. Bereits nach 1 Stunde sind bei Raumtemperatur 23% KCl und nach 24 Stunden 41% KCl der Theorie abgespalten, und nach 1stündiger Kochung sind es 50% KCl der Theorie.

---

[1] Sachbearbeiterin *Lore Kamphenkel.* — [2] *Merz:* Neuere Lösungsmittel und Weichmachungsmittel 1939, S. 26. (Verlag Pansegrau).

Neben der Abspaltung von Kaliumchlorid verläuft zugleich mit recht beachtlicher Geschwindigkeit die Verseifung des Phosphorsäureesters. Aus dem bei einstündiger Verseifung bei 25° eintretenden Verbrauch von 578 mg KOH/1 g Cetamoll Qu und aus der Bildung von 162 mg KCl/1 g Ester errechnet sich ein dem letzteren äquivalenter Betrag von 121 mg KOH. Die verbleibende Menge von 457 mg KOH bedeutet, daß die Esterbildung zu etwas mehr als $^2/_3$ aufgespalten wird.

Es bestätigt sich also die reaktionssteigernde Wirkung des Chlors auch hier.

Trikresylphosphat.

f) Der von *Tschirch*[1] angegebene qualitative und quantitative Nachweis von Trikresylphosphat erschöpft sich in seiner Feststellung des P_2O_5 und der Diazoreaktion mit Nitranilin auf Phenole und Kresole. Diese können auch durch Wasserdampfdestillation aus der äthylglycolischen Verseifungsflüssigkeit aufgefangen werden.

Für den Nachweis des o-Kresols resp. o-Trikresylphosphats gibt *Wurzschmitt*[2] folgende Arbeitsweise an: 0,2···0,3 g Substanz + 6 cm³ Äthylglycol (OH—CH_2—CH_2—O—C_2H_5) + 0,5 g festes Ätzkali zum Sieden erhitzen, stark schütteln, Äthylglycoldämpfe abbrennen, einige Minuten verseifen, mehrmals Wasser zugeben, bis Salz gelöst, Äthylglycol abbrennen.

In einem Teil der Lösung nach Ansäuern mit Schwefelsäure Kresolgeruch feststellen; im anderen Phosphorsäureprüfung; zum 3. Teil einige Tropfen wäßrige salzsaure Lösung von diazotiertem p-Nitranilin mit Na-Acetat.

Die Verseifung mit äthylglycolischer Kalilauge ist nach Auffassung von *Wurzschmitt* nach 2 Stunden Kochen praktisch vollständig, so daß man nach alkalischem Entfernen des Äthylglycols das Kresol mit Wasserdampf aus saurem Medium abtreiben kann. Es wird durch Bromieren bestimmt.

Zur Identifizierung von *o-Kresol* dient die Reaktion von *Melzer* auf Phenole:

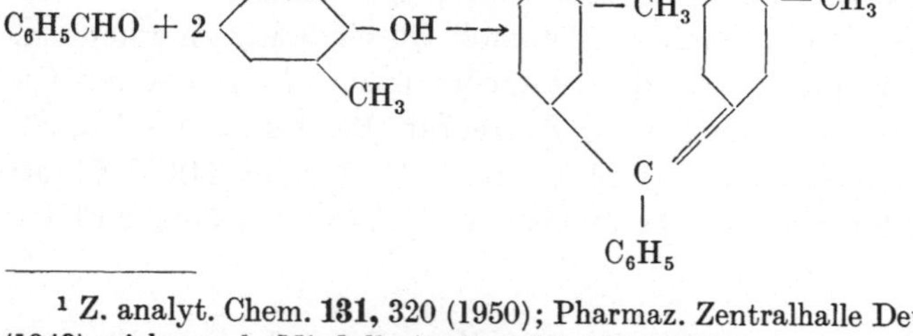

$$C_6H_5CHO + 2 \left[\text{(o-Kresol)} \right] \longrightarrow \text{(Benzeinfarbstoff)}$$

Benzeinfarbstoff

---

[1] Z. analyt. Chem. **131**, 320 (1950); Pharmaz. Zentralhalle Deutschland **88**, 337 (1949); siehe auch *Mitchell:* Analyst **63**, 813 (1938).
[2] Z. analyt. Chem. **129**, 233 (1949) u. Kunststoffe 39, 219 (1949).

Die freie Verbindung ist gelb bis gelbrot, die Alkalisalze sind violett bis blauviolett. — Da Trikresylphosphat fast immer frei von Phenol ist, kann diese Farbenreaktion unbedenklich auf o-Kresol ausgewertet werden.

Reaktionsbedingungen: 1 Tropfen o-Kresol + 1···2 Tropfen frisch dest. Benzaldehyd + 10···12 Tropfen 75%ige Schwefelsäure einige Minuten bei 140°(!) halten, abkühlen, + 5 cm³ Wasser, evtl. vom Harz durch Filtrieren oder Ausäthern abtrennen. Rückstand ist bei Anwesenheit von *o-Kresol* blutrot, in 10 cm³ Methanol gelöst ist er alkalisch blauviolett und angesäuert rot. — Durch diese Reaktion können eindeutig noch 0,5% o-Kresol (oder Phenol) im Trikresylphosphat nachgewiesen werden.

Anstelle des Benzaldehyds sind auch Salicylaldehyd oder Cyclohexanon mit 75%iger Schwefelsäure bei Wasserbadtemperatur mit Phenol und m- oder o-Kresol kondensierbar. o-Kresol reagiert mit Phthalsäureanhydrid und konz. Schwefelsäure bei Zimmertemperatur in einigen Minuten zum Kresolphthalein, das in alkalischer Lösung rotviolett ist. p-Kresol gibt diese Reaktion nicht und m-Kresol bei wesentlich höherer Temperatur.

Wurzschmitt macht darauf aufmerksam, daß für die Verseifung nur ein Äthylglycol brauchbar ist, das vorher mit 1% Natrium-Metall 3 Stunden rückgekocht ist. Nach dem Abdestillieren muß das Destillat mit dem Natrium farblos bleiben.

4. Analysenmethoden für Weichmacher auf der Grundlage von Polycarbonsäuren. a) *Weichmacher auf Grundlage der Phthalsäure.* α) *Eigenschaften.* Eine qualitative Erkennung der *Phthalsäureester* durch die Fluorescenzanalyse ist wegen des Fehlens jeglicher *Luminescenz* nicht möglich. Die gelegentlich an Palatinol-C-Lieferungen auftretende weißliche oder grünliche Fluorescenz wird als Folge einer Verunreinigung angesehen, die dem Dibutylphthalat-Molekül nicht eigen ist. Man kann sie nämlich durch langandauerndeWarmlagerung in nicht fluorescierenden Präparaten hervor-

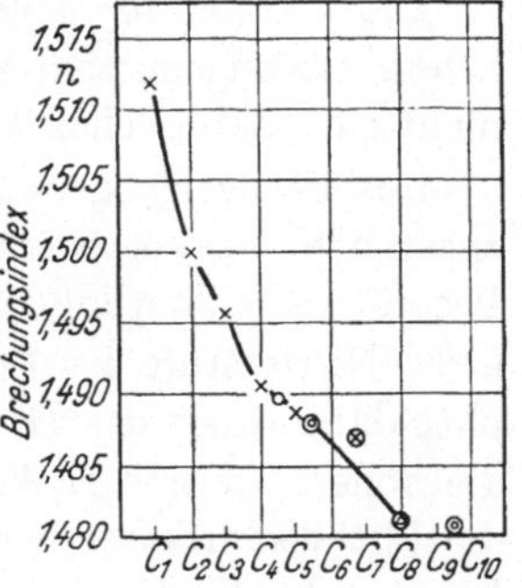

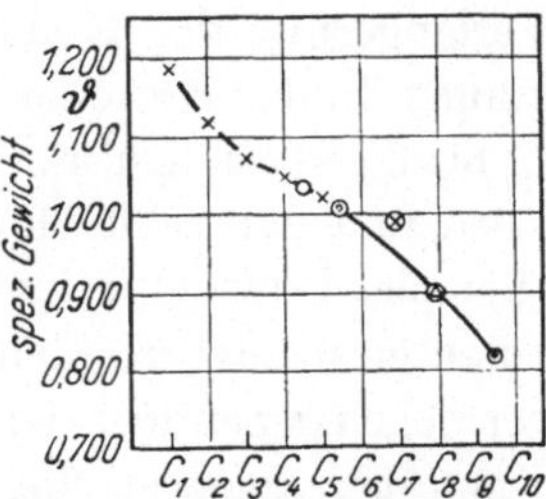

Abb. 27. Analyse der Phthalsäureester: Abhängigkeit des spezifischen Gewichts und des Brechungsindex von der Kohlenstoffkette des Esteralkohols.

rufen. Infolge dieser Beobachtungen verlieren die am Palatinol FO, FK oder LN auftretenden stark gelben resp. schwach grünlichen Fluorescenzen als analytisches Merkmal an Bedeutung. — Die Abhängigkeit des *spezifischen Gewichtes* und des *Brechungsindex* von der Kohlenstoffatom-Kette des aliphatischen Alkohols in den Phthalsäureestern ergibt sich aus den graphischen Darstellungen in Abb. 27.

Ergänzend dazu seien noch einige entsprechende Werte für Phthalsäureester mit anderen Alkoholresten mitgeteilt.

Tabelle 53.

Ester	spez. Gewicht	n_D 20°
Benzylbutylphthalat	1,093	1,5239
		1,533/1,537[1]
Dimethylglycolphthalat	1,062	1,502
Diäthylhexylphthalat	0,98	1,489[1]/1,490

Als Anhaltspunkt für die Ermittlung, um welchen Phthalsäureester es sich handelt, kann auch die Bestimmung der *Viscosität* ausgewertet werden. Es ist jedoch auch hier zu berücksichtigen, daß die Streuungen oft recht erheblich sind.

Die *Löslichkeitseigenschaften* der Phthalsäureester in den gebräuchlichen Lösungsmitteln sind so umfassend, daß dieses Kriterium sich nicht zur analytischen Unterscheidung irgendwie eignet.

Das Lösevermögen der Phthalate Eukolloiden gegenüber vermag als zusätzlich verwertbares Kriterium analytisch mit genutzt werden. Besondere Bedeutung bietet hier die Kollodiumwolle. Unabhängig von ihrer Nitrierstufe ist das Lösevermögen des Dimethyl- und Diäthylphthalats, sowie des Di-Methylglycolphthalats. Als sehr gute Löser für die höher nitrierte E-Wolle müssen außerdem noch angesehen werden: die Phthalsäureester des C_3, C_4-Alkohols und das Benzylbutylphthalat. Eine merkliche Abschwächung des Lösevermögens ist durch eine weitere Verlängerung der Kohlenstoffkette des Alkohols oder durch Verzweigungen in der Kette zu beobachten; das führt dahin, daß die Ester mit C_6 bis C_8-Alkoholen nur in Gegenwart von Alkohol die Kollodiumwolle lösen und daß schließlich auch dann das Lösevermögen aufgehoben ist (Beispiel Dodecylphthalat). Diese Gruppe ist erheblich nach den Alkoholen geringerer Kohlenstoffatomzahl ausgedehnt, wenn man das Lösevermögen gegenüber der niedrig nitrierten A-Wolle zugrunde legt. Auch gegenüber anderen Nichtlösern für Kollodiumwolle haben die Phthalsäureester ein von der Kohlenstoffkette des Alkoholrestes abhängiges Aktivierungsvermögen[2]. Die Abhängigkeit des Lösevermögens von der Alkohol-Komponente der Phthalate findet sich auch bei dem Cellulosetripropionat. Der Methyl- und Äthylester lösen ihn sehr schnell, langsam löst der Propylester. Butylester und Benzylbutylphthalat müssen durch Alkohol zum Löser aktiviert werden. Isobutyl-, Amyl- und Isohexylheptylester lösen überhaupt nicht.

---

[1] Farbe, Lacke, Anstrichstoffe **4**, 385 (1950).
[2] *Thinius:* Farbe, Lacke, Anstrichstoffe **2**, 117 (1948).

β) Qualitativer Nachweis. Bereits bei dem ersten technischen Einsatz der Phthalsäureester der niederen aliphatischen Alkohole als Kampfer-Ersatzmittel zur Celluloid-Herstellung vor ca. 25 Jahren wurde auch die bis heute analytisch unentbehrliche Tatsache ausgenutzt, daß sich ein Phthalsäureester leicht an dem in Alkoholen schwer löslichen neutralen Kalium-Phthalat erkennen läßt.

Die in der Literatur vielfach zum Ausdruck gebrachte Gleichheit der Dicarbonsäuren nicht nur in anwendungstechnischer Hinsicht, sondern auch hinsichtlich ihres analytischen Verhaltens haben wir in zahlreichen eigenen Untersuchungen bestätigt gefunden. Wenn bisher bei Durchführungen von Verseifungen mit absolut alkoholischer Kalilauge das Auftreten eines kristallinen Niederschlages als charakteristisch für Phthalsäureester angesehen werden konnte, so läßt sich dieser Standpunkt durch die ständig zunehmende Verarbeitung anderer Dicarbonsäuren, vornehmlich der aliphatischen Reihe, nicht mehr aufrecht erhalten, nachdem unsere Versuche ergeben hatten, daß sowohl die Oxalsäure-, Maleinsäure- als auch die Adipinsäureester kristalline, in absolutem Alkohol unlösliche Abscheidungen ihrer Kalium-Salze geben.

Bei dem heutigen Stand der Technik bezüglich der praktisch eingesetzten Verarbeitungshilfsmittel, insbesondere der Weichmacher für Plaste und Lackschichten, gegenüber alkoholischer Kalilauge tritt außer bei den Dicarbonsäuren nach unseren bisherigen Erfahrungen nur noch bei einem einzigen Weichmacher ebenfalls eine Ausscheidung von Salz auf, nämlich bei dem als Cetamoll Qu handelsüblichen Trichloräthylphosphat. Die Unterscheidung zwischen dem aus dem Cetamoll Qu sich bildenden KCl und dem Kalium-Phthalat resp. den Kalium-Salzen der Dicarbonsäuren ist leicht und eindeutig.

Schon lange vor dem im Jahre 1936 von *Kappelmeier*[1] empfohlenen qualitativen Nachweis der Phthalsäure mit der Resorcinschmelze unter Benutzung des ausgeschiedenen K-Phthalats wurde diese Arbeitsweise bei Celluloid-Analysen angewendet.

Sie erscheint uns auch heute noch als eine selbstverständliche Maßnahme.

Verwendet man nicht das Kalium-Salz, sondern den Weichmacher oder gar das Phthalsäure enthaltende Gebilde (Plast, Lackschicht) zum qualitativen Nachweis der Phthalsäure mit der Resorcinschmelze, so sind die von vielen Autoren[2] geäußerten Zweifel an der Zuverlässigkeit dieser Reaktion durchaus berechtigt.

Das vor ca. 30 Jahren bei der Celluloid-Herstellung vielfach gebrauchte Triacetin und auch das Ricinusöl geben nach unseren eigenen Beobachtungen einen positiven Ausfall der Fluoresceinschmelze. Wenn

---

[1] Farben-Ztg. **1936**, 161. — [2] *Kappelmeier:* Farben-Ztg. **1935**, 1142; *Kraus:* Farben-Ztg. **1936**, 111; *Holde* u. Mitarbeiter: Angew. Chem. **42**, 283 (1929).

auch die Farbtönungen derartiger Lösungen von der der Fluorescein-farbe ziemlich abweichen, zumal wenn man sich der Fluorescenzlampe als zusätzlichen Hilfsmittels bei ihrer Beurteilung bedient, so machen derartige Ausfälle doch die Beurteilung unsicher. Dies ist in noch stärke-rem Maße der Fall geworden, seit auch andere Dicarbonsäuren zusammen mit der Phthalsäure oder an ihrer Stelle zur Herstellung von Weich-machern, Weich- und Hartharzen dienen.

Hinsichtlich der Durchführung der Resorcinschmelze gehen die Auf-fassungen ebenfalls auseinander. Man kann ohne Kondensationsmittel arbeiten[1]. Wir selbst haben mit konz. Schwefelsäure mit dem K-Phthalat als Ausgangsprodukt gute Ergebnisse erzielt. *Kraus* zieht als Konden-sationsmittel Chlorzink vor und benutzt zur Farbtonbeurteilung ebenfalls die Analysenlampe. Er macht hierbei darauf aufmerksam, daß andere Substanzen als Phthalsäure in neutraler oder schwach saurer Lösung (grün-)blaue Fluorescenzen zeigen. Das Fluorescein identifiziert er noch durch Bromieren der alkoholischen Schmelzlösung. Nach einer Stunde Stehen gibt das entstandene Eosin beim Einfließen in Wasser eine gelbe Fällung, die sich mit roter Farbe in Alkali löst.

Wenn man vom Kalium-Phthalat-Niederschlag ausgeht, sind derartige Maßnahmen aber nicht erforderlich. Absolut eindeutig ist auch die be-kannte Reaktion mit Phenol und einigen Tropfen konz. Schwefelsäure. Erhitzt man nur bis zum beginnenden Sieden, so erhält man Phenol-phthalein, das an seiner bekannten Farbe in alkalischem Wasser er-kannt wird.

Zur Identifizierung von Phthalsäure in ihren Estern mit Polyolen (Alkydharzen) dient *Bandel*[2] das Sublimat von Phthalsäurekristallen. Diese treten nach unseren Feststellungen auch bei einigen Estern der Phthalsäure mit längerkettigen Alkoholen auf, wenn sie ohne Vakuum destilliert werden. Damit wird die von *Cannegieter* angegebene ther-mische Abspaltung von Phthalsäure aus Kunstharzen, die *Kappelmeier* bezweifelte, immerhin wahrscheinlich gemacht.

Aus dem Kalium-Salz kann die Phthalsäure in der üblichen Art isoliert werden, wobei man ihre Löslichkeit in Äther zur Abscheidung ausnutzen wird. Ihr Schmelzpunkt liegt bei 213° C. Sie ist in Alkohol resp. Äther leicht löslich, in Chloroform nur in Spuren löslich und unlöslich in Benzol und Petroläther. Ihre verdünnte wäßrige Lösung gibt mit Blei-Acetat einen weißen Niederschlag, der noch in der Verdünnung 1:10000 die Säure leicht erkennen läßt; er ist schwer in überschüssiger Essigsäure, leicht in Salpetersäure löslich. Das sich leicht aus der Säure bildende Anhydrid schmilzt bei 128° C und ist zum Unterschied von ihr in Benzol oder Chloroform löslich; bleibt aber ebenfalls in Petroläther unlöslich.

---

[1] *Cannegieter:* Verfkroniek 7, 256 (1934). — [2] Angew. Chem. **51**, 573 (1938).

Die Identifizierung der Phthalsäure gelingt weiterhin nach *Keiser*[1] durch Umsetzen mit Aminoäthanol. Phthalsäure wird in heißem Wasser mit der äquivalenten Menge Aminoäthanol umgesetzt, zur Trockene eingedampft und 5 Min. auf 210° erhitzt. Die Umsetzung verläuft quantitativ; man kristallisiert aus Benzol, Wasser oder *absol.* Alkohol um. Das Reaktionsprodukt ist das 2-Oxyäthylphthalimid vom Smp. 127°.

$$\bighexagon\ \substack{-CO \\ \\ -CO}\!\!\diagdown\!\!\diagup\ NCH_2 - CH_2OH$$

γ) *Quantitative Analyse.* Quantitative Bestimmungsmethoden der Phthalsäure beruhen auf der Ausnutzung der drei Wägungsformen als ·

a) Kalium-Phthalat nach Abscheidung im alkoholischen Medium,

b) Blei-Phthalat und

c) Phthalsäure.

Von diesen bevorzugen wir seit ca. 1929 die Abscheidung der Phthalsäure als Kalium-Phthalat. Man verseift hierzu den Phthalsäureester mit n/2 Kaliumalkoholat — hergestellt durch Auflösen von Kalium metallicum in absolutem Äthanol — durch 1···2stündiges Kochen am Rückflußkühler. Nach schnellem Abkühlen wird durch einen vorbereiteten Glasfiltertiegel 1 G 3 filtriert und mit wenig eisgekühltem absoluten Alkohol nachgewaschen. Das rein weiße, seidig schimmernde Kalium-Salz wird mindestens 2 Stunden bei 110° getrocknet. Hierbei geht der Kristall-Alkohol vollständig weg. Man kontrolliert das konstante Gewicht durch nochmaliges Nachtrocknen von ca. 1 Stunde Dauer. Das Filtrat wird titriert und dient zur Berechnung der Verseifungszahl.

Bereits bei Bearbeitung der ersten Weichharze, die später dann als Alkydale Handelsprodukt wurden, haben wir Anfang der 30er Jahre die Anwendbarkeit dieser Methode zu ihrer Analyse festgestellt. *Kappelmeier*[2] stellte dann 1935 unabhängig von unseren damals nicht veröffentlichten Arbeiten ebenfalls dies fest.

Die Aufarbeitung des Verseifungsansatzes nimmt *Kappelmeier* allerdings etwas anders vor, nämlich in der Weise, daß er das als stark hygroskopisch festgestellte Kalium-Salz mit Alkohol und Äthergemischen nachwäscht. Die Trocknung wird nun so geleitet, daß der Kristall-Alkohol im Salz verbleibt. Wenn diese Bedingungen — einige Minuten im Trockenschrank, dann 2···3 Stunden über H_2SO_4 im Vakuum — eingehalten werden, erhält man zuverlässige Kalium-Phthalat-Werte.

1 mg Kalium-Phthalat =̇ 0,5760 mg Phthalsäure.

---

[1] Ind. Engng. Chem. analyt. Edit. **12**, 284 (1940).
[2] Farben-Ztg. 1935, 1141; 1936, 161.

Den log.-Faktor zur Umrechnung auf Phthalsäureglycerid gibt *Kappelmeier* mit 0,06168 an. Unsere Trocknungsmethode erscheint uns zumal in der Hand angelernter Mitarbeiter „trottelfester".

Mit unseren Beobachtungen im Einklang steht die Feststellung *Kappelmeiers*, daß die Abgabe des Alkohols bei $100 \cdots 120°$ im Vakuum bis zu einer Gewichtsabnahme von 16,5% erfolgt, gegenüber der Theorie von 16,0% für

$$\begin{array}{c} \text{—COOK} \\ \text{—COOK} \end{array} + C_2H_5OH$$

Ruff und *Krynicki*[1] sind der Meinung daß sich das *Kappelmeier*sche Kalium-Phthalat nur als Abscheidungsform, nicht aber als Bestimmungsform eignet, da beim Trocknen bei $80 \cdots 90°$ so lange Gewichtsabnahme eintreten wird, bis der gesamte Kristall-Alkohol ausgetrieben ist. Sie umgehen diese Schwierigkeit in der Weise, daß sie den gut mit Alkohol + Äther 3:1 gewaschenen Niederschlag zu K_2CO_3 im Platin-Tiegel verbrennen, wobei man so lange schmilzt, bis eine glasartige weiße Masse anfällt.

Durch Multiplikation mit 1,2015 wird auf Phthalsäure resp. mit 1,3850 auf Phthalsäureglycerid umgerechnet. Handelt es sich um die Bestimmung von Phthalsäureanhydrid in Glycerinharzen, so verdünnt *Sanderson*[2] das Harz zunächst mit Benzol und verseift mit der 75fachen Menge an n/2 Ätzkali in absolutem Alkohol 1 Stunde bei 60°. Der Niederschlag wird mit insgesamt 200 cm³ Gemisch aus absolutem Alkohol und Benzol 1:1 gewaschen und im Vakuum-Exsiccator getrocknet. 1 g Salz entspricht 0,5139 g Phthalsäureanhydrid.

Mit Rücksicht auf das Verhalten von Natronseifen in Aceton + 2% Wasser interessierte die Frage, ob auch eine Verseifung des Phthalsäureesters mit Natrium-Alkoholat unter solchen Bedingungen möglich ist, daß sich ein schwer lösliches Natrium-Phthalat bildet. Beim Kochen der Ester mit n/2 Natrium-Alkoholat bildet sich schon nach wenigen Minuten ein ohne Kristall-Alkohol auskristallisierendes Natrium-Phthalat.

Gordon und *Berner*[3] haben diese Methode dahin variiert, daß sie die Verseifung mit Ätznatron in Isopropanol vornehmen.

Da *Fonrobert* und *Münchmeyer* einige Schwächen in der Methode der Kalium-Phthalat-Abscheidung finden, haben wir[4] an technischen Phthalsäureestern bekannter Konstitution unsere Arbeitsweise nochmals überprüft und hierbei ihre Brauchbarkeit voll und ganz bestätigt gefunden. *Fonrobert* und *Münchmeyer* nehmen seit 1932 die Fällung der Phthal-

---

[1] Farben-Ztg. 1936, 111. — [2] Paint, Oil Chem. Rev. 1938, 9. — [3] Amer. Paint J. **30,** 51 (1945). — [4] *Thinius:* Farbe, Lacke, Anstrichstoffe **4,** 113 (1950).

säure aus einem EL-Firnis als Blei-Salz vor. Mit Rücksicht auf die im
Vergleich zu unserer Kalium-Phthalat-Methode doch recht umständlichen
Ausführung und auf die von *Kappelmeier* getroffene Feststellung, daß sie
nicht immer quantitativ verläuft, auch wenn bestimmte pH-Grenzen eingehalten werden, und so zu einem schwankend zusammengesetzten
Niederschlag führte, haben wir von einer Nachbearbeitung Abstand
genommen. Es mag hier festgehalten werden, daß sich bei allen
unseren Arbeiten bisher ergeben hat, daß Ester einbasischer, aliphatischer Carbonsäuren unter den Bedingungen der Phthalsäure-Bestim-
mung keine unlöslichen Kalium-Salze bilden. Mit der von *Scheiber*[1] angegebenen Arbeitsweise kann man nur Nährungswerte erhalten. Nach
dem Vertreiben der Alkohole wird die abgekühlte Lösung mit Salzsäure
angesäuert und einige Stunden zur vollständigen Ausscheidung stehen
gelassen. Der Autor trennt die Phthalsäure von anderen Säuren durch
Äther-Wäschen ab, trocknet und wiegt die Phthalsäure in dieser Form
direkt. Hiergegen erheben sich Bedenken, da die Phthalsäure in Äther
ziemlich leicht löslich ist. Außerdem ist es zweckmäßig, die Phthalate
durch Extraktion mit Äther oder dergl. zunächst aus dem Film usw. zu
isolieren.

Nach einer Feststellung von *Thames*[2] kann die Phthalsäure nicht
vollständig durch Verseifen erhalten werden, wenn neben den Phthalaten
noch aromatische Nitroverbindungen vorhanden sind. Es ist dann notwendig, den Ester-Alkohol mit Salpetersäure wegzuoxydieren und so
reine Phthalsäure zu gewinnen. Sie wird als Blei-Phthalat abgeschieden,
das schließlich noch in Bleisulfat übergeführt und so gewogen wird. Als

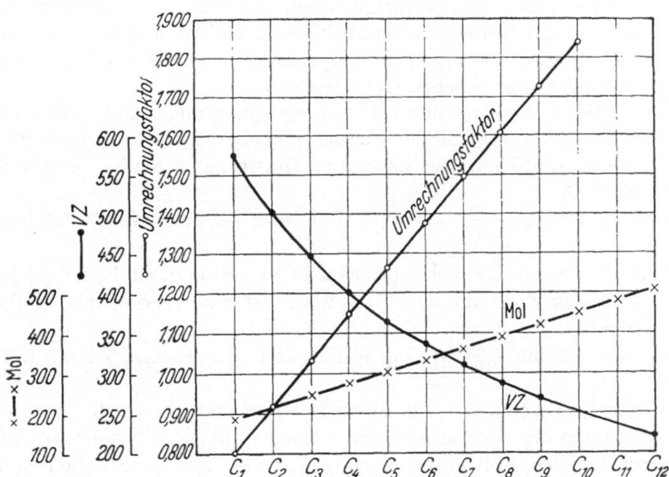

Abb. 28. Zur Analyse der Phthalsäureester: Molgewicht, Verseifungszahl (VZ) und
Umrechnungsfaktor in Abhängigkeit von der Kohlenstoffkette des Esteralkohols.

---

[1] Farbe u. Lack **1933**, 592. — [2] Ind. Engng. Chem. analyt. Edit. **8**, 418 (1936).

26*

Umrechnungsfaktoren von Bleisulfat auf die einzelnen Phthalsäureester gibt *Thames* an:

$$
\begin{array}{lll}
\text{für Methylphthalat} & f = & 0,6401 \\
\text{Aethylphthalat} & = & 0,7324 \\
\text{Butylphthalat} & = & 0,9166 \\
\text{Amylphthalat} & = & 1,0096.
\end{array}
$$

Die Beziehung zwischen dem Molgewicht des Phthalsäureesters resp. seiner Verseifungszahl resp. dem Umrechnungsfaktor für das gewogene Kalium-Phthalat auf Ester einerseits zu der Kohlenstoffzahl des zur Veresterung benutzten Alkohols andererseits ergibt sich aus der vorstehenden graphischen Darstellung: Abb. 28.

Zusammen mit der Verseifungszahl, dem spez. Gewicht, Brechungsindex und der Viscosität können diese Zahlen die Unterlagen dafür abgeben, festzustellen, welche Alkohol-Komponente in dem Phthalsäureester verarbeitet ist.

Beispiel 1: Die physikalisch-chemischen Daten eines Weichmachers sind

$$
\begin{array}{lll}
d & = & 1,40 \\
n & = & 1,4895 \\
\eta & = & 42 \text{ cp.}
\end{array}
$$

Bei der Verseifung mit $n/2$ Kalium-Alkoholat war ein Phthalat-Niederschlag entstanden und eine Verseifungszahl von 380 berechnet.

Der Brechungsindex macht zunächst einmal die Einordnung in die Reihe der aliphatischen Ester notwendig.

Zieht man die Abhängigkeit der physikalisch-chemischen Kennziffern von der Kettenlänge der Alkohol-Komponente heran, so wird die Einordnung des Weichmachers zwischen den Estern mit den C_4- und C_5-Alkoholen wahrscheinlich.

Aus dem abgeschiedenen K-Phthalat errechnet sich als Umrechnungsfaktor von Salz auf Ester $f = 1,206$. Aus der graphischen Darstellung der theoretischen Umrechnungsfaktoren in Abhängigkeit vom C-Gehalt der Alkohol-Komponente ergibt sich, daß dieser Wert zwischen C_4- und C_5-Alkohol liegt. Es handelt sich also um einen Ester aus einem technischen C_4-C_5-Gemisch.

Beispiel 2: Bei 2 Weichmachern war angegeben worden, daß es sich um einen Phthalsäureester von Fettalkoholen handle. Unbekannt war, wie hoch die durchschnittliche C-Atomzahl ist. Die Verseifung führte zu folgendem Ergebnis:

Weichmacher A:

1. Einwaage 455 mg $\longrightarrow$ 303 mg K-Phthalat, titriert sind 4,9 cm^3 n/2 Lauge. VZ = 301.

Es errechnet sich ein Umrechnungsfaktor $f = 1,50$ und, da 4 cm^3 n/2 Lauge = 242 mg K-Phthalat sind, aus dem Titrationswert eine theoretische K-Phthalat-Menge von 295 mg.

2. Einwaage 465 mg $\longrightarrow$ 314 mg K-Phthalat, titriert sind 5,2 cm^3 n/2 Lauge. VZ = 313.

Entsprechende Rechnungen führen zu $f = 1,48$ und 314 mg K-Phthalat.

Die Berechnung des durchschnittlichen Molgewichtes des Alkohols ist fernerhin auch dadurch möglich, daß ja stöchiometrische Verhältnisse zwischen gefundener Phthalsäure und Alkohol vorliegen müssen.

Die Esterspaltung erfolgt bekanntlich so, daß $R \cdot CO/OR \cdot$ entstehen.

Der Umrechnungsfaktor von K-Phthalat auf Phthaloyl (Radikal = 132) ist 0,545.

1 g Ester ergibt im Durchschnitt 671 mg K-Phthalat = 355 mg Phthaloyl, demnach für — OR = 634 mg. Aus der Proportion 634 : 366 = x : 132 errechnet sich das Molgewicht des Alkohols 228/2 + 1 = 115.

Der Heptylalkohol hat ein Molgewicht von 116. Daraus errechnet sich das Molgewicht des Esters zu 360 und eine Verseifungszahl von 311.

Es ist also für den Weichmacher A ein Alkohol mit durchschnittlicher C_7-Kette verwendet worden.

Beim Weichmacher B ergaben die Analysen und Rechnungen folgende Werte:

Tabelle 54.

Einwaage	K-phthalate	n/2 Lauge	VZ	f
483 mg	393 mg	6,6	383	1,23
475 mg	378 mg	6,4	377	1,26

Berechnung des Alkoholrestes: 1 g Ester = 806 mg K-Phthalat = 439,5 mg Phthaloyl = 561 mg OR.

Daraus Molgewicht 85. Vergleichsweise ist das Molgewicht von Butanol 74, Amylalkohol 88, Hexylalkohol 102.

Demnach Molgewicht des Esters $\sim$ 300 und daraus VZ = 373.

Es sind also hier C_1-C_6-Alkohole verwendet worden.

Eine Entscheidung darüber, ob es sich bei derartigen Alkoholen um aliphatische gradkettige, verzweigte oder um hydroaromatische handelt, ist natürlich so nicht möglich.

Es sei noch der Vollständigkeit halber angeführt, daß sich auch die als Weich- oder Hartharze vorliegenden Ester der Phthalsäure mit mehrwertigen Alkoholen (Diolen, Triolen oder Tetraolen) durch allerdings mehrstündige Verseifung mit Kalium-Alkoholat nach den soeben gegebenen Regeln gut analysieren lassen[1].

b) *Weichmacher auf Basis Adipinsäure.* An Hand des Adipinsäuremethylesters wurden die Verseifungsbedingungen dahin festgelegt, daß ebenfalls die Verwendung absoluten Alkohols erforderlich ist, um eine quantitative Ausscheidung des Kalium- oder Natrium-Adipats zu erreichen. Beide Salze kristallisieren ohne Kristallalkohol aus. Sie können ebenfalls nach 2stündiger Trocknung bei 100° gewogen werden. Im ungünstigsten Fall betrug der Analysenfehler + 3%.

Bei der Verseifung des als Sipalin AOM handelsüblichen Methylcyclohexyladipats haben wir bei der Verwendung von n/2 Kalium-Alkoholat zwar stets richtige Verseifungszahlen (VZ = 330···333 theor. 331) gefunden, jedoch war die Menge des ausgeschiedenen Kalium-Adipats stets erheblich zu niedrig. Es ist deshalb auf n/2-Natrium-Alkoholat als Verseifungsmittel übergegangen mit dem Erfolg, daß hierbei der Fehler an abgeschiedenem Natrium-Adipat nur — 3% bis — 4% beträgt. Nach einer 2stündigen Verseifung wurde der Niederschlag nach dem Abkühlen

---

[1] *Thinius:* Farbe, Lacke, Anstrichstoffe **4**, 113 (1950).

auf $+5\cdots0°$ abfiltriert und mit eiskaltem absolutem Alkohol nachgewaschen; er wurde 2 Stunden bei 100° getrocknet. Das Methylcyclohexanol wurde am Sdp. 167° erkannt.

Es wurde schließlich noch an einem für die Polyurethan-Synthese vielfach verwendeten Weichharz auf Basis Adipinsäure und Triol (Trimethylolpropan oder Hexantriol) festgestellt, daß mit n/2 alkoholischer Kalilauge (94%iger Sprit) die Verseifung innerhalb 2 Stunden beendet ist. Für die Gewinnung des Kalium-Adipats wurde der mit n/2-Kalium-Alkoholat erhaltene Verseifungsansatz auf — 6 bis — 15° abgekühlt, bei dieser Temperatur filtriert und mit eiskaltem Alkohol nachgewaschen. Unter diesen Bedingungen ließ sich der Fehler auf —1% bis + 0,3% zurückdrängen.

Um nochmals eine Entscheidung zu bringen, ob das Kalium-Adipat ohne Kristall-Alkohol und frei von Verunreinigungen auskristallisiert ist, wird aus dem Salz die Adipinsäure ausgeschieden und durch 4maliges Ausschütteln mit insgesamt 150 cm³ Essigester und Eindampfen rein erhalten.

Es konnte bestätigt werden, daß die Adipinsäure sich aus ihren Estern ohne Verunreinigung als Natrium- oder Kalium-Adipat abscheiden läßt.

Zur Identifizierung der Adipinsäure wird man meist ihre Isolierung aus diesem Salz vornehmen und Schmelzpunkt und Äquivalentgewicht bestimmen.

Nach den Arbeiten von *Rauscher* und *Clark*[1] kann man durch $^1/_4$ stündiges Kochen des Esters mit der 3fachen Menge Äthanolamin das Adipinsäure — bis — β-oxyäthylamid vom Smp. 130° gewinnen. Daneben gewinnt man den Ester-Alkohol in großer Reinheit.

c) *Weichmacher aus anderen Dicarbonsäuren.* 1. Bei der Verseifung der *Oxalsäureester*, von denen als Solvoplast beispielsweise der Methylcyclohexylester technische Anwendung findet, ist es zweckmäßig, mit n/2 Kalium-Alkoholat bei zweistündiger Kochung die Abscheidung des $K_2C_2O_4$ quantitativ zu gestalten. Die Analysengenauigkeit betrug $+1,5\%$.

Bezüglich des qualitativen, zur Identifizierung von Oxalsäure dienenden Nachweises kann auf *Bauer*[2] verwiesen werden.

In Ergänzung hierzu mag festgehalten werden, daß die Resorcin-Schwefelsäure-Reaktion, wie schon *Müller*[3] feststellte, für Oxalsäure charakteristisch ist und von keinem Homologen gegeben wird.

Wir haben an der Adipinsäure mit ihrer schwachen Rotfärbung und an der Phthalsäure, in gleicher Weise geprüft, mit der dunkelroten,

---

[1] J. Amer. chem. Soc. **70**, 438 (1948). — [2] *Bauer:* „Die organische Analyse", Leipzig 1945, S. 251. — [3] Bull. Assoc. Chrimistes de Sucr. et Dist. 40, 169 (1922).

später nach braun hingehenden Färbung diese Angaben bestätigt gefunden. Es ist vielleicht noch von Bedeutung, darauf hinzuweisen, daß das Natrium-Oxalat im Gegensatz zu allen anderen Natrium-Salzen der Dicarbonsäuren in Wasser schwer löslich ist. Man benutzt zur Abscheidung 6/n Natronlauge[1].

2. Für die Bestimmung der *Bernsteinsäure* ist zu beachten, daß das Bariumsalz infolge seiner Unlöslichkeit in Wasser zur quantitativen Bestimmung verwendet wird.

3. Unter Berücksichtigung der vielfältigen Verwendung der Maleinsäure als Komponente für Heteropolymerisate und auch Polykondensationsprodukte haben wir[2] am Beispiel des *Maleinsäurebutylesters* festgestellt, daß auch die Ester dieser Säure durch 2stündiges Kochen mit n/2 Kalium-Alkoholat in Form des in absolutem Alkohol unlöslichen Kalium-Salzes quantitativ abgeschieden werden können. Es kann noch näher durch den Verbrauch an Permanganat identifiziert werden. *Wurzschmitt* hat weiterhin eine Bestimmung von Maleinsäure und Fumarsäure für sich und im Gemisch mit anderen Säuren durch Sulfit angegeben, die auf folgender Reaktion beruht: · ·

$$R - CH = CH - R' + SO_3NaH \longrightarrow R - CH_2 - CHR'$$
$$\diagdown$$
$$SO_2Na$$

4. Die den Dicarbonsäuren mit reiner Kohlenstoffkette eigene Bildung eines in Alkoholen unlöslichen Kalium-Salzes findet sich auch bei den Thioäthercarbonsäuren, wie wir[3] an Hand der Ester der Thiodiglycolsäure ermitteln konnten.

Bei der Verseifung mit Kaliumhydroxyd in Isopropanol bildet sich in wenigen Minuten ein Niederschlag des Kalium-Salzes aus. Er wird nach 1-stündiger Verseifung in der Siedehitze nach dem Abkühlen filtriert, mit gekühltem Isopropanol gewaschen und nach 2 Stunden Trocknen bei 100° gewogen. Das Kaliumsalz der Thiodiglycolsäure kristallisiert ohne Kristall-Alkohol. Der Umrechnungsfaktor von gewogenem (mg) Kalium-Salz auf Methylcyclohexylthiodiglycolat ist f = 1,57.

5. Einige Erfahrungen bei Versuchen zur Bestimmung von Gemischen von Weichmachern oder Mischestern auf der Grundlage von Dicarbonsäuren. Für die sehr häufig vorkommende Verarbeitung eines Gemisches von Weichmachern bietet die analytische Chemie nicht in jedem Fall schon brauchbare Bestimmungsmethoden.

Anläßlich der Besprechung der Alkydharz-Analysen sagt *Scheiber*[4]: „Sofern neben der Phthalsäure sonstige wasserlösliche einbasische oder

---

[1] Ind. Engng. Chem. analyt. Edit. **4**, 445. — [2] *Thinius:* Farbe, Lacke, Anstrichstoffe **4**, 113 (1950). — [3] Nach Versuchen gemeinsam mit *W. Knape.*
[4] Chemie u. Technologie der künstlichen Harze, 1943 S. 687.

mehrbasische Carbonsäuren gegeben sind, ergaben sich Schwierigkeiten, die vorläufig nicht überwunden sind."

Bisher hatte sich bei allen unseren Arbeiten ergeben, daß die einbasischen aliphatischen Carbonsäureester bei der Verseifung mit Ätzkali keine in absoluten Alkoholen unlöslichen Kalium-Salze bilden. Damit ist also bereits eine Möglichkeit der quantitativen Abtrennung von aliphatischen Monocarbonsäuren und Dicarbonsäuren gegeben.

Stafford, Francel und *Shay*[1] bauen die Abtrennung der Dicarbonsäuren aus ihren Estern auf die Bildung der Dibenzylamide auf, indem sie 10 g Ester mit 30 cm³ Benzylamin + 1 g Ammonchlorid 2 Stunden unter Rückfluß erhitzen und sodann in 300 cm³ Benzol eingießen. Das in der Kälte ausgefallene Benzylamid wird aus warmem Äthanol durch Eingießen in 300 cm³ n-Salzsäure gereinigt, mit 50%igem Alkohol gewaschen und getrocknet. Das Filtrat der ersten Amidtrennung wird auf die Hälfte eingeengt und nochmals gereinigt. Der qualitative Nachweis der so getrennten Benzylamidfraktionen wird dann mittels Infrarotspektren vorgenommen.

Es handelt sich also hier um eine nur schwer in der täglichen Praxis durchzuführende Arbeitsweise.

Ebenso wie *Kappelmeier*[2] benutzte auch *Swann*[3] die Bildung der in absoluten Alkoholen unlöslichen Kalium-Salze der Dicarbonsäuren als Grundlage der Trennung. In gleicher Weise haben wir[4] unsere Bestimmungsmethode als erstes Stadium durchgeführt.

Kappelmeier nutzt den Unterschied aus, daß das Kalium-Phthalat mit Kristallalkohol und das Kalium-Adipat ohne Kristallalkohol sich abscheidet.

Man trocknet also zunächst bei Raumtemperatur und dann bei 120° bis zur Gewichtskonstanz. Auch Bernsteinsäureester lassen sich so im Gemisch mit Phthalsäureestern mit für technische Zwecke genügender Genauigkeit bestimmen. Maleinsaures Kalium hält unter den gleichen Bedingungen Alkohol in wechselnder Menge hartnäckig fest.

Swann nimmt die Verseifung bei 52° ± 2° innerhalb 18 Stunden vor und gibt nach Erkalten zu den 125 cm³ alkoholischer Kalilauge (0,5 n) 40 cm³ Äther hinzu; nach 2 Stunden wird unter Anwendung absoluten Alkohols filtriert, bei 110···150° getrocknet, gewogen und nach Lösen in 75 cm³ Wasser mit Salpetersäure auf $p_H = 2{,}0$ genau gestellt:
Sebacinsäure fällt als grobkörniger weißer Niederschlag.
Nach Filtrieren durch ein doppeltes Filter wird auf 100 cm³ aufgefüllt

---

[1] Z. Analyt. Chem. **21**, 1454 (1949); Farbe u. Lack **56**, 147 (1950).
[2] Lack u. Farben Chem. **2**, 7 (1948).
[3] Z. Analyt. Chem. **21**, 1448 (1949); Farbe u. Lack **56**, 106 (1950).
[4] *Thinius:* Farbe, Lacke, Anstrichstoffe **4**, 113 (1950).

und darin die Reaktionen durchgeführt. Sebacinsäure wird als Zinksebacat ermittelt.

Bernsteinsäure wird qualitativ mit Phenylhydrazin als Dianilinbernsteinsäure nachgewiesen.

Phthalsäure muß in Eisessig als Bleiphthalat gefällt werden, da in wäßriger Lösung alle anderen Säuren stören.

Malein- und Fumarsäure werden colorimetrisch aus dem Bromverbrauch bestimmt. Fumarsäure wird als Cd-Salz oder, falls Bernsteinsäure und Sebacinsäure fehlen, als Hg^{II}-Salz bestimmt.

Es ist bekannt, daß die Natronseifen der Fettsäuren in Aceton $+ 2\%$ Wasser so gut wie unlöslich sind, das abietinsaure Na dagegen löslich. Da es sich bei der Abietinsäure um eine cyclische Verbindung handelt, war zu prüfen, ob sich Phthalsäure evtl. ähnlich verhält und ob so eine Abtrennung der Phthalsäure von der Adipinsäure möglich ist.

Eine Abtrennung der Salze dieser beiden Säuren durch 98%iges Aceton gelingt nicht, da die Löslichkeit darin zu nahe aneinander liegt.

Ebensowenig ist eine Trennung der beiden Dicarbonsäuren durch Wasserdampfdestillation möglich, beide sind etwa gleich flüchtig. Nach 2 Stunden sind etwa 35% der Einwaage flüchtig.

Die Abtrennung der Phthalsäure und Adipinsäure voneinander ist uns dann dadurch gelungen, daß man eine bei Siedetemperatur hergestellte Lösung des Gemisches der beiden Säuren in der vierfachen Menge Salpetersäure zunächst auf $60\cdots65°$ abkühlt und 30 Min. bei dieser Temperatur hält. Nach dem Auswaschen der Salpetersäure mit Wasser wird die Phthalsäure in reiner Form gewonnen.

Die bei 0 bis $+ 5°$ sich nun ausscheidende Kristallmenge ist reine Adipinsäure. Aus dem Waschwasser der 1. Kristallisation bei $60\cdots65°$ gewinnt man die Hauptmenge an reiner Adipinsäure.

Die Adipinsäure wird stets zu 100% gefunden. Bei der Phthalsäure muß noch ein Fehlbetrag von 15% in Kauf genommen werden. Die Kontrolle erfolgt durch Bestimmung des Schmelzpunktes und des Äquivalentgewichtes.

Die beiden Dicarbonsäuren können in beliebigem Verhältnis miteinander gemischt sein, wenn man 65%ige Salpetersäure zum Trennen verwendet. Wird die Konzentration der Salpetersäure erniedrigt oder auch die Menge der Salpetersäure in bezug auf das Bicarbonsäuregemisch verringert, so erfolgt die Abtrennung nicht sauber.

Die Anwendung dieser Methode auf die Analyse eines Weichharzes aus je 1,5 Mol Phthalsäure und Adipinsäure $+ 4$ Mol Trimethylolpropan ergab noch folgende Erkenntnisse. Es ist eine 4stündige Verseifung mit Kalium-Alkoholat bei mittlerer Einwaage notwendig, um die Säuren als in absolutem Alkohol unlösliches Kalium-Salz-Gemisch mit einem Fehler von ca. 1% zu erhalten. Die Abtrennung der Phthalsäure von der Adipinsäure sofort aus diesem Gemisch gelingt nicht. Vielmehr war zunächst die Zersetzung der Salze mit Schwefelsäure und die Isolierung der Säuren aus den wäßrigen Lösungen mittels Äther erforderlich. Diese Operation gelingt ohne weiteres quantitativ.

Die Säuren können dann nach der Salpetersäure-Methode getrennt werden.

Wird es einmal notwendig, Oxalsäure in Weichmachergemischen, insbesondere mit Phthalsäureestern, zu bestimmen, so verseift man zunächst mit n/2-Kalium-alkoholat und wägt das Gemisch Oxalat + Phthalat. Unter den Bedingungen der üblichen Oxalatbestimmung mit Permanganat ist die Phthalsäure nicht beständig.

Wir fanden nun, daß Calcium-Phthalat in Wasser löslich ist, so daß also Oxalsäure als Calcium-Salz ausgefällt wird. Man geht am besten so vor, daß die Kalium-Salze sogleich in Wasser gelöst werden, nach Abdampfen des Alkohols wird mit siedender Chlorcalcium-Lösung das Calcium-Oxalat gefällt, das wie üblich bestimmt wird. Der Fehler beträgt höchstens $\pm$ 1%. Phthalsäure wird aus dem sauren Filtrat mit Äther extrahiert und gewogen.

6. Analysenmethoden für Weichmacher auf Grundlage von Derivaten der Monocarbonsäuren. a) *Luminescenz.* Die meisten zu dieser chemischen Gruppe gehörenden Weichmacher haben keine Luminescenz im ultravioletten Licht. Bei einer Reihe anderer Substanzen hingegen tritt eine mehr oder minder große Trübung auf, besonders bei einigen Präparaten des Esters aus Trimethylolpropan und Fettsäuren aus der Oxosynthese.

Im allgemeinen wird man die Beobachtung der Weichmacher in Ruhe auf einer Glasplatte aus nicht fluorescierendem Glas vornehmen; jedoch empfiehlt es sich, auch das Fließen der Substanzen darauf zu beobachten. Das gelegentlich empfohlene Auftropfen der Weichmacher auf Fließpapier und die dann vorzunehmende Beobachtung hat nach unseren Erfahrungen keine Vorteile, zumal es oft schwer ist, ein nicht fluorescierendes Papier zu erhalten.

Wenn wir auch auf Grund unserer Erfahrungen daran zweifeln möchten, ob die von früheren Autoren angegebenen Luminescenzfarben zur Identifizierung von Weichmachern ausgenutzt werden können, möchten wir doch einige Beobachtungen der Fluorescenz mitteilen.

Die Vorlauffettsäureester mit Hexantriol oder Trimethylolpropan leuchten schwach weiß, jedoch ist dies durchaus nicht eindeutig bei jedem Präparat. Beim Hexantriolester haben wir auch grünliche Fluorescenzen beobachtet. Das Glycerinbenzoat leuchtet grünlich trübe.

Bei einem klaren, offensichtlich 1. Pressung darstellenden, Ricinusöl haben wir auf der Glasplatte schwach bläuliche Luminescenzfarben, mit leichter Trübung gesehen, in der Flasche erschien es milchig weiß mit graugrünem Stich. Ein bräunliches Ricinusöl ist auf der Glasplatte leicht gelblich, in der Flasche schmutzig-gelb. *Schmidinger*[1] hat eine stark blauviolette Fluorescenz des Ricinusöls beobachtet, die es zwar deutlich von der violettgrauen resp. grünlichgrauen des Lackleinöls unterscheidet, aber mit unseren Beobachtungen *nicht* übereinstimmt. Jedoch wird von *H. Wolff* und *Toeldte*[2] auch die des Leinöls als nicht hinreichend für analytische Unterscheidungen angesehen. Die im Reagensglas sehr hell grünlichgelb erscheinende leuchtende Oberfläche scheint charakteristisch für das Leinöl zu sein. Zu ihrer Beobachtung wird Leinöl auf nicht fluorescierendes Porzellan aufgebracht.

Weichmacher auf Basis Monocarbonsäuren.

b) Die Bedingung der möglichst geringen Flüchtigkeit der Weichmacher hat zur Folge, daß die Weichmacher aus dieser Gruppe entweder kurzkettige Säuren zusammen mit mehrwertigen Alkoholen oder langkettige Säuren zusammen mit niederen oder auch mehrwertigen Alkoholen in den so gewonnenen Estern kombiniert enthalten.

Die am häufigsten in den Handelsprodukten anzutreffenden aliphatischen Fettsäuren sind: Essigsäure, Buttersäure, die Vorlauffettsäuren C_4 bis C_{10}, die auf synthetischem Wege herzustellenden alkylierten Fettsäuren, beispielsweise die Äthylbuttersäure, die Isoheptylsäure und Äthylhexansäure, anderweitig substituierte Fettsäuren wie Trichloressigsäure, Tributoxyessigsäure, ferner Ölsäure und Stearinsäure, Ricinusölsäure.

Für letztere sind Butanol, Tetrahydrofurfurylalkohol und auch Glycerin oder Glycol die Esterkomponenten. Überwiegend haben jedoch längerkettige Diole oder die Triole Hexantriol und Trimethylolpropan, ferner Pentaerythrit den Reaktionspartner abgegeben.

Die Löslichkeitseigenschaften all dieser Ester stimmen weitgehend überein, so daß an Hand dieser Eigenschaften kaum irgendein analytisches Erkennungsmerkmal abgeleitet werden kann.

Dagegen läßt sich das Lösevermögen der Ester gegenüber Eukolloiden recht gut zur Unterscheidung ausnutzen.

Die Acetate des Glycerins resp. Hexantriols sind gute Löser für die beiden Kollodiumwollearten. Im Gegensatz dazu lösen die Ester der Vorlauffettsäuren mit dem Trimethylolpropan resp. Hexantriol resp. Pentaerythrit nicht mehr die trockene Kollodiumwolle. Alkoholfeuchte E-Wolle ist jedoch noch in ihnen löslich. Dagegen gelingt es nicht, durch Butanol die Ester zu einem Löser für die A-Wollen zu aktivieren. Von Bedeutung für die Theorie der Solvatation durch Weichmacher ist unsere

---

[1] Farben-Ztg. **31**, 2451 (1926). — [2] Farben-Ztg. **31**, 2503 (1926).

Feststellung, daß Cellulosetripropionat ebenfalls von den Acetaten des Glycerins, nicht jedoch von den Vorlauffettsäureestern gelöst wird, auch eine Aktivierung durch Alkohole gelingt nicht. Dagegen wird das Isoheptylat der Cellulose in diesen Vorlauffettsäureestern löslich.

Ricinusöl ist abgesehen von seinem Geruch noch an seiner Löslichkeit in absolutem Alkohol zu erkennen und so allerdings nur von anderen fetten Ölen, nicht jedoch von anderen Weichmachern zu unterscheiden.

Charakteristisch für alle Ester der Monocarbonsäuren ist, daß bei der Verseifung mit alkoholischen Laugen keine unlöslichen Seifen entstehen.

Einige Verseifungszahlen, die mit n/2 äthanolischen resp. propanolischer Kalilauge gewonnen sind, mögen hier als Anhaltspunkt wiedergegeben sein.

Triacetin	VZ =	765···771
Triacetin H	=	620···640
Diglycerintetraacetat	=	650···670
Elaol 2	=	310···320
Elaol 3	=	355···350
Elaol 4	=	348···340
Elaol 12	=	326···320
Mollit L 85	=	362···365
Butylstearat	=	160···180
Ricinusöl	=	180···190
ED 140	=	140···155
Weichmacher ED 236	=	275

Die nicht flüchtigen Fettsäuren lassen sich nach einer Verseifung in der Weise gewinnen, daß zunächst Alkohol + Äther soviel wie möglich abdestilliert werden und nach Zugabe von Wasser mit 4n-Salzsäure angesäuert (kongosauer) und schließlich mit Äther ausgeschüttelt wird. Mit gesättigter Kochsalzlösung wird neutral gewaschen. Danach werden die getrockneten Fettsäuren gewogen. Um nun die Konstanten der einzelnen Fettsäuren zu bestimmen, bedient sich *Kappelmeier* der Methylester, die er mit Methanol unter Zugabe von 1···2 cm³ konz. Schwefelsäure (ca. 100 cm³ Methanol) durch mindestens 1stündiges Kochen am Rückflußkühler gewinnt. (Isolierung der Ester durch Eingießen in viel Wasser und Ausäthern). Es ist hierzu mit Rücksicht auf die Vorlauffettsäuren als Weichmacher-Rohstoff auf die Arbeiten von *Sandermann*[1] hinzuweisen, wonach synthetische Fettsäuren mit Methylalkohol nicht vollständig veresterbar sind.

Kappelmeier benutzt zur Abtrennung der flüchtigen Säuren aus der Seifenlösung eine Apparatur, wie sie für die Bestimmung der *Polenske*-Zahl gebräuchlich ist und destilliert in ca. 20 Min. 100 cm³ Flüssigkeit aus der mit Schwefelsäure angesäuerten Lösung über. Man bringt mit

---

[1] Pharmazie **3**, 211 (1948).

Alkohol das Destillat in eine Porzellanschale und titriert die Fettsäuren mit 0,5 n Natronlauge gegen Phenolphthalein. Diese Seifenlösung wird sodann zur Trockne gedampft und die trockene Natronseife gewogen. Weiter wird man hier dann noch das mittlere Molgewicht berechnen.

Die Neutralisationszahl höherer Fettsäuren kann so bestimmt werden, daß die in absolutem Alkohol gelöste Säure mit Natrium-Äthylat gegen ein Indikatorgemisch von Thymolphthalein und Methylorange titriert wird.[1]

Nachstehend eine Übersicht über die Säurezahlen SZ der wichtigsten Fettsäuren für die Weichmacher-Herstellung:

Tabelle 55.

		Mol.	SZ	Sdp.
Essigsäure	C_2	60,0	934,5	118°
Propionsäure	C_3	74	757,6	141°
Buttersäure	C_4	88	637	162°
Valeriansäure	C_5	102	549	
Capronsäure	C_6	116	483	
Oenanthsäure	C_7	130	431	
Caprylsäure	C_8	144	389	
Pelargonsäure	C_9	158	355	
Caprinsäure	C_{10}	172	325	
Stearinsäure	C_{18}	284	197	
Ölsäure	C_{18}	282	199	

Die Ölsäure $CH_3 — (CH_2)_7 — CH = CH — (CH_2)_7 — COOH$ ist an der leichten Überführbarkeit in die stereoisomere Elaidinsäure erkennbar[2]. Hierzu setzt man zu ca. 2 g Ölsäure 10 cm³ Salpetersäure und 1 g $NaNO_2$ in kleinen Anteilen hinzu und läßt nun kühl 4···10 Stunden stehen. Die Elaidinsäure ist eine weiße feste Masse vom Smp. 44···45°.

Zur Identifizierung der Fettsäuren dient weiterhin[3] noch das Hydroxamsäurederivat. Die Äthylester der Fettsäuren werden mit Hydroxylaminhydrochlorid und Natriumäthylat umgesetzt, zum quantitativen Ablauf ist Feuchtigkeitsabschluß bei Zimmertemperatur erforderlich. Es sind kristalline Verbindungen. Die Hydroxamsäuren sind durch folgende Schmelzpunkte unterschieden:

$$C_2 = 88° \quad C_6 = 64° \quad C_{10} = 89°$$
$$C_3 = 93° \quad C_8 = 79° \quad C_{18} = 107°$$

Mit alkoholischem Ferriperchlorat entsteht ein beständiges rotgefärbtes Ferrihydroxamat, dessen Intensität der Estermenge pro-

---

[1] Ind. Engng. Chem. analyt. Edit. **8**, 355 (1936). — [2] *Bauer:* Organische Analyse 2. Aufl. S. 283 (1950). — [3] *Invue u. Yukawa:* J. agric. chem. Soz. Japan, Bull **16**, 100 (1940), Ind. Engng. Chem. analyt. Edit. **18**, 317 (1947).

portional ist. Man kann daraufhin eine colorimetrische Bestimmung der Fettsäureester aufbauen.

c) *Bestimmung der Benzoesäure und Homologen.* Aus der Reihe der aromatischen Carbonsäuren gewinnen die Oxybenzoesäureester als Weichmacher für Polyamide[1] neben dem Benzoesäureester des Diglycol an Bedeutung.

Hinsichtlich der qualitativen und quantitativen Nachweise der Benzoesäure haben wir uns stets der bekannten Methode bedient, wie sie beispielsweise von *Bauer* und *Moll*[2] zusammengefaßt sind. Bei der Verseifung der Benzoesäureester mit n/2-Kaliumalkoholat fällt nach unseren Erfahrungen das Kalium-Benzoat nur teilweise aus. Es ist also nötig, aus der eingedampften Verseifungsflüssigkeit die Benzoesäure zu extrahieren. Wir[3] säuerten mit Salzsäure — nicht Schwefelsäure — die wäßrige Lösung der Salze an und entfernten mit Chloroform die Benzoesäure, die dann mit n/10 Lauge sich gut titrieren läßt. Hinzu kommt noch die in dem abgeschiedenen Kalium-Benzoat befindliche Säure.

Von den Oxybenzoesäuren — o-Oxybenzoesäure Smp. 157°, m-Oxysäure Smp. 200°, p-Verbindung Smp. 210° — haben als Weichmacher-Komponente vorwiegend die m- und p-Isomeren Anwendung gefunden. Hinsichtlich des Nachweises der Salicylsäure kann wiederum auf *Bauer-Moll*[2] verwiesen werden. In den p-Oxybenzoesäureestern hat die OH-Gruppe schwach sauren Charakter, so daß bis ungefähr $p_H = 10$ unter Benutzung von Alizaringelb als Indikator titriert werden muß. Verwendet man bei der Verseifung der Ester mit n/2 alkoholischer Kalilauge als Indikator Bromthymolblau resp. Phenolphthalein, so erhält man stets zu niedrige Resultate. Die Versuchsdauer ist auf mindestens 8 Stunden festzulegen. Die Bromierung der p-Oxybenzoesäure verläuft nach *Reimers*[4] nicht so, daß für die Ester eine quantitative Bestimmung darauf möglich ist. Es ist eine vorherige Verseifung mit wäßriger Lauge notwendig. *Reimers* gibt folgende Vorschrift: ca. 0,1 g Ester werden in einer Stöpselflasche mit 5 cm³ 2 n Lauge + 5 cm³ Wasser 15 Min. im Wasserbad erwärmt, nach dem Erkalten kommen 50,0 cm³ 0,1 n Bromatlösung und 5 g Bromkalium und schließlich 15 cm³ verdünnte Salzsäure hinzu, man läßt 15 Min. im Dunkeln stehen, fügt 10 cm³ Kaliumjodidlösung (10%) hinzu und titriert mit 0,1 n Thiosulfatlösuug. Es entspricht 1 cm³ 0,1 n Bromatlösung 0,02534 g Methylester.

7. Methoden zur Analyse von Sulfonsäurederivaten. a) *Paraffinsulfonsäuren.* Durch Sulfochlorierung von Paraffinen gewinnt man die mit Phenolen veresterbaren *Paraffinsulfonsäuren*, die als Mesamoll handels-

---

[1] *Thinius*, Kunststoffe **38**, 108, (1948). — [2] Die organische Analyse 2. Aufl. Leipzig 1950, S. 285. — [3] Sachbearbeiter *Kech*. — [4] Z. analyt. Chem. **122**, 404; **123**, 358 (1941/42).

üblich sind. Die durchschnittliche Kettenlänge dieser Paraffine (Mepasin) ist nach *von der Horst*[1] C_{15}.

Wir haben an den Produkten mit dem Brechungsindex n = 1,4941 keine Fluorescenz beobachtet. Die Viscosität der Produkte ist von der Länge der Paraffinkette abhängig. An einer Reihe von Präparaten fanden wir η = ca. 160 cP, bei anderen dagegen η = 90···110 cP. Das in allen organischen Lösungsmitteln lösliche Produkt hat selbst gegenüber Nitrocellulose und anderen Cellulosederivaten kein Lösevermögen. Auch eine Aktivierung mittels aliphatischer Alkohole konnte trotz der Anwesenheit der SO_2-Gruppe nicht erreicht werden. Das Lösevermögen gegenüber Polyvinylchlorid ist gut; die kritische Lösetemperatur liegt bei 115°.

Die Verseifung dieser Ester verläuft unter Benutzung von n/2 alkoholischer Kalilauge ohne Besonderheiten; es bildet sich eine geringe Menge eines kristallinen Niederschlages. Die Verseifungszahl liegt zwischen 130···180.

Toluolsulfonsäureester.

b) Vorübergehend waren auch *Ester der Toluolsulfonsäure mit Phenolen* als Weichmacher eingesetzt. Sie sind analytisch leicht erkennbar an ihrem hohen Brechungsindex n = 1,55. . . Bei der Verseifung mit isopropanolischer Kalilauge resp. mit Kaliumalkoholat bildet sich ein Niederschlag von Kalium-Salzen. Die unter verschiedenen Bedingungen aus den Phenolestern der Toluolsulfonsäure erhaltenen Salze sind auch beim Arbeiten in völlig wasserfreiem Medium und bei Eiskälte geringer als der theoretischen Menge Kalium-Toluolsulfonat resp. Kalium-Phenolat entspricht. Da es sich wahrscheinlich um ein Gemisch der beiden Salze in wechselndem Verhältnis handelt, so ist die gleiche Arbeitsmethodik wie bei der Phthalsäurebestimmung nicht möglich. Die Titration in Gegenwart dieses Niederschlages führt zu einer Verseifungszahl VZ = 200···225.

Sulfonamide.

c) Die Sulfonamide des Benzols und Toluols haben vornehmlich in der Vergangenheit etwas mehr technische Bedeutung erlangt, obwohl ihre Anwendung zusammen mit Kollodiumwolle den Nachteil hat, daß die Stabilität der Nitrocellulose merklich verringert wird. Die Sulfonamide sind an ihrer Löslichkeit in verdünnter Natronlauge leicht zu erkennen und auch so von anderen Weichmachern zu trennen, wie auch aus den Angaben von *Kappelmeier*[2] sich ergibt. Sie sind in Benzin und manchmal auch in Benzol unlöslich. Der Schwefelnachweis in den Sulfonamiden erfolgt unter Benutzung der üblichen Methoden[3] sowohl qualitativ wie quantitativ.

---

[1] Mod. Plastics **24**, 154, 192 (1947). — [2] Lack u. Farben Chem. **3**, 56 (1949). [3] *Bauer:* Organische Analyse 2. Aufl. S. 374 (1950).

Die von *Feher* und *Heuer*[1] angegebene Methode der Oxydation mit Perhydrol in alkalischem Medium hat nach unseren Erfahrungen bei einem Sulfonamidharz versagt.

8. Einige Erfahrungen bei Versuchen zur Bestimmung von Gemischen von Weichmachern. Bei der Verarbeitung der Plast-Rohstoffe zu Plasten oder mit Untergründen festverbundenen Schutzschichten ist aus Qualitäts- und Preisgründen die Verwendung von Weichmacher-Gemischen üblich.

Es empfiehlt sich, die Untersuchung der durch Extraktion aus den Plasten entfernten Weichmachern mit der Bestimmung des Brechungsindex zu beginnen.

Phthalsäure- + Phosphorsäureestern.

a) An den Gemischen von Phthalsäureestern mit Trikresylphosphat und anderen Phosphorsäureestern wurde die nach der *Lorenz-Lorentz*-Regel zu erwartende lineare Funktion des Brechungsindex vom Mi-

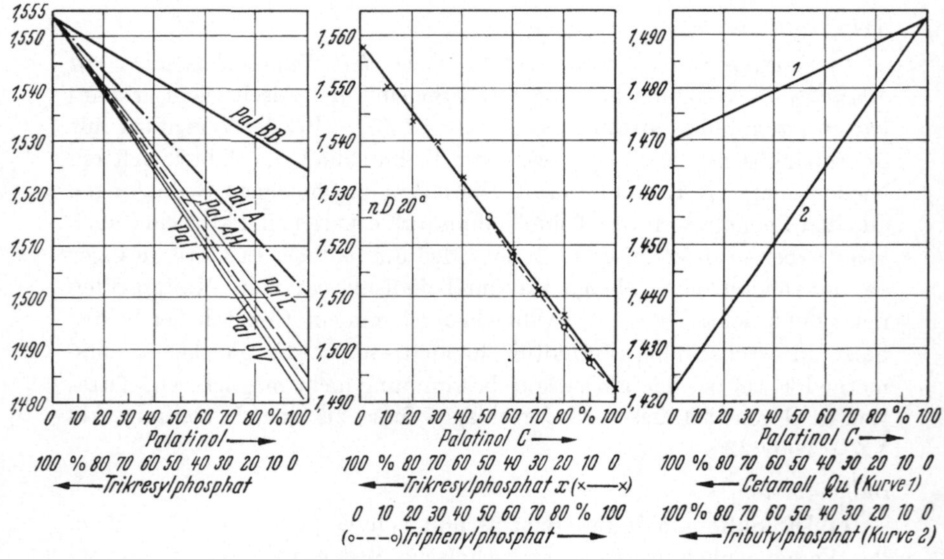

Abb. 29. Brechungsindices von Weichmacher-Gemischen[2].

schungsverhältnis in Volumenprozenten bestätigt gefunden. Die graphische Darstellung ist ein bequemes Hilfsmittel zur Ermittlung der ungefähren Zusammensetzung des Weichmachergemisches (Abb. 29). Die Übereinstimmung der gemessenen und berechneten Werte des Brechungsindex sei an einigen Beispielen von Gemischen von Phthalsäureestern mit 50% Trikresylphosphat dargelegt:

---

[1] Angew. Chem. **62**, 165 (1950). — [2] Die geringfügigen Abweichungen zwischen den n_D-Werten der Abb. 29 und der Tabelle 57 bzw. S. 390 sind auf verschiedene technische Präparate zurückzuführen.

Tabelle 56.

	$n_D\ 20°$	
	berechnet	gefunden
Phthalsäureaethylester + Trikresylphosphat	1,5270	1,5269
Phthalsäurebutylester + Trikresylphosphat	1,5220	1,5220
Phthalsäureamylester + Trikresylphosphat	1,5222	1,5219
Phthalsäure-Vorlauf-fettalkoholester + Trikresylphosphat	1,5162	1,5168
Phthalsäureaethylhexyl-ester + Trikresylphosphat	1,5198	1,5194

Damit ist die Möglichkeit gegeben, die refraktometrischen Ergebnisse zur Analyse unbekannter Phthalsäureester-Phosphorsäureester-Gemische auszunutzen. Durch Vergleich des gefundenen Brechungsindex des Gemisches mit den Brechungsindices der Phosphorsäureester einerseits und der Phthalsäureester andererseits bekommt man den ersten Anhaltspunkt, welche Komponenten und welches Mischungsverhältnis ungefähr in Frage kommen.

Nachstehend die Tabelle der Brechungsindices $n_D\ 20°$ der Komponenten der Gemische zusammen mit den für die Analyse ebenfalls wichtigen spez. Gewichten D_4^{20}.

Tabelle 57.

Phosphorsäureester	$n_D\ 20°$	D_4^{20}	Phthalsäureester	$n_D\ 20°$	D_4^{20}
Tributylphosphat	1,4268	0,956	Dimethylphthalat	1,5137	1,19
Trihexylphosphat	1,4346	0,941	Diaethylphthalat	1,5002	1,12
Trioctylphosphat	1,4415	0,923			
Cetamoll Qu	1,4677	1,426	Dipropylphthalat	1,4960	1,07
Trikresylphosphat	1,5558	1,170		1,4904	1,05
	1,5536		Dibutylphthalat	1,4922	
Trixylenylphosphat	1,5519	1,147			
			Diamylphthalat	1,4891	1,02
			Palatinol HS	1,4883	1,00
			Palatinol AH	1,4851	0,981
			Palatinol F	1,4800	0,984
			Benzylbutyl-phthalat	1,5239	1,086
			Weichmacher ED 242	1,4818	0,976
				1,4795	

Einen Anhalt, welches Phosphat in Gemisch mit den Phthalaten vorliegt, gewinnt man dann noch durch die Fluorescenz-Analyse. Die Fluorescenzfarbe der stark leuchtenden Komponente, vornehmlich das

Trikresylphosphat, ist gut auch in den Gemischen mit dem geringsten Gehalt zu erkennen.

Es läßt sich schließlich[1] auf Grund der *Lorenz-Lorentz*-Regel der Anteil an Phthalsäureestern in Vol % berechnen nach

$$\% \text{ Phthalat} = \frac{n\text{gem} - n\text{Phth.}}{n\text{Phosph.} - n\text{Phth.}} \cdot 100,$$

durch Umformung der Gleichung ergibt sich

$$n\text{Phth.} = n\text{Phosph.} - \frac{100}{100 - \% \text{ Phosph.}} \cdot (n\text{Phosph.} - n\text{Gem.})$$

Aus den bekannten resp. bestimmbaren Werten der rechten Seite der Gleichung ergibt sich dann rechnerisch unter Zuhilfenahme der obigen Tabelle der vorhandene Phthalsäureester.

Diesen Befund bestätigt man durch die chemische Analyse oder umgekehrt diese durch die Refraktion.

Ein Beispiel erläutere die Arbeitsweise:

$$\begin{array}{lll} \text{Analysensubstanz} & 67\% \text{ (Vol) Phthalsäuredibutylester} = & 750 \text{ mg} \\ & 33\% \text{ (Vol) Trikresylphosphat} = & \underline{408 \text{ mg}} \\ & & 1{,}158 \text{ g} \end{array}$$

Es werden gefunden: 643 mg Kalium-Phthalat = 441 mg Phthalsäure und 34,4 mg P = 408 mg Trikresylphosphat und $n_D = 1{,}5143$.

Aus dem Brechungsindex ergibt sich, daß als flüssiger Phosphorsäure-Weichmacher nur ein aromatischer Phosphorsäureester in Frage kommen kann. Die obige Gleichung ergibt dann für den Phthalsäureester $n_D = 1{,}4918$, der dem Phthalsäuredibutylester gemäß obiger Tabelle zukommt.

Zur Bestätigung verwenden wir die Werte der direkten Phthalsäurebestimmung. Aus

$$\begin{array}{l} 408 \text{ mg Trikresylphosphat} \\ + 441 \text{ mg Phthalsäure} \\ \hline 849 \text{ mg} \end{array}$$

ergibt sich, daß für den Alkylrest des Phthalsäureesters verbleiben muß:

$$\begin{array}{l} 1158 \text{ mg} \\ - \ 849 \text{ mg} \\ \hline 309 \text{ mg Alkyl.} \end{array}$$

Die stöchiometrischen Verhältnisse erfordern:

$$\frac{\text{mg Alkyl} \cdot \text{Molgew. Phthalsäure}}{\text{mg Phthalsäure}} = \frac{309 \cdot 166}{441} = 116 \text{ für 2 Alkylreste,}$$

also für 1 Alkyl = 58. Addiert man hierzu OH = 17, so gewinnt man das Molgewicht des Alkohols. Für Butanol ist Molgew. = 74. Der Schluß, daß im vorliegenden Ester Butanol enthalten ist, läßt sich wiederum aus dem

---

[1] Sachbearbeiter *Möbius*.

Brechungsindex des Gemisches bestätigen. Die graphische Darstellung der Brechungsindex-Gemische lehrt, daß der gefundene Index für Gemische von Trikresylphosphat mit dem Ester der Phthalsäure mit Äthanol, Butanol, Äthylhexanol und Vorlauffettalkoholen möglich ist. Berechnet man nun mit Hilfe der Umrechnungsfaktoren aus dem gefundenen Kalium-Phthalat die Estermenge, so ergibt sich:

643 mg Kalium-phthalat äquivalent   515,4 mg Phthalsäureäthylester
                              738   mg Phthalsäurebutylester
                        1040   mg Phthalsäureaethylhexylester
                        1035   mg Phthalsäure-Vorlauffettalkohol.

Die letzten beiden scheiden aus, da die Einwaage nicht so hoch ist. Für 515 mg Äthylester ist das Äquivalent 213 mg Äthanol, und für 838 mg Butylester ist das Äquivalent 392 mg Butanol. Gefunden sind 400 mg — O.R. Demnach kann nur Phthalsäuredibutylester in Frage kommen, der gemäß graphischer Darstellung zu 67% Vol vorhanden sein muß.

Benzoe- + *Phthalsäure.*

b) Die Trennungsmethode der Benzoesäure von der Phthalsäure beruht auf der Ausfällung des Kalium-Phthalates und der Unlöslichkeit der Phthalsäure in Chloroform oder in Benzol.

Durch die einstündige Verseifung mit kochendem n/2-Kalium-Alkoholat fällt unter allen Umständen die gesamte Phthalsäure als Kalium-Salz aus. Je nach der Menge der im Weichmachergemisch vorhandenen Benzoesäureester sind in ihm stets mehr oder weniger Kalium-Benzoat vorhanden.

Der bei 110° 2 Stunden getrocknete Niederschlag aus Kalium-Phthalat + Kalium-Benzoat wird nach dem Wiegen in Wasser gelöst und mit Salzsäure angesäuert. Mit Chloroform wird die Benzoesäure ausgeschüttelt, die nach sehr vorsichtigem Verdampfen auf dem Wasserbad mit n/10-Lauge titriert wird. Aus der Äquivalenz 1 cm³ n/10-Lauge = 12,2 mg Benzoesäure = 16,0 mg Kalium-Benzoat errechnet man die im Phthalat-Niederschlag vorhandene Benzoesäuremenge und erhält den Gehalt an Phthalsäureester, wobei man sich der in Abs. 4 mitgeteilten Umrechnungsfaktoren von Salz auf Ester bedient.

Der weitaus größere Teil der Benzoesäure befindet sich in der vom Rohphthalat abfiltrierten Lauge. Nach Titration zwecks Berechnung der Verseifungszahl wird wiederum mit Lauge alkalisch gemacht und die Alkohole abdestilliert. Die titrierte Verseifungslauge wird mit 50 cm³ 1%iger Sodalösung zur Trockne eingedampft. Man nimmt sodann mit Wasser auf und schüttelt zweimal mit Chloroform aus; hierdurch erreicht man eine Entfernung schmieriger Verunreinigungen und evtl. höherer aliphatischer Alkohole. Letztere können beispielsweise dann vorhanden sein, wenn als Weichmacher $C_{10}\cdots C_{14}$ Benzoate verwendet wurden. Nunmehr wird die Lösung des Kalium-Benzoats mit Salzsäure angesäuert und aus ihr mit Chloroform die Benzoesäure extrahiert, wozu man zweckmäßig einen *Thiele*schen Extraktionsapparat verwendet. Das Chloroform wird vorsichtig entfernt und die Benzoesäure mit n/10-Lauge titriert.

Die Gesamtmenge an Benzoesäure ergibt sich aus diesem Lauge-Verbrauch + dem Laugenverbrauch der aus dem Kalium-Phthal-Niederschlag isolierten Säure.

Trennung von Phosphat, Phthalat und Benzoat.

c) Ternäre Gemische aus Benzoesäureestern, Phthalaten und Phosphorsäureestern lassen sich ebenfalls gut analysieren. Hierzu wird in einer Probe die Phosphorsäure direkt bestimmt und in einer zweiten die Trennung von Phthalsäure und Benzoesäure durchgeführt.

Da die ganze Trennungsmethode auf der Ausfällung von Kaliumphthalat sowie der Chloroformunlöslichkeit der Phthalsäure beruht und in einem Weichmachergemisch auch andere Säuren gleicher oder ähnlicher Eigenschaften vorliegen können, ist es besonders in Anbetracht der oft recht unsicheren Vorproben (Resorcinprüfung der Phthalsäure!) unumgänglich notwendig, sich davon zu überzeugen, ob tatsächlich Benzoe- und Phthalsäure vorhanden sind. Dazu werden die titrierten Lösungen der nach obigem Schema isolierten Säuren stark mit Salzsäure angesäuert und ausgeäthert. Die beim Verdunsten des Äthers hinterbleibende Substanz kann nun, da ja ihre Menge festliegt, zur Identifizierung verbraucht werden. Benzoesäure wird durch Schmelzpunkt und Darstellung der Äthylester einwandfrei nachgewiesen. Phthalsäure läßt sich außer durch die etwas unsichere Fluorescenzprüfung gut durch ihr Anil (F 205°) charakterisieren.

Die Methode ergab nach unseren Arbeiten[1] bei Gemischen verschiedenster Zusammensetzung befriedigende Resultate.

Beispiel: Einwaage   389 mg Phthalsäuredibutylester $= 37{,}9\%$
398 mg C_{10}-C_{14}-Benzoat $= 38{,}8\%$
239 mg Trikresylphosphat $= 23{,}3\%$
────────────
1026 mg

gefunden: 326,8 mg K-phthalat + K-benzoat
darin   3,2 mg K-benzoat
────────────
323,6 mg K-phthalat = 373 mg Phthalsäuredibutylester = 36%.

Benzoesäure aus Verseifungslauge   12,09 cm³ n/10
aus Phthalat   0,20 cm³
────────────
Gesamtbenzoesäure   357   mg = 35% C_{10}—C_{14}-Benzoat.

Fette Öle + Phthalat.

d) Für die häufig auftretende Aufgabe, fette Öle neben Phthalsäure zu bestimmen, sei daran erinnert, daß neben den Alkydharzen auch die

────────────

[1] Sachbearbeiter *Kech.*

Kunstleder auf Nitrobasis ein Weichmachergemisch aus Ricinusöl und Phthalat enthalten.

Wir legten uns für das letztgenannte System die Frage vor, ob es gelingt, durch Ausnutzung der dem Ricinusöl eigenen geringen Löslichkeit in einigen organischen Flüssigkeiten eine Trennung und Bestimmung einer Komponente auf physikalisch-chemischem Weg zu erreichen. Volumenprozentige Mischungen des Ricinusöls mit Phthalsäuredibutylester können bei 20° und 0° mit Isooktan bis zum Auftreten einer Trübung titriert werden. Das Eintreten dieser Trübung ist vom Ricinusölgehalt abhängig. Ein Gemisch von 20% Ricinusöls mit 80% Phthalat erfordert bei 20° 5,16 cm³ Isooktan, bei 0° 1,50 cm³ und beim umgekehrten Mischungsverhältnis sind die Zahlen 0,90 cm³ resp. 0,73 cm³. Die Reproduzierbarkeit der Titriermethode ist auf 1···3 Tropfen genau. Mit Tetrachlorkohlenstoff beobachteten wir[1] keine Trübung, so daß wir eine Aktivierung der Lösungsmittel annehmen.

Auch bei diesen Systemen kann man die *Lorenz-Lorentz*-Regel anwenden und aus dem Brechungsindex die Zusammensetzung bestimmen.

Selbstverständlich lassen sich auch Gemische von Ricinusöl und Phthalsäureester durch Verseifen mit n/2 Kaliumalkoholat auftrennen. Aus dem Filtrat des Kaliumphthalats wird in langwieriger Extraktion nach dem Ansäuern die Ricinusölsäure entfernt und als solche gewogen. Nach der gleichen Methode bestimmt auch *Kappelmeier*[2] die Fettsäuren in Alkydharzen. Sein Hinweis, daß die Konstanten der Fettsäuren am Methylester bestimmt werden sollten, verdient Beachtung.

Kampfer + Ester.

e) Bei der Analyse des Celluloids ist es oft erforderlich, den Campher von einigen zusätzlich verarbeiteten Weichmachern zu trennen. Im allgemeinen gelingt dies durch Ausnutzung der Wasserdampfflüchtigkeit des Camphers recht gut. Die häufige Verwendung von Gemischen aus Phosphorsäureestern, insbesondere Triphenylphosphat, neben den Phthalsäureestern der niederen aliphatischen Alkoholen gab Veranlassung, nachzuprüfen, inwieweit die merkliche Flüchtigkeit dieser Phthalate mit Wasserdampf die Campher-Bestimmung so unsicher macht resp. eine Abtrennung der Phthalate von den Phosphaten durch eine Wasserdampfdestillation ermöglicht.

Aus Gemischen von 60···62% Campher + 25···27% Triphenylphosphat + 12···13% Phthalsäureäthylester beginnt bei der Wasserdampfdestillation bereits nach kurzer Zeit der Übergang des Phthalsäureesters. Nach 1,5stündiger Destillation sind in 500 cm³ Destillat 80% des vorhandenen Phthalsäureesters vorhanden. Nach 5stündiger Wasserdampfdestillation findet sich der Phthalsäureäthylester quanti-

---

[1] Sachbearbeiter *Möbius*. — [2] Lack- u. Farben-Chem. **2,** 31 (1948).

tativ im Destillat zusammen mit dem Campher. Im Rückstand verbleibt das Triphenylphosphat. Die Flüchtigkeit mit Wasserdampf ist beim Phthalsäuredibutylester nur noch gering und kann vernachlässigt werden. In dem Campher + Phthalsäureester-Gemisch bestimmt man die letzten in der üblichen Weise als Kalium-Phthalat, so daß der Campher sich dann als Differenz ergibt.

Harnstoffderivate + Ester.

f) In Zeiten der Campher-Verknappung sind gelegentlich auch Gemische von *sym. Diäthyldiphenylharnstoff* mit *Phthalsäureestern* zur Verarbeitung gekommen trotz der Bedenken hinsichtlich der Lichtechtheit der mit dem substituierten Harnstoff weichgemachten Kollodiumwolle-Schichten.

Es ergab sich somit auch die Aufgabe, eine Trennungsmethode für diese beiden Weichmacher-Gruppen auszuarbeiten. Die zum qualitativen Nachweis des Diäthyldiphenylharnstoffes dienenden Reaktionen beruhen auf einer Farbstoffbildung durch Oxydationsmittel. Eine Lösung des Diäthyldiphenylharnstoffes in konz. Schwefelsäure gibt mit Kaliumbichromat resp. Bleidioxyd eine rote Färbung. Am sichersten erhält man diesen weinroten Farbstoff, wenn man eine Salpeterlösung vorsichtig über die konz. Schwefelsäure schichtet.

Zur quantitativen Bestimmung dieses symmetrisch substituierten Harnstoffes ist die bei 110° erfolgende Abspaltung von Kohlendioxyd aus seiner Lösung in konz. Schwefelsäure vorgeschlagen. Hierbei gibt 1 g Diäthyldiphenylharnstoff 87,5 cm³ CO_2 bei 760 mm und 0°.

Durch diese beiden Reaktionen kann man auch diesen substituierten Harnstoff im Gemisch mit anderen Weichmachern vornehmlich den Phthalsäureestern erkennen. Die Wasserdampfflüchtigkeit des Diäthyldiphenylharnstoffes ist zu gering, um darauf eine Trennung von den Phthalsäureestern durchzuführen.

Die Verseifung des aus einem Celluloid mit 26% Weichmacher-Gemisch aus Phthalsäuredibutylester + Diäthyldiphenylharnstoff 4:1 durch Ätherextraktion erhaltenen flüssigen Weichmachergemisches, dessen Brechungsindex $n_D = 1,4994$ ist, mit n/2 Kaliumalkoholat ergab bei einer Einwaage von 389 mg Weichmacher einen Verbrauch von 5,5 cm³ n/2 Lauge entsprechend VZ = 400 und 271 mg Kalium-Phthalat äquivalent 311 mg Phthalsäuredibutylester (= 80%).

Die Filtrate der Verseifungsansätze wurden sauer ausgeäthert und ergaben 78/84 mg Diäthyldiphenylharnstoff vom Smp. 67°.

9. Methoden zur Bestimmung der alkoholischen Komponenten der Weichmacher-Moleküle. a) Bei der Verseifung der als Weichmacher benutzten Ester müssen sich außer den Salzen der Säuren auch die zur Veresterung benutzten Alkohole wieder zurückbilden. Solange man

Ätzkali, gelöst in Äthanol oder seinen Homologen, benutzt, wird das Problem sich darauf zuspitzen, eine relativ kleine Menge des Veresterungsalkohols in der großen Menge Verseifungsalkohol nachzuweisen.

Es ist daher von Bedeutung, daß *Rauscher* und *Clark*[1] in der Ammonolyse der Ester unter Wasserausschluß einen Weg gefunden haben, um aliphatische Alkohole in großer Reinheit abzuscheiden. Bei Verwendung von Äthanolamin zur Ammonolyse lassen sich die Alkohole destillativ abtrennen und sodann nach einer der üblichen Methoden[2] identifizieren.

Tertiäre Alkohole lassen sich mit Acetanhydrid und Pyridin *nicht* acetylieren. In ihrer Gegenwart kann man[3] wie folgt arbeiten: 0,5 bis 3,0 g Alkohol und genau 5 cm³ einer Mischung von 1 Teil Acetanhydrid und 2 Teilen frisch dest. wasserfreien Pyridin werden $^1/_2\cdots1$ Stunde am Rückflußkühler im Wasserbad erhitzt. Man gibt dann 50 cm³ Wasser zu und erhitzt unter gelegentlichem Schütteln noch 15 Min., nach dem Abkühlen wird mit n/2 alkoholischer Lauge titriert. Ein Blindversuch ist nötig. Primäre OH- und NH_2-Gruppen werden unter diesen Bedingungen quantitativ, sekundäre in 1 Stunde fast quantitativ acetyliert.

In diesem Zusammenhang sei noch die von *Kaufmann* und *Funke*[4] auf dem Fettgebiet benutzte Bestimmung der OH-Zahlen mit Acetylchlorid erwähnt. Die experimentelle Ermittlung der Hydroxylzahl ist einfacher als die der Acetylzahl. Als rechnerische Beziehung zwischen beiden gilt nach *Kech*[5]

$$\text{Acetylzahl} = \frac{\text{Hydroxylzahl}}{1 + 0{,}7485\,\dfrac{\text{Hydroxylzahl}}{1000}}$$

$$\text{Hydroxylzahl} = \frac{\text{Acetylzahl}}{1 - 0{,}7485\,\dfrac{\text{Acetylzahl}}{1000}}.$$

Nach *Chang* und *Kao*[6] kann man auch das 2-, 4-, 6-Trinitrobenzoylchlorid zur Identifizierung von Alkoholen benutzen. Es hat den Vorteil, daß es selbst gegen siedendes Wasser beständig ist, so daß also der geringe Wassergehalt der Alkohole nicht schadet.

Alkoholische OH-Gruppen sind mit Phthalsäureanhydrid und Pyridin bestimmbar, ohne daß phenolisches OH reagiert. Tertiäre OH-Gruppen werden nur teilweise bestimmt.

Elving und *Warshowsky*[7] arbeiten wie folgt: Pyridin wird durch Destillieren über BaO entwässert und nur die bei 115° siedenden Anteile benutzt. Das Veresterungsgemisch wird durch Lösen von 20 g Phthalsäureanhydrid in 200 cm³ dieses Pyridins täglich hergestellt.

---

[1] J. Amer. chem. Soc. **70**, 438 (1948). — [2] *Bauer:* Die organische Analyse 2. Aufl. S. 48—60 (Leipzig 1950). — [3] Z. analyt. Chem. **112**, 302 (1938). — [4] Ber. dtsch. Chem. Ges. **70**, 429 (1937). — [5] Noch unveröffentlichte Versuche im Labor des Verfassers. — [6] Z. analyt. Chem. **109**, 136 (1937). — [7] Analyt. Chem. **19**, 1006 (1947).

Die Reaktionsgefäße müssen peinlich trocken sein. Wasser muß ausgeschlossen sein.

Die Probesubstanz wird in Mengen von 1,0 bis 1,5 g in 30 bis 40 cm³ Pyridin gelöst und schließlich auf 50 cm³ im Meßkolben aufgefüllt. 10 cm³ davon gibt man zu 25 cm³ der Veresterungsmischung. Im verschlossenen Gefäß wird im Ofen bei 100° 1 Stunde erwärmt und nach Ablassen des Druckes 50 cm³ dest. Wasser zugegeben. Nach dem Abkühlen unter der Wasserleitung wird sofort mit 0,35 n Natronlauge mit Phenolphthalein als Indikator titriert. Blindprobe in gleicher Weise.

Es errechnet sich dann der %-Gehalt an Hydroxylgruppen nach

$$\text{OH \%} = \frac{\text{V} \cdot \text{N} \cdot 1{,}70}{\text{Einwaage}}$$

worin V der Verbrauch an Natronlauge in bezug auf den Blindwert ist und N die Normalität der Lösung.

Sabetay und *Naves*[1] bevorzugen die Umsetzung primärer Alkohole mit Phthalsäureanhydrid in benzolischer Lösung vorzunehmen. Im Acetylierungskolben werden genau 2 g Phthalsäureanhydrid eingewogen und mit 0,5 bis 2 g des zu untersuchenden Alkohols, gelöst in 2 cm³ reinem Benzol, versetzt. Man erhitzt 2 Stunden im Wasserbad, gibt dann 45 cm³ Wasser und 5 cm³ reines Pyridin (neutral gegen Phenolphthalein) zu und erhitzt noch weitere 10 Min. Die so erhaltene Phthalsäure wird mit 0,5 n Lauge titriert. Im Vergleich zum Blindversuch bestimmt man so aus der Differenz des Laugenverbrauches die Menge Phthalsäureester und damit *primären* Alkohol.

Nachweis einwertiger Alkohle.

b) Für den Nachweis der einwertigen Alkohole bedienten wir uns im allgemeinen ebenfalls der üblichen Reaktionen[2]. Es sei hierbei besonders auf die Identifizierung durch die Xanthat-Reaktion nach *Whitmore* und *Lieber*[3] hingewiesen. Die Bildung des Alkalixanthats geschieht nach:

1,2 Mol Alkohol + 1,0 Mol pulverisiertes Ätzkali wird unter Rühren bis zur Lösung erhitzt, nach dem Abkühlen setzt man gleiche Volumina trockenen Äther zu, dann unter lebhaftem Rühren allmählich Schwefelkohlenstoff. Es entsteht sofort ein Niederschlag des gelben Xanthats, nach nochmaliger Zugabe von 2 Teilen Äther wird filtriert und mit Äther gewaschen.

Zur Durchführung der jodometrischen Titration des Alkalixanthats werden 0,15 bis 0,25 g in 200 cm³ Wasser gelöst und mit n/10 Jodlösung bis zur Blaufärbung (5···10 Min.) bei Stärke-Gegenwart titriert. Das Jodäquivalent Jx ist mg Jod/g Xanthat.

---

[1] Ann. Chim. anal. appl. (3) **19**, 35 (1937). — [2] *Bauer:* S. 60—88.
[3] Ind. Engng. Chem. analyt. Edit. **7**, 127 (1935); Pharm. Zentralhalle Deutschland **78**, 669 (1937).

$$J_X = \frac{cm^3 \; Jodlösung \cdot mg \; Jod/cm^3}{g \; Xanthat\text{-}Einwaage.}$$

Bei tertiären Alkoholen versagt die Xanthat-Jod-Zahl; es bildet sich durch Hydrolyse Schwefelwasserstoff.

Isopropanol kann in anderen Alkoholen durch eine Farbenreaktion mit m-Nitrobenzaldehyd in konz. Schwefelsäure (1%ige Lösung) erkannt werden. Beim Unterschichten mit dieser Lösung entsteht an der Berührungsstelle bei Anwesenheit von i-Propanol ein karminroter Ring. Höhere Alkohole und Aceton geben in höheren Schichten einen gelben Ring. Man stellt evtl. 1 Min. in ein heißes Wasserbad. *H. Weber*[1] benutzt zum Nachweis der Butyl- und Amylalkohole nebeneinander die von *Morell*[2] angegebene Eigenschaft der Kobaltrhodanverbindungen, in Alkoholen und einigen anderen Körpern sich mit blauer Farbe zu lösen. Die höheren Alkohole besitzen in Ammonrhodanlösungen bestimmter Konzentration verschiedene Löslichkeit.

Reagenslösungen: 12,5 Teile Rhodanammon in 10 Teile Wasser lösen, Kobaltnitrat 5%ig herstellen. 10 cm³ der Rhodanatlösung mit 2 cm³ der Kobaltnitrat-Lösung und 24 cm³ Wasser versetzen. Die blau-violette Lösung enthält $(NH_3)_4CO(CNS)_2$.

Probe im Verhältnis 1:2 mit Reagens mischen.

n-Butanol: Einheitliche blaue Lösung; Wasser-Zusatz-Entmischung obere Schicht blau, untere farblos.
(Niedere Alkohole entmischen sich auf Wasser-Zusatz nicht.)

i-Butanol: Obere Schicht blau, untere grünblau.
Flüssigkeit mit Reagens bis zu 1:6 verdünnt, so tritt keine Trennungslinie auf, homogene blaue Lösung.
Wasser bis Farbumschlag in rosa, keine Entmischung.

i-Amylalkohol: Obere Schicht blau, untere farblos.

Bestimmung der Polyalkohole.

c) Wesentlich mehr Bedeutung als die einwertigen Alkohole haben die mehrwertigen als Veresterungskomponente für die Weichmacher. Der Polyalkohol wird nach dem Verseifen und Entfernen des einwertigen Alkohols und durch Extrahieren aus dem vorsichtig auf dem Wasserbad eingedampften Salzrückstand mit Alkohol, Äther oder Aceton gewonnen. Oft ist eine Wasserdampfdestillation vorteilhaft, um die Polyalkohole nach oder vor dem Entfernen des Verseifungsalkohols von den Salzen zu trennen. Eine Trennung und manchmal auch eine quantitative Bestimmung der Polyole gelingt durch aceotrope Destillation mittels selektiver Hilfsflüssigkeiten. Chloroform eignet sich zum Abtrennen des Wassers von Glycolen und Glycerin, Cyclohexan zur Abtrennung des Glycols, Propylenglycols vom Diäthylenglycol und Glycerin. Dekalin dient zur Trennung des Glycols und Glycerin von anderen organischen

---

[1] Chemiker-Ztg. **54**, 61. — [2] Z. analyt. Chem. **16**, 251 (1877).

Substanzen, besonders Zucker[1]. Wenn es sich bei den Polyalkoholen um einheitliche Substanzen handelt, dann dürfte der Nachweis keine Schwierigkeiten machen. Für den Nachweis von Glycol, 2,3-Butylenglycol und Glycerin können die üblichen Methoden verwendet werden.

Neben den chemischen Untersuchungsmethoden muß man häufig physikalische Daten zur Erkennung heranziehen: Brechungsindex, Dichte, Löslichkeiten, OH-Zahlen.

Glycole sind zu erwarten beim Brechungsindex $n = \; < 1{,}470$. Triole haben einen größeren Brechungsindex als $n = 1{,}470$.

Die Dichtebestimmung kann zur Unterscheidung von Trimethylolpropan und Hexantriol dienen. Bei Dichten unter $d = 1{,}11$ kann man auf Hexantriol, bei einer solchen über $d = 1{,}12$ auf Trimethylolpropan schließen. Die Löslichkeitseigenschaften lassen sich selbstverständlich ebenfalls ausnutzen. Durch seine Unlöslichkeit in Sprit und Aceton kann man[2] Pentaerythrit erkennen und abscheiden.

Nach *Courtois*[3] ist Perjodsäure das selektivste Reagenz auf Glycole, wenn diese einzeln und im Gemisch miteinander bestimmt werden sollen. Auch im Gemisch mit Glycerin sind Glycol, Propylenglycol und Trimethylenglycol so bestimmbar.

Durch Oxydation mit HJO_4 entstehen aus Glycol Formaldehyd und aus Propylenglycol Formaldehyd $+$ Acetaldehyd. Die polarographisch nach *Whitnack* und *Moshier*[4] gemessene Menge Acetaldehyd gibt den Gehalt an Propylenglycol an, während das Glycol aus der Differenz des Gesamtformaldehyds und des dem Acetaldehyd äquivalenten Formaldehyds errechnet wird[5]. *Reinke* und *Luce*[6] bevorzugen die Entfernung des Aldehyd-Gemisches mittels Kohlensäure in einer gesättigten Natriumbicarbonat-Lösung, in der Glycerin gelöst ist. Durch Bildung von Methylen-Glykokoll $CH_2 = N — CH_2COOH$ wird der Formaldehyd entfernt, und der Acetaldehyd wird als Bisulfitverbindung mit Jod titriert. Diese Methode ist recht genau, ganz unabhängig vom Gehalt an Propylenglycol in Äthylenglycol.

Diglycole sind gegenüber Perjodsäure beständig. Sie werden mit eingestellter Bichromat-Lösung bestimmt[7].

Bei der Oxydation von Glycerin mit Perjodsäure bildet sich neben dem Formaldehyd Ameisensäure. Darauf gründen *Allen*, *Charbonnier* und *Coleman*[8] eine Bestimmung des Glycerins neben dem Glycol.

---

[1] *Métayer:* Chim. analyt. **30**, 148 (1948); C. r. hébd. Séances Acad. Sci. **224**, 1643, (1947). — [2] Nach brieflicher Mitteilung von Dr. *Kurt Sändig.* — [3] Prod. Pharm. **2**, 5 (1947). — [4] Ind. Engng. Chem. analyt. Edit. **16**, 496 (1944). — [5] Ind. Engng. Chem. analyt. Edit. **18**, 253 (1946). — [6] Ind. Engng. Chem. anaylt. Edit. **18**, 244 (1946). — [7] *Francis:* Analyt. Chem. **21**, 1238 (1949). — [8] Ind. Engng. Chem. analyt. Edit. **12**, 384 (1940); siehe auch *Malaprade* Bull. Soc. chim. de France (5), **4**, 906 (1937).

Pentaerythrit läßt sich nach *Kraft* als Dibenzal-Pentaerythrit bestimmen. Hierzu werden 10 cm³ wäßrige Pentaerythrit-Lösung (mit 0,04···1 g Pe) mit 2 cm³ Salzsäure (d = 1,19), 10 cm³ 96%iger Alkohol und 2 cm³ Benzaldehyd versetzt, im verschlossenen Zylinder geschüttelt und nach Stehen über Nacht filtriert. Nachspülen mit Gemisch aus 5 cm³ Alkohol + Wasser 1:1. Der Niederschlag wird abgesaugt, mit 200 cm³ Wasser gewaschen, 1 Stunde Vakuum-Exsiccator, 2 Stunden 105°, $\frac{1}{2}$ Stunde Vakuum-Exsiccator, getrocknet und gewogen. Gelöst bleiben durchschnittlich 67 mg Dibenzal-Pentaerythrit, die dem gewogenen Niederschlag zugezählt werden müssen.

$$\% \text{ Pentaerythrit} = \frac{\dfrac{\text{Gew.}}{312} \cdot 136 \cdot 100}{\text{Einwaage}} \text{ (in Gramm)}.$$

Die Bestimmung von Dipentaerythrit (Smp. 221°) neben Pentaerythrit (Smp. 260°) beruht nach der Arbeitsweise von *J. A. Wyler*[1] auf Auskristallisation von Dipentaerythrit aus wäßriger Lösung von Pentaerythrit und Dipentaerythrit, wobei jedoch eine bestimmte Menge von Dipentaerythrit im Verhältnis zu Pentaerythrit verlangt wird, um wirksam zu werden. In manchen Fällen muß man also eine gewogene Menge reinen Dipentaerythrits der Probe zufügen, und die bei 25° erhaltene Dipentaerythrit-Kristalle sind nach Wägung entsprechend zu korrigieren. Es ist vorteilhaft, im Gemisch ca. einen Gew.-Teil Dipentaerythrit auf einen Gew.-Teil Pentaerythrit zu haben; beispielsweise sollen also einem Gemisch aus 2,0 g Pentaerythrit + 0,5 g Dipentaerythrit mindestens 1,5 g Dipentaerythrit vor der Analyse hinzugefügt werden.

II. Analysenmethoden für Füllstoffe.

1. Bei der Verarbeitung der Thermoplasten dienen die Füllstoffe in erster Linie zur Verbilligung der Enderzeugnisse. Daneben vermögen sie bei einer Reihe von Thermoplasten noch zur Verbesserung, vornehmlich einiger mechanischer, elektrischer Eigenschaften, ferner zur Erhöhung der Korrosionsfestigkeit beizutragen. In einer Reihe anderer Thermoplasten ist jedoch der Zusatz von Füllstoffen nur beschränkt möglich, um eine Verschlechterung der Festigkeiten zu vermeiden. Anders bei den härtbaren Harzen; hier bewirken die Füllstoffe fast immer eine Vergütung vieler Eigenschaften, sowohl bei der Verarbeitung wie auch am Fertigprodukt und selbstverständlich auch eine Verbilligung.

Fast jeder irgendwie gegenüber dem Plast-Rohstoff indifferente Stoff ist zur Verarbeitung als Füllstoff vorgeschlagen. In vielen Fällen dienen die Füllstoffe gleichzeitig zur Farbgebung; das heißt also auch die

---

[1] Ind. Engng. Chem. analyt. Edit. **18,** 777 (1946).

Pigmentfarben oder die anderen unlöslichen Farbstoffe wirken oft über ihre färbende Wirkung hinaus als Füllstoff.

Trotz der an sich recht großen Auswahl der als Füllstoffe verwendbaren Substanzen sind die praktisch wirklich dazu genutzten Produkte nicht allzu zahlreich.

Für die härtbaren Polykondensate verwendet man vornehmlich Holzmehl, Faserstoffe in Form von Einzelfasern oder Papier- oder Gewebeabfällen, Asbest, Gesteinsmehl, Glimmer, Metallpulver, selbstverständlich auch Farbpigmente.

Neben diesen finden für die Thermoplaste auch Ledermehl, Korkmehl, unlösliche Sulfate und Carbonate Verwendung. Metallpulver und das Fischsilber dienen zur Erzeugung besonderer Effekte.

2. Die Verwendbarkeit all dieser Füllstoffe ist weitgehend eine Funktion der Teilchengröße. Demgemäß steht an erster Stelle der Analyse die Siebanalyse. Man bedient sich hierzu zweckmäßig eines DIN-Siebsatzes. Das Schütteln erfolgt mit einer geeigneten Schüttelvorrichtung mit Motorantrieb. Man wird zweckmäßig $50 \cdots 100$ g Füllstoff der Siebanalyse, die je nach Gut $^1/_2$ bis 2 Stunden dauern wird, unterwerfen.

Die Feuchtigkeit der Füllstoffe wird entweder durch Trocknung bei $105°$ bis $110°$ während 2 bis 5 Stunden bestimmt. Selbstverständlich kann auch hier die Xylol-Methode oder ein ähnliches Schleppmittel für Wasser Anwendung finden.

Das Schüttgewicht wird in bekannter Weise bestimmt.

3. Neben diesen allgemeinen und wohl für jeden Füllstoff anwendbaren Untersuchungsmethoden erfordern einige Füllstoffe spezielle Prüfungen.

Holzmehl.

a) Das für die Preßmassen-Herstellung so wichtige *Holzmehl* wird durch 8stündiges Auskochen mit Wasser auf seinen Gehalt an wasserlöslichen Verunreinigungen untersucht. Sie liegen meist in der Größenordnung um $1 \cdots 2\%$ berechnet auf Holzmehl (atro). Die Feuchtigkeit des Holzmehls soll 8% nicht überschreiten. Besteht der Verdacht auf mineralische Verunreinigungen des Holzmehles, so ist eine Veraschung erforderlich; sie soll $0,5 \cdots 0,8\%$ nicht überschreiten. Eine evtl. Behandlung des Holzmehles mit Mineralsäuren kann zur qualitativen Ermittlung der mineralischen Verunreinigungen dienen. Hierbei ist daran zu erinnern, daß aus Salpetersäure und Holzmehl Nitrocellulose entsteht.

Zellstoff und Textilschnitzel.

b) An den für Aminoplaste vornehmlich verwendeten Cellulosematerialien wird die Prüfung auf α-Cellulose, die Löslichkeit in 1%iger

Natronlauge, die Prüfung auf Viscosität und Cu-Zahl, sowie die Bestimmung des Harz- und Aschegehaltes durchgeführt. Der *Zellstoff* ist um so geeigneter, je größer der α-Cellulosegehalt ist. Als unterste Grenze wird 87% angesehen. Die Löslichkeit in 1%iger Natronlauge soll höchstens 4% sein, ebenso soll der Pentosangehalt nicht größer sein. Der Harzanteil soll hier nicht über 0,2% sein. Je geringer der Gehalt an α-Cellulose ist, je mehr Hemicellulosen und Abbauprodukte die Cellulose enthält, desto gelbstichiger wird das Enderzeugnis. Nach den Feststellungen von *Ingle* und *Lewis*[1] macht sich der vergilbende Einfluß von Harz und Tannin besonders bei Gehalten an α-Cellulose von mehr als 90% bemerkbar.

Bei den *Textilschnitzeln* wird durch Auskochen mit Wasser auf Abwesenheit von Stärke geprüft. Gelegentlich wird noch auf Beimischung von Kunstseide (Reyon) geprüft, wozu meist die Verbrennungsprüfung als ausreichend angesehen wird.

Mineralische Füllstoffe.

c) Die *mineralischen Füllstoffe* werden in bekannter Weise auf wasserlösliche Stoffe und durch Glühen auf etwaige organische Beimischungen untersucht.

Beim *Asbest* muß eine Bestimmung auf metallisches Eisen vorgenommen werden. Eine visuelle Beurteilung genügt hierbei meist. Zur Ermittlung des Glühverlustes wird 1 g Asbest 2 Stunden lang im Tiegel geglüht und der prozentuale Verlust errechnet. Je nach Lagerstätte haben die Asbeste Kristallwasser bis zu 16%.

Für die Prüfung auf Säurebeständigkeit werden 10 g getrocknete Asbestfasern mit 300 cm³ 25%iger Salzsäure unter Rückfluß 2 Stunden gekocht und der Gewichtsverlust nach Auswaschen und Trocknen bei 100° bestimmt. Auch hier ist die Lagerstätte und die Art des Asbestes für die Höhe des Verlustes charakteristisch. Der südafrikanische Hornblendeasbest hat nur bis 12% Verlust, der Serpentinasbest dagegen ca. 56%.

Unlösliche Farbstoffe.

d) Die für die Plast-Herstellung verwendeten *Farbstoffe* sind sowohl unlösliche anorganische Pigmente wie auch organische Farblacke.

Falls die Plast-Rohstoffe mit Lösungsmitteln plastifiziert werden, ist es erforderlich, die unlöslichen organischen Farblacke auf ihren in den Lösungsmitteln (z. B. Alkohol, Alkohol + Aromaten) löslichen Anteil, auf ihr „Ausbluten" zu untersuchen. Hierzu werden 5 g Farbstoff mit 100 cm³ Lösungsmittel angerührt und das Inlösunggehen farbiger

---

[1] Paper Trade J. **113**, 35 (1941).

Bestandteile beobachtet. Hier sowohl wie auch bei den zu Effektzwecken eingesetzten Metallpulvern (Al-Bronze, Cu-Bronze) werden nur Spuren ausblutender Farbstoffe zugelassen.

Von großer Bedeutung ist die Leitfähigkeit des wäßrigen Auszuges eines Pigmentfarbstoffes. 10 g Farbstoff werden hierzu mit 300 cm³ Leitfähigkeitswasser $^1/_2$ Stunde ausgekocht, heiß filtriert, wobei die ersten 50 cm³ Filtrat verworfen werden und im Filtrat die Leitfähigkeit nach der üblichen Methode gemessen. Auch hier wird nur eine spurenweise Abgabe von Ionen als zulässig erachtet.

Jedoch hat sich gezeigt, daß diese Prüfungen allein meist nicht ausreichen, um eine Aussage über das Verhalten der Pigmente im Film eines Eukolloides zu machen. Hierzu ist es vielmehr erforderlich, einen Film mit dem Pigment herzustellen und nun diesen bei Wärme und/oder Lichtbeanspruchung zu prüfen.

Für die Prüfung in dem etwas labilen System Pigment + Nitrocellulose hat sich bewährt, 1 g organischen, unlöslichen Farbstoff mit 50 cm³ Aceton anzufeuchten und dazu etwas Celluloid-Kollodiumwolle-lösung zuzugeben, gut durchzurühren, mit 50 cm³ Alkohol in eine Flasche überzuspülen und durchzuschütteln. 10 g davon werden zu 250 cm³ Celluloidlösung beigemischt und diese dann in üblicher Weise zum Film vergossen. Bei anorganischen Pigmenten haben wir 12 g Pigment mit 50 cm³ Alkohol verrieben und zu 250 g Celluloidlösung gegeben und zum Film vergossen. Die Celluloidlösung ist 15···20%ig in Alkohol + Benzol + Aceton 1:1:1.

Die ca. 10 cm³ langen und 2 cm breiten Filmstreifen werden dann nach 24stündigem Trocknen bei 50° höchstens einer Wärmebeanspruchung bei 70° 2 Stunden, resp. bei 100° eine Stunde, resp. bei 120° 30 Min. unterworfen. Es darf hierbei keine Versprödung des Films und keine Verfärbung des Pigmentes eintreten. Außerdem führt man eine Belichtung des Films im Fadeometer durch.

Bei der Verarbeitung der Pigmente mit Polyvinylchlorid wird man am besten eine Probefolie, entsprechend dem Betriebsansatz anfertigen und das Verhalten des Pigmentes beobachten.

Lösliche Farbstoffe.

e) Die löslichen organischen Farbstoffe werden auf ihre Löslichkeit in den zur Plastifizierung notwendigen organischen Lösungsmitteln (z. B. 94···85%igem Alkohol) geprüft und so gleichzeitig die Verunreinigungen ermittelt, wobei Konzentrationen von 1% bis 10% eingehalten wurden. 25 cm³ dieser Farbstofflösungen werden mit der erwähnten Celluloidlösung vermischt, zum Film vergossen und, wie oben angegeben, geprüft. Je nach Konstitution des Farbstoffes entstehen hierbei starke oder gar keine Verfärbungen.

Fischsilber.

f) Unter Fischsilber (französisch Essence d'orient) wird der glänzende Bestandteil der Schuppe des Herings (Clupea harenga) oder des Weißfisches Ukelei (Alburnus lucidus) verstanden. Chemisch liegt in der Hauptsache Guanin vor. Eine für die Herstellung von Fischsilber-Celluloid dienende Fischsilberpaste muß höchste Anforderungen an Reinheit erfüllen. Sie muß in erster Linie reinweiß sein und keinen Geruch nach Aminen (Fischgeruch) aufweisen. Jegliche Spur von Mißfärbung muß zur Abweisung der Pastenlieferung führen. Als Schutzkolloid dient eine Lösung von Celluloidwolle in Aceton oder Alkohol + Aceton + Butylacetat. Der Handelswert der Paste richtet sich nach ihrem Titer, d. h. ihrem Gehalt an glänzenden Fischsilberpartikeln. Wie der Titer eingestellt wird, d. h. wieviel g reines Fischsilber dazu genommen werden, ist Fabrikationsgeheimnis der Fischsilberfabriken. Es muß deswegen mit den Fischsilberfabrikanten vereinbart werden, in welcher Weise der Titer einer Fischsilberpastenlieferung geprüft werden soll. Meist geschieht dies durch Verdünnen einer bestimmten Menge Paste mit Aceton und Vergleichen mit vorrätig gehaltenen Standardlösungen von Titer 0,5···2. Der Titer darf nur in den Grenzen von 1,1 bis 0,9 schwanken. Daneben führt man noch folgende Fischsilberbestimmung aus:

30 g Paste werden in 270 g Aceton aufgeschwemmt, davon wird in einen 200-cm³-Kolben so viel eingewogen, wie 5 g Paste entspricht, auf 200 cm³ mit Aceton aufgefüllt und absetzen lassen. 100 cm³ der klaren überstehenden Lösung werden eingedampft. Man erhält den Nitrocellulose-Gehalt. Die restlichen 100 cm³ werden mit dem Fischsilber zusammen quantitativ zur Trockene gebracht und auf Fischsilber berechnet.

Von Bedeutung ist ferner der Kupfer-Test, der die Neigung der Fischsilberpaste zur Verfärbung in Gegenwart von Kupfer oder Kupfer-Legierungen anzeigt. Es soll keine Vergrünung der Paste und keine Schwärzung des Kupferbleches eintreten. Man verfährt hierzu wie folgt:

1···2 g Paste werden mit Aceton etwas verdünnt, dazu kommt ein 1 cm² großes Kupferblech. Man läßt 24 Stunden bei Zimmertemperatur stehen und beobachtet Verfärbung der Paste und des Bleches.

Unbedingt erforderlich ist die Herstellung eines Probeblockes. Aus 1 kg alkoholfeuchter Celluloidwolle und 250 g Campher wird mit Alkohol eine rohe Celluloidmasse gefertigt. Während des Durchknetens werden allmählich 33 g Fischsilberpaste verdünnt mit 60 g Alkohol + Benzol 1:1 zugegeben. Diese Rohmasse wird in der Versuchsrichtpresse „gerichtet", wobei die Fischsilberteilchen parallel zur Fließrichtung ausgerichtet werden. Die so gerichteten Streifen werden zerkleinert in einer Blockpresse zum Block verkocht, der abgehobelt wird. 0,3 mm dicke

Blätter dienen nach dem Trocknen zum Prüfen auf Lichtechtheit und Wärmestabilität.

Beim Belichten unter dem Fadeometer darf keine Rotfärbung eintreten. Eine leichte Vergilbung ist, da nitrocellulosebedingt, zulässig. Bei der Wärmeprüfung bei 70° 2 Stunden resp. 100° 1 Stunde resp. 120° $^1/_2$ Stunde darf ebenfalls nur eine leichte Vergilbung eintreten.

Die Prüfung wird sinngemäß für andere Eukolloide angewendet.

Füllstoffe in Preßmassen und Preßstoffen.

g) Die Füllstoffe der *Preßmassen* bleiben bei der Behandlung mit Aceton ungelöst und lassen sich mechanisch abtrennen. Holzmehl ist durch die Rotfärbung mit Phloroglucin und Salzsäure erkennbar. Es empfiehlt sich mit kochendem Wasser aufzuquellen und unter dem Mikroskop die Tüpfelreaktion durchzuführen.

Die Füllstoffe sollten dann noch im offenen Tiegel verascht werden, um anorganische Bestandteile zu ermitteln. Hierbei ist zu beachten, daß Asbest etwa 12···13% Gewichtsverlust erleidet. Die mikroskopische Untersuchung der Asche zeigt den Asbest erkennbar an der Faserstruktur.

Zeigt die Prüfung mit Natronkalk bei 4stündigem Erhitzen auf 250° im Ölbad im wäßrigen Auszug die Anwesenheit von Phenol, so deutet dies auf die Verarbeitung von Preßstoffabfällen als Füllmittel hin.

Bei den *Preßstoffen* ist die Ermittlung der Füllstoffe erheblich schwieriger. Aus der Menge der Asche kann man ungefähr auf die Art des Füllstoffes schließen, sofern keine anderen anorganischen Begleitstoffe zugegen sind:

ca.	60% Asche	Gesteinsmehl
ca. 56···59% Asche		Asbest
2··· 5% Asche		Holzmehl
bis	4% Asche	Zellstoff
bis	2% Asche	Textilfasern.

Eine mikroskopische und weitere chemische Untersuchung der Asche nach den üblichen Methoden ist nötig.

Organische Füllstoffe führen zur Dichte d = 1,4, sie schwimmen in 40%iger Chlorzinklösung; Preßstoffe mit anorganischen Füllstoffen haben meist Dichte d = 1,8.

Für die Identifizierung der faserigen Füllstoffe hinsichtlich ihrer Gruppierung nach Baumwolle, regenerierter Cellulose, Leinen, sonstige Kunstseiden, Wolle, muß auf die analytischen Werke der Faserforschung verwiesen werden.

Ebenso können für die Identifizierung und näheren Untersuchung der Farbstoffe — Pigmente wie auch organische Farbstoffe — die analytischen Methoden dieser Spezialgebiete herangezogen werden.

Übersicht über die wichtigsten technisch dargestellten Weichmachungsmittel und einige Handelsnamen.

a) *Phosphorsäureester.*

Tributylphosphat	
Trihexylphosphat	
Trioctylphosphat	
Triaethylhexylphosphat	Flexol TOF
Trichloraethylphosphat	Cetamoll Qu, Flexol, Plasticizer 3 CF
Triphenylphosphat	Kronelyne, TPP
Trikresylphosphat	Lindol, TKP, TCP, Kronitex AA
Trixylenylphosphat	
Alkylarylphosphat	Santicizer 141
Tributoxyaethylphosphat	KP 140
Phenylxylenylphosphat	Dow Plasticizer 5
Kresyldiphenylphosphat	Santicizer 140

b) *Polykarbonsäureester.*

1. *Phthalsäureester.*

Dimethylphthalat	Palatinol M, Fermin, Solvarom
Diaethylphthalat	Palatinol A, Anosol, Neantin, Placidol E, Suresnol, Solvarol, Solveol
Dipropylphthalat	Palatinol T
Dibutylphthalat	Palatinol C, Vestinol C, Placidol B
Diamylphthalat	Placidol A
Dihexylphthalat	Flexol DHP, Palatinol BH
Dioctylphthalat (n- resp. i-)	Elastex 10 P, GP 261, Flexol DOP, Dicaprylphthalat, Dinopol, Monoplex DCP
Aethylhexyl-phthalat	DOP, Palatinol AH, Vestinol AH, Dinopol, IW 100
Phthalate der Vorlauffettalkohole $C_4 \cdots _9$	Palatinol VF
Phthalate der Vorlauffettalkohole $C_4 \cdots _6$	ED 356
Phthalate der Vorlauffettalkohole $C_7 \cdots _9$	ED 242, Palatinol F, IW 110
Phthalate der Vorlauffettalkohole $C_7 \cdots _{12}$	Pck 304
Phthalsäure + Vorlauffettalkohol $C_9 \cdots _{11}$	ED 659
Butandiol-phthalat	Palatinol BF
Dodecylphthalat	Dilaurylphthalat, Dikosol, Palatinol DP
Phthalate aus Alkoholen der Oxosynthese	Palatinol L
Di-(methyl-glykol)-phthalat	Palatinol O, Mittel PM, Methoxy
Di-(butyl-glykol)-phthalat, Dibutoxy-aethylphthalat	Palatinol K, Apex, Kornisol
Aethoxyaethylphthalat	Ethox, Di-aethylglykolphthalat
Benzylbutylphthalat	Palatinol BB
Cyclohexylphthalat	Elastex, DCHP-Plasticizer, KP 201
Methylcyclohexylphthalat + Methylcyclopentanolphthalat	Palatinol HS
Phthalsäure + 1,2-Propylenglycol	ED 98
Phthalat ohne bekannten Alkoholrest	Santicizer B 16

2. *Aliphatische Dikarbonsäureester.*

Adipinsäure + Isooctylalkohol (Aethylhexanol)	Monoplex DOA
Adipinsäure + Vorlauffettalkohole C_{7-9}	ED 133

Adipinsäure + Glycol	Weichmacher AG
Adipinsäure + Butylenglycol	Weichmacher ABG, ED 206
Adipinsäure + Methylcyclohexanol	Sipalin AOM
Methyladipinsäure + Methylcyclohexanol	Sipalin MOM
Bernsteinsaures Benzyl	Bensuccin, Spasmin, Esterol
Bernsteinsäureester ohne bekannten Alkoholrest	Flexol CS 24
Dihexylazelainat = 2-Aethylbutylazelainat	Plastolein 9050, Plastolein X
Dioctylazelainat = 2-Aethylhexyl-azelainat	Plastolein 9058
Dicaprylsebacat	Harflex-Weichmacher
Dihexylsebacat	Monoplex DOS
Dibutylsebacat	
Dimethylsebacat	Monoplex DBS
Dibenzylsebacat	Monoplex 5
Dioxybutylaethylsebacat	Monoplex 7
Sebacinsäureester	Plasticizer SC
Oxalsäure + Methylcyclohexanol	Solvoplast, Barkit A
Diglycolsäure + Butylenglycol	Albanol, Plastomol AL
Thiodiglycolsäure + Vorlauffettalkohol	ED 304
Thiodibuttersäure + Oxytetrahydrofuran	Plastomoll TF
Thiodibuttersäure + Butylenglycol-1,3	Plastomoll TB
Thiodibuttersäure + Vorlauf-Fettalkohol	Plastomoll TV
Thiodibuttersäure + Aethylhexanol	Plastomoll TAH
Methylenthiodiglycolsäurebutylester	Weichmacher M 2 S
Sulfondibuttersäure + Butylenglycol 1,3	Plastomoll BS

Die Produkte Harflex-Weichmacher, Monoplex DOS, Dibutylsebacat, Monoplex DBS, Monoplex 5 und Monoplex 7 sind zusammengefasst als Harflex-Weichmacher.

3. *Tricarbonsäureester.*

Citronensäuretriaethylester	Adinol
Citronensäuretributylester	
Acetylcitronensäuretriaethylester	
Acetylcitronentributylester	

4. *Mischester aus mehreren Dicarbonsäuren.*

Adipinsäure + Phthalsäure + Trimethylolpropan (z. B. 1,5 : 1,5 : 4 Mol oder	Bindemittel 38
2,5 : 0,5 : 4 Mol)	Desmophen 800
Adipinsäure + Phthalsäure + Propylenglycol-1,2 (3 : 1 Mol Säure)	ED 15

c) *Ester einbasischer Säuren.*

1. *Fettsäureester.*

Glycerintriacetat	Triacetin
Hexantrioltriacetat	Triacetin H
Diglycerintetraacetat	Glyacol
Essigsäure + Glycerintriglycoläther	Weichmacher 90
Tributoxyessigsäure + Triglycol	Mollit BG
Trichloressigsäure + Trimethylolpropan	Mollit GH
Glycolsäureester unbekannten Alkohols	Santicizer E 15, E 16, E 17
Buttersäure + Triglycol	
Vorlauffettsäure-Glycolester	IW 40

Vorlauffettsäureester $C_4\cdots_{10}$ + Hexantriol   Elaol 12
Vorlauffettsäureester $C_6\cdots_7$ + Hexantriol   Elaol 1
Vorlauffettsäureester $C_6\cdots_7$ + Pentaerythrit   Elaol 3, J 1215, Edenol PV
Vorlauffettsäureester $C_6\cdots_7$
    + Trimethylolpropan   Elaol 4
Vorlauffettsäureester $>C_7$ + Hexantriol   Elaol 2
Vorlauffettsäure $C_6\cdots_9$ + Triglycol   Plastomoll KF, I 1204, KL 1204,
    M 1204, I 1203

Vorlauffettsäure $C_7\cdots_9$ + Glycerin   ED 179
Vorlauffettsäure $C_7\cdots_9$ + Thiodiglycol   ED 236
Vorlauffettsäure $C_7\cdots_9$ + Hexandiol—1,6   ED 209
Isoheptylsäure + Diglycol   Gelaton
2-Aethylbuttersäure + Triglycol   Weichmacher 3 GH
Aethylhexansäure + Triglycol   Weichmacher 3 GO
Aethylhexansäure + Polyglycol   Weichmacher 4 GO
Pelargonsäure + Diglycol   Plastolein 9055
Polyglycoldiaethylhexoat   Flexol 4 GO
Butylstearat
Butyloleat
Ölsäure + Tetrahydrofurfurylalkohol   Plastolein 9250, ED 140
Ölsäure + Propandiol 1,2   ED 42
Ölsäure + Glycol   Kapsol
Acetyliertes Ricinusöl   Weichmacher REA
Ricinusöl

2. *Aromatische Säureester.*

Diglycoldibenzoat   Weichmacher H 1
Glycerinbenzoat   Mollit B
p-Oxybenzoesäure-$C_6\cdots_8$ Ester   Igamid WM 12
Oxybenzoesäure eines Oxoalkohols   Igamid WM 13

3. *Sulfonsäureester.*

Paraffinsulfonsäurephenylester   Mesamoll
Toluolsulfonsäurexylenolester   Weichmacher TZ

4. *Mischester von Mono- und Polysäuren.*

Adipinsäure + Vorlauffettsäure
    + Triglycol   Weichmacher ED 705

d) *Verschiedenen Körperklassen angehörende Weichmacher.*
    1. *Äther.*

Polyvinylmethyläther   Igevin M
Polyvinylaethyläther   Igevin A
Dixylenyldiglycoläther   Plastol DG
Diphenoxy-aethylformal   Desavin
Glyceringlycolätheracetat   Weichmacher 90
Hexantriolglycolätheracetat   Weichmacher 90 H
Phenyläther des Methyloltetralins   Teolan P

    2. *Sulfonamide.*

Benzolsulfoaethylamid   Plastol LB
Benzolsulfmethylamid + Benzolsulfon-
    butylamid   Dellatol

28*

Benzolsulfisopropylamid	Santicizer 130
Benzolsulfonalkylamid-Gemische	Igamid WM 5 neu
Toluolsulfonamid	Santicizer 9, Plastol C II, Camphrosal, Cellosol, Celludol
Toluolsulfomethylamid	Igamid WM 5
Toluolsulfaethylamid	Elastol, Abracol 789, Mittel B 6, Plastomoll P, Santicizer 3 resp. 8
Toluolsulfanilid	Abracol 203

3. *Harnstoffderivate.*

Diäthyldiphenylharnstoff	Centralit I, Mollit I
Dimethyldiphenylharnstoff	Centralit II, Mollit II
Aethylphenylaethylharnstoff	Centralit IV
Butylurethan + Formaldehyd	Uresin B
Methylhexandiolmonophenylurethan	Igamid WM 11

4. *Weichmacher verschiedener Konstitution.*

Benzylnaphthalin	Vulkanol B
Dodecylphenol- u. Homologe	Igamid WM 10, Weichmacher IDP
Dibenzlyphenol	Weichmacher DBP
Campher	
4-Oxydiphenylsulfon	Igamid WM 8
Chloriertes Diphenyl	Clophen A 60, Chloresin
Aethylacetanilid	Mannol
Dimethyldiphenylendisulfid + Ditolylsulfid 80 : 20	Sintol T, T-öl
Gemisch aus Benzoesäureglycerinester + Ricinusöl	Mollit BR extra

E. Einige Erfahrungen über die praktische Durchführung von Plast-Analysen.

I. Methoden zur Abtrennung von Weichmachern aus Plasten.

Von wenigen Ausnahmen abgesehen, werden die hochmolekularen Substanzen unter Ausnutzung des Prinzips der äußeren Weichmachung zu Plasten verarbeitet. Diese Arbeitsweise besteht in der mechanischen Beimengung von als „Weichmachern" bezeichneten, meist schwerflüchtigen Substanzen. Sie geht zurück auf das Beispiel von *Spill* und *Hyatt*[1] im Jahre 1869 bei der Plastifizierung der Nitrocellulose mit Campher zu dem als Celluloid bekannten Plast und hat bis heute bei der Verarbeitung aller plastischen Massen ihre Bedeutung behalten.

Es ist also für den Analytiker von besonderem Wert, über sichere Methoden zur Abtrennung von Weichmachern aus dem Plast zu verfügen. Diese müssen der selbstverständlichen Forderung ge-

---

[1] E. P. 3102 v. 26. 10. 1869.

nügen, daß die Abtrennung vollständig erfolgt, ohne daß auch gleichzeitig Anteile des hochmolekularen Plast-Rohstoffes mit gelöst werden.

Diese Anteile brauchen durchaus nicht immer die niedrig molekularen Glieder der polymerhomologen Reihe zu sein, die in jedem Plast-Rohstoff vorliegt. Sie können durchaus in Ausnutzung der Erkenntnisse[1] über die Aktivierung von Nichtlösern durch Weichmacher zu Lösern aus Teilen des Plast-Rohstoffes selbst bestehen.

1. Nach einem Vorschlag von *Ryans* und *Watkins*[2] soll die Abtrennung der Weichmacher aus plastischen Massen auf der Grundlage von Cellulose und ihren Derivaten durch Vakuum-Destillation bei 0,1 Torr in Ölbad bei 250···260° C unter Kühlung der Vorlage mit einer Kältemischung erfolgen. Es bedarf wohl nur des Hinweises, daß eine solche Arbeitsweise bei den Salpetersäureestern der Cellulose völlig abwegig ist und auch bei den anderen Celluloseestern und -äthern eine so starke thermische Beanspruchung darstellt, daß keineswegs das Cellulosederivat noch irgendwie untersucht werden kann. Sie kann also nur dann angewendet werden, wenn genügend Material vorhanden ist, um das Cellulosederivat auf seine Eigenschaften gesondert zu untersuchen.

2. Daher bleibt in der praktischen Analyse wohl stets die Extraktion des Weichmachers die Methode der Wahl. Bei den Cellulosehydratfolien wird nach *v. Schlütter*[3] der Glyceringehalt durch Auskochen mit Wasser und Prüfung des Filtrats im *Zeiß*-Flüssigkeitsinterferometer vorgenommen.

Solange die sich mit Weichmachern verarbeiteten Plaste in der Hauptsache auf Celluloseester beschränkten, war Äther das sicherste Extraktionsmittel, um quantitativ den Weichmacher aus der plastischen Masse zu entfernen und daneben auch das Cellulosederivat so zu schonen, daß eine sichere Beurteilung seiner Eigenschaften möglich ist. Handelt es sich hierbei um Celluloid oder um andere Plaste auf Basis Nitrocellulose, so war die Verwendung eines über Natrium getrockneten Äthers nötig, um jegliche Entfernung von Nitrocelluloseteilchen zu verhindern. Apparativ machen diese Extraktionen keinerlei Schwierigkeiten; es genügt die Verwendung des Soxhlet auf jeden Fall.

Der Äther bot bei derartigen Massen den Vorteil vor dem Petroläther, daß er auch die mitverarbeiteten natürlichen Öle, insbesondere Ricinusöl, völlig herauslöst, und den Vorteil vor Alkoholen, daß er keine kolloide Substanzen mit entfernt. So war also die Gewähr gegeben, das

---

[1] *Thinius:* Farbe, Lacke, Anstrichstoffe **2**, 97, 117, 159 (1948).
[2] Ind. Engng. Chem. analyt. Edit. **5**, 191 (1933). — [3] Kunstseide **14**, 367 (1933).

Cellulosederivat in seinem ursprünglichen Zustand wiederzuerhalten resp. die durch die thermoplastische Verarbeitung an ihm vorgegangene Veränderung kennen zu lernen.

Die Ausdehnung der Plast-Rohstoffe in Richtung der Celluloseäther und vor allem durch Entwicklung der Polymerisations- und Polykondensationsprodukte gab dann Veranlassung, das Entfernen der Weichmacher aus der plastischen Masse nicht nur mit Äther, sondern auch mit anderen leichtflüchtigen Flüssigkeiten vorzunehmen. Sie müssen selbstverständlich in jedem Fall auf die Löslichkeitseigenschaften des betreffenden Eukolloids abgestimmt sein. Darüber hinaus muß aber auch der Tatsache Rechnung getragen werden, daß die Makromoleküle der Vinylpolymerisate über einen recht ansehnlichen Betrag von Nebenvalenzen verfügen. Diese wirken erfahrungsgemäß dahin, daß selbst so leichtflüchtige Stoffe wie der Äther sich so fest an das Makromolekül binden, daß selbst nach monatelanger Trocknung über Phosphorpentoxyd noch immer $2\cdots7\%$ Lösungsmittelreste vom Vinylpolymerisat festgehalten werden. Sie wirken andererseits aber auch in der Richtung, daß die Weichmacher-Moleküle ebenfalls gebunden sind und daß nicht alle indifferenten Lösungsmittel in der Lage sind, die Weichmachermengen restlos abzutrennen[1].

Für die praktische Durchführung der Analyse von wesentlicher Bedeutung ist die Zeitdauer der Extraktion mit dem indifferenten Lösungsmittel. Am Beispiel des besonders einfach gebauten Systems Polyvinylchlorid $+$ Weichmacher haben wir diesen Faktor studiert und gefunden, daß schon nach wenigen Minuten, auch bei Zimmertemperatur, der größte Teil des Weichmachers aus der Folie entfernbar ist. Hierzu wurde die kleingeschnittene Folie entweder in einem verschlossenen *Erlenmeyer*-Kolben mit dem Extraktionsmittel übergossen und geschüttelt, oder wir ließen das Extraktionsmittel langsam durch die kleingeschnittene Folie hindurchlaufen, wobei wir uns vorstehender Apparatur bedienten (Abb. 30).

Einige Versuchsergebnisse dienen als Beweis für unsere Feststellungen.

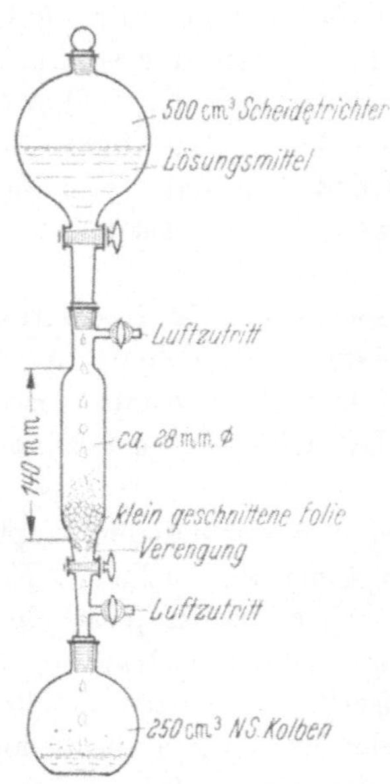

Abb. 30. Apparatur zur Extraktion von Weichmachern aus Plasten.

---

[1] *Thinius:* Chemische Technik **2**, 14 (1950).

Tabelle 58. *Abgabe von Weichmacher (WM) aus Polyvinylchlorid(PVC)-Folien.*
60% PVC + 40% Phthalsäure — $C_7 \cdots C_9$-Alkohol-Ester.

Extraktionsmittel Äther			Tetrachlorkohlenstoff			Benzin		
Zeit Min.	WM-Abgabe		Zeit Min.	WM-Abgabe		Zeit Min.	WM-Abgabe	
	mg	%		mg	%		mg	%
1	190	9,1	1	90	4,4	1	157	7,5
+ 2	176	+ 8,5	+ 2	78	+ 3,8	+ 2	64	+ 3,0
+ 3	107	+ 5,1	+ 2	51	+ 2,4	+ 3	82	+ 3,9
+ 5	100	+ 4,8	+ 3	72	+ 3,5	+ 5	40	+ 1,9
+ 10	99	+ 4,8	+ 5	147	+ 7,2	+ 10	57	+ 2,7
+ 15	49	+ 2,4	+ 10	87	+ 4,3	+ 15	101	+ 4,8
+ 30	38	+ 1,8	+ 15	75	+ 3,7	+ 30	109	+ 5,2
+ 2	57	+ 2,7	+ 30	59	+ 2,9	+ 5	2	
+ 2	11	+ 0,5	+ 2	19	+ 0,9			
+ 3	1		+ 2	0				
+ 5	1							
78		39,7	72		33,1	71		29,0

Aus der Tabelle ergibt sich zunächst, daß unabhängig von der Art
des Extraktionsmittels, deren Auswahl im obigen Beispiel auf Grund des
Dipolmomentes und dessen Baues erfolgte, bereits in der ersten Minute
ein recht erheblicher Betrag an Weichmachern aus der Folie entfernt
wird. Es überrascht keineswegs, daß diese Menge von dem Dipolmoment
des Extraktionsmittels abhängig ist. Es zeigt sich weiterhin, daß bei
Extraktionsmitteln vom Typ des Äthers die völlige Extraktion des
Weichmachers aus der Polyvinylchloridfolie in 70 Min. bei Raumtemperatur beendet ist, wobei die gesamte theoretisch zu erwartende
Weichmacher-Menge entfernt ist.

Der Tetrachlorkohlenstoff ist ein Beweis dafür, daß keineswegs einfach ein Nichtlöser für ein Eukolloid genommen werden kann, um aus
einem Plast den Weichmacher zu entfernen. Auch eine erheblich verlängerte Einwirkungsdauer des Tetrachlorkohlenstoffes kann nicht die
theoretisch zu erwartende Menge Weichmacher entfernen. Beläßt man
die im obigen Beispiel verwendete Folie noch 15 Stunden in Tetrachlorkohlenstoff, so werden noch 39 mg Weichmacher und nach weiteren 48 Stunden noch 9 mg entfernt, so daß also nach insgesamt
64 Stunden nur 35,6% Weichmacher extrahiert wurden. Daran ändert
auch die Methodik der Extraktion nichts, indem man beispielsweise
die erste Einwirkungszeit des Tetrachlorkohlenstoffes auf 1 bis 8 Stunden
ausdehnt. Das gleiche gilt für das ebenfalls dipollose Benzin.

Diese selektive Wirkung der Extraktionsmittel ist beim System
Polyvinylchlorid + Weichmacher nicht unabhängig von dem jeweils zur
Verarbeitung gekommenen Weichmacher. Demgemäß ermöglicht die

Anwendung dieser Methode vielleicht einen Einblick in das Wechselspiel zwischen Eukolloid und Weichmacher. Bei Polyvinylchlorid-Weichmacher-Systemen mit Gemischen aus Phosphat und Phthalat gelingt durch Äther in Bestätigung aller Erfahrungen die restlose Abtrennung der Weichmacher. Bei Benzin als Extraktionsmittel sind in den 65% der theoretisch zu erwartenden Weichmachermenge beide Weichmacher entfernt, und zwar im Verhältnis 56% Phthalsäureester $+ 44\%$ Trikresylphosphat. Wird Toluol benutzt, so findet sich im Weichmacher Extrakt bei Zimmertemperatur ca. 2% Polyvinylchlorid, im Soxhlet-Extrakt sogar 18% Polyvinylchlorid. Die Abtrennung des mitgelösten Polyvinylchlorids gelingt mit Äther.

Beim Übergang auf das System nachchloriertes Polyvinylchlorid + Weichmacher zeigt sich, daß hier mit allen Extraktionsmitteln, auch dem dipollosen Benzin, der Weichmacher bei Soxhlet-Extraktion quantitativ aus dem Film entfernt werden kann. Gerade das Benzin ist hier besonders zur Extraktion geeignet, da nur die mit ihm erhaltenen Weichmacher-Extrakte, durch den Brechungsindex kontrolliert, frei sind von mitgelöstem Polyvinylchlorid. Dies ist jedoch nicht der Fall, wenn Äther oder gar Tetrachlorkohlenstoff als Extraktionsmittel verwendet werden. Der mit Äther erhaltene Extrakt gibt auf Zusatz von Methanol eine starke Trübung, und beim Tetrachlorkohlenstoff-Extrakt tritt sogar eine regelrechte Ausfällung des mitgelösten nachchlorierten Polyvinylchlorids ein. Die Aktivierung des Nichtlösers Tetrachlorkohlenstoff durch Weichmacher zu einem Löser für Polyvinylchlorid kommt darin zum Ausdruck. Sie ist außerdem noch daran kenntlich, daß der Brechungsindex des als Weichmacher benutzten Phthalsäuredibutylesters recht erheblich erhöht ist (n = 1,501 bis 1,548!).

Wie sich aus den Untersuchungen über den Einfluß der Extraktionsdauer ergibt, findet eine derartige Aktivierung schon bei 6stündiger Extraktion bei Zimmertemperatur statt. An dieser Nebenwirkung der Extraktionsmittel ändert sich nichts, wenn man Trikresylphosphat als Weichmacher benutzt.

Führt man nun die gleichen Untersuchungen an dem Chlorkautschuk durch, so gelingt auch hier mit allen Extraktionsmitteln die restlose Entfernung des Weichmachers, der jedoch nur beim Benzin frei ist von mitherausgelöstem Chlorkautschuk. Tetrachlorkohlenstoff ist wegen seines Lösevermögens für Chlorkautschuk hier natürlich nicht als Extraktionsmittel für Weichmacher anwendbar.

Die Erscheinung der Aktivierung der Nichtlöser durch Weichmacher führt bei dem System Polystyrol + Weichmacher zu der Erkenntnis, daß z. Zt. noch kein analytisch einwandfreier Weg angegeben werden kann, um Weichmacher aus verarbeitetem Polystyrol zu extrahieren, ohne daß auch gleichzeitig Anteile von Polystyrol mitgelöst werden.

Andererseits zeigen gerade die analogen Untersuchungen an plastifizierten Cellulosederivaten, daß nur dann, wenn keine solvatisierenden Kräfte zwischen dem Makromolekül und dem Weichmacher auftreten, auch durch dipolfreie Flüssigkeiten eine vollständige Abtrennung der Weichmacher zu erwarten ist. Hier ist als Beispiel zu nennen das System Kollodiumwolle + Ricinusöl resp. dem Fettsäureester des Trimethyloläthans, das durch Tetrachlorkohlenstoff oder Toluol restlos aufgespalten wird. In Übereinstimmung damit steht, daß aus einem Film aus Nitrocellulose mit Trichloräthylphosphat — einem ausgezeichneten Löser für die Kollodiumwolle — mit Toluol nur ein Teil des Phosphates entfernt wird. Für die restlose Entfernung ist man auf Äther als Extraktionsmittel angewiesen. Äther wird auch das Mittel der Wahl bleiben, wenn es sich um kompliziertere Systeme aus einem Eukolloid und mehreren Weichmachern bei der Analyse handelt. Jedoch kann man durch entsprechende Auswahl des Extraktionsmittels bereits eine Trennung des Weichmachergemisches erreichen.

Extrahiert man beispielsweise einen Nitrocellulose-Kunstlederfilm mit 97% Trimethyloläthanfettsäureester + 24% Phthalsäurebutylester (jeweils bezogen auf Eukolloid) mit dem dipollosen Isooctan, so findet nur die Abtrennung des Fettsäureesters statt.

In 3,8303 g Film müssen theoretisch vorhanden sein:

$$\begin{array}{l} 1{,}6828 \text{ g Fettsäureester } + \\ \underline{0{,}4207 \text{ g Phthalat}} \\ 2{,}1035 \text{ g Weichmacher} \\ 1{,}7268 \text{ g Nitrocellulose.} \end{array}$$

Durch 72-stündige Extraktion am Soxhlet mit Isooctan erhält man 1,6742 g Weichmacher, der völlig frei von Phthalsäureester ist. Die Differenz 2,1035 g — 1,6742 g = 0,4293 g entspricht etwa der Phthalsäureester-Menge.

Bei dem Cellulosetriacetat, für das bisher keine lösenden Weichmacher bekannt sind, gelingt es ohne Schwierigkeit, mit den dipollosen Flüssigkeiten das kolloide System aufzuteilen.

Dagegen lassen sich auch die nichtlösenden Weichmacher für das sekundäre Celluloseacetat durch dipollose Extraktionsmittel nicht immer restlos entfernen.

Wird Tetrachlorkohlenstoff zum Extrahieren benutzt, so lassen sich aus einer plastischen Masse auf Basis acetonlöslicher Acetylcellulose nur 65···70% des Weichmachers entfernen, und beim Isooctan als Extraktionsmittel sind es sogar nur 30···50%. Für die Restmengen braucht man dann wieder Äther als Extraktionsmittel. In jedem Fall war die Extraktionsdauer 72 Stunden im Soxhlet.

Auf die starke Tendenz, Reste von Extraktionsmitteln festzuhalten, sei auch hier beim sekundären Celluloseacetat hingewiesen. Bei Äther war eine 48-stündige Trocknung bei 85° und beim Tetrachlorkohlenstoff eine Gesamttrockenzeit von 173 Stunden bei 75···100° bis zur Gewichtskonstanz erforderlich.

II. Erfahrungen
bei der Analyse von Plasten auf Basis Cellulose.

1. Die aus hydratisierter Cellulose bestehende *Vulkanfiber*[1] muß vor der Prüfung auf ihre Verunreinigungen durch Chlorionen durch Behandeln mit organischen Lösungsmitteln von der wasserfesten Imprägnierung befreit werden. Welche Lösungsmittel zur Anwendung kommen, muß der Vorversuch lehren, da die wasserfesten Überzugsschichten sowohl auf Nitrocellulosebasis wie auch auf Basis von Öllacken oder Kunstharzen aller Art hergestellt sein können. Die Entfernung wachsartiger Substanzen resp. Asphalt nimmt man durch Extraktion mit Petroläther vor. Paraffine und Asphalt sind durch alkoholische Laugen nicht zu verseifen. Die Wachsester werden hierbei aufgespalten. Die Vulkanfiber kann hierbei entweder im unzerkleinerten, besser jedoch im zerkleinerten Zustand, eingesetzt werden. Für die Prüfung auf Chlorionen genügt es, das geraspelte Material mit kaltem Wasser auszuschütteln und sodann mit n/10 Silbernitrat zu titrieren. Zink wird in der wäßrigen Lösung mit Kaliumferrocyanid nach *Galetti* titriert. Der Chlorzinkgehalt soll weniger als 0,1% betragen.

2. *Regenerierte Cellulose*, die meist in Form transparent farbloser oder bunter Folie handelsüblich ist, ist daran von den übrigen Folienmaterialien zu unterscheiden, daß sie durch organische Lösungsmittel nicht angegriffen wird. Sie teilt diese Eigenschaft mit Folien aus Gelatine, Polyvinylalkohol und aus einigen Linear-Polykondensaten. Während jedoch die beiden ersten durch warmes oder kaltes Wasser gelöst oder zumindest gequollen werden, findet sich doch eine Reihe von seltener benutzten organischen Lösungsmitteln, die auch die Polyamide resp. Polyurethane zu lösen vermögen. Es ist jedoch zu beachten, daß auch bei den Transparent-Folien besondere wetterfeste Qualitäten existieren, die diese Eigenschaften durch einen dünnen Überzug aus entsprechenden Filmbildnern erhalten haben. Diese werden meist in den üblichen Lösungsmitteln löslich sein, so daß es sich auf jeden Fall empfiehlt, nicht nur die Oberfläche einer zu untersuchenden Folie auf Lösungsmittelfestigkeit zu prüfen, sondern die gesamte Folie. Die wetterfest gemachte Folie hat meist einen fettigen Griff und eine geringe Benetzbarkeit gegenüber kaltem Wasser. *Fabel*[2] gibt an, daß die Lackschicht durch Einlegen in heißes Wasser entfernbar ist. Gelatine ist durch

---

[1] Kunststoffe **20**, 242, (1930); **21**, 81, 246, 273 (1931).
[2] Kunstseide **15**, 383 (1933).

ihren charakteristischen Geruch beim Verbrennen leicht von der Cellulosehydratfolie zu unterscheiden. Sie gibt beim Verbrennen eine alkalische Asche, alle anderen Substanzen geben saure Aschen.

Bei der Behandlung mit Chlorzink-Jodlösung werden die Cellulosehydratfolien blauviolett, die Gelatine gelbbraun und die Acetylcellulosefolien gelb.

Die mit Diphenylamin-Schwefelsäure erhaltene Blaufärbung deutet zwar auf Nitrocellulose hin, jedoch ist damit noch nicht bewiesen, daß es sich dann um einen Film aus Nitrocellulose handelt. Es kann auch hier eine Oberflächenschicht aus Nitrocellulose auf einer anderen Folie, z. B. Cellulosehydrat, vorliegen. Die Unterscheidung ist durch Äther $+$ Alkohol 3:1 zu bringen, worin Nitrocellulose völlig löslich ist. Meist wird ja wohl schon die Brennbarkeitsprüfung diese Entscheidung ermöglichen.

Reine Filme aus Hydratcellulose oder Nitrocellulose oder Acetylcellulose jeder Veresterungsstufe zeigen keine Fluorescenz. Transparentes Celluloid und Cellon zeigen, wie wir immer wieder bei allen möglichen Ausgangsmaterialien bestätigt fanden, keine Fluorescenz. Wenn *Wiesenthal*[1] eine unspezifisch hellblaue Luminescenz des Celluloids und Cellons angibt, so kann dies ein zufälliges Ergebnis der zu dieser Untersuchung verwendeten Probe infolge eines Gehaltes eines bestimmten Weichmachers oder Farbstoffes sein. Unsere langjährigen Erfahrungen auf diesem Gebiet lassen sich jedenfalls nur dahin zusammenfassen, daß eine Erkennung von Filmen nach ihrem Rohstoff mit der Fluorescenzanalyse nicht möglich ist. *Lenze* und *Metz*[2] ermitteln die wasserlöslichen Bestandteile der Cellulosehydratfolien (Cellophan, Transparit) durch mehrmaliges 6stündiges Kochen mit Wasser am Rückflußkühler, waschen nach und verdampfen die wäßrigen Auszüge vorsichtig. In ihnen befinden sich der Weichmacher, meist Glycerin, sowie die wasserlöslich gewordenen Celluloseabbauprodukte. Diese sind nach dem Trocknen nicht mehr wasserlöslich. Aus dem Cellophan wurden 8,4$\cdots$14,5%, aus dem Transparit 12,1$\cdots$18,3% wasserlösliche Anteile isoliert.

Die Feuchtigkeit in den Cellulosehydratfolien muß durch mehrtägiges Trocknen im Vakuum über konz. Schwefelsäure bestimmt werden, da Glycerin schon bei 100° merklich flüchtig ist.

Um die chemischen Daten der regenerierten Cellulose — Cu-Zahl, Viscosität, α-Cellulosegehalt — zu untersuchen, empfiehlt es sich, die Cellulosehydratfolie vorerst in Cuoxam zu lösen (1,5 g/100 cm³), dann auf 200 cm³ zu verdünnen und mit 90%iger Essigsäure auszufällen. Nach dem Waschen wird bei 70° über Phosphorpentoxyd im Vakuum getrocknet. An der Lösegeschwindigkeit kann man Cellophan und Transparit etwas unterscheiden; letzteres braucht mehrere Tage zum Lösen.

---

[1] Kunststoffe **29**, 56 (1939). — [2] Kunststoffe **19**, 217, 247, 271 (1929).

Eine Unterscheidung zwischen einer Cellulosehydratfolie, die aus Viscoselösung und einer, die aus Cuoxamlösung gegossen ist, gelingt durch Anfärben mit einer Lösung von 0,4 g Rhodamin B extra in 1000 cm³ Wasser. Eine Viscosefolie wird schwach blaurosa, die Cuoxamfilme werden blau[1].

Zur Unterscheidung einer Cellulosehydratfolie von einer Folie aus Acetylcellulose verwendet *Sandor*[2] eine 1%ige wäßrige Fichtenrindenextraktlösung, in der die zu prüfende Folie 30 Sek. eingetaucht wird. Cellulosehydrat nimmt den Extrakt auf und fluoresciert leuchtend sehr stark violett. Nach *Fierz-David*[3] besitzt diese etwas umständliche Methode keine Vorzüge gegenüber den Löslichkeitsprüfungen.

Einen sehr interessanten Einblick in Herstellungsart und manchmal auch Herstellungsort vermitteln die Untersuchungen von *Schlütter*[4], der die Schattenbilder der Folien benutzt. Ein etwa 20 × 20 cm großer knickfalten-freier Ausschnitt des Films wird in einer Entfernung von 7 cm über einer weißen Fläche auf einem Rahmen ausgespannt und im verdunkelten Raum durch eine etwa 2 m darüber befindliche 15-Watt-Birne beleuchtet. Die sich abzeichnenden Schatten sind durch die Beschaffenheit des Films bedingt und lassen Rückschluß auf Herstellungsart und nicht ganz so sicher auch oft auf Herstellungsort zu. Da die Erscheinungen leicht bei Benutzung von Photopapier als Unterlage photographisch festgehalten werden können, läßt sich leicht eine Sammlung von Schattenbildern anlegen, die für die notwendigen Vergleiche bei Untersuchungen nicht entbehrt werden sollten. Nach dem Unterlagen-Gieß-Verfahren hergestellte Folien geben ein völlig streifenfreies Bild, dagegen treten starke Gußstreifen auf, bei den Folien, die nur mit Gießtrichter erzeugt wurden.

3. Die quantitative Analyse von *auf Nitrocellulose aufgebauten plastischen Massen* — Celluloid, Film, Kunstleder, Lackfilme — beginnt man zweckmäßig damit, daß man aus dem möglichst fein zerteilten (geraspelten) Material die Plastifizierungsmittel und evtl. weitere Verarbeitungshilfsmittel mit sorgfältig über Natrium getrocknetem Äther extrahiert. Die Extraktion am Soxhlet soll man möglichst 36 Stunden laufen lassen, obwohl auch hier in den ersten Minuten die größte Menge Weichmacher entfernt wird.

Der Extraktionsrückstand, die Celluloid- oder Film-Kollodiumwolle, wird nach dem Trocknen bei höchstens 60° zweckmäßig über Nacht gewogen. Sofern es sich um pigmentierte oder füllstoffhaltige Massen handelt, wird verascht, indem man den Rückstand mit Paraffin übergießt und anbrennt. Die Pigmente können dann allmählich durch

---

[1] Brit. Plast. **5**, 114 (1933); Kunststoffe **24**, 10 (1934). — [2] Angew. Chem. **42**, 1108 (1937). — [3] Angew. Chem. **43**, 980 (1938). — [4] Kunstseide **15**, 158 (1933).

Glühen verascht werden. Diese Methode gibt natürlich nur einen ungefähren Gehalt an Pigmenten, da diese ja durch Glühen verändert werden können. Es ist deshalb zweckmäßig, noch einen aliquoten Teil des Rückstandes zu einer 1%igen Lösung in Aceton aufzulösen, sie zu zentrifugieren und dann das Pigment zu wägen.

Die acetonische Lösung kann zugleich zur Bestimmung der Eigenviscosität der Kollodiumwolle nach *Fikentscher* benutzt werden. Nicht immer erlaubt diese Messung einen sicheren Rückschluß auf die Eigenviscosität der zur Fabrikation benutzten Kollodiumwolle. Das evtl. füllstoffhaltige Material wird zur Stickstoffbestimmung benutzt, wobei natürlich dann zur Berechnung auf füllstoffreies Material umgerechnet werden muß. Der Stickstoffgehalt eines Celluloids resp. Films wird meist um 0,2···0,3% niedriger gefunden als bei dem zur Herstellung benutzten Ausgangsmaterial, auch dann, wenn man die Analysensubstanz im Zersetzungskolben erst in Aceton löst und dann mit Wasser in Faserform wieder ausfällt.

Der Ätherextrakt wird in der Weise gewonnen, daß man zunächst den Äther abdestilliert, bis ca. noch 5···10 cm³ vorhanden sind; dann wird der Kolben an eine Vakuumpumpe angeschlossen und der restliche Äther bei höchstens 30° Badtemperatur entfernt, solange noch eine Abnahme des Vakuums stattfindet. Man trocknet schließlich im Vakuumviscosimeter, der außer Chlorcalcium noch eine Schale mit Campher enthält, so daß stets eine mit Campher gesättigte Luft vorliegt.

Campher wird von evtl. gleichzeitig vorhandenen anderen Weichmachern durch Wasserdampfdestillation getrennt. Etwas mit Wasserdampf sind auch einige Phthalsäureester flüchtig, so daß also ein nicht völlig „trocken" aussehender Campher aus der Wasserdampfdestillation stets mit n/2 K-Alkoholat verseift werden sollte.

Bei der Wasserdampfdestillation wird ein Teil der Triester des Glycerins mit niederen Fettsäuren verseift, so daß das Destillat oft sauer ist.

Dubowitz[1] löst das Celluloid zu einer 2%igen Lösung in Aceton, filtriert die unlöslich bleibenden Füllstoffe ab und benutzt nun einen Teil der acetonischen Lösung zur Bestimmung der löslichen Kollodiumwolle. Zum Rest, z. B. 50 cm³, gießt man 25 cm³ einer 8%igen Salmiaklösung unter Kühlung, der Niederschlag wird im *Gooch*-Tiegel abfiltriert, mit einer Mischung von Aceton + 8%iger Salmiaklösung 1:1 gewaschen und schließlich bei 60° konstant getrocknet. Aus den Waschflüssigkeiten wird der Campher gewonnen.

Die von *R. Sujewa*[2] angegebene Methodik der Campher-Bestimmung in Nitrofilmen beruht auf Anwendung der Methode von *Hampshire* und

---

[1] Chemiker-Ztg. **1906,** S. 936.
[2] Кинофотохии промышленность **6,** 52 (1941).

Page[1] mittels 2,4-Dinitrophenylhydrazon. Hierzu werden 18 g Film mit 100 cm³ 50%igem Alkohol + 10 g festem Ätznatron 3 Stunden am Rückflußkühler gekocht, abgekühlt, abdestilliert, noch einmal 25 cm³ Alkohol (50%) zugefügt und der Kolbeninhalt auf 25 cm³ abdestilliert. Das Destillat wird auf 200 cm³ aufgefüllt, davon werden 15 cm³ mit 85 cm³ Diphenylhydrazonlösung im Wasserbad 4 Stunden erhitzt. Das ausgefallene Diphenylhydrazon wird mit 100 cm³ 2%iger Schwefelsäure versetzt, 12 Stunden stehen gelassen, abfiltriert, nach dem Waschen bei 85° getrocknet. 1 g des Hydrazon = 0,458 g Campher. Das Reagens wird hergestellt durch Lösen von 1,25 g 2,4-Dinitrodiphenylhydrazon in 10 cm³ Wasser + 10 cm³ konz. Schwefelsäure, das dann auf 100 cm³ aufgefüllt wird. Ähnlich arbeiten auch *Plein* und *Poe*[2].

Vandoni und *Desseigne*[3] nehmen die Campherbestimmung so vor, daß sie zuerst die Nitrocellulosemasse verseifen, dann mit Wasserdampf destillieren und das Destillat mit organischen Lösern extrahieren. Als Reagens für den Campher dient eine 2 n-Hydroxylaminlösung (140 g $NH_2OH \cdot HCl$ + 180 cm³ H_2O, mit Alkohol auf 1000 cm³ aufgefüllt). Im 100-cm³-Kolben werden 50 cm³ Reagenslösung mit 0,2 cm³ Bromphenolblau-Indikatorlösung (1%) versetzt und durch Zusatz von 0,3 n-Na_2CO_3-Lösung auf Farbe der Vergleichslösung gebracht, dann gibt man 1 g Soda und 1···2 g Substanz hinzu und erhitzt 1 Stunde im Wasserbad zum mäßigen Sieden, 30 Min. wird gekühlt, man titriert mit n-HCl bis zur bleibenden Gelbfärbung und dann mit n-Na_2CO_3 bis zum Farbton der Vergleichslösung. Diese wird hergestellt aus 7 g Hydroxylamin-hydrochlorid + 25 cm³ Wasser + 40 cm³ Alkohol + 0,2 cm³ 1%iger alkoholischer Bromphenolblaulösung + 0,3 cm³ n-Na_2CO_3-Lösung.

Die Sicherheitsfilme Frankreichs durften einen Gehalt von 5···10% Nitrocellulose enthalten[4]. Es sind 2 Verfahren zur Bestimmung der Nitrocellulose üblich gewesen: die Reduktion mit Quecksilber in Schwefelsäure zu NO_2 unter Berechnung auf Nitrocellulose und die Reduktion mit Devarda zu NH_3. Die Weichmacher stören die Methode der Reduktion mit Hg, die sonst zu genauen Werten führt. Der Film wird durch Behandeln in 40° warmem Wasser von Gelatine befreit, gewaschen und getrocknet. Die Weichmacherextraktion ist unbedingt erforderlich. Bereits 25% Nitrocellulose im Mischfilm geben keine Gasentwicklung. Eine Behandlung mit Chloroform zur Quellung ist zweckmäßig. Die Einwaage soll je nach Nitrocellulose-Anteil 0,5···1,5 g Film betragen; man läßt erst mit 10···15 cm³ konz. Schwefelsäure 1 Stunde einwirken, füllt dann in das Mikrometer ein und schüttelt 10 Min. lang. Nach ¹/₂ Stunde Stehen wird das Gasvolumen abgelesen. Nach dem Umrechnen

---

[1] Quart. J. Pharma. Pharmacol 7, 558 (1934), C. **1935**, I 928. — [2] Ind. Eng. Chem. analyt. Edit. **10**, 78 (1938). — [3] Z. analyt. Chem. **120**, 345 (1940).
[4] *Leroux* u. *Bourdeau:* J. Pharm. et Chim. (8), **20**, 289 (1934).

auf $0°$ und 760 mm erhält man den %-Gehalt durch Multiplizieren des Gasvolumens in cm^3 mit 0,54 auf 1 g des ursprünglichen Films. Die Reduktion nach *Devarda* wird in acetonischer Nitrocellulose-Lösung vorgenommen.

Nitrocellulose wird in den mit ihr hergestellten Schichten nach *Slansky*[1] in der Weise nachgewiesen, daß 50 cm^3 der kleingeschnittenen Probe im Soxhlet eine Stunde mit Aceton extrahiert werden, der bis auf wenige cm^3 eingeengt wird und dann mit 15···20 cm^3 $CHCl_3$ bis zum gallertigen Ausscheiden der Nitrocellulose verdünnt wird

Es ist mit Rücksicht auf das zu umfassende Lösevermögen des Acetons empfehlenswert, ein Gemisch von Äther + Alkohol 3:1 in der Kälte zum Lösen der Nitrocellulose zu verwenden. In diesem spezifischen Lösungsmittel für Nitrocellulose gehen außer den Weichmachern und einigen Harzen andere Celluloseester oder -äther nicht in Lösung. Auf die speziellen bei Mischfilmen vorliegenden Verhältnisse sei hingewiesen.

Das Ausfällen der Nitrocellulose aus ihren Lösungen in Aceton mit Wasser ist nicht frei von Fehlern. Abgesehen von dem wohl stets erfolgenden Mitfällen der Weichmacher und Harze kann die Gefahr der Fraktionierung der Nitrocellulose nicht ausgeschaltet werden. Somit kann also die für viele Anwendungsgebiete so wichtige Eigenviscosität und der Polydispersitätsgrad nicht richtig ermittelt werden. Die Fällung der Nitrocellulose muß also stets vor einer Untersuchung von den Weichmachern und Harzen extrahiert werden.

Die von *Scheiber* und *Süring*[2] vertretene Auffassung, daß die zur Isolierung der Nitrocellulose erforderlichen Fällungs-, Trocknungs- oder Extraktionsmethoden die Eigenviscosität der Nitrocellulose nicht beeinflussen, kann nicht geteilt werden.

Unter *Kunstleder* wird bekanntlich ein Textilgewebe mit einer Schicht aus einem Eukolloid verstanden. Neben der vor ca. 15 Jahren noch fast ausschließlich angewandten Kollodiumwolle sind in letzter Zeit mehr und mehr Vinylpolymerisate und auch Polyamide als lederähnliche Schicht verwendet worden. Es sind dies vornehmlich Polyvinylchlorid, Polyisobutylen, Polyacrylate, Polymethacrylate, Polyvinylacetat entweder für sich allein oder auch, soweit die Verträglichkeit gegeben ist, zusammen mit der Nitrocellulose. Vereinzelt kommen Methylcellulose, Stärke und Harnstoff-Harz vor. Trocknende Öle bilden die Belagschicht des Wachstuches.

Die Analyse der Kunstleder hat sich zu erstrecken auf die Art und Menge des in der Gewichts- oder Flächeneinheit vorhandenen Aufstrichs und Gewebes und auf den Aufbau des Kunstleders, nicht nur bezüglich des Verhältnisses von Weichmacher zu Eukolloid und den

---

[1] Chemiker-Ztg. **56**, 20. — [2] Farbe u. Lack **1939**, 3.

Pigment-Anteil, sondern auch auf den schichtenmäßigen Aufbau, d. h. es soll ermittelt werden, wie die Grundierschicht und die Deckschichten voneinander abweichen.

Der letztere Teil der Analyse ist mehr physikalischer Art und am besten mit dem Mikroskop evtl. unter Zuhilfenahme der Fluorescenzlampe zu lösen.

Bei der Überprüfung der Analysenmethodik benutzten wir ein Stück leichten Nitrokunstleders, das im Jahre 1929 fabrikationsmäßig gestrichen war. Es hat heute noch die gleichen qualitativen Festigkeitseigenschaften und eine gute Wasserfestigkeit.

Da in der damaligen Zeit Ricinusöl in genügender Menge zur Verfügung stand, waren die Kunstlederschichten stets mit einem großen Betrag von Ricinusöl aufgebaut. Beim Ricinusöl wird stets als Nachteil angegeben, daß es ranzig wird und damit nicht nur den Geruch des Kunstleders beeinträchtigt, sondern auch schädigend auf seine Qualität wirkt. Es ist deshalb von besonderem Interesse, festzustellen, daß an diesem über 20 Jahre bei Zimmertemperatur gelagerten Kunstleder keinerlei ranziger Geruch wahrzunehmen ist. Aus dem kleingeschnittenen, nachgetrockneten Kunstleder wurde durch Äther der Weichmacher entfernt, darauf mit Essigester das Eukolloid vom Gewebe getrennt und schließlich mit Aceton aus dem Gemisch Eukolloid + Pigment (Farbstoff, Füllstoff) die Nitrolellulose herausgelöst.

Danach ergab sich folgender mengenmäßiger Aufbau des Kunstleders:

angewandt:	24,2447 g Kunstleder	
Feuchtigkeit	0,4603 g	1,9%
Weichmacher	3,9121 g	16,1%
Nitrocellulose	8,1660 g	33,6%
Füllstoff	0,4900 g	2,1%
Gewebe	11,0355 g	45,5%
	24,0639 g	99,2%.

Als Füllstoff ist Ruß mit etwas spritlöslichem Grün verwendet worden. Der Weichmacher ist ein Gemisch von Ricinusöl + Palatinol C (62 + 38%). Er wurde wie folgt analysiert:

Durch Verseifung mit n/2 K-Alkoholat wird der Phthalsäureester als in absol. Alkohol unlösliches K-Phthalat ausgeschieden und zur Wägung gebracht. Aus dem Filtrat wird nach der Titration die Ricinusölsäure ausgeäthert, gewogen und auf Ricinusöl umgerechnet gemäß 1 g Ricinusölsäure = 1,043 g Ricinusöl.

Beispiel: 623 mg Weichmacher verbrauchen bei 1 Stunde Verseifung 7,28 cm³ n/2 Lauge, VZ = 328; K-Phthalat-Niederschlag 203 mg. Da 1 g K-Phthalat = 1,15 g Palatinol C ist, wurden gefunden 233 mg Palatinol C. Aus Filtrat sind ausgeäthert 364,6 mg Ricinusölsäure, Äquivalenzgewicht 263 (theor. 298); dies entspricht 380 mg Ricinusöl. Demnach Gesamt-Weichmacher gefunden 613 mg (Fehler 1,6%).

Es muß also als wichtigstes Ergebnis neben der Festlegung der Analysenmethodik betrachtet werden, daß in den 20 Jahren kein Umsatz zwischen der Nitrocellulose und dem Ricinusöl stattgefunden hat, da beide in ihrer ursprünglichen Beschaffenheit wiedergefunden und kein Reaktionsprodukt zwischen ihnen aufgefunden wurde.

Unter Benutzung eines leichten Kunstleders, wie es für Buchbinderarbeiten verwendet wird, haben wir außer dem eben beschriebenen Weg die Analyse noch so geführt, daß zuerst das Gewebe von der Aufstrichmasse durch Extraktion mit Essigäther entfernt und aus diesem Lack dann Nitrocellulose, Füllstoff und Weichmacher bestimmt wurde. Hierbei ist die Ausfällung der Nitrocellulose mit viel Benzol vorgenommen.

Wir fanden folgende Zusammensetzung:

Feuchtigkeit	5,4%	
Weichmacher	11,7%	11,6%
Nitrocellulose	13,8%	14,7%
Pigment	22,4%	26,7%
Gewebe	46,9%	47,6%
	(Äther)	(Benzol)

Die Aufstrichmasse ist zusammengesetzt:

Nitrocellulose = 28,7%   Weichmacher = 24,5%   Pigment = 46,8%.

Der Weichmacher ist ein Gemisch aus 1/3 Trikresylphosphat und 2/3 Palatinol M. Die Nitrocellulose ist eine Celluloid-Wolle, $N = 10,6\%$, Eigenviscosität $K = 97$.

Die Methoden zur Analyse eines Kunstleders durch Extraktion mit Äther und anschließender Abtrennung der NC vom Gewebe und der umgekehrte Weg, zunächst die Eukolloidschicht abzulösen und aus dem Lack Weichmacher und Eukolloid zu trennen, führen zu dem gleichen Ergebnis.

Stoeckhert empfiehlt zur Abtrennung der Eukolloidschichten vom Gewebe Aceton und als Lösungsmittel besonders starker Lösungskraft Tetrahydrofuran. Besitzt ein Kunstleder eine Zwischenschicht aus Polyamiden zwischen den Nitrocelluloseschichten, so kann man durch Aceton die Polyamidschicht von den NC-Schichten trennen.

Die Identifizierung der Schichten versucht *Stoeckhert* mit Hilfe einer Brennprüfung zusammen mit einer Löslichkeitsuntersuchung.

III. Erfahrungen bei der Analyse von Plasten auf der Grundlage von Naturstoffen außer Cellulose.

1. Plaste auf Basis von tierischen und pflanzlichen Proteinen. Zur Bestimmung der Feuchtigkeit von Kunsthorn wird zwecks Ausführung als Schnellmethode von *Rybak* und *Cholmjänskaje*[1] die Benutzung des Elektrofeuchtigkeitsmessers empfohlen. Die Methode ist auf $\pm\ 0,5\%$ genau bei einem Feuchtigkeitsgehalt von 9···14%; darüber hinaus ist sie

---

[1] Журнал химической промышленности 18, 24 (1941)7.

zu ungenau. Wenn bei niedrigen Gehalten erhöhte Resultate erhalten werden, so ist dies durch größeren Elektrolytgehalt der Fabrikate bedingt (> 0,5···0,6% NaCl). Man beobachtet dann fast immer eine unruhige Zeigerablenkung des Galvanometers.

Die Analyse des Kunsthorns bedient sich zweckmäßig der auf S. 330 bereits behandelten Methoden zum Auftrennen des mit Formaldehyd gegerbten Caseins.

Als Weichmacher für eiweißhaltige plastische Massen dienen Glycerin, Melasse, Ricinussulfonsäuren, Fette, Öle und hygroskopische Salze. Füllmittel sind außer den üblichen Pigmenten und Beschwerungsmitteln oft auch Wachse, Kautschuk, Pech, Schwefel, daneben Ledermehl, Holzmehl, Faserstoffe. Es ist deshalb empfehlenswert, derartige eiweißhaltige plastische Massen mit Äther, Benzol, Alkohol oder Schwefelkohlenstoff, später dann mit Wasser zu extrahieren. Bei positivem Ausfall der Eiweißreaktion als Berliner Blau oder NH_3 sollen die Lösungsmittel in der oben genannten Reihenfolge angewendet werden. Wird Leder als Füllstoff verwendet, so ist der Eiweißnachweis fast unmöglich. Bei Behandlung mit kaltem Wasser geht der Gerbstoff aus Ledermehl und gehärtetem Leder in Lösung. Mit heißem Wasser geht in vielen Fällen Ledermehl fast ganz in Lösung, aus gehärtetem Leder geht nur Gerbstoff in Lösung. Ebenso verhält sich heiße 2%ige Kalilauge, in 20%iger Lauge erfolgt in der Wärme eine vollständige Lösung des gehärteten Leders.

Eine quantitative Trennung der Eiweißstoffe ist bisher nicht gelungen. Nach *Kjeldahl* ist das Gesamteiweiß durch Multiplikation des Stickstoffgehaltes mit 6,25 in großer Annäherung zu erhalten, wobei selbstverständlich tierische Fasern vorher entfernt werden müssen.

Gehärtete Gelatine kann durch Einlegen in 10%ige heiße Natronlauge gelöst werden, säuert man mit verdünnter Salzsäure an, so tritt bei Zusatz einer 5%igen Tanninlösung starke Eiweißtrübung oder -Fällung auf.

2. Plaste unter Verwendung von Ölen und Naturharzen. Hierzu gehören Wachstuch, ein ein- oder beiderseitig mit Öl-Harz-Kombinationen bedecktes Gewebe, ferner das Linoleum und seine Abarten, bei denen Jutegewebe oder Papier mit einer mit Füllmitteln stark beschwerten Linoxyn-Harz-Kombination bedeckt ist. Ferner bauen sich einige Arten Ledertuche, Kunstleder, Öltuche und auch imprägnierte Textilien auf die Verwendung des Leinöls mit Zusatz von Harzen auf.

Da, wie bereits auf Seite 447 dargelegt, außer den Ölen und Harzen auch Celluloseester und Polymerisationsprodukte zur Herstellung von Lederaustauschprodukten verwendet werden, muß die Untersuchung[1]

---

[1] *Hesse, R.:* Nitrocellulose **2**, S. 6.

damit beginnen, daß zunächst auf Nitrocellulose resp. Acetylcellulose resp. auf Vinylpolymerisate geprüft wird. Fallen diese Proben negativ aus, so ist der Lederaustauschstoff wahrscheinlich auf Grundlage trocknender Öle hergestellt.

Durch siedende Benzol + Alkohol-Gemische, deren Mischungsverhältnis man auf Grund von Vorversuchen genau ermittelt, löst man die filmbildenden Schichten vom Gewebe ab.

Als unlöslicher Rückstand bleibt außer dem Gewebe, das sich leicht mechanisch entfernen läßt, noch zurück der meist anorganische Füllstoff, Farbstoff und der beim Trockenprozeß unlöslich gewordene Teil des Firnis (Analysenprodukt R 1). Die benzolalkoholische Lösung (L 1) wird abdestilliert und mit Petroläther behandelt, wodurch wiederum oxydierte Anteile zurückbleiben (R 2). Die petrolätherische Lösung (L 2) wird mit n/1 NaOH und Wasser ausgeschüttelt, um freie Fettsäuren und Harzsäuren abzutrennen. Diese wäßrige Lösung (L 3) wird nun in üblicher Weise weiter untersucht.

Aus der petrolätherischen Lösung (L 2) ermittelt man nach wiederholten Wasserwäschen durch Behandeln mit 2 mal je 10 cm³ Salzsäure (25%) die Metalle aus den Sikkativen (L 4).

Nun werden aus L 2 die zu den Sikkativen-Metallen gehörenden Fette und Harzsäuren durch Behandeln mit schwachem Alkali isoliert. Diese Lösung (L 5) wird angesäuert, mit Äther überschichtet. Die Säuren werden gewogen und identifiziert. Jetzt wird der Petroläther aus L 2 abdestilliert und der Rückstand R 3 gewogen und damit R 1 und R 2 vereinigt und mit 2 n-alkoholischer Lauge mindestens 1 Stunde verseift. Anorganische Stoffe werden abfiltriert und mit Alkohol gewaschen. Die Seifen werden nach dem Entfernen des Alkohols in heißem Wasser gelöst (L 7); nach Abkühlen wird mit Petroläther das Unverseifbare und das Mineralöl abgetrennt und in üblicher Weise aus der Lösung (L 6) isoliert.

Die Seifenlösung (L 7) kann nach dem Ansäuern einen Phenolgeruch aus den Kunstharzen aufweisen; dann ist eine Wasserdampfdestillation notwendig. Sonst wird im Scheidetrichter langsam und unter Schütteln mit Petroläther versetzt. Es lösen sich die Fettsäuren und Harzsäuren (L 8), die Oxysäuren bleiben am Schütteltrichter hängen.

Die Lösung L 8 wird durch Filter abgegossen und das ungelöst Gebliebene (Filter, Schütteltrichter) mit Petroläther nachgewaschen.

Das aus der Seifenlösung anfallende Säurewasser (L 9) enthält das gesamte Glycerin, das sowohl dem Öl wie auch bei sehr hohem Anteil aus Harzestern entstammt. Ferner sind im Säurewasser oft merkliche Mengen oxydierter Säuren enthalten. Es empfiehlt sich deshalb einzudampfen, mit Ammoniak aufzunehmen, mit Salzsäure anzusäuern und wieder mit Petroläther auszuschütteln (L 8a). In den beiden petrolätherischen Lösungen (L 8 + L 8a) sind Fett- und Harzsäuren enthalten, die durch Verestern mit Methanol getrennt werden.

Alle noch nicht in Lösung gegangenen Oxysäuren werden mit warmem Alkohol gelöst (L 10) und daraus isoliert und gewogen.

Die Trennung von Harz- und Fettsäuren beruht darauf, daß die Harzsäuren infolge der Anwesenheit sterisch behinderter COOH-Gruppen mit Methanol oder Butanol bei Wasserbehandlung und unter Verwendung von organischen Sulfonsäuren oder auch Schwefelsäure sich praktisch überhaupt nicht verestern, während die Fettsäuren sich leicht verestern.

Die Methode dieser Trennung ist vielfach bearbeitet worden. Zu ihrer Ausführung sei auf *Zeidler*[1] verwiesen. Durch *Sandermann*[2] ist diese Methode zu einer Schnellmethode gestaltet. Hiernach wird die zu verseifende Substanz (2 g) mit 20 cm³ n/2 butanolische KOH 60 Min. unter Sieden verseift. Eine gleichzeitige Bestimmung der Säurezahl ist möglich. Dann gibt man insgesamt 30 cm³ n/2 p-Toluolsulfonsäure zu (Bestimmung der VZ ist hierbei möglich) und kocht nun 15 Min. Es wird in Wasser abgekühlt und 10 cm³ dest. Wasser zugegeben, um das K-Salz der Sulfonsäure zu lösen. Man titriert nun mit n/2-butanolischer KOH bis zum Umschlag gegen Phenolphthalein als Indikator.

Nach *Sandermann* ist:

$$\% \text{ Harzsäure} = \frac{(\text{Verbrauch cm}^3 \text{ n/2 OH} - 30) \cdot 15{,}01}{\text{g Einwaage.}}$$

Zeitaufwand $1^1/_2$ Stunde.

Bei dem von *H. Wolff* und *Scholze*[3] angegebenen Verfahren sind die Fehlerquellen, die sich aus der Wasserlöslichkeit der Oxyabietinsäuren, der Autoxydation der Abietinsäuren, ergeben, ausgeschaltet. Die in kürzester Zeit auszuführende titrimetrische Methode arbeitet wie folgt:

2···5 g Harzfettsäuregemisch in 10···20 cm³ absolutem Methanol lösen, mit 5···10 cm³ Lösung aus 1 Teil H_2SO_4 in 4% Methanol mischen und 2(!) Min. am Rückflußkühler kochen. Zusatz von 5···10facher Menge 7···10%iger NaCl-Lösung. Fettsäureester und Harzsäuren mit Äther daraus extrahieren, wäßrige Lösung noch 2mal extrahieren. Äther vereinigen, bis zur Neutralität mit NaCl-Lösung waschen und mit Alkohol verdünnen, mit n/2 alkoholischer KOH titrieren. Für die Berechnung wird eine mittlere Säurezahl von 160 für Harzsäuren zugrunde gelegt.

Korrektur für unveresterte Fettsäure = 1,5
abgewogenes Fett-Harzsäuregemisch in g = m
cm³ n/2 KOH = a

$$\text{Harzsäure} \% = \frac{a \cdot 17{,}76}{m} - 1{,}5.$$

[1] Laboratoriumsbuch für die Lack- und Farben-Industrie S. 139 ff. (Knapp Verlag 1948). — [2] Farbe, Lacke, Anstrichstoffe **4**, 449 (1950).
[3] Chemiker-Ztg. **38**, 369, 382, 430.

Daraus Kolophonium durch Multiplikation mit 1,07.

Scheiber[1] empfiehlt die Ausführung des gravimetrischen Verfahrens immer dann, wenn an die Möglichkeit gedacht werden kann, daß durch Autoxydationen Oxyfettsäuren mit erheblich verringerter Veresterungsneigung und umgekehrt Oxyharzsäuren mit großer Neigung gebildet werden können. Die gravimetrische Bestimmung kann unmittelbar die titrimetrische benutzen. Nach der Titration wird dazu noch 1···2 cm³ n/2 KOH alkol. zugegeben, mit Wasser gewaschen und so die Harzseife gelöst. Nach Einengen der wäßrigen Lösungen im Scheidetrichter wird mit verdünnter HCl angesäuert, konz. NaCl-Lösung hinzugefügt und ausgeschiedene Harzsäuren in Äther aufgenommen.

Fonrobert und *Münchmeyer*[2] weisen darauf hin, daß bei dem Ausschütteln der wäßrigen Seifenlösung mit Benzol die Oxyfettsäuren darin ungelöst bleiben und darin schwimmen. Man trennt sie ab durch Abgießen oder mittels Glaswollefilter. Die Oxyfettsäuren (in Benzol nicht, in Äther nur schwer löslich) werden in wenig Alkohol gelöst, mit Äther verdünnt und dann diese Lösung ebenfalls mineralsäurefrei gewaschen. Oxyfettsäuren bleiben nun im Äther gelöst. Durch Ansäuern der Seifenlösung kann man noch die Fettsäuren bestimmen.

Bei der *Linoleum*-Analyse empfiehlt es sich, eine fraktionierte Extraktion mit Petroleum und Schwefeläther vorzunehmen. *De Waele*[3] stellt fest, daß die Petroläther-Extraktion aus dem Linoleum das Kolophonium und andere Harze, sowie das nicht- und unteroxydierte Leinöl entfernt. Der Schwefeläther entfernt das gutoxydierte, plastifizierend wirkende Öl. Der Rückstand ist das Linoxyn und der feste Anteil des gutoxydierten Öls. Ein gutes Linoleum soll ein Minimum des unteroxydierten Öls enthalten. Nicht immer gelangt das Kolophonium völlig in den Petrolätherextrakt. Die Bestimmung des Linoxyns im Linoleumzement und auch ersteres für sich allein basiert auf der Ermittlung des Glyceringehaltes[4].

Albertole, die für die Zementherstellung verwendet wurden, beeinflussen die Glycerin-Werte in einer vernachlässigbaren Weise, da ihr Glyceringehalt nur ca. 4% beträgt und die Albertole nur zu ca. 10% im Zement vorhanden sind.

Die Verseifung der 10 g Linoxyn resp. Zement wird in einer Porzellanschale unter Rühren auf siedendem Wasserbad 15 Min. langsam mit 50%iger KOH (10 cm³) vorgenommen. Nach Verdünnen mit 60 cm³ heißem dest. Wasser wird bis zur Lösung erhitzt, mit 20%iger H_2SO_4

---

[1] *Scheiber*: Farbe u. Lack **1933**, S. 353, 365. — [2] Farben-Ztg. **41**, 747 (1936).
[3] Ind. Engng. Chem. **25**, 1310 (1933).
[4] *Glassmann* u. a.: Z. analyt. Chem. **107**, 194; **109**, 251 (1936/1937).

angesäuert und bis zur völligen Abscheidung der Fettsäuren erhitzt. Es wird filtriert, der Rückstand mit heißem Wasser gewaschen. Aus der Glycerinlösung werden alle oxydablen Fremdsubstanzen mit basischem Blei-Acetat bis zur Niederschlagsbildung entfernt, durch ein Doppelfilter wird filtriert und dreimal gewaschen. Diese Reinigung kann evtl. auch wegfallen. Für die Betriebslaborpraxis ist das Glycerin durch Oxydation mit $K_2Cr_2O_7$ (48 g/l = 0,005 g Glycerin) zu bestimmen, genau genug. Die Glycerinlösung der Verseifung wird auf 250 cm³ verdünnt, davon werden 5 cm³ mit 2 cm³ konz. H_2SO_4 erhitzt und kochend mit $K_2Cr_2O_7$-Lösung tropfenweise aus Mikrobürette unter scharfem Rühren titriert. Übergang grünblau ⟶ grünlichgelb.

Genauigkeit ca. 1%. Um den Gehalt des Linoxyns im Zement zu berechnen, empfiehlt es sich, den Glyceringehalt technischen Linoxyns zu 9,4% festzusetzen.

Die Ansichten über den Glyceringehalt des Linoxyns sind geteilt, einige Forscher behaupten, es sei gar kein Glycerin, andere behaupten, es sei nur die Hälfte des Leinöl-Glycerins vorhanden.

Glyceringehalt des Leinöls theor. für Monoglycerid 26,1%
Diglycerid   15,1%
Triglycerid   10,5%.

Weitere Untersuchungen des Linoxyns erfolgen nach folgendem Schema:

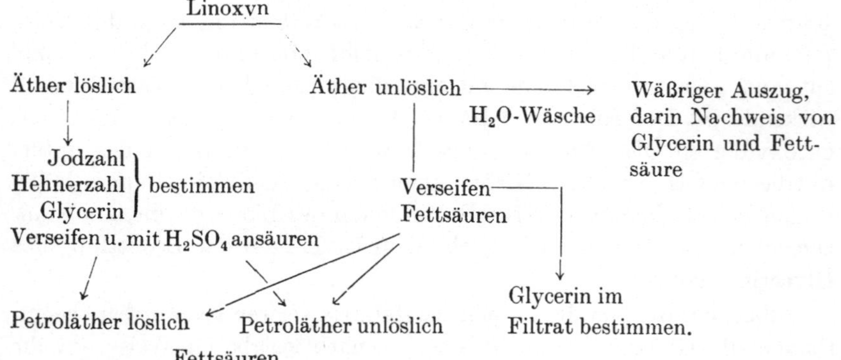

Mit Petroläther gelingt *keine* vollständige Trennung der oxydierten von den unoxydierten Säuren.

Durch Verseifung im wäßrigen Medium werden die im Linoleum evtl. vorhandenen Phenolharze (Albertole) aus ihrem ursprünglichen Verband entwirrt. Die Nachweisreaktion ist auf Kuppelung mit der haltbaren Diazoverbindung von 2-Nitro-4-Chloranilin aufgebaut. *Kappelmeier*[1]

---

[1] Farben-Ztg. **42**, 509, 535, 561 (1937).

bemerkt, daß zum qualitativen Nachweis die Verwendung eines höhersiedenden Alkohols nicht erforderlich ist. Es genügt wiederholtes Erwärmen mit n/1 äthanolischer Lauge und Eindampfen auf dem Wasserbad bei ca. 3maliger Wiederholung. Schließlich wird in 10 cm³ alkoholischer n-Lauge gelöst und die abgekühlte, filtrierte Lösung mit 1···2 cm³ Echtrotsalz-3-GL-Lösung versetzt. Letztere wird hergestellt aus 0,5 g 2-Nitro-4-Chloranilin in 5 g Wasser $+$ 1 cm³ 4 n-Salzsäure ohne Erwärmen. Die Reaktion auf Phenol ist nur dann positiv, wenn rot gefärbte Flüssigkeit vorliegt. Die quantitative Bestimmung ist noch nicht so recht geglückt.

Die Bestimmung der Sikkative (Trockenstoffe) soll beachten, daß beim direkten Veraschen Verluste durch Rußbildung oder auch Sikkativbildung mit dem Tiegelmaterial entstehen können. Es ist am zweckmäßigsten, die Lösungen in Äther, Benzol oder Gemischen davon, in denen sich die Trockenstoffe bei der Analyse eines Plastes befinden können, mit 4 n-Salpetersäure unter Zusatz von 3%igem Wasserstoffperoxyd 2mal auszuschütteln; hierbei erhält man eine quantitative Abtrennung der aus Oxyden bestehenden Metalle.

Glassmann und *Pompar*[1] arbeiten wie folgt: 5,0 g Sikkativ oder 10 g Firnis oder 20 g voroxydiertes Leinöl werden in der 3fachen Menge Äther gelöst, mit 20 cm³ Salpetersäure 1:4 durchgeschüttelt, 3mal mit je 30 cm³ Salpetersäure und 4mal mit kaltem Wasser gewaschen. Die wäßrigen Auszüge werden bis fast zur Trockene eingedampft und in 100 cm³ heißem Wasser gelöst. Zum Fällen des Pb wird eine Lösung von 15 g Chromat in 1000 cm³ Wasser benutzt, nach 2 Stunden wird filtriert, 3mal mit Wasser gewaschen, in Salzsäure gelöst, mit 10%iger Jodkaliumlösung versetzt und das ausgeschiedene Jod mit 0,1 n Thiosulfat zurücktitriert:

$$PbCrO_4 + 3\,KJ + 8\,HCl \longrightarrow PbCl_2 + CrCl_3 + 3\,KCl + 4\,H_2O + 3\,J.$$
1 cm³ 0,1 n $Na_2S_2O_3$ = 6,91 mg Pb.
Die Titerstellung erfolgt mit 0,1 n K_2CrO_4.

Auf einen Analysengang eines Lederaustauschstoffes, der bei dem derzeitigen Stand der Technik kaum noch in diesem Aufbau hergestellt werden dürfte, durch *Lauffmann*[2] sei noch verwiesen. Es wird hier versucht, die als Grundstoffe verwendeten tierischen und pflanzlichen Faserstoffe und die Bindemittel von der Art des Leimes, Caseins, Faktis, der Gelatine, Stärke, sowie die Überzugsmittel auf Basis von Cellulosederivaten wie auch die Füllstoffe durch Extraktion mit Äther und Petroläther, dann mit kaltem und warmem Aceton oder anderen Lösungsmitteln zu trennen. Die abgetrennten Bestandteile werden dann nach den üblichen Regeln analysiert.

---

[1] Z. analyt. Chem. **106**, 273 (1936). — [2] Kunststoffe **6**, 53, 82, 93 (1916).

IV. Erfahrungen
bei der Analyse von Plasten auf Polymerisat-Grundlage.

Ein wesentlicher Teil der bei diesen Plasten zu leistenden analytischen Arbeit liegt in der Abtrennung der Weichmacher aus den Plasten. Es sei auf die entsprechenden Ausführungen auf S. 436 verwiesen. Ein weiterer Teil der Erfahrungen ist auf S. 456 bei der Abhandlung der Nachweisreaktionen für die Polymerisationsprodukte zusammengefaßt.

Bei Untersuchungen von Polyvinylchlorid-Kabelmassen gibt *Doehring*[1] an, das Analysenmaterial mit der Bleistiftspitzmaschine zu zerkleinern, da die üblichen Verfahren nicht ausreichen, um eine genügend große Oberfläche zu schaffen. Diese sehr feine Zerteilung ist nach unseren Erfahrungen nicht nötig. Es reicht völlig ein Zerschneiden mit dem Messer aus. Ob seine Auffassung, daß bei Verwendung von über Na getrocknetem Äther wasserlösliche Zusätze (Emulgatoren und Stabilisatoren) nicht extrahiert werden, richtig ist, mag zunächst einmal dahingestellt bleiben. Das getrocknete Rohmaterial soll mit Äther mindestens 6 Stunden stehen bleiben. Hierdurch gewinnt *Doehring* den Weichmacher. Sodann behandelt man mit 50%igem Methanol das Ätherunlösliche zunächst 15 Stunden bei Raumtemperatur und dann noch 4 Stunden kochend. Hierdurch erhält man den Emulgator und den anorganischen Stabilisator. Zur Abtrennung des Füllstoffes wird der gut getrocknete Rückstand mit Cyclohexanon bei 50···60° gelöst, mit 50 cm³ Aceton verdünnt und 1···2 Stunden bei 3000 U/min. zentrifugiert. Nach dem Dekantieren werden die Füllstoffe viermal mit Aceton gewaschen und bei 70° im Zentrifugenglas getrocknet. Die Lösung in Aceton + Cyclohexanon dient zur Untersuchung des Polyvinylchlorids auf Chlorgehalt und viscosimetrische Daten.

Nach unseren Erfahrungen hat sich bewährt, das Analysenmaterial nach seinem Extrahieren mit Äther in Cyclohexanon zu einer ca. 0,5%igen Lösung zu lösen, das Pigment abzuzentrifugieren und die Polyvinylchloridlösung in viel Methanol auszufällen. Man erreicht hierbei eine faserige Fällung, ohne daß wesentliche Bestandteile des Polyvinylchlorids im Methanol-Cyclohexanon-Gemisch gelöst bleiben.

Die verbreitete Anwendung der Äther-Extraktions-Methode kann bei Analysen auf dem Gebiet der Lederaustauschprodukte leicht zu Fehlurteilen führen, da der mannigfaltige Aufbau dieser Produkte oft von einer Reihe anderer Polymerisationsprodukte außer dem Polyvinylchlorid Gebrauch machen muß.

Es ist wichtig, festzuhalten, welche Filmbildner neben dem Weichmacher in Äther löslich sind: AT Cellulose, Plexigum B, D, P.

---

[1] Kunststoffe **28**, 230 (1938).

Durch Ausnutzung der Löslichkeitsunterschiede in den einzelnen Lösungsmitteln wird man leicht die übrigen Filmbildner, die zur Herstellung der Lederaustauschstoffe Verwendung fanden, nicht nur vom Gewebe abtrennen, sondern auch identifizieren können.

Schwierigkeiten bei der Abtrennung des Weichmachers ergaben sich auch nach unseren Erfahrungen bei Analysen von Plexiglas. Bei der Behandlung von Plexiglas mit Äther in einer schnell laufenden Schüttel backt das Material stark zusammen. Dies läßt sich nur vermeiden durch Extrahieren mit Methanol.

Wenn auch die Verseifung des Plexiglases mit n/2 Kalilauge in Äthylenglycol gelungen ist, so muß doch eine Depolymerisation unter allen Umständen durchgeführt werden, da nur so entschieden werden kann, ob ein Mischpolymerisat mit Acrylsäureester vorliegt und wie hoch ein eventueller Anteil einpolymerisierten Weichmachers ist. Die Depolymerisationsausbeute des Plexiglases betrug 95···98%, das Depolymerisat siedete zwischen 72° bis 109°, wobei die Hauptmenge zwischen 98···99° überging und durch Brechungsindex n = 1,4150 und Verseifungszahl als Methacrylsäuremethylester erkannt wurde. Die zwischen 72···97° siedenden Fraktionen sind noch mehrmals destilliert und schließlich wurde an der zwischen 80···85° übergehenden Menge (n = 1,4120) die Bromierung in CCl_4-Lösung vorgenommen. Wir erhielten den Dibrompropionsäuremethylester vom Sdp. 203°, n = 1,5150 und Br = 63,6%/65,6 bei einer Verseifungszahl von 226/203. Damit ist eindeutig die Anwesenheit von Acrylsäuremethylester und somit auch das Vorliegen eines Mischpolymerisats aus Methacrylsäuremethylester mit etwas Acrylsäuremethylester bewiesen. Der Destillationsrückstand (Sdp. > 109°) ist durch n = 1,4798 gekennzeichnet; er gibt bei der Verseifung einen Niederschlag von K-Phthalat. Es ist also bei diesem Muster Plexiglas ein Phthalsäureester einpolymerisiert; daneben fanden wir noch einen Ester einer einbasischen Fettsäure. Dieser fand sich übrigens in keinem Fall in dem Methanol- oder Äther-Extrakt des geraspelten Plexiglases.

Auch dieser Befund beweist die Notwendigkeit, sich nicht auf das Ergebnis einer Extraktion zu verlassen. Die zur Kontrolle herangezogene 2. Methode muß sich nach dem vorliegenden Polymerisat richten; wenn es irgend möglich ist, wird man zur Depolymerisation greifen.